Dreamweaver CC

中文版 基础教程

老虎工作室

邹志勇 谭炜 林萍 编著

人民邮电出版社

北京

图书在版编目（CIP）数据

Dreamweaver CC中文版基础教程 / 邹志勇，谭炜，林萍编著. -- 北京 : 人民邮电出版社，2016.5(2019.1重印)
ISBN 978-7-115-40854-9

Ⅰ. ①D… Ⅱ. ①邹… ②谭… ③林… Ⅲ. ①网页制作工具—教材 Ⅳ. ①TP393.092

中国版本图书馆CIP数据核字(2016)第037835号

内容提要

Dreamweaver CC 是 Adobe 公司推出的最新版网页编辑工具软件，它集网站设计与管理于一身，功能强大、使用简便，可快速生成跨平台和跨浏览器的网页和网站，深受广大网页设计者的欢迎。

本书从基础入手，通过典型而综合的实例剖析来详细阐述 Dreamweaver CC 的基本功能和操作方法，并在每一个基础知识上讲解与之相对应的典型案例加强实践环节，使用户能够迅速掌握 Dreamweaver CC 设计网页的基本操作方法和技巧。同时，本书在内容安排上理论与实践相结合，重点突出，选例典型、美观，实践性和针对性都很强。

本书可作为有网页设计兴趣爱好的读者学习 Dreamweaver CC 的入门教材。本书选例综合全面，深度逐级递进，也适用于使用 Dreamweaver CC 进行网页设计的初、中级读者学习参考。

◆ 编　　著　老虎工作室　邹志勇　谭　炜　林　萍
　责任编辑　李永涛
　责任印制　杨林杰
◆ 人民邮电出版社出版发行　　北京市丰台区成寿寺路 11 号
　邮编 100164　　电子邮件 315@ptpress.com.cn
　网址 http://www.ptpress.com.cn
　固安县铭成印刷有限公司印刷
◆ 开本：787×1092　1/16
　印张：20.5
　字数：498 千字　　　2016 年 5 月第 1 版
　印数：3 501－3 800 册　　　2019 年 1 月河北第 3 次印刷

定价：45.00 元（附光盘）

读者服务热线：(010)81055410　印装质量热线：(010)81055316
反盗版热线：(010)81055315
广告经营许可证：京东工商广登字 20170147 号

老虎工作室

关 于 本 书

Dreamweaver 是当今最流行的网页设计软件之一，它功能强大、使用简便，在网页设计领域内中应用得十分广泛。Dreamweaver CC 进一步强化了软件的设计功能，完善了软件的用户界面，使之更人性化。

内容和特点

本书结合典型实例深入浅出地介绍了 Dreamweaver CC 的基本功能和典型网页设计方法。在内容上通过具有典型性的综合实例进行深入剖析，向广大用户详细阐述基础的理论知识，让用户在案例操作中理解和运用理论知识。

全书共分 11 章，各章具体内容如下。

- 第 1 章：介绍运用 Dreamweaver CC 进行网页设计的基础知识和操作工具。
- 第 2 章：介绍运用 Dreamweaver CC 向网页中添加文本和图像的操作方法。
- 第 3 章：介绍运用 Dreamweaver CC 向网页中添加多媒体和超链接的操作方法。
- 第 4 章：介绍运用 Dreamweaver CC 添加表格和进行表格布局的方法和技巧。
- 第 5 章：介绍运用 Dreamweaver CC 的框架嵌套网页的方法和技巧。
- 第 6 章：介绍运用 Dreamweaver CC 的 DIV+CSS 来美化和布局网页的方法。
- 第 7 章：介绍运用 Dreamweaver CC 的表单设计互动网页的方法和技巧。
- 第 8 章：介绍运用 Dreamweaver CC 的行为制作网页特效的方法和技巧。
- 第 9 章：介绍运用 Dreamweaver CC 应用 HTML5 和 CSS3 的方法和技巧。
- 第 10 章：介绍运用 Dreamweaver CC 制作动态网页的方法和技巧。
- 第 11 章：介绍运用 Dreamweaver CC 进行实战演练。

读者对象

本书注重基础，因此，即使没有网页设计经验的读者也可以根据本书的讲解循序渐进地学习 Dreamweaver CC 的基本功能。本书强调通过案例操作来学习理论知识，并在此基础上加强实践环节，使读者能够迅速掌握 Dreamweaver CC 设计网页的基本方法和技巧。

本书适合广大的网页设计爱好者和网页设计专业人员，也可作为有兴趣设计网页的读者学习 Dreamweaver CC 的入门教材。本书选例综合全面，深度逐级递进，同时也适用于使用 Dreamweaver CC 进行网页设计的初、中级读者学习参考。此外，本书还可作为 Dreamweaver 前期版本的用户学习 Dreamweaver CC 的参考用书。

附盘内容及用法

为了方便用户的学习，本光盘按章收录了完成书中实例所需要的素材文件、完成实例操作后的结果文件，以及每个实例制作过程的动画演示文件（.avi）。下面是本书配套光盘内容的详细说明。

1. 素材文件

在部分案例的设计过程中，需要根据书中提示打开光盘中相应位置的素材文件，然后进行下一步操作。这些素材文件分别保存在与章节对应的“素材”文件夹中（例如，“素材\第2章\公司简介\index.html”表示第2章中名字为“index”的网页文件，该文件放在光盘中的“素材\第2章\公司简介”目录下），读者可以使用Dreamweaver CC打开所需的网页文件，然后进行后续操作。

注意：由于光盘上的文件都是“只读”文件，所以，用户无法直接修改这些文件。建议用户先将这些文件复制到计算机硬盘上，去掉文件的“只读”属性再使用。

2. 视频文件

用户打开与章节相对应的文件夹中的视频（.mp4）文件，可以观看各实例中的网页设计过程，有助于快速理解和掌握每个案例的设计方法和技巧。

3. 结果文件

每个实例完成后的结果文件都放在相应章节的“结果文件”文件夹中，打开这些文件可以获得最终的设计效果，并可以对设计结果作进一步操作，从而设计出属于自己的网页效果。

4. PPT文件

本书提供了PPT课件，以供教师上课使用。

本书由四川农业大学邹志勇、成都理工大学谭炜以及盐城工学院林萍共同编写。感谢您选择了本书，也欢迎您把对本书的意见和建议告诉我们。

老虎工作室网站 http://www.ttketang.com，电子函件 ttketang@163.com。

老虎工作室

2016年1月

目 录

第 1 章 Dreamweaver CC 网页设计基础 1
1.1 网页设计基础 1
1.1.1 网页设计的发展历史 1
1.1.2 网页的基本概念 3
1.1.3 网页设计的基本流程 5
1.2 认识 HTML 语言 6
1.2.1 HTML 的基本概念 6
1.2.2 常用 HTML 的标签 7
1.2.3 典型实例——设计“滚动图片展示”网页 10
1.3 Dreamweaver CC 网页设计基础 13
1.3.1 Dreamweaver CC 的操作基础 13
1.3.2 典型实例——设计“公司宣传”主页 15
1.4 习题 24

第 2 章 添加基础页面元素 25
2.1 添加网页文本 25
2.1.1 文本的添加和编排方法 25
2.1.2 典型实例——设计“公司简介”网页 34
2.2 添加图像 39
2.2.1 图像的添加和编辑方法 39
2.2.2 典型实例——设计“宠物乐园”网页 47
2.3 综合实例——设计“花花世界”首页 49
2.4 使用技巧——通过复制粘贴创建网页 52
2.5 习题 53

第 3 章 添加高级页面元素 54
3.1 添加多媒体 54
3.1.1 多媒体添加和编辑方法 54
3.1.2 典型实例——设计“视觉在线影院”网页 60
3.2 添加超链接 61
3.2.1 超链接添加和编辑方法 61

3.2.2 典型实例——设计“乖宝宝儿童乐园”网站 75
3.3 综合案例——设计“523 音乐网” 77
3.4 使用技巧——检查与修复链接 80
3.5 习题 81

第 4 章 应用表格 82

4.1 应用表格排版网页 82
4.1.1 表格的基本操作方法 82
4.1.2 典型实例——设计“绿色行动”网页 90
4.2 应用表格布局网页 95
4.2.1 表格布局的操作方法 95
4.2.2 典型实例——设计“全意房产”网页 100
4.3 综合实例——设计“数码的世界”网页 110
4.4 使用技巧——使用 CSS 制作个性化表格 116
4.5 习题 118

第 5 章 应用站点和 IFrame 119

5.1 应用站点 119
5.1.1 Dreamweaver 站点文件夹 119
5.1.2 使用 Dreamweaver 创建站点 120
5.2 应用 IFrame 122
5.2.1 IFrame 简介 122
5.2.2 应用 IFrame 框架创建网页 122
5.3 综合实例——设计“游戏论坛”网站 126
5.4 习题 131

第 6 章 应用 Div 和 CSS 132

6.1 应用 Div 132
6.1.1 Div 的基本概念和操作 132
6.1.2 典型实例——设计“搜索网” 143
6.2 应用 CSS 148
6.2.1 CSS 基础知识 148
6.2.2 应用 CSS 表美化网页 151
6.2.3 典型实例——设计“建筑公司”网页 159
6.3 综合案例——设计“创速汽车公司”网页 164
6.4 使用技巧——设置 AP 层的透明度 171
6.5 习题 172

第7章 应用表单 173

7.1 创建表单 173
7.1.1 创建表单的操作方法 173
7.1.2 典型实例——设计“平民社区”网页 181
7.2 验证表单 186
7.2.1 验证表单的操作方法 186
7.2.2 典型实例——设计“平民社区02”网页 189
7.3 综合案例——设计“信息反馈”网页 190
7.4 使用技巧——使用CSS代码美化表单 193
7.5 习题 193

第8章 应用行为 194

8.1 应用Dreamweaver CC内置行为 194
8.1.1 认识行为的基本概念 194
8.1.2 典型案例——设计“知天下信息网” 196
8.2 第三方JavaScript库的支持 206
8.2.1 安装与应用插件 206
8.2.2 典型案例——设计“A2汽车销售网” 210
8.3 综合案例——设计“儿童时刻”网站首页 212
8.4 使用技巧——使用“交换图像”行为制作相册效果 215
8.5 习题 216

第9章 应用HTML5和CSS3 217

9.1 应用HTML5 217
9.1.1 HTML5的新元素 217
9.1.2 应用HTML5元素创建网页 219
9.2 应用CSS3.0 224
9.2.1 CSS3简介 225
9.2.2 应用CSS3美化网页 226
9.3 综合案例——设计“成长记录”网页 231
9.4 习题 236

第10章 制作动态网页 237

10.1 PHP基础 237
10.1.1 搭建PHP环境 237
10.1.2 PHP的基础语法 242

10.2 操作数据库......243
10.2.1 访问数据库......243
10.2.2 案例剖析——设计“在线留言板”网页......244
10.3 综合实例——设计“新闻发布系统”网页......254
10.3.1 定义站点并创建数据库连接......254
10.3.2 制作前台页面......258
10.3.3 制作后台管理页面......267
10.4 习题......276

第11章 Dreamweaver CC 实战演练......277
11.1 表格布局案例设计......277
11.1.1 设计图分析......278
11.1.2 在 Photoshop 中切片......279
11.1.3 在 Dreamweaver 中制作网页......281
11.1.4 网站测试......292
11.2 Div+CSS 布局案例设计......293
11.2.1 设计图分析......294
11.2.2 使用 PhotoShop 切片......294
11.2.3 使用 Dreamweaver 制作网页......298
11.2.4 网站的测试......316
11.3 习题......317

第1章　Dreamweaver CC 网页设计基础

当用户在网上冲浪时，会欣赏到很多精美的网站。在羡慕的同时，是否想过要亲手设计一个网页？如果想要让自己制作的网页功能更强大，那就需要学习 Dreamweaver，它是设计网页的首选工具。

【学习目标】

- 认识网页的发展历史和基本概念。
- 掌握网页的一般设计流程。
- 掌握 HTML 编写的基本操作。
- 掌握 Dreamweaver CC 的操作基础。

1.1　网页设计基础

虽然网页存在着各种各样的形式和内容，但构成网页的基本元素大体相同，主要包括标题、网站 Logo、导航、超链接、广告栏、文本、图片、动画、视频与音频等，如图 1-1 所示。网页设计就是要将这些元素进行有机的整合，使整体达到和谐、美观的效果。

图1-1　网页的基本元素

1.1.1　网页设计的发展历史

自首个网站在 20 世纪 90 年代初诞生以来，设计师们开始尝试各种网页的视觉效果。早期的网页完全由文本构成，只有一些小图片和布局零散的标题与段落。随着时代的发展，表格布局走入大众的视线，接着出现了 Flash，最后才是如今基于 CSS 的网页设计。

一、 第一张网页

1991 年 8 月，Tim Berners-Lee 发布了首个网站，只包含了几个链接，且仅基于文本，结构极其简单。这个网站的原始网页的副本至今还在线，共有十几个链接，仿佛是在向人们传递着什么才是万维网。如图 1-2 所示。

二、 基于表格的网页设计

表格布局的使用让网页设计师制作网站时有了更大的选择空间。在 HTML 中，表格标签可以实现数据的有序排列，于是设计师们便充分利用这一优势构造他们设计的网页，让他们手上的“杰作”更加丰富精彩、引人注目。表格布局就这样流行了起来，再加上背景图片切片技术的配合参与，网页的整体结构变得充实而不繁冗，简洁而不单调，如图 1-3 所示。

World Wide Web

The WorldWideWeb (W3) is a wide-area hypermedia information retrieval initiative aiming to give universal access to a large universe of documents.

Everything there is online about W3 is linked directly or indirectly to this document, including an executive summary of the project, Mailing lists , Policy , November's W3 news , Frequently Asked Questions .

What's out there?
Pointers to the world's online information, subjects , W3 servers, etc.
Help
on the browser you are using
Software Products
A list of W3 project components and their current state. (e.g. Line Mode ,X11 Viola , NeXTStep , Servers , Tools , Mail robot , Library)
Technical
Details of protocols, formats, program internals etc
Bibliography
Paper documentation on W3 and references.
People
A list of some people involved in the project.
History
A summary of the history of the project.
How can I help ?
If you would like to support the web..
Getting code
Getting the code by anonymous FTP , etc.

图1-2　第 1 张网页

W3C WORLD WIDE WEB

Leading the Web to its Full Potential...

The World Wide Web Consortium Issues HTML 4.0 as a W3C Recommendation

· W3C Issues XML1.0 as a Proposed Recommendation

· Register for the 7th International World Wide Web Conference [WWW7] April 14-18, 1998

About W3C　News & Announcements　About the Web　Member Area　Press Information　Technical Areas　People of the W3C　Technical Reports & Publications　How to Contact Us　Sample Code

User Interface　Technology and Society　Architecture　Web Accessibility Initiative　W3C Services　Historical　Moved

图1-3　第 1 批应用表格布局设计的网页 W3C（1998）

三、 基于 Flash 的网页设计

Flash 开发于 1996 年，起初只有非常基本的工具与时间线，现在已经发展成能提供开发整套网站功能的强大工具。早期的 HTML 要实现复杂的设计，往往需要大量的表格结构和图像占位符。而 Flash 则能够实现快速地创建复杂、互动性强并且拥有动画元素的网站，并且 Flash 的影片体积小巧，在线应用的可行性更强，如图 1-4 所示。

四、 基于 CSS 的网页设计

21 世纪初，CSS 设计开始受到关注。与表格布局以及 Flash 网页相比，CSS 能将网页的内容与样式相分离，从而实现了表格与结构的分离，也就是现在网页设计的 Web 标准，如图 1-5 所示。它具有以下优点。

- 具有更少的代码和组件，更容易维护。
- 更便于搜索引擎的搜寻。
- 改版方便，不需要变动页面内容。
- 带宽要求降低，成本降低。
- 文件下载与页面显示速度更快。
- 能兼容更多的访问设备（包括手持设备、打印机等）。
- 用户能够通过样式选择个性化定制表现界面。

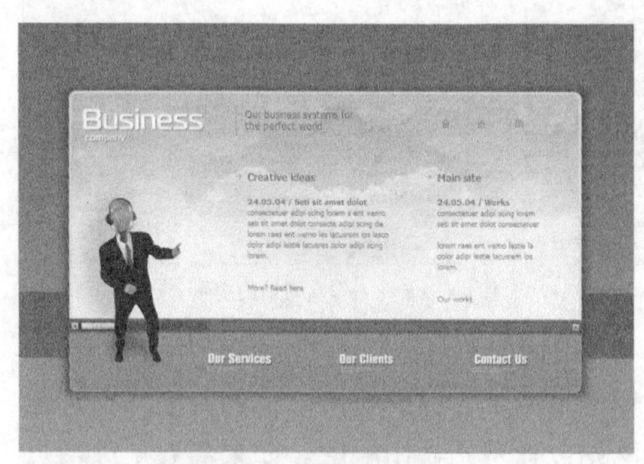

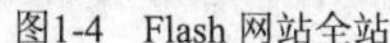
图1-4 Flash 网站全站

图1-5 DIV+CSS 布局的网页

1.1.2 网页的基本概念

在网页设计过程中，经常会碰到一些相关的概念，如网站、网页、主页、静态网页、动态网页和超链接等。这些概念对于制作网页来说是非常重要的，所以用户需要了解和熟悉它们的概念和用途。

一、 网站

网站是一个存放在网络服务器上的完整信息的集合体。它包含一个或多个网页，这些网页以一定的形式连接成一个整体，如图 1-6 所示。此外，网站还包含网页中的相关素材，如图片、动画等。一个网站通常由许多网页集合而成。

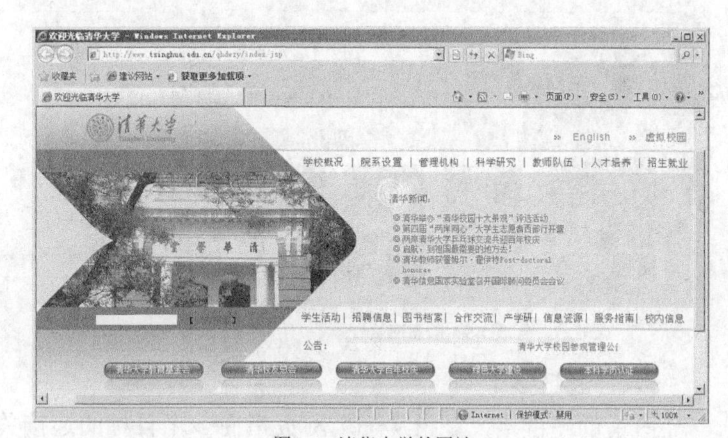

图1-6 清华大学的网站

二、 网页

简单地说，用户通过浏览器看到的任何一个画面都是网页，网页从本质上讲是一个 HTML 文件，而浏览器正是用来解读这种文件的工具。网页里面可以有文字、表格、图片、声音、视频和动画等，如图 1-7 所示。

三、 主页

主页也可以称之为首页。它既是一个单独的网页，又是一个特殊的网页，作为整个网站的起始点和汇总点，是浏览者浏览某个网站的入口，如图 1-8 所示。

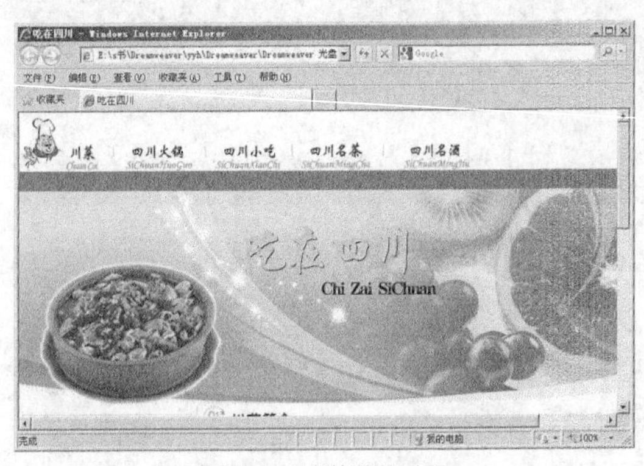

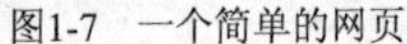

图1-7　一个简单的网页

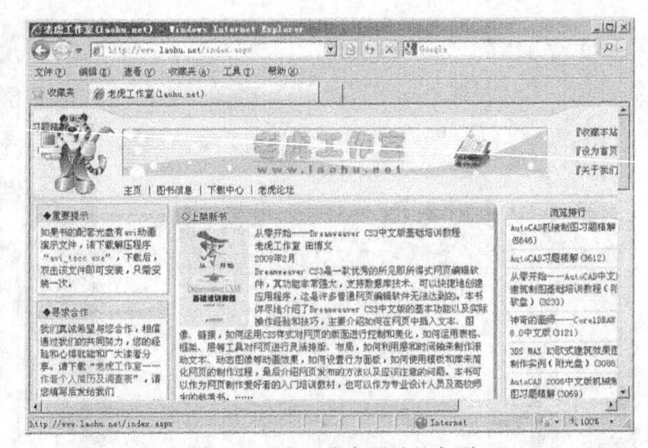

图1-8　老虎工作室网站的主页

四、 静态网页

所谓的静态网页，是指该用户不论从何时何地浏览网页，该网页所呈现的画面和内容都是不变的，这类网页仅供浏览，不能传达信息给网站以让网站做出响应。如果需要更改网页内容就必须修改源代码然后再上传到服务器上，如图 1-9 所示。

五、 动态网页

所谓动态网页，是指网页能够按照用户的操作做出动态响应，如网页上常见的留言板、论坛等。动态网页能根据不同时间访问的来访者显示不同的内容。动态网站的更新十分方便，一般在后台可以直接更新，如图 1-10 所示。

图1-9　静态网页

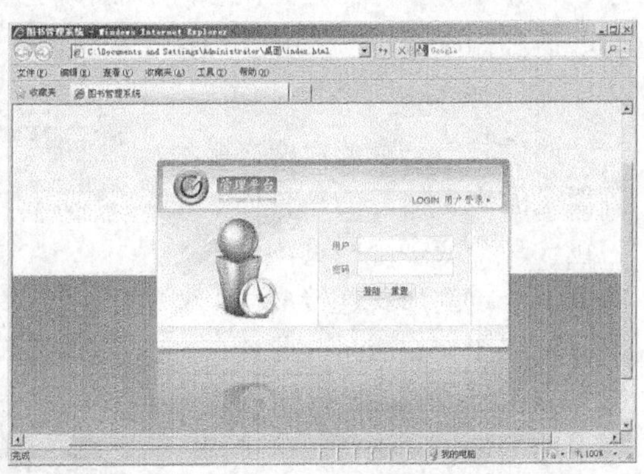

图1-10　动态网页

六、 超链接

所谓的超链接，是指从一个网页指向一个目标的连接关系，该目标可以是另一个网页，也可以是相同网页上的不同位置，还可以是一幅图片、一个电子邮件地址、一个文件，甚至是一个应用程序。而在网页中充当超链接的对象可以是一段文本或是一幅图片。各个网页链接在一起就构成一个网站。当浏览者单击已经创建链接的文字或图片后，链接目标将显示在浏览器上，并且根据目标的类型来打开或运行。超链接效果如图 1-11 所示。

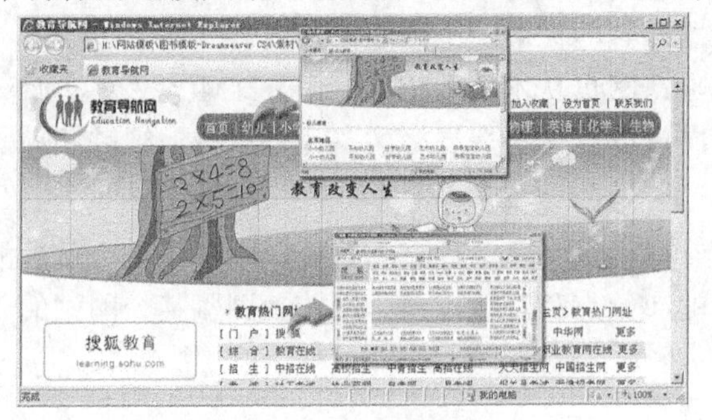

图1-11　超链接效果

1.1.3 网页设计的基本流程

制作网页是一个比较复杂的过程，一个完整的网页的制作过程有以下几个阶段。

一、 分析阶段

分析阶段是指根据用户或设计者的需要来确定 Web 站点的目标和类别。在设计之前要确定网站的类别，例如，有的网站设计是为了更好地宣传公司以提高公司的形象，有的是为了树立政府部门的形象，还有的是为了体现私人个性化。不同类型网站的要求、颜色等都不一样，如图 1-12 所示。在设计网页时，要针对不同的类别明确网站制作的定位方向，设计出适合自己需要的站点。

个人型网站类型

公司型网站类型

图1-12 不同类型的网页

二、 设计阶段

设计阶段是指根据站点的目标整理出站点的内容框架以及逻辑结构图。目标确定后，先把目标细化，并初步收集整理出站点目标所需要包含的内容，形成站点设计的需求纲要，然后画出站点的结构图。图 1-13 所示为个人网站功能结构简图。

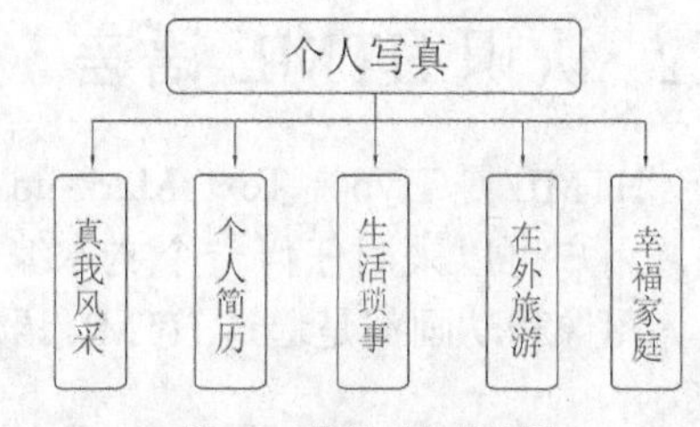

图1-13 网站功能结构图

三、 实现阶段

实现阶段是指使用网页制作工具完成页面的制作。在网页的制作过程中会使用到许多工具，如 Dreamweaver、Fireworks、Flash、Photoshop、imageready 等。图 1-14 所示为使用 Dreamweaver CC 进行界面布局的效果。

图1-14 使用 Dreamweaver 进行界面布局

四、 测试阶段

测试阶段是指使用浏览器测试网页的效果和正确性。网页制作完毕后，需要在浏览器中进行网页测试，看看制作的网页效果如何以及是否能在浏览器中正确显示，如图 1-15 所示。

图1-15　测试阶段

五、 维护阶段

维护阶段是指把经过测试后准确无误的网页上传并发布到 Internet 上。为了让网页吸引更多浏览者的眼球，网页需要时常更新的，还要对其进行定期的维护和修改。

1.2 认识 HTML 语言

HTML 是 Hyper Text Mark-up Language 的缩写，即超文本标记语言，是一个纯文本文件，用户可以采用任何一个文本编辑器进行编写，然后通过浏览器解释执行。网页上的文字、图像和动画都是通过 HTML 语言表现出来的。HTML 文件的扩展名是.html 或.htm。

1.2.1 HTML 的基本概念

一般的 HTML 由标签（Tags）、代码（Codes）和注释（Comments）组成。HTML 标签的基本格式如下。

```
<标签>页面内容</标签>
```

一、 HTML 文档特征

HTML 文档具有以下基本特征。

(1) 标签都用“<”和“>”框起来。

(2) 标签一般情况下是成对出现的，结束标签比起始标签多一个“/”。如“<html>”和“</html>”，第一个叫开始标签，第二个叫结束标签。

(3) 标签可以嵌套，但是先后顺序必须保持一致。例如：

```
<body>
这是我的<strong>第一个</strong>网页。
</body>
```

二、 HTML文档格式

一个完整的HTML文件包括标题、段落、列表、表格以及各种嵌入对象，这些对象统称为HTML元素。HTML中使用标签来分割并且描述这些元素，HTML文件就是由各种HTML标签和元素组成的。

```
<html> /*文件开始*/
<head> /*标头区开始*/
<title>My_Web</title> /*标题区*/
</head> /*标头区结束*/
<body> /*正方区开始*/
<p>我的第一个网页</p>/*正文部分*/
</body> /*正方区结束*/
</html> /*文件结束*/
```

通常，一份HTML网页文件包含两个部分：<head>...</head>标头区，是用来记录文件基本信息的，如作者、编写时间；<body>...</body>本文区，即文件资料，指在浏览器上看到的网站内容。而<html>和</html>则代表网页文件格式。

运行记事本并将上述代码复制到记事本中，如图1-16所示，然后将其保存为名为“index.html”的HTML文件，在浏览器中打开的效果如图1-17所示。

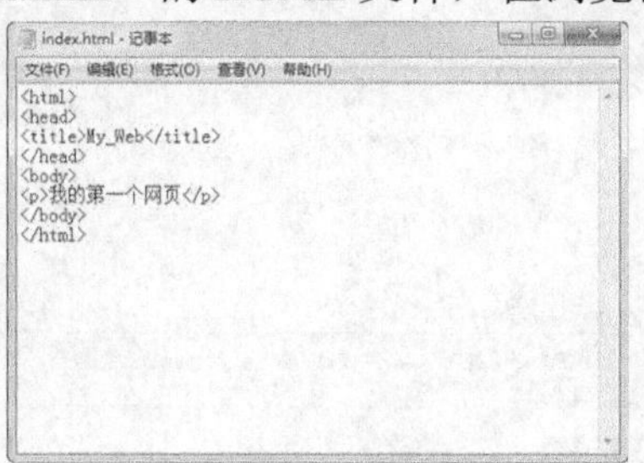

图1-16 用记事本电脑编写代码

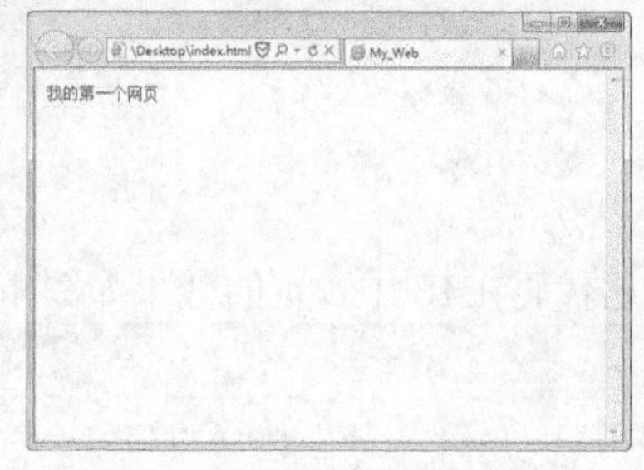

图1-17 用HTML语言编写的网页

1.2.2 常用HTML的标签

HTML语言中涉及的标签种类之多。下面重点介绍几个常用标签，便于让读者能快速入门HTML。

一、 文本

在HTML中，文本标签为<font>，与之对应常用的属性有color（定义字体的颜色）、size（定义文字的大小）和face（定义文字的字体）等，使用方法如下。

```
<html>
<head>
<meta http-equiv="Content-Type" content="text/html; charset=utf-8" />
<title>文本标签案例</title>
</head>
<body>
<font color="#FF0000" size="5" face="宋体">字体颜色为：红色；文字大小为：5;
```

```
字体为：宋体</font>
    </body>
    </html>
```

上述代码在 IE 中预览的效果如图 1-18 所示。

二、 标题

标题标签可以区分文章段落，使页面呈现出丰富的层次感。标题标签有 6 个级别，从<h1>到<h6>。<h1>为一级标题，<h6>为六级标题，强调方式依次减弱，使用方法如下。

```
<html>
<head>
<meta http-equiv="Content-Type" content="text/html; charset=utf-8" />
<title>标题标签案例</title>
</head>
<body>
<h1>1 级标题</h1>
<h2>2 级标题</h2>
<h3>3 级标题</h3>
<h4>4 级标题</h4>
<h5>5 级标题</h5>
<h6>6 级标题</h6>
</body>
</html>
```

上述代码在 IE 中预览的效果如图 1-19 所示。

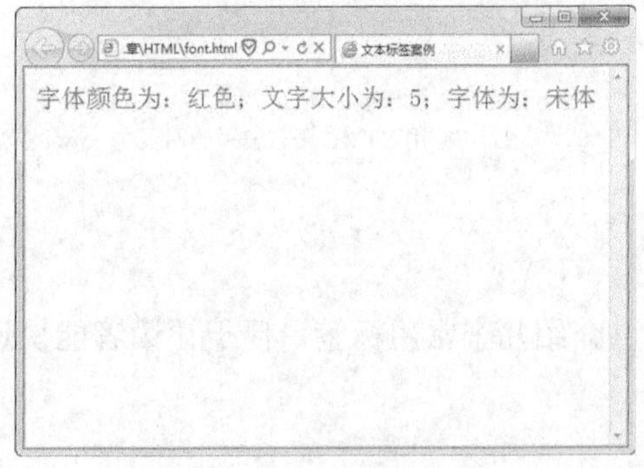

图1-18 文本标签的使用案例

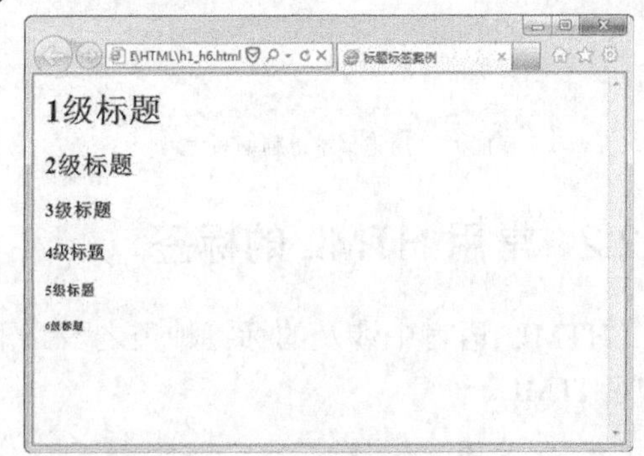

图1-19 标题标签的使用案例

三、 图像

在 HTML 中，图像是由<img>标签定义的，用于插入图像。常用的属性有 src（定义图像所在的地点和文档名称）、alt（设置替换文本）、aling（设置对齐方式）、width（定义图像的宽）和 height（定义图像的高）等。

```
<html>
<head>
<meta http-equiv="Content-Type" content="text/html; charset=utf-8" />
<title>图像标签案例</title>
```

```
</head>
<body>
<center>
<img   src="images/08.gif"   alt="building"   width="600"   height="300"
align="middle">
</center>
</body>
</html>
```

上述代码在 IE 中预览的效果如图 1-20 所示。

四、 链接

链接是非常重要的标签，在 HTML 中锚标签<a>用来定义链接。常用的属性有 target（定义打开链接地址的方式）、href（定义链接到的地址）等。

```
<html>
<head>
<meta http-equiv="Content-Type" content="text/html; charset=utf-8" />
<title>链接标签案例</title>
</head>
<body>
<a href="#" target="_blank">空链接的文字</a>
</body>
</html>
```

上述代码在 IE 中预览的效果如图 1-21 所示。

图1-20 图像标签的使用案例

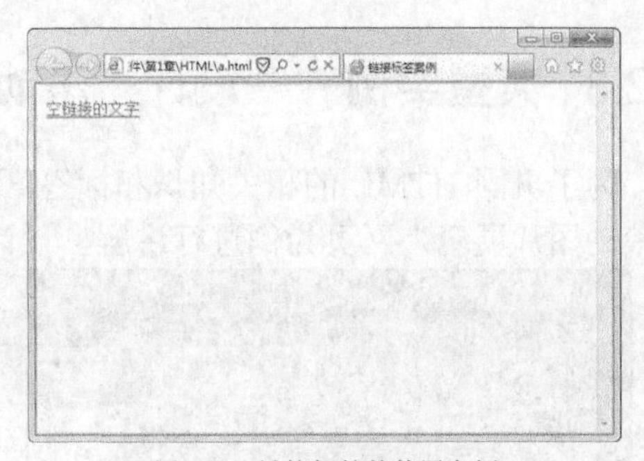

图1-21 链接标签的使用案例

五、 表格

在 HTML 中，<table>标签用来定义表格。一个表格使用<tr>标签划分为若干行，使用<td>标签将每一行划分为若干单元格。表格的<table>、<tr>、<th>、<td>等标签都可以设置宽度、高度、背景颜色等多种属性，<border>可以定义表格边框的宽度大小。

```
<html>
<head>
<meta http-equiv="Content-Type" content="text/html; charset=utf-8" />
<title>表格标签案例</title>
</head>
```

```
<body>
<table width="650" border="1">
 <tr>
<th colspan="3" height="30">第 1 个表格</th>
 </tr>
 <tr>
<td width="200">单元格 1</td>
    <td width="200">单元格 2</td>
    <td width="200">单元格 3</td>
 </tr>
</table>
</body>
</html>
```

上述代码在 IE 中预览的效果如图 1-22 所示。

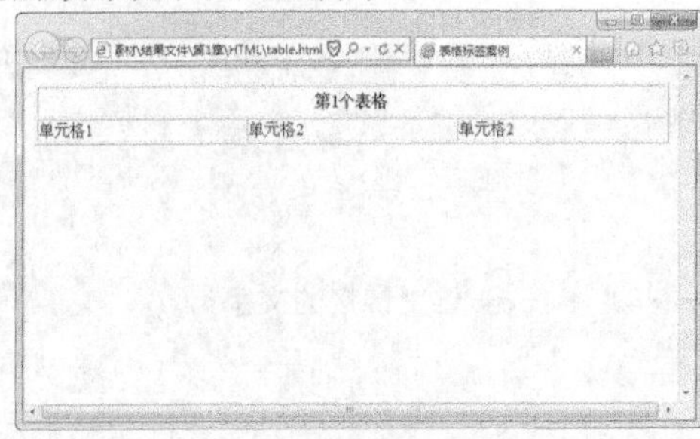

图1-22　表格标签的使用案例

1.2.3　典型实例——设计“滚动图片展示”网页

为了巩固 HTML 的相关知识和标签，熟练掌握 HTML 语言的操作方法。下面将以设计“滚动图片展示”网页为例进行讲解，设计效果如图 1-23 所示。

图1-23　设计“滚动图片展示”网页

1. 导入图像。

(1) 运行 Dreamweaver CC，打开附盘文件“素材\第 1 章\滚动图片展示\marquee.html”，如图 1-24 所示。

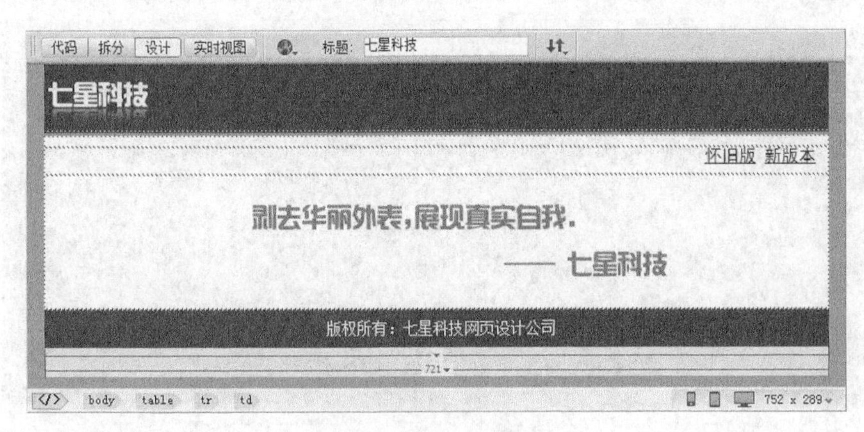

图1-24　打开素材文件

(2) 在文档工具栏中单击 代码 按钮，切换至【代码】面板，如图 1-25 所示。

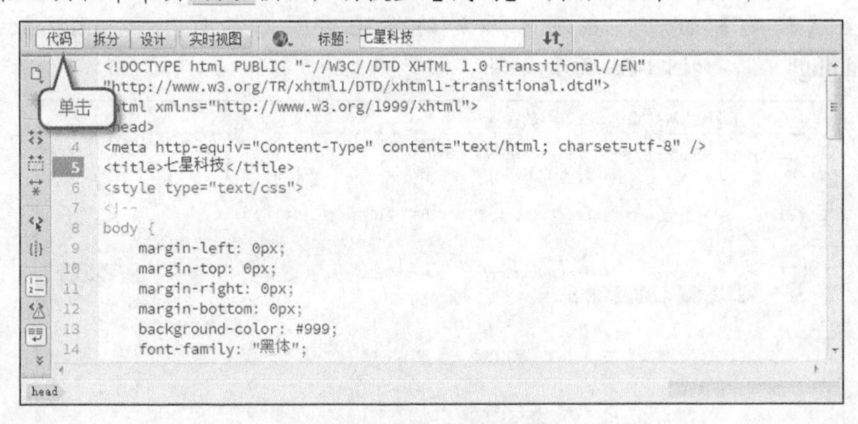

图1-25　切换至【代码】面板

(3) 在第 35 行代码中的“<td>”代码中添加代码“background="images/banner.jpg" width="721" height="264" border="0"”，如图 1-26 所示。

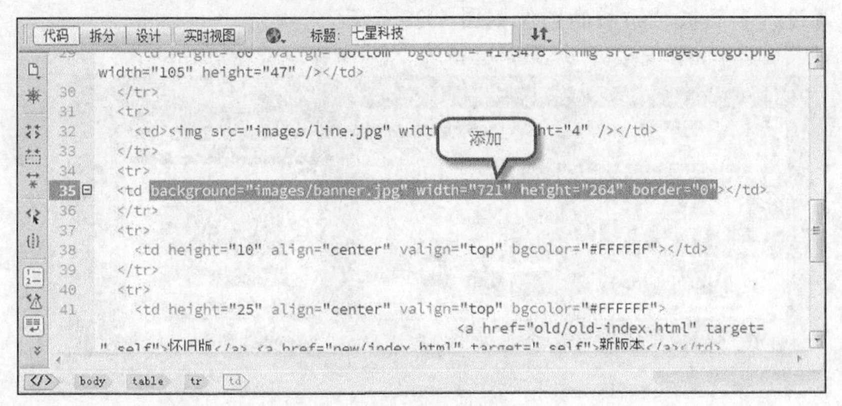

图1-26　添加背景图像代码

(4) 在文档工具栏中单击 设计 按钮，切换至【设计】面板，在网页中间部分的单元格中已经添加了一张背景图像，如图 1-27 所示。

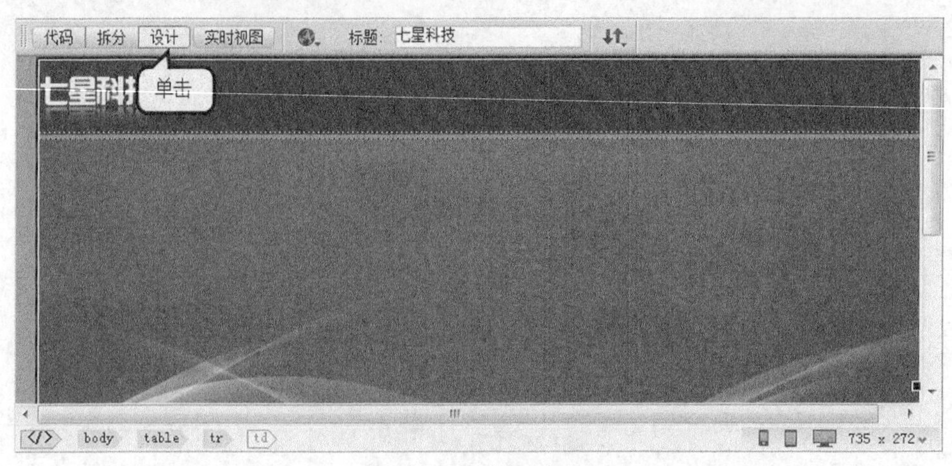

图1-27　添加的背景图像

(5) 切换至【代码】面板，在刚才添加的代码后面添加代码“<img src="images/zhanshi.png" />”，如图 1-28 所示。

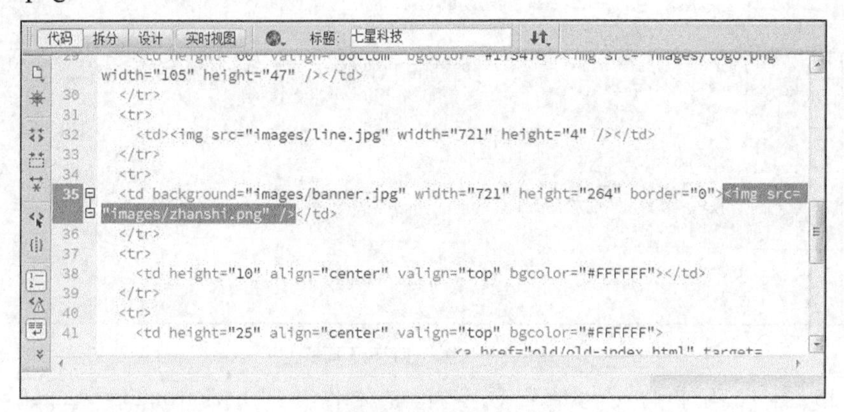

图1-28　添加图像代码

(6) 切换至【设计】面板，添加的图像如图 1-29 所示。

图1-29　添加的图像

2. 设计滚动效果。

(1) 切换至【代码】面板，在第 35 行的“<img…”代码前面添加代码“<marquee behavior="alternate">”，如图 1-30 所示。

图1-30 添加滚动效果代码

(2) 在第 35 行“</td>”代码前面添加代码“</marquee>”，如图 1-31 所示。

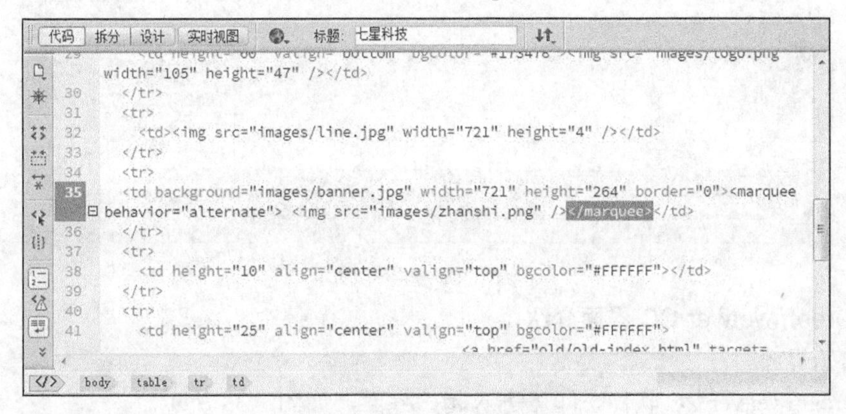

图1-31 添加滚动效果结束代码

3. 预览网页。

(1) 按 Ctrl + S 组合键保存文档。

(2) 在文档工具栏中单击按钮，在弹出的下拉菜单中选择【预览在 IExplore】选项，即可在 IE 中预览网页的设计效果，如图 1-23 所示。

1.3 Dreamweaver CC 网页设计基础

Dreamweaver 与 Flash、Fireworks 并称为网页制作三剑客，这 3 款软件相辅相承，是制作网页的最佳选择。Dreamweaver CC 是设计 Web 站点和应用程序的专业工具，它将可视布局工具、应用程序开发功能和代码编辑支持组合在一起，其功能强大，便于让各个技术水平层次的开发人员和设计人员都能够快速创建引人入胜的标准网站和应用程序。

1.3.1 Dreamweaver CC 的操作基础

工欲善其事，必先利其器，下面先认识一下 Dreamweaver 的发展史及其工作界面。

一、 Dreamweaver 发展简介

Dreamweaver 是集网页制作和网站管理于一身的所见即所得网页编辑器，它是第一套针

对专业网页设计师专门开发的视觉化网页开发工具，利用它可以轻而易举地制作出超越平台浏览器限制的网页。其先后开发了 Dreamweaver 4.0、Dreamweaver MX、Dreamweaver MX 2004、Dreamweaver 8.0、Dreamweaver CS3、Dreamweaver CS4、Dreamweaver CS5 和 Dreamweaver CC 几个版本。图 1-32 所示为 Dreamweaver 4.0 版本的操作界面。

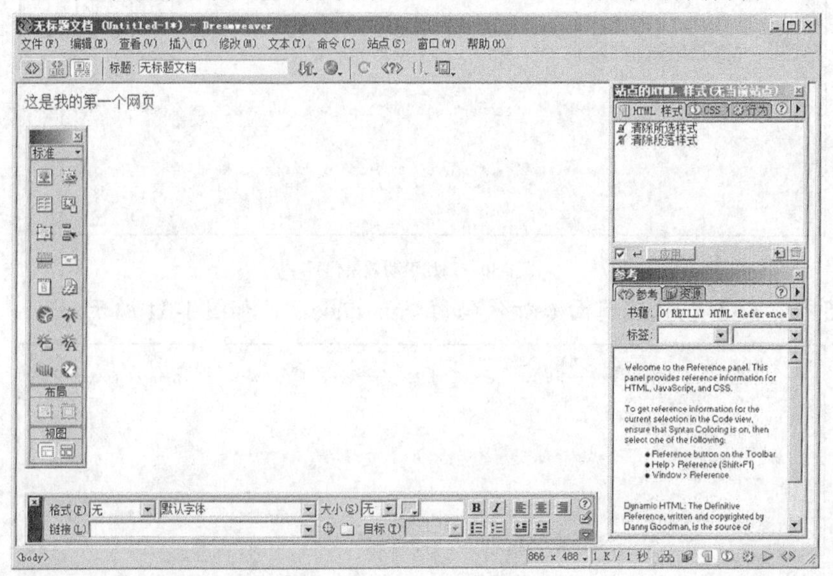

图1-32 Dreamweaver 4.0 的操作界面

二、 Dreamweaver CC 界面介绍

(1) 起始界面。

启动 Dreamweaver CC 软件，即可进入起始界面，如图 1-33 所示。

其中包括 3 个主要板块。

- 【最近浏览的文件】: 快速打开最近一段时间使用过的文件。
- 【新建】: 新创建 Dreamweaver 文档。
- 【了解】: 了解 Dreamweaver 的功能。

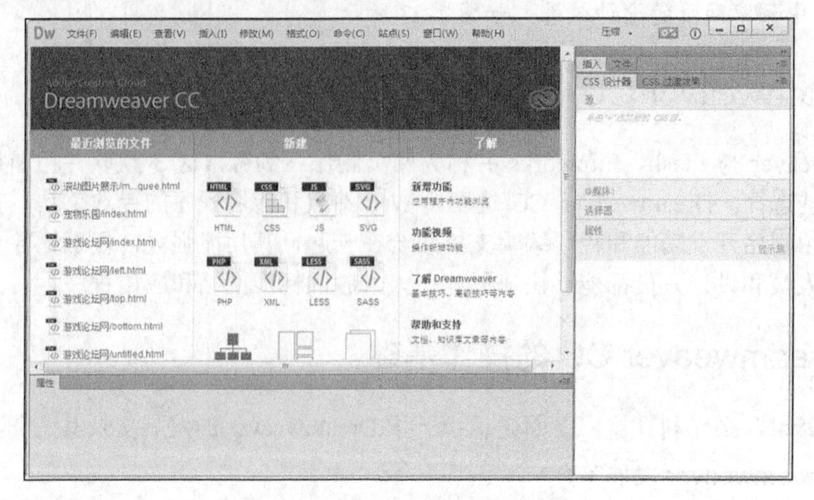

图1-33 起始界面

(2) 操作界面。

选择图 1-33 中【新建】模块的[图标]选项，新建一个空白的 HMTL 文档，如图 1-34 所示；图中包括菜单栏、文档工具栏、插入面板、编辑区、属性检查器面板等。

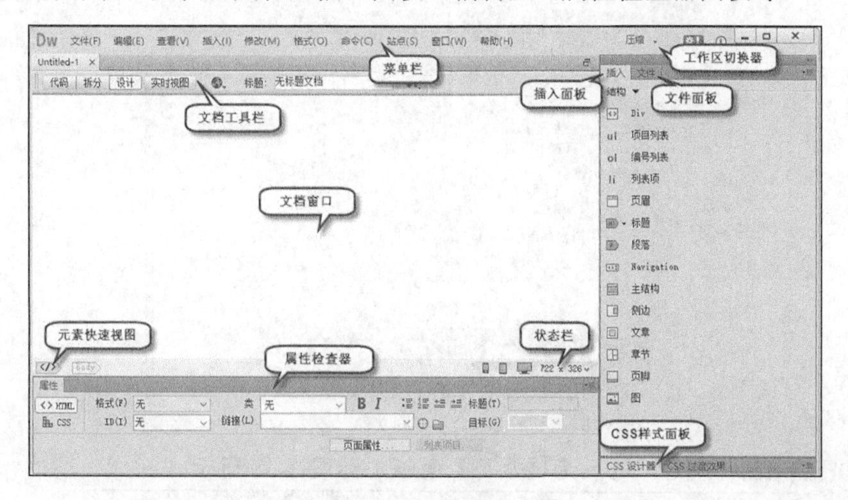

图1-34 操作界面

Dreamweaver CC 的界面比较人性化，并提供了两个可供用户选择的界面方案，此外还有自定义选择界面。单击如图 1-34 所示中的工作区切换器即可选择界面方案，如图 1-35 所示。

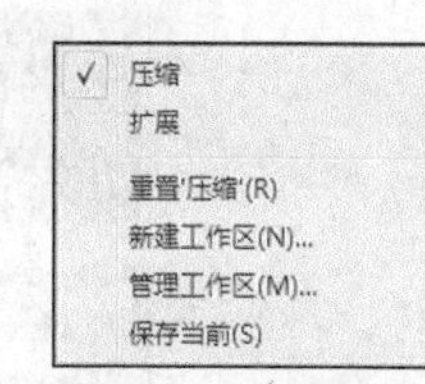

图1-35 界面方案

这里不再对面板中各个部分的具体功能做具体讲解，与其他软件一样，Dreamweaver 也需要在实战中去了解、熟悉和掌握。只有通过实例操作，用户才能掌握各工具的具体功能。

1.3.2 典型实例——设计“公司宣传”主页

为了让读者熟悉 Dreamweaver 的基本操作，以及了解使用 Dreamweaver 设计网页的一般过程，下面将以设计“公司宣传”主页为例进行讲解，设计效果如图 1-36 所示。

图1-36 设计“公司宣传”主页

1. 创建站点。

(1) 在计算机 E 盘上新建一个名为“my_web”的文件夹，然后将附盘文件夹“素材\第 1 章\公司宣传”中的“images”文件夹复制到新建的文件夹中，如图 1-37 所示。

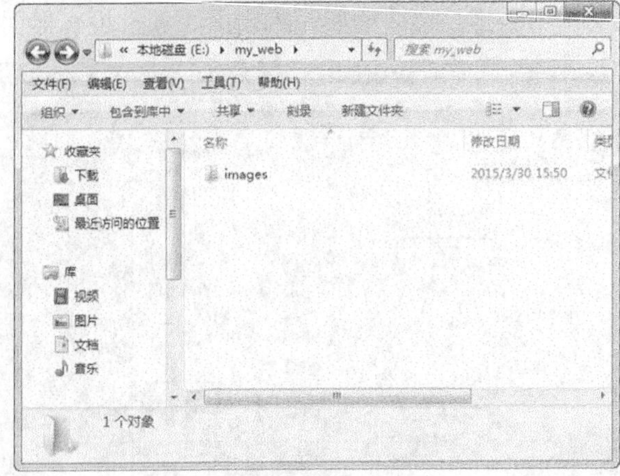

图1-37 复制文件

(2) 运行 Dreamweaver CC，进入【起始页】面板，如图 1-38 所示。

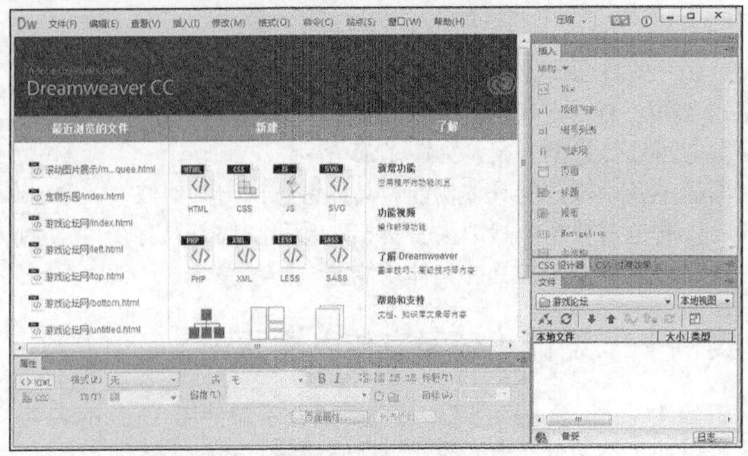

图1-38 【起始页】面板

(3) 选择菜单命令【站点】/【新建站点】，弹出【站点定义】对话框，设置【站点名称】为“MyWeb”，【本地站点文件夹】为“E:\my_web\”，如图 1-39 所示。

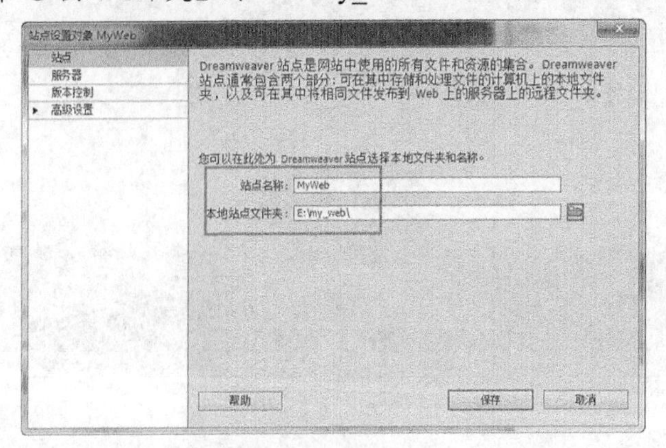

图1-39 设置站点参数

(4) 单击【保存】按钮，即可新建一个站点，并将文件夹中的文件导入系统中，如图 1-40 所示。

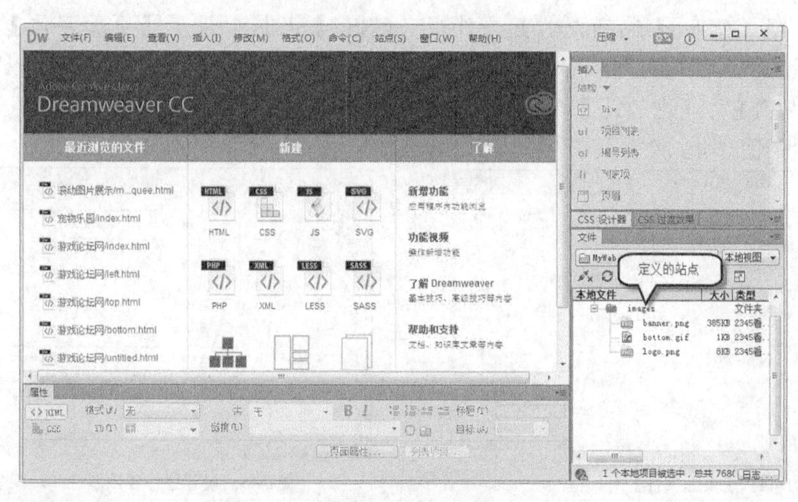

图1-40 完成站点创建

2. 创建文档。

(1) 在起始页面板上单击 HTML 按钮，即可创建一个空白的 HTML 文档，如图 1-41 所示。

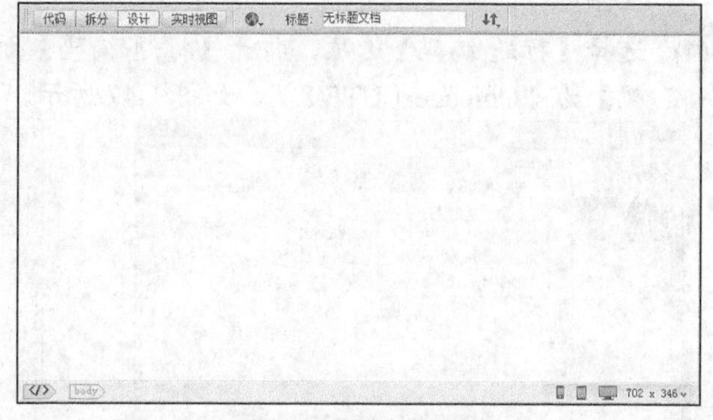

图1-41 创建空白文档

(2) 选择菜单命令【文件】/【保存】，打开【另存为】对话框，设置【文件名】为"index.html"，如图 1-42 所示。文档会默认保存在站点目录下面。

(3) 单击【保存(S)】按钮，将空白文档进行保存，并返回文档，该文档已经添加到站点中，如图 1-43 所示。

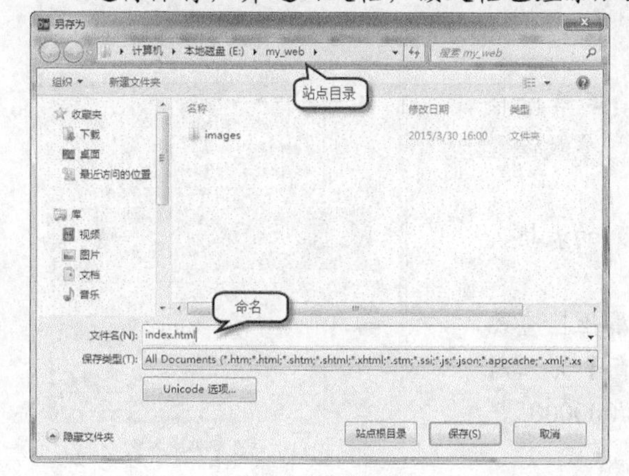

图1-42 保存文档

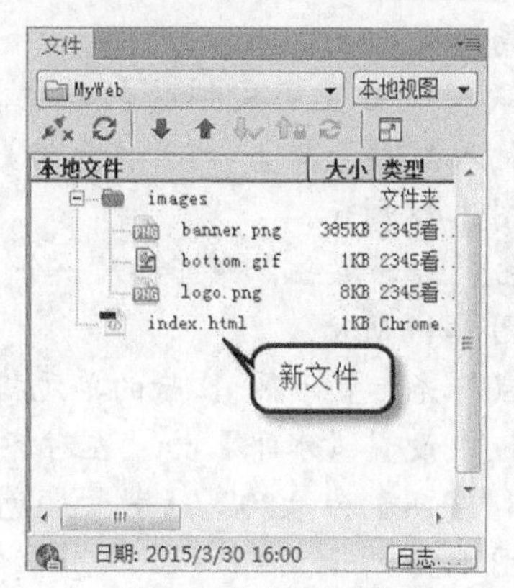

图1-43 完成文档创建

3. 设置页面属性。

(1) 选择菜单命令【修改】/【页面属性】，打开【页面属性】对话框，如图 1-44 所示。

(2) 选择【外观（CSS）】选项，打开【外观（CSS）】面板，设置【页面字体】为“Segoe, Segoe UI, DejaVu Sans, Trebuchet MS, Verdana, sans-serif”，【大小】为“18px”，【文本颜色】为“#FFF”，【左边距】为“0”，【右边距】为“0”，【上边距】为“0”，【下边距】为“0”，如图 1-45 所示。

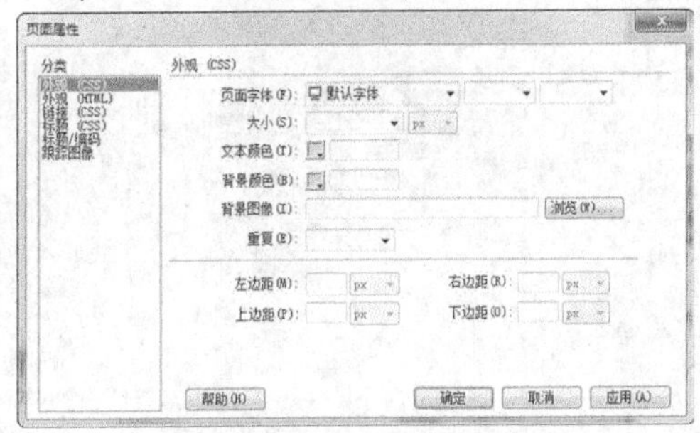

图1-44　【页面属性】对话框

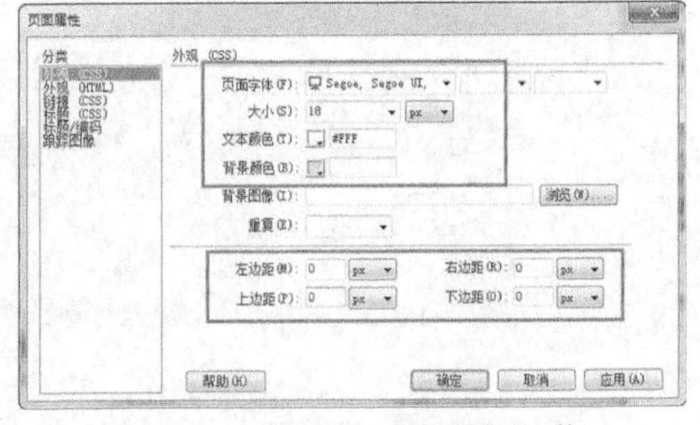

图1-45　设置字体各项属性和边距参数

(3) 选择【链接（CSS）】选项，打开【链接（CSS）】面板，设置【链接颜色】为“#FFF”，【已访问链接】为“#F00”，【下划线样式】为“始终无下划线”，如图 1-46 所示。

(4) 选择【标题/编码】选项，打开【标题/编码】面板，设置【标题】为“公司宣传”，【编码】为“Unicode（UTF-8）”，如图 1-47 所示。

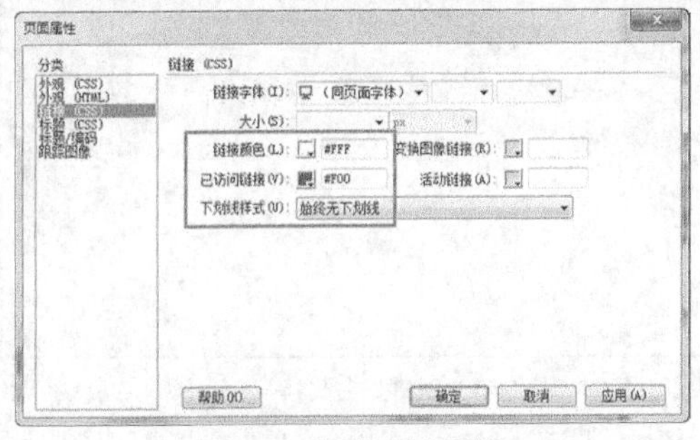

图1-46　设置超链接属性

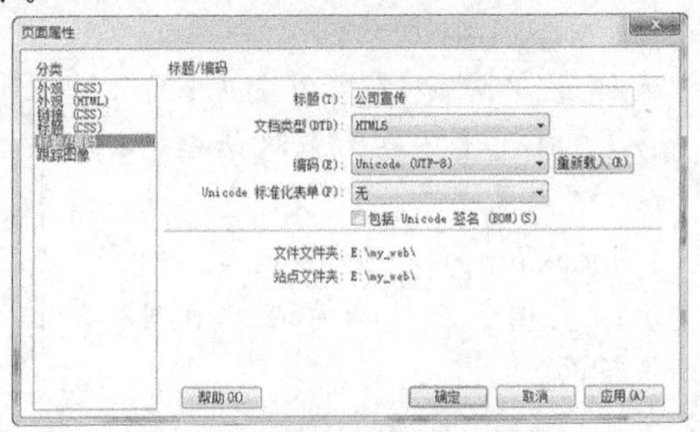

图1-47　设置【标题/编码】选项

(5) 单击 确定 按钮，完成设置。

4. 布局网页。

(1) 将鼠标光标置于文档的起始位置，选择菜单命令【插入】/【表格】，打开【表格】对话框，参数设置如图 1-48 所示。

(2) 单击 确定 按钮，即可插入一个 3 行 1 列的表格，如图 1-49 所示。

(3) 将鼠标光标置于第 1 行的单元格中，在属性检查器面板中设置【水平】为“左对齐”，【垂直】为“居中”，【高】为“80”，【背景颜色】为“#000000”，如图 1-50 所示。

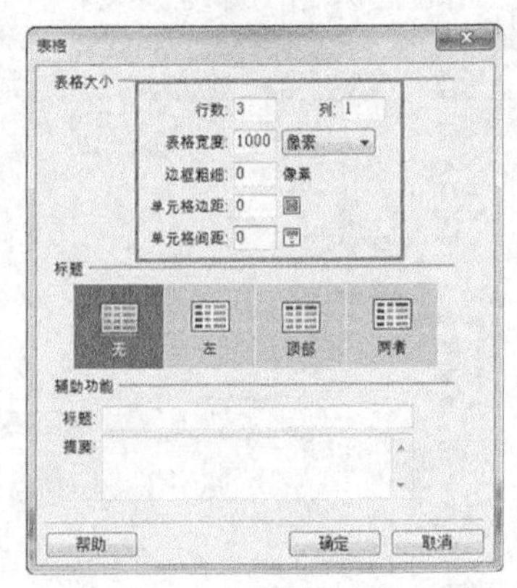

图1-48　设置表格参数

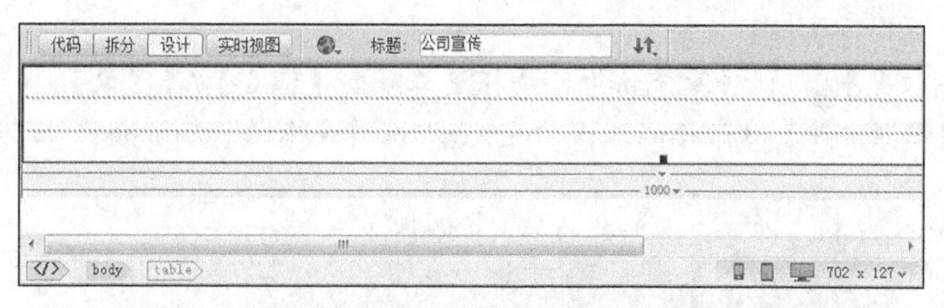

图1-49　插入3行1列的表格

图1-50　设置第1行单元格的属性

(4) 将鼠标光标置于第 2 行的单元格中，在属性检查器面板中设置【高】为“478”，如图 1-51 所示。

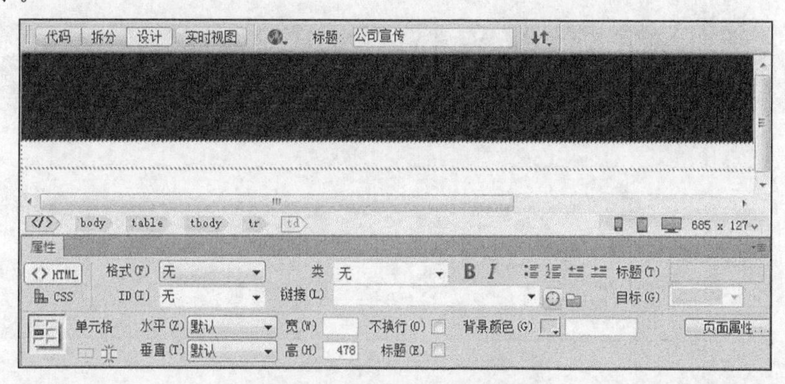

图1-51　设置第2行单元格的属性

(5) 将鼠标光标置于第 3 行的单元格中，在属性检查器面板中设置【水平】为“右对齐”，【垂直】为“居中”，【高】为“31”，如图 1-52 所示。

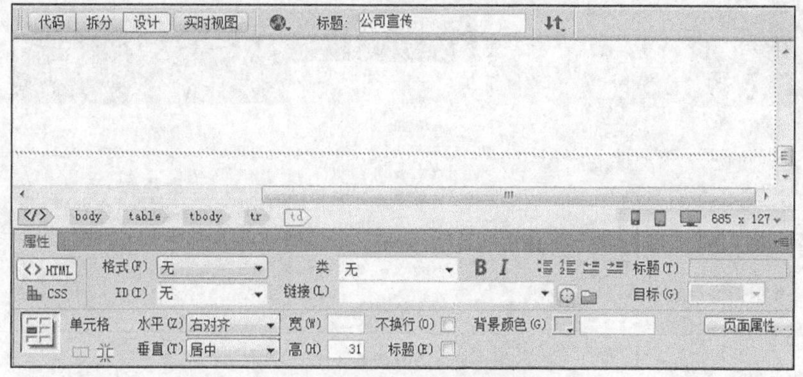

图1-52　设置第3行单元格的属性

5.　添加内容。

(1)　将鼠标光标置于第 1 行单元格中，选择菜单命令【插入】/【图像】/【图像】，打开【选择图像源文件】对话框，选择“images”文件夹中的“logo.png”图像文件，如图 1-53 所示。

(2)　单击 确定 按钮，即可完成图片的插入，如图 1-54 所示。

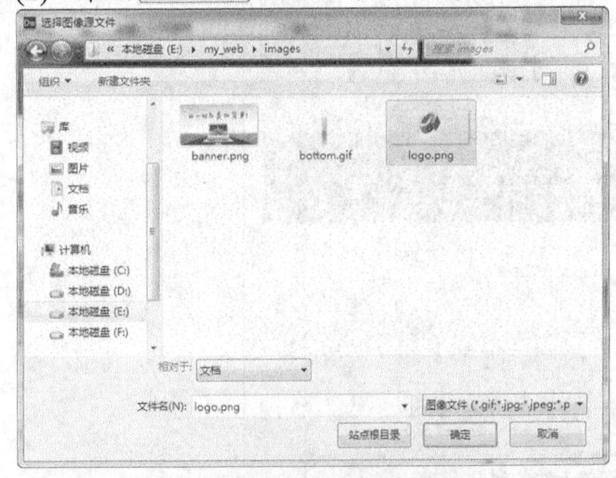

图1-53　选择要插入的图像文件

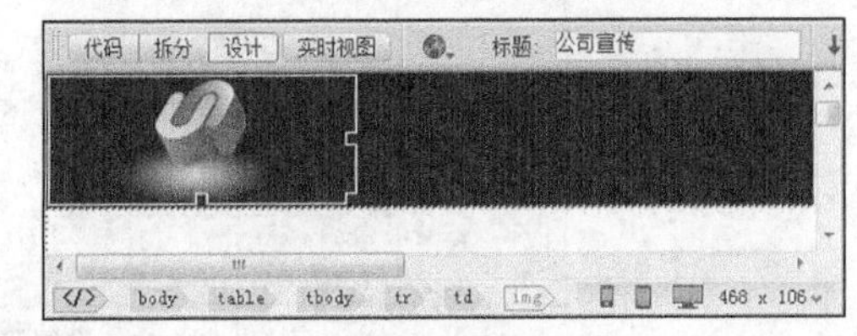

图1-54　插入图片

(3)　在属性检查器面板中设置【替换文本】为“蓝鹰公司”，如图 1-55 所示。

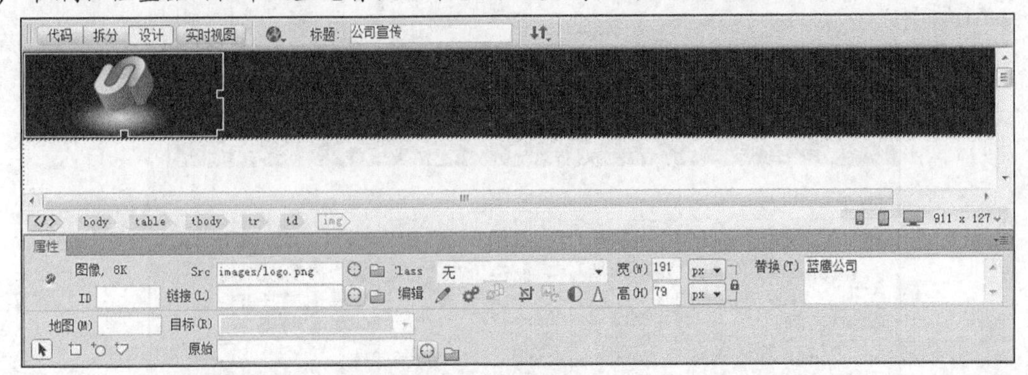

图1-55　设置替换文本

(4)　在图像上单击鼠标右键，在弹出的快捷菜单中选择【对齐】/【绝对中间】，如图 1-56 所示。

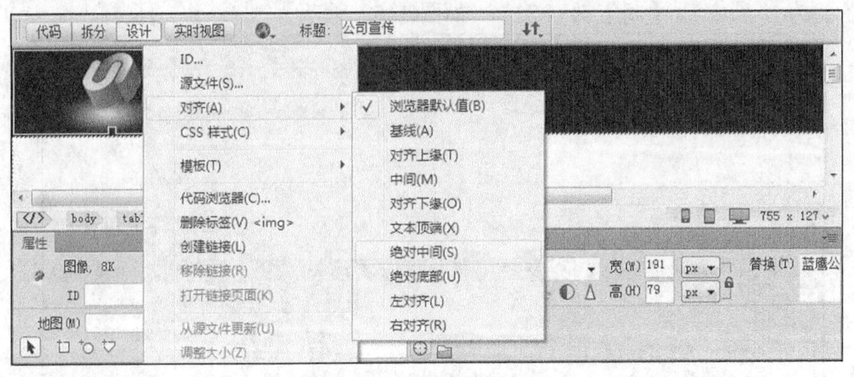

图1-56　设置图像属性

(5) 将鼠标光标置于图像之后，输入文本：“关于公司|新闻中心|公司产品|公司服务|人才招聘”，如图 1-57 所示。

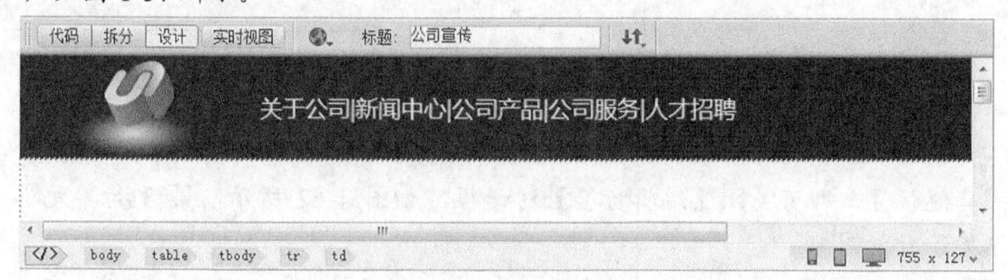

图1-57 输入文本

(6) 在文本与竖线之间按 Ctrl + Shift + Space 组合键即可插入不换行空格，最终调整效果如图 1-58 所示。

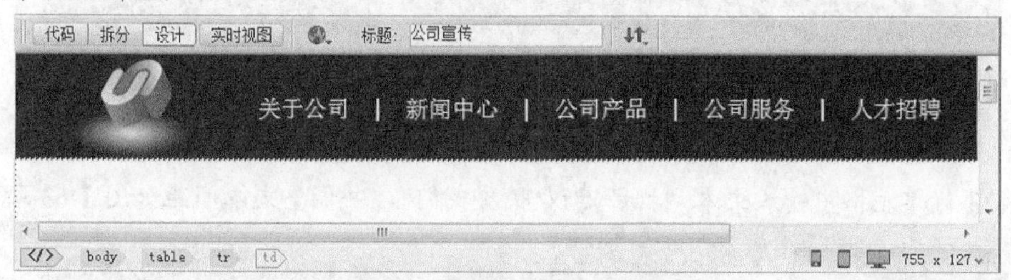

图1-58 调整文字与竖线之间的间距

(7) 将鼠标光标置于第 2 行单元格中，选择菜单命令【插入】/【图像】，将“images” 文件夹中的“banner.png”图像文件插入到单元格中，如图 1-59 所示。

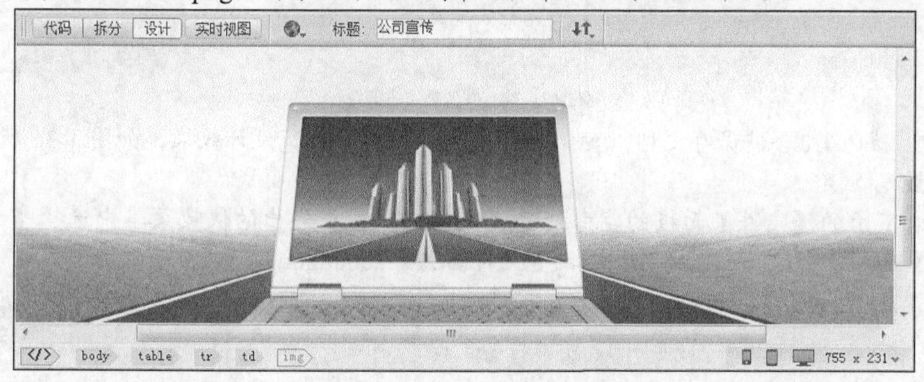

图1-59 在第 2 行单元格中插入图像

(8) 单击选中图像，在属性检查器面板中设置【宽】为“1000”，如图 1-60 所示。

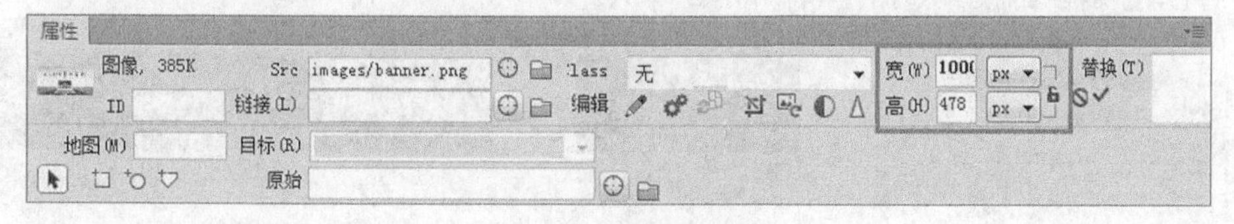

图1-60 设置图像宽度

(9) 将鼠标光标置于第 3 行单元格中，在【标签选择器】中的“<tr>”代码单击鼠标右键，在弹出的快捷菜单中选择【Quick Tag Editor…】选项，打开【编辑标签】对话框，并输入代码“background="images/bottom.gif"”，如图 1-61 所示。

右击代码

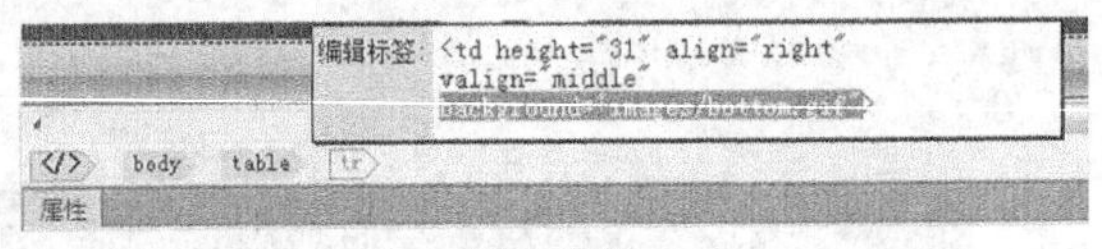

输入代码

图1-61　设置第 3 行单元格中的背景图像

(10) 单击其他位置，即可关闭【编辑标签】对话框，如图 1-62 所示，第 3 行单元格中则已经添加了背景图像。

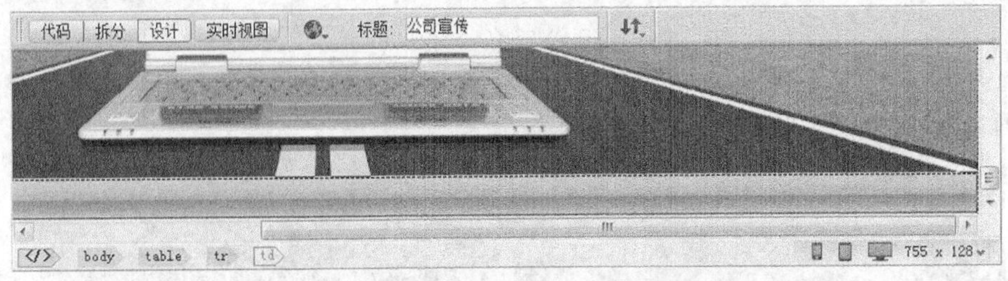

图1-62　为第 3 行单元格插入背景图像

(11) 在第 3 行单元格中输入文本“批评建议 联系我们”，并调整文本间距如图 1-63 所示。

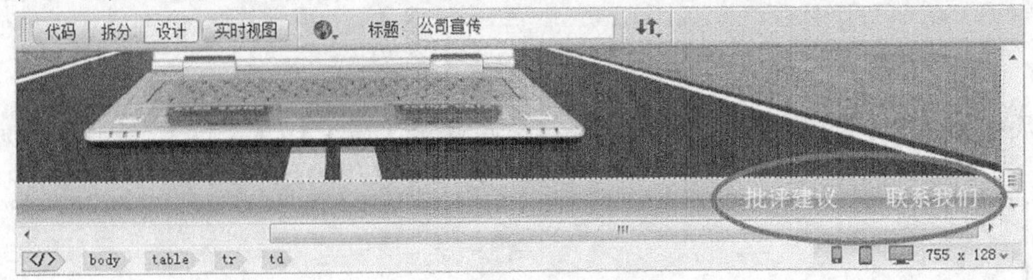

图1-63　输入并调整文本间距

(12) 按 Ctrl + S 组合键保存文档，案例制作完成，按 F12 键预览设计效果，如图 1-36 所示。

6. 设置超链接。

(1) 在右下角的【文件】面板的空白处单击鼠标右键，在弹出的快捷菜单中选择【新建文件】选项，创建一个新文件，并设置文件名为“about.html”，如图 1-64 所示。

要点提示 如果需要对文件进行重新命名时，可在【文件】面板中单击文件名，即可进入文件名的修改状态，然后输入新的文件名称，修改过程中注意文件名的后缀。

(2) 返回网页设计界面，选中文本“关于公司”，在属性检查器面板上单击 HTML 按钮切换至 HTML 属性面板，如图 1-65 所示。

图1-64　新建文件

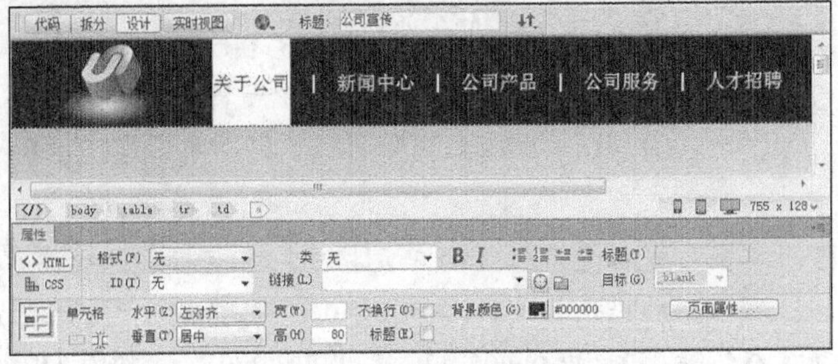

图1-65　HTML 属性面板

(3) 单击【链接】文本框右侧的按钮，打开【选择文件】对话框，选择“about.html”文件，如图 1-66 所示。

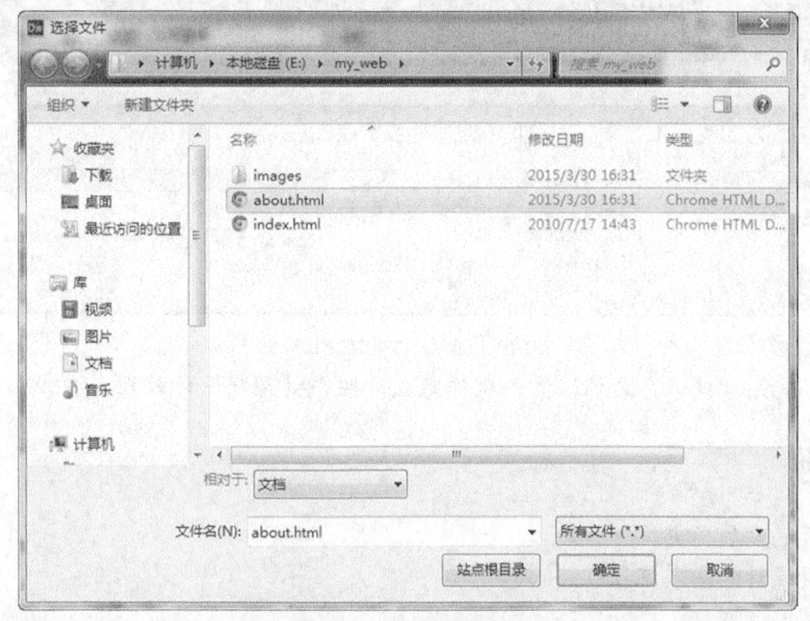

图1-66　选择要链接的文件

(4) 单击 确定 按钮，返回属性检查器面板，【链接】文本框中出现刚才选择的文档名称，然后在【目标】下拉列表中选择【_blank】选项，如图 1-67 所示。

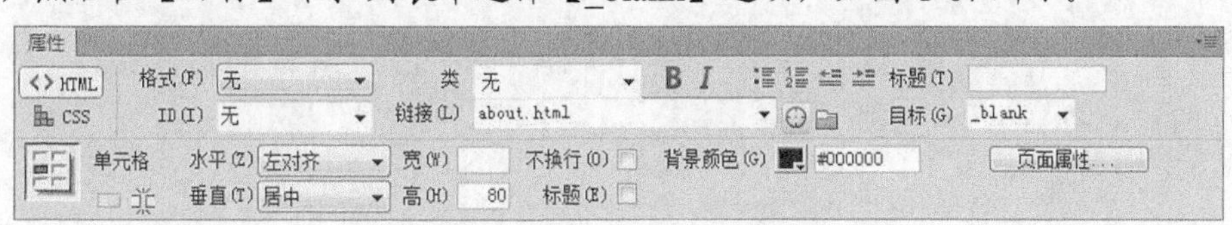

图1-67　设置打开方式

(5) 选中文本“新闻中心”，在 HTML 属性面板中设置【链接】为“#”，为选中的文本创建空链接，如图 1-68 所示。

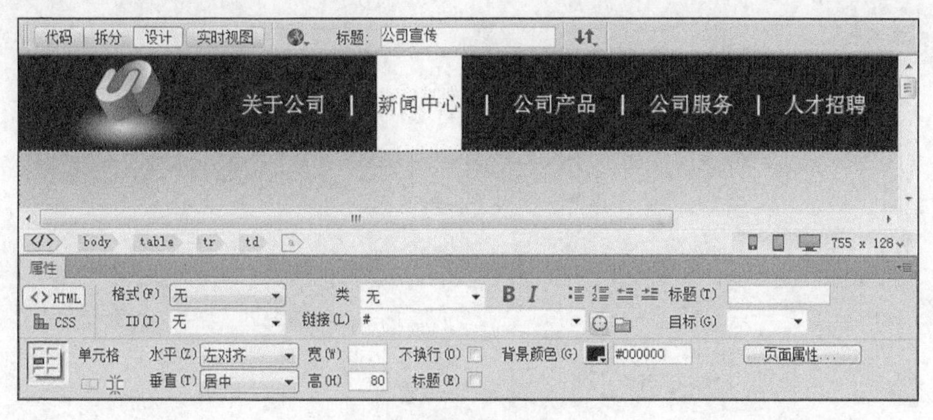

图1-68　创建空链接

(6) 用同样的方法，分别对“公司产品”“公司服务”“人才招聘”创建空链接，如图 1-69 所示。

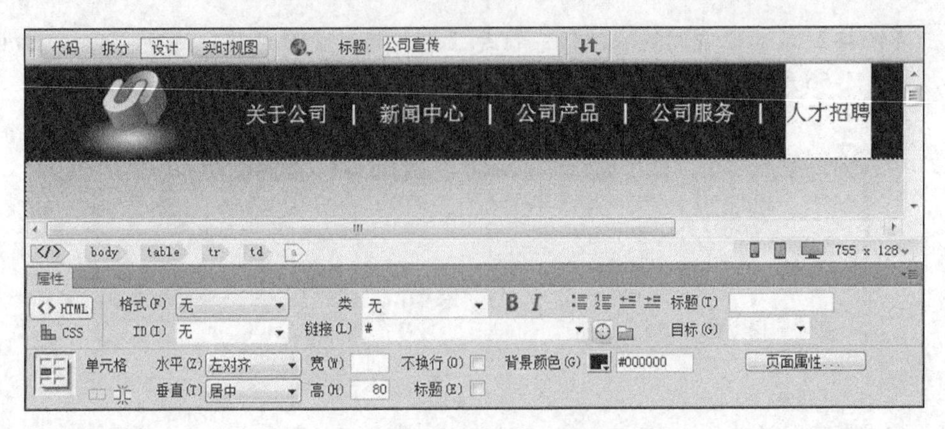

图1-69　为其他文本创建空链接

(7) 按Ctrl+S组合键保存文档，案例制作完成，按F12键预览设计效果。

1.4 习题

1. 简述网页的发展历史。
2. 简述网页设计的基本流程。
3. 什么是网站、网页？
4. HTML 常用的标签有哪些？
5. 熟悉 Dreamweaver CC 的设计环境。

第2章　添加基础页面元素

【学习目标】

- 掌握文本的添加方法。
- 掌握文本的编排方法。
- 掌握图像的添加方法。
- 掌握图像的编辑方法。

基础页面元素主要是指文本和图像元素，它们是人类表达感情、传递信息的重要表现形式。文本可使网页内容更加充实和丰满，图像可以提升网页的视觉感染力，是重要的交互式设计元素，两者共同组成页面的基础。本章将详细讲解如何使用 Dreamweaver CC 添加文本和图像的具体操作过程及相关知识。

2.1　添加网页文本

文本数据在网络上传输速度较快，用户可以很方便地浏览和下载，它已经成为网页主要的信息载体，而且严谨有序、清晰详尽的文本更能增强网页的视觉冲击效果，因此文本处理是迈开设计精美网站的第一步。

2.1.1　文本的添加和编排方法

在 Dreamweaver CC 中添加文本，主要是指文字、水平线、特殊字符和日期等元素；编排主要是指设置字体、颜色、段落、对齐方式和创建列表等。下面将以设计“英语一角”网页为例来介绍在 Dreamweaver CC 中添加和编排文本的具体操作，最终设计效果如图 2-1 所示。

图2-1　设计“英语一角”网页

一、　插入文本

在使用 Dreamweaver CC 插入文本时，一些字段数较少的文本，如标题、栏目名称等可在文档窗口中直接输入；而字段数较多的段落文本可以从其他文档中复制粘贴；整篇文章或表格可以直接导入 Word、Excel 文档。

1.　直接添加文本。

(1) 运行 Dreamweaver CC 软件，打开附盘文件“素材\第 2 章\英语一角\index.html”，如图 2-2 所示。

图2-2　打开素材文件

(2) 将鼠标光标置于“英语故事专栏”下方的单元格中，然后输入文本“The Charcoal-Burner and the Fuller”，如图 2-3 所示。

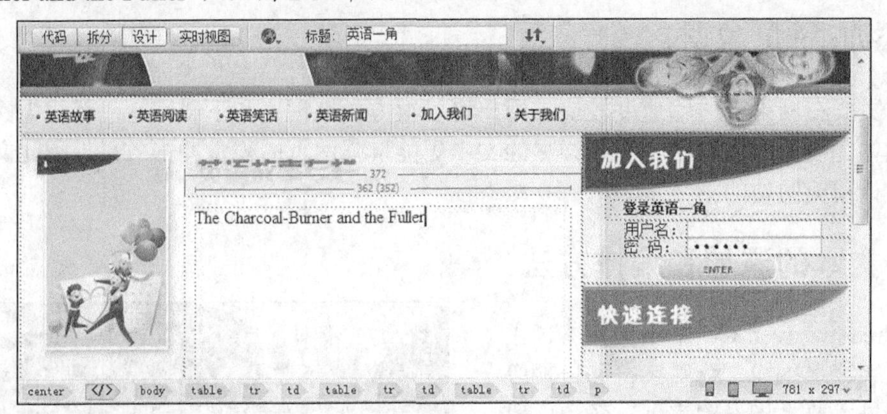

图2-3　输入文本

2. 复制粘贴文本。

(1) 打开附盘文件“素材\第 2 章\英语一角\英语故事\不同类的人难相处.doc”，并复制文档中的所有文本，如图 2-4 所示。

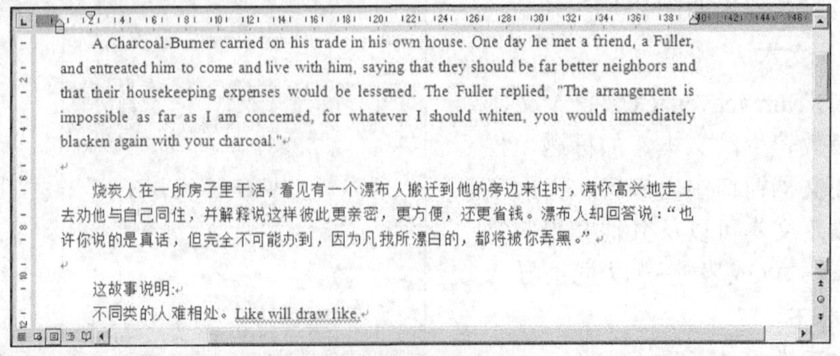

A Charcoal-Burner carried on his trade in his own house. One day he met a friend, a Fuller, and entreated him to come and live with him, saying that they should be far better neighbors and that their housekeeping expenses would be lessened. The Fuller replied, "The arrangement is impossible as far as I am concerned, for whatever I should whiten, you would immediately blacken again with your charcoal."

烧炭人在一所房子里干活，看见有一个漂布人搬迁到他的旁边来住时，满怀高兴地走上去劝他与自己同住，并解释说这样彼此更亲密，更方便，还更省钱。漂布人却回答说：“也许你说的是真话，但完全不可能办到，因为凡我所漂白的，都将被你弄黑。”

这故事说明:

不同类的人难相处。Like will draw like.

图2-4　复制文档内容

(2) 返回 Dreamweaver，在文本“The Charcoal-Burner and the Fuller”后按 Enter 键，创建一个新的段落，如图 2-5 所示。

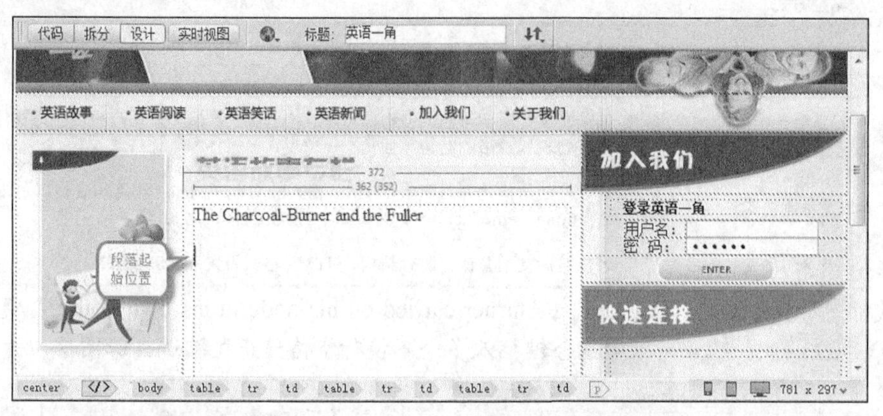

图2-5 创建一个新的段落

(3) 选择菜单命令【编辑】/【选择性粘贴】，弹出【选择性粘贴】对话框，然后单击选 ◉ 仅文本(T) 选项，如图 2-6 所示。

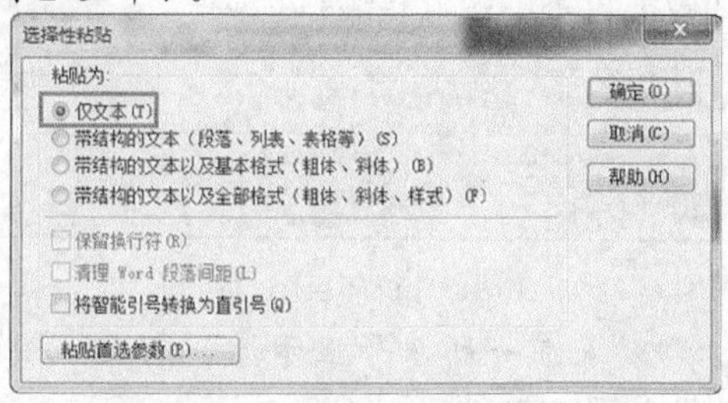

图2-6 设置【选择性粘贴】对话框

(4) 单击 确定(O) 按钮完成粘贴，效果如图 2-7 所示。保留 Word 中的文字内容即可，原有的格式设置可以取消。

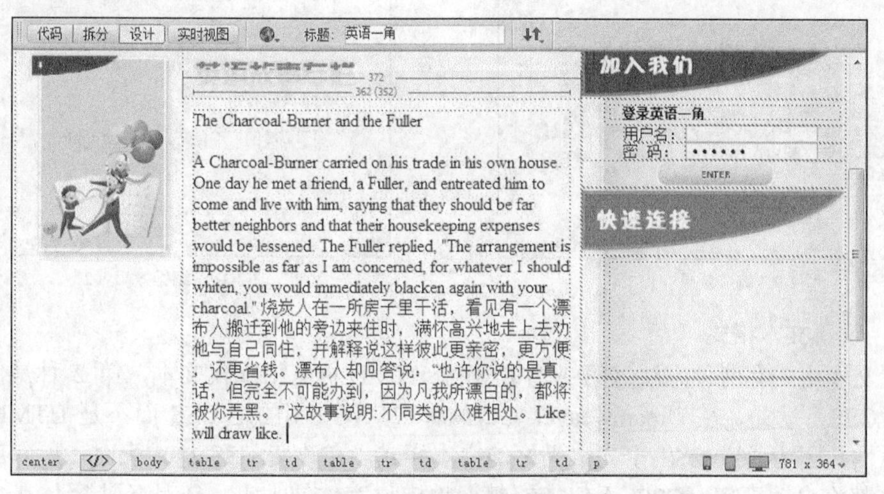

图2-7 选择性粘贴效果

Dreamweaver CC 软件支持 4 种粘贴方式，其对应的功能如表 2-1 所示。

表 2-1　　　　　　　　　　4 种粘贴方式及其所对应的功能

粘贴方式	功能
仅文本	粘贴无格式文本。如果原始文本带有格式，则所有格式设置（包括分行和段落）都将被删除
带结构的文本	粘贴文本并保留结构，但不保留基本格式设置。例如，用户可以粘贴文本并保留段落、列表和表格的结构，但是不保留粗体、斜体和其他格式设置
带结构的文本以及基本格式	可以粘贴结构化并带简单 HTML 格式的文本（例如，段落和表格以及带有 b、i、u、strong、em、hr、abbr 或 acronym 标签的格式化文本）
带结构的文本以及全部格式	可以粘贴文本并保留所有结构、HTML 格式设置和 CSS 样式

(5) 将鼠标光标置于文本 “A Charcoal-Burner carried on his trade in his own house.” 前面，然后连续按 Ctrl + Shift + Space 组合键插入多个不换行空格使正文缩进，如图 2-8 所示。

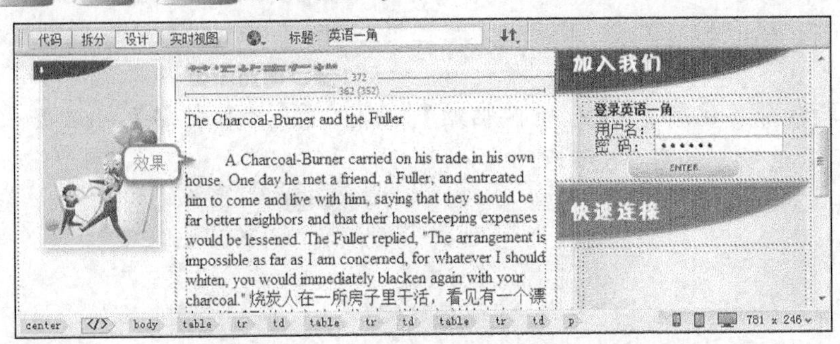

图2-8　插入不换行空格

(6) 将鼠标光标置于文本 “烧炭人在一所房子里干活” 前面，按 Enter 键创建一个新段落，并插入不换行空格，效果如图 2-9 所示。

(7) 用同样的方法编排最后两句话，效果如图 2-10 所示。

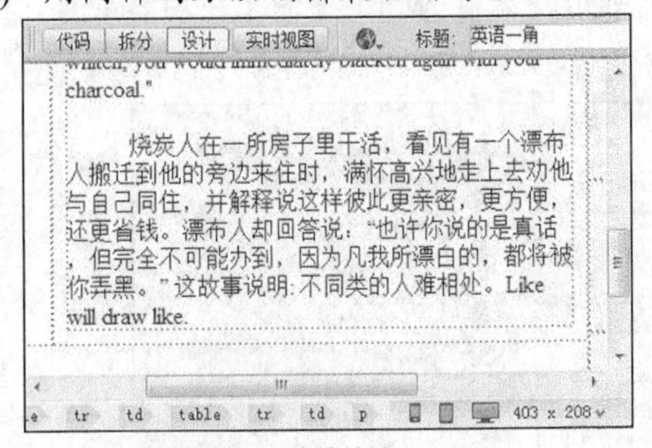

图2-9　编排效果（1）

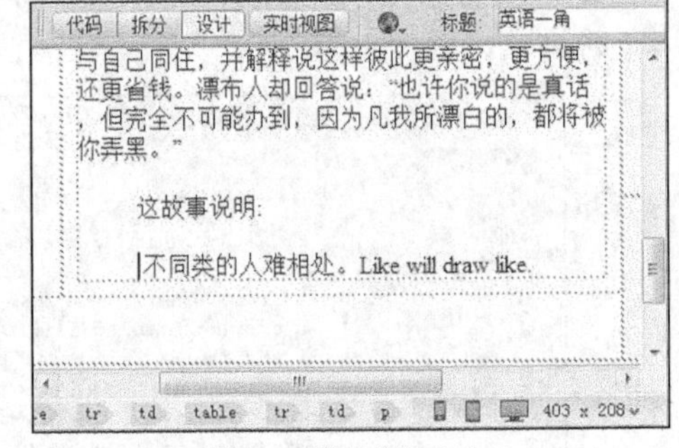

图2-10　编排效果（2）

二、　设置文本格式

设置文本格式有两种方法：第 1 种是使用 HTML 标签格式化文本，第 2 种是使用层叠样式表（CSS）设置。在 Dreamweaver CC 软件中默认使用的是 CSS 而不是 HTML 标签指定页面属性；因为通过 CSS 事先定义好的文本样式，在改变 CSS 样式表时，所有应用该样式的文本都将自动更新。CSS 不但能够精确地定位字体的大小，还具备让字体在多个浏览器中呈现一致性等诸多优点，这些在后面的章节将详细介绍。这里主要介绍使用属性检查器面板新建 CSS 规则来设置文本属性的基本操作。使用属性检查器面板可以方便快捷地设置字体的类型、格式、大小、对齐和颜色等，具体参数如图 2-11 所示。

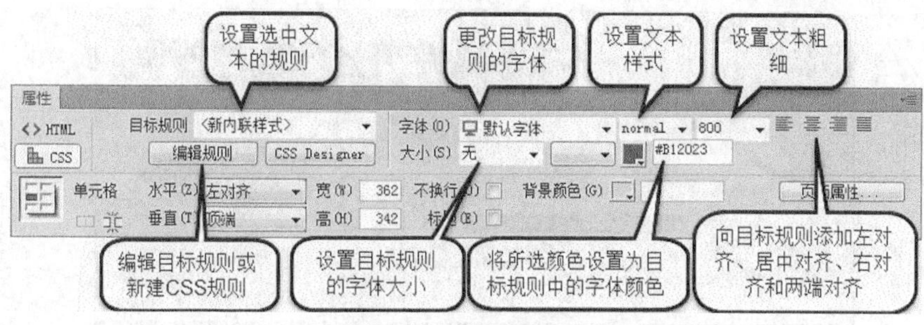

图2-11　属性检查器面板

1. 选中文本“The Charcoal-Burner and the Fuller”，在文本上单击鼠标右键，在弹出的菜单中依次选择【CSS 样式】/【新建】选项，弹出【新建 CSS 规则】对话框，设置【选择器名称】为“Title_01”，如图 2-12 所示。

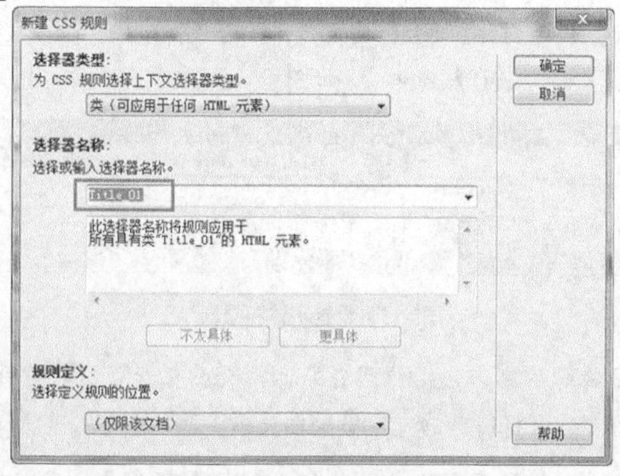

图2-12　【新建 CSS 规则】对话框

要点提示　CSS 可创建类和标签来定义规则，本操作创建的是类，类的名称可以是任何字母和数字组合，但必须以句点开头（例如“.myhead1”）。如果用户没有输入开头的句点，Dreamweaver 将自动为用户输入。

2. 单击 确定 按钮，出现 CSS 规则定义窗口，此处也可以定义一些样式规则，无需更改任何设置，如图 2-13 所示。

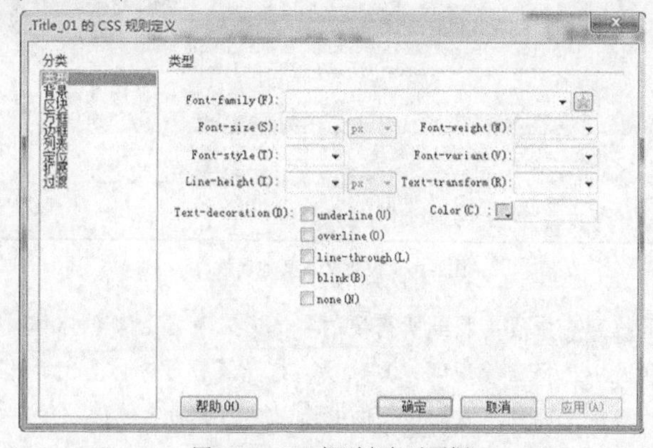

图2-13　CSS 规则定义对话框

3. 单击 确定 按钮，返回 CSS 属性面板，选中文本“The Charcoal-Burner and the Fuller”，在属性检查器面板上单击 CSS 按钮，切换至 CSS 属性面板，如图 2-14 所示。

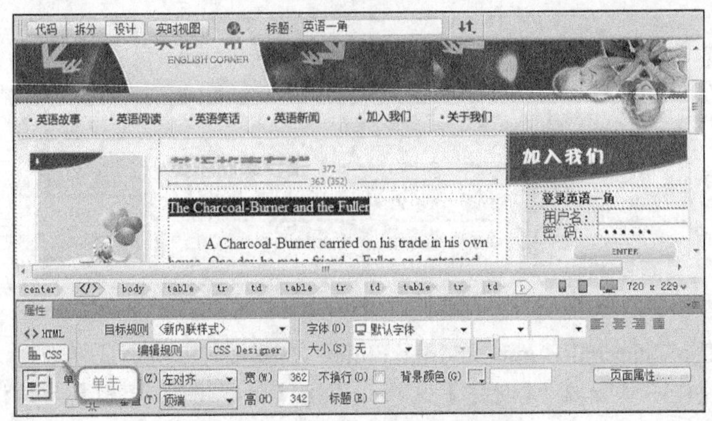

图2-14　选中文本并打开 CSS 属性面板

4. 在目标规则下拉框选择【.Title_01】选项，在字体下拉列表选择【Gotham, Helvetica Neue, Helvetica, Arial, sans-serif】选项，如图 2-15 所示。

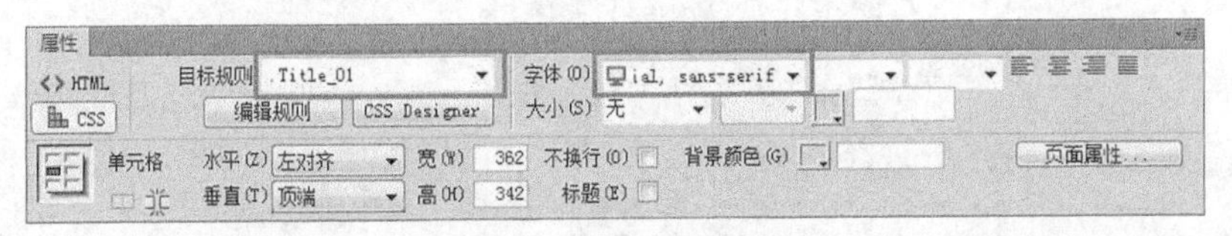

图2-15　设置字体和规则

要点提示　如果在网页中使用特殊的字体，而访问者的计算机没有安装这种特殊的字体，则无法正常浏览网页。建议访问者最好将特殊的文字做成图片插入到网页中，即可避免上述情况。

5. 在【CSS 属性】面板中设置【大小】为“16px”，【颜色】为“#C00”，在【文本粗细】下拉框选择“bold”选项，并单击（左对齐）按钮，如图 2-16 所示。

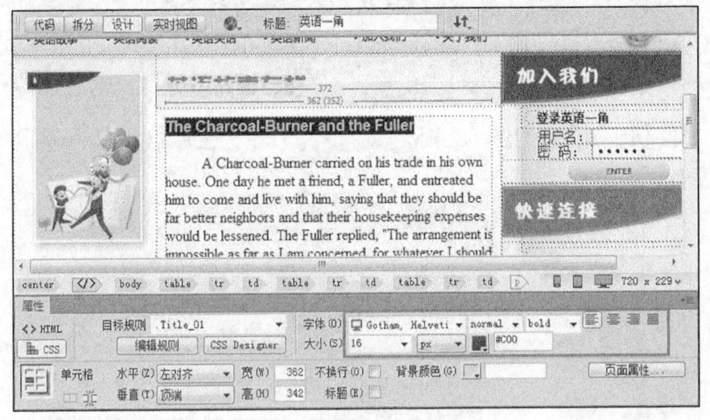

图2-16　设置文本其他属性

当在【字体】下拉列表中没有找到所需要的字体时，可添加新的字体。具体操作如下：①在【字体】下拉列表中选择【管理字体】选项，打开【管理字体】对话框，选中【自定义字体堆栈】选项卡；②在【可用字体】列表框中选中要添加的字体，然后单击 << 按钮，将选中的字体添加到【选择的字体】列表框中；③单击 完成 按钮，即可将新的字体添加到字体列表中，图 2-17 所示为添加“宋体”字体的操作示意图。

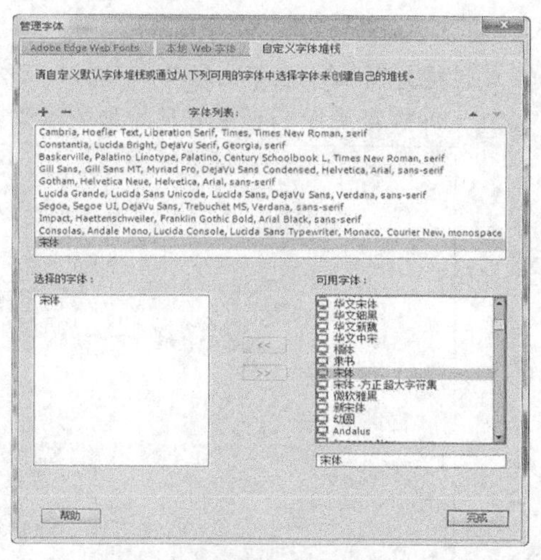

图2-17　添加“宋体”字体

三、 添加列表

列表可使网页内容分级显示，不仅可以使侧重点一目了然，而且可使内容更有条理性。通过 Dreamweaver CC 可创建项目列表、编号列表和自定义列表 3 种，如图 2-18 所示。下面将具体介绍创建列表的操作。

项目列表	编号列表	自定义列表
• 英语故事 • 英语阅读 • 英语笑话 • 英语新闻 • 英语听说	1. 英语故事 2. 英语阅读 3. 英语笑话 4. 英语新闻 5. 英语听说	▸ 英语故事 ▸ 英语阅读 ▸ 英语笑话 ▸ 英语新闻 ▸ 英语听说

图2-18　3 种列表形式

1. 创建列表。

   创建列表有两种方式：一种是创建新列表；另一种是使用现有的文本创建列表。下面将介绍其具体操作方法。

(1) 在“快速连接”模块的第 1 个单元格内输入文本“英语故事”，然后在后面按 Enter 键创建一个新的段落，并输入文本“三个懒虫比懒”，如图 2-19 所示。

(2) 选中文本“三个懒虫比懒”，选择菜单命令【格式】/【列表】/【编号列表】，即可将“三个懒虫比懒”文本转换为编号列表，如图 2-20 所示。

(3) 在文本“三个懒虫比懒”后面按 Enter 键，即可创建新的编号，并输入文本“驴与卖驴的人”，用同样的方法创建编号 2 和编号 3，最终结果如图 2-21 所示。

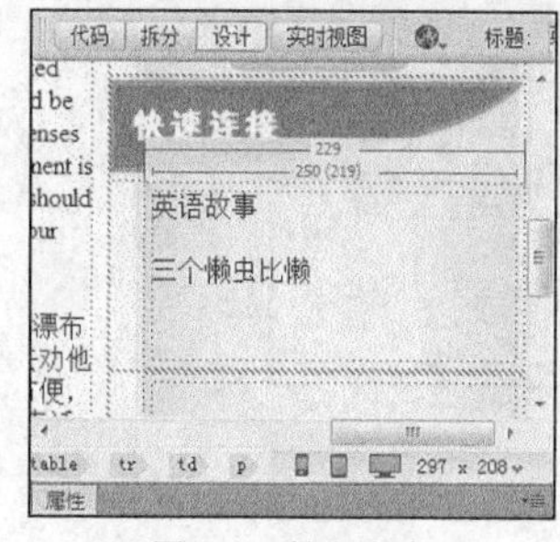

图2-19　输入文本

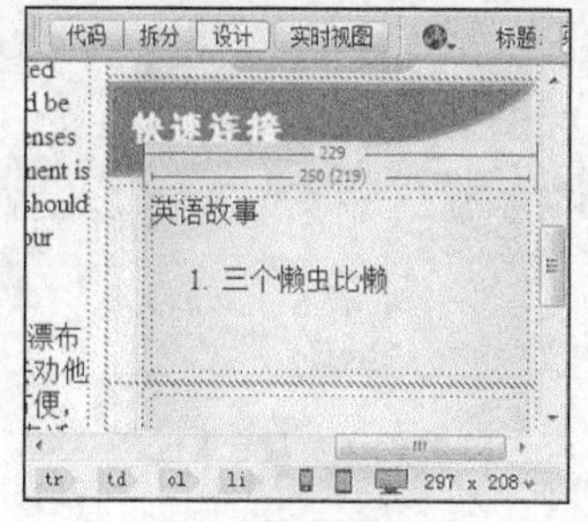

图2-20　创建编号 1

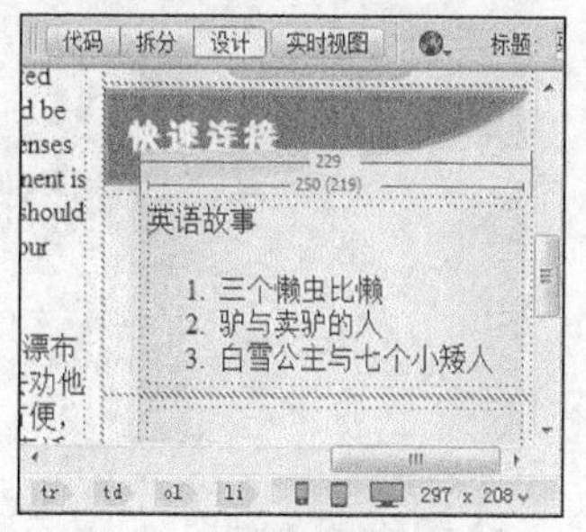

图2-21　创建编号 2 和编号 3

(4) 在第 2 个单元格中输入如图 2-22 所示的文本。

(5) 选中后面的 3 段文字，在属性检查器面板上单击 <> HTML 按钮，切换至 HTML 属性面板，然后单击 （编号列表）按钮，即可将选中的文本直接转换为编号列表，如图 2-23 所示。

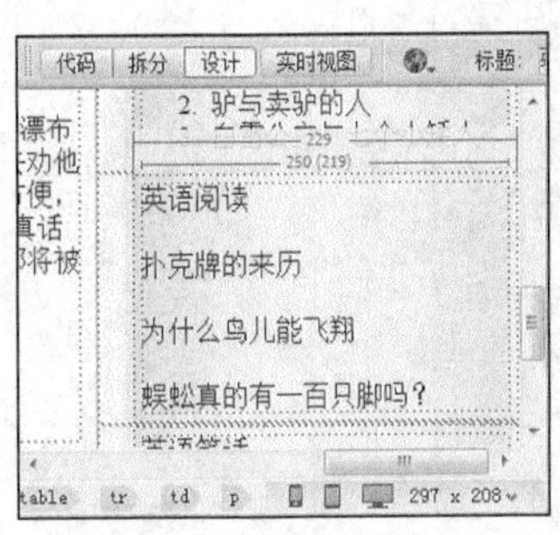

图2-22　输入文本

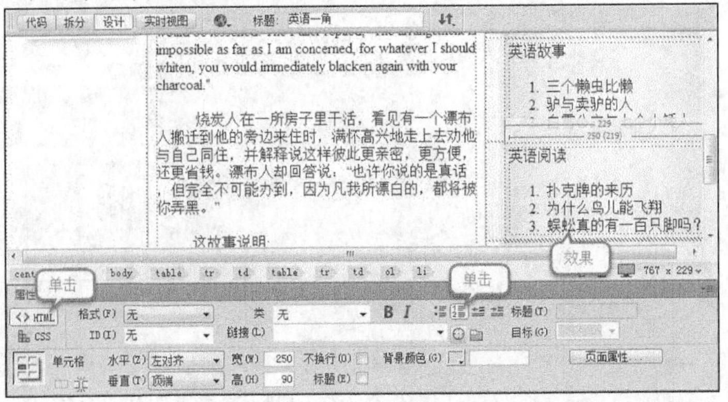

图2-23　通过属性检查器面板创建列表

(6) 用同样的方法，创建列表 3，如图 2-24 所示。

2. 依次选中"英语故事""英语阅读"和"英语笑话"，设置 HTML 属性面板的【类】为"Title_01"，如图 2-25 所示。

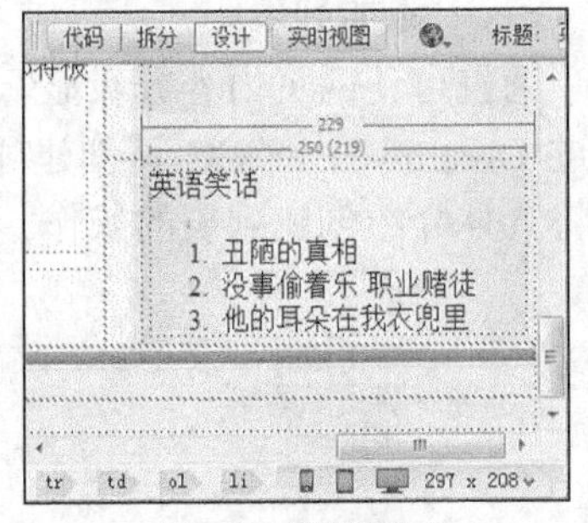

图2-24　创建列表 3

> **要点提示** 此时使用的"Title_01"类是前面制作英文标题使用的类。在 Dreamweaver CC 中，类是可以重复使用的。

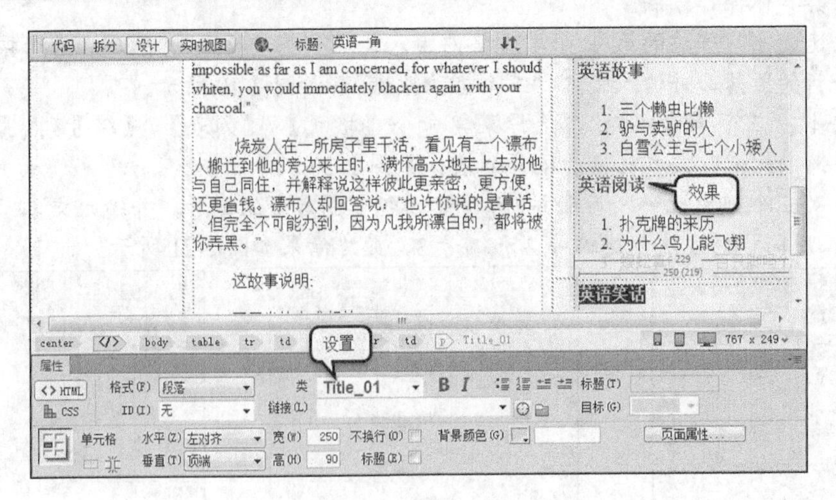

图2-25　对标题设置格式

3. 设置列表属性。

通过设置列表属性，可以改变列表的类型以及样式，从而适应不同类型的网页需求。

(1) 选中列表 3，选择菜单命令【格式】/【列表】/【属性】，弹出【列表属性】对话框，如图 2-26 所示。

(2) 在对话框中设置【样式】为“大写字母（A，B，C…）”，如图 2-27 所示。

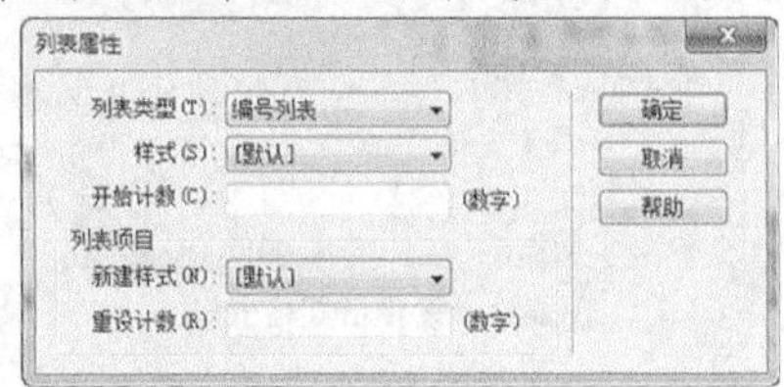

图2-26 【列表属性】对话框

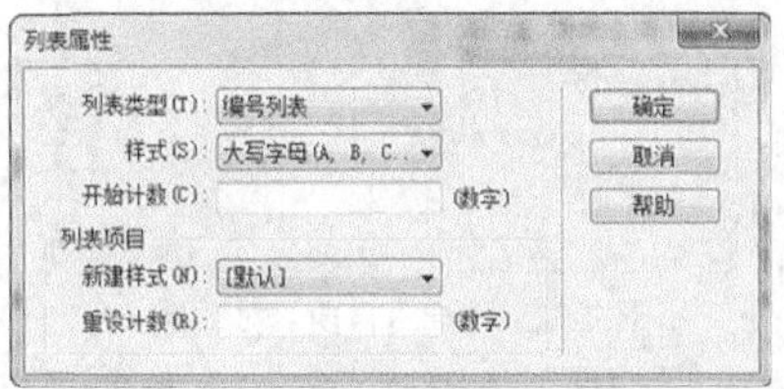

图2-27 设置列表的属性

(3) 单击 确定 按钮，完成设置，效果如图 2-28 所示。

四、 插入其他元素

网页文本不只包括文字，还包括水平线、特殊字符和日期等其他元素。下面将介绍使用 Dreamweaver CC 向网页中添加特殊字符、日期和水平线的操作方法。

1. 创建特殊字符。

在制作网页的时候，经常会遇到需要输入一些特殊字符的情况，例如，版权符号“©”、注册商标“®”和货币“¥”等。选择菜单命令【插入】/【字符】，可查看 Dreamweaver CC 提供的特殊字符如图 2-29 所示。

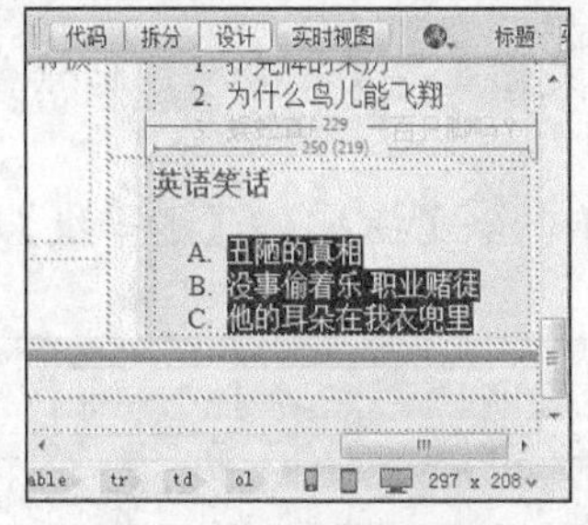

图2-28 修改后的列表效果

图2-29 主要的特殊字符

(1) 将鼠标光标置于页脚表格的第 1 个单元格中，输入文本“Copyright”，如图 2-30 所示。

(2) 在主菜单中选择【插入】/【HTML】/【特殊字符】/【版权】命令，插入版权符号“©”，如图 2-31 所示。

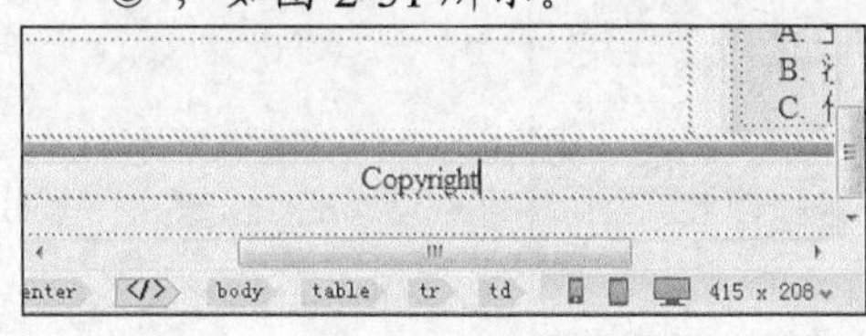

图2-30 输入文本

图2-31 插入版权符号

2. 创建日期。

在网页中经常需要插入日期，如网页的更新日期、文章的上传日期等。在 Dreamweaver CC 中可以快捷地插入当前文档的编辑日期。

(1) 将鼠标光标置于版权符号后面，选择菜单命令【插入】/【日期】，弹出【插入日期】对话框，如图 2-32 所示。

(2) 在对话框中设置【星期格式】为“不要星期”，【日期格式】为“1974-03-07”，【时间格式】为“10:18 PM”，并选择☑ 储存时自动更新复选项，如图 2-33 所示。

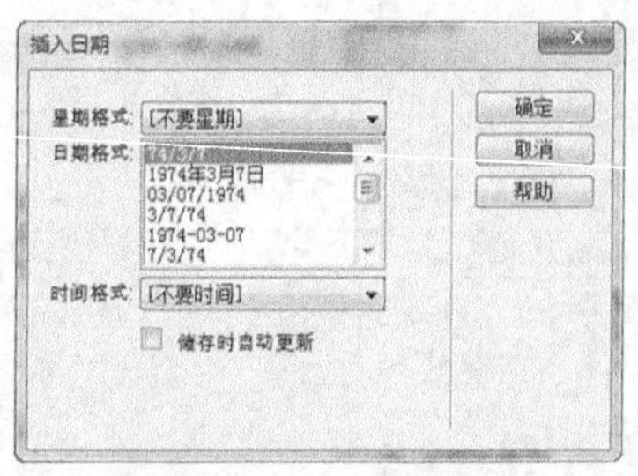

图2-32　【插入日期】对话框

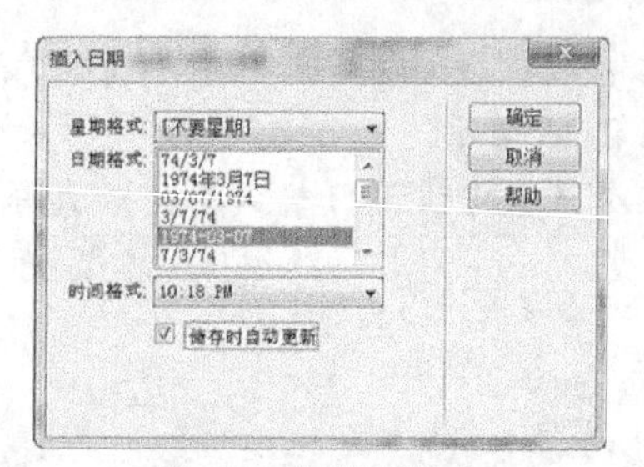

图2-33　设置日期格式

(3)　单击 确定 按钮，即可将日期插入到文档中，如图 2-34 所示。

(4)　在日期之后输入文本 “tanv All Rights Reserved.”，如图 2-35 所示。

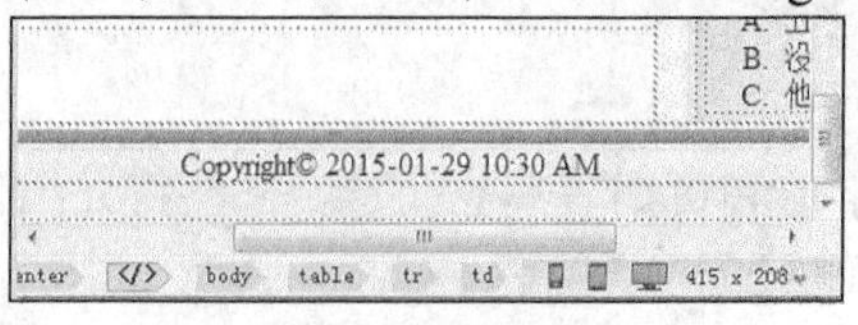

图2-34　插入日期

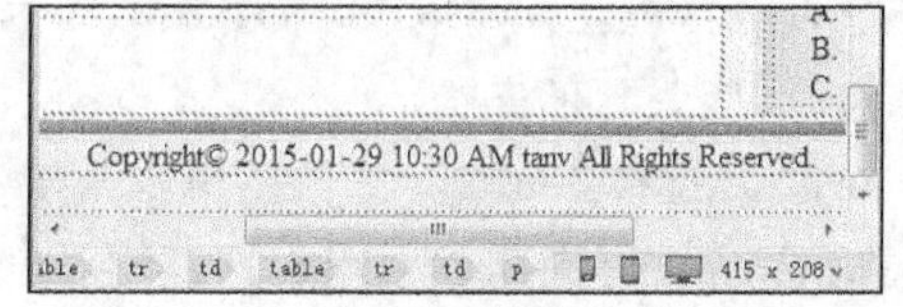

图2-35　输入文本

要点提示　选中日期，单击属性面板上的 编辑日期格式 按钮，打开【插入日期】对话框，可重新对日期格式进行编辑，如图 2-36 所示。

3.　插入水平线。

在内容较复杂的文档中适当地插入水平线，既使得文档变得层次分明，阅读便利，又使得版面更加美观大方。

(1)　将鼠标光标置于页脚的最后一个单元格中，选择菜单命令【插入】/【水平线】，即可在鼠标光标处插入一条水平线，如图 2-37 所示。

图2-36　属性面板

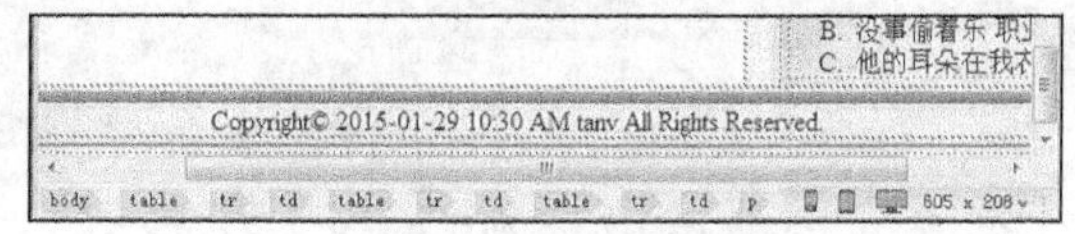

图2-37　插入水平线

(2)　选中插入的水平线，在属性检查器面板中设置【宽】为 “100%”，【高】为 “2”，设计效果如图 2-38 所示。

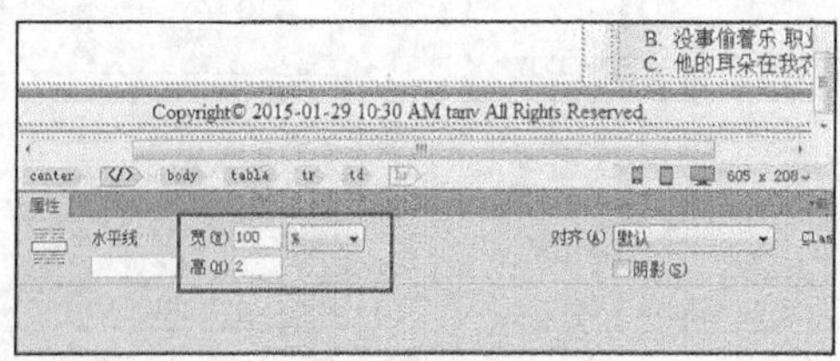

图2-38　修改线条属性

(3)　按快捷键 Ctrl + S 保存文档，案例制作完成，按 F12 键预览设计效果。

2.1.2　典型实例——设计“公司简介”网页

为了帮助用户巩固 Dreamweaver CC 软件添加和编排文本的相关知识，熟练掌握其操作方法，下面将以设计“公司简介”网页为例讲解添加和编排文本的操作方法，设计效果如图 2-39 所示。

图2-39　设计“公司简介”网页

1. 设置页面属性。

(1) 运行 Dreamweaver CC 软件，打开附盘文件“素材\第 2 章\公司简介\index.html”，如图 2-40 所示。

图2-40　打开素材文件

(2) 选择菜单命令【修改】/【页面属性】，打开【页面属性】对话框，如图 2-41 所示。

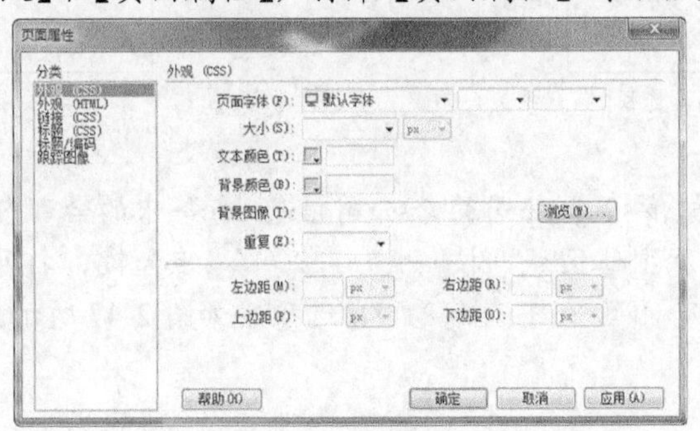

图2-41　【页面属性】对话框

(3) 在【分类】列表框中选择【外观（CSS）】选项，打开【外观（CSS）】面板，设置【页面字体】为“Lucida Grande, Lucida Sans Unicode, Lucida Sans, DejaVu Sans, Verdana, sans-serif”“Verdana，Geneva，sans-serif”，【大小】为“14px”，【背景颜色】为“#999”，如图 2-42 所示。

(4) 在【分类】列表框中选择【标题/编码】选项，打开【标题/编码】面板，设置【标题】为“公司简介”，【编码】为“Unicode（UTF-8）”，如图 2-43 所示。

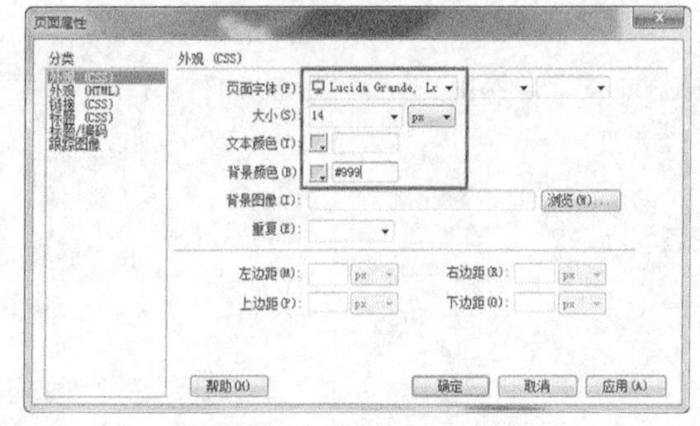

图2-42　设置字体属性

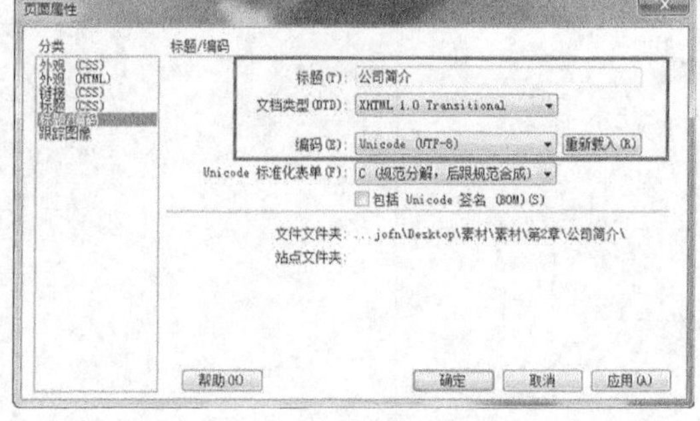

图2-43　设置标题/编码

(5) 单击 确定 按钮完成设置。

UTF-8 是世界性通用代码，同样完美地支持中文编码。用户如果想让自己制作的网站能让国外用户也能正常访问，建议使用 UTF-8，而 GB2312 属于中文编码，主要针对的使用对象是国内用户，如果国外用户访问该编码的网站，页面可能会出现乱码。

2. 设计左侧栏目。

(1) 将鼠标光标置于左侧“公司简介”下方第 1 个单元格中，输入文本“>公司简介”，如图 2-44 所示。

(2) 将鼠标光标定位在符号和文字之间按 Ctrl + Shift + Space 组合键插入不换行空格，文本编排效果如图 2-45 所示。

(3) 用同样的方法设计其他单元格，最终的效果如图 2-46 所示。

图2-44　输入文本

图2-45　编排文本

3. 设计页面主体内容。

(1) 复制附盘文件“素材\第 2 章\公司简介\公司信息.doc”中的全部内容。

(2) 将鼠标光标置于网页主体区域，按 Ctrl + Shift + V 组合键，打开【选择性粘贴】对话框，选择◉带结构的文本（段落、列表、表格等）(S)单选项，如图 2-47 所示。

图2-46　左侧栏目最终效果

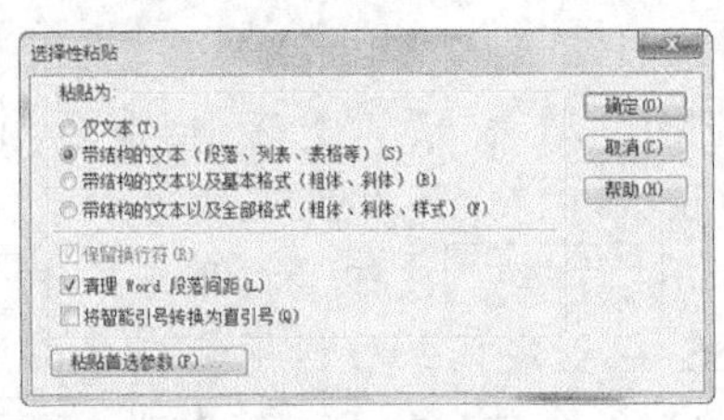

图2-47　选择粘贴类型

(3) 单击 确定(O) 按钮，即可粘贴带结构的文本，如图 2-48 所示。

(4) 使用 Enter 键对文本进行分段处理，效果如图 2-49 所示。

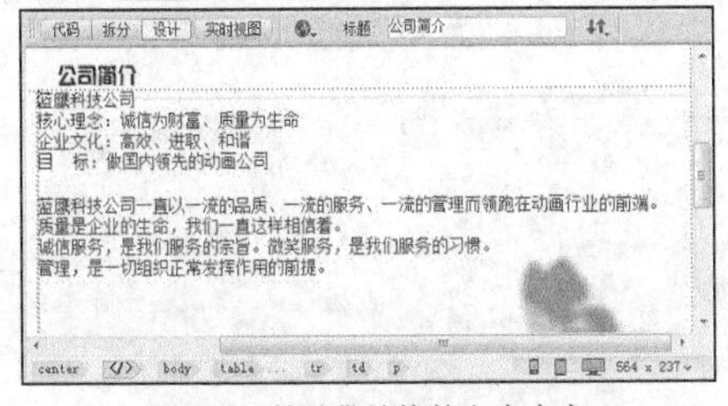

图2-48　粘贴带结构的文本内容

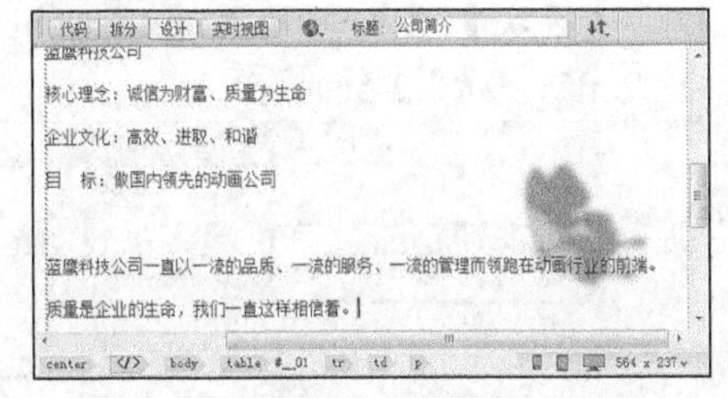

图2-49　分段处理

(5) 选中“核心理念”“企业文化”“目标”所在的文本段，单击 HTML 属性面板中的按钮，使所选文本按照项目列表方式排列，如图 2-50 所示。

(6) 选中最后的 3 段文本，单击 HTML 属性面板中的按钮，使所选文本按照编号列表方式排列，如图 2-51 所示。

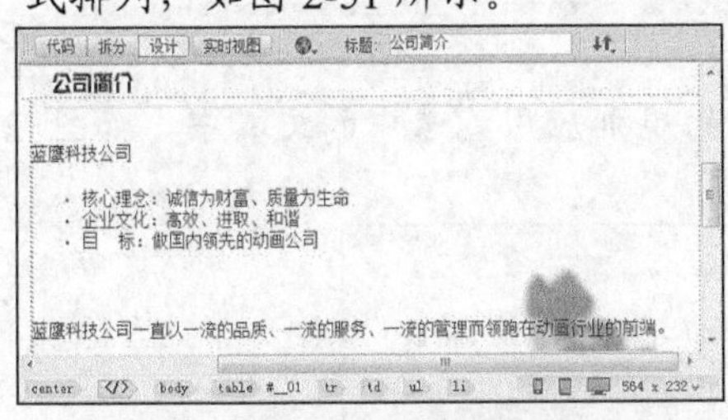

图2-50　创建项目列表

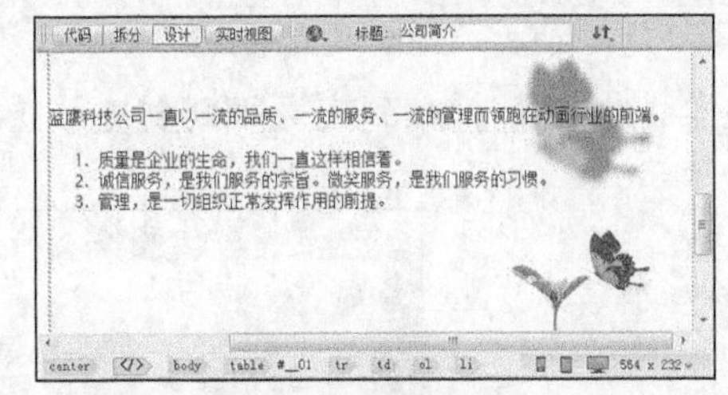

图2-51　创建编号列表

(7) 选中网页主体区域内的所有文本，单击 HTML 属性面板中的按钮，使所选文本缩进，如图 2-52 所示。

(8) 选中最后两段文本，在文本上单击鼠标右键，在弹出的菜单中依次选择【CSS 样式】/【新建】选项，如图 2-53 所示。

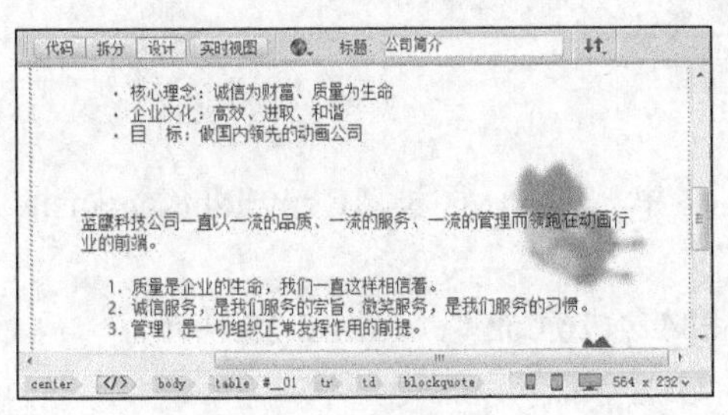

图2-52　缩进文本

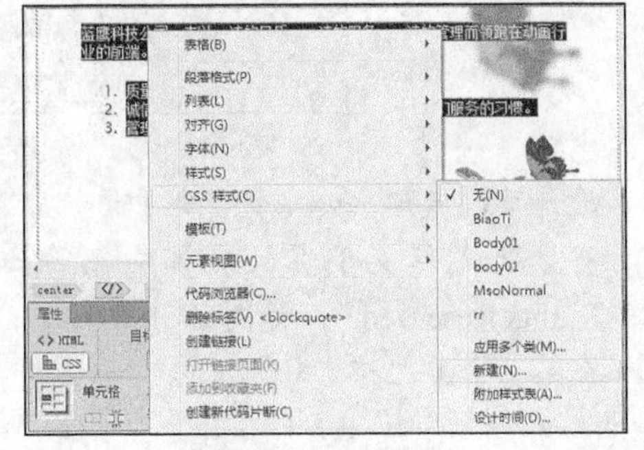

图2-53　新建 CSS 规则

(9) 弹出【新建 CSS 规则】对话框，设置【选择器类型】为“类（可用于任何 HTML 元素）”，【选择器名称】为“.body_01”，如图 2-54 所示。

(10) 单击 确定 按钮，打开【.body_01 的 CSS 规则定义】对话框。在【类型】面板中设置【Font-family】为“宋体”，【Font-size】为“15px”，【Color】为“#00F”，如图 2-55 所示。

(11) 打开【区块】面板，设置【Text-align】为“left”，如图 2-56 所示。

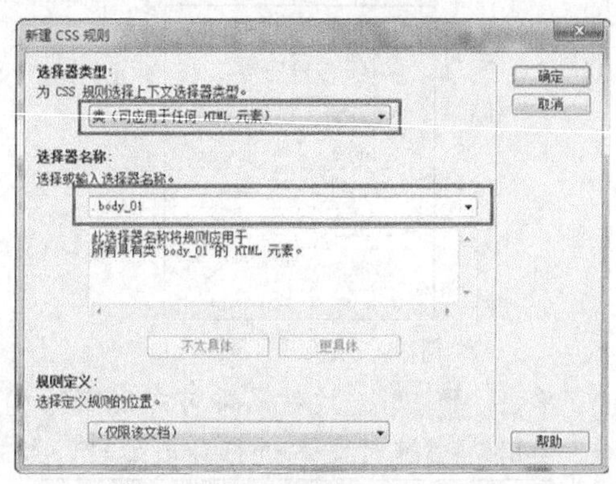

图2-54　设置类名称

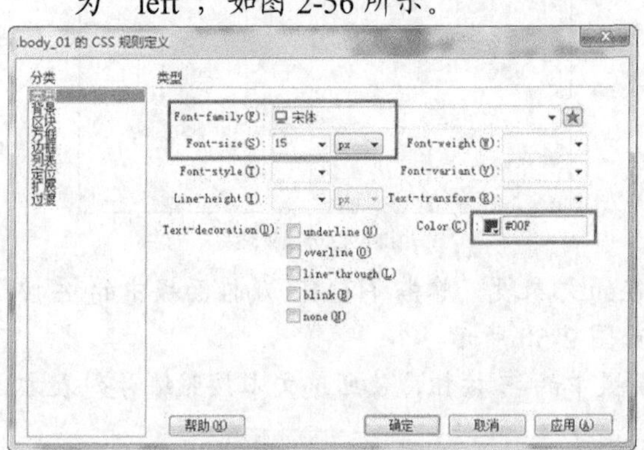

图2-55　设置字体样式和颜色

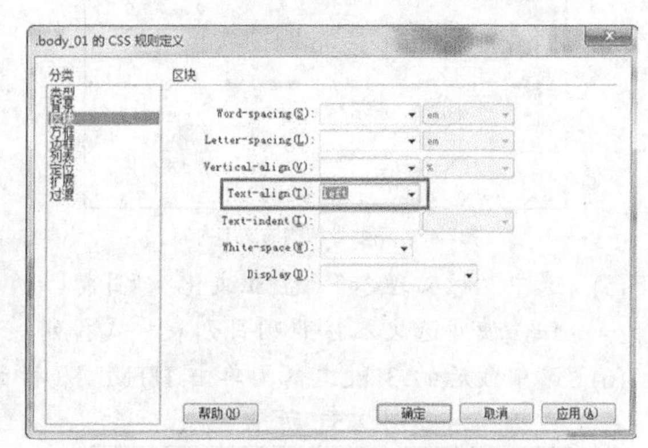

图2-56　设置字体对方方式

(12) 单击 确定 按钮完成规则创建，并将所创建的规则应用到选中的文本中，如图 2-57 所示。

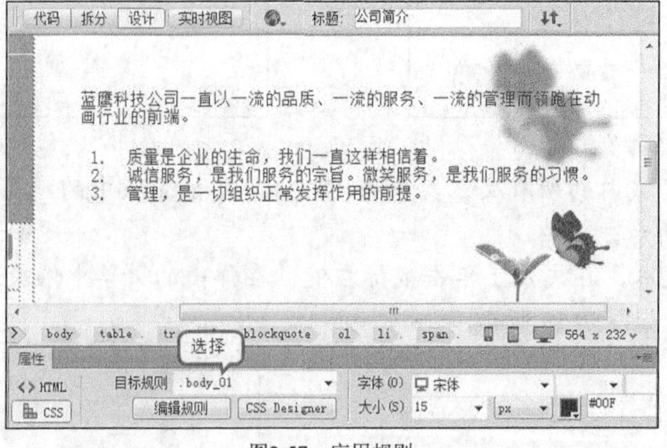

图2-57　应用规则

4. 设计页面底部。

(1) 将鼠标光标置于页面底部右侧第一个单元格中，输入文本“Copyright©yuansir All Rights Reserved.”，如图 2-58 所示。

(2) 在第 2 个单元格中输入文本“联系方式：yyh234@126.com”，如图 2-59 所示。

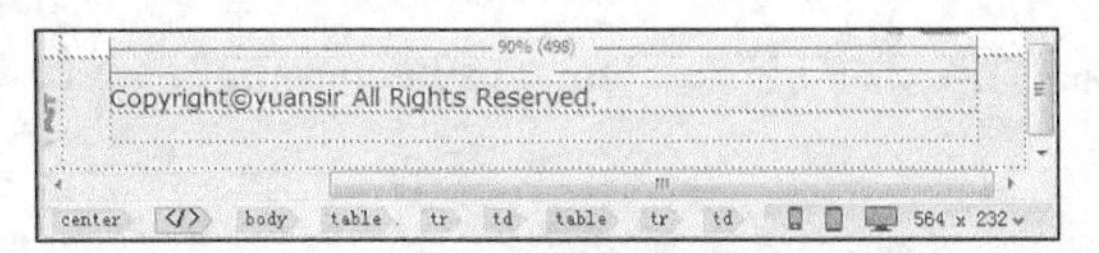

图2-58　输入版本信息

图2-59　输入联系方式

(3) 按 Ctrl + S 组合键保存文档，案例制作完成，按 F12 键预览设计效果。

2.2 添加图像

图像是网页中必不可少的元素之一，它不仅能让网页更加丰富多彩，提升视觉感染力，而且可以和文本内容完美结合，达到图文并茂的效果，传递信息更加直观。图像的格式种类繁多，在网页中常用的有 GIF、JPEG 和 PNG 3 种格式。其中 GIF 格式的图像通常用于网页中的小图标、Logo 图标和背景图像等；格式较大的图像多为 JPEG 格式；灰度图像常常以 PNG 格式存储，其优点在于能使得色图像与任何样式的背景图像实现无缝衔接，完美融合。

2.2.1 图像的添加和编辑方法

图像的添加主要是指图像和图像对象（如鼠标经过图像）的添加操作，图像编辑主要是指调整图像大小、边框、裁剪、重新取样、亮度和对比度调整、锐化等。下面将以设计“茶天下”网页中的图像为例来讲解图像的添加和编辑方法。设计效果如图 2-60 所示。

一、 插入图像

1. 插入图像。

(1) 运行 Dreamweaver CC 软件，打开附盘文件“素材\第 2 章\茶天下\index.html”，如图 2-61 所示。

图2-60　设计“茶天下”网页

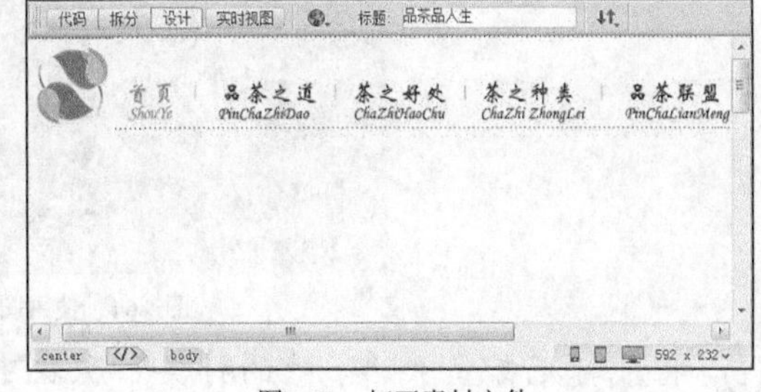

图2-61　打开素材文件

(2) 将鼠标光标置于“banner”栏目的表格内，选择菜单命令【插入】/【图像】，打开【选

择图像源文件】对话框，选择附盘文件“素材\第 2 章\茶天下\images\banner.jpg”，如图 2-62 所示。

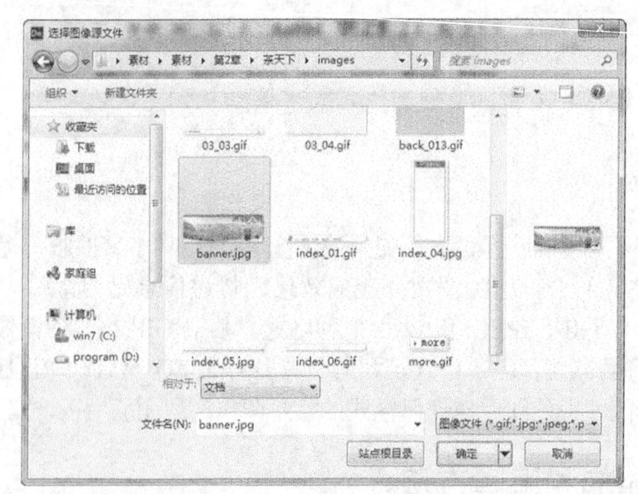

图2-62　插入图像

(3) 单击确定按钮，完成插入图像的操作，如图 2-63 所示。

图2-63　插入图像

2.　插入空白图像。

在进行网页设计时，如果需要插入尚未制作完成的图像或者暂时缺少适合的图像，为了不影响网页设计的进度，可以先在需要插入图像的位置插入一个空白图像，等图像制作好后再替换图像。这一功能在网页布局的过程中应用的频率较高。如图 2-64 所示。

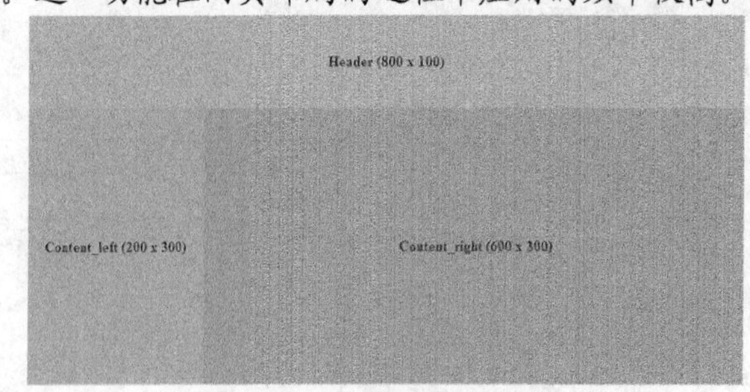

图2-64　使用图像占位符布局网页

(1) 将鼠标光标置于“茶叶的种类”板块中“白茶”所对应的单元格中，选择菜单命令【插入】/【图像】，打开【选择图像源文件】对话框，选择任意图片文件（这里选择附盘文件“素材\第 2 章\茶天下\Tea\白牡丹-白茶.gif”)，如图 2-65 所示。

(2) 在属性检查器面板中设置【ID】为“BaiCha”,【宽度】为“190”,【高度】为“120”(设置空白图片的大小)，如图 2-66 所示。

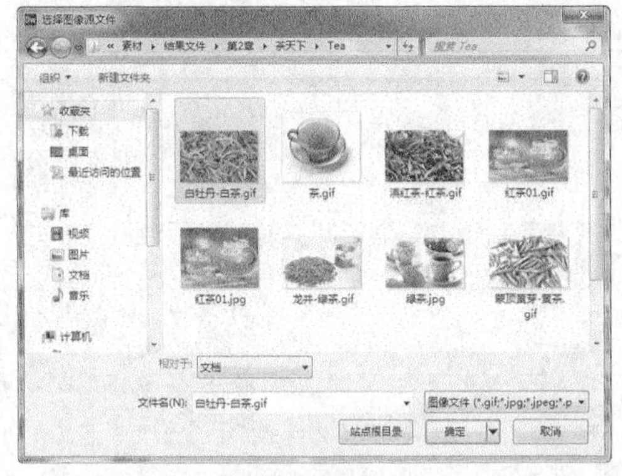

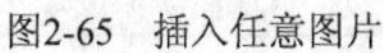
图2-65 插入任意图片

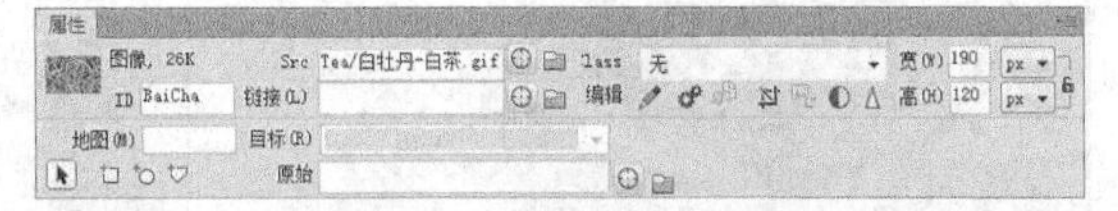

图2-66 设置空白图片参数

(3) 删除【Src】文本框内的图片参数，完成空白图片的插入，效果如图 2-67 所示。

3. 图片做好后，单击【Src】文本框后的按钮，打开【选择图像源文件】对话框，选择附盘文件“素材\第 2 章\茶天下\Tea\白牡丹-白茶.gif”，如图 2-68 所示。

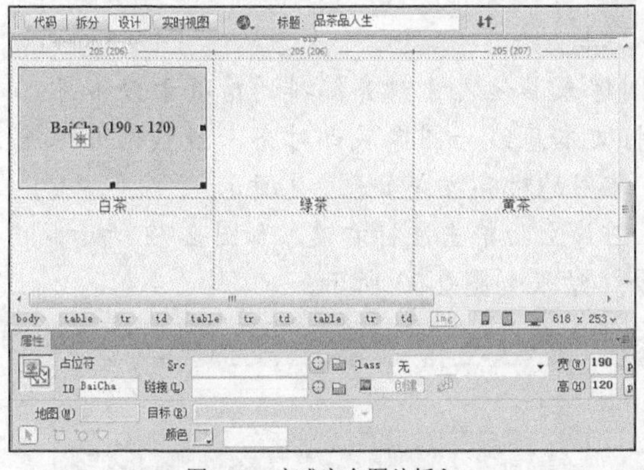

图2-67 完成空白图片插入

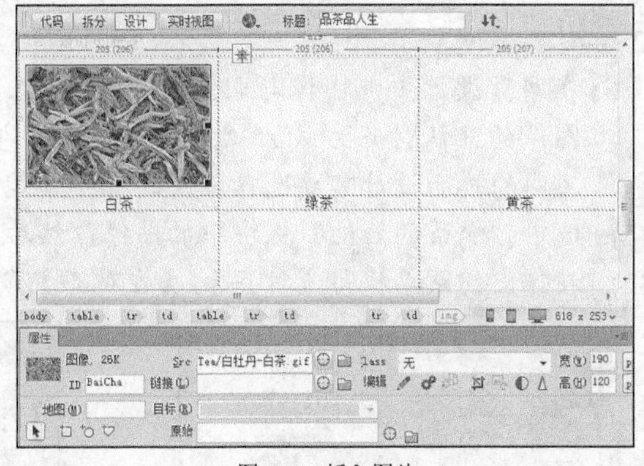

图2-68 插入图片

二、 设置图像属性

在网页中插入图像后，还需要对其大小、位置和边框等进行调整以更好地搭配整体的网页设计。在 Dreamweaver CC 软件中，可以通过属性检查器面板快速设置图像的基本属性，如图 2-69 所示。

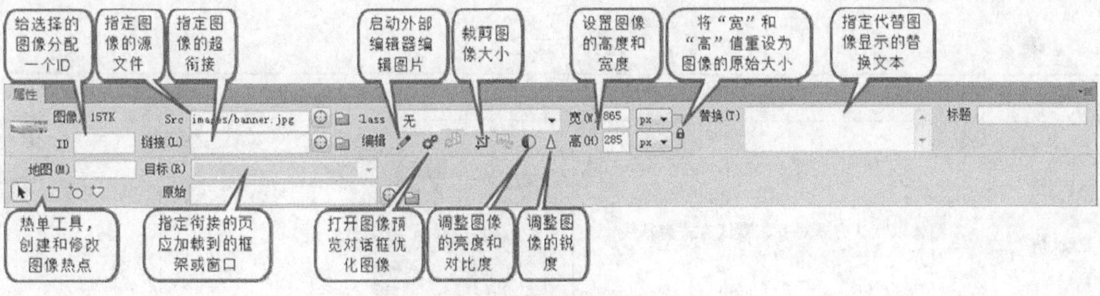

图2-69 图像属性设置

1. 调整图像大小。

(1) 将鼠标光标置于“喝茶的好处”板块内文本的最前方，选择菜单命令【插入】/【图像】，将本书附盘文件“素材\第 2 章\茶天下\Tea\茶.gif”插入文档中，如图 2-70 所示。

(2) 单击选中插入的图像，在属性检查器面板中设置【宽】为“130”，【高】为“100”，然后单击图像宽、高设置参数后面的✓按钮完成设置，如图 2-71 所示。

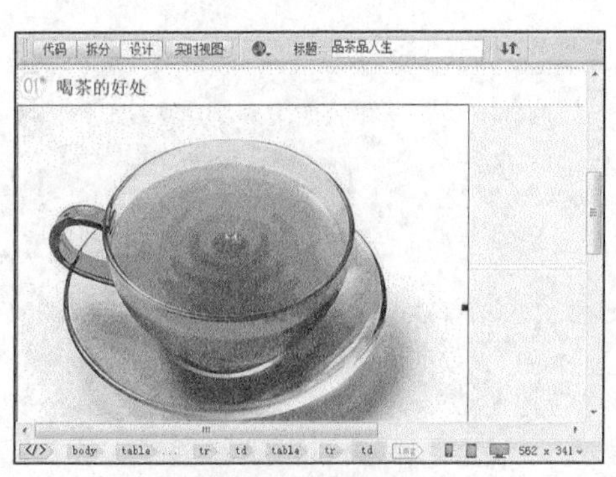

图2-70　插入图像

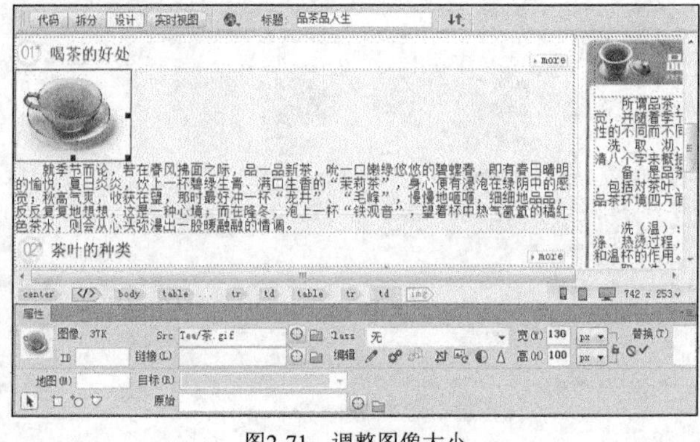

图2-71　调整图像大小

单击图像宽、高设置参数后面的⊘（重设大小）按钮，可将图像的宽和高重置为原始参数。

2.　对齐图像。

在网页设计中，图像与同一行中的文本、图像或其他元素对齐编排的情况十分常见，图像的默认对齐方式为“基线”对齐，即将文本基线与图像底部对齐，当然也可根据不同的页面设计需要选择不同的对齐方式。常用的对齐方式如表 2-2 所示。

(1) 选中“喝茶的好处”板块中的图像，然后在图片上面单击鼠标右键，如图 2-72 所示。

(2) 在弹出的菜单执行【对齐】/【左对齐】命令，结果如图 2-73 所示。

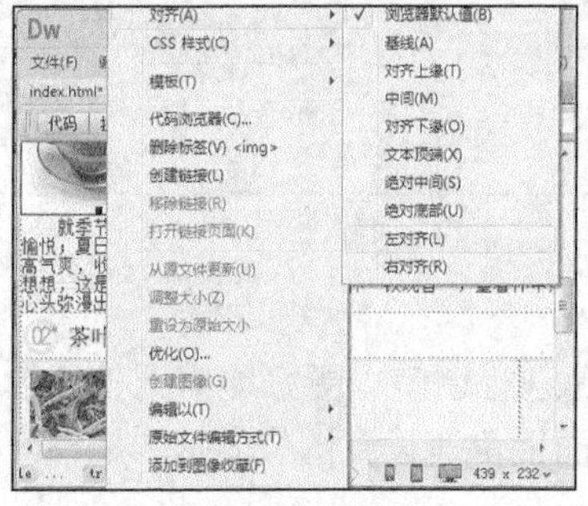

图2-72　选中图像

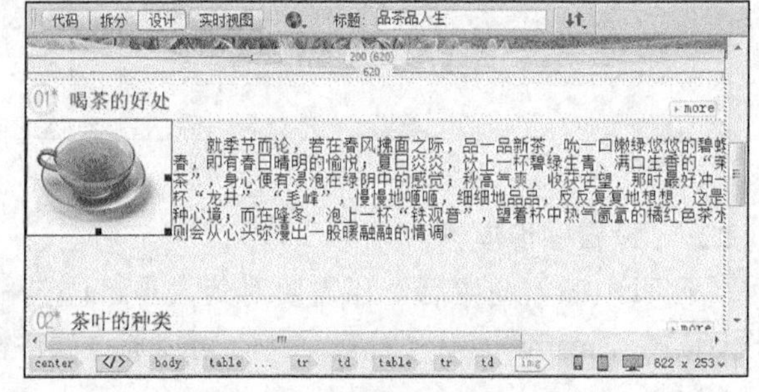

图2-73　设置左对齐

表 2-2　　　　　　　　　　　　　对齐方式

对齐方式	功能	效果图
默认值	图像以默认方式对齐，默认方式为基线对齐	默认值：图像以默认方式对齐

续表

对齐方式	功能	效果图
基线	将文本基线与图像底部对齐	
对齐上缘	将文本最上面一行顶端与图像的上边缘对齐	
中间	将文本基线与图像中部对齐	
对齐下缘	将文本基线与图像底部对齐，其效果与选择“基线”一样	
文本顶端	与选择“对齐上缘”效果一样	

续表

对齐方式	功能	效果图
绝对中间	将文本行的中间与图像中部对齐	
绝对底部	将文本的底部与图像底部对齐	
左对齐	将图像左对齐，文本则排列在图像的右边	
右对齐	将图像右对齐，文本则排列在图像的左边	

三、 在 Dreamweaver 中编辑图像

为了让图像能呈现出最佳的表现效果，Dreamweaver CC 软件提供了强大的编辑功能。用户无须借助外部图像编辑软件，即可轻而易举地对图像进行重新取样、裁剪、调整亮度和对比度、锐化等操作。

1. 裁剪。

在 Dreamweaver CC 软件中，用户不需要借助外部图像编辑软件，只要使用其自带的裁剪功能，就可以轻松地将图像中多余的部分删除，更好地突出图像的主题。

(1) 将鼠标光标置于“茶叶的种类”板块“绿茶”对应的单元格中，将本书附盘文件“素

材\第 2 章\茶天下\Tea\龙井-绿茶.gif”插入文档中，如图 2-74 所示。

(2) 选中图像，单击属性检查器面板中的按钮，此时图像边框上会出现 8 个控制手柄，阴影区域为删除的部分，如图 2-75 所示。

图2-74　插入图像

图2-75　添加裁剪控制手柄

(3) 用鼠标拖曳控制手柄，调整效果，如图 2-76 所示。

(4) 再次单击按钮，完成图像的裁剪，如图 2-77 所示。

(5) 在属性检查器面板中设置【宽】为“190”,【高】为“120”。

图2-76　调整裁剪区域

图2-77　裁剪效果

2.　亮度和对比度。

在 Dreamweaver CC 软件中，可以通过“亮度和对比度”按钮调整网页中的图像色彩度和亮度，达到色调一致和层次清晰的效果。

(1) 将鼠标光标移至“茶叶的种类”板块“黄茶”对应的单元格中，将附盘文件“素材\第 2 章\茶天下\Tea\蒙顶黄芽-黄茶.jpg”插入文档中，如图 2-78 所示。

(2) 单击属性检查器面板中的按钮，弹出【亮度/对比度】对话框，设置【亮度】为“8”,【对比度】为“36”，如图 2-79 所示。

(3) 单击 确定 按钮完成调整，如图 2-80 所示。

图2-78　插入图像

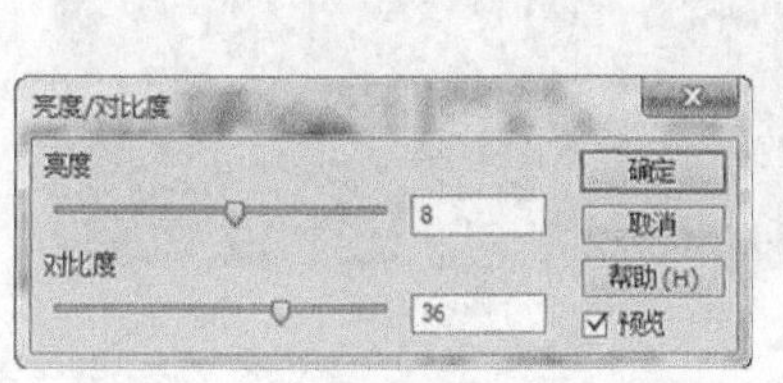

图2-79　设置亮度和对比度

图2-80　设置后的效果

四、 创建图像的特殊效果

使用 Dreamweaver CC 软件可以给图像增加一些特效，例如，设置图像的替换文本、创建鼠标指针经过更换图像和放大图像的效果等，这无疑使得网页设计更加生动、交互功能发挥得更加充分。

1. Alt 属性的使用。

网页中的某些图像代表着特定的意义，当需要为一些图像进行文字性的说明时，就需要用到图像的 Alt 属性，即设置图像的替换文本，即当鼠标指针放置在图像上时，就会显示指定的说明性文字，效果如图 2-81 所示。

原始状态

鼠标指针经过时的状态

图2-81　Alt 属性效果

(1) 将鼠标光标置于“茶叶的种类”板块“黑茶”对应的单元格中，将附盘文件“素材\第 2 章\茶天下\Tea\普洱茶-黑茶.gif”插入文档中，如图 2-82 所示。

(2) 在属性检查器面板中设置【替换】为“普洱茶”，如图 2-83 所示。

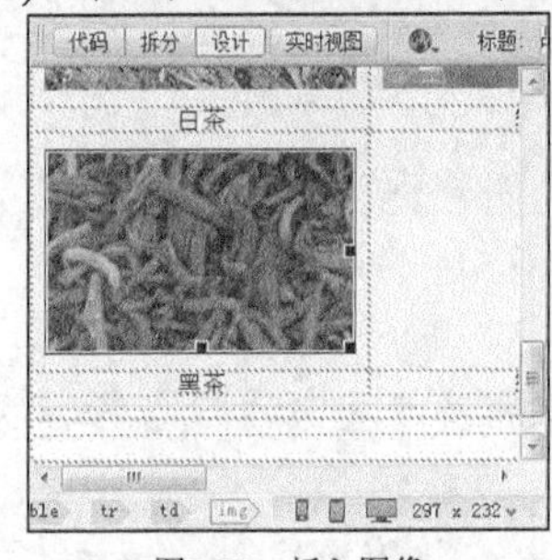

图2-82　插入图像

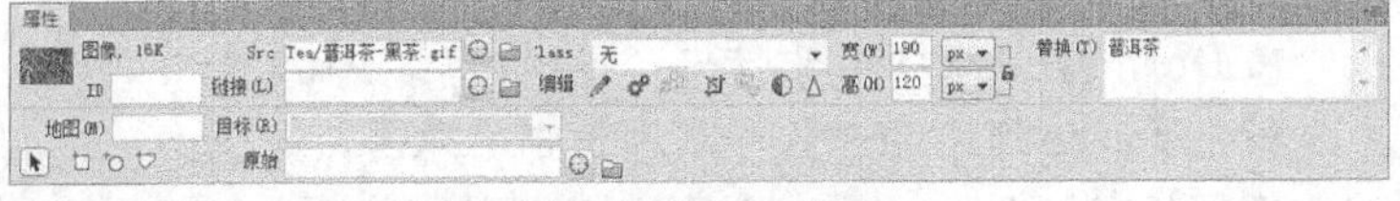

图2-83　设置 Alt 属性

(3) 按 Ctrl + S 组合键保存文档，按 F12 键预览设计效果，如图 2-84 所示。

2. 创建鼠标指针经过图像。

所谓“鼠标指针经过图像”是指在浏览器中，当鼠标指针移动到图像上时会显示预先设置的另一幅图像，当鼠标指针移开时，又会恢复为第一幅图像，效果如图 2-85 所示。

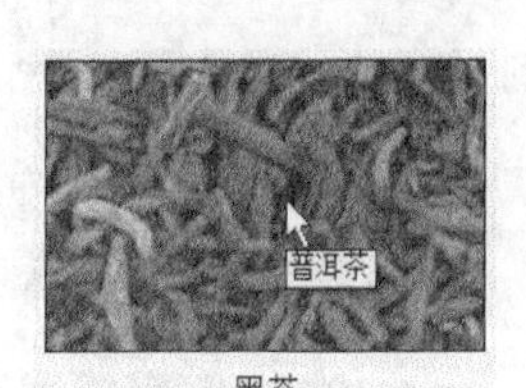

黑茶

图2-84　设置效果

原始图像

鼠标指针经过时的图像

图2-85　鼠标指针经过图像操作效果

(1) 将鼠标光标置于“茶叶的种类”板块“红茶”对应的单元格中，选择菜单命令【插入】/【图像对象】/【鼠标经过图像】，打开【插入鼠标经过图像】对话框，如图 2-86 所示。

(2) 在对话框中设置【图像名称】为“Image11”，【原始图像】为“Tea/滇红茶-红茶.gif”，【鼠标经过图像】为“Tea/红茶 01.gif”，如图 2-87 所示。

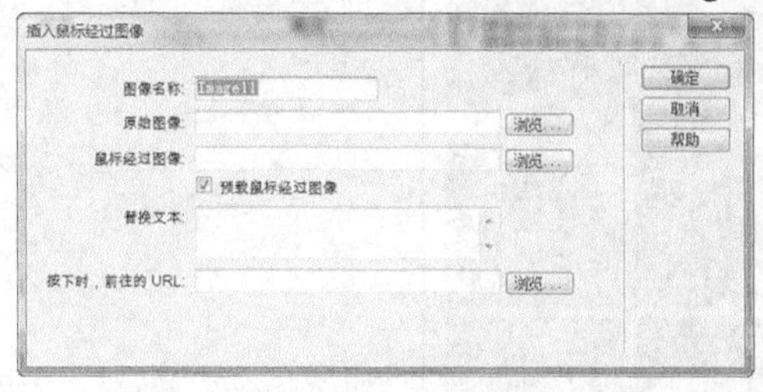

图2-86 【插入鼠标经过图像】对话框

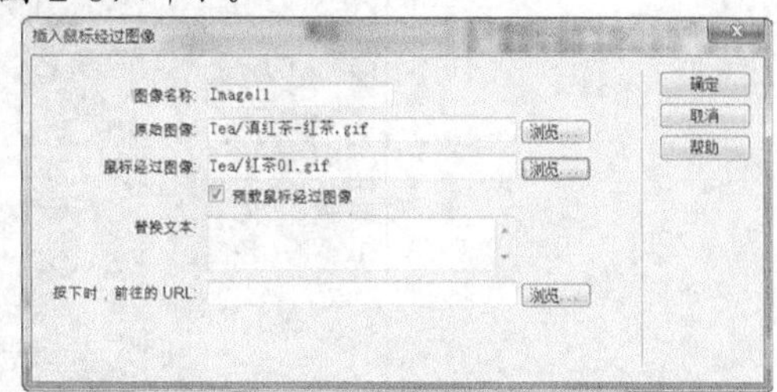

图2-87 设置插入鼠标指针经过图像

要点提示 “原始图像”和“鼠标指针经过图像”的栏目中可以直接输入图像所在的路径，也可以单击 浏览... 按钮，选择图像所在的位置。

(3) 单击 确定 按钮，完成操作，如图 2-88 所示。预览效果如图 2-89 和图 2-90 所示。

图2-88 插入图像

图2-89 原始图像

图2-90 鼠标指针经过图像

(4) 将鼠标光标置于“茶叶的种类”板块“青茶”对应的单元格中，将附盘文件“素材\第 2 章\茶天下\Tea\乌龙茶-青茶.gif”插入单元格中，如图 2-91 所示。

(5) 按 Ctrl + S 组合键保存文档，案例制作完成，按 F12 键预览设计效果。

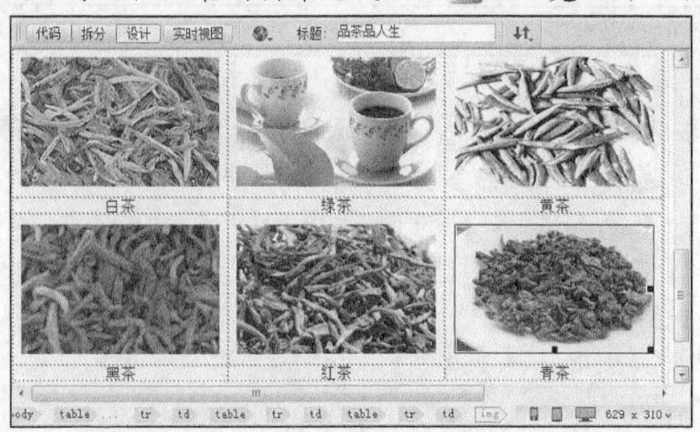

图2-91 “茶叶的种类”板块的最终效果

2.2.2 典型实例——设计“宠物乐园”网页

为了让用户进一步熟练掌握图像的添加和编辑的操作方法，下面将以设计“宠物乐园”网页为例讲解添加和编辑图像的操作方法，设计效果如图 2-92 所示。

图2-92　设计“宠物乐园”网页

1. 设计页面头部。

(1) 打开附盘文件“素材\第 2 章\宠物乐园\index.html”，如图 2-93 所示。

(2) 将鼠标光标置于网页头部模板的单元格中，然后将附盘文件“素材\第 2 章\宠物乐园\images\banner.gif”插入到单元格中，如图 2-94 所示。

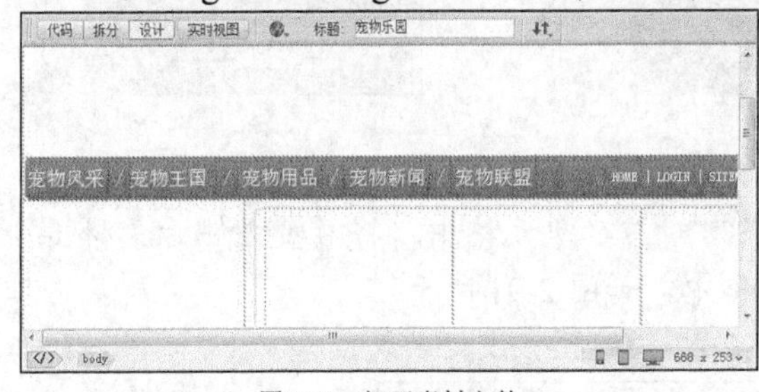

图2-93　打开素材文件

图2-94　插入顶部图片

2. 设计左侧栏目。

(1) 将鼠标光标移至左侧栏目单元格中，选择菜单命令【插入】/【图像对象】/【鼠标经过图像】，打开【插入鼠标经过图像】对话框，如图 2-95 所示。

(2) 在对话框中设置【原始图像】为附盘中的“素材\第 2 章\宠物乐园\images\LanMu_01.gif”，【鼠标指针经过图像】为“素材\第 2 章\宠物乐园\images\LanMu_02.gif”，如图 2-96 所示。

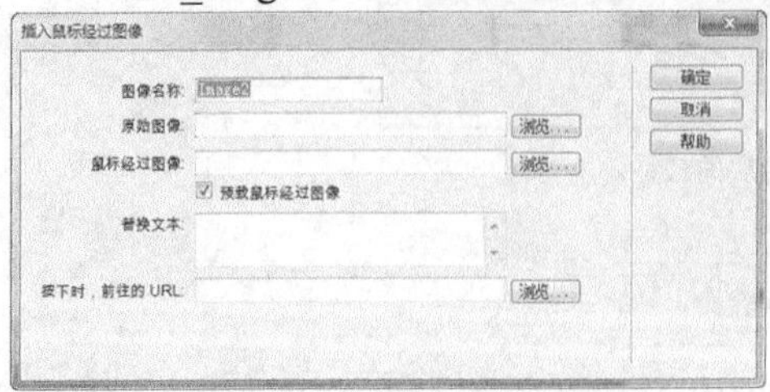

图2-95　【插入鼠标经过图像】对话框

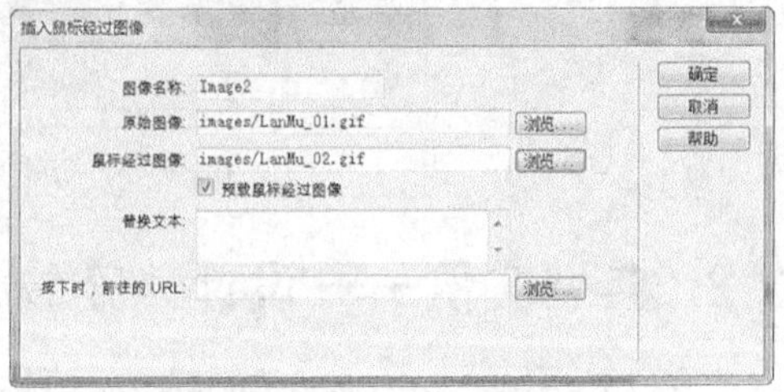

图2-96　设置鼠标经过图像参数

(3) 单击 确定 按钮，插入鼠标指针经过图像，预览如图 2-97 所示。

原始图像

鼠标指针经过图像

图2-97　鼠标指针经过图像效果

3. 设计网页主体内容。

(1) 在网页主体模块的第 1 行第 1 个单元格中插入附盘文件“素材\第 2 章\宠物乐园\pet\01_01.gif”，如图 2-98 所示。

(2) 用同样的方法，依次插入其他图像，效果如图 2-99 所示。

图2-98　插入宠物图像

图2-99　插入主体模块的图像

(3) 按 Ctrl + S 组合键保存文档，案例制作完成，按 F12 键预览设计效果。

2.3 综合实例——设计“花花世界”首页

在网页设计中，文本和图像是最基础的设计元素。下面将以设计“花花世界”首页为例进一步讲解添加文本和图像的具体操作。最终设计效果如图 2-100 所示。

图2-100　设计“花花世界”首页

1. 设计网页头部。

(1) 打开附盘文件“素材\第 2 章\花花世界\index.html”，如图 2-101 所示。

(2) 将鼠标光标移至“banner”对应的单元格内，然后将附盘文件“素材\第 2 章\花花世界\images\banner.gif”插入单元格中，如图 2-102 所示。

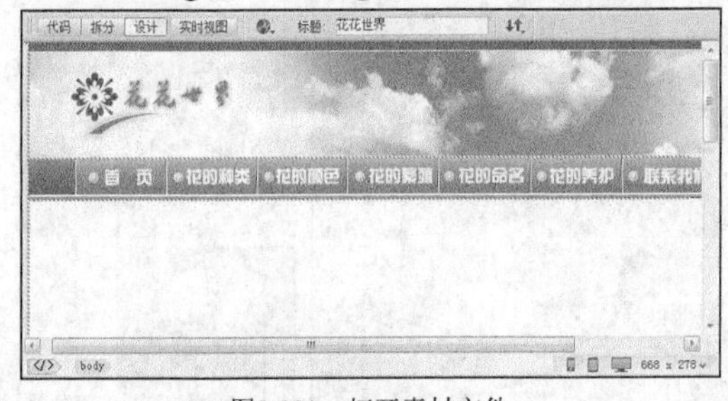

图2-101　打开素材文件

图2-102　插入 banner 图像

2. 设计网页主体内容。

(1) 将本书附带光盘“素材\第 2 章\花花世界\images\e02.gif”插入主体模块的第 1 个单元格中，如图 2-103 所示。

(2) 将附盘文件“素材\第 2 章\花花世界\花卉信息.doc”中的文本复制粘贴到主体模块的第 2 个单元格中并调整格式，如图 2-104 所示。

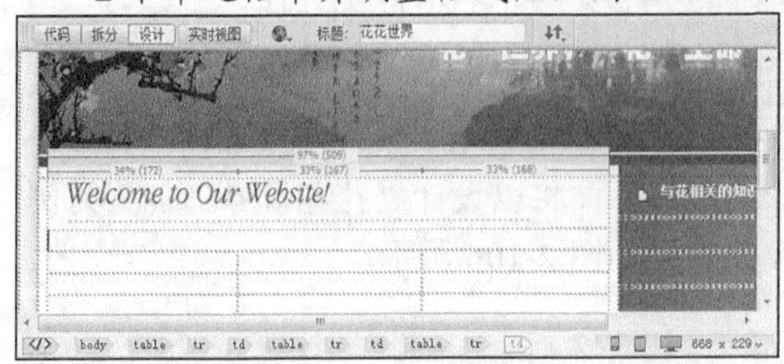

图2-103　插入标题图像

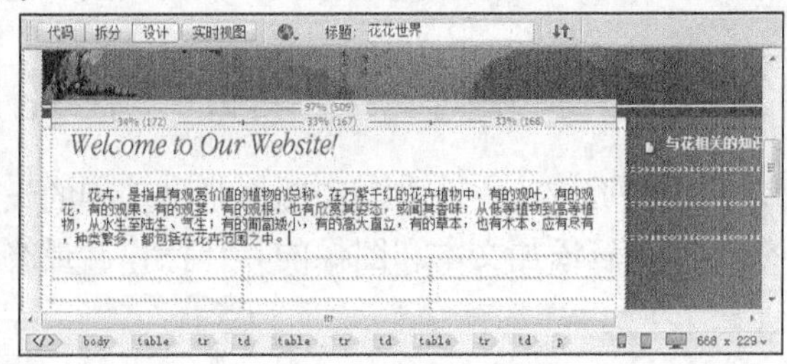

图2-104　输入文本内容

(3) 将附盘文件“素材\第 2 章\花花世界\flower\陆生花\茉莉.jpg”插入主体模块的第 3 个单元格中，并设置【宽】为“160px”，【高】为“120px”，如图 2-105 所示。

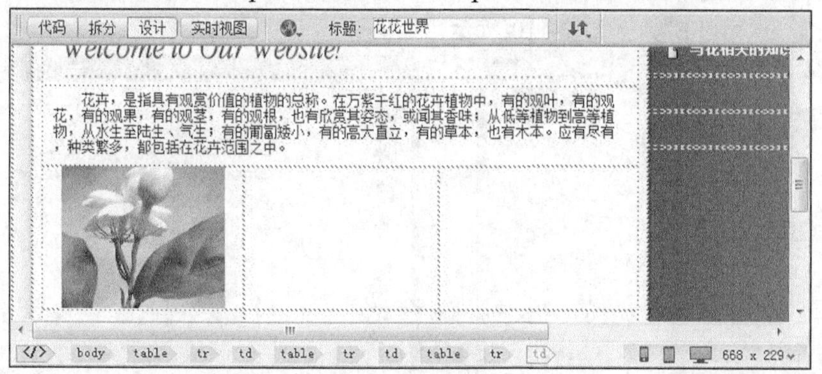

图2-105　插入图像

(4) 用同样的方法插入其他图像，如图 2-106 所示。

图2-106　主体模块设置效果

3. 设计右侧栏目。

(1) 在右侧栏目的第 1 个单元格中输入文字内容并调整格式，如图 2-107 所示。

(2) 选中文本，在文本上单击鼠标右键，在弹出的菜单中依次选择【CSS 样式】/【新建】选项，如图 2-108 所示。

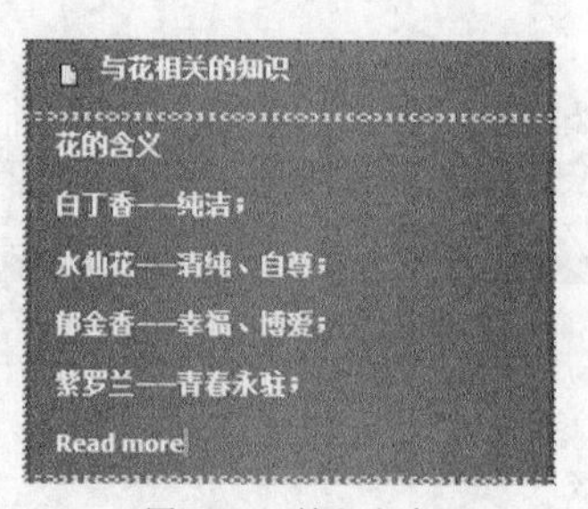

图2-107　输入文本

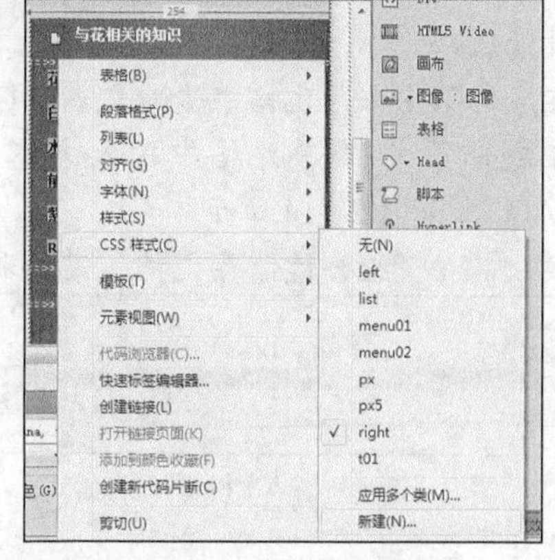

图2-108　新建 CSS 规则

(3) 弹出【新建 CSS 规则】对话框，设置【选择器类型】为“类（可用于任何 HTML 元素）”，并在【选择器名称】文本框中输入“LanMu”，如图 2-109 所示。

(4) 单击 确定 按钮，打开【.LanMu 的 CSS 规则定义】对话框。在【类型】面板中设置【Font-family】为“楷体”，【Font-size】为“16px”，【Font-weight】为“bold”，【Color】为“#FFF”，如图 2-110 所示。

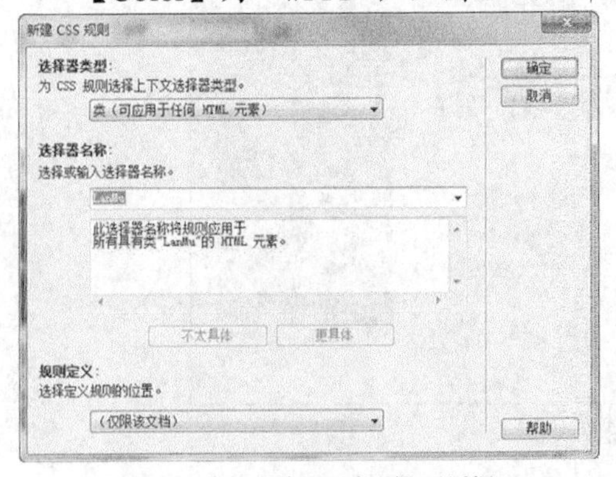

图2-109　【新建 CSS 规则】对话框

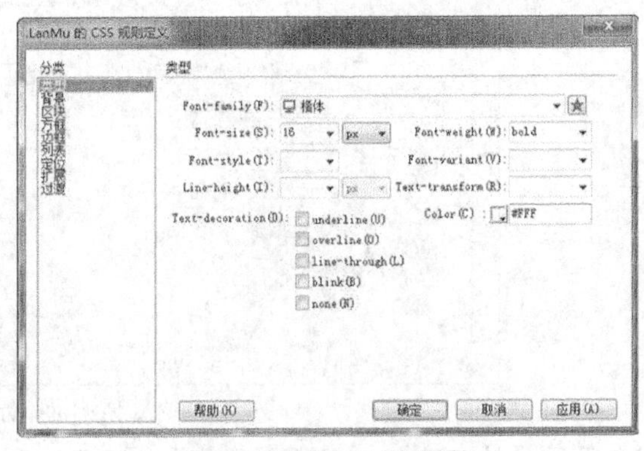

图2-110　设置 CSS 规则属性

(5) 单击 确定 按钮完成规则创建，并对选中的文本应用规则，如图 2-111 所示。

(6) 在其他单元格内输入文本，并应用“.LanMu”类，最终效果如图 2-112 所示。

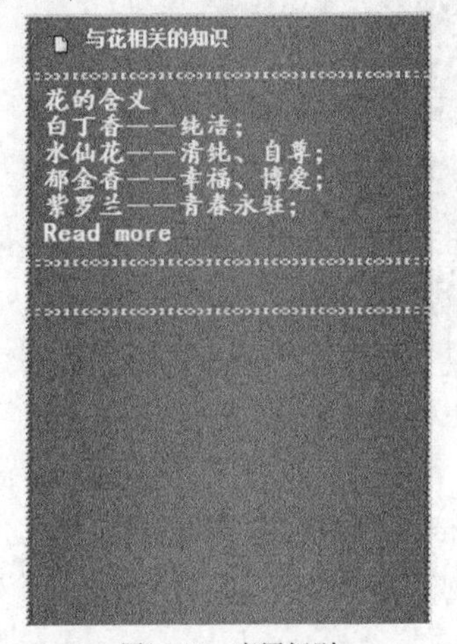

图2-111　应用规则

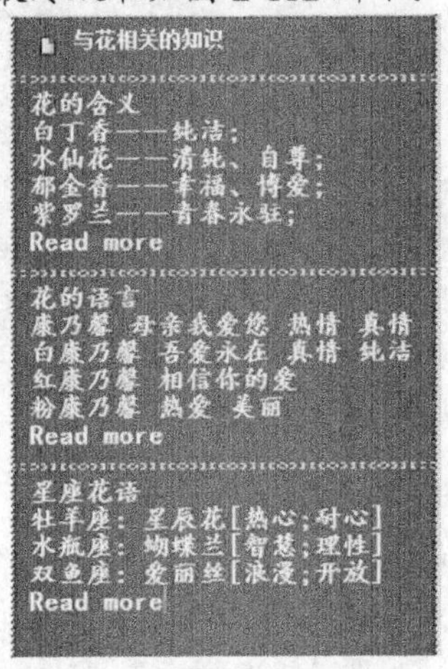

图2-112　右侧栏目的设置效果

4. 设计底部。

(1) 在底部第 1 个单元格中输入文本“Copyright ©2010 yuansir.com”，如图 2-113 所示。

(2) 在底部第 2 个单元格中输入文本“Home About Us Support Services Contacts Help FAQ”，如图 2-114 所示。

(3) 按 Ctrl + S 组合键保存文档，案例制作完成，按 F12 键预览设计效果。

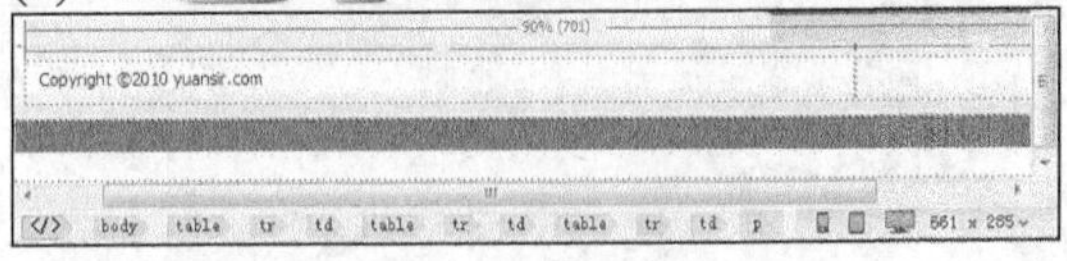

图2-113　输入版权文本

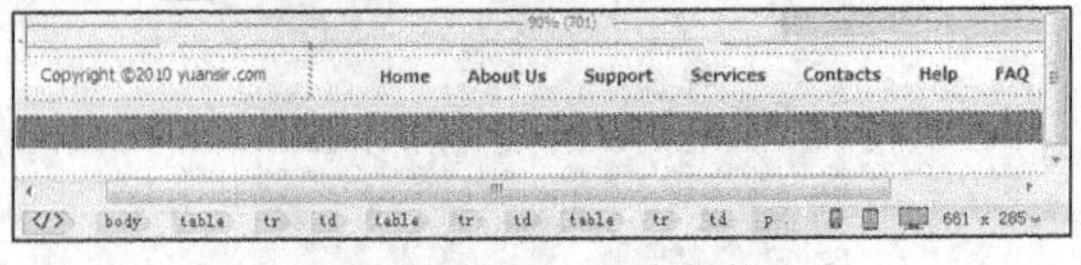

图2-114　输入底部超链接

2.4　使用技巧——通过复制粘贴创建网页

通过从其他网站上复制所浏览的网页到 Dreamweaver CC 软件所创建的新文档中，接着更换网页内容，就可以快速地成功设计出一个基于所复制的网页框架的网页。如图 2-115 所示就是基于“百度”框架而设计的一个新网页。

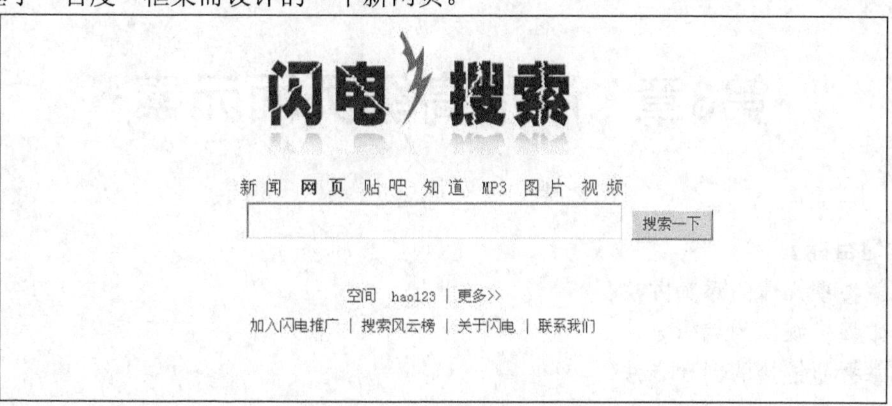

图2-115 设计“闪电搜索网”

1. 复制“百度”主页的所有内容。
2. 以“带结构的文本以及全部格式”方式把内容粘贴到新文档中。
3. 替换 Logo 图像，更改按钮值。
4. 删除或更改文本内容和格式。

2.5 习题

1. 添加文本的方法主要有哪几种？
2. 怎么设置文本的属性？
3. GIF、JPEG、PNG 3 种格式的图像分别适用于网页中的哪些内容？
4. 在【属性】面板中可对图像的哪些属性进行设置？
5. 练习在网页中插入图像并调整图像的属性。

第3章 添加高级页面元素

【学习目标】

- 掌握多媒体的添加方法。
- 掌握多媒体的编辑方法。
- 掌握超链接的创建方法。
- 掌握超链接的编辑方法。

高级页面元素主要是指多媒体和超链接这两大元素。多媒体元素可以让网页内容更加精彩丰富，赋予网页鲜活的生命力；超链接则是网站的灵魂，在网站内充当各个页面之间的导航，通过建立起一座座无形的“桥梁”将各个页面有机地结合起来。本章将详细讲解使用 Dreamweaver CC 软件添加多媒体和超链接的相关知识和具体操作过程。

3.1 添加多媒体

随着多媒体技术的发展，多媒体元素在网页设计中得到了广泛的运用，从而极大地丰富了网页内容的表现形式，网页的呈现效果也越来越生动活泼。

3.1.1 多媒体添加和编辑方法

在网页中经常应用到的多媒体技术包括 Flash 动画、音频和视频等内容。多媒体技术是否能应用得恰到好处对提升网页效果起到至关重要的作用，用户若能灵活地运用多媒体技术可以让网页更显生机，从而激发访问者的兴趣。下面将以设计“水果百科”网为例讲解多媒体的添加和编辑方法，设计效果如图 3-1 所示。

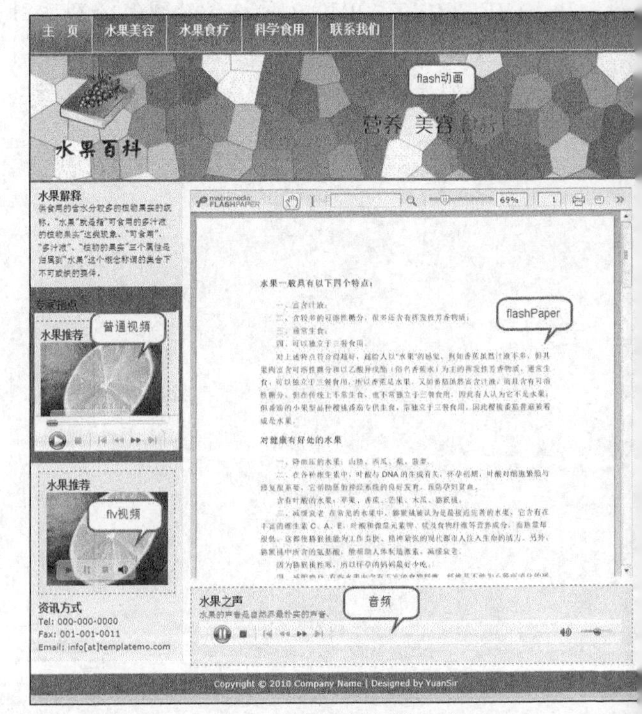

图3-1 设计“水果百科”网

一、 插入 Flash

Flash 动画是一种矢量动画格式，其凭借着体积小、兼容性强、直观动感、互动性强等特点，在网页设计中得到了广范应用。

1. 插入 Flash 动画。

(1) 运行 Dreamweaver CC 软件，打开附盘文件“素材\第 3 章\水果百科

\index.html”，如图 3-2 所示。

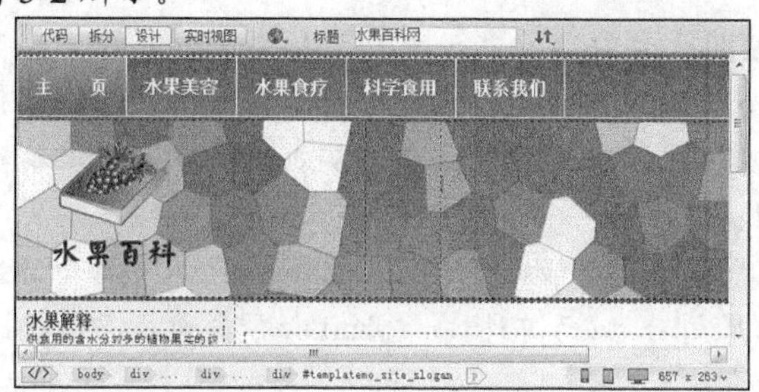

图3-2 打开素材文件

(2) 将鼠标光标置于文档第二行最右端的单元格中，选择菜单命令【插入】/【媒体】/【Flash SWF】，打开【选择 SWF】对话框，然后选择附盘文件“素材\第 3 章\水果百科\Flash\banner.swf”，如图 3-3 所示。

(3) 单击 确定 按钮，打开【对象标签辅助功能属性】对话框，设置【标题】为“flash”，如图 3-4 所示。

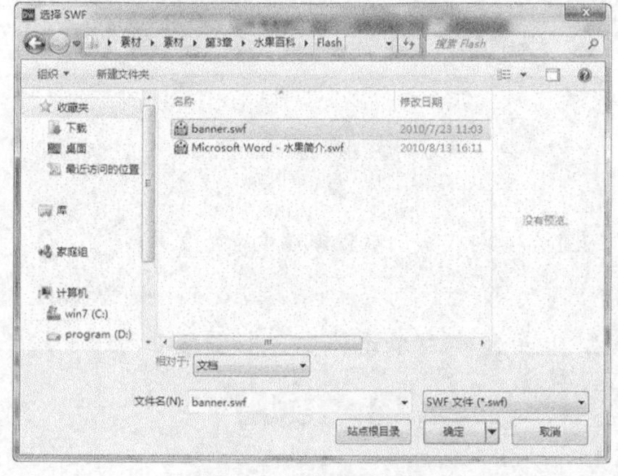

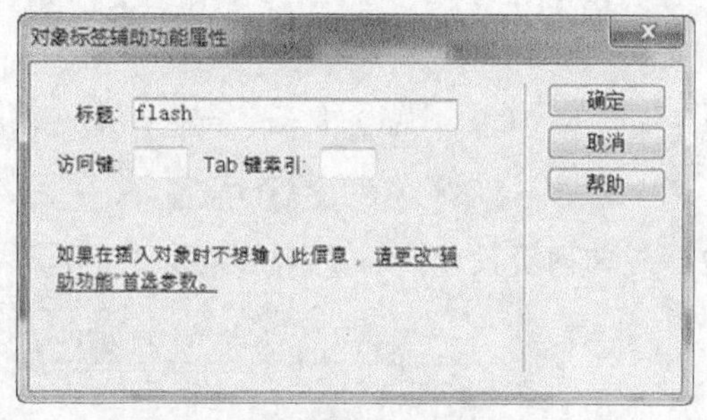

图3-3 选择 SWF 文件

图3-4 【对象标签辅助功能属性】对话框

(4) 单击 确定 按钮，即可在鼠标光标处插入选中的 Flash，如图 3-5 所示。

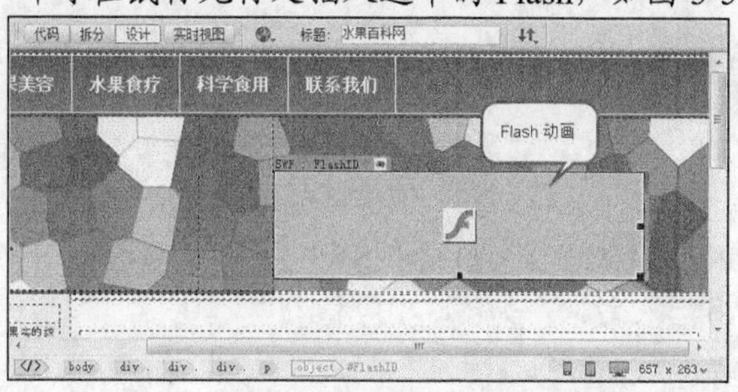

图3-5 插入 Flash 动画

(5) 单击选中插入的 Flash，在属性检查器面板中设置【品质】为“高品质”，【对齐】为“顶端”，【Wmode】为“透明”，如图 3-6 所示。

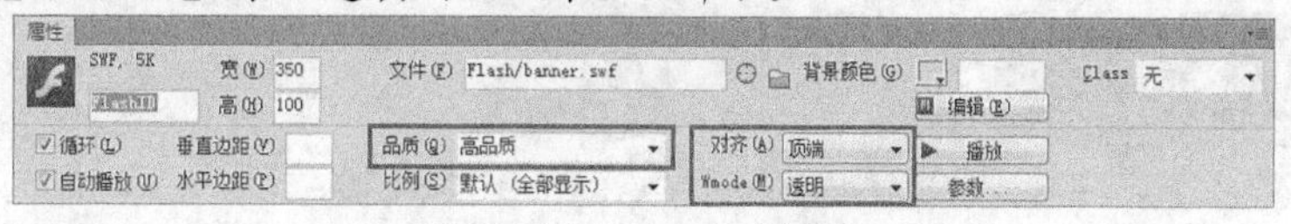

图3-6 设置 Flash 动画的属性

2. 插入 FlashPaper。

FlashPaper 是一款提供文件转换功能的电子文档类工具软件，它可以自由地将任何可打印的文档直接转换为 Flash 文档或 PDF 文档，并且保持原始文件的排版格式，并自动生成控制条，还可以实现缩小、放大画面、翻页、移动等，具有很强的可调节性。

3. 安装 Macromedia FlashPaper 2。

(1) 打开附盘文件“素材\第 3 章\水果百科\Flashpaper\水果简介.doc”，利用 Macromedia FlashPaper 2 将“水果简介.doc”转换成“fruit.swf”，如图 3-7 和图 3-8 所示。

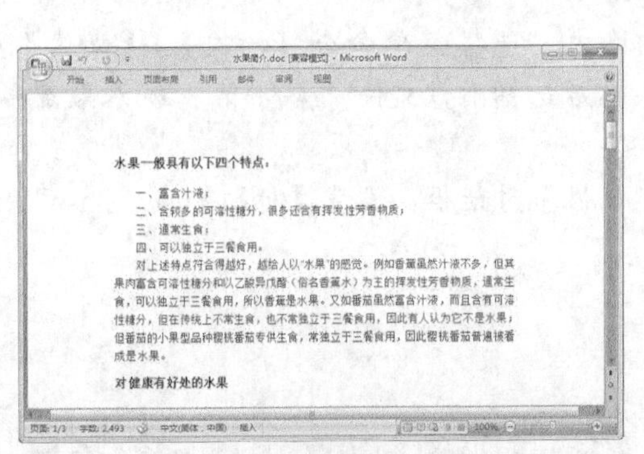

图3-7　转换前

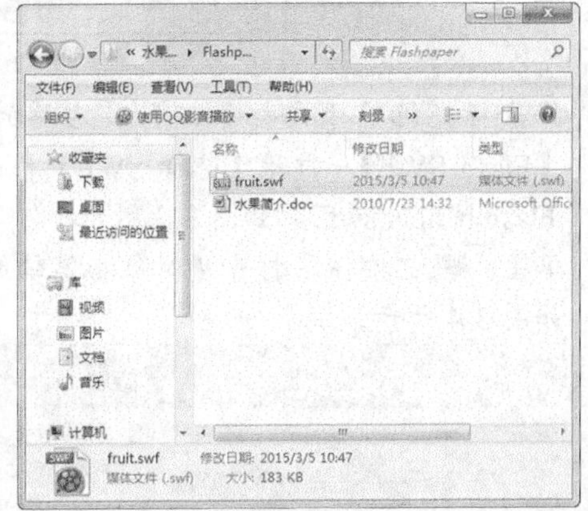

图3-8　转换后

要点提示　Macromedia FlashPaper 2 可以自行在网上下载安装，此外，还有其他的电子文档类工具软件也可以对文件格式进行转换。

(2) 返回网页设计，将鼠标光标置于“水果之声”上面的空白单元格中，如图 3-9 所示。

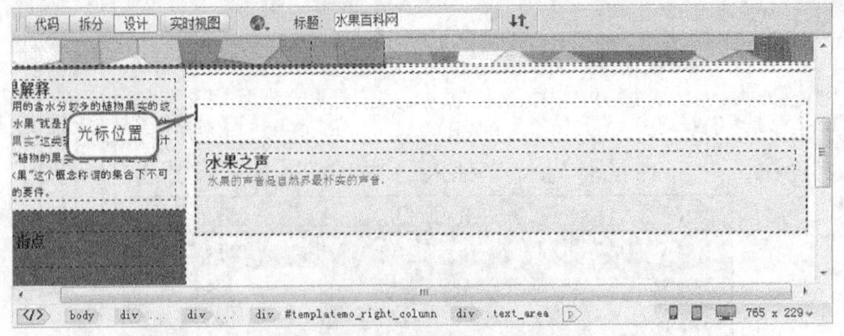

图3-9　鼠标光标位置

(3) 选择菜单命令【插入】/【媒体】/【Flash SWF】，打开【插入 SWF】对话框，将上面制作的 FlashPaper 动画插入文档，如图 3-10 所示。

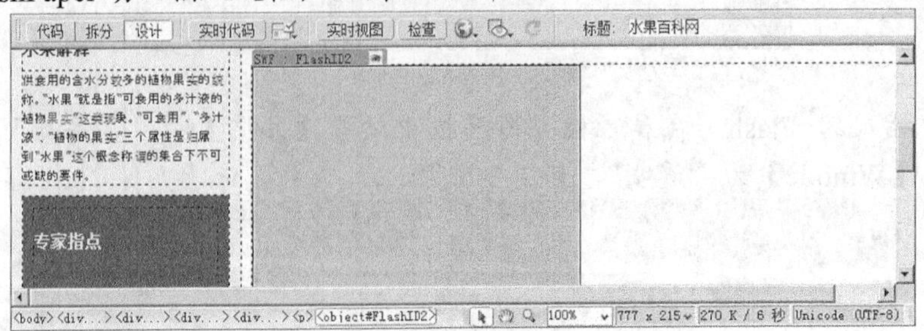

图3-10　插入 FlashPaper 动画

(4) 选中插入的动画，在属性检查器面板中设置【宽】为“580”，【高】为“500”，【品质】为“高品质”，【Wmode】为“不透明”，如图 3-11 所示。

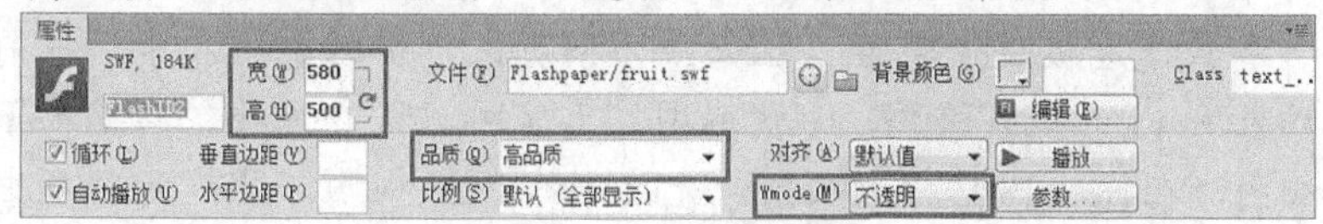

图3-11 设置动画属性

二、 插入视频

运用 Dreamweaver CC 软件在网页上插入视频时，可根据所插入视屏的用途分为两大类，一类是 FLV 视频，另一类是普通视频（非 FLV 视频）。插入 FLV 视频时，Dreamweaver CC 软件会添加一个 SWF 组件来控制视频的播放；而插入普通视频时，Dreamweaver CC 软件会根据不同的视频格式自动选用不同的播放器。

1. 插入普通视频。

普通视频是指 wmv、avi、mpg 和 rmvb 等格式的视频，Dreamweaver CC 软件会根据不同的视频格式，选用不同的播放器，默认播放器是 Windows Media Player。

(1) 将鼠标光标置于文档“专家指点”文本下方的空白单元格中，选择菜单命令【插入】/【媒体】/【插件】，打开【选择文件】对话框，选择附盘文件“素材\第 3 章\水果百科\Video\01.avi”，如图 3-12 所示。

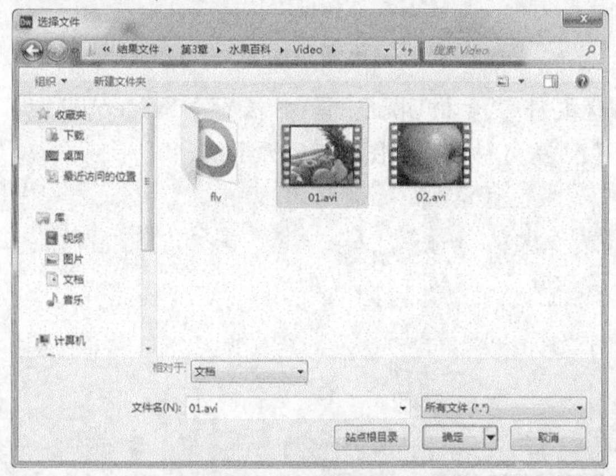

图3-12 选择视频文件

(2) 单击 确定 按钮，在鼠标光标位置插入一个视频插件，如图 3-13 所示。

(3) 单击选中视频插件，在属性检查器面板中设置【宽】为“190”，【高】为“180”，如图 3-14 所示。

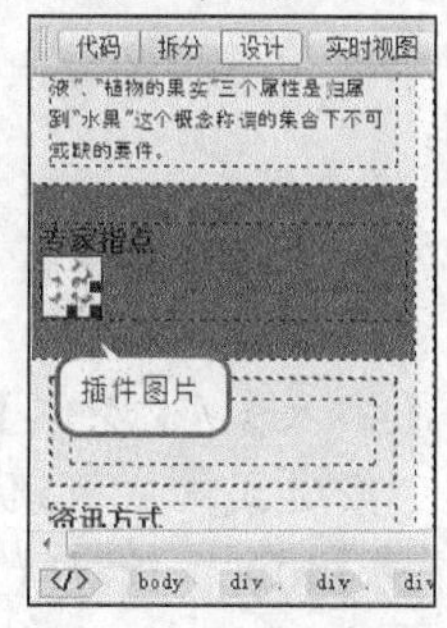

图3-13 插入视频插件

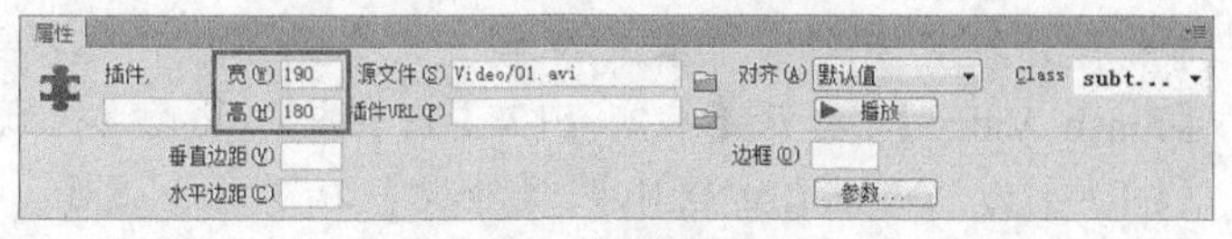

图3-14 设置插件尺寸

2.　插入 FLV 视频。

FLV 是目前在使用范围上占主导地位的视频文件，全称为 Flash Video。因其具有占用空间极小、加载速度极快等特性，从而成为网页设计中的重要元素。目前所有的在线视频网站均采用 FLV 视频格式，如优酷网、土豆网、酷 6 网等。与插入 FlashPaper 动画的步骤相同，在插入 FLV 视频之前，先要制作 FLV 视频。目前 FLV 视频主要是利用 Flash 自带的转换功能或 FLV 格式转换软件把其他格式的视频进行转换而得到的。

(1)　打开 Ultra Flash Video FLV Converter 软件，运行界面如图 3-15 所示。

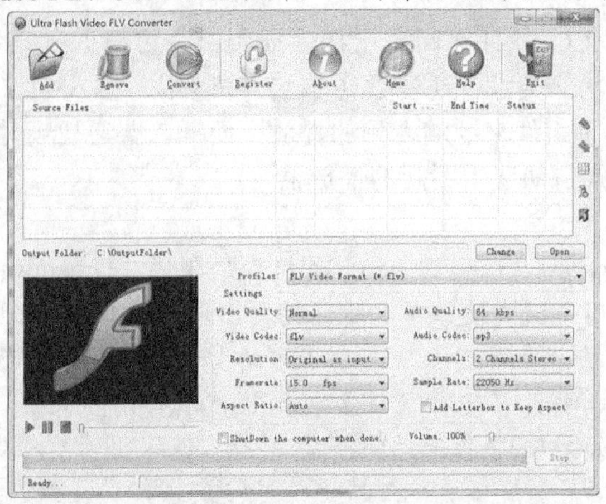

图3-15　Ultra Flash Video FLV Converter

(2)　单击按钮，将附盘文件“素材\第 3 章\水果百科\Video\02.avi”添加到软件内，并设置【输出目录】和【配置文件】，如图 3-16 所示。

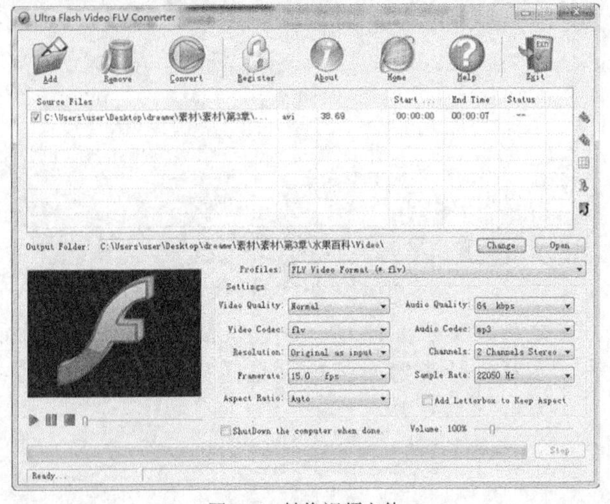

图3-16　转换视频文件

(3)　单击按钮，系统将自动把当前添加的视频转换为 FLV 格式的视频，并保存在设置的输出目录中。

(4)　将鼠标光标置于文档“水果推荐”文本的下方，选择菜单命令【插入】/【媒体】/【Flash Video】，打开【插入 FLV】对话框，设置【视频类型】为“累进式下载视频”，【URL】为“Video/flv/02.flv”，【外观】为“Clear Skin1（最小宽度：140）”，设置【宽度】为“160”，【高度】为“120”，选择☑自动播放复选项，如图 3-17 所示。

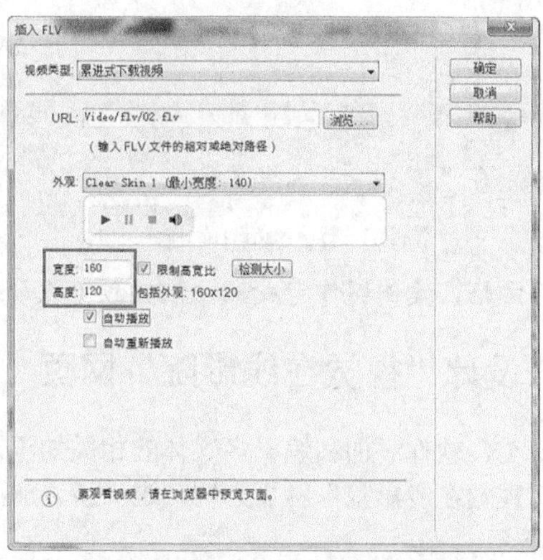

图3-17　设置 FLV 视频参数

(5) 单击确定按钮，插入 FLV 视频，如图 3-18 所示。

(6) 选中 FLV 视频，打开属性检查器面板，可以重新设置其相关属性，如图 3-19 所示。

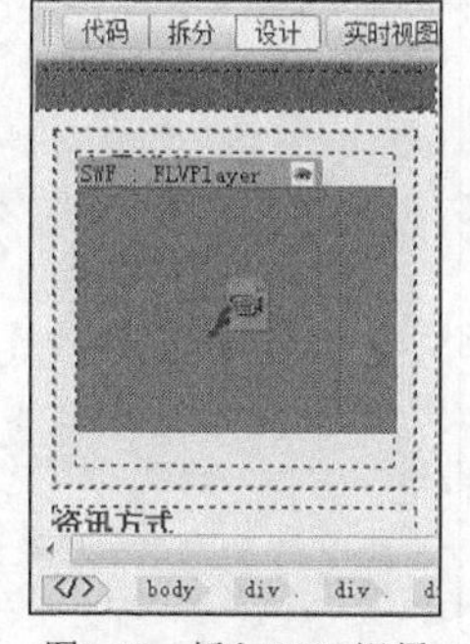

图3-18　插入 FLV 视频

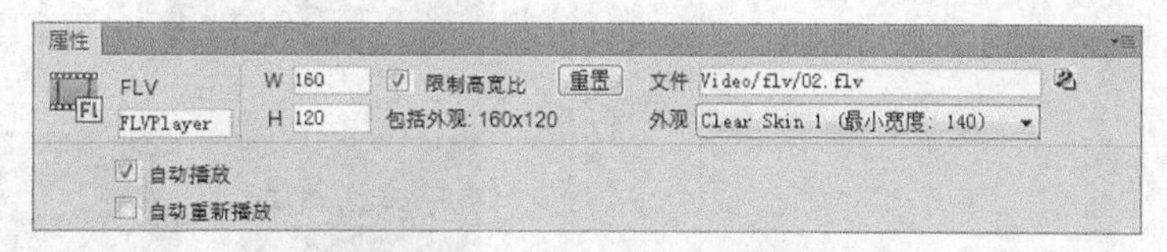

图3-19　FLV 视频的属性检查器面板

三、　插入音频

1. 将鼠标光标置于“水果之声”文本下方，选择菜单命令【插入】/【媒体】/【插件】，打开【选择文件】对话框，选择附盘文件“素材\第 3 章\水果百科\music\fruit.mp3”，如图 3-20 所示。
2. 单击确定按钮，在鼠标光标位置插入一个音频插件，如图 3-21 所示。

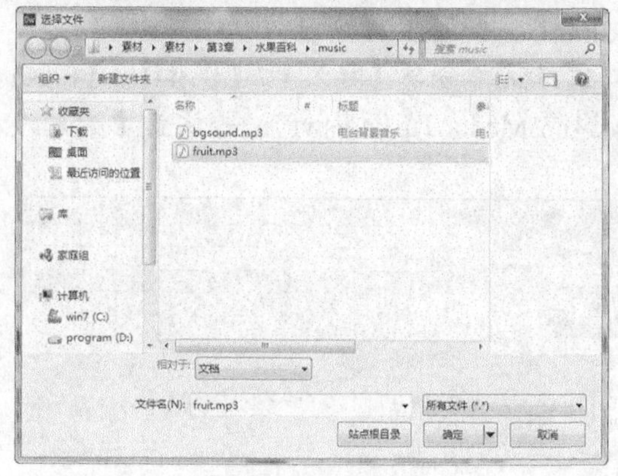

图3-20　选择音频文件

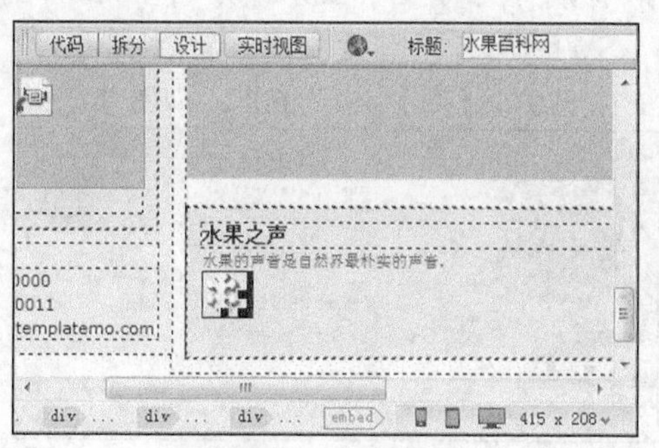

图3-21　插入音频插件

3. 选中插件图标，在属性检查器面板中设置【宽】为“555”，【高】为“30”，如图 3-22 所示。

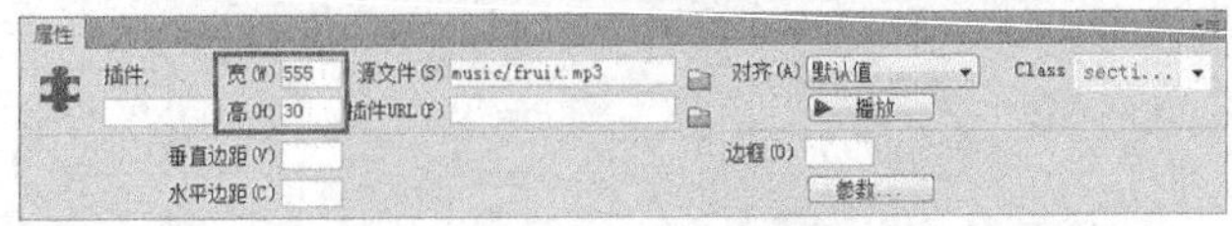

图3-22　设置音频插件的属性

4. 按 Ctrl + S 组合键保存文档，案例制作完成，按 F12 键预览设计效果。

3.1.2 典型实例——设计“视觉在线影院”网页

为了巩固 Dreamweaver CC 软件添加和编辑多媒体的相关知识，并帮助用户熟练掌握其操作方法，下面将以设计“视觉在线影院”网页为例，进一步讲解添加和编辑多媒体的操作方法，设计效果如图 3-23 所示。

图3-23　设计“视觉在线影院”网页

1. 添加 Flash 动画。

(1) 打开附盘文件“素材\第 3 章\在线影院\index.html”，如图 3-24 所示。

(2) 将鼠标光标置于主体部分的空白单元格中，选择菜单命令【插入】/【媒体】/【Flash SWF】，选择附盘文件“素材\第 3 章\在线影院\Media\TuiJian.swf”，并设置【宽】为“570”，【高】为“260”，如图 3-25 所示。

图3-24　打开素材文件

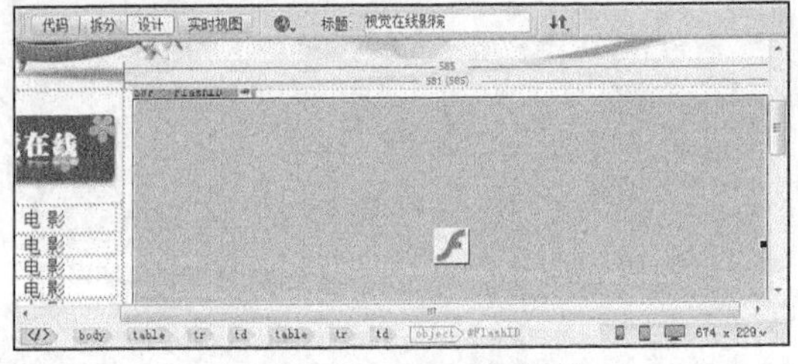

图3-25　添加 Flash 动画效果

2. 添加 FLV 视频。

(1) 将鼠标光标置于“生命起源”文本的上方，选择菜单命令【插入】/【媒体】/【Flash Video】，打开【插入 FLV】对话框，参数设置如图 3-26 所示。

(2) 单击 确定 按钮，插入 FLV 视频，如图 3-27 所示。

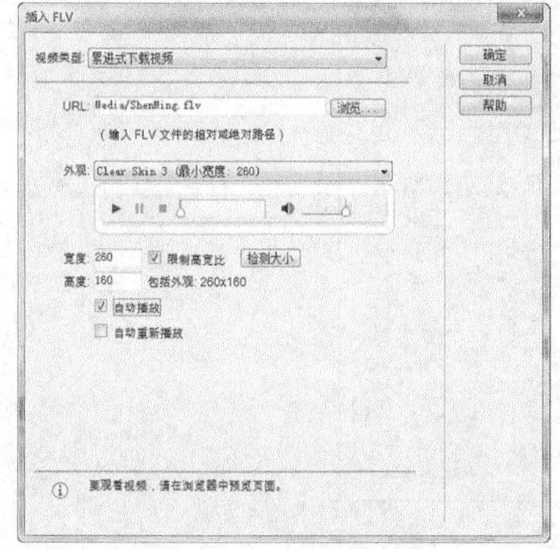

图3-26 设置 FLV 视频的参数

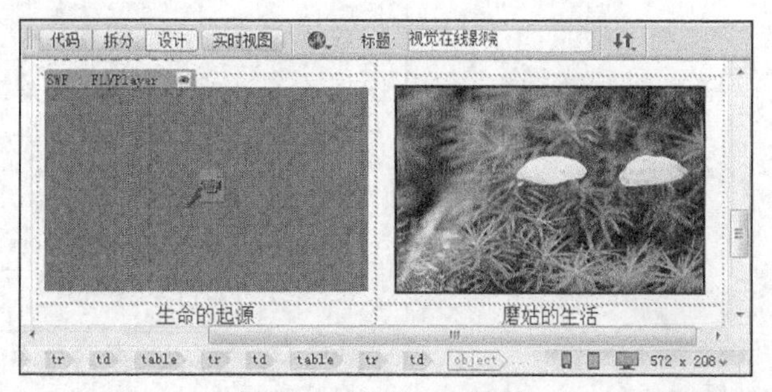

图3-27 添加 FLV 视频效果

3. 添加声音。

(1) 将鼠标光标置于文档主体部分的最下端空白处，选择菜单命令【插入】/【媒体】/【插件】，选择附盘文件“素材\第 3 章\在线影院\Media\bgsound.mp3”，并设置【宽】为“570”，【高】为“30”，如图 3-28 所示。

(2) 按 Ctrl + S 组合键保存文档，案例制作完成，按 F12 键预览设计效果。

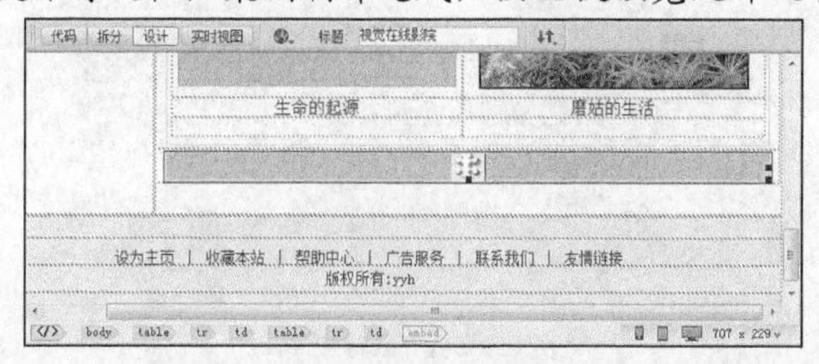

图3-28 添加声音

3.2 添加超链接

Internet 之所以备受青睐，很大程度上是归功于在网页中所普遍使用超级链接，它就像一条条纽带，在网页之间乃至网站之间实现无缝衔接，编织成相辅相成的关系网。

3.2.1 超链接添加和编辑方法

超链接如同一个指针，把某个对象指向另一个对象的指针，它可以是网页中的一段文字，也可以是一张图像，甚至可以是图像中的某一部分。根据链接对象的不同，超链接可分为文本链接、图像链接、锚链接、下载链接、电子邮件链接和脚本链接等。下面将以设计“教育导航网”为例讲解如何添加和编辑超链接，设计效果如图 3-29 所示。

图3-29　设计“教育导航网”

一、 设置链接样式

在创建链接之前，首先要设置网页链接的样式，其中包括链接字体、链接颜色、变换图像链接颜色、已访问链接颜色、活动链接颜色以及链接下划线样式等。

1. 运行 Dreamweaver CC 软件，打开附盘文件“素材\第 3 章\教育导航网\index.html”，如图 3-30 所示。

图3-30　打开素材文件

2. 选择菜单命令【修改】/【页面属性】，打开【页面属性】对话框，如图 3-31 所示。
3. 切换至【链接（CSS）】面板，设置【链接颜色】为“#000000”，【变换图像链接】为“#ff0000”，【已访问链接】为“#1200ff”，【活动链接】为“#ffea00”，【下划线样式】为“始终无下划线”，如图 3-32 所示。

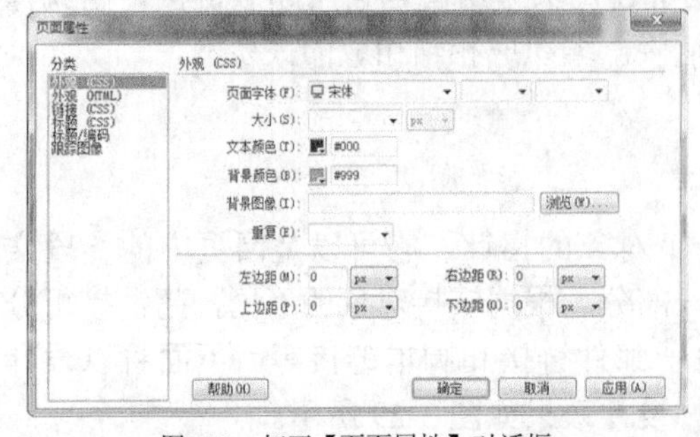

图3-31　打开【页面属性】对话框

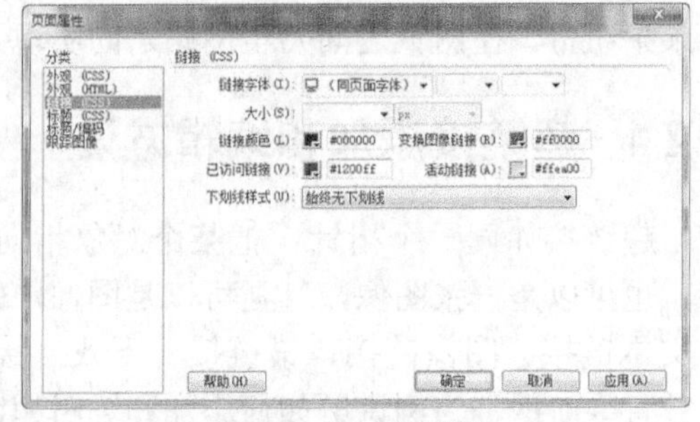

图3-32　设置链接样式

4. 单击【确定】按钮，完成设置。

二、 创建文本链接

网页设计中最常用的链接方式是文本链接。在 Dreamweaver CC 软件中根据链接的不同，文本链接可以分为内部链接和外部链接，设计效果如图 3-33 所示。

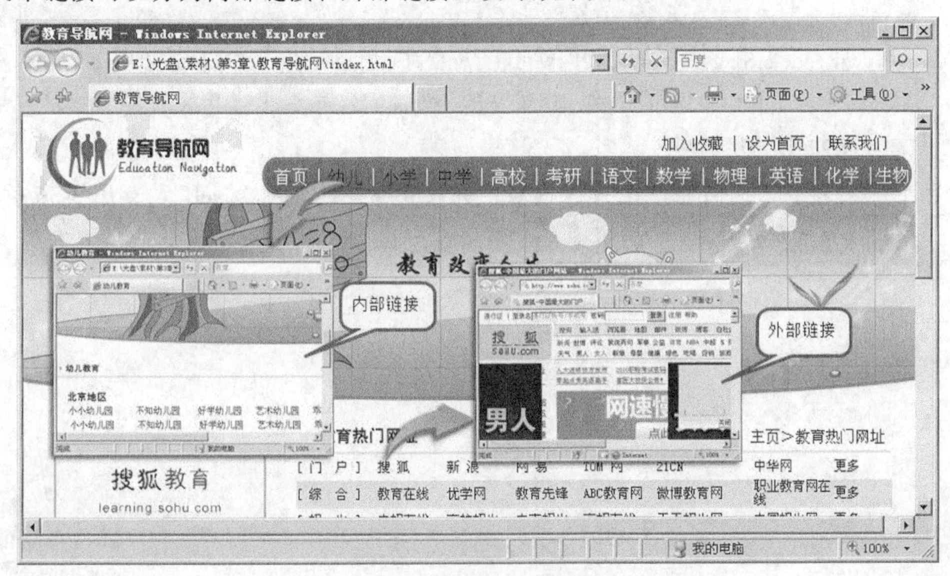

图3-33 文本链接的创建效果

1. 创建内部链接。

   创建内部链接是指建立与本地网页文档的链接，它可以将本地站点的所有独立的文档连接起来，从而形成网站。下面将介绍为文本创建内部链接的操作方法。

(1) 选中导航栏的文本“幼儿”，在属性检查器面板上单击【<> HTML】按钮打开 HTML 属性面板，如图 3-34 所示。

图3-34 选择超链接文件

(2) 单击【链接】文本框右侧的按钮，打开【选择文件】对话框，选择附盘文件“素材\第 3 章\教育导航网\youer.html”，如图 3-35 所示。

此时文档的选择路径都是相对地址。绝对地址是指互联网上的独立地址，包含主域名和目录地址，在任何网站通过这个地址可以直接跳转到目标网页；相对地址是相对于网站的地址，当域名改变时，相对地址的“绝对地址”也会发生变化。假设有两个网站，A：www.google.com；B：www.baidu.com；这两个网站的根目录下都有一个网页“404.html”。如果用户在这两个网站上都做同样的一个链接/404.html（相对地址），那么在网站 A 上所指向的是 www.google.com/404.html；在网站 B 上所指向的则是 www.baidu.com/404.html；如果希望在 A 网站上的/404.html 指向 B 网站的 404.html，那么用户就需要编写绝对地址：www.baidu.com/404.html。

(3) 单击【确定】按钮，返回 HTML 属性面板，并设置【目标】为“_self”，如图 3-36 所示。

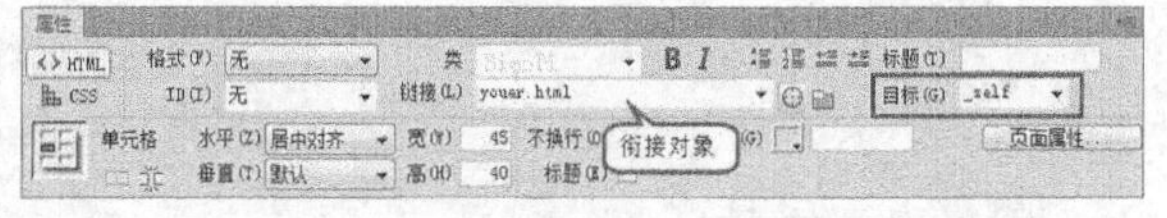

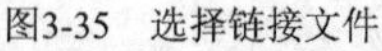

图3-35　选择链接文件　　　　图3-36　设置目标

【目标】下拉列表中常用选项的功能如下：“_blank”表示在新窗口中打开；“_parent”是针对框架集的，表示在文档的父框架集中打开；“_self”表示在同一窗口中打开；“_top”也是针对框架集的，表示在整个窗口打开，并删除框架。

(4) 按 F12 键预览网页，单击“幼儿”文本，可在当前窗口打开“youer.html”文件，如图 3-37 所示，网页的文本链接已经成功建立。

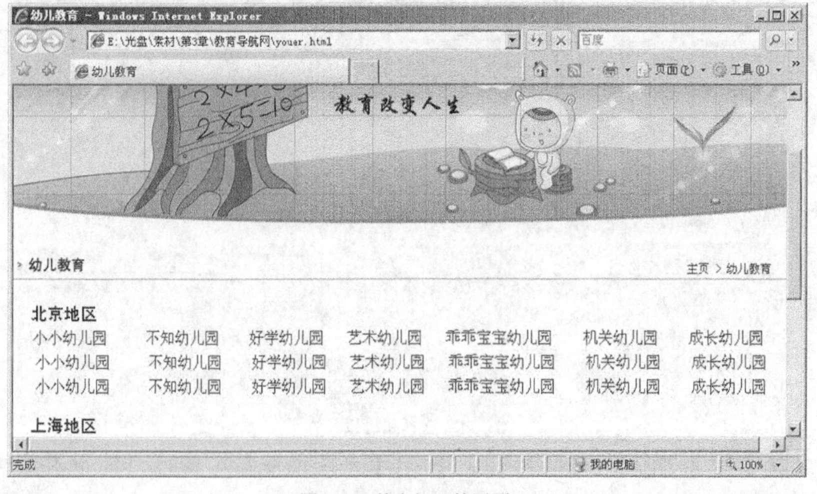

图3-37　单击打开的网页

(5) 用同样的方法给文本“小学”添加链接对象为“xiaoxue.html”，并设置【目标】为

"_self"，如图 3-38 所示。

图3-38　给"小学"添加超链接

2. 创建外部链接。

在设计网页时，无疑还需要与其他站点的内容建立关系，这就是指为网页创建外部链接。下面将介绍为文本创建外部链接的操作方法。

(1) 选中主体部分的文本"搜狐"，并打开 HTML 属性面板，如图 3-39 所示。

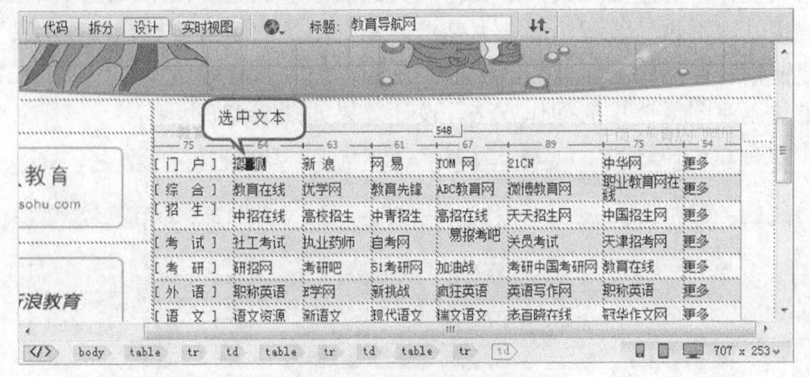

图3-39　选中创建链接的文本

(2) 在 HTML 属性面板中设置【链接】为 http://www.sohu.com，【目标】为"_blank"，如图 3-40 所示。

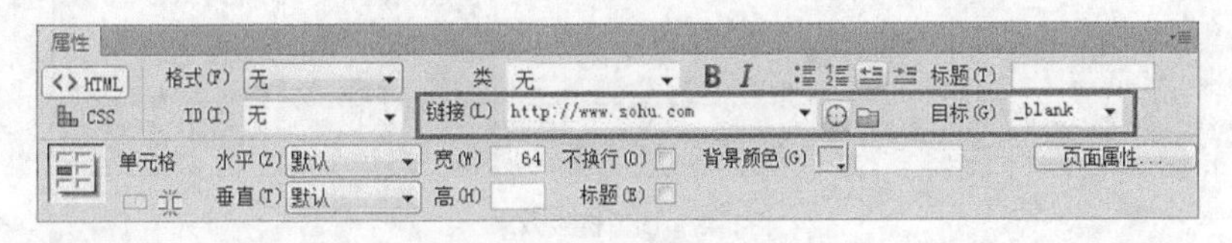

图3-40　设置链接属性

(3) 按 F12 键预览网页，单击"搜狐"文本，可在新窗口打开"搜狐网"，如图 3-41 所示。

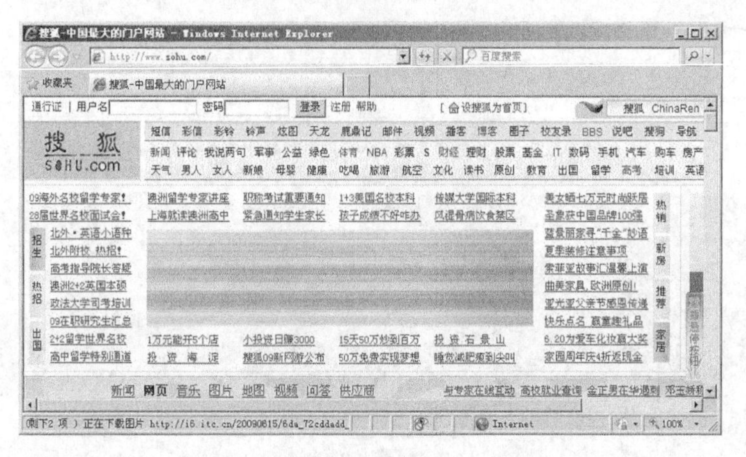

图3-41　搜狐网

(4)　用同样的方法给“新浪”创建链接并设置其属性，如图 3-42 所示。

图3-42　为“新浪”创建链接

三、　创建图像链接

图像是网页设计中的重要元素，给美轮美奂的图像添加超链接不仅是网页设计中最基础的操作之一，也是网页设计过程中的一大亮点。建立图像的超链接包括以下两种方式——在整张图像创建链接和在图像上创建热区链接。下面以为“教育导航网”首页的左侧栏目添加超链接为例讲解创建图像链接的操作方法。设计效果如图 3-43 所示。

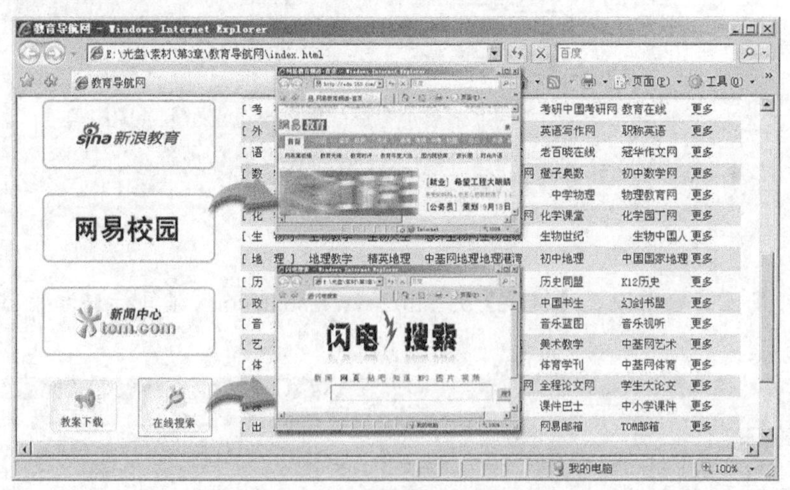

图3-43　图像链接效果

1.　为整张图像创建链接。

为整张图像添加超链接后，当鼠标指针移至设置了链接的图像上时，指针会变成“手形”，单击图像就会跳转至指定的页面。下面将介绍为整张图像创建超链接的操作方法。

(1) 选中左侧栏目的“搜狐教育”的 Logo 图像，如图 3-44 所示。

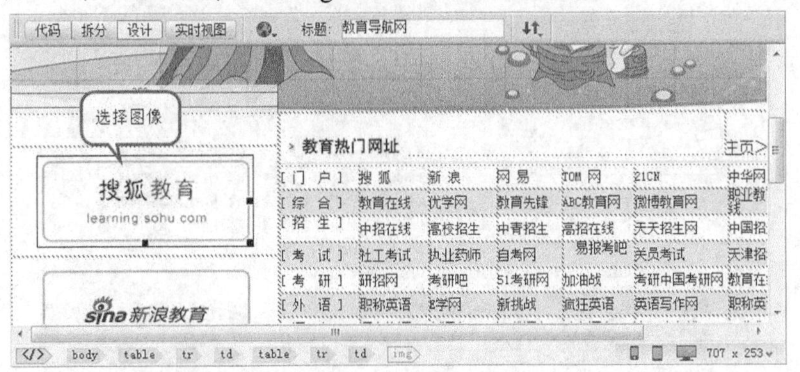

图3-44 选择链接图像

(2) 在属性检查器面板中设置【链接】为“http://learning.sohu.com”，【目标】为“_blank”，如图 3-45 所示。

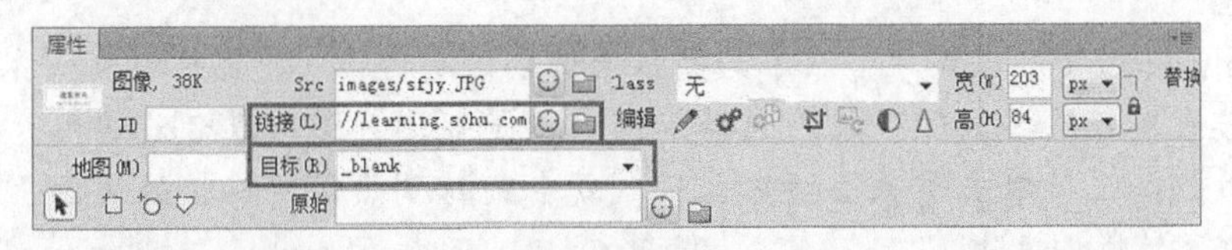

图3-45 设置属性

(3) 按F12键预览网页，单击设置链接的“搜狐教育”的 Logo 图像，就会打开“搜狐教育”网，如图 3-46 所示。

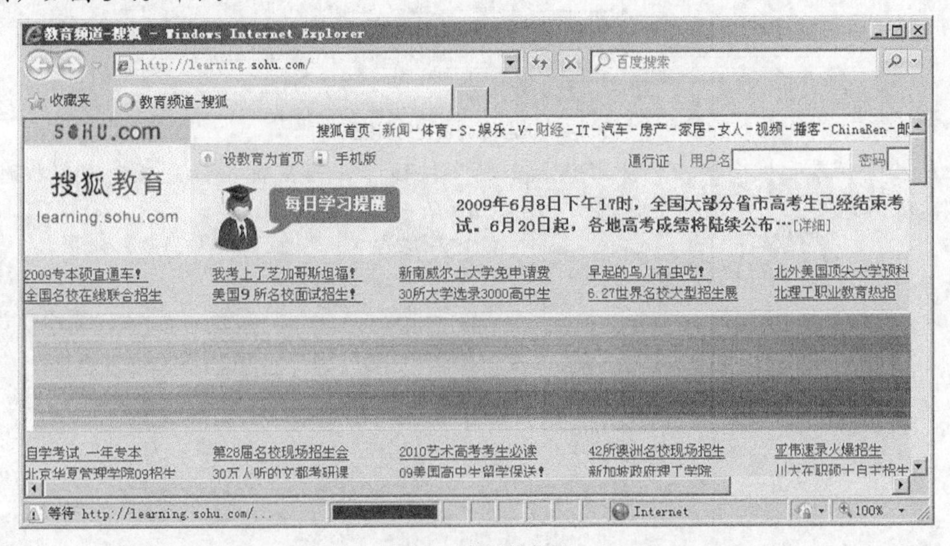

图3-46 搜狐教育网

(4) 用同样的方法分别为“新浪教育”创建链接“http://edu.sina.com.cn”，为“网易校园”创建链接“http://edu.163.com”，为“新闻中心”创建链接“http://www.tom.com”，如图 3-47 所示。

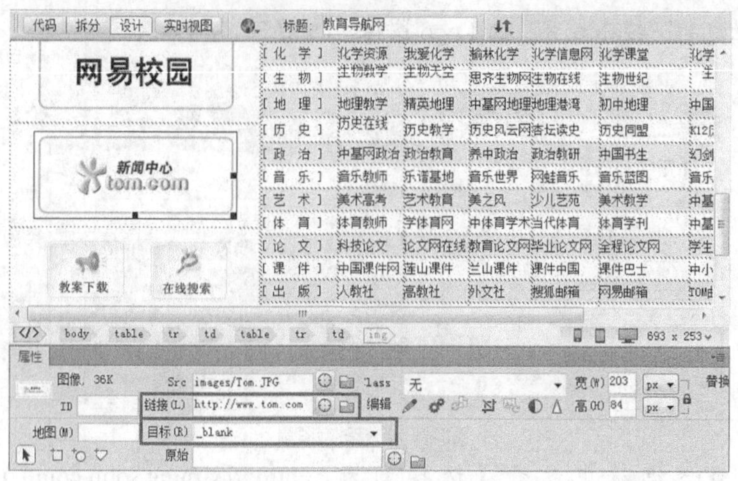

图3-47 “新闻中心”链接设置

2. 创建热区。

在 Dreamweaver CC 软件中，除了为整张图像创建超链接外，还可以在一张图像上创建多个链接区域，这些区域样式的选择范围可以是矩形、圆形或者多边形，这些链接区域就叫做热区。当单击图像上的热区时，就会跳转到热区所链接的页面上。下面将介绍创建热区的操作方法。

(1) 选中网页左侧栏目的最后一张图像，如图 3-48 所示。

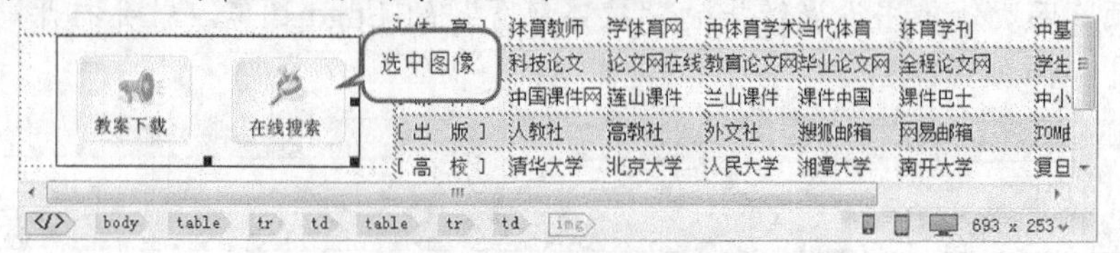

图3-48 选中创建链接的图像

(2) 在属性检查器面板中单击“矩形热点工具”按钮□，当鼠标指针变成十字形状时，拖曳鼠标，在图像上绘制一个矩形，如图 3-49 所示。

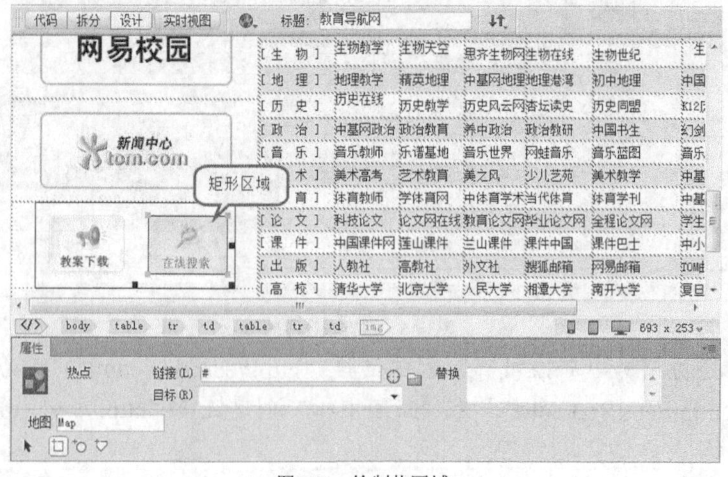

图3-49 绘制热区域

(3) 在属性检查器面板中设置【链接】为附盘文件“素材\第 3 章\教育导航网\sousuo.html”，【目标】为“_blank”，如图 3-50 所示。

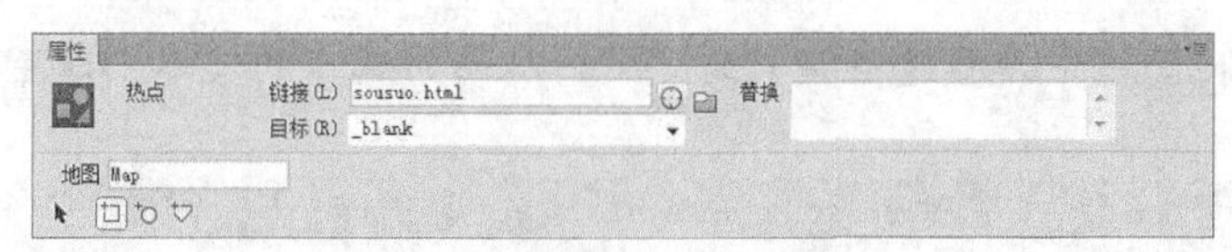

图3-50 设置热区域的链接属性

(4) 按F12键预览网页，单击图像的热区域就会打开“闪电搜索”网，如图 3-51 所示。

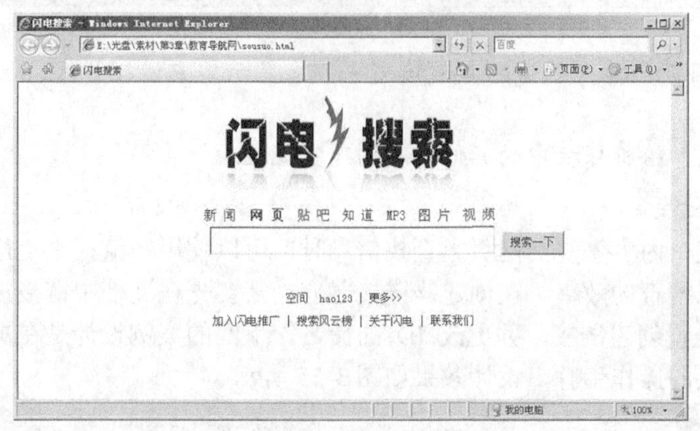

图3-51 搜索网

四、 创建空链接

空链接是指未指定目标端点的链接，即未指派的链接。空链接一般是给页面上的对象或文字附加行为，以便访问者使用鼠标指针滑过该链接时，页面只会交换鼠标的图像样式，不会弹出新的窗口或网页，如图 3-52 所示。

图3-52 空链接效果

1. 选中导航栏中文本“中学”，打开 HTML 属性面板，如图 3-53 所示。

图3-53 选中需创建空链接的文本

2. 在 HTML 属性面板中设置【链接】为“#”，从而为选中的文本创建空链接，如图 3-54 所示。

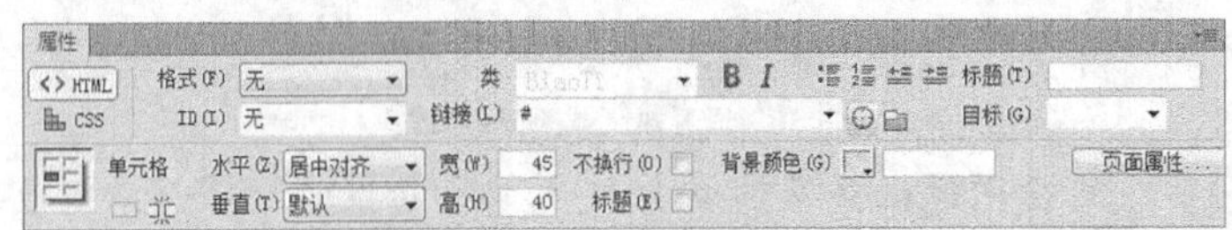

图3-54　创建空链接

3. 按F12键预览网页，单击创建的空链接文本，能显示文本链接样式，但不会跳转到别的页面。
4. 用同样的方法，给标题栏中的其他文本创建空链接。

五、　创建锚链接

当访问者在某个内容繁复的网页上查找信息时，可以使用锚链接来定位文档中的内容进行查找，提高信息搜查的效率。在创建锚链接之前，需要先在文档中链接目标端点创建位置 ID，然后在源端位置创建链接，并更改 ID 的命名。下面的案例设计是在页面底部与页面顶部之间创建锚链接的操作步骤，设计效果如图 3-55 所示。

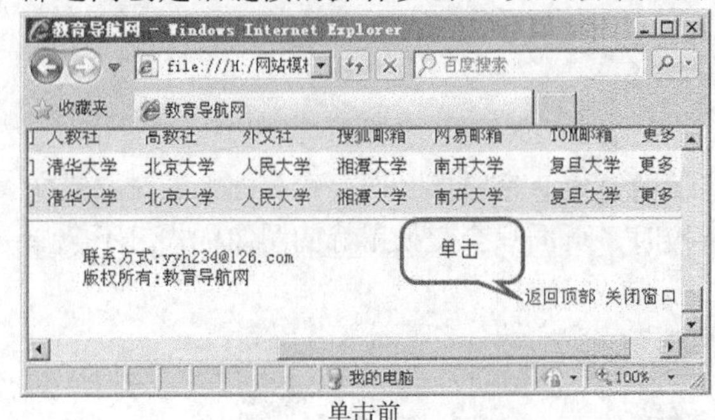

单击前

单击后

图3-55　锚链接效果

1. 创建位置 ID。

在创建锚链接之前，先要在页面中创建位置 ID。下面将介绍其创建方法。

(1) 将鼠标光标置于文档最顶端的空白单元格中，如图 3-56 所示。

图3-56　在目标端点插入鼠标光标

(2) 在属性窗口的 ID 文本框中输入“TOP”，如图 3-57 所示。

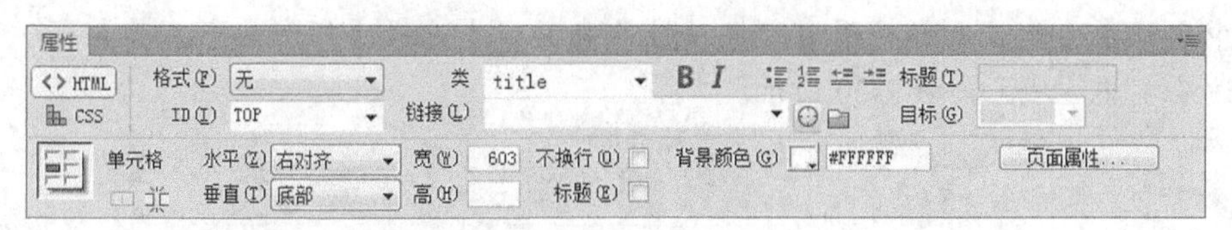

图3-57　创建位置 ID

2. 链接位置。

锚链接的创建方法同普通的链接相比有所不同，它分为两种情况：一种是当位置 ID 在同页面中时，输入格式为“#命名锚记名称”，如“#TOP”；另一种是当位置 ID 是处在同一站点的不同页面中时，输入格式则是“文件名#命名锚记名称”，如“lianxiwomen.html#TOP”。下面将具体介绍设置链接位置的操作方法。

(1) 选择文档底部的文本“返回顶部”，在 HTML 属性面板中设置【链接】为“#TOP”，如图 3-58 所示。

(2) 按F12键预览网页，单击后效果如图 3-55 所示。

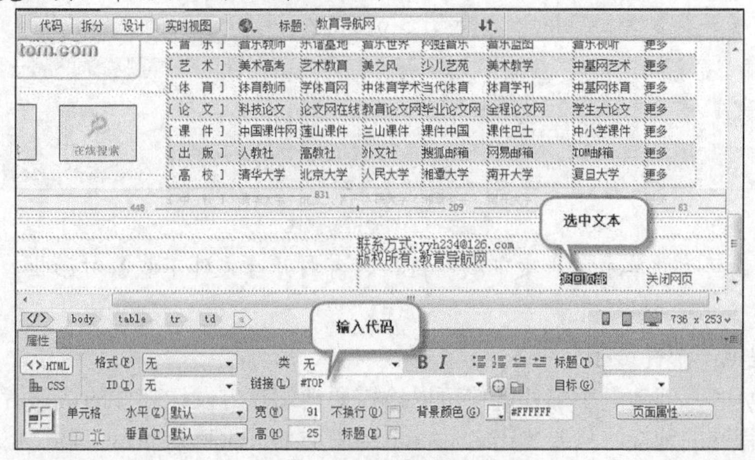

图3-58　创建锚链接

六、 创建下载链接

为了实现网络资源共享，网页设计中经常需要建立下载链接，访问者只需要一键按下下载链接的元素，Internet 上的诸多链接资源就可以轻松使用。下面将介绍创建下载链接的操作方法，设计效果如图 3-59 所示。

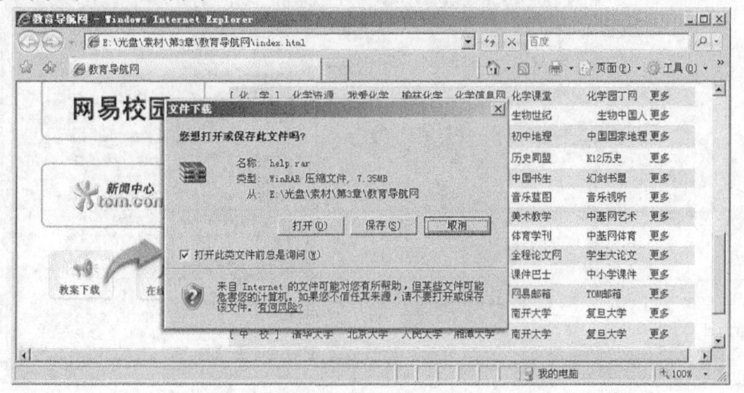

图3-59　下载链接效果

1. 选中文档中左侧最底部的图像，在属性检查面板中选择【矩形热点工具】，在图像左边绘制热区域，如图 3-60 所示。

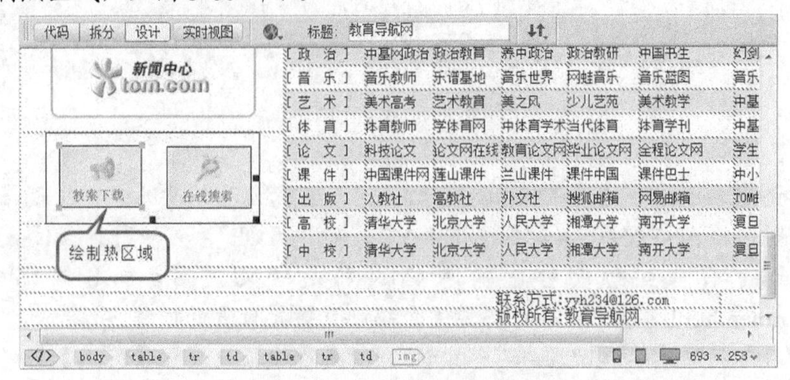

图3-60　绘制热区域

2. 单击属性检查器面板，设置【链接】文件为附盘文件“素材\第 3 章\教育导航网\help.rar”，【目标】为“_blank”，如图 3-61 所示。

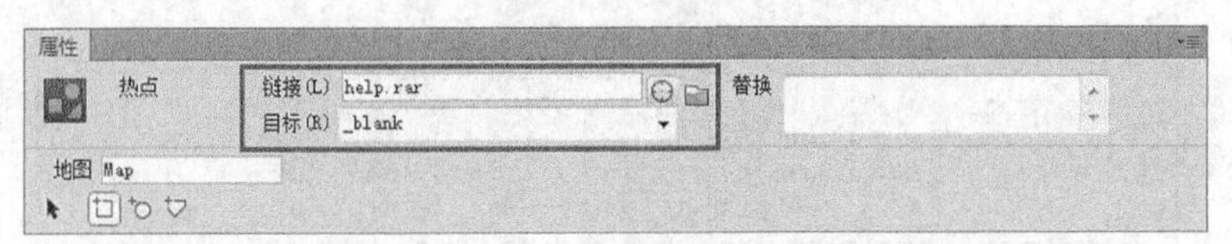

图3-61　设置链接属性

3. 按 F12 键预览网页，单击“教案下载”链接，可打开【文件下载】对话框，如图 3-59 所示。

七、 创建电子邮件链接

在制作网页时，创建电子邮件链接可以给需要向站点方发送邮件的访问者提供极大的便利。它是一种特殊的链接，只要单击之后，电脑中的 Outlook Express 或其他 E-mail 程序就会自动响应并启动，可以把访问者书写的电子邮件发送到指定位置。下面将介绍创建电子邮件链接的操作方法，设计效果如图 3-62 所示。

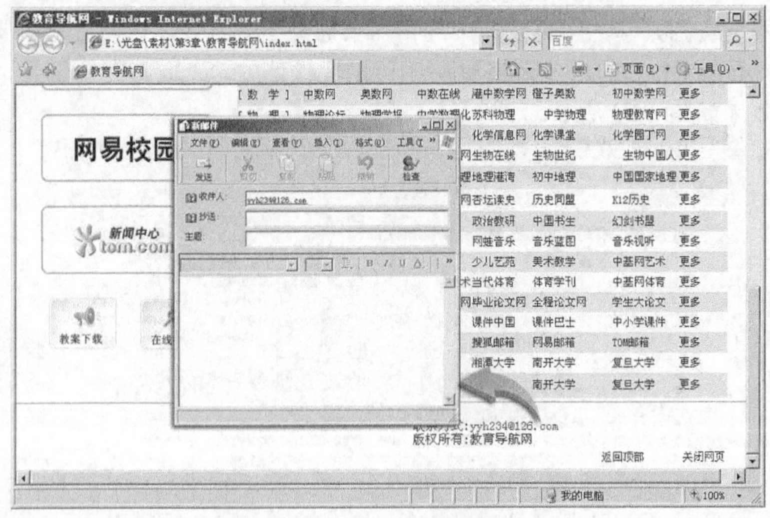

图3-62　电子邮件链接效果

1. 选择文档底部的文本“yyh234@126.com”，如图 3-63 所示。

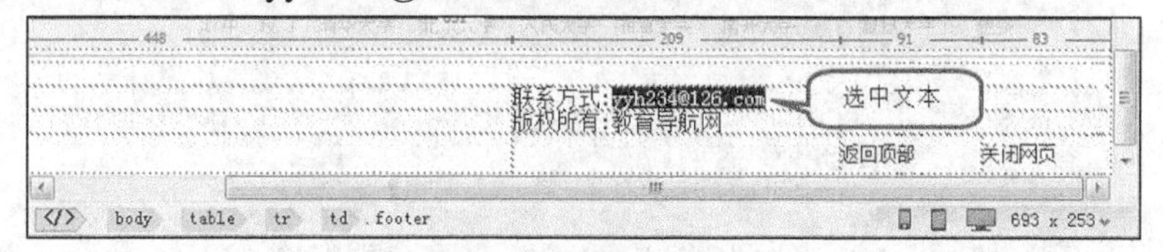

图3-63　选择链接文本

2. 在 HTML 属性面板中设置【链接】为“mailto:yyh234@126.com”，如图 3-64 所示。
3. 按 F12 键预览网页，单击邮件链接将弹出图 3-65 所示的电子邮件发送窗口。

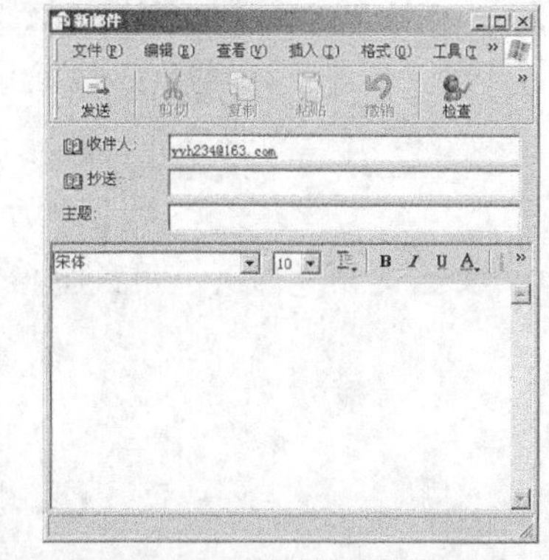

图3-64　设置链接属性

图3-65　电子邮件发送窗口

八、 创建脚本链接

脚本链接是指直接调用 JavaScript 语句，执行相应的程序任务，当访问者单击特定选项时，会弹出提示框、关闭窗口等，提供给访问者某些附加信息，如图 3-66 所示。

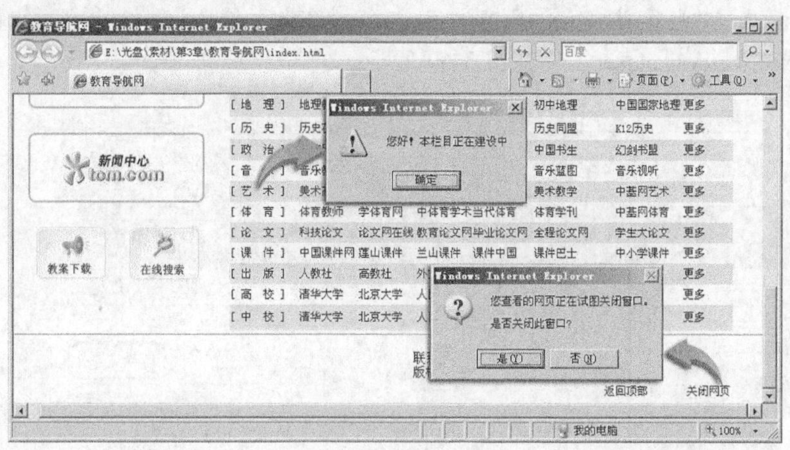

图3-66　脚本链接效果

1. 弹出提示框。

下面将介绍使用脚本链接执行弹出提示框任务的操作方法。

(1) 选中文档主体栏中的文本“[综合]”，在 HTML 属性面板中设置【链接】为“javascript:alert('您好！本栏目正在建设中')”，如图 3-67 所示。

图3-67　设置脚本链接

(2) 按F12键预览网页，用鼠标单击“[综 合]”文本时会弹出如图 3-68 所示的提示窗口。

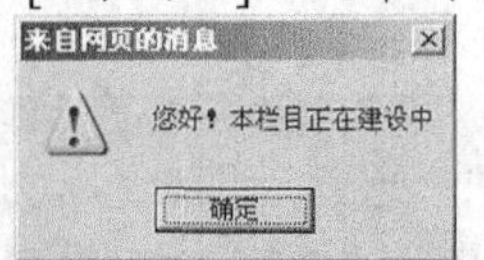

图3-68　弹出的提示窗口

(3) 用同样的方法，给其他栏目标题设置脚本链接。

2. 关闭窗口。

为了方便访问者浏览网页，用户可以专门设置关闭窗口链接，只要单击链接就可以关闭当前网页。下面将介绍使用脚本链接实现关闭窗口的操作方法。

(1) 选中文档底部的文本“关闭窗口”，在 HTML 属性面板中设置【链接】为“javascript:window.close( )”，如图 3-69 所示。

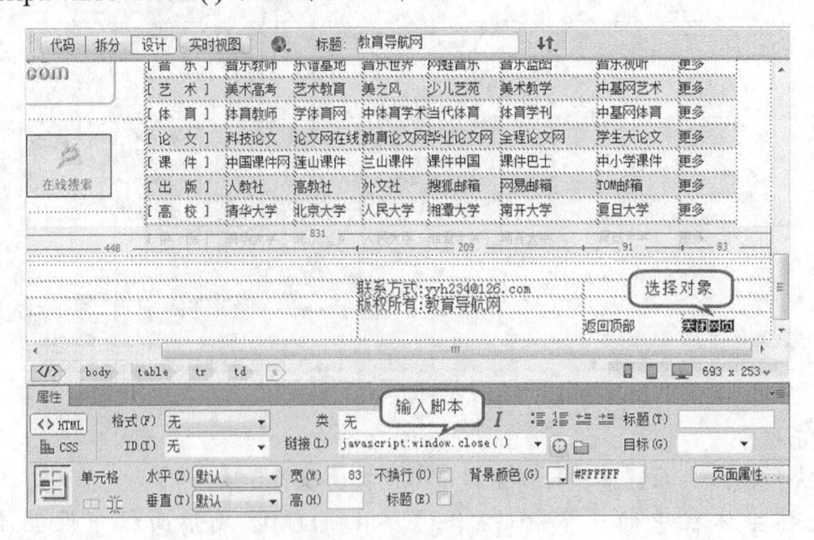

图3-69　设置脚本链接

(2) 按F12键预览网页，用鼠标单击“关闭窗口”链接时会弹出如图 3-70 所示的提示窗口，单击 是(Y) 按钮将关闭该网页。

图3-70　提示窗口

(3) 按Ctrl+S组合键保存文档，案例制作完成，按F12键预览设计效果。

3.2.2 典型实例——设计“乖宝宝儿童乐园”网站

下面将以设计“乖宝宝儿童乐园”网站为例进一步讲解超链接的创建和编辑方法，设计效果如图 3-71 所示。

图3-71　设计“乖宝宝儿童乐园”网站

1. 设置链接样式。

(1) 打开附盘文件“素材\第 3 章\儿童网站\index.html”，如图 3-72 所示。

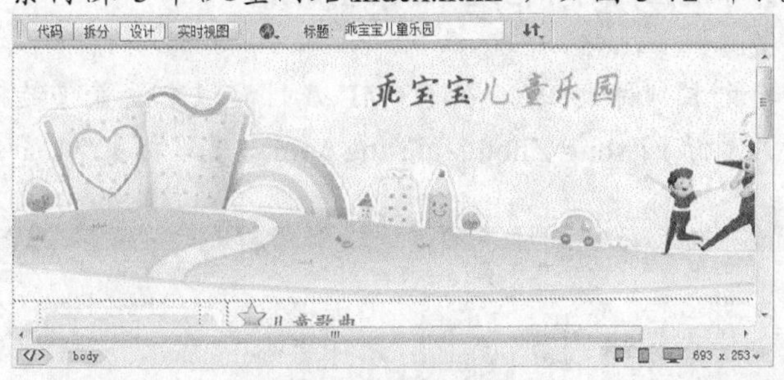

图3-72　打开素材文件

(2) 在【页面属性】对话框设置【链接颜色】为“#000”，【变换图像链接】为“#f00”，【已访问链接】为“#00f”，【活动链接】为“#f00”，【下划线样式】为“始终无下划线”，如图 3-73 所示。

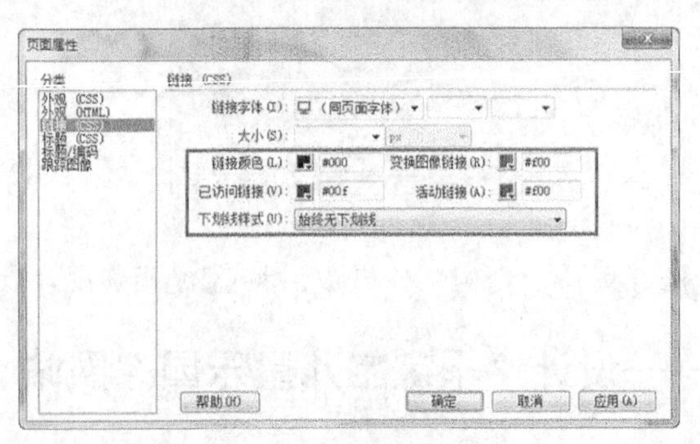

图3-73　设置链接样式

2.　创建导航栏的链接。

(1)　选中左侧栏目中的文本“首　页”，在【HTML 属性】面板中设置【链接】文件为附盘文件“素材\第 3 章\儿童网站\index.html”文件，【目标】为“_self”，如图 3-74 所示。

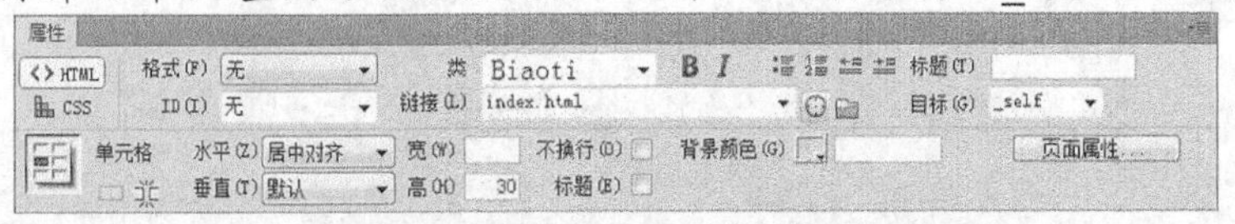

图3-74　设置“首页”文本的链接属性

(2)　选中文本“儿童歌曲”，在 HTML 属性面板中设置【链接】文件为附盘文件“素材\第 3 章\儿童网站\music.html”，【目标】为“_self”，如图 3-75 所示。

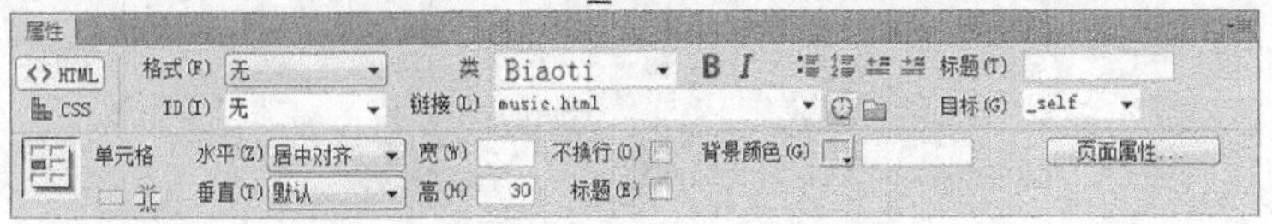

图3-75　设置“儿童歌曲”文本的链接属性

(3)　选中文本“儿童游戏”，在 HTML 属性面板中设置【链接】为“#”，从而为选中的文本创建空链接，如图 3-76 所示。

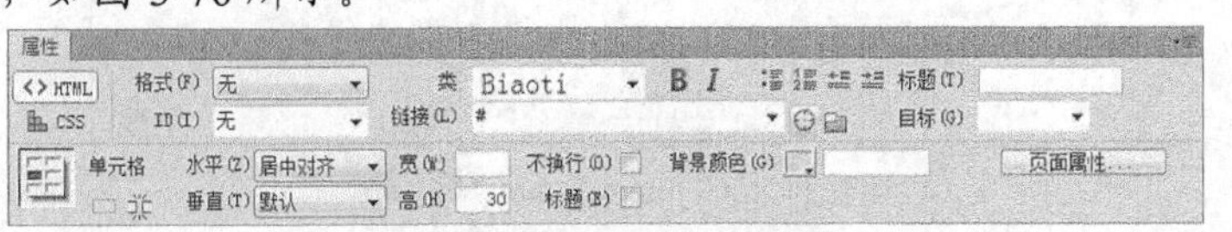

图3-76　设置“儿童游戏”文本的链接属性

(4)　用同样的方法，为导航栏内的其他文本添加空链接。

3.　创建主体模块的链接。

(1)　选中主体模块中的文本“种太阳”，在 HTML 属性面板中设置【链接】文件为附盘文件“素材\第 3 章\儿童乐园\song\ZhongTaiYang.html”，【目标】为“_self”，如图 3-77 所示。

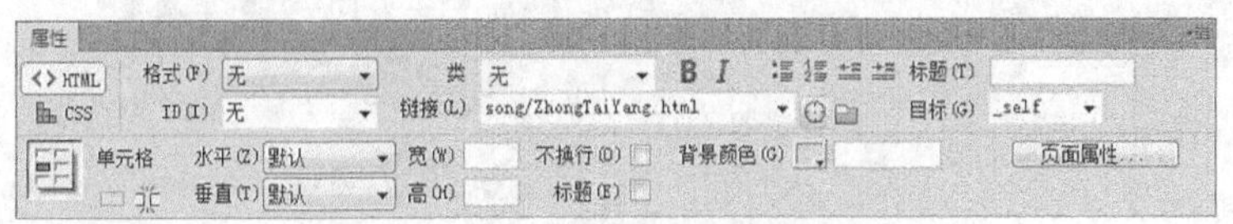

图3-77　设置“种太阳”文本的链接属性

(2)　选中“儿童歌曲”后面的“more”图像，在属性检查器面板中设置【链接】为“music.html”，【目标】为“_blank”，如图 3-78 所示。

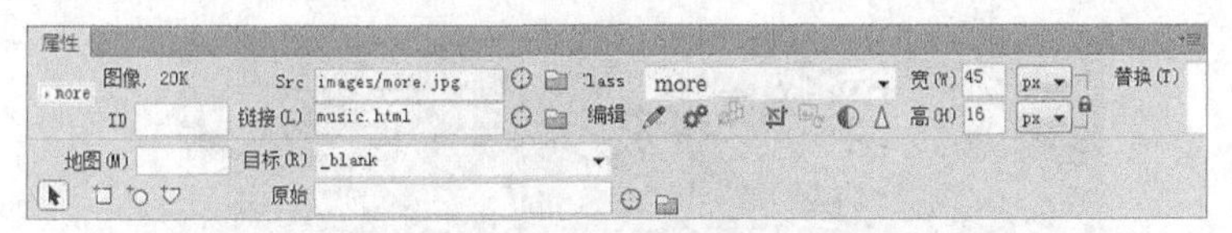

图3-78　设置“more”图像的链接属性

(3) 选中文本“白雪公主”，在 HTML 属性面板中设置【链接】文件为附盘文件“素材\第 3 章\儿童乐园\game\princess.rar”，【目标】为“_self”，如图 3-79 所示。

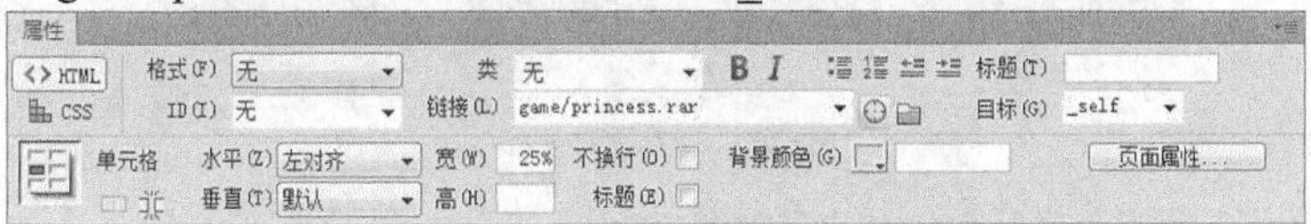

图3-79　设置“白雪公主”文本的链接属性

4. 创建页脚的链接。

(1) 选中页脚的文本“yyh234@126.com”，在 HTML 属性面板中设置【链接】为“mailto: yyh234@126.com”，如图 3-80 所示。

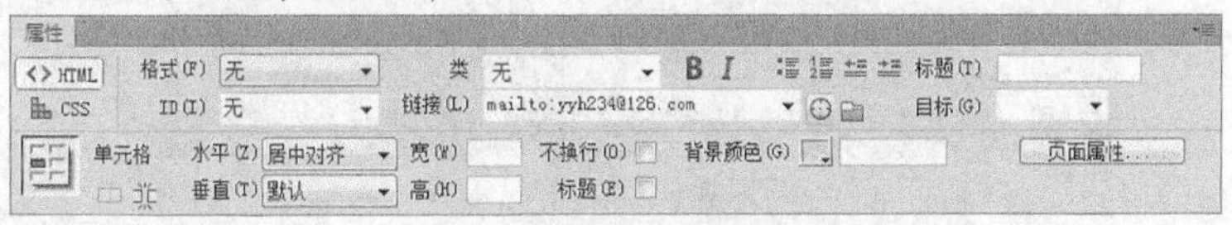

图3-80　创建邮件链接

(2) 选中文本“关闭网页”，在 HTML 属性面板中设置【链接】为“javascript:window.close( )”，如图 3-81 所示。

(3) 按 Ctrl + S 组合键保存文档，案例制作完成，按 F12 键预览设计效果。

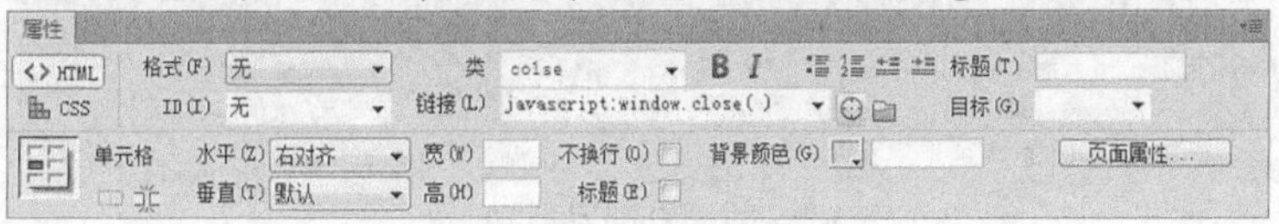

图3-81　创建脚本链接

3.3 综合案例——设计“523 音乐网”

在网页设计中，多媒体和超链接可以说是“压轴”元素，用户需要熟练掌握操作技能，并将其巧妙地运用在设计过程中，呈现出来的网页效果将会不同凡响。下面将以设计“523 音乐网”为例，进一步讲解添加多媒体和超链接的具体操作。设计效果如图 3-82 所示。

图3-82　设计“523 音乐网”

1. 添加多媒体。

(1) 打开所附光盘文件“素材\第 3 章\523 音乐网\index.html”，如图 3-83 所示。

(2) 将鼠标光标移至“banner”右边的层内，然后将附盘文件“素材\第 3 章\523 音乐网\Video\MB.swf”添加到层内，如图 3-84 所示。

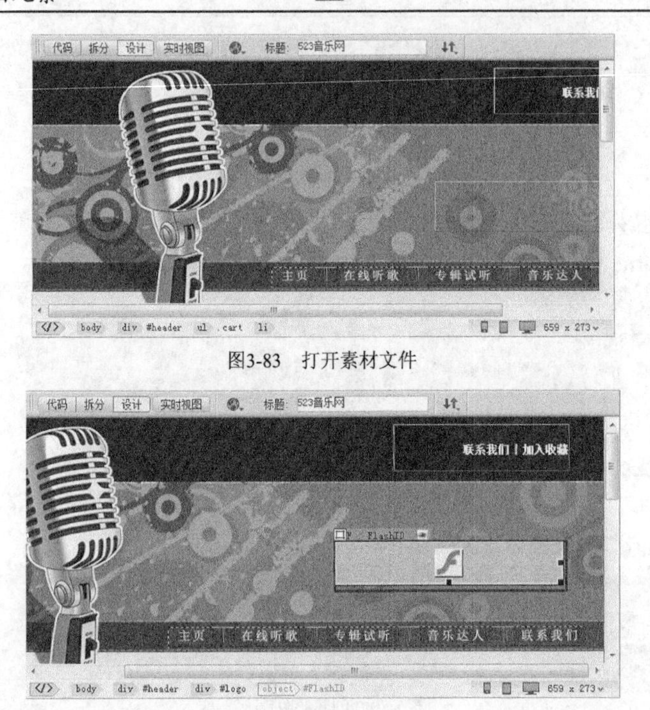

图3-83　打开素材文件

图3-84　添加 Flash 动画

(3)　在属性检查器面板中设置【宽】为“260”,【高】为“50”,【Wmode】为“透明”，如图 3-85 所示。

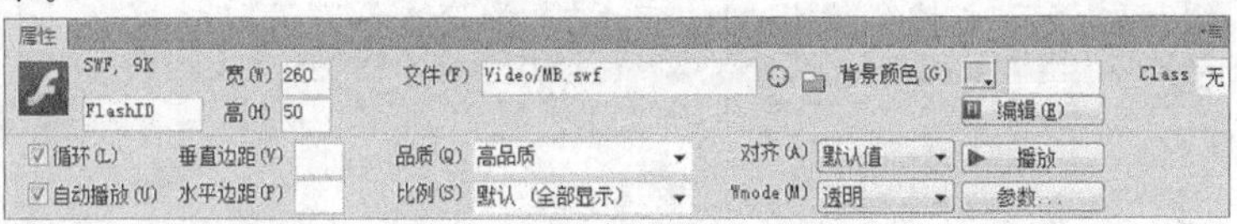

图3-85　设置 Flash 动画的参数

(4)　将鼠标光标置于“每日之星”栏目下边的空白处，选择菜单命令【插入】/【媒体】/【Flash Video】，打开【插入 FLV】对话框，参数设置如图 3-86 所示。

(5)　单击 确定 按钮，插入 FLV 视频，如图 3-87 所示。

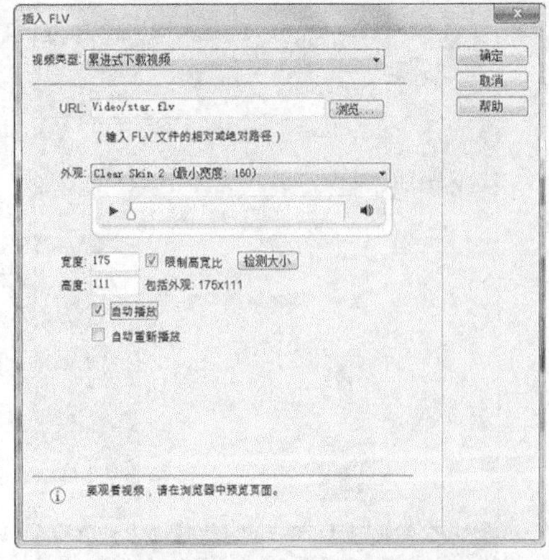

图3-86　设置 FLV 视频的参数

图3-87　添加 FLV 视频文件

2. 添加超链接。

(1) 在【页面属性】对话框设置【链接颜色】为“#FFF”，【变换图像链接】为“#000”，【已访问链接】为“#F00”，【下划线样式】为“始终无下划线”，如图 3-88 所示。

(2) 将鼠标光标置于导航栏中“主页”文本的中间，在 HTML 属性面板中设置【链接】为“#”，如图 3-89 所示。

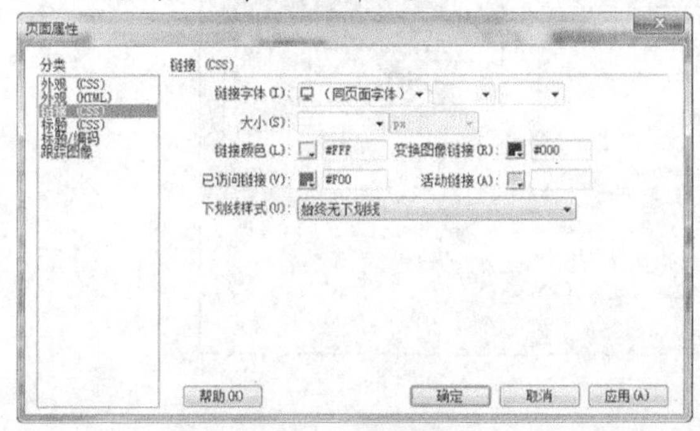
图3-88 设置链接样式

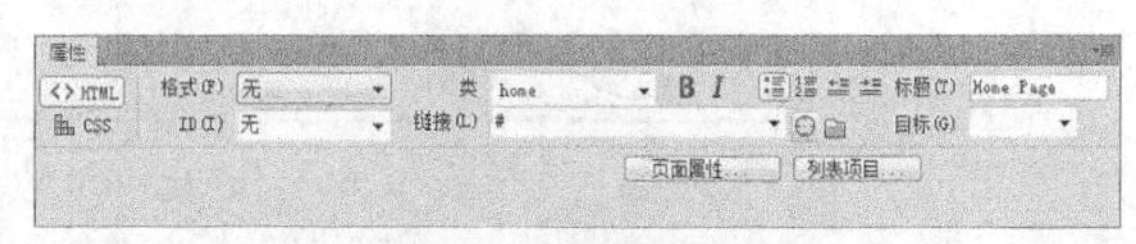
图3-89 添加空链接

(3) 将鼠标光标置于“在线听歌”文本的中间，在 HTML 属性面板中设置【链接】文件为附盘文件“素材\第 3 章\523 音乐网\html\music.html”，【目标】为“_self”，如图 3-90 所示。

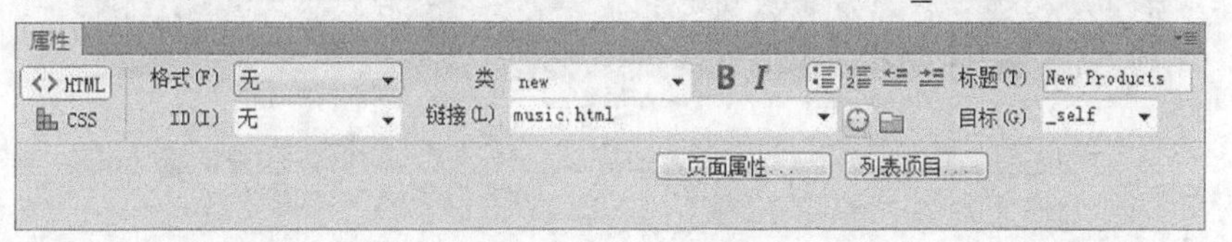
图3-90 添加文本链接

(4) 分别给导航栏其他文本添加空链接。

(5) 将鼠标光标置于页面顶端“联系我们”文本左方，在属性栏将 ID 设置为“TOP”，如图 3-91 所示。

图3-91 插入锚记图标

(6) 选中“每日之星”下面的图片，然后在 HTML 属性面板中设置【链接】为“#TOP”，如图 3-92 所示。

图3-92　设置锚记链接

(7) 选中页脚的文本“yyh234@126.com”，在 HTML 属性面板中设置【链接】为“mailto:yyh234@126.com”，如图 3-93 所示。

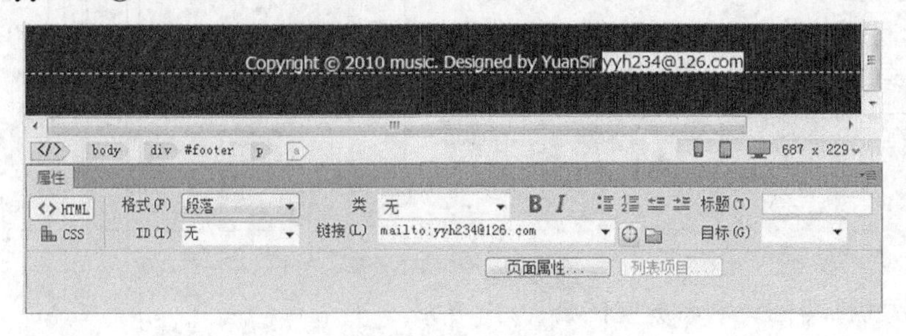

图3-93　添加邮件链接

(8) 按 Ctrl + S 组合键保存文档，案例制作完成，按 F12 键预览设计效果。

3.4　使用技巧——检查与修复链接

对于一个包含巨大信息量的网站来说，需要建立许多超链接来维系所有相关网页，以维持某种稳定的链接秩序。Dreamweaver CC 软件所自带的检查与修复链接功能，可对当前网页文档中的所有链接进行检查，并对报告网页中所存在断裂的链接进行修复，处理程序简便高效。具体操作步骤如下。

(1) 选择菜单命令【窗口】/【结果】/【链接检查器】，打开【链接检查器】面板，如图 3-94 所示。

(2) 在面板中设置【显示】为“断掉的链接”，单击面板左侧的▶按钮，在弹出的下拉菜单中选择【检查当前文档中的链接】选项，面板中就会显示出断掉的链接，如图 3-95 所示。

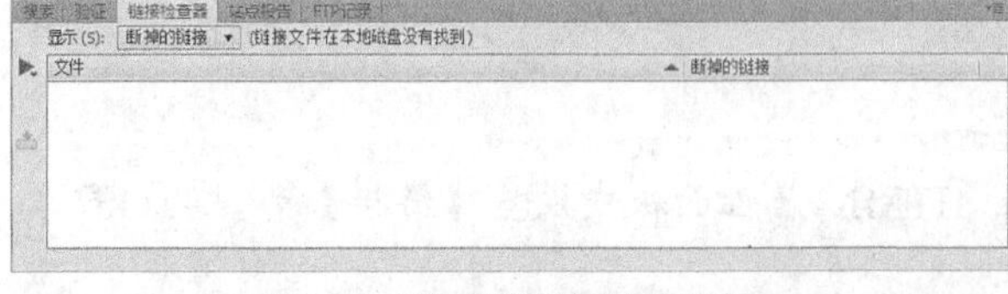

图3-94　打开【链接检查器】面板

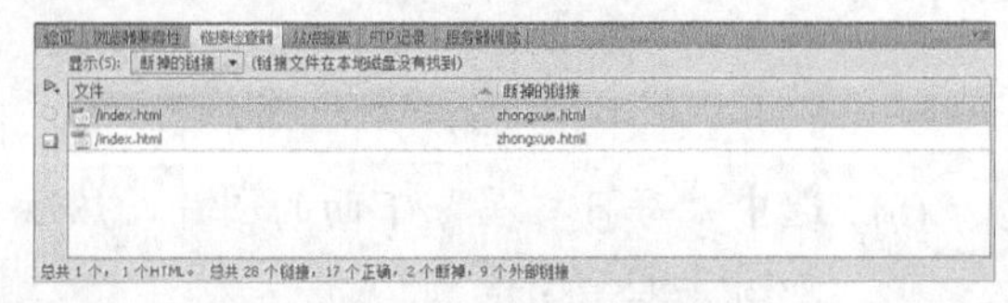

图3-95　检查断掉的链接

(3) 单击文件名，即可对断掉的链接进行修改，如图 3-96 所示。

(4) 在面板中设置【显示】为“外部链接”，单击▷按钮，在弹出的下拉菜单中选择【检查当前文档中的链接】选项，面板中就会显示出外部链接文件，如图 3-97 所示。

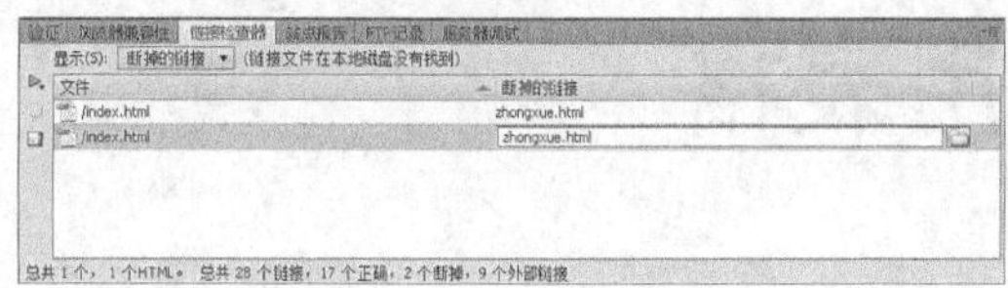

图3-96　修改检查出来的错误

图3-97　检查外部链接

3.5 习题

1. 网页上常用的媒体有哪些？
2. 超级链接主要包括哪些类型？
3. FLV 视频格式有哪些优点？
4. 创建锚链接的操作步骤与创建其他链接的区别在什么地方？
5. 练习在页面中插入 Flash 动画。

第4章 应用表格

【学习目标】

- 掌握表格的 3 种创建方法。
- 掌握表格属性的设置方法。
- 掌握单元格属性的设置方法。
- 掌握不规则表格的设计方法。
- 掌握表格布局的操作方法。

在浏览网页时可以注意到网页的版面布局尤其是首页，整体排版就像报纸一样，被规规矩矩地划分成了很多区域和版块，样式十分精美。那么在网页制作中，如何实现区域和版块的划分呢？表格（Table）是网页排版的灵魂，是页面布局的重要方法，它利用行、列、单元格来定位和排列页面中的各种元素，从而使页面更加有条不紊、美观大方。

4.1 应用表格排版网页

表格通常由标题、行、列、单元格、边框组成，如图 4-1 所示。标题位于表格第一行，用来说明表格的主题；表格中的每一个格就是单元格；水平方向的一系列单元格组合在一起就是行；垂直方向的一系列单元格组合在一起就是列；边框是分隔单元格的线框。

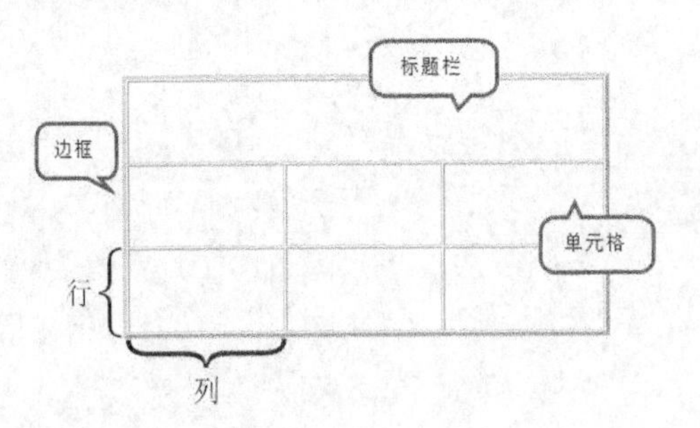

图4-1 表格的组成

4.1.1 表格的基本操作方法

在 Dreamweaver CC 软件中对表格的基本操作包括插入表格、插入嵌套表格、设置表格和单元格的属性、添加与删除行和列、单元格的拆分与合并等操作。下面将以设计“666 招聘网”网页为例来讲解表格的基本操作，设计效果如图 4-2 所示。

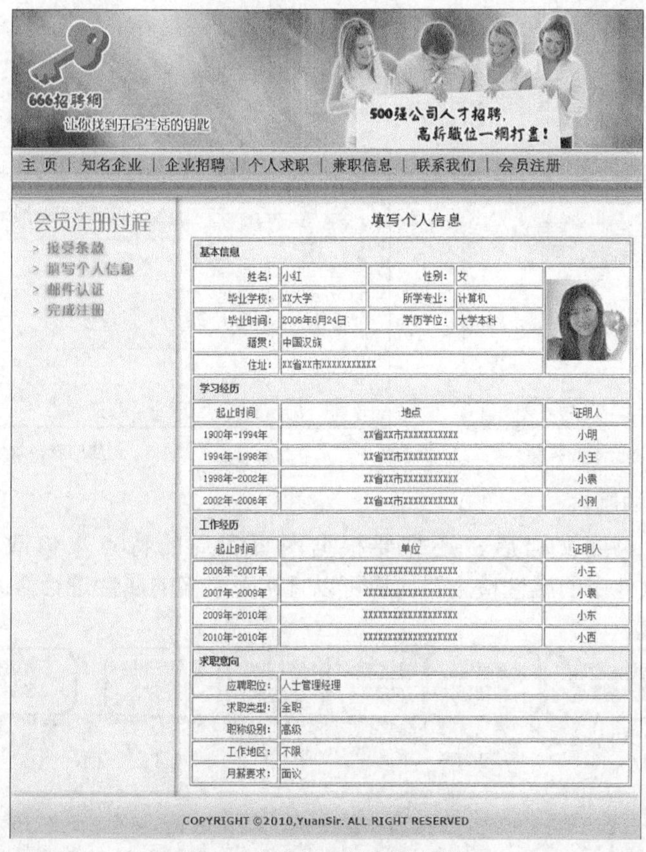

图4-2 设计“666 招聘网”网页

一、 创建表格

1. 运行 Dreamweaver CC 软件，打开本书附盘文件“素材\第 4 章\666 招聘网\index.html”，如图 4-3 所示。

图4-3 打开素材文件

2. 将鼠标光标置于主体部分的空白文档中，然后选择菜单命令【插入】/【表格】，打开【表格】对话框，设置【行数】为“25”，【列】为“5”，【表格宽度】为“98%”，【边框粗细】为“1”，【单元格边距】、【单元格间距】都为“0”，如图 4-4 所示。

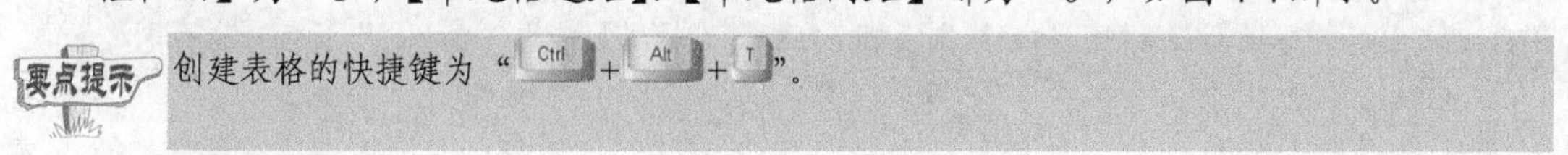
要点提示 创建表格的快捷键为“Ctrl+Alt+T”。

3. 单击 确定 按钮，即可在文档中插入一个格式为“25 行 5 列”的表格，如图 4-5 所示。

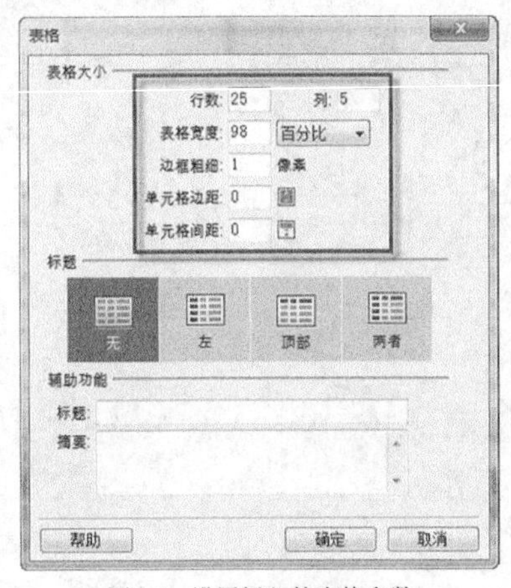

图4-4　设置插入的表格参数

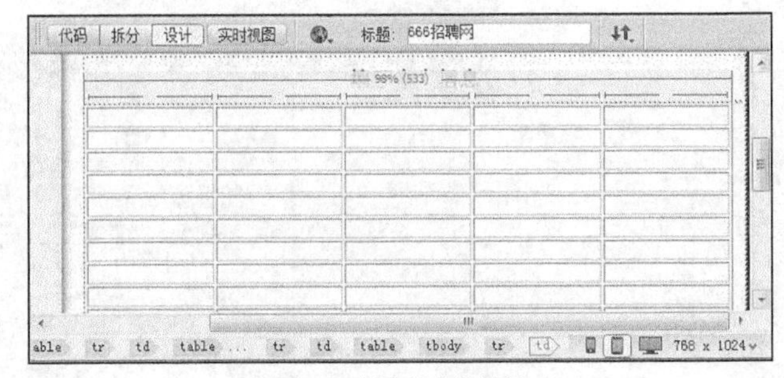

图4-5　创建的表格效果

二、　设置表格的属性

当表格成功插入到文档后，还需要根据网页布局的特点来修改表格的属性。在 Dreamweaver CC 软件中的属性检查器面板可以直接对表格的属性进行修改，图 4-6 所示为表格的常用参数设置。

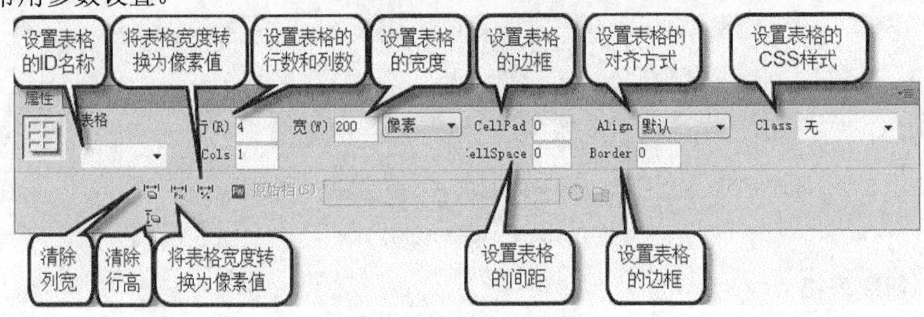

图4-6　表格常用参数设置

1.　将鼠标指针移动到表格的边框上，当指针变为如图 4-7 所示的双向箭头形状时单击鼠标左键，即可选中表格，如图 4-7 所示。

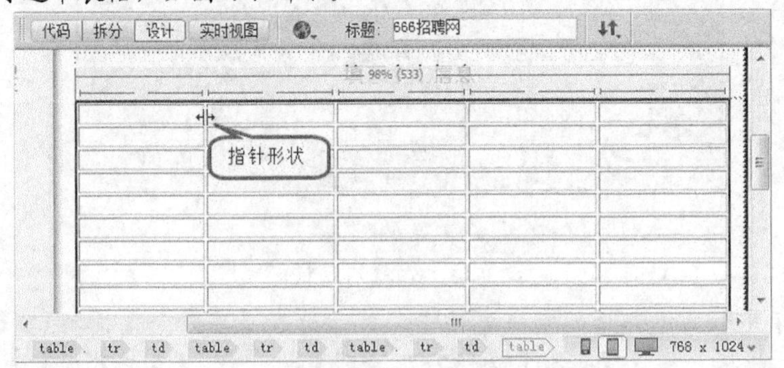

图4-7　选中表格

要点提示　将鼠标光标置于表格中，然后单击【状态栏标签选择器】中的“<table>”标签，也可以选中表格。

2.　在属性检查器面板中重新设置【Align】对齐方式为“左对齐”，如图 4-8 所示。

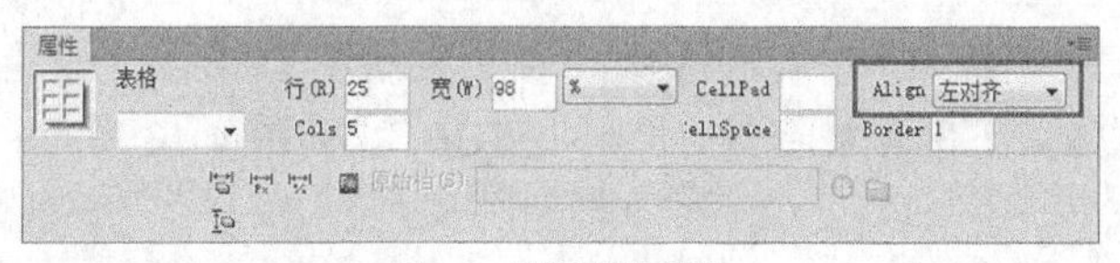

图4-8　设置表格属性

三、　拆分与合并单元格

在应用表格时，有时需要对单元格进行拆分与合并。用户日常浏览的不规则表格都是由规则的表格拆分或合并而成。

1. 将鼠标指针移至第 1 行的左侧，当鼠标指针变为➜形状时，单击鼠标左键就可以选中表格中的这一行，选中的行呈现黑色边框，如图 4-9 所示。

要点提示　将鼠标指针移至表格其中 1 列的上方，当鼠标指针变为⬇形状时，单击鼠标左键就可以选中表格中的此列。

2. 单击属性检查器面板上的□按钮，即可将选中的多个单元格合并为一个单元格，如图 4-10 所示。

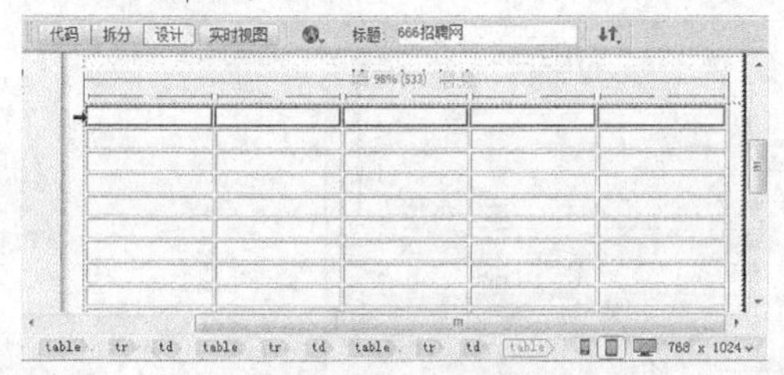

图4-9　选中表格中的行

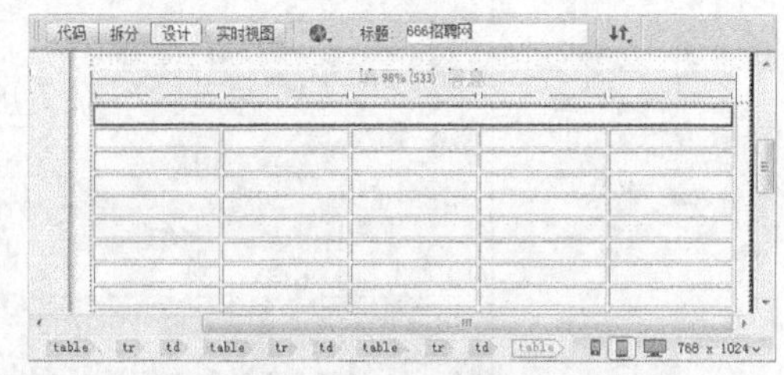

图4-10　合并单元格

要点提示　将鼠标光标置于要拆分的单元格中，然后单击属性检查器面板上的⌶按钮，打开【拆分单元格】对话框，可以设置拆分参数，轻松实现单元格的拆分，如图 4-11 所示。

图4-11　【拆分单元格】对话框

四、　设置单元格属性

单元格是显示表格具体内容的基本单位，一个表格由若干个单元格组成。单元格的属性设置主要是内容的对齐方式、宽度、高度以及背景颜色等设置。图 4-12 所示为单元格的常用属性设置。

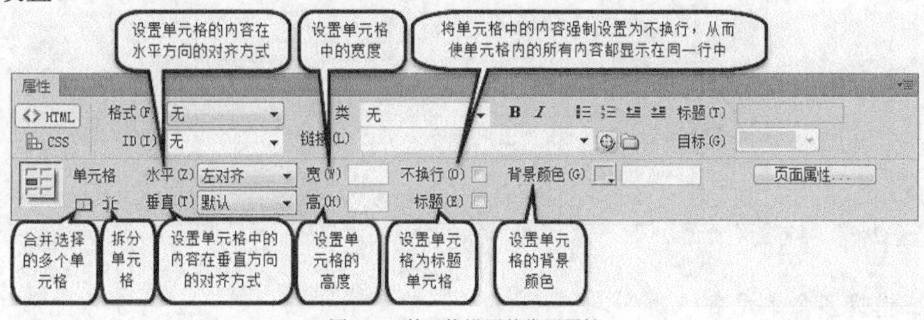

图4-12　单元格设置的常用属性

1. 将鼠标光标置于表格第 1 行单元格中，在属性检查器面板中设置【水平】为“左对齐”，【高】为“25”，【背景颜色】为“#F1F7DB”，如图 4-13 所示。

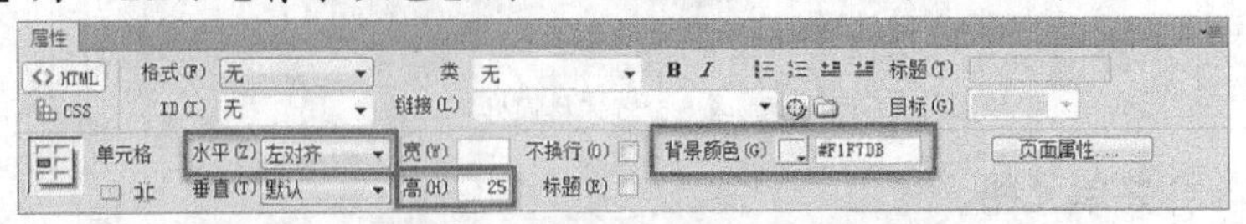

图4-13　设置第 1 行单元格的属性

要点提示　表格选中后会在表格的边框上出现 3 个黑色小方块，先将鼠标移动到方块上，然后观察鼠标光标，当其变为↕形状时，拖曳鼠标即可改变表格的大小。

2. 在表格中输入文本“基本信息”，并在 HTML 属性面板中设置【格式】为“标题 3”，如图 4-14 所示。

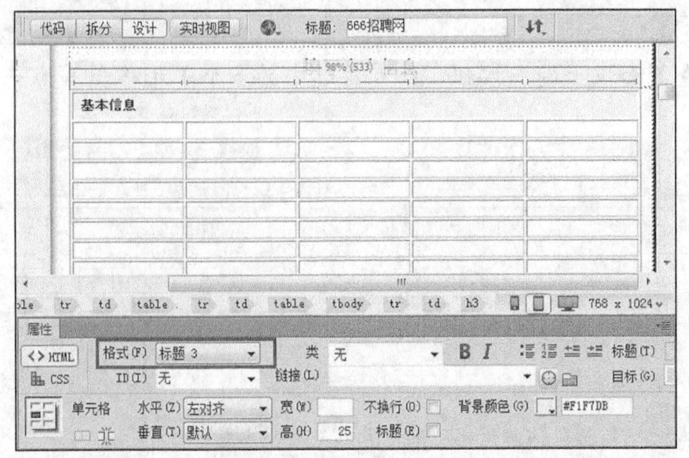

图4-14　输入文本并应用格式

3. 用同样的方法设置表格的第 7、13、19 行的效果，最终效果如图 4-15 所示。

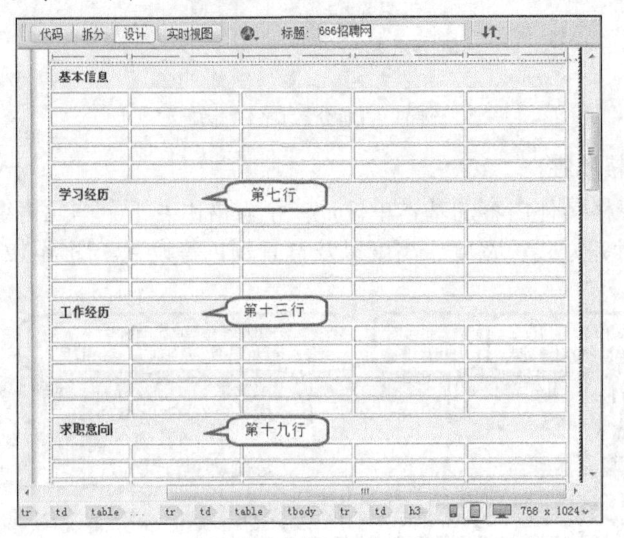

图4-15　设置第 7、13、19 行

五、　选择多个单元格

在表格的编辑过程中，经常会执行同时选择多个单元格的任务，其中包括不连续的单元格和连续的单元格。

1. 按住Ctrl键，用鼠标连续单击第 5 行的第 2、3、4 列单元格，可同时选中这些单元格，如图 4-16 所示。

要点提示 如果用户需要选中多个不连续的单元格，首先按住Ctrl键后，接着连续单击选中单元格，然后通过设置使其具有相同的属性。如图 4-17 所示。

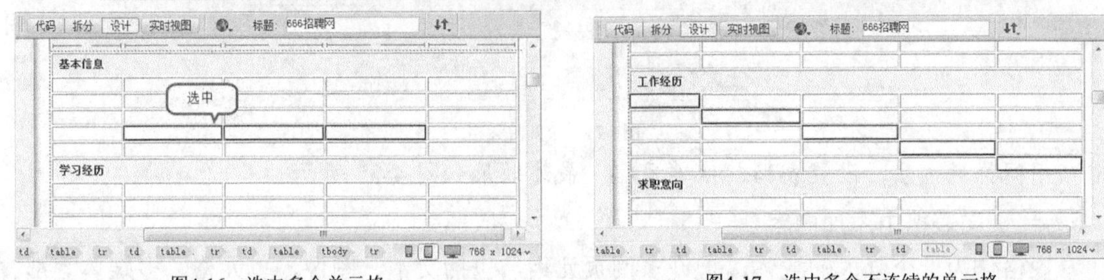

图4-16 选中多个单元格

图4-17 选中多个不连续的单元格

2. 单击属性检查器面板上的按钮，将选中的多个单元格合并为一个单元格，如图 4-18 所示。
3. 用同样的方法设置表格第 6 行的第 2、3、4 列单元格，如图 4-19 所示。

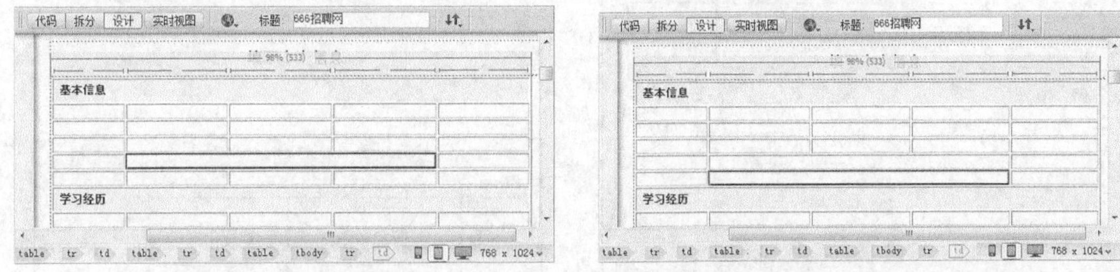
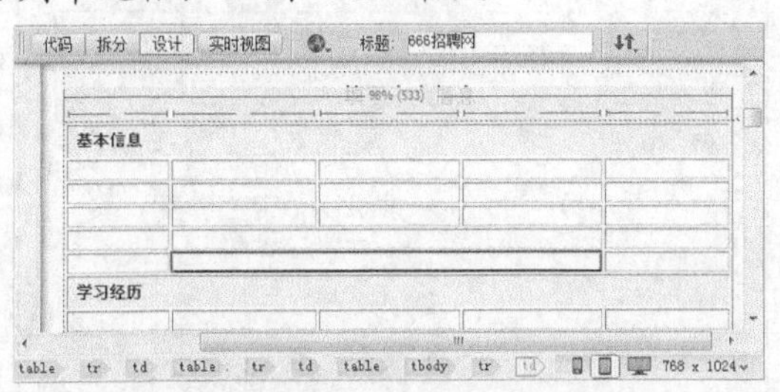

图4-18 合并单元格

图4-19 合并第 6 行的第 2、3、4 列单元格

4. 将鼠标光标置于第 2 行最后 1 列的单元格中，按住Shift键，用鼠标单击表格第 6 行最后 1 列的单元格，即可选中连续的单元格，如图 4-20 所示。

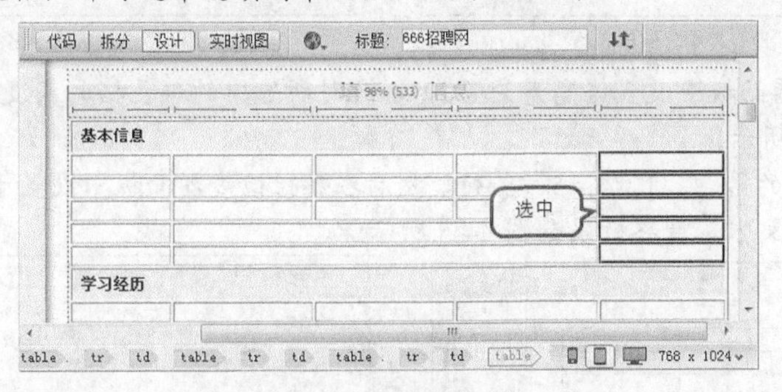

图4-20 选中连续的单元格

要点提示 按住鼠标左键不放，然后拖曳鼠标也可选中连续的单元格。

5. 单击属性检查器面板上的按钮，将选中的多个单元格合并为一个单元格，如图 4-21 所示。

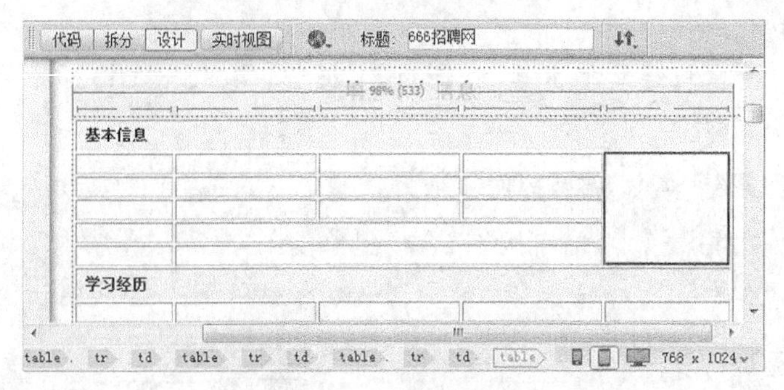

图4-21　合并单元格

6. 用同样的方法，设置表格其他单元格，最终效果如图 4-22 所示。

六、 向表格中添加内容

表格作为一个强大的载体，把许多网页元素，包括文本、图像、单元格、多媒体等都囊括其中，不仅能展现出元素的多元化魅力，也把表格整体与元素之间有机地契合在一起。

1. 按住鼠标左键不放拖曳鼠标，连续选中如图 4-23 所示的单元格。

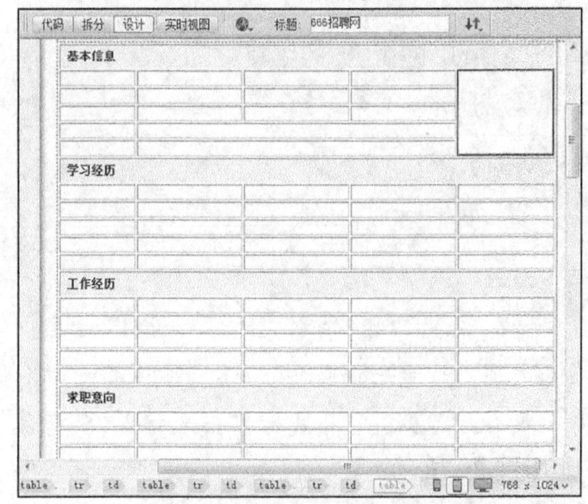

图4-22　设置表格其他单元格

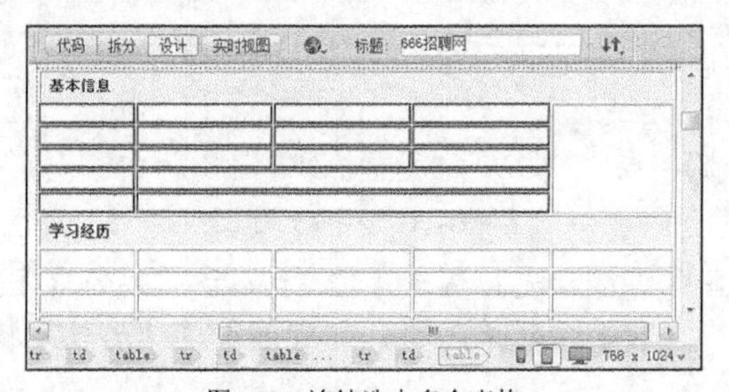

图4-23　连续选中多个表格

2. 在属性检查器面板中设置【高】为 “20”，此时所选中的单元格的高度都变为 20px，效果如图 4-24 所示。

3. 选中第 1 列的第 2、3、4、5、6 行，然后在属性检查器面板中设置【水平】为 “右对齐”，并输入文本，最终效果如图 4-25 所示。

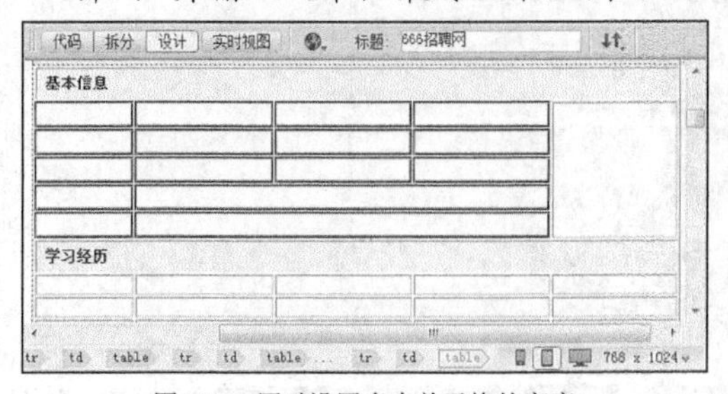

图4-24　同时设置多个单元格的高度

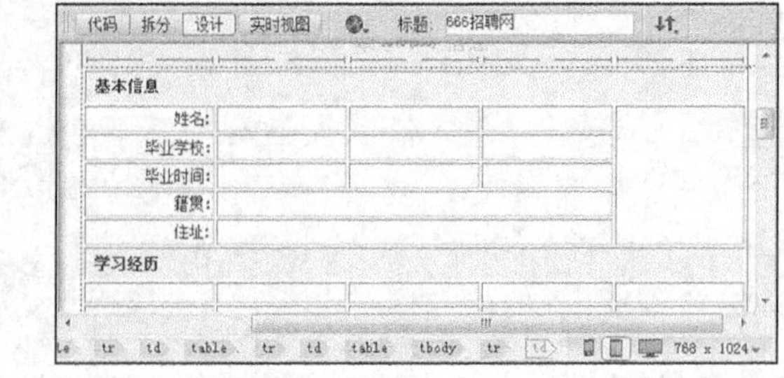

图4-25　设置第 1 列的第 2、3、4、5、6 行的效果

4. 选中第 2 列的第 2、3、4、5、6 行，然后在属性检查器面板中设置【水平】为 “左对齐”，并输入文本。最终效果如图 4-26 所示。

由于第 2 列的第 5 行和第 6 行是由多个无规则的单元格合并而成，所以在此次选择操作过程中必须按住 Ctrl 键，用鼠标连续单击的方法选中多个单元格。

5. 用同样的方法设置第 4 列和第 5 列的第 2、3、4 行，效果如图 4-27 所示。

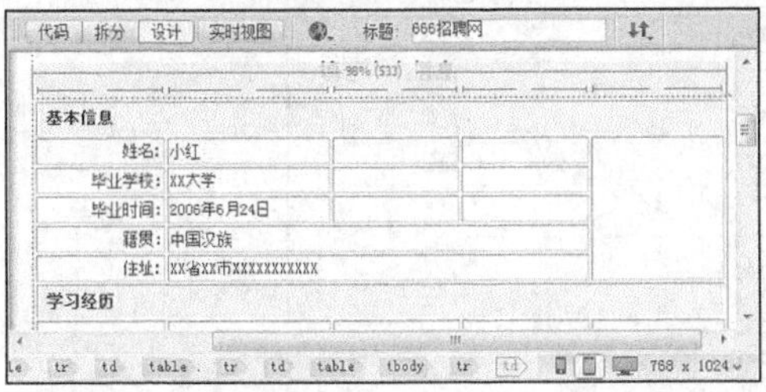

图4-26 设置第 2 列的第 2、3、4、5、6 行的效果

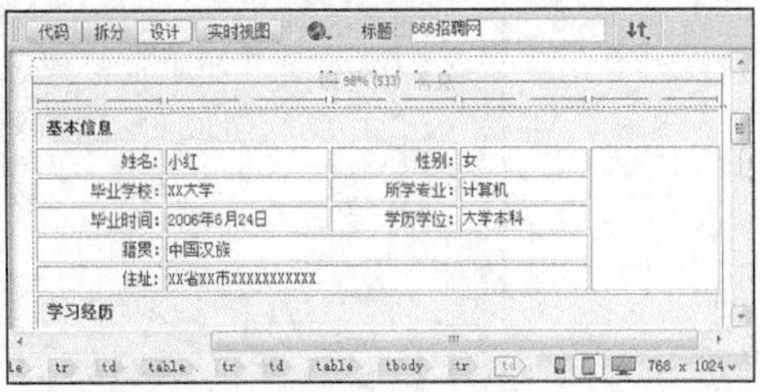

图4-27 设置第 4 列和第 5 列的第 2、3、4 行的效果

6. 将鼠标光标置于第 1 行最后 1 列的单元格中，然后在属性检查器面板中设置【水平】为“居中对齐”，【垂直】为“居中”，如图 4-28 所示。

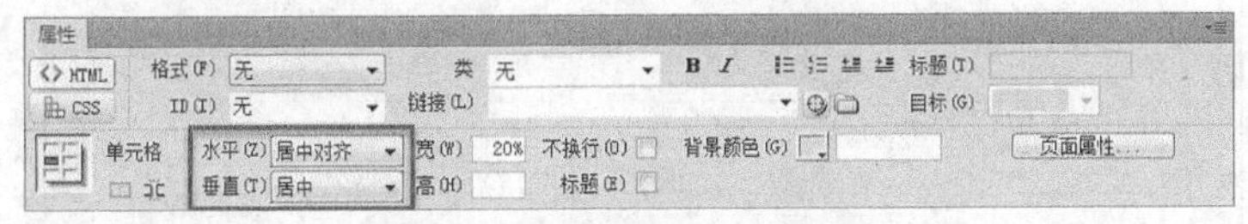

图4-28 设置第 1 行最后 1 列的属性

7. 选择菜单命令【插入】/【图像】，打开【选择图像源文件】对话框，选择附盘文件“素材\第 4 章\666 招聘网\images\my_picture.JPG”，如图 4-29 所示。
8. 单击 确定 按钮，即可将图像插入到单元格中，效果如图 4-30 所示。

图4-29 选择图像文件

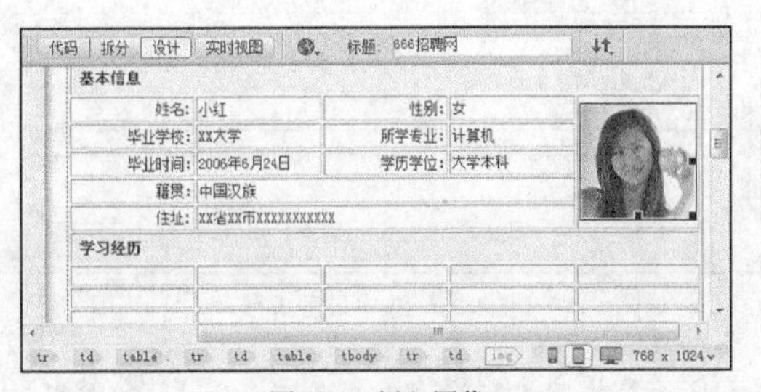

图4-30 插入图像

9. 选中“学习经历”栏目中的所有单元格，然后在属性检查器面板中设置【水平】为“居中对齐”，【垂直】为“居中”，【高】为“20”，并输入文本，最终效果如图 4-31 所示。

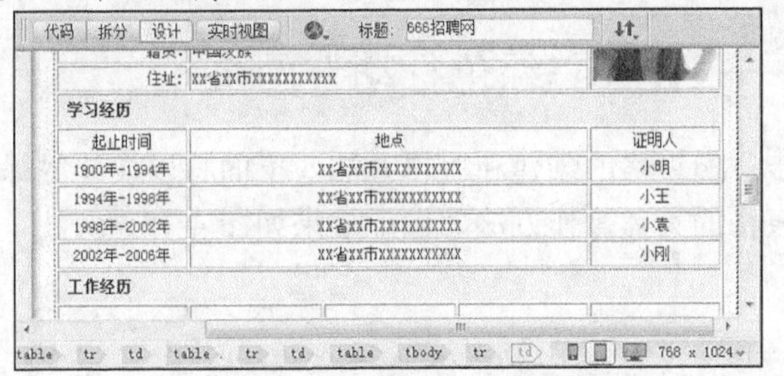

图4-31 设置“学习经历”栏目单元格效果

10. 用同样的方法在表格的其他单元格中添加元素，最终效果如图 4-32 所示。

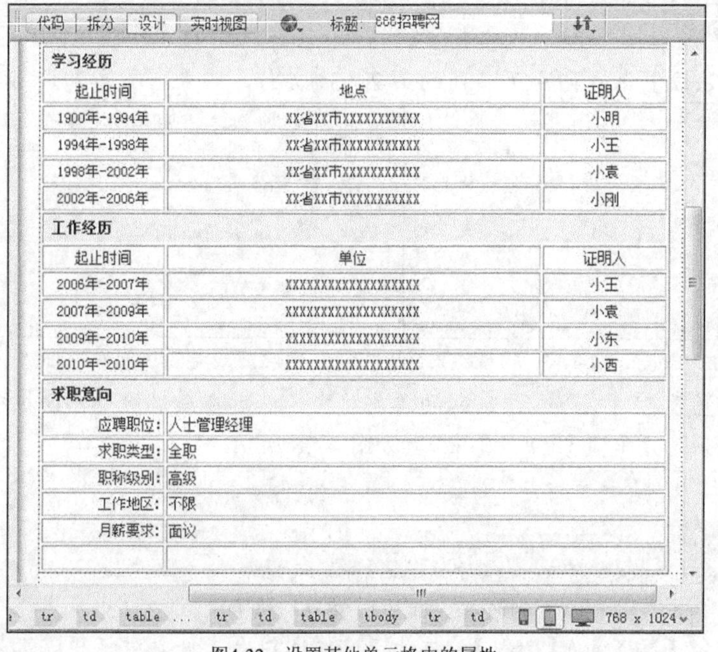

图4-32　设置其他单元格中的属性

七、 添加或删除不合格的行或列

1. 选中表格的最后 1 行，如图 4-33 所示。
2. 选择菜单命令【修改】/【表格】/【删除行】，即可将选中的行删除，如图 4-34 所示。

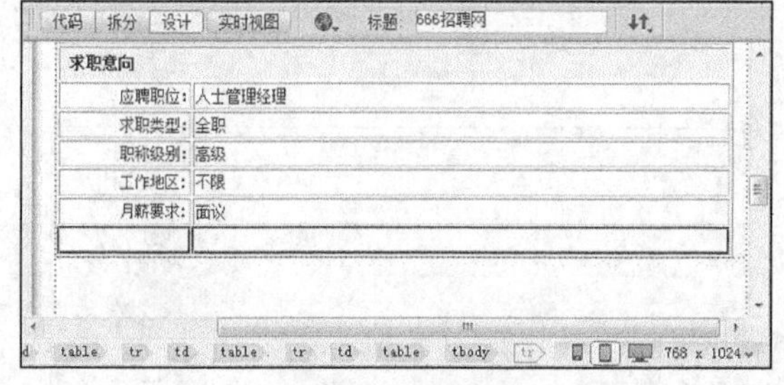

图4-33　选中最后 1 行

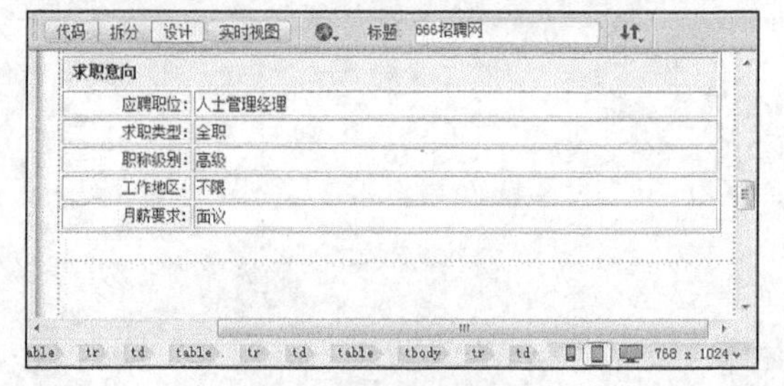

图4-34　删除最后 1 行

要点提示　选中要删除的单元格后，按 Delete 键也可删除选中的单元格。将鼠标光标置于要插入行的单元格内，然后选择菜单命令【修改】/【表格】/【插入行】，可插入行。

3. 按 Ctrl + S 组合键保存文档，案例制作完成，按 F12 键预览设计效果。

4.1.2 典型实例——设计“绿色行动”网页

为了让用户进一步掌握表格的创建和编辑方法，下面将以设计“绿色行动”网页为例，深入讲解创建和编辑表格的具体操作方法，设计效果如图 4-35 所示。

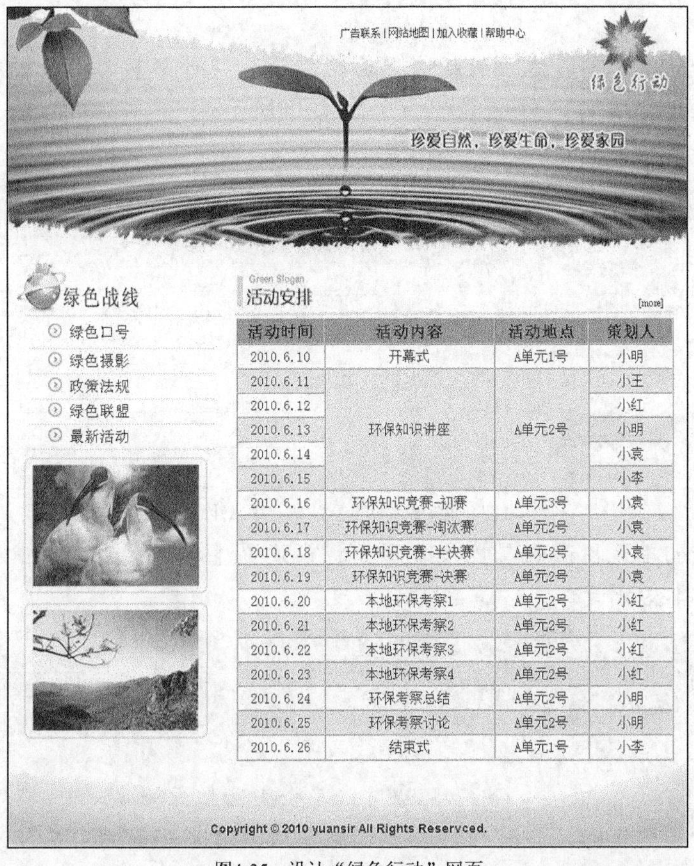

活动时间	活动内容	活动地点	策划人
2010.6.10	开幕式	A单元1号	小明
2010.6.11	环保知识讲座	A单元2号	小王
2010.6.12			小红
2010.6.13			小明
2010.6.14			小袁
2010.6.15			小李
2010.6.16	环保知识竞赛-初赛	A单元3号	小袁
2010.6.17	环保知识竞赛-淘汰赛	A单元2号	小袁
2010.6.18	环保知识竞赛-半决赛	A单元2号	小袁
2010.6.19	环保知识竞赛-决赛	A单元2号	小袁
2010.6.20	本地环保考察1	A单元2号	小红
2010.6.21	本地环保考察2	A单元2号	小红
2010.6.22	本地环保考察3	A单元2号	小红
2010.6.23	本地环保考察4	A单元2号	小红
2010.6.24	环保考察总结	A单元2号	小明
2010.6.25	环保考察讨论	A单元2号	小明
2010.6.26	结束式	A单元1号	小李

图4-35　设计“绿色行动”网页

1. 创建表格。

(1) 打开附盘文件“素材\第4章\绿色行动\index.html”，如图4-36所示。

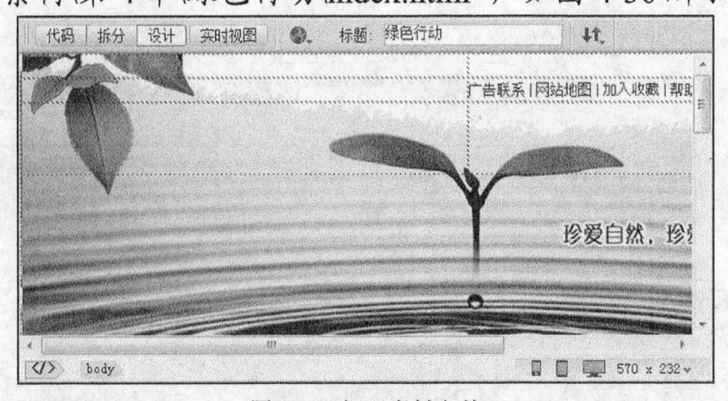

图4-36　打开素材文件

(2) 在文本“活动安排”模块下边的空白单元格中插入一个18行4列的表格，表格参数设置如图4-37所示。

图4-37　设置表格属性

2.　设置行属性。

(1)　选中第 1 行的单元格，在属性检查器面板中设置【水平】为“居中对齐”，【高】为“25”，【背景颜色】为“#39A5EE”，如图 4-38 所示。

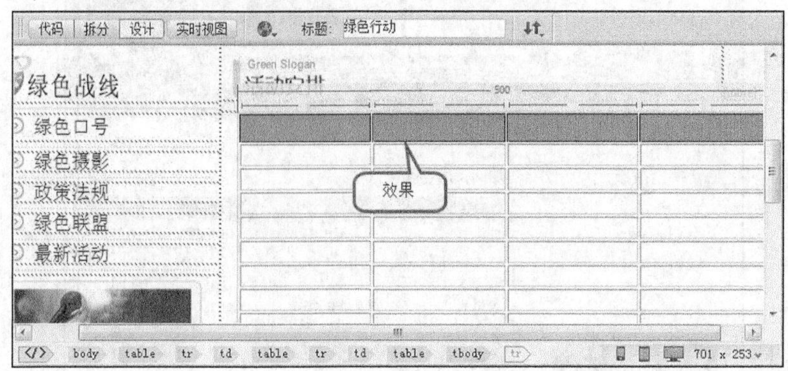

图4-38　设置第 1 行的单元格属性

(2)　选中第 2 行的单元格，在属性检查器面板中设置【水平】为“居中对齐”，【高】为“25”，如图 4-39 所示。

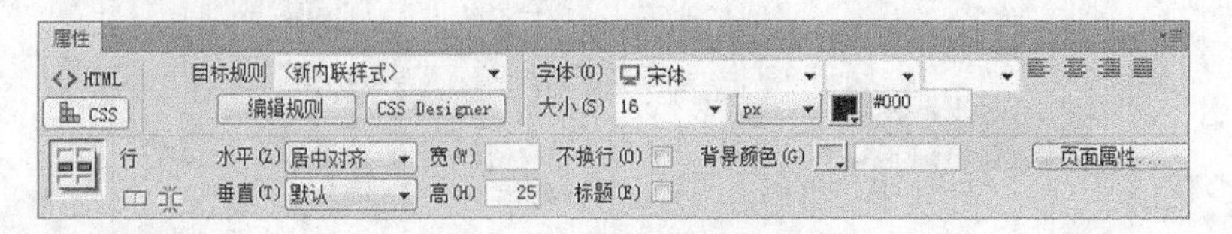

图4-39　设置第 2 行的单元格属性

(3)　选中第 3 行的单元格，在属性检查器面板中设置【水平】为“居中对齐”，【高】为“25”，【背景颜色】为“#D9E4EE”，如图 4-40 所示。

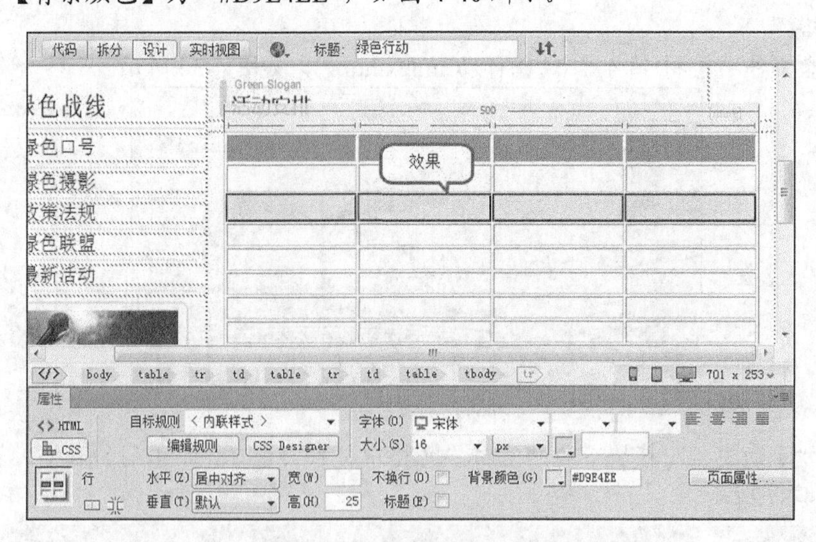

图4-40　设置第 3 行的单元格属性

(4)　将第 4 行单元格属性设置成与第 2 行单元格相同的属性，将第 5 行单元格属性设置成与第 3 行单元格相同的属性，如图 4-41 所示。

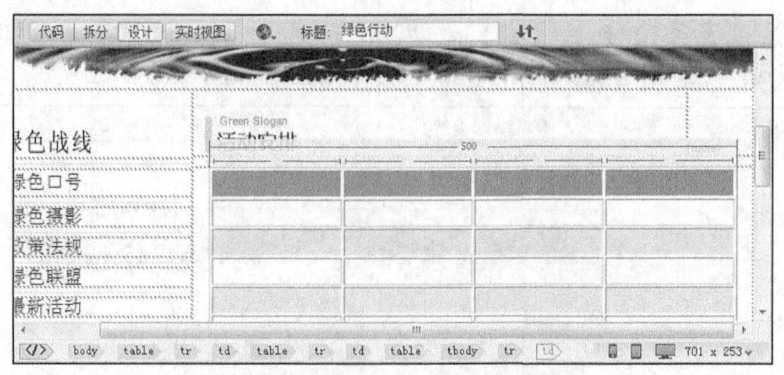

图4-41　设置第 4 行和第 5 行的单元格属性

(5) 用同样的方法循环设置其他行单元格，最终效果如图 4-42 所示。

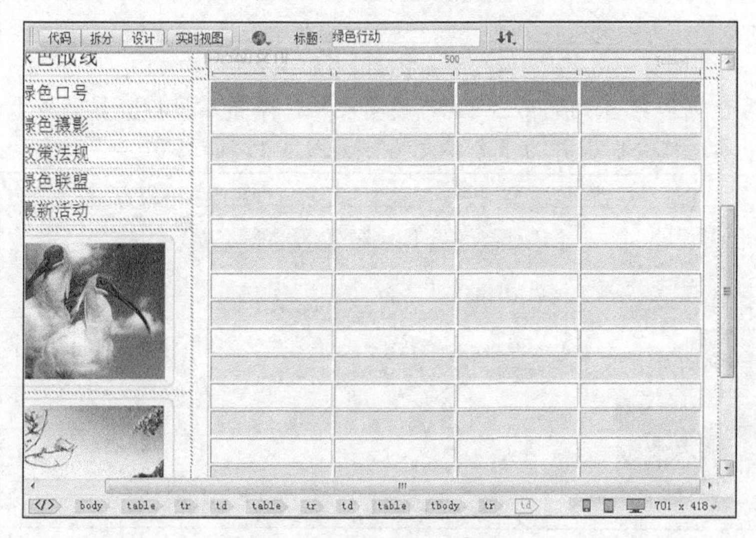

图4-42　设置其他行单元格属性

3. 设置列属性。

(1) 选中第 1 列所有的单元格，在属性检查器面板中设置【宽】为"100"，如图 4-43 所示。

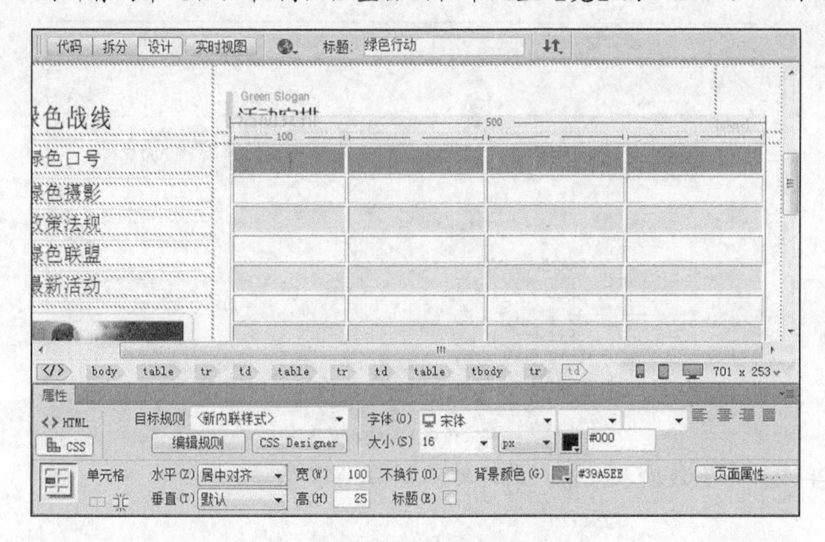

图4-43　设置第 1 列的宽度

(2) 用同样的方法设置第 2 列的【宽】为“200”，第 3 列的【宽】为“100”，第 4 列的【宽】为“100”，如图 4-44 所示。

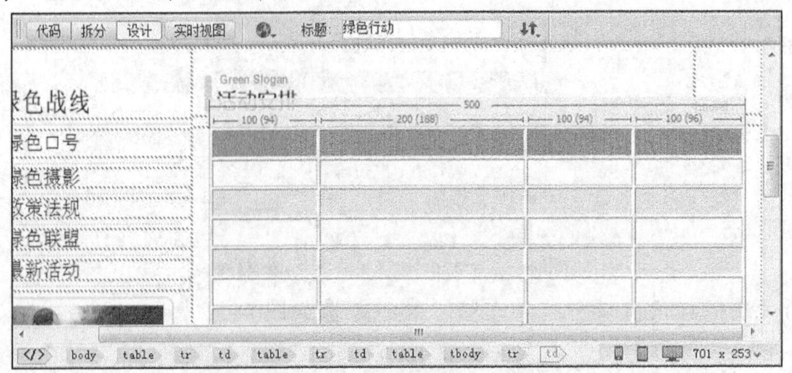

图4-44　分别完成列宽设置后的效果

(3) 分别选中第 2 列和第 3 列的第 3～7 行的单元格，单击属性检查器面板上的□按钮，将选中的多个单元格分别合并为一个单元格，如图 4-45 所示。

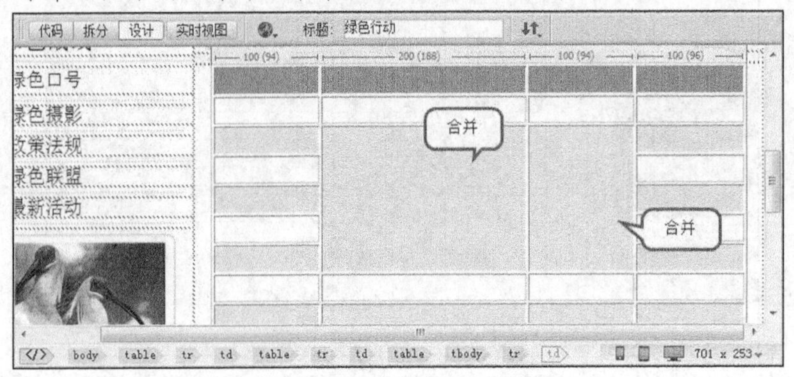

图4-45　分别合并第 2 列和第 3 列的第 3～7 行

4. 向表格中添加元素。

(1) 在第 1 行输入文本并在 HTML 属性面板中设置【格式】为“标题 3”，如图 4-46 所示。

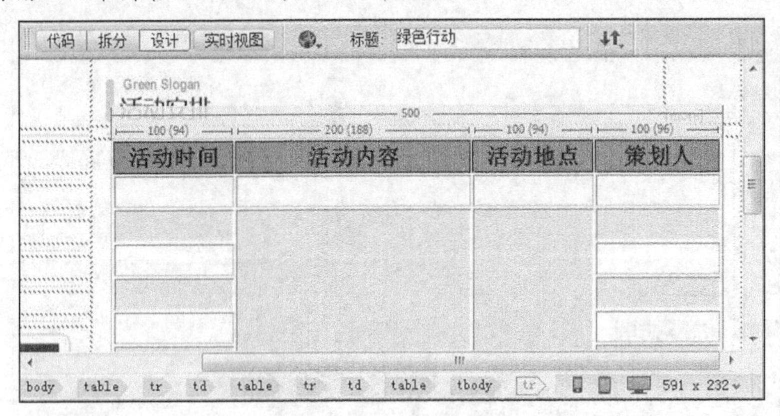

图4-46　在第 1 行输入文本

(2) 在其他单元格中直接输入文本，最终效果如图 4-47 所示。

代码 | 拆分 | 设计 | 实时视图 标题：绿色行动

绿色口号
绿色摄影
政策法规
绿色联盟
最新活动

活动时间	活动内容	活动地点	策划人
2010.6.10	开幕式	A单元1号	小明
2010.6.11	环保知识讲座	A单元2号	小王
2010.6.12			小红
2010.6.13			小明
2010.6.14			小袁
2010.6.15			小李
2010.6.16	环保知识竞赛-初赛	A单元3号	小袁
2010.6.17	环保知识竞赛-淘汰赛	A单元2号	小袁
2010.6.18	环保知识竞赛-半决赛	A单元2号	小袁
2010.6.19	环保知识竞赛-决赛	A单元2号	小袁
2010.6.20	本地环保考察1	A单元2号	小红
2010.6.21	本地环保考察2	A单元2号	小红
2010.6.22	本地环保考察3	A单元2号	小红
2010.6.23	本地环保考察4	A单元2号	小红
2010.6.24	环保考察总结	A单元2号	小明
2010.6.25	环保考察讨论	A单元2号	小明
2010.6.26	结束式	A单元1号	小李

图4-47 输入其他文本内容

(3) 按Ctrl+S组合键保存文档，案例制作完成，按F12键预览设计效果。

4.2 应用表格布局网页

表格作为网页排版设计的灵魂，也是需要重点掌握的布局页面的方法，它可以实现网页中文本、图像等内容的完美融合，从而达到用户心中预想的页面设计效果。

4.2.1 表格布局的操作方法

表格布局的操作过程一般是先根据设计的效果图制作表格，然后再向表格中添加文本、图片等内容。下面将以设计“印象数码”网页为例来讲解以表格布局网页的基本方法，设计效果如图 4-48 所示。

图4-48 设计“印象数码”网页

一、　设计结构图

根据图 4-48 所示的案例效果图分析可得到如图 4-49 所示的网页布局结构图。

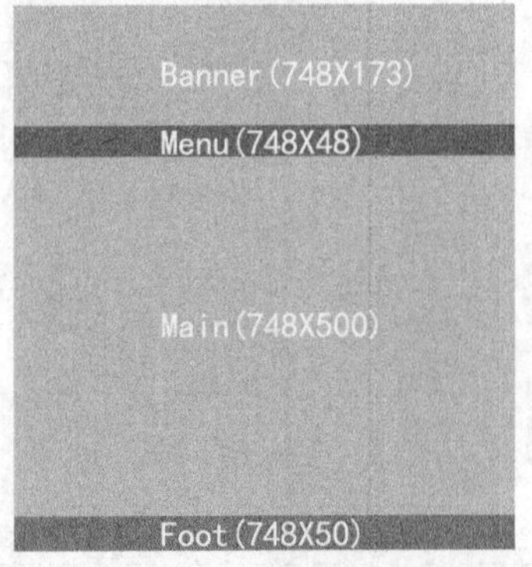

图4-49　布局结构图

二、　插入表格并设置表格的参数

下面将根据布局结构图来创建表格。

1. 运行 Dreamweaver CC，新建一个名为“index.html”的空白文档，然后设置【页面属性】，如图 4-50 所示。
2. 将鼠标光标置于文档中，然后选择菜单命令【插入】/【表格】，打开【表格】对话框，设置【行数】为“4”，【列】为“1”，【表格宽度】为“748”，【边框粗细】、【单元格边距】、【单元格间距】都为“0”，如图 4-51 所示。

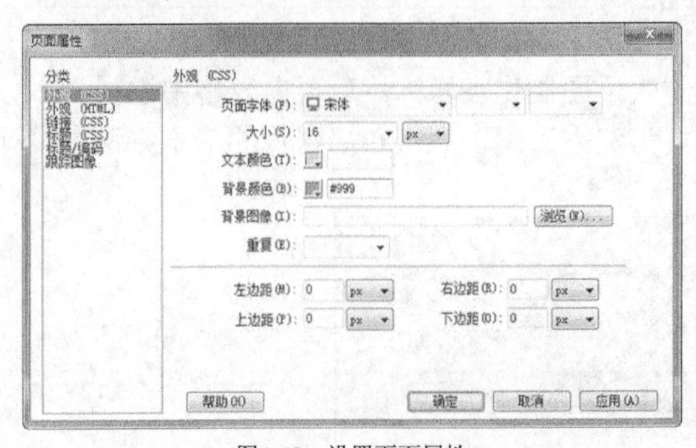

图4-50　设置页面属性

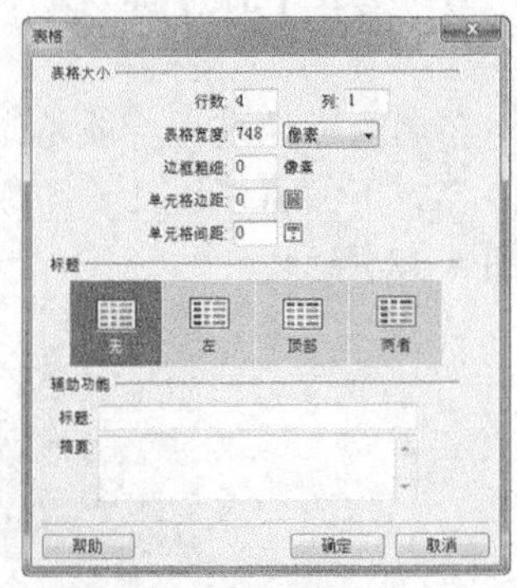

图4-51　设置表格的参数

3. 单击 确定 按钮，即可在文档中插入一个 4 行 1 列无边框、无边距的表格，如图 4-52 所示。

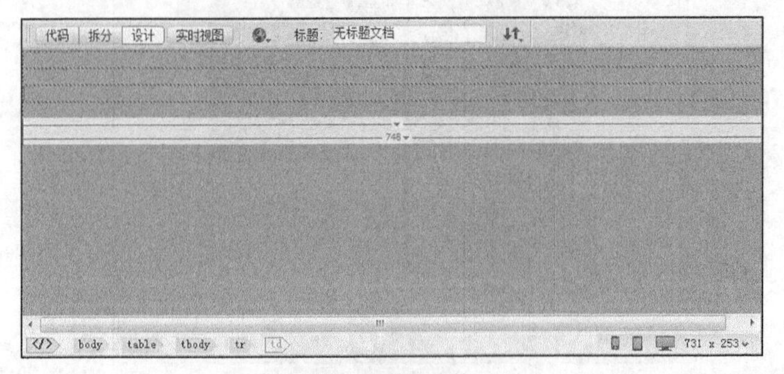

图4-52　插入表格

4. 选中表格，在属性检查器面板中设置【Align】为“居中对齐”，如图 4-53 所示。

图4-53　设置表格的属性

5. 将鼠标光标置于第 1 行的单元格中，在属性检查器面板中设置【水平】为“居中对齐”，【垂直】为“居中”，【高】为“173”，如图 4-54 所示。

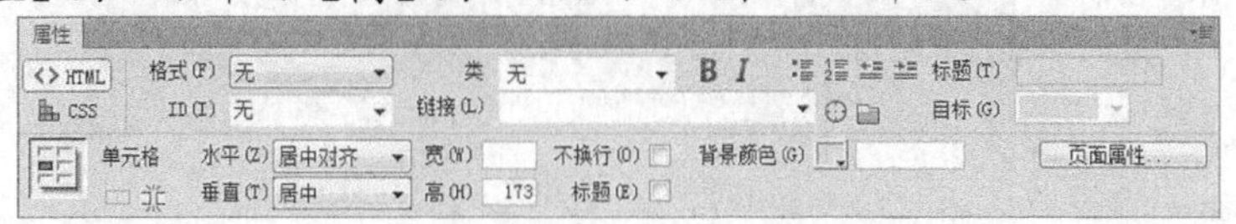

图4-54　设置第 1 行单元格的属性

6. 用同样的方法设置第 2 行的【高】为“48”，第 3 行的【高】为“500”，第 4 行的【高】为“50”，最终效果如图 4-55 所示。

图4-55　设置单元格高度的效果

三、 向表格中添加元素

1. 设置页面顶部。

(1) 将鼠标光标置于第 1 行的单元格中，然后选择菜单命令【插入】/【图像】，选择附盘文件“素材\第 4 章\印象数码\images\banner.jpg”，如图 4-56 所示。

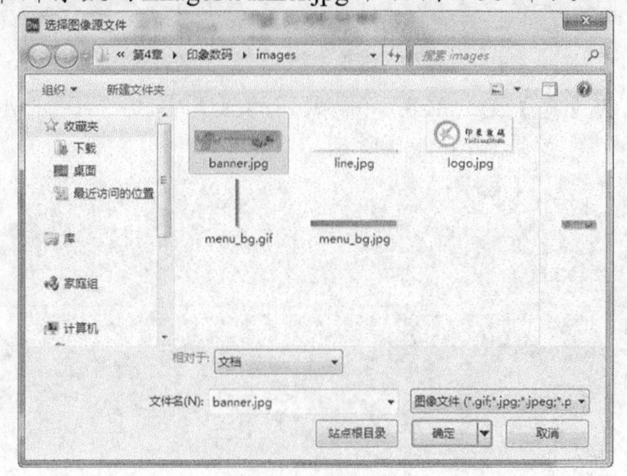

图4-56　选择图像

(2) 单击![button]按钮，将图像插入表格中，如图 4-57 所示。

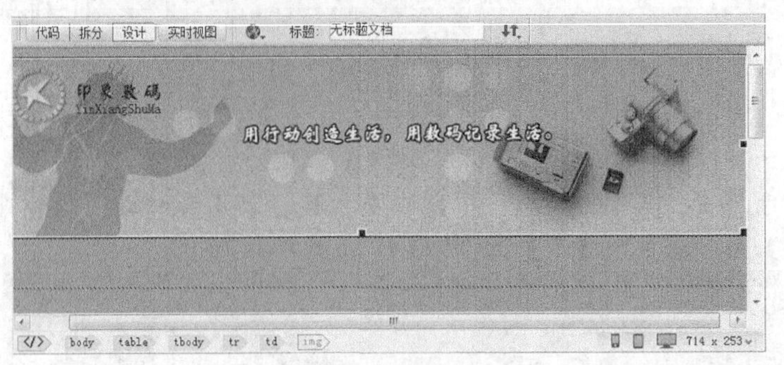

图4-57　插入图像

2.　设置导航栏。

(1) 将鼠标光标置于第 2 行的单元格中，然后在【标签选择器】中的“<tr>”代码上单击鼠标右键，在弹出的快捷菜单中选择【快速标签编辑器】选项，打开【编辑标签】对话框，并输入代码“background="images/menu_bg.gif"”，如图 4-58 所示。

图4-58　插入背景图像

(2) 将鼠标光标置于第 2 行单元格中，然后插入 1 个 1 行 9 列的表格，表格参数设置如图 4-59 所示。

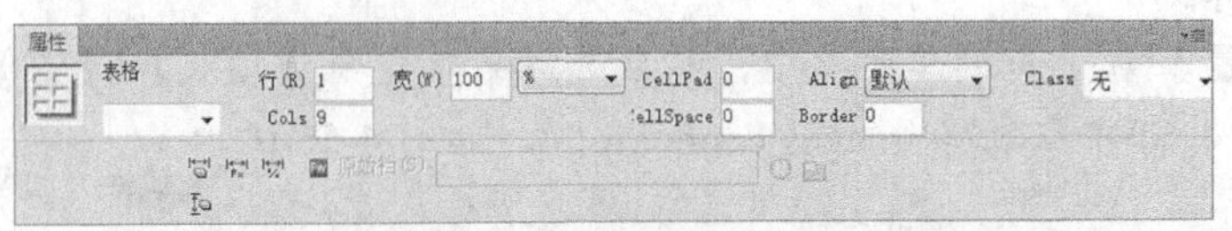

图4-59　在第 2 行插入 1 个 1 行 9 列的表格

(3) 设置表格奇数列的【宽】为“120”，偶数列的【宽】为“10”，并设置单元格的【水平】为“居中对齐”，效果如图 4-60 所示。

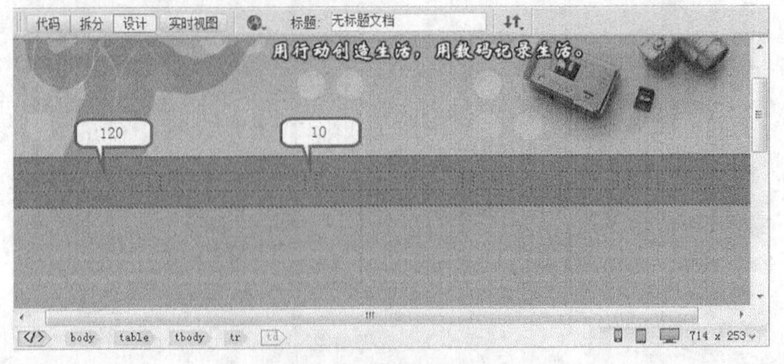

图4-60　设置表格的宽度

(4) 在表格中输入文本，如图 4-61 所示。

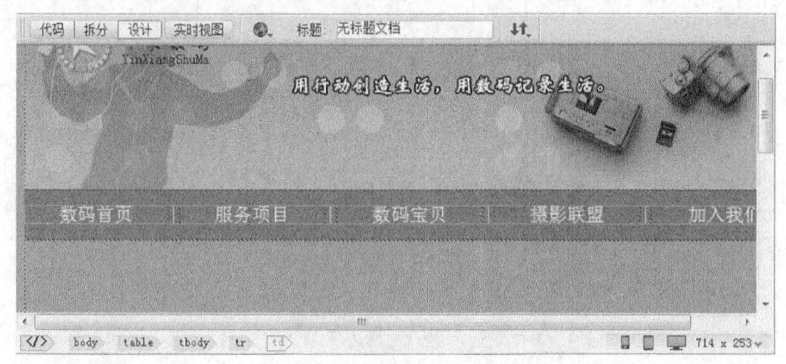

图4-61 输入文本

3. 设置主体部分。

(1) 将鼠标光标置于第 3 行单元格中，然后插入 1 个 2 行 1 列的表格，表格参数设置如图 4-62 所示。

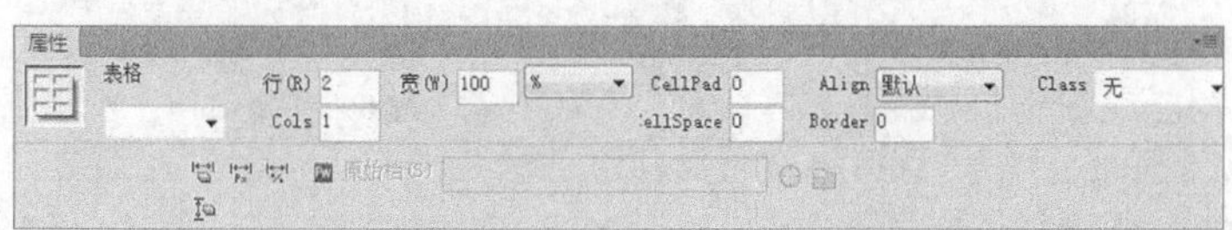

图4-62 在第 3 行插入 1 个 2 行 1 列的表格

(2) 将鼠标光标置于步骤（1）插入的表格中的第 1 行，然后在属性检查器面板中设置【水平】为“左对齐”，【垂直】为“居中”，【高】为“40”，【背景颜色】为“#FFFFFF”，如图 4-63 所示。

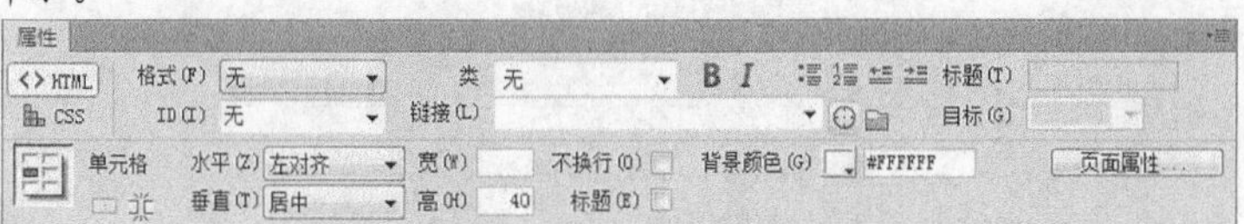

图4-63 设置第 1 行的属性

(3) 设置第 2 行的【水平】为“居中对齐”，【垂直】为“居中”，【高】为“560”，【背景颜色】为“#FFFFFF”，如图 4-64 所示。

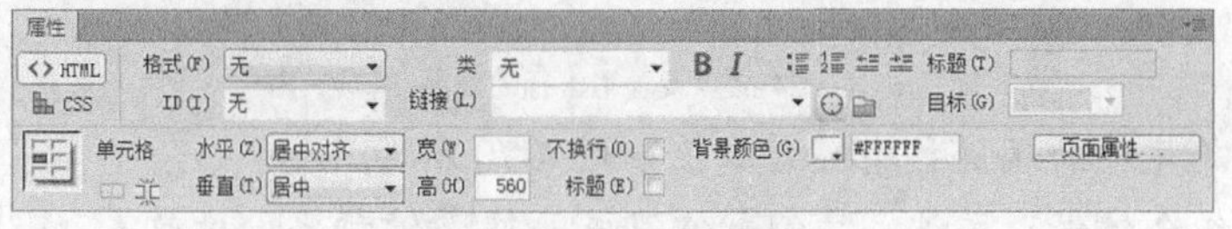

图4-64 设置第 2 行的属性

(4) 在第 1 行单元格中输入文本并调整版式如图 4-65 所示。

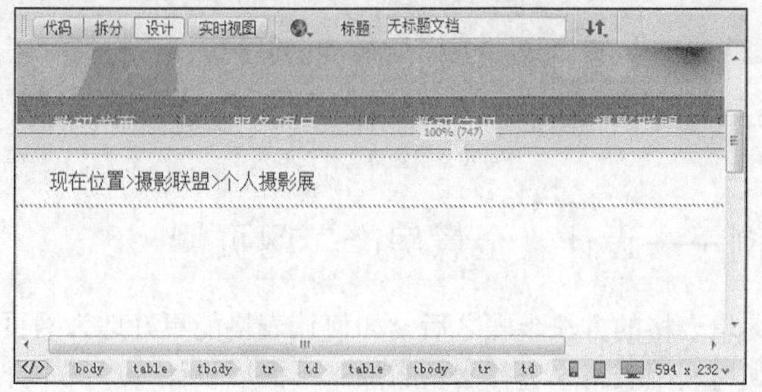

图4-65 在第 1 行输入文本

(5) 在第 2 行单元格中插入附盘文件“素材\第 4 章\印象数码\flash\Photo.swf”，效果如图 4-66 所示。

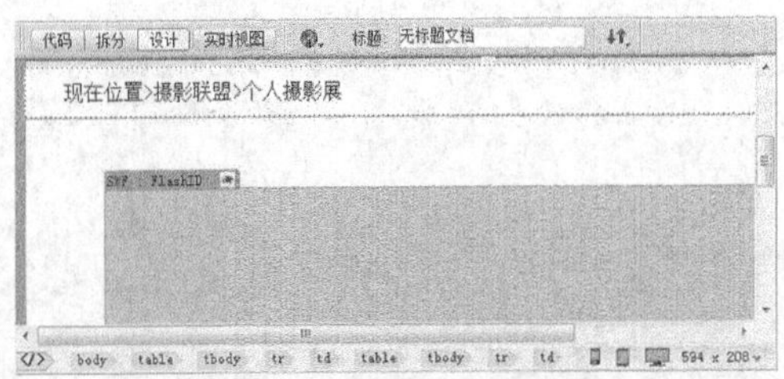

图4-66　插入 Flash 动画

4. 设置页脚。

(1) 将鼠标光标置于表格最后 1 行，在属性检查器面板中设置【背景颜色】为“#999999”，如图 4-67 所示。

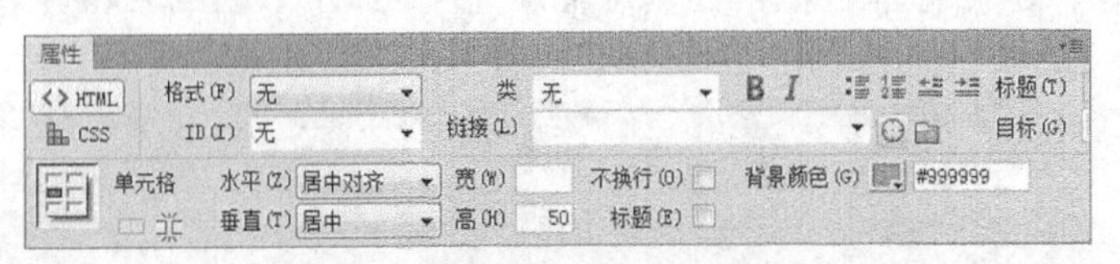

图4-67　设置最后 1 行单元格的背景颜色

(2) 在单元格内插入 1 个 2 行 1 列的表格，表格参数如图 4-68 所示。

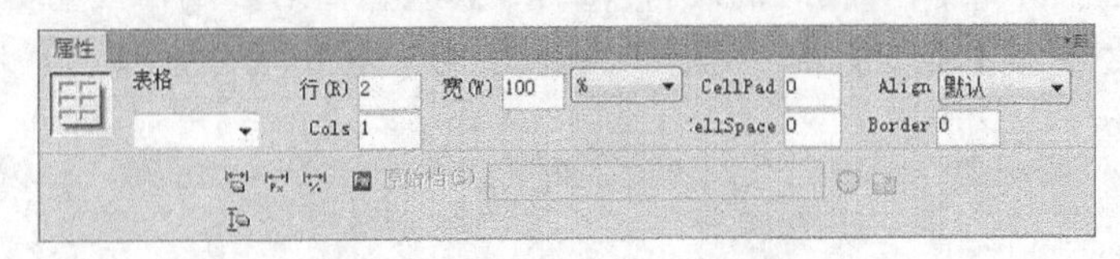

图4-68　插入 1 个 2 行 1 列的表格

(3) 设置第 1 行单元格的属性并输入文本，如图 4-69 所示。

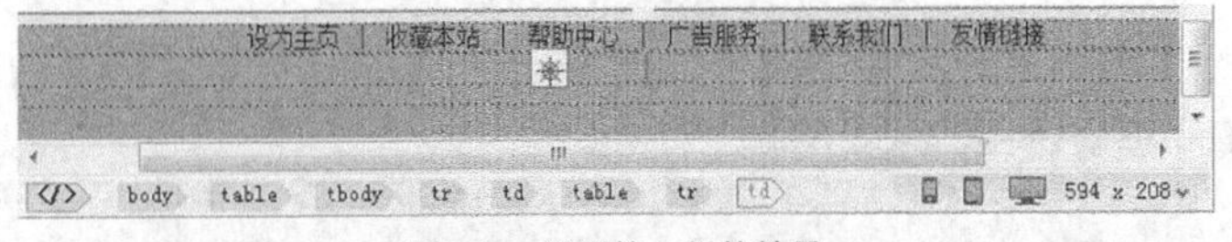

图4-69　设置第 1 行的效果

(4) 设置第 2 行单元格的属性并输入文本，如图 4-70 所示。

(5) 按 Ctrl + S 组合键保存文档，案例制作完成，按 F12 键预览设计效果。

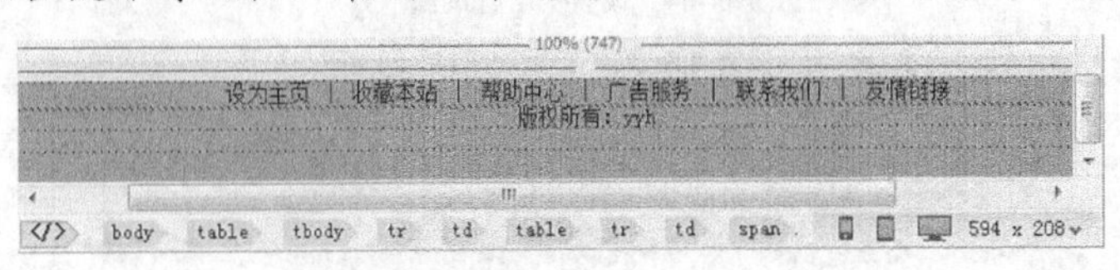

图4-70　设置第 2 行的效果

4.2.2 典型实例——设计“全意房产”网页

在掌握创建和编辑表格的方法步骤之后，如何让表格能更好地为网页设计服务呢？用户下一步就需要学会如何利用表格来进行网页布局。下面以设计“房产中介”网页为例，讲解在表格扩展模式下使用完全独立的表格来布局网页的操作方法，设计效果如图 4-71 所示。

图4-71　设计“全意房产”网页

1. 分析确定结构图。

根据图 4-71 所示的案例效果图分析可知网页的布局结构图如图 4-72 所示。

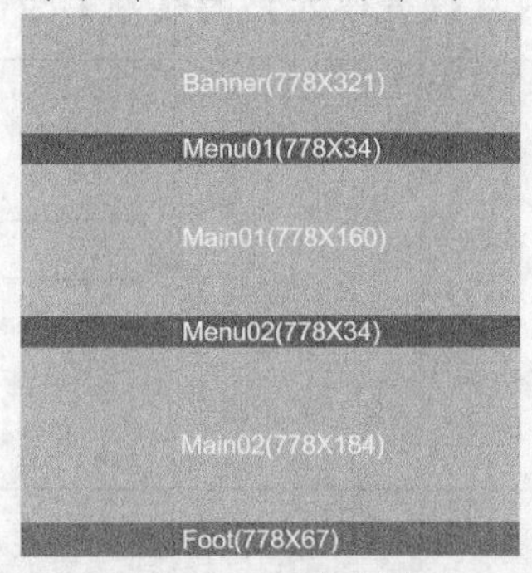

图4-72　布局结构图

2. 创建表格。

(1) 新建一个名为“index.html”空白文档，然后设置页面属性如图 4-73 所示。

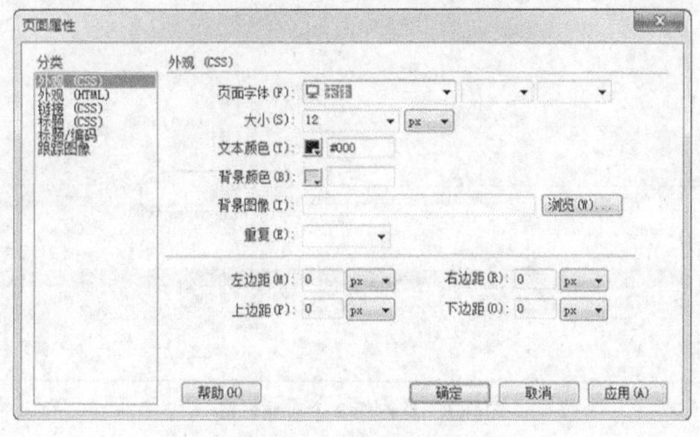

图4-73　设置页面属性

(2) 选择菜单命令【窗口】/【插入】，使【插入】选项前处于勾选状态，然后切换至【布局】类别，如图 4-74 所示。

(3) 在右侧插入面板切换至【常用】类别，如图 4-75 所示。

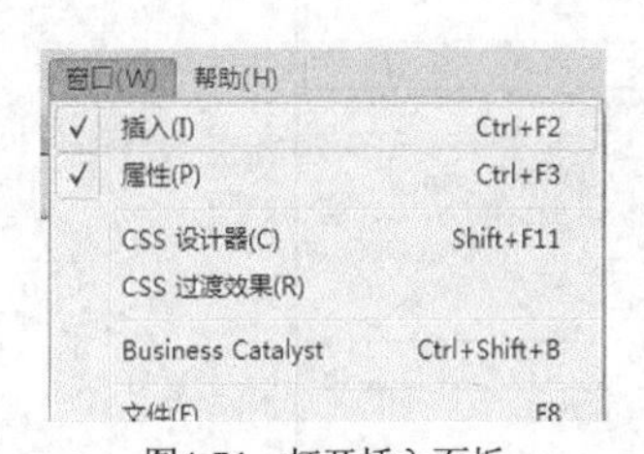

图4-74　打开插入面板

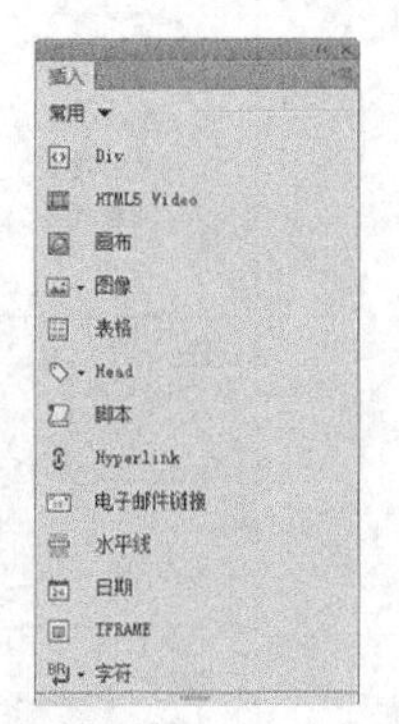

图4-75　设置【插入】面板的【常用】类别

(4) 在【插入】面板中单击 表格 按钮，插入 1 个 1 行 1 列的表格，并设置表格参数如图 4-76 所示。

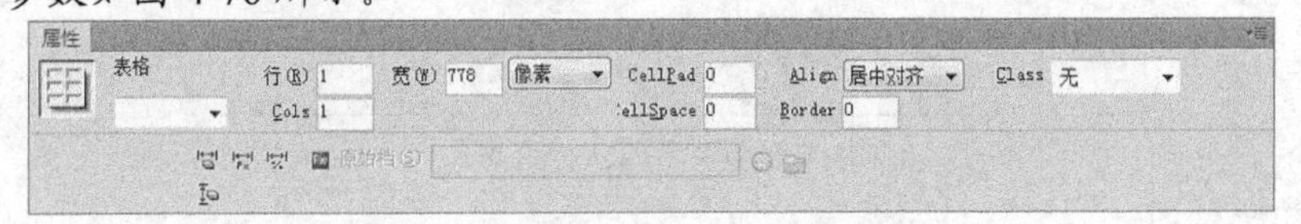

图4-76　插入表格

(5) 将鼠标光标置于表格单元格内，设置单元格的【高】为“321”，如图 4-77 所示。

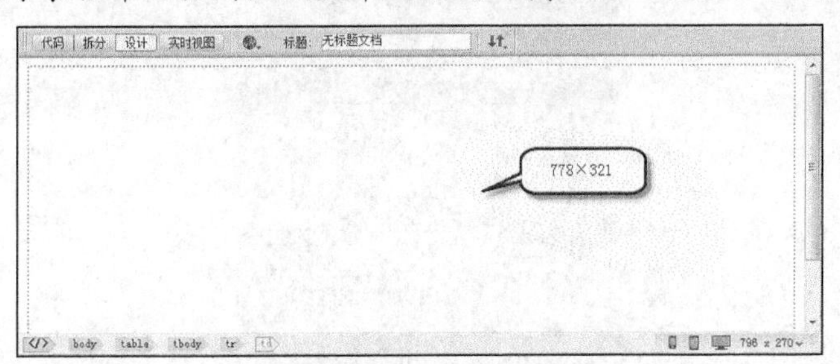

图4-77　设置布局表格 1

(6) 选中表格，然后在【插入】面板中单击 表格 按钮，在此表格中再次插入 1 个 1 行 1 列的表格，表格的【宽】保持不变，【高】设置为“34”，如图 4-78 所示。

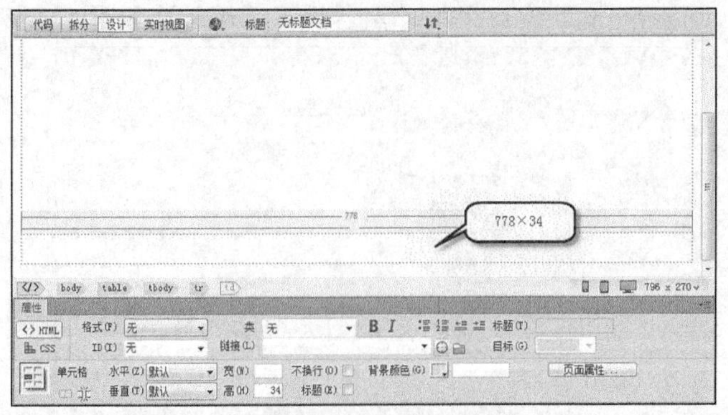

图4-78　绘制第 2 个布局表格

(7) 选中第 2 个表格，然后在【插入】面板中单击 表格 按钮，插入 1 个 1 行 3 列的表格，并设置第 1 个单元格的【宽】为“260”，【高】为“160”，第 2 个单元格的【宽】为“260”，【高】为“160”，第 3 个单元格的【宽】为“258”，【高】为“160”，如图 4-79 所示。

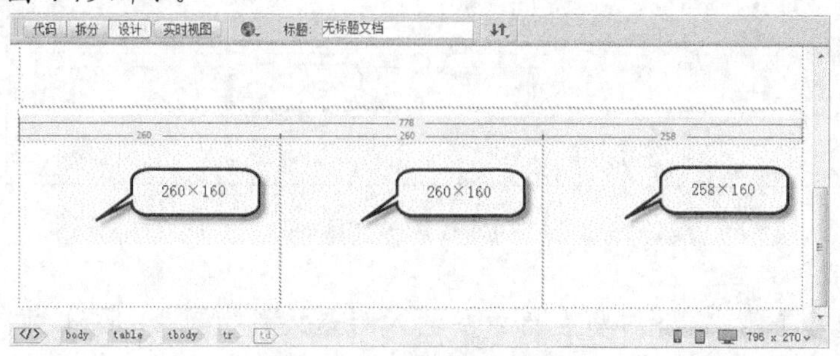

图4-79 绘制第 3 个布局表格

(8) 选中第 3 个表格，然后在【插入】面板中单击 表格 按钮，插入 1 个 1 行 1 列的表格，并设置表格的【宽】为“778”，【高】为“34”，如图 4-80 所示。

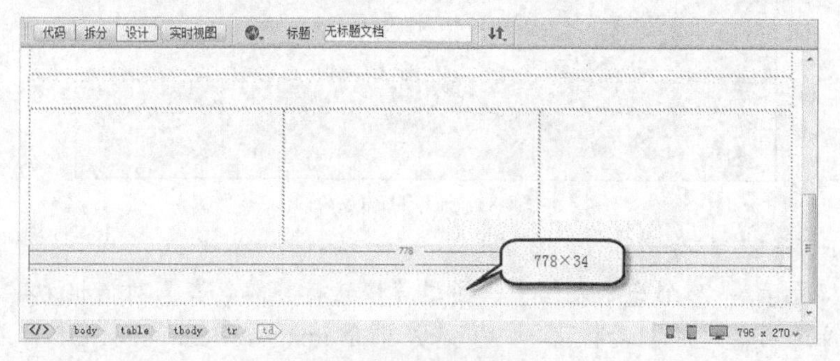

图4-80 绘制第 4 个布局表格

(9) 选中第 4 个表格，然后在【插入】面板中单击 表格 按钮，插入 1 个 1 行 4 列的表格，并设置第 1 个单元格的【宽】为“150”，【高】为“184”，第 2 个单元格的【宽】为“255”，【高】为“184”，第 3 个单元格的【宽】为“160”，【高】为“184”，第 4 个单元格的【宽】为“213”，【高】为“184”，如图 4-81 所示。

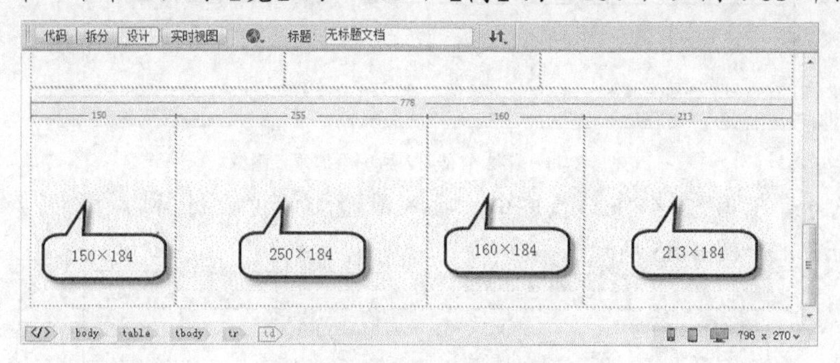

图4-81 绘制第 5 个布局表格

(10) 选中第 5 个表格，然后在【插入】面板中单击 表格 按钮，插入一个 1 行 1 列的表格，并设置表格的【宽】为“778”，【高】为“67”，如图 4-82 所示。

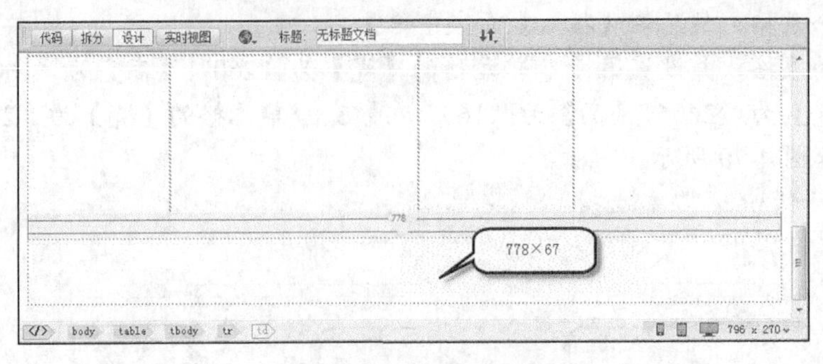

图4-82　绘制第 6 个布局表格

3.　制作页面顶部。

将鼠标光标置于第 1 个布局表格中，插入附盘文件“素材\第 4 章\房产中介\flash\1.swf”，效果如图 4-83 所示。

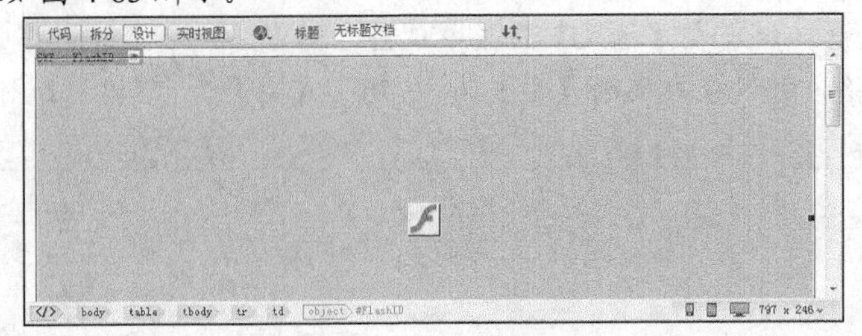

图4-83　插入 Flash 文件

4.　制作“房产资讯”部分。

(1)　将鼠标光标置于第 2 个布局表格中，通过【快速标签编辑器】对话框为单元格添加背景图像，图像为附盘文件“素材\第 4 章\房产中介\images\Menu_bg01.gif”，效果如图 4-84 所示。

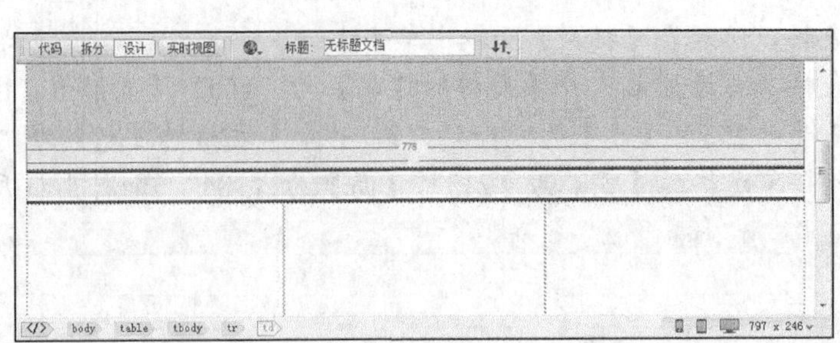

图4-84　在第 2 个布局表格中添加背景图像

(2)　将鼠标光标置于第 2 个布局表格中，插入附盘文件“素材\第 4 章\房产中介\images\Menu01.gif”，如图 4-85 所示。

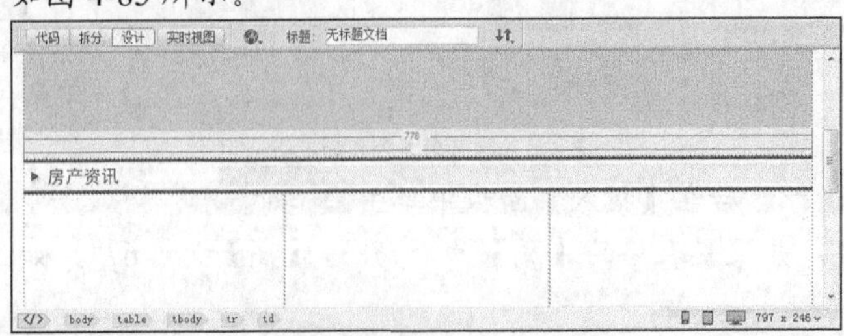

图4-85　在第 2 个布局中添加图像

(3) 将鼠标光标置于第 3 个布局的第 1 个单元格中，在属性检查器面板中设置【水平】为“居中对齐”，【垂直】为“顶端”，如图 4-86 所示。

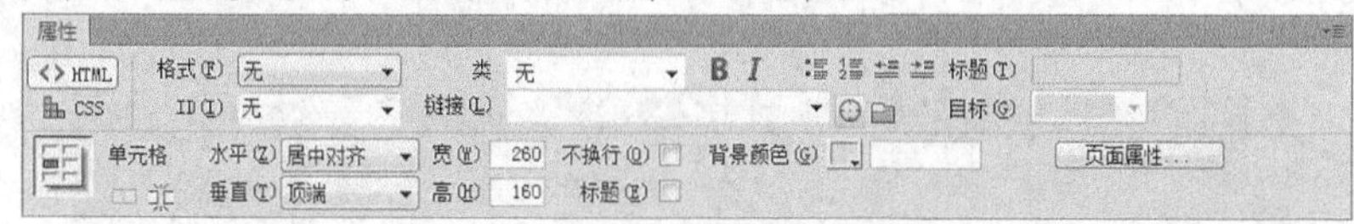

图4-86　设置单元格的对齐属性

(4) 将鼠标光标置于第 3 个布局的第 1 个单元格中，插入 1 个 3 行 2 列的表格，属性设置如图 4-87 所示。

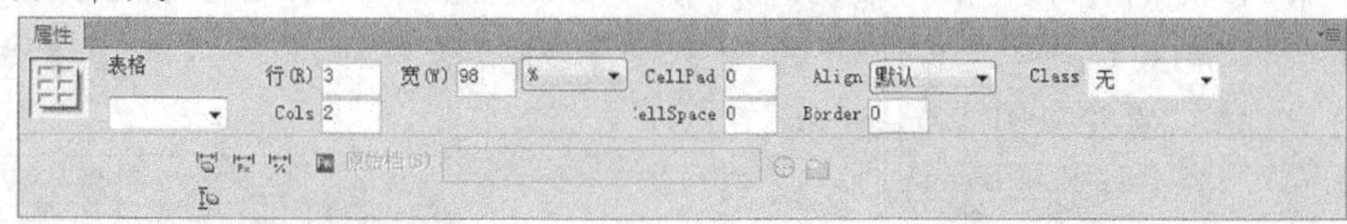

图4-87　插入 1 个 3 行 2 列的表格

(5) 设置第 1 行第 1 列的单元格的【宽】为“14%”，【高】为“25”，第 2 行单元格的【高】为“115”，第 3 行单元格的【高】为“20”，如图 4-88 所示。

(6) 选中第 2 行的第 1 列和第 2 列单元格，在属性检查器面板中单击按钮合并单元格，如图 4-89 所示。

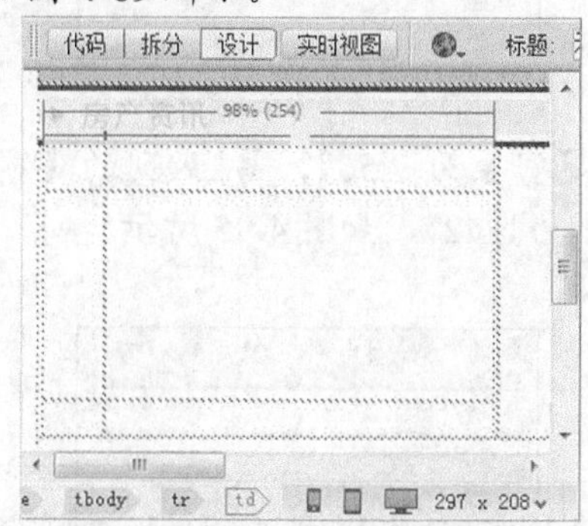

图4-88　设置单元格的参数

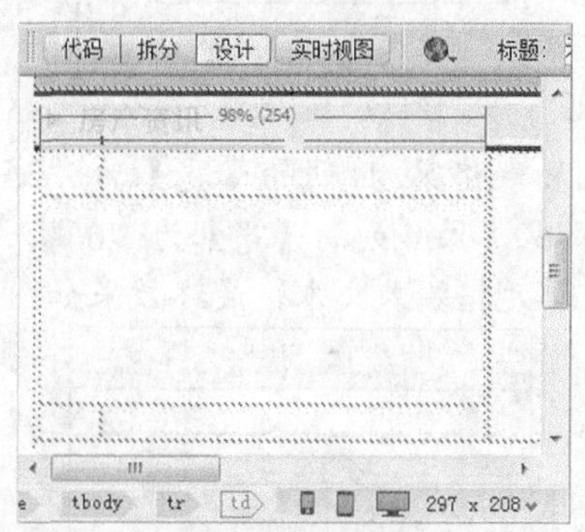

图4-89　合并单元格

(7) 将鼠标光标置于第 1 行第 1 列单元格中，在属性检查器面板中设置【水平】为“右对齐”，【垂直】为“居中”，然后插入附盘文件“素材\第 4 章\房产中介\images\ico.gif”，如图 4-90 所示。

(8) 将鼠标光标置于第 1 行第 2 列单元格中，在属性检查器面板中设置【水平】为“左对齐”，【垂直】为“居中”，然后输入文本并设置文本格式，如图 4-91 所示。

图4-90　插入图像

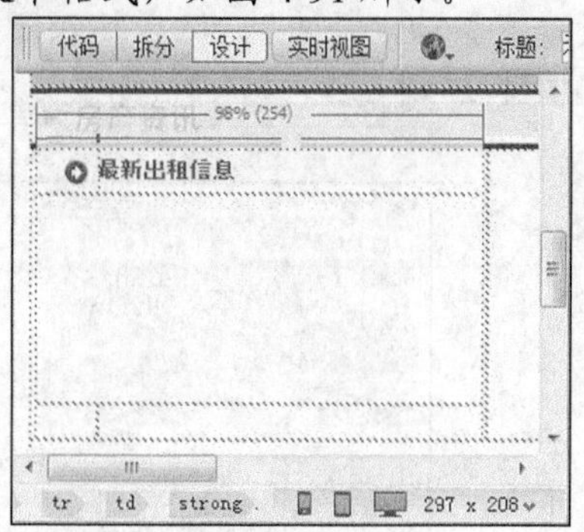

图4-91　输入文本

(9) 将鼠标光标置于第 2 行单元格中，在属性检查器面板中设置【背景颜色】为“#CCCCCC”，并插入 1 个 7 行 5 列的表格，表格参数如图 4-92 所示，效果如图 4-93 所示。

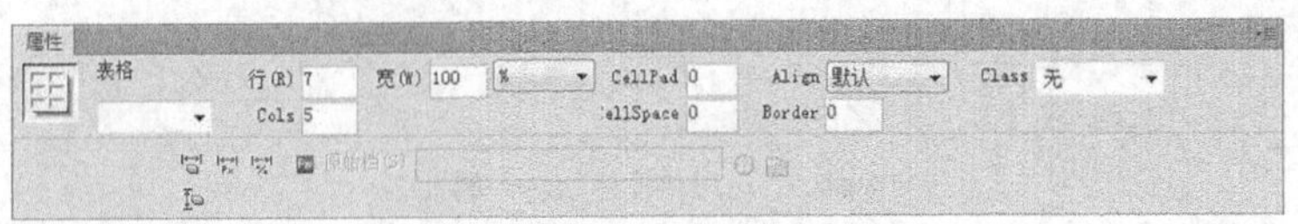

图4-92　插入 1 个 7 行 5 列的表格

(10) 设置表格第 1 行的【水平】为“居中对齐”，【垂直】为“居中”，【高】为“20”，【背景颜色】为“#33CCFF”，其他行的【水平】为“居中对齐”，【垂直】为“居中”，【高】为“15”，效果如图 4-94 所示。

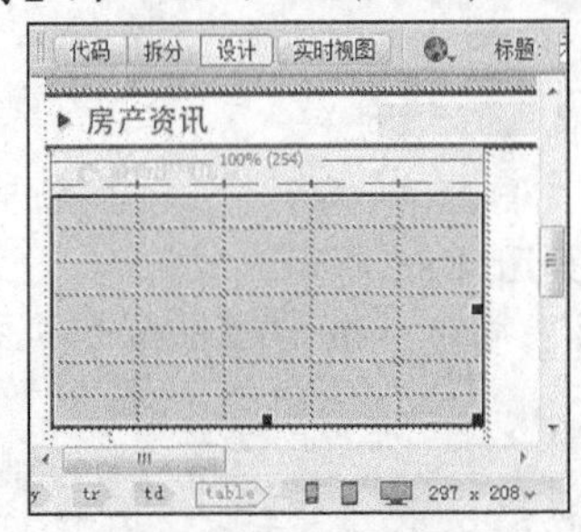

图4-93　插入表格效果

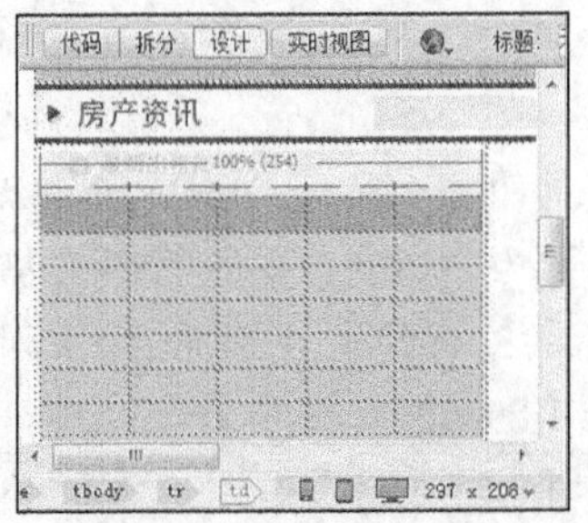

图4-94　设置表格行的参数

(11) 设置表格第 1 列的【宽】为“35”，第 2 列的【宽】为“56”，第 3 列的【宽】为“56”，第 4 列的【宽】为“66”，第 5 列的【宽】为“42”，如图 4-95 所示。

(12) 在单元格输入文本，最终效果如图 4-96 所示。

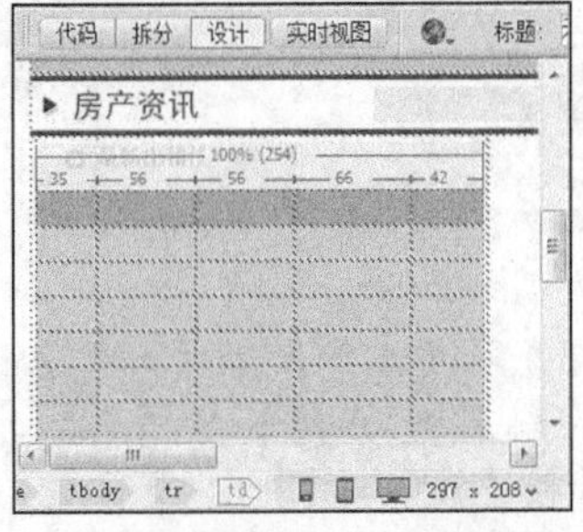

图4-95　设置表格列的宽度

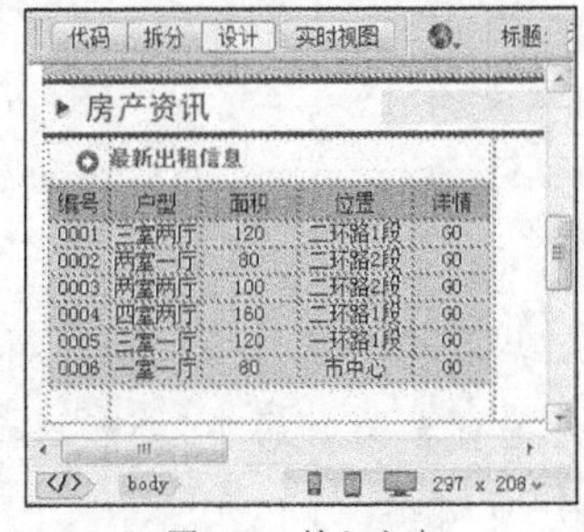

图4-96　输入文本

(13) 将鼠标光标置于第 3 行单元格中，在属性检查器面板中设置【水平】为“右对齐”，【垂直】为“居中”，然后插入附盘文件“素材\第 4 章\房产中介\images\more.gif”，如图 4-97 所示。

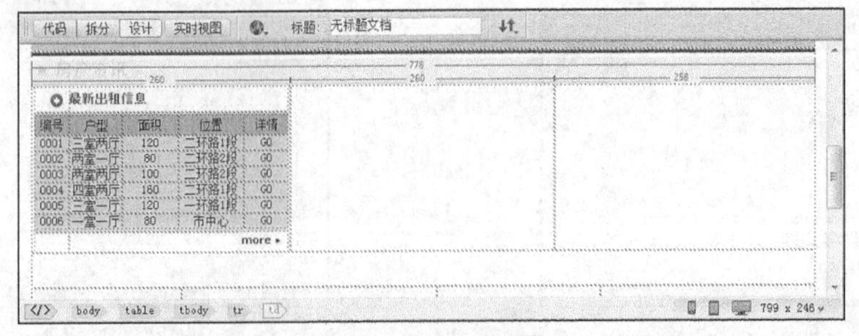

图4-97　插入 more 图像

(14) 用同样的操作方法制作“房产资讯”部分的其他两个单元格，最终效果如图 4-98 所示。

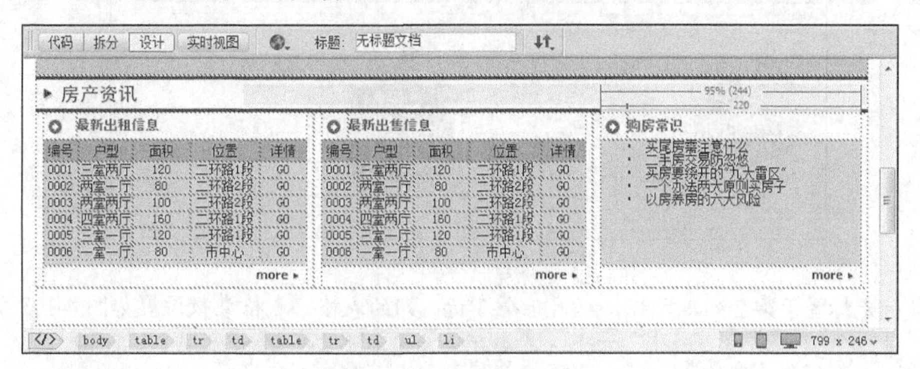

图4-98　为其他单元格添加内容

5.　制作“公司简介”部分。

(1)　将鼠标光标置于第 4 个布局表格中，通过【快速标签编辑器】面板为单元格添加背景图像，图像为附盘文件“素材\第 4 章\房产中介\images\Menu_bg02.gif”，效果如图 4-99 所示。

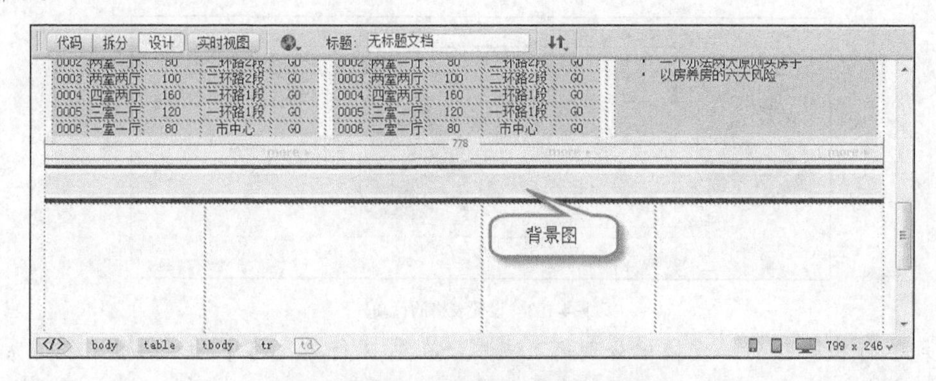

图4-99　在第 4 个布局表格中添加背景图像

(2)　将鼠标光标置于第 4 个布局表格中，插入附盘文件“素材\第 4 章\房产中介\images\Menu02.gif”，如图 4-100 所示。

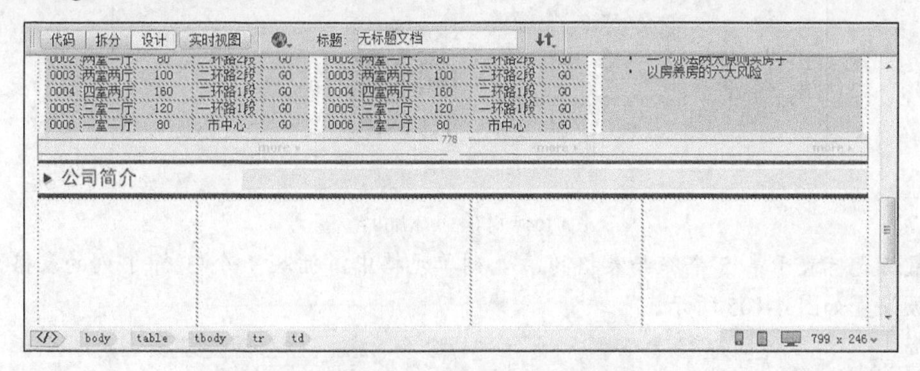

图4-100　在第 4 个布局表格中添加图像

(3)　分别在第 5 个布局表格的第 1 列和第 3 列中，插入附盘文件“素材\第 4 章\房产中介\images\people01.jpg”和“素材\第 4 章\房产中介\images\people02.jpg”，如图 4-101 所示。

图4-101　添加图像

(4) 将鼠标光标置于第 2 列单元格，插入 1 个 3 行 1 列的表格，表格参数设置如图 4-102 所示。

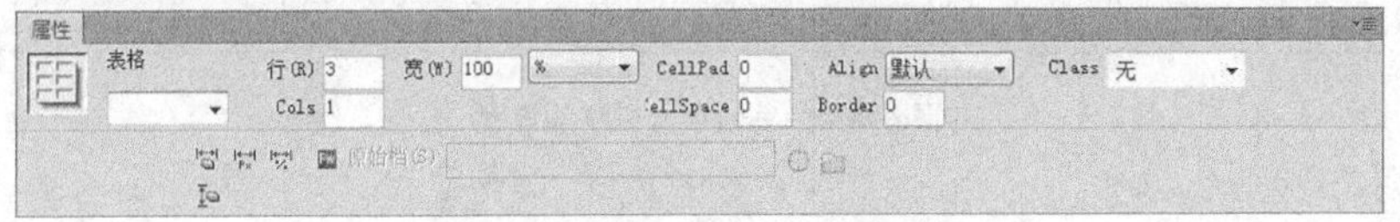

图4-102　插入 1 个 3 行 1 列的表格

(5) 设置表格第 1 行的【高】为“30”，第 2 行的【高】为“143”，第 3 行的【高】为“11”，如图 4-103 所示。

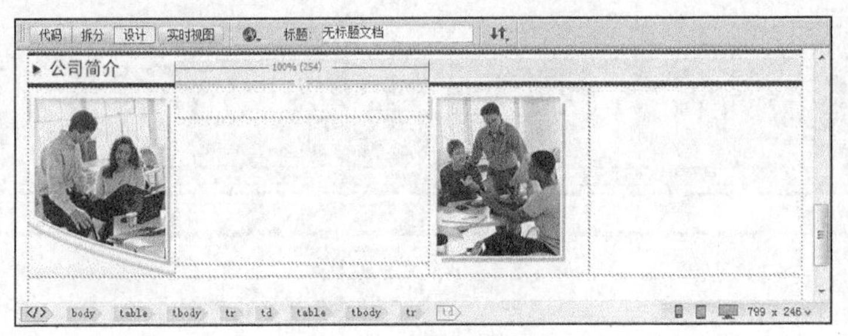

图4-103　设置表格的行高

(6) 在第 1 行和第 2 行单元格中分别输入文本，在第 3 行单元格中插入附盘文件“素材\第 4 章\房产中介\ images\bian.gif”，效果如图 4-104 所示。

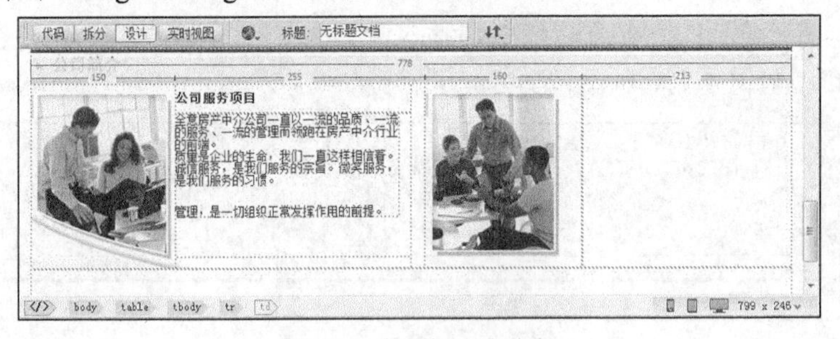

图4-104　向表格中添加内容

(7) 将鼠标光标置于第 5 个布局表格的第 4 列单元格中，插入 1 个 3 行 1 列的表格，表格参数设置如图 4-105 所示。

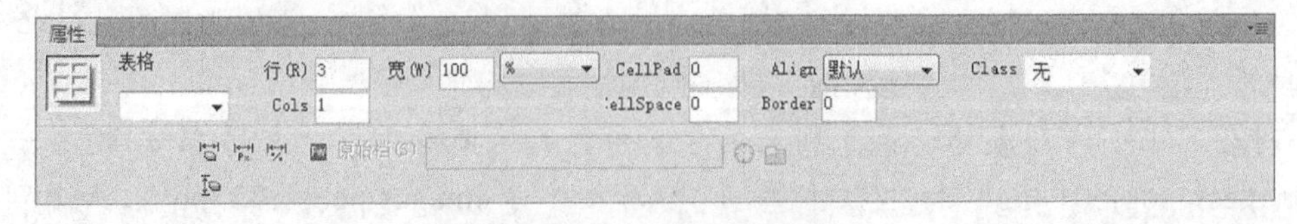

图4-105　插入 1 个 3 行 1 列的表格

(8) 设置表格第 1 行的【高】为“30”，第 2 行的【高】为“143”，第 3 行的【高】为“11”，如图 4-106 所示。

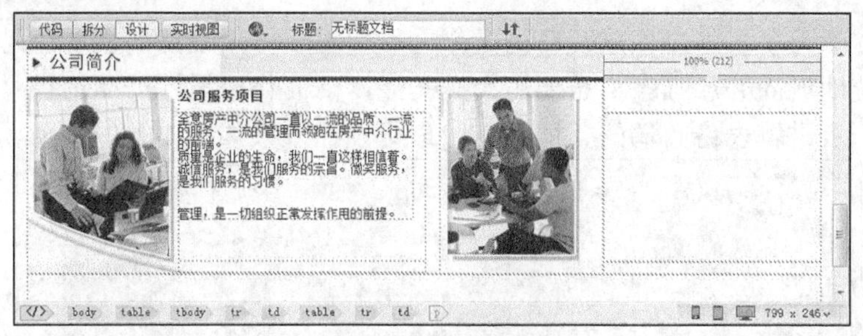

图4-106　设置表格的行高

(9) 在第 1 行和第 2 行单元格中输入文本并调整文本格式，效果如图 4-107 所示。

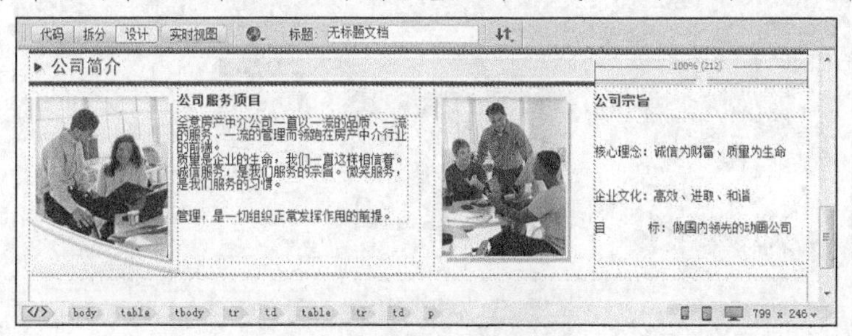

图4-107　向表格中添加内容

6. 制作页脚。

(1) 将鼠标光标置于第 6 个布局表格中，通过【快速标签编辑器】面板为单元格添加背景图像，图像位置为附盘文件“素材\第 4 章\房产中介\images\foot.gif”，效果如图 4-108 所示。

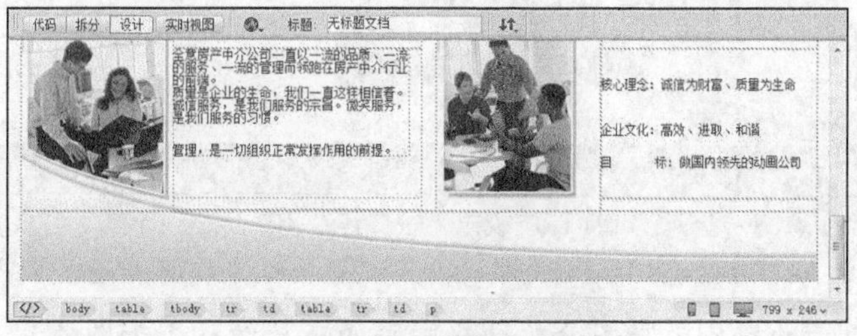

图4-108　设置页脚的背景图像

(2) 在单元格中输入文本并调整格式，如图 4-109 所示。

(3) 按 Ctrl + S 组合键保存文档，案例制作完成，按 F12 键预览设计效果。

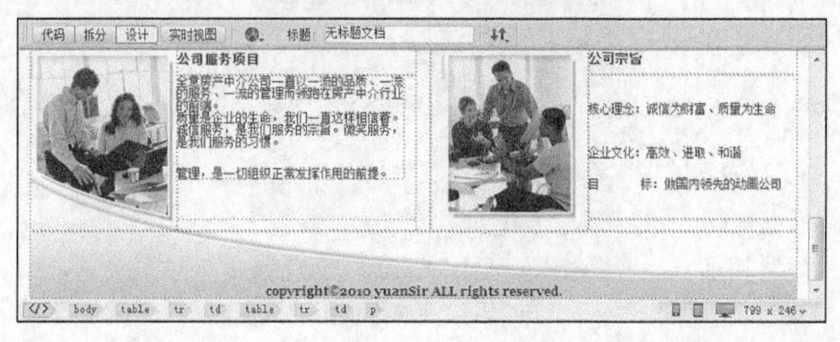

图4-109　输入文本

4.3 综合实例——设计“数码的世界”网页

相信用户在学习了表格制作以及布局操作之后，对表格所发挥的重要性已经深有体会。为了让用户系统地巩固并加强表格布局的实操技能，下面将以设计产品销售“数码的世界”网页为例，进一步讲解表格布局的具体操作，最终设计效果如图 4-110 所示。

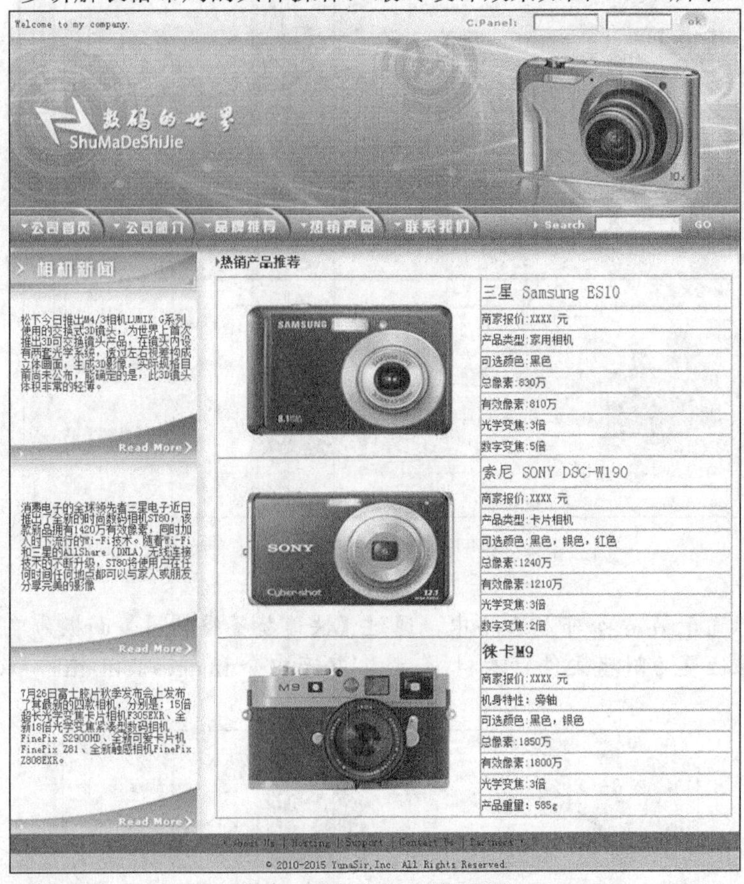

图4-110　设计“产品销售”网页

1. 分析确定结构图。

根据图 4-110 所示的案例效果图分析可知网页的布局结构图如图 4-111 所示。

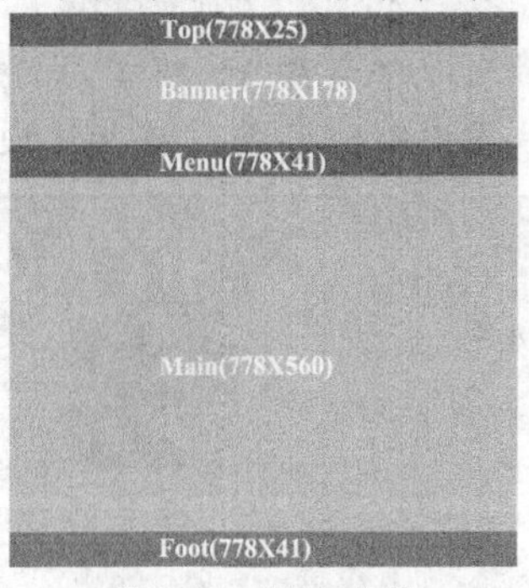

图4-111　布局结构图

2. 创建表格。

(1) 新建一个名为“index.html”的空白文档，设置【页面属性】，如图 4-112 所示。

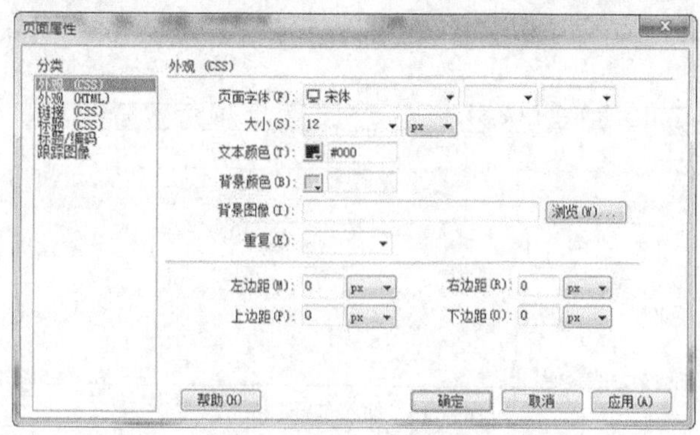

图4-112 设置【页面属性】

(2) 单击【插入】面板上的 表格 按钮，插入 1 个 1 行 2 列的表格，并设置第 1 个单元格的【宽】为“480”，【高】为“25”，第 2 个单元格的【宽】为“298”，【高】为“25”，如图 4-113 所示。

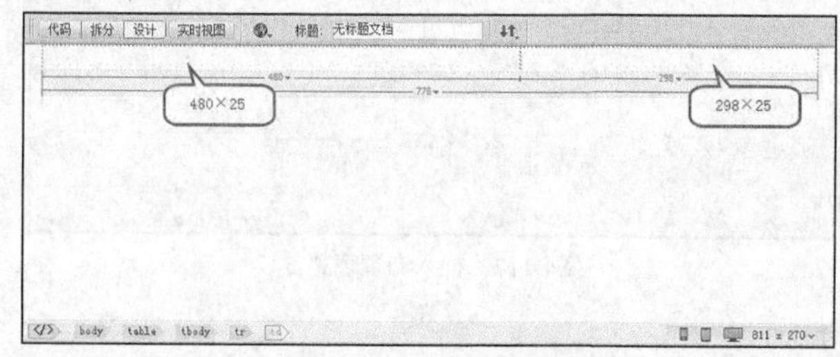

图4-113 插入布局表格 1

(3) 选中第 1 个布局表格，插入 1 个 1 行 1 列的表格，并设置表格的【宽】为“778”，【高】为“178”，如图 4-114 所示。

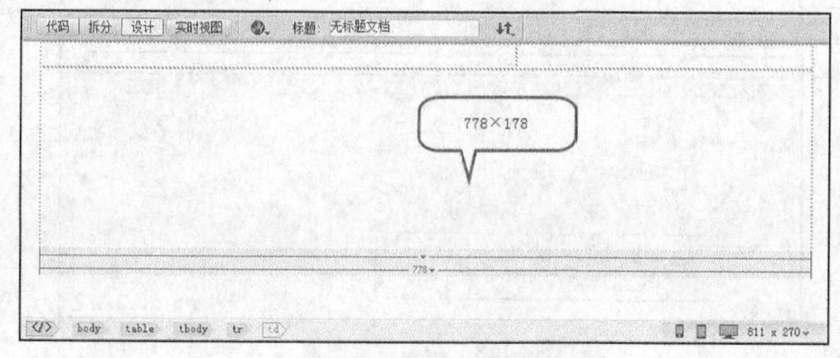

图4-114 插入布局表格 2

(4) 选中第 2 个布局表格，插入 1 个 1 行 1 列的表格，并设置表格的【宽】为“778”，【高】为“41”，如图 4-115 所示。

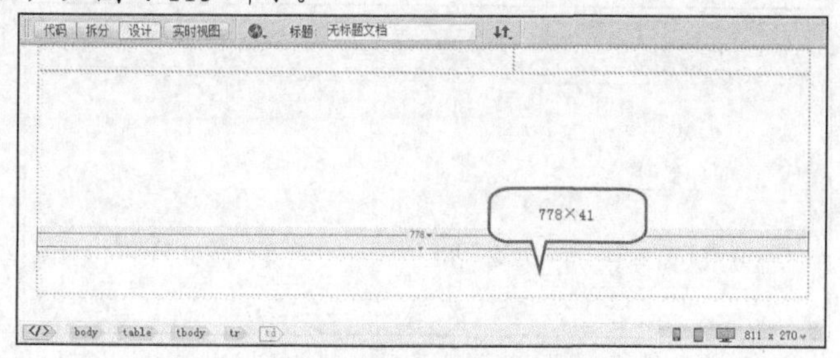

图4-115 插入布局表格 3

(5) 选中第 3 个布局表格，插入 1 个 1 行 2 列的表格，并设置第 1 个单元格的【宽】为“213”，【高】为“560”，第 2 个单元格的【宽】为“565”，【高】为“560”，如图 4-116 所示。

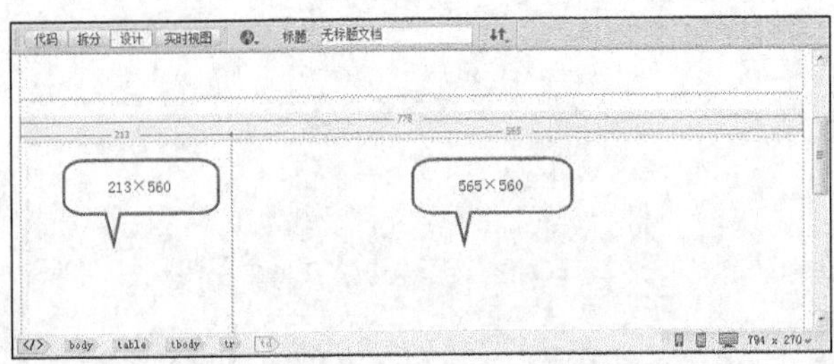

图4-116　插入布局表格 4

(6) 选中第 4 个表格，插入 1 个 1 行 1 列的表格，并设置表格的【宽】为“778”，【高】为“41”，如图 4-117 所示。

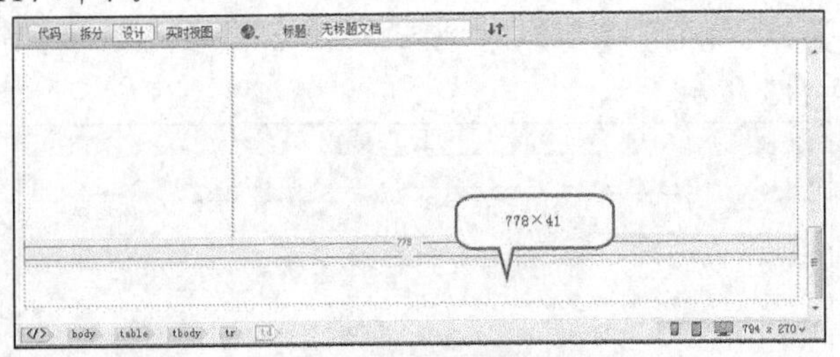

图4-117　插入布局表格 5

3. 制作页面顶部。

(1) 将鼠标光标置于第 1 个布局表格内，通过【快速标签编辑器】对话框为表格添加背景图像，图像位置为附盘文件“素材\第 4 章\产品销售\images\Top_bg.gif”，效果如图 4-118 所示。

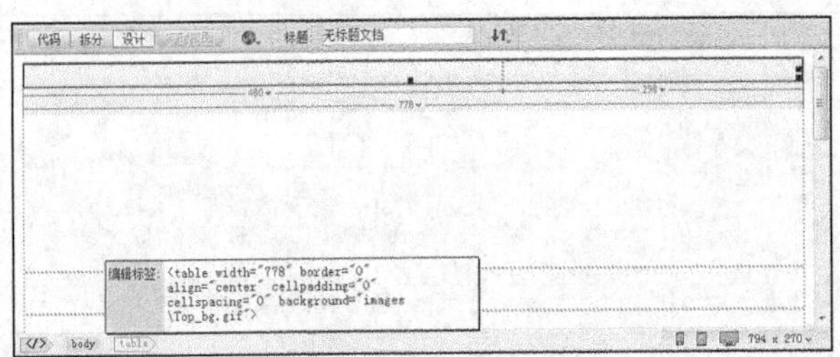

图4-118　添加背景图像

(2) 在第 1 个布局表格的第 1 列单元格中输入文本，第 2 列单元格中插入附盘文件“素材\第 4 章\产品销售\images\Top.gif”，效果如图 4-119 所示。

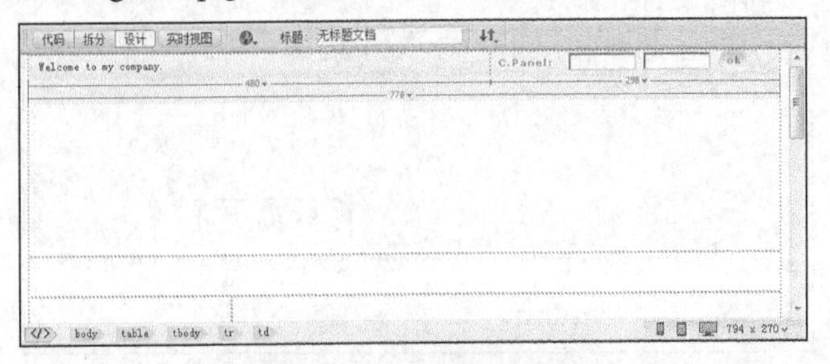

图4-119　第 1 个布局表格的设置效果

(3) 将鼠标光标置于第 2 个布局表格中，插入附盘文件“素材\第 4 章\产品销售\images\banner.gif”，效果如图 4-120 所示。

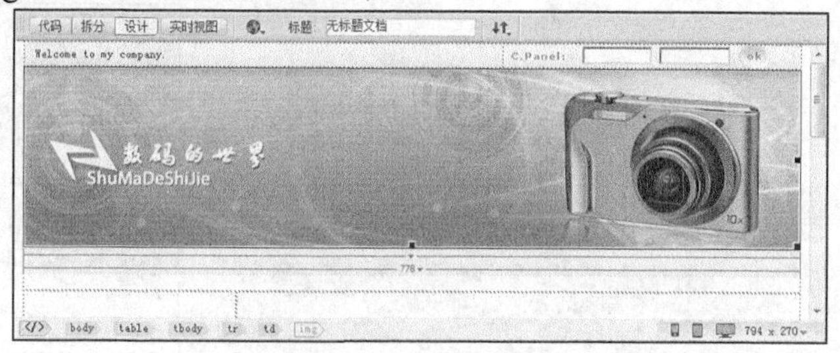

图4-120 第 2 个布局表格的设置效果

4. 制作导航栏。

(1) 将鼠标光标置于第 3 个布局表格中，插入 1 个 1 行 6 列的表格，表格参数设置如图 4-121 所示。

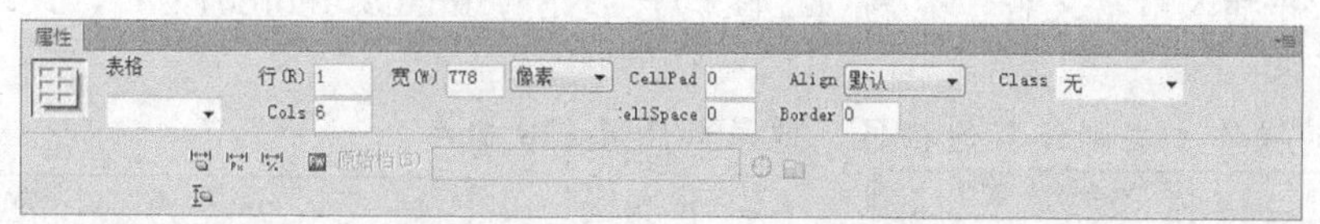

图4-121 插入 1 个 1 行 6 列的表格

(2) 在表格中依次插入附盘文件“素材\第 4 章\产品销售\images\Menu01.gif~Menu06.gif”，最终效果如图 4-122 所示。

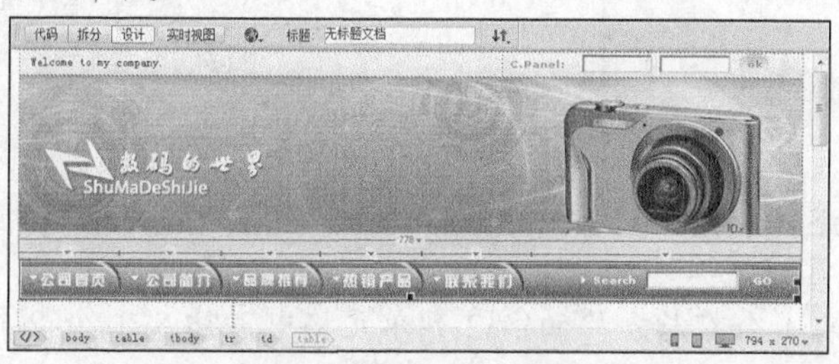

图4-122 导航栏的设计效果

5. 制作主体部分。

(1) 将鼠标光标置于第 4 个布局表格的第 1 个单元格中，通过【快速标签编辑器】对话框为表格添加背景图像，图像位置为附盘文件“素材\第 4 章\产品销售\images\Main_bg01.gif”，效果如图 4-123 所示。

(2) 将鼠标光标置于第 4 个布局表格的第 1 个单元格中，插入 1 个 1 行 1 列的表格，设置表格的【宽】为“213”，【高】为“56”，并插入本书附带光盘中的“素材\第 4 章\产品销售\images\ico.gif”的图像，最终效果如图 4-124 所示。

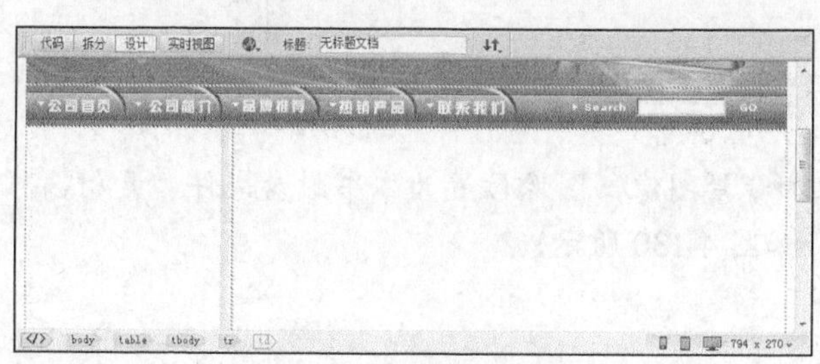

图4-123 添加背景图像

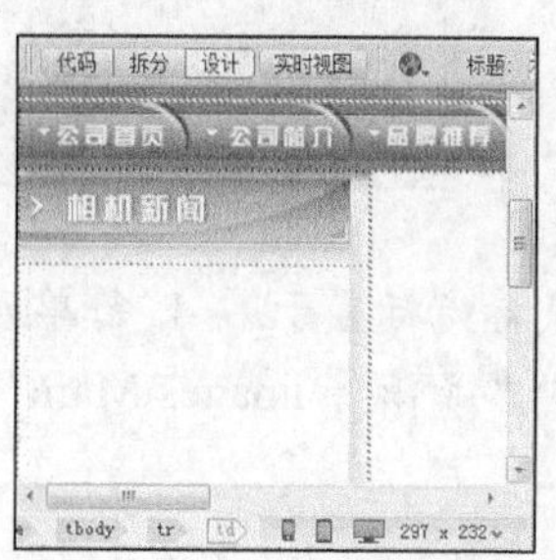

图4-124 插入表格并添加图像

(3) 选中表格，插入 1 个 1 行 1 列的表格，表格的属性设置如图 4-125 所示。

(4) 设置表格的【高】为 “56”，并输入文本，效果如图 4-126 所示。

图4-125　设置表格的参数

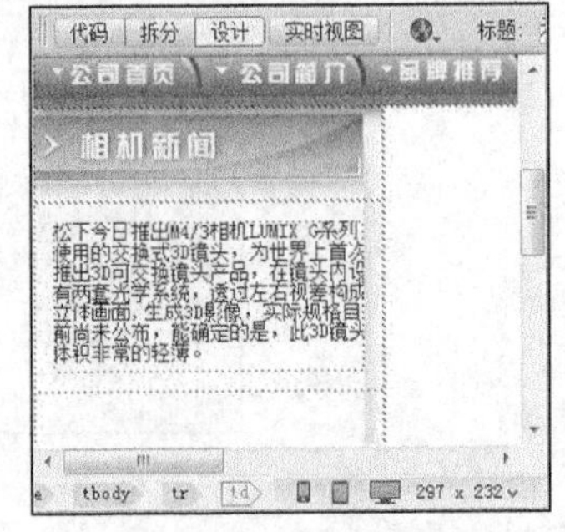

图4-126　插入表格并输入文本

(5) 在文本框下面插入 1 个 1 行 1 列的表格，设置表格的【宽】为 “213”，【高】为 “68”，并插入附盘文件 “素材\第 4 章\产品销售\images\more01.gif”，最终效果如图 4-127 所示。

(6) 用同样的操作方法制作其他栏目，效果如图 4-128 所示。

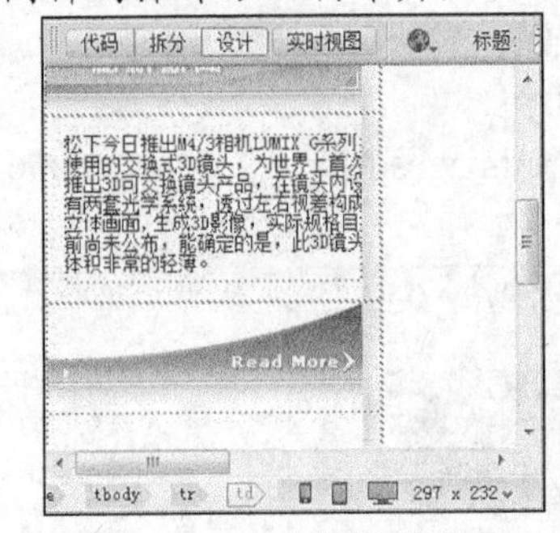

图4-127　插入表格并添加图像

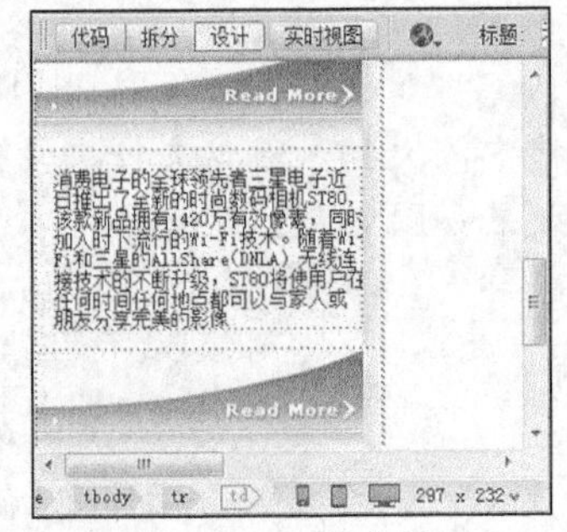

图4-128　设计其他栏目

(7) 将鼠标光标置于第 4 个布局表格的第 2 列单元格中，插入 1 个 2 行 1 列的表格，并设置其第 1 行单元格的【宽】为 “565”，【高】为 “30”，第 2 行单元格的【宽】为 “565”，【高】为 “555”，如图 4-129 所示。

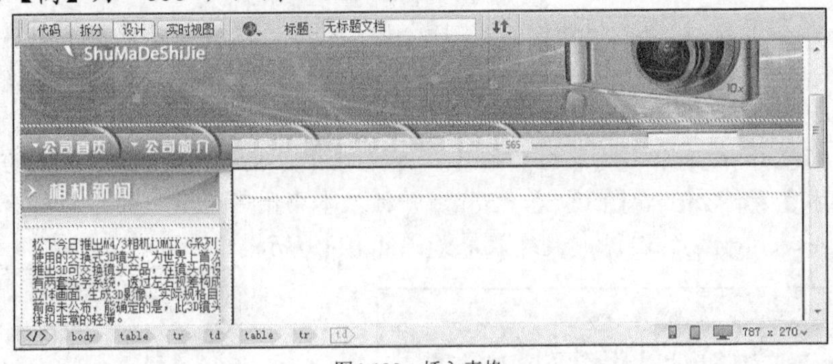

图4-129　插入表格

(8) 将鼠标光标置于第 1 行单元格中，添加背景图像，图像位置为本书附盘文件 “素材\第 4 章\产品销售\images\Main_bg02.gif”，如图 4-130 所示。

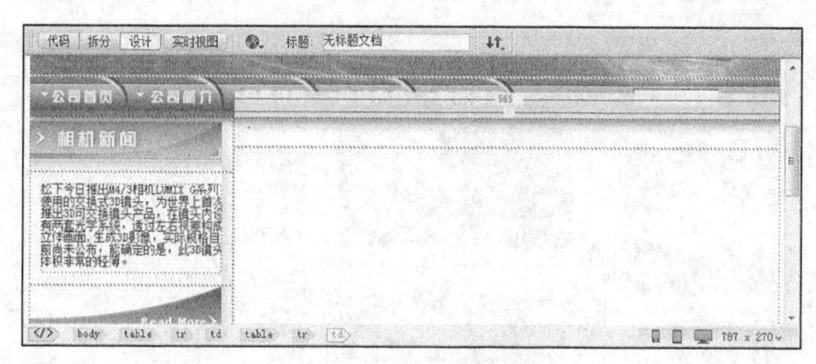

图4-130　添加背景图像

(9) 在第 1 行单元格中插入附盘文件“素材\第 4 章\产品销售\images\ico02.gif”，并输入文本，如图 4-131 所示。

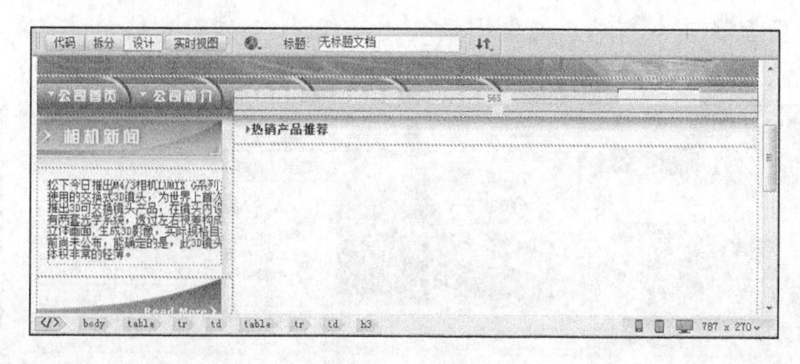

图4-131　添加内容

(10) 将鼠标光标置于第 2 行单元格中，插入 1 个 24 行 2 列的表格，设置表格第 1、9、17 行的【高】为“30”，其他行的【高】为“20”，第 1 列的【宽】为“280”，第 2 列的【宽】为“264”，如图 4-132 所示。

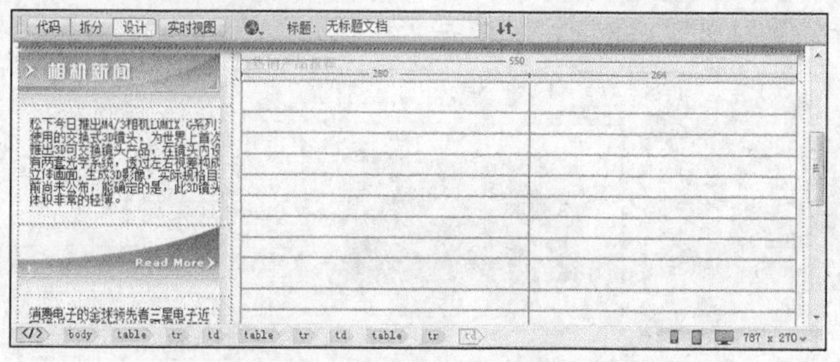

图4-132　插入 1 个 24 行 2 列的表格

(11) 将表格的第 1 列每 8 行进行 1 次合并，效果如图 4-133 所示。

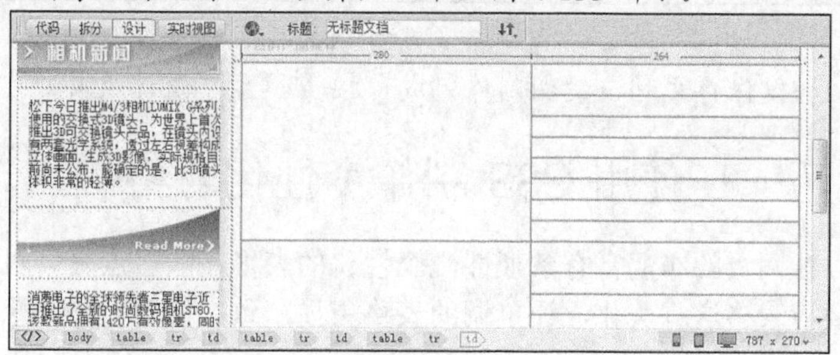

图4-133　合并表格

(12) 向表格中插入内容，最终效果如图 4-134 所示。

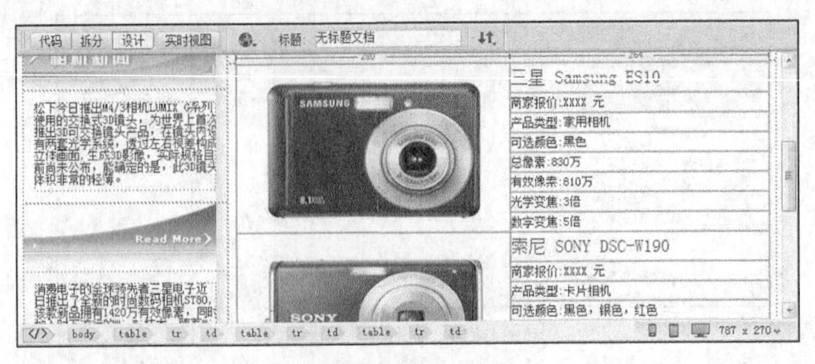

图4-134　向表格中添加内容

6. 制作页脚。

(1) 将鼠标光标置于第 5 个布局表格中，插入 1 个 2 行 1 列的表格，设置第 1 行的【高】为“20”，第 2 行的【高】为“20”，如图 4-135 所示。

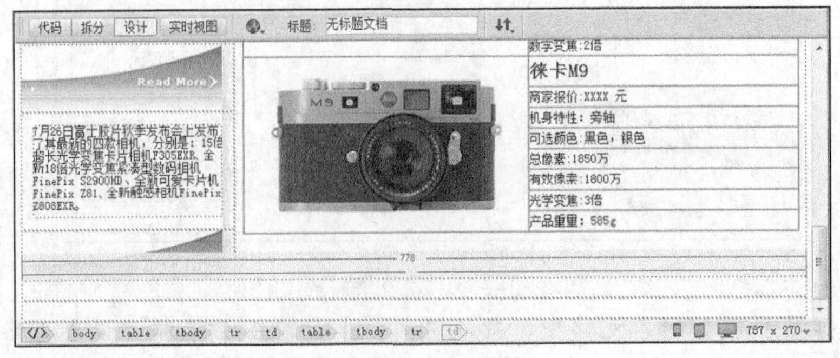

图4-135　插入表格

(2) 设置第 1 行的【背景颜色】为“#0066C8”，第 2 行的【背景颜色】为“#BCBCBC”，然后输入文本，最终效果如图 4-136 所示。

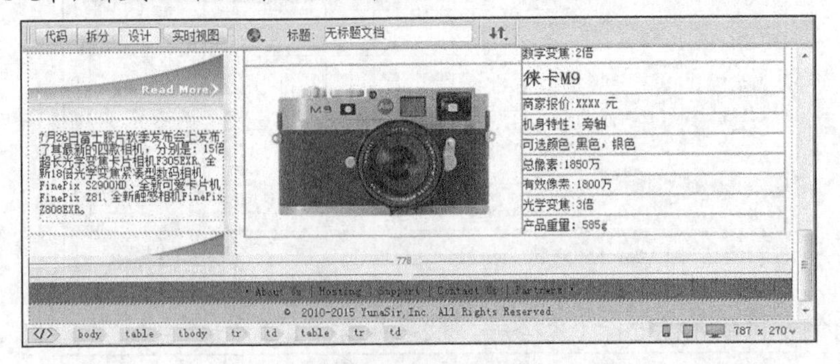

图4-136　页脚设计效果

(3) 按 Ctrl + S 组合键保存文档，案例制作完成，按 F12 键预览设计效果。

4.4 使用技巧——使用 CSS 制作个性化表格

表格不仅可以让网页的布局富有条理性，个性化的表格还能“点缀”网页，用户在插入表格之后，还需要将表格进行美化，让单调的表格更显精致。如图 4-137 所示。

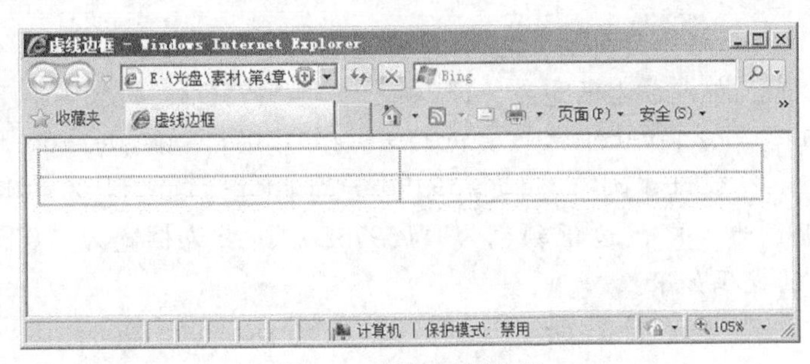

图4-137　绿色点划线边框

1. 新建一个空白文档。
2. 切换至【代码】界面，然后在<head>区域添加 CSS 代码，如图 4-138 所示。

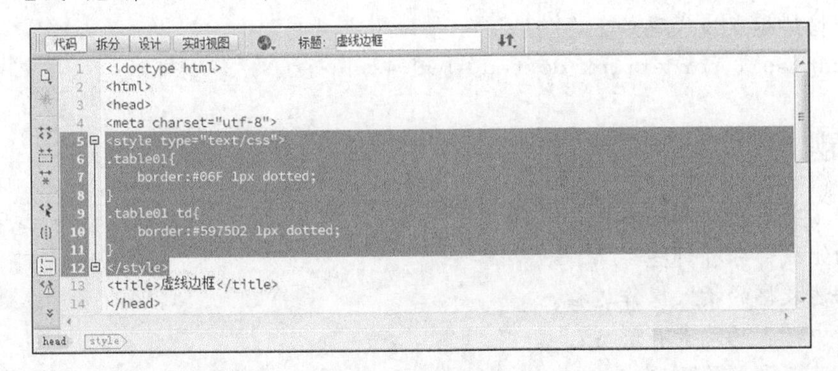

图4-138　添加 CSS 代码

> **要点提示** 设置表格边线样式的 CSS 代码为“border: <参数值>”，共包含 9 种线条类型参数，none: 无样式；dotted: 点线；dashed: 虚线；solid: 实线；double: 双线；groove: 槽线；ridge: 脊线；inset: 内凹；outset: 外凸。

3. 切换至【设计】界面，插入 1 个表格，并设置表格的【Class】为“table01”，如图 4-139 所示。

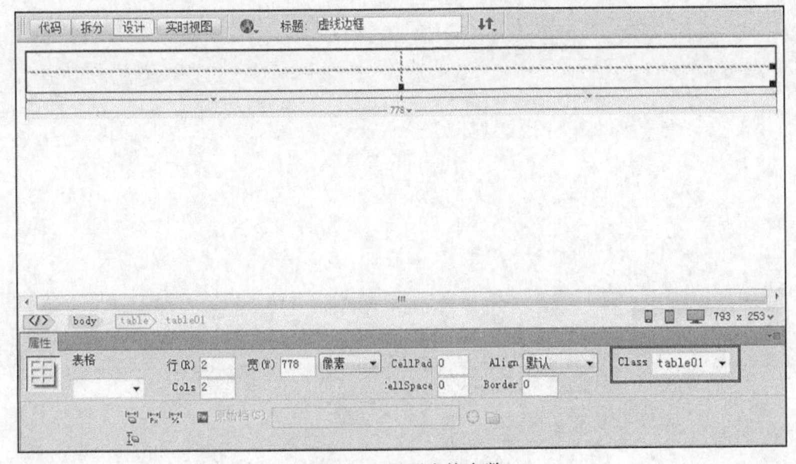

图4-139　设置表格参数

4. 设置表格的其他样式。

(1) 定义表格边框宽为“1”，边框颜色为“#5975D2”的代码如下。

```
.table01{ border:1px solid #5975D2;}
```

(2) 定义表格上、下、左、右边框宽为“1”颜色为“#5975D2”的代码如下。

```
.table01{ border-top:1px solid #5975D2; border-bottom:1px solid #5975D2; border-left:1px solid #5975D2; border-right:1px solid #5975D2;}
```

(3) 定义表格边框宽为“1”，边框颜色为“#5975D2”，上边框宽为“0”，下边框颜色为“#D9E642”的代码如下。

```
.table01{ border:1px solid #5975D2; border-top:0px; border-bottom:1px solid #D9E642}
```

(4) 定义表格边框虚线的代码如下。

```
.table01{ border:1px dashed #D9E642;}
```

(5) 定义表格边框点线代码如下。

```
.table01{ border:1px dotted #D9E642;}
```

4.5 习题

1. 表格的主要应用在哪些方面？
2. 表格的组成部分有哪些？
3. 简单讲述表格的插入操作过程。
4. 在表格中插入的元素有哪些？
5. 练习在网页中制作表格。

第5章　应用站点和 IFrame

站点是 Dreamweaver CC 软件的一大特色，使用站点可以形成明晰的站点组织结构图，便于站点文件夹及各类文档的增减变动。浮动框架 IFrame 作为布局网页的又一项工具，其特点在于用户能自由地放置它在网页中的位置，增加网页设计的灵活性，易于网站维护和更新。

【学习目标】

- 掌握使用 Dreamweaver CC 建立站点方法。
- 掌握使用 IFrame 制作网页方法。

5.1　应用站点

使用 Dreamweaver CC 软件管理站点时，除了使用到如新建页面上使用 Dreamweaver 预载的模板的功能之外，还可以发现 Dreamweaver CC 软件中其他强大的功能和优点，例如，检查网页中坏掉的链接，可以生成站点报告，添加 FTP 信息，动态调试脚本等，网页设计的效率可以因此得到大幅度提高。

5.1.1　Dreamweaver 站点文件夹

关于 Dreamweaver 所介绍的站点共包含 3 部分，分别是本地文件夹、远程文件夹和动态文件夹。

一、　本地文件夹

本地文件夹是工作目录，是 Dreamweaver 的本地站点，通常是指用户电脑上面的文件夹。

二、　远程文件夹

远程文件夹是存储文件的位置，这些文件用于测试、生产、协作和发布等，具体位置取决于测试的环境，Dreamweaver 将此文件夹称为远程站点。远程文件夹是运行 Web 服务器的计算机上的某个文件夹，它通常是指在网络中可以被允许公开访问的计算机即服务器，但如果是在本机调试的话，它也是在本机的文件夹。例如，通过 FTP 连接的远程文件夹。

三、　动态文件夹

动态文件夹（“测试服务器”文件夹）是 Dreamweaver 用于处理动态页的文件夹。此文件夹与远程文件夹通常是同一文件夹。除非用户在开发 Web 应用程序，否则无需考虑此文件夹。例如，在后面章节将讲到的动态网页。

5.1.2　使用 Dreamweaver 创建站点

下面简单介绍如何使用 Dreamweaver CC 创建站点。

1.　创建一个站点。

(1)　打开 Dreamweaver CC，选择菜单命令【站点】/【新建站点】，打开【站点设置对象】窗口，如图 5-1 所示。

(2)　设置站点名称，单击按钮选择站点根目录，如图 5-2 所示。

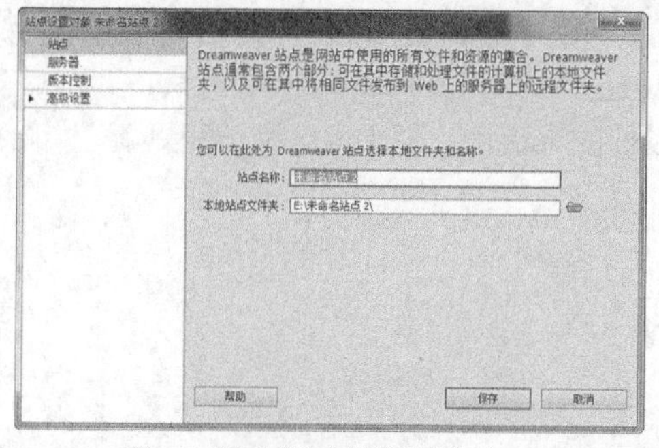

图5-1　打开【站点设置对象】窗口

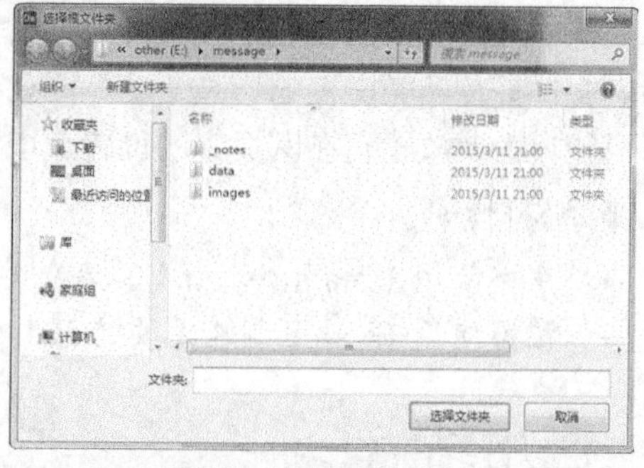

图5-2　选择站点文件夹

(3)　单击选择文件夹按钮，设置站点名称和站点的路径，如图 5-3 所示。

(4)　单击保存按钮，完成站点创建，在文件的窗口可以看到站点内各个文件及文件夹的信息，双击该文件可以对其进行编辑，完成本地站点的创建。如图 5-4 所示。

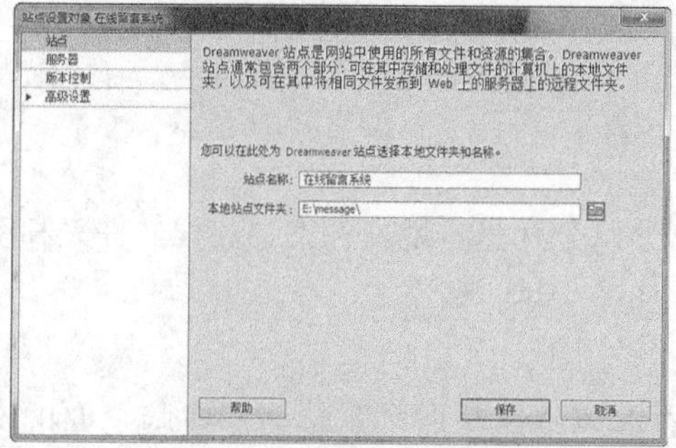

图5-3　设置站点名称及路径

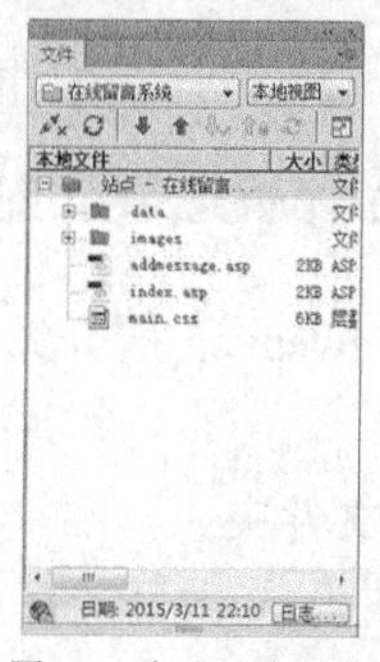

图5-4　完成站点创建

2.　管理站点。

(1)　选择菜单命令【站点】/【管理站点】，打开【管理站点】窗口，如图 5-5 所示。

(2)　双击【您的站点】列表框选择需要更改的站点，弹出【站点设置对象】窗口，如图 5-6 所示。

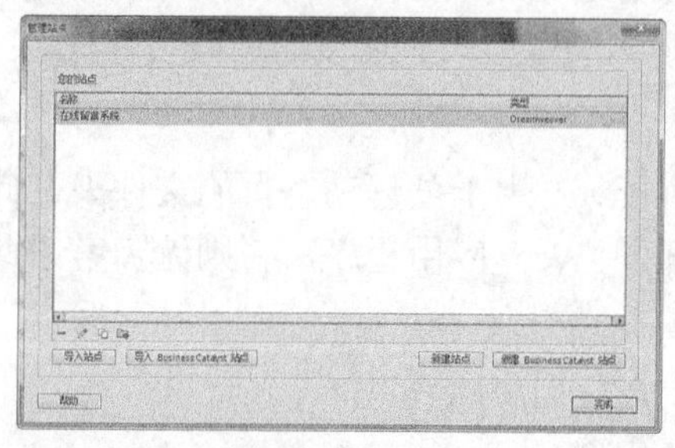

图5-5　管理站点

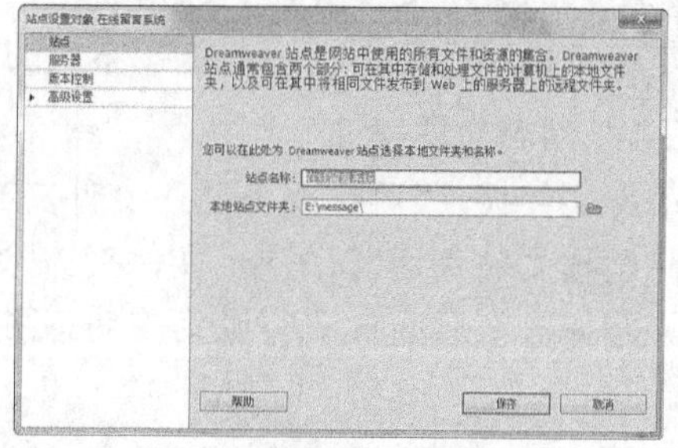

图5-6　【设置站点对象】窗口

3. 设置站点服务器。

(1) 在【站点设置对象】左侧窗口选择【服务器】选项，在右侧可以添加、删除、修改服务器，如图 5-7 所示。

(2) 单击[+]按钮添加一个服务器，弹出添加服务器窗口，如图 5-8 所示。

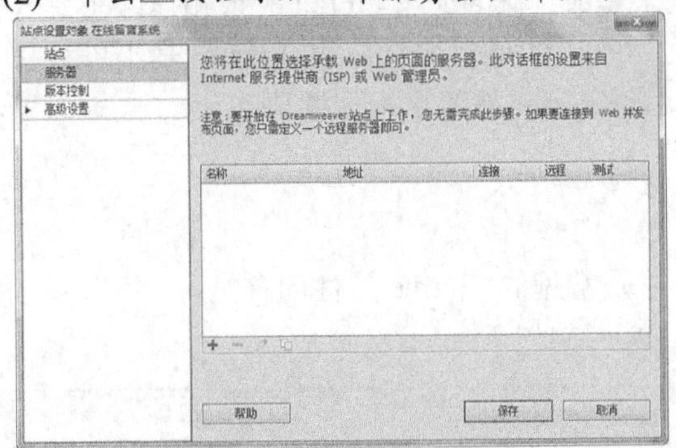

图5-7 服务器窗口

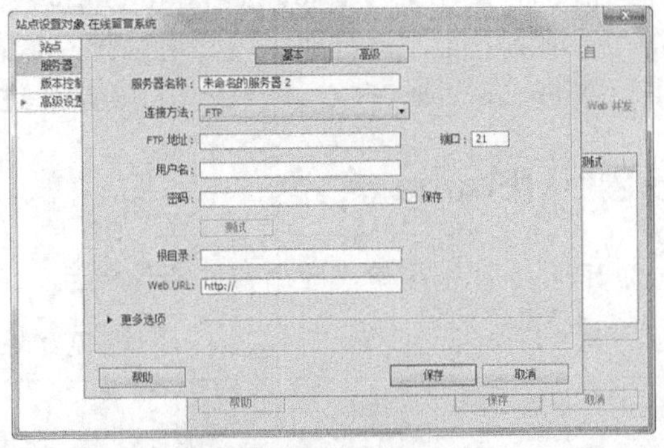

图5-8 设置基本信息

(3) 在基本选项卡可以设置服务器连接信息，这里设置【连接方法】为本地，选择服务器文件夹及 Web URL，如图 5-9 所示。

(4) 在高级选项卡可以设置服务器其他信息，这里设置【服务器模型】为“ASP VBScript”，如图 5-10 所示。

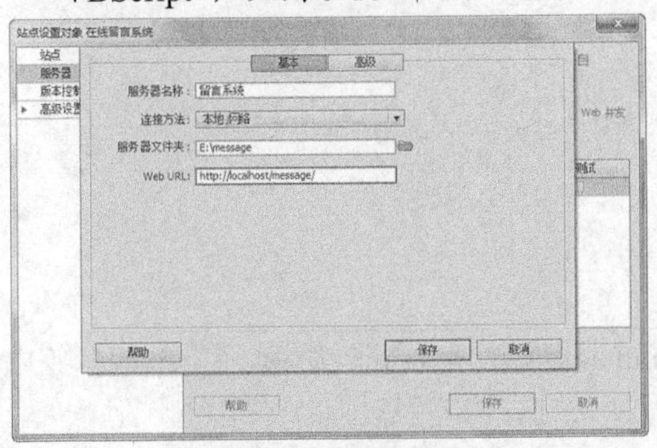

图5-9 设置基本信息

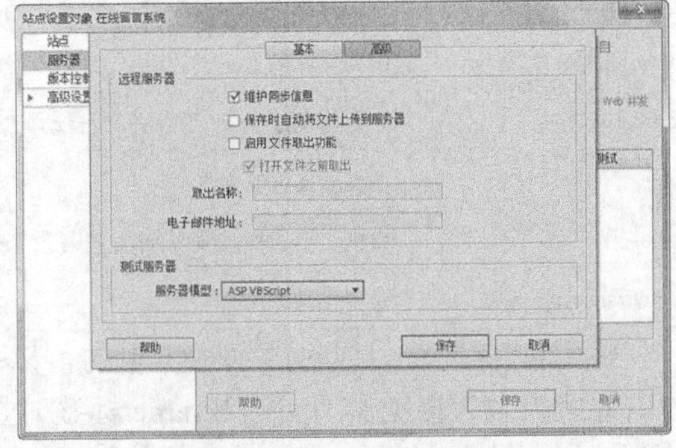

图5-10 设置高级信息

(5) 单击[保存]按钮完成设置，可以发现服务器列表框添加了一条记录，可以通过单击[−]按钮删除服务器，或者双击记录编辑，如图 5-11 所示。

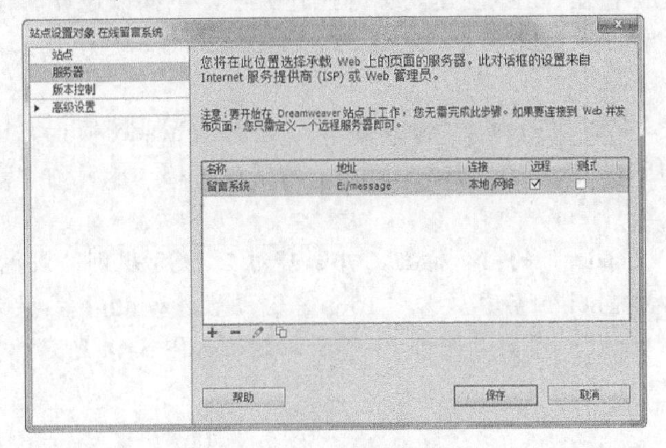

图5-11 完成服务器设置

5.2　应用 IFrame

框架是网页布局的功能之一。使用框架，在同一个浏览窗口中就可以显示多个不同的文件。搭建框架可以通过<frame>及<frameset>标签来完成。IFrame 和 Frame 很相似，主要区别在于前者是个浮动框架，用户可以把它嵌入在网页中的任何位置；而 Frame 是不可活动的，在 Dreamweaver CC 软件中，主要是通过应用<IFrame>标签来构造框架的。

5.2.1　IFrame 简介

IFrame 使用简单，应用方式极为灵活。表 5-1 是常见的 IFrame 属性的含义。

表 5-1　　常见 IFrame 属性

名称	含义
Name	内嵌帧名称
Width	内嵌帧宽度
Height	内嵌帧高度
frameborder	内嵌帧边框
marginwidth	帧内文本的左右页边距
marginheight	帧内文本的上下页边距
scrolling	是否出现滚动条(“auto”为自动，“yes”为显示，“no”为不显示)
src	内嵌入文件的地址
style	内嵌文档的样式(如设置文档背景等)
allowtransparency	是否允许透明

IFrame 标签是以成对的形式出现的，以<iframe>开始，</iframe>结束，IFrame 标签内的内容可以做为浏览器不支持 IFrame 标签时显示。

5.2.2　应用 IFrame 框架创建网页

为了让用户掌握应用 IFrame 创建网页的操作方法，下面以设计“程序学习网”网页为例进行讲解，设计效果如图 5-12 所示。

1. 设计框架。

(1) 从网页布局来看，网站页面由 4 个部分组成，分别是 header 页面、left 页面、content 页面以及 footer，新建一个名为“index.html”的空白文档，保存到“素材\第 5 章\程序学习网”。

(2) 插入一个 ID 为“header”的 div 标签，并新建对应 CSS 规则，设置【position】参数为“absolute”，设置【height】参数为“158px”，设置【width】参数为“1024px”，设置【left】参数为“80px”，参数如图 5-13 所示，效果如图 5-14 所示。

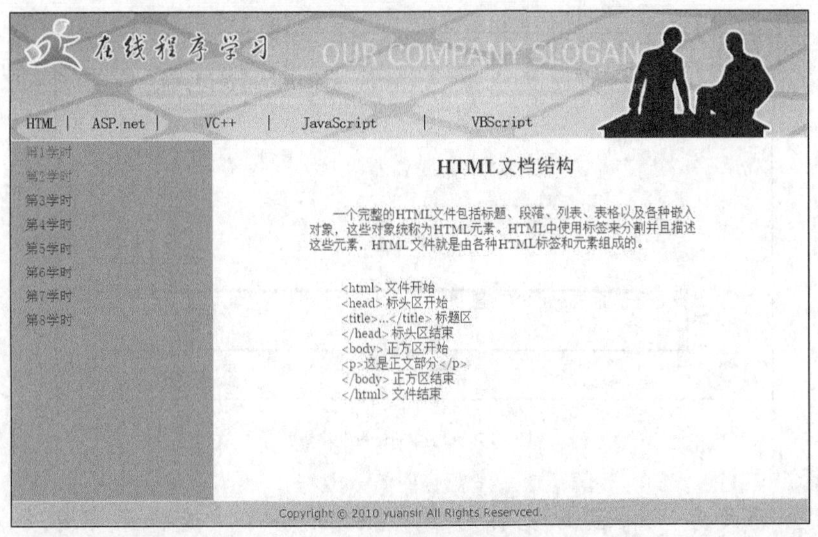

图5-12　设计“程序学习网”

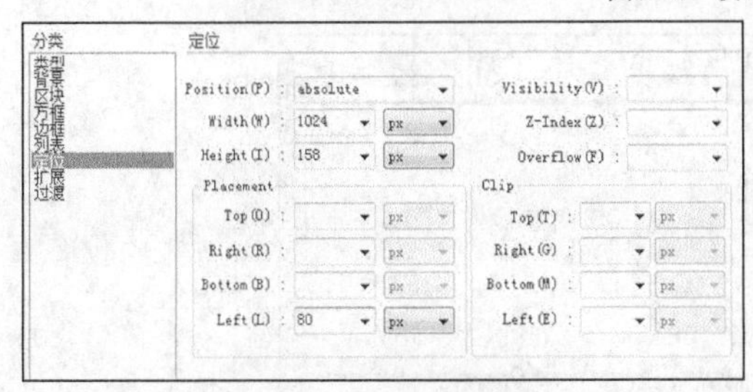

图5-13　设置规则参数

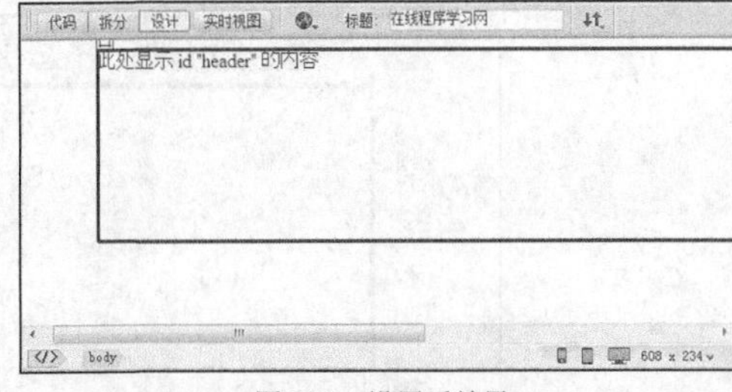

图5-14　设置后效果

(3) 用同样的方法新建一个 ID 为“left”的 div 标签。设置【position】参数为“absolute”，设置【height】参数为“450px”，设置【width】参数为“260px”，设置【left】参数为“80px”，设置【top】参数为“167px”，效果如图 5-15 所示。

(4) 新建一个 ID 为“content”的 div 标签。设置【position】参数为“absolute”，设置【height】参数为“450px”，设置【width】参数为“764px”，设置【left】参数为“340px”，设置【top】参数为“167px”，效果如图 5-16 所示。

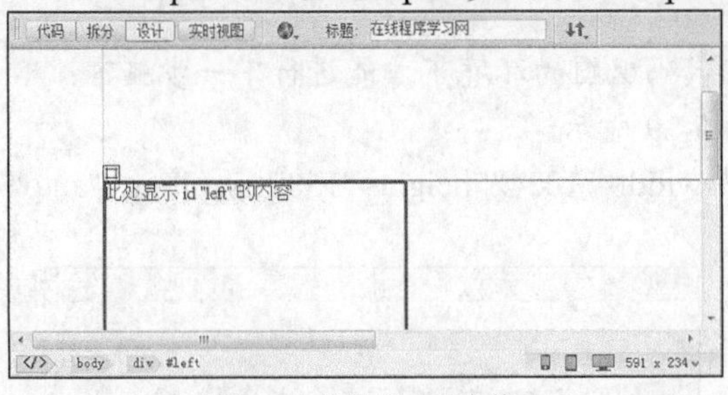

图5-15　设置“left”参数

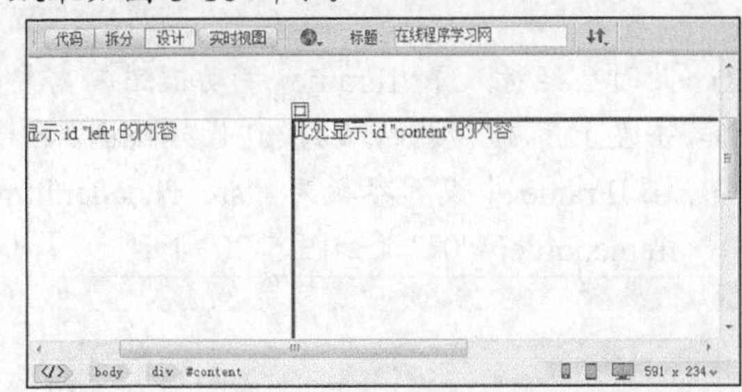

图5-16　设置“content”参数

(5) 新建一个 ID 为“footer”的 div 标签。设置【position】参数为“absolute”，设置【height】参数为“50px”，设置【width】参数为“1024px”，设置【left】参数为“340px”，设置【top】参数为“618px”，效果如图 5-17 所示。

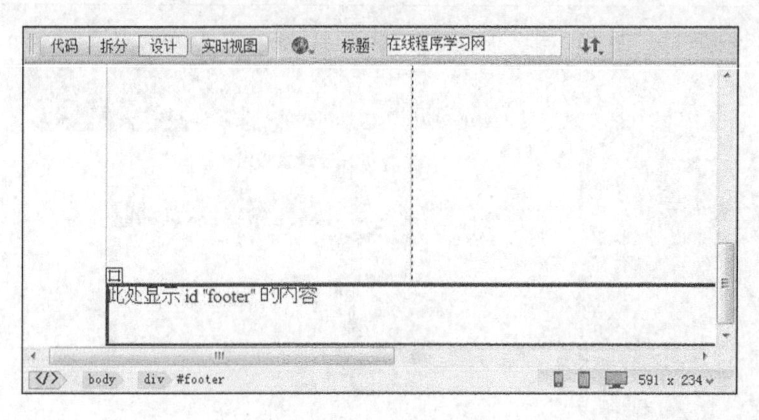

图5-17　设置“footer”参数

2.　添加页面。

(1)　去除多余的文字，将鼠标光标移至“header”内，选择菜单命令【插入】/【IFRAME】，如图 5-18 所示。

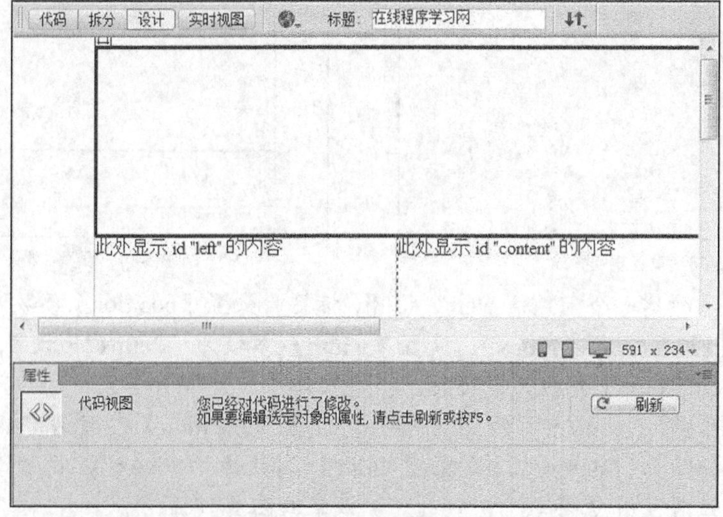

图5-18　设置“footer”参数

(2)　此时已经插入了 IFrame 浮动框架，需要在代码视图的环境下才能进行下一步编辑，单击左上角 代码 按钮，切换到代码视图，如图 5-19 所示。

(3)　在 IFrame 中设置参数为“src="header.html" width="1024" height="158" scrolling="auto" frameborder="0"”，如图 5-20 所示。

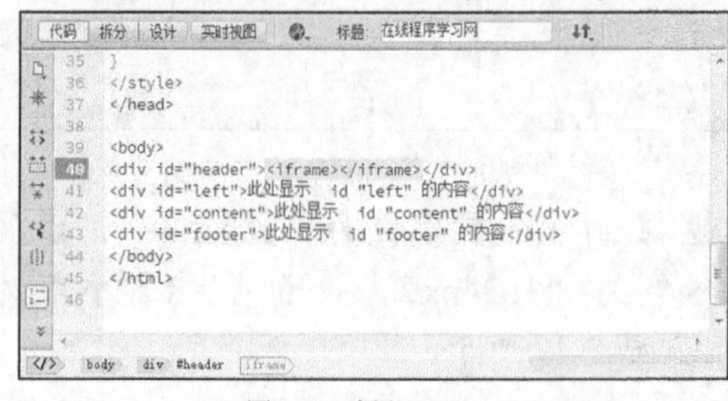

图5-19　插入 IFrame

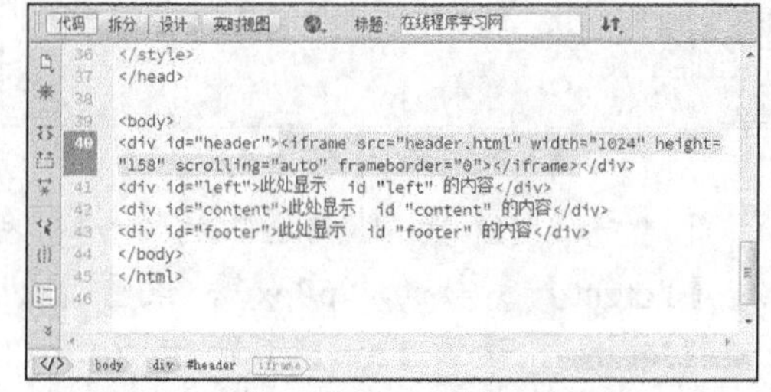

图5-20　设置 IFrame 参数

(4)　用同样的方法在“left”内插入 IFrame，设置参数为“src="left.html" width="260" height="450" scrolling="auto" frameborder="0"”。如图 5-21 所示。

(5) 在“content”内插入 IFrame，设置参数为“name="content" src="content.html" width="764" height="450" scrolling="auto" frameborder="0"”，在这里 name 属性主要用于动态改变地址，如图 5-22 所示。

图5-21 设置“left”参数

图5-22 设置“content”参数

(6) 最后在“footer”内插入 IFrame，设置参数为“src="footer.html" width="1024" height="50" scrolling="auto" frameborder="0"”，如图 5-23 所示。

(7) 在<IFrame>和</IFrame>之间输入“您的浏览器不支持嵌入式框架，或者当前配置为不显示嵌入式框架。”，如图 5-24 所示。

图5-23 设置“footer”参数

图5-24 加入不支持显示

(8) 按 Ctrl + S 组合键保存文档，按 F12 键预览设计效果，可以看到页面的效果，如图 5-12 所示。

3. 创建超链接。

(1) 在 Dreamweaver CC 软件中打开文件“left.html”，如图 5-25 所示。

(2) 在页面选中“第 1 学时”选项后，接着在属性栏设置【链接】为“content.html”，设置【目标】为“content”，如图 5-26 所示。

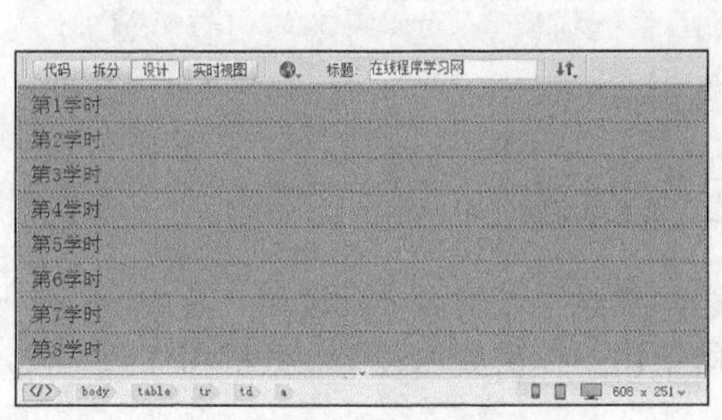

图5-25 设置“footer”参数

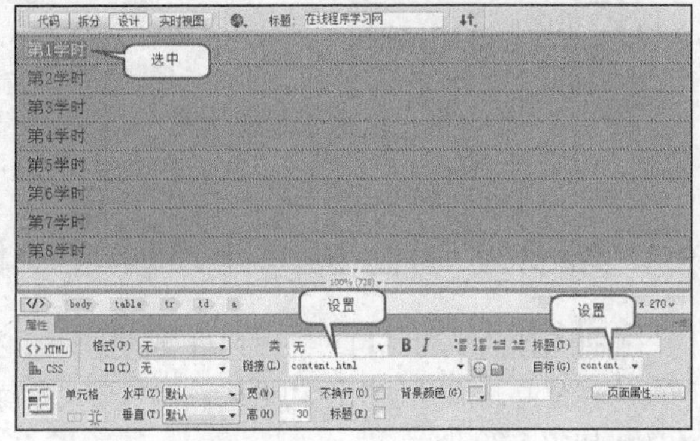

图5-26 设置“第 1 学时”的链接

(3) 用同样的方法设置“第 2 学时”选项，设置【链接】为“content.html”，设置【目标】

为“content”，如图 5-27 所示。

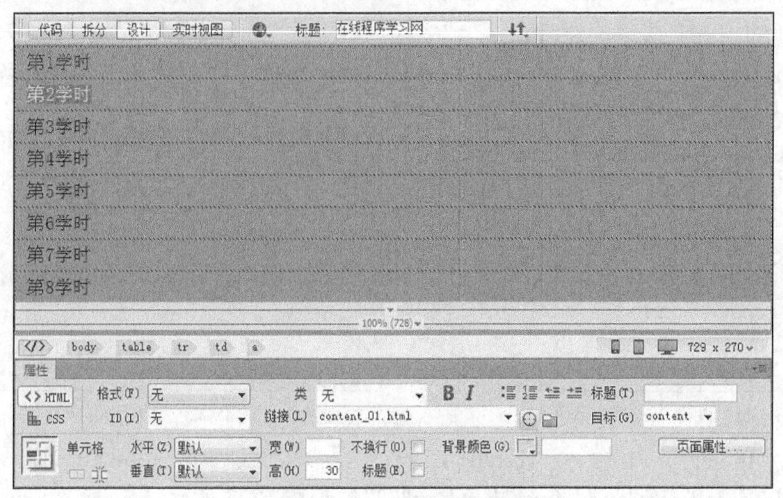

图5-27　设置“第 2 学时”的链接

(4) 按 Ctrl + S 组合键保存文档，案例制作完成，按 F12 键预览设计效果。在左侧单击“第 2 学时”，右侧就会做出相应变化，如图 5-28 所示。

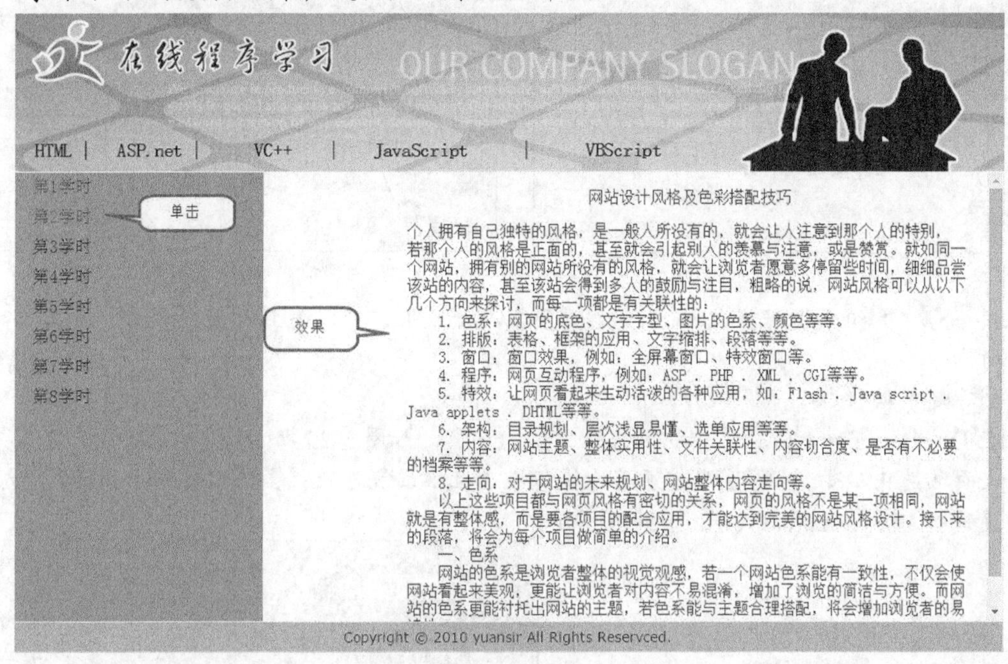

图5-28　完成设置

5.3 综合实例——设计“游戏论坛”网站

通过上述的学习，用户对浮动框架的操作想必已经熟悉了，下面将以设计“游戏论坛”网站为例建立站点并使用浮动框架设计网页，希望能给用户提供更加透彻的分析和体会。设计效果如图 5-29 所示。

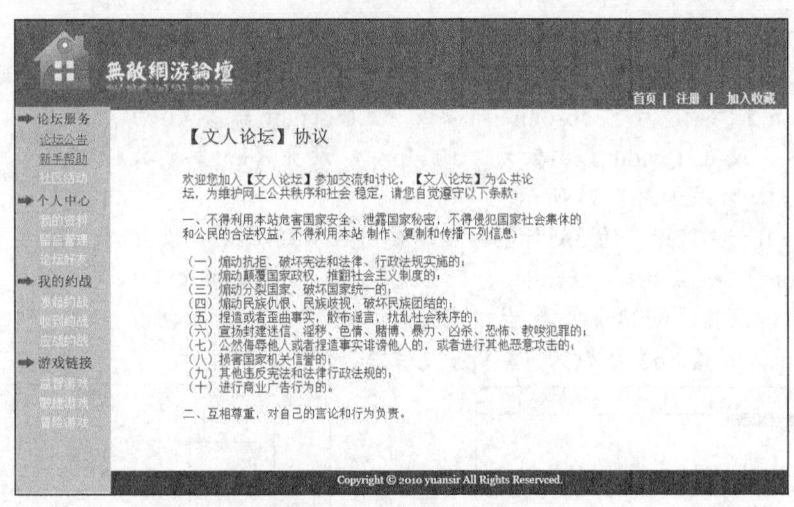

图5-29　设计“游戏论坛”网站

1. 创建站点。

(1) 打开 Dreamweaver CC 软件，选择菜单命令【站点】/【新建站点】选项，弹出【站点设置对象】窗口，如图 5-30 所示。

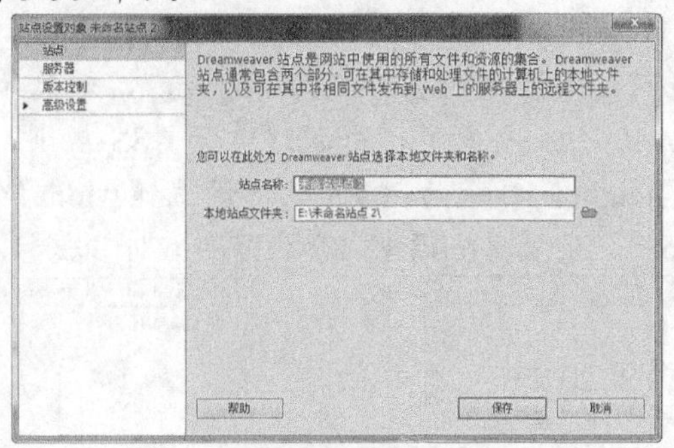

图5-30　新建站点

(2) 在【站点名称】文本框输入“游戏论坛”，【本地站点文件夹】选择站点根目录（这里选择“素材\第 5 章\游戏论坛网”），如图 5-31 所示。

(3) 由于本例是制作静态网页，因此不需要配置服务器选项，单击 保存 按钮，在右侧可以看到站点的目录结构，如图 5-32 所示。

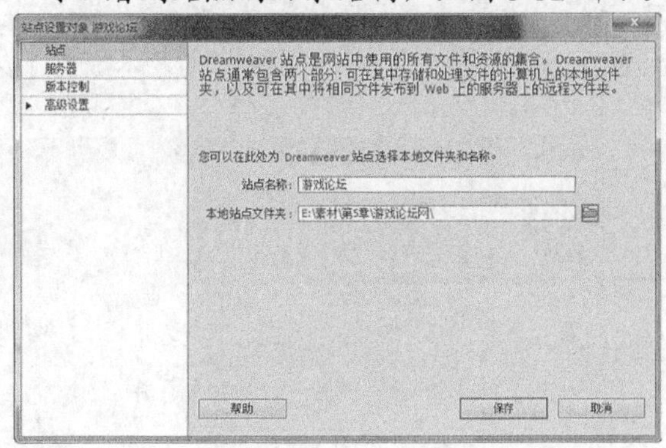

图5-31　设置站点信息

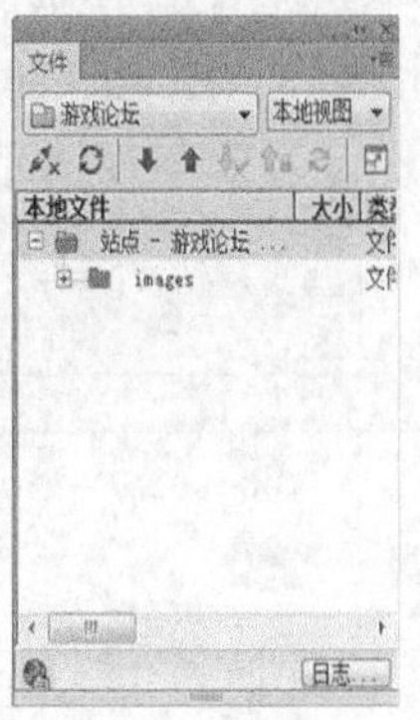

图5-32　设置站点

2. 设置框架。

(1) 在站点新建一个空白文档并保存为“index.html”的文件，如图 5-33 所示。

(2) 插入一个 ID 为“top”的 div 标签，并新建对应 CSS 规则，设置【position】参数为“absolute”，设置【height】参数为“110px”，设置【width】参数为“1024px”，设置【left】参数为“80px”，效果如图 5-34 所示。

图5-33　创建文件

(3) 插入一个 ID 为“left”的 div 标签，并新建对应 CSS 规则，设置【position】参数为“absolute”，设置【height】参数为“500px”，设置【width】参数为“125px”，设置【left】参数为“80px”，设置【top】参数为“119px”，效果如图 5-35 所示。

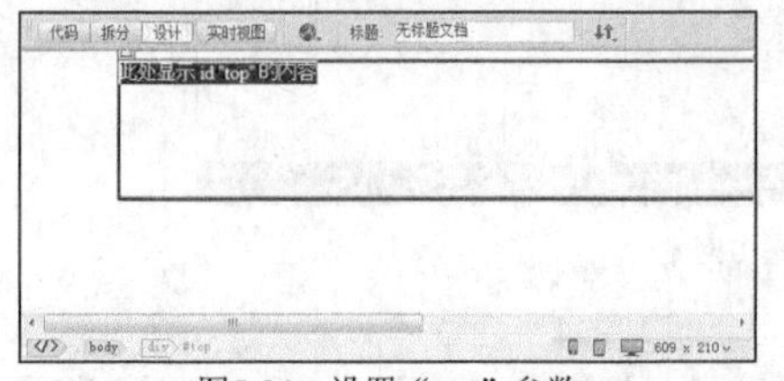

图5-34　设置“top”参数

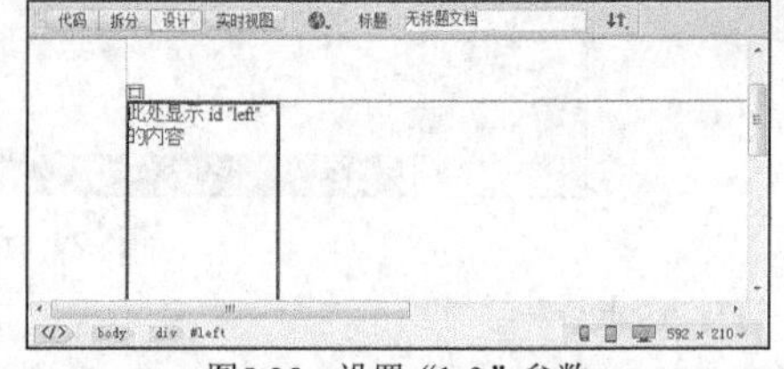

图5-35　设置“left”参数

(4) 插入一个 ID 为“content”的 div 标签，并新建对应 CSS 规则，设置【position】参数为“absolute”，设置【height】参数为“470px”，设置【width】参数为“899px”，设置【left】参数为“205px”，设置【top】参数为“119px”，效果如图 5-36 所示。

(5) 插入一个 ID 为“footer”的 div 标签，并新建对应 CSS 规则，设置【position】参数为“absolute”，设置【height】参数为“30px”，设置【width】参数为“899px”，设置【left】参数为“205px”，设置【top】参数为“589px”，效果如图 5-37 所示。

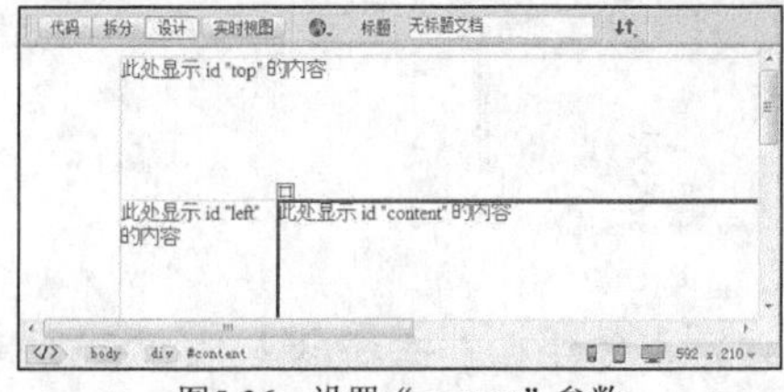

图5-36　设置“content”参数

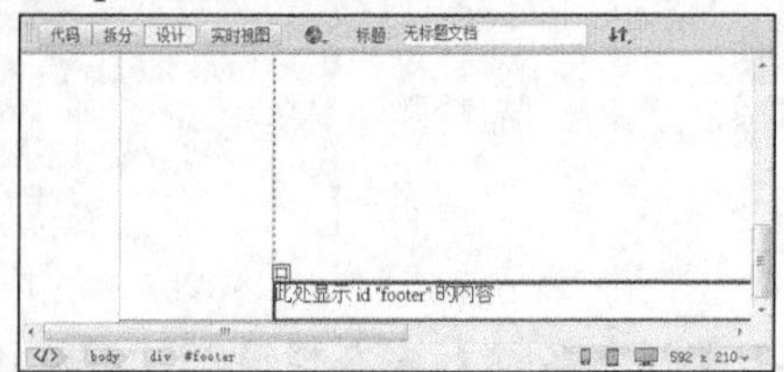

图5-37　设置“footer”参数

3. 创建 Top 页面。

(1) 在站点新建一个空白文档并保存为“Top.html”，如图 5-38 所示。

(2) 在【页面属性】对话框的【外观（CSS）】面板中设置【页面字体】为“Segoe, Segoe UI, DejaVu Sans, Trebuchet MS, Verdana, sans-serif”，【大小】为“16px”，【文本颜色】为“#FFF”，边距都为“0”，如图 5-39 所示。

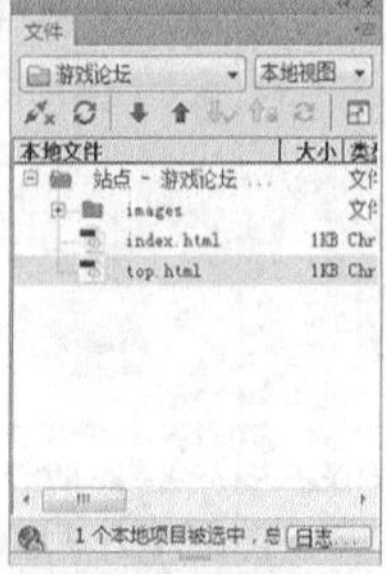

图5-38　创建文件

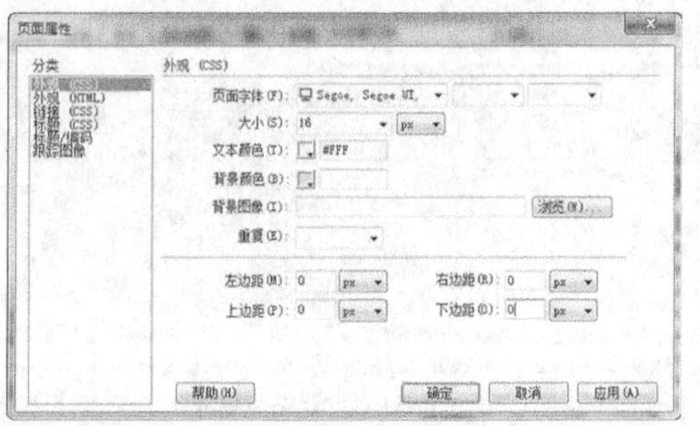

图5-39　设置页面属性

(3) 在文档中插入一个格式为 1 行 2 列的表格，设置表格【宽度】为“100%”；设置第 1 列单元格的【宽度】为“65%”，【高度】为“110”，【背景颜色】为“#04619c”，如图 5-40 所示；设置第 2 列单元格的【宽度】为“35%”，【背景颜色】为“#04619c”。

(4) 在第 1 列单元格中插入附盘文件“素材\第 5 章\游戏论坛网\images\Logo.png”，在第 2 列单元格中输入文本并进行编排。最终效果如图 5-41 所示。

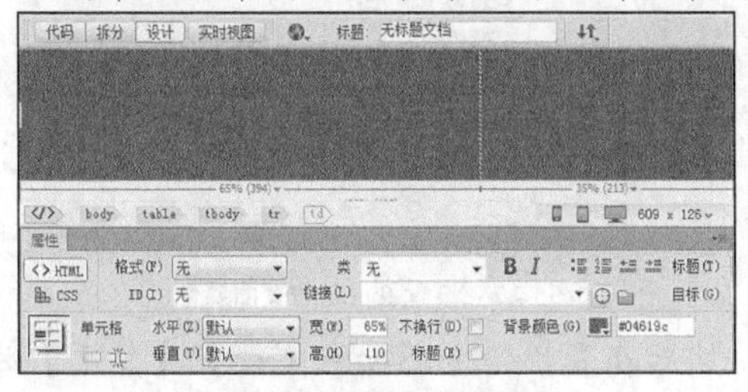

图5-40 插入表格并设置参数

图5-41 设置 Top 页面的效果

4. 创建 Menu 页面。

(1) 在站点新建一个空白文档并保存为“left.html”，设置其页面属性，如图 5-42 所示。

(2) 在文档中插入一个 16 行 1 列的表格，设置表格【宽度】为“100%”，然后设置表格高度并输入文本，如图 5-43 所示。

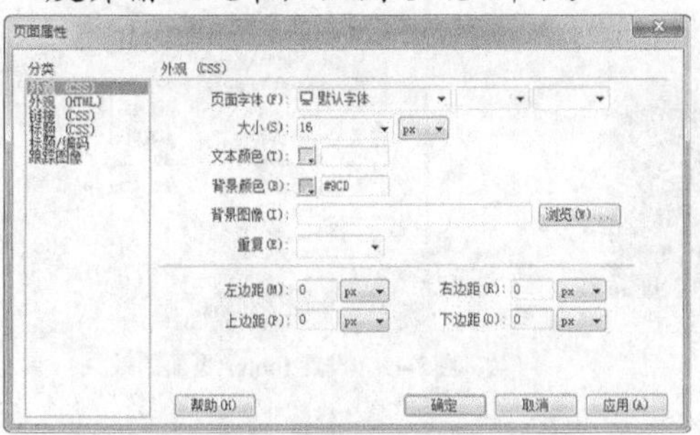

图5-42 设置 Menu 的页面属性

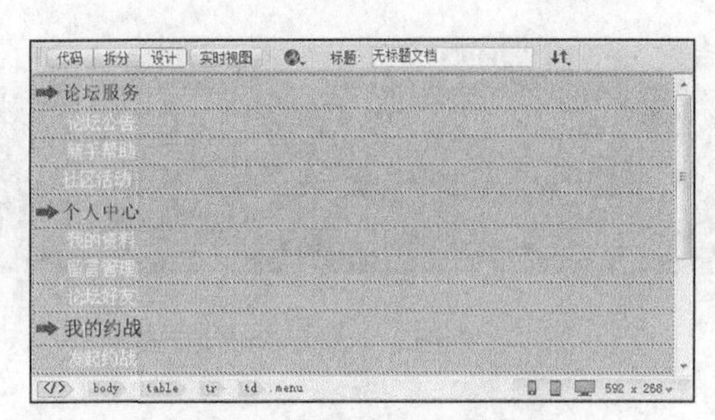

图5-43 设置 Menu 页面的效果

5. 创建 Content 页面。

(1) 新建一个空白文档并保存为“Content.html”，设置【页面属性】如图 5-44 所示。

(2) 在文档中插入一个格式为 1 行 3 列的表格，设置表格宽度为“100%”，并设置第 1 列和第 3 列单元格的宽度为“10%”，然后在第 2 列的单元格中输入文本，最终效果如图 5-45 所示。

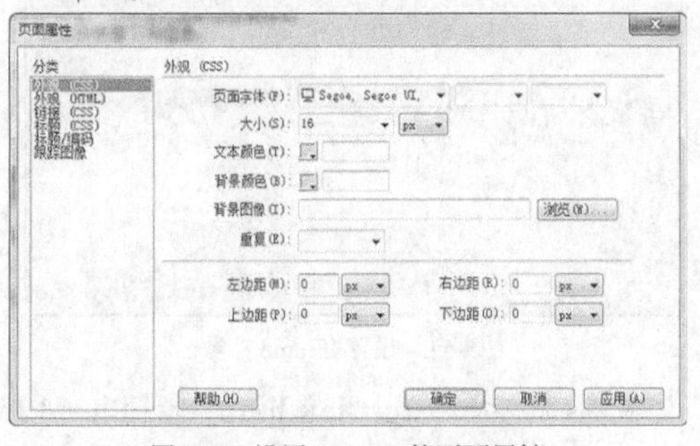

图5-44 设置 Content 的页面属性

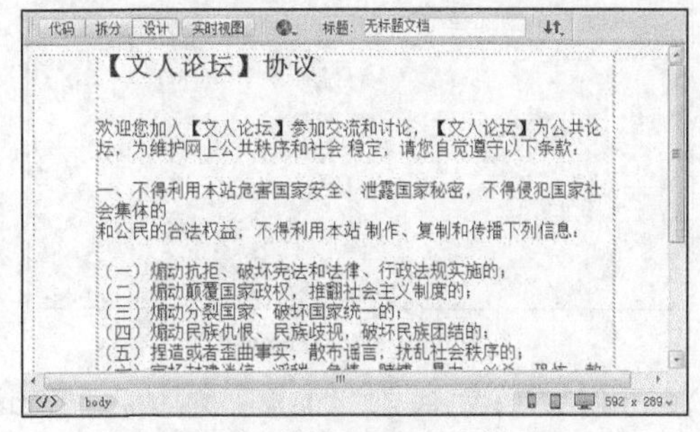

图5-45 设置 Content 页面效果

(3) 用同样的方法设置 Help 页面，如图 5-46 所示。

6. 创建 Bottom 页面。

(1) 新建一个空白文档并保存为“footer.html”，设置其页面属性，如图 5-47 所示。

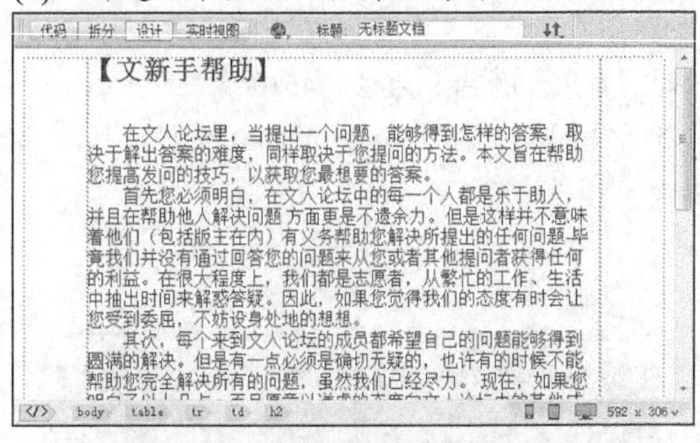

图5-46　设置 Help 页面效果

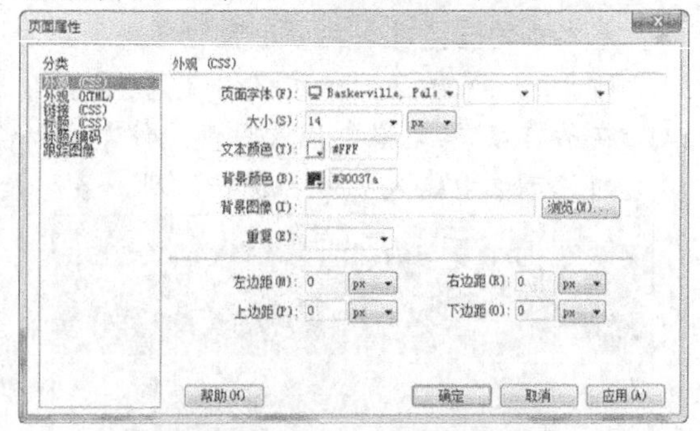

图5-47　设置 footer 的页面属性

(2) 在文档中插入一个格式为 1 行 1 列的表格，然后在属性检查器面板中设置【宽度】为“100%”，单元格高度为“25”并输入文本，如图 5-48 所示。

(3) 在【文件】窗口可以看到刚刚新建的各个文件，如图 5-49 所示。

图5-48　设置 footer 页面的效果

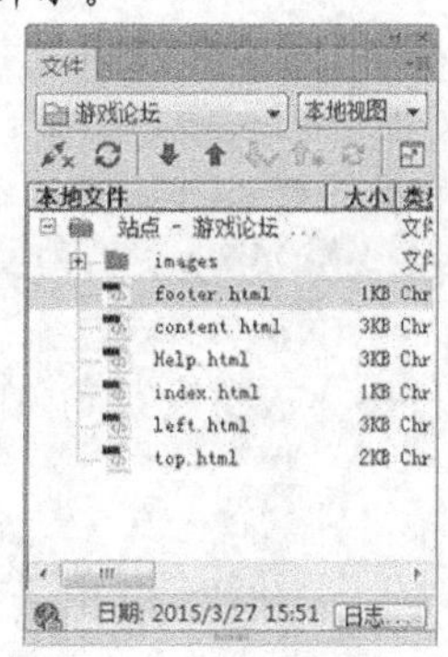

图5-49　设置 footer 页面的效果

7. 添加页面。

(1) 在【文件】窗口双击“index.html”文件，去除窗口所有多余的文字，将鼠标光标移至“top”内，选择菜单命令【插入】/【IFRAME】。然后进入代码视图进行编辑，如图 5-50 所示。

(2) 在 IFrame 内输入“src="top.html" width="1024" height="115" scrolling="auto" frameborder="0"”，如图 5-51 所示。

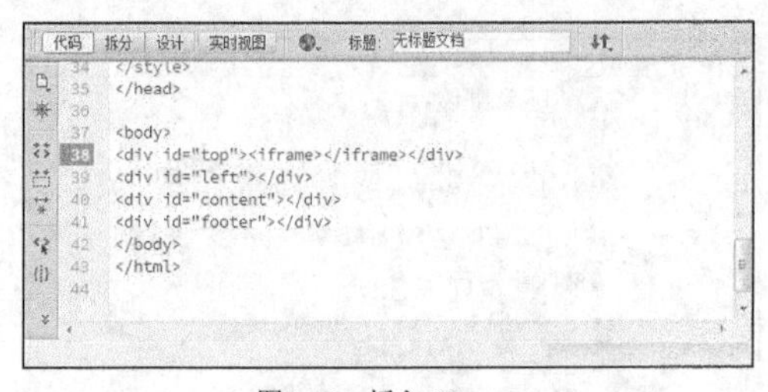

图5-50　插入 IFrame

图5-51　设置 IFrame 参数

(3) 用同样的方法在“left”内插入 IFrame，设置参数为“src="left.html" width="125" height="500" scrolling="auto" frameborder="0"”，如图 5-52 所示。

(4) 在“content”内插入 IFrame，设置参数为“src="content.html" name="content" width="899" height="470" scrolling="auto" frameborder="0"”，如图 5-53 所示。

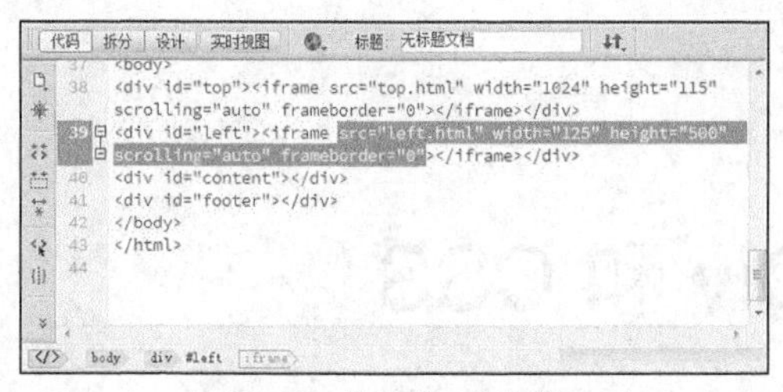

图5-52 设置“left”参数

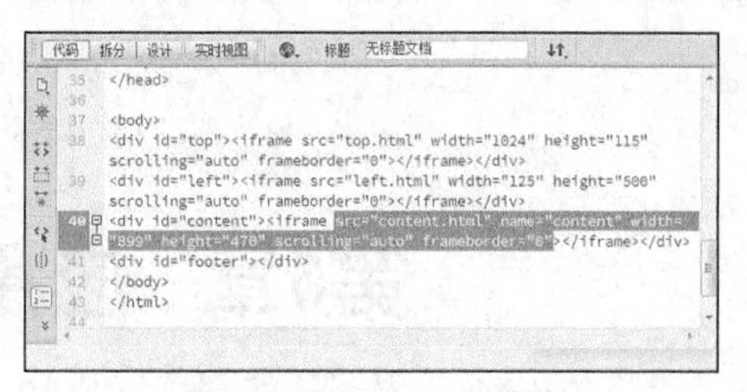

图5-53 设置“content”参数

(5) 在“footer”内插入 IFrame，设置参数为“src="footer.html" width="899" height="30" scrolling="auto" frameborder="0"”，如图 5-54 所示。

(6) 在<IFrame>和</IFrame>之间输入“您的浏览器不支持嵌入式框架，或者当前配置为不显示嵌入式框架。”，如图 5-55 所示。

图5-54 设置“footer”参数

图5-55 加入不支持显示

8. 创建超链接。

(1) 在【文件】窗口双击“left.html”文件，选中文本“论坛公告”，在【HTML 属性】面板中设置【链接】为“conter.html”，【目标】为“content”框架，如图 5-56 所示。

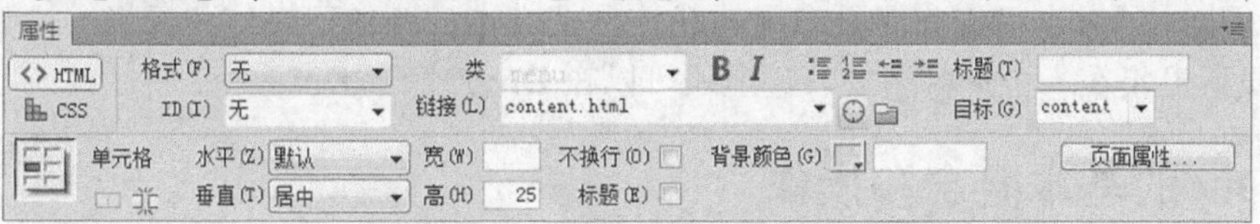

图5-56 设置“论坛公告”的链接

(2) 用同样的方法设置“新手帮助”的【链接】为“Help.html”，如图 5-57 所示。

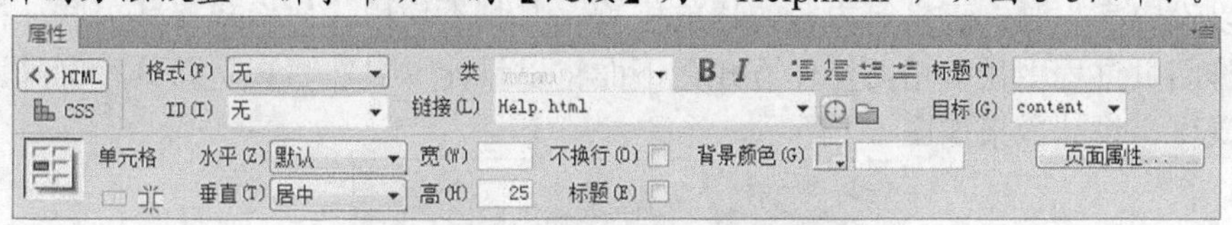

图5-57 设置“新手帮助”的链接

(3) 按 Ctrl + S 组合键保存文档，案例制作完成，按 F12 键预览设计效果。

5.4 习题

1. 站点分为几部分，分别是什么？
2. 什么是 IFrame？
3. IFrame 和 Frame 的区别是什么？
4. 应用框架的相关知识，练习制作框架网页。
5. 练习使用 Dreamweaver 创建站点。

第6章　应用 Div 和 CSS

【学习目标】

- 掌握 Div 的基础知识。
- 掌握 Div 的应用方法。
- 熟悉 CSS 的各个属性的功能。
- 掌握 CSS 规则的创建和应用方法。
- 掌握 Div+CSS 设计网页的操作过程。

在 Web 2.0 标准化设计理念大规模普及的时代背景之下，采用 Div+CSS 方法设计网页的方式正逐渐取代表格嵌套内容的方式。此外，国内很多大型门户网站也已经纷纷采用 Div+CSS 设计方法，Div+CSS 已然成为网页设计方法的主流选择。

6.1 应用 Div

Div 是网页设计中的一个重要元素，它可以自由地在网页的任意位置上安放，没有其他条件性的约束，同时也可作为网页布局的载体，把文本、图像、媒体和表格等一切 HTML 所需要的元素汇集在一个平台之上，甚至还可以在 Div 内嵌套 Div。

6.1.1 Div 的基本概念和操作

Div 标签可以把文档分割为内容不同、相互独立的部分。它具有组织文档、区隔标记的功能，可以设定字、画、表格等内容的摆放位置，并且不使用任何格式与其关联。插入 Div 标签是制作网页过程中最常用的操作方式。下面将以设计“自然写真”网页为例来讲解 Div 的概念和操作。设计效果如图 6-1 所示。

图6-1　设计“自然写真”网页

一、 分析网页结构

从图 6-1 所示的效果图中可看出网页大致分为顶部部分、banner 部分、内容部分和底部 4 个部分，顶部部分又包括 logo 部分和 menu 部分。从而可得到该网页的布局结构图，如图 6-2 所示。

二、 插入 Div 标签

1. 新建一个名为“index.html”的空白文档。
2. 选择菜单命令【插入】/【Div】，打开【插入 Div】对话框，设置【插入】为“在插入点”，【ID】为“back”，如图 6-3 所示。

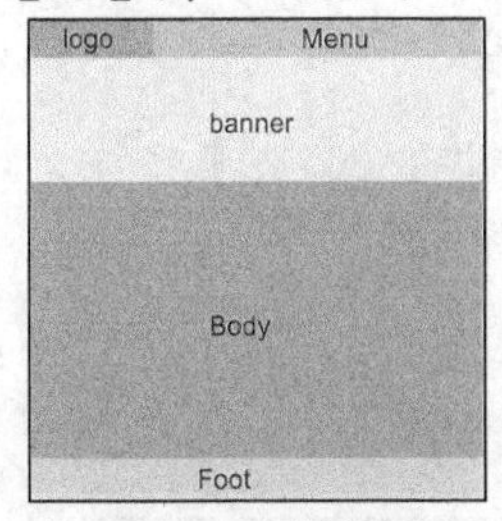

图6-2 网页结构图

图6-3 【插入 Div】对话框

【插入】有 5 项选择。“在插入点”表示在当前的鼠标光标位置处插入，只有当没有任何内容被选择时该选项才可用；“在标签开始之后”表示将 Div 标签插入到选定标签内所有内容的前面，即插入到选定标签的最前端；“在标签结束之前”表示将 Div 标签插入到选定标签内所有内容的后面，即插入到选定标签的最后端；“在标签前”表示将 Div 标签代码插入到选定标签的代码前面；在“标签后”表示将 Div 标签代码插入到选定标签的代码后面。

3. 单击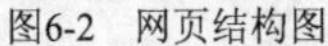按钮，打开【新建 CSS 规则】对话框，保持默认的参数设置，如图 6-4 所示。

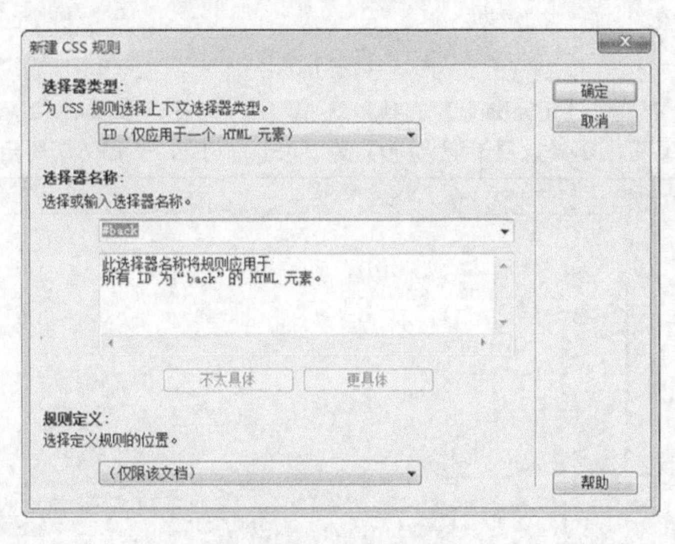

图6-4 【新建 CSS 规则】对话框

4. 单击 确定 按钮，打开【#back 的 CSS 规则定义】对话框，选择【定位】选项，设置【Position】为“absolute”，【Width】为“859”，【Height】为“880”，【Placement】选项卡中【Top】为“0”，【Left】为“80”，如图 6-5 所示。

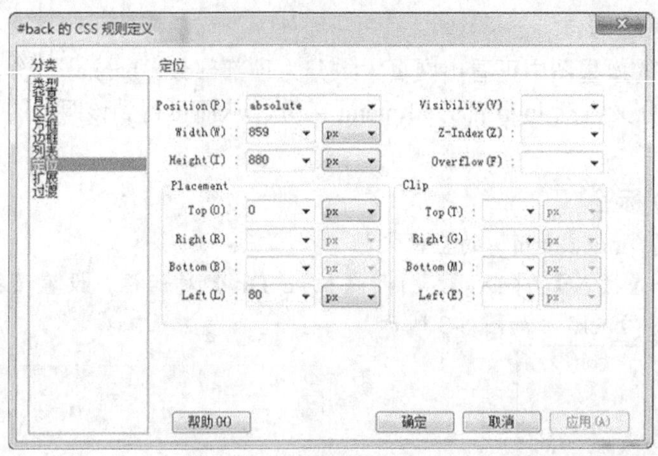

图6-5　设置 Div 标签的定位类型和大小

5. 单击 确定 按钮，返回【插入 Div】对话框，然后单击【插入 Div】对话框中的 确定 按钮创建一个 Div 标签，如图 6-6 所示。

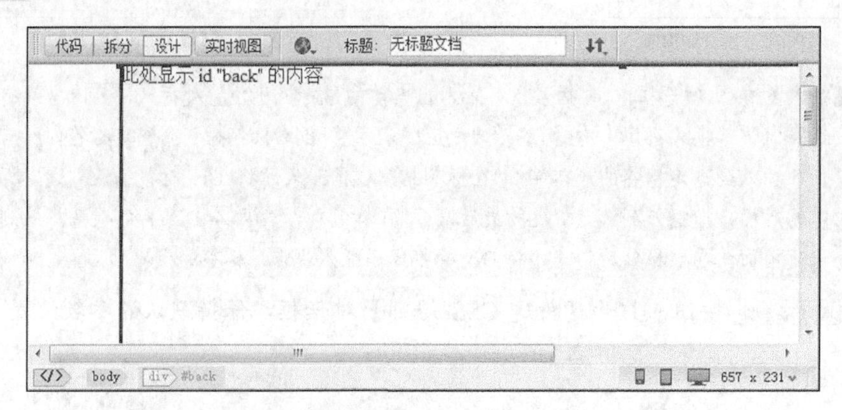

图6-6　创建 Div 标签

6. 在标签选择栏中单击【div#back】选项，选中 Div 标签，在属性检查器面板中可以对 Div 标签进行设置，现修改【背景颜色】为“#FFFFFF”，如图 6-7 所示。

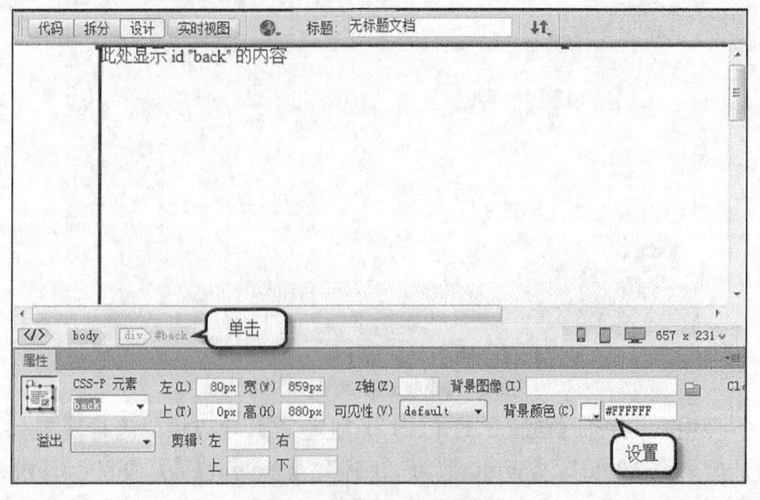

图6-7　设置 Div 标签属性

要点提示 被选中的 AP 层边框以蓝色线条标记，并出现 AP 层的选择句柄，未被选中的 AP 层边框呈现灰色，且没有选择句柄出现。将鼠标指针移至 AP 层的边框上，当鼠标指针形状变为 4 个方向都有箭头时，单击 AP 层的边框也可以选中 AP 层。

7. 属性栏可以对标签的各项属性快速修改，部分含义如图 6-8 所示。

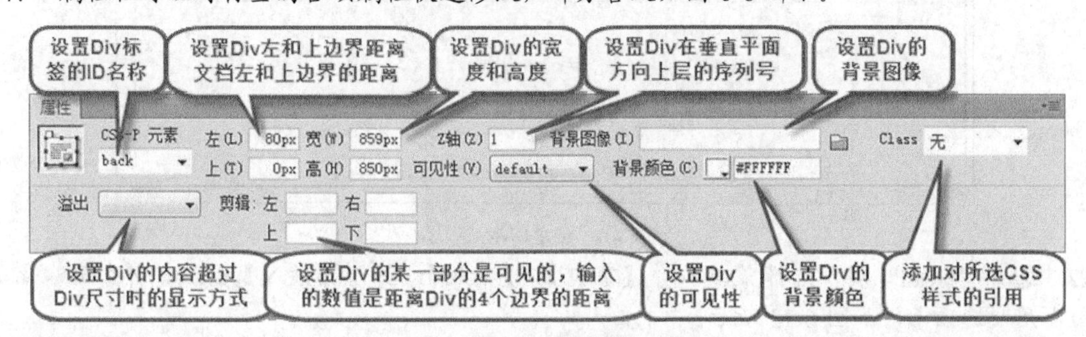

图6-8 【插入 Div】对话框

8. 将鼠标光标置于“back”层内，然后选择菜单命令【插入】/【Div】，打开【插入 Div】对话框，设置【插入】为“在插入点”，【ID】为“Head”，如图 6-9 所示。

9. 单击 新建 CSS 规则 按钮，打开【新建 CSS 规则】对话框，保持默认的参数设置，如图 6-10 所示。

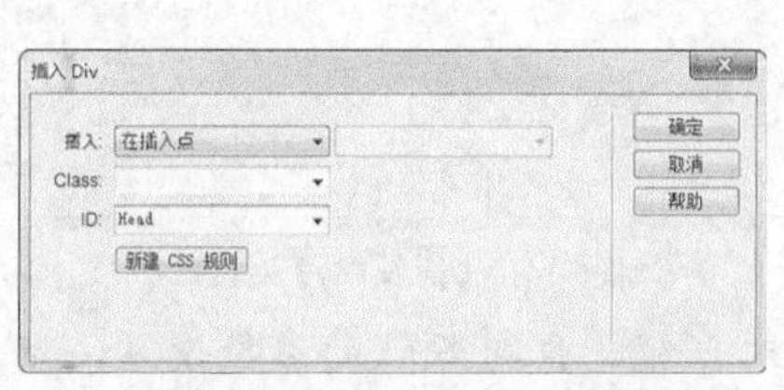

图6-9 【插入 Div】标签对话框

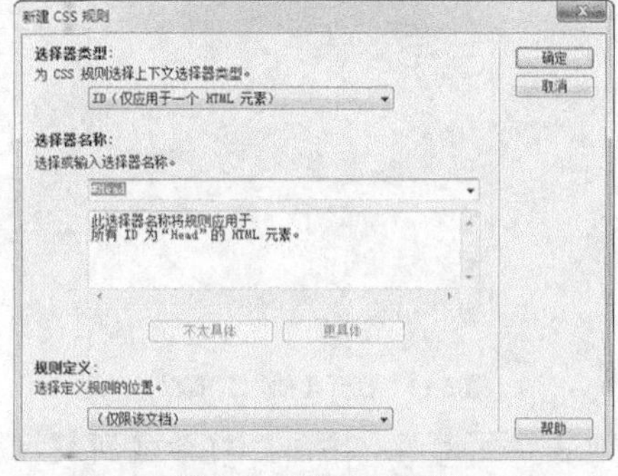

图6-10 新建 CSS 规则

10. 单击 确定 按钮，打开【#Head 的 CSS 规则定义】对话框，选择【定位】选项，设置【Position】为“absolute”，【Width】为“859”，【Height】为“67”，如图 6-11 所示。

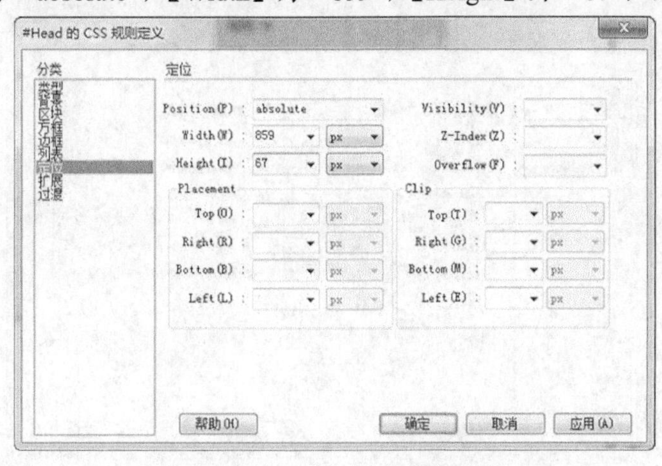

图6-11 设置 Div 标签的定位类型和大小

11. 单击 确定 按钮，可在“back”层内创建“Head”层，如图 6-12 所示。

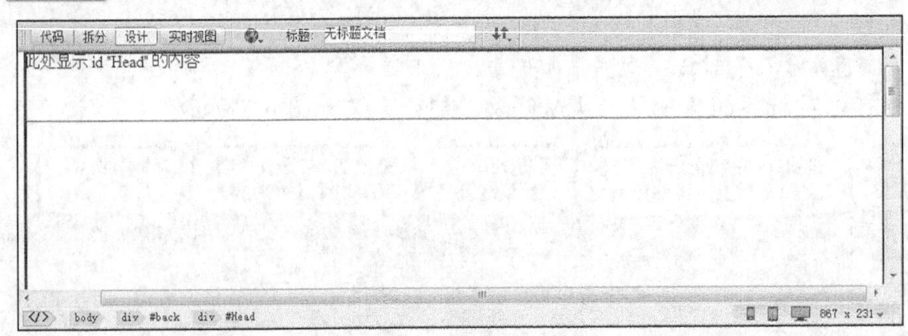

图6-12　创建 Div 标签

12. 选中“Head”层，选择菜单命令【窗口】/【插入】，打开【插入】面板，并打开“常用”选项卡，如图 6-13 所示。
13. 单击 Div 按钮，打开【插入 Div】对话框，参数设置如图 6-14 所示。

图6-13　打开【插入】面板

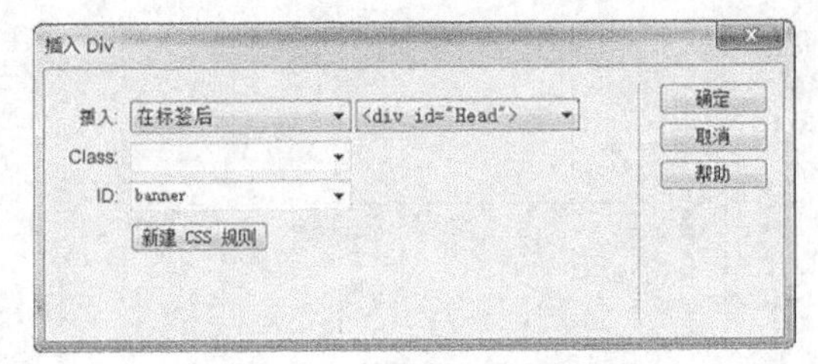

图6-14　【插入 Div】对话框

14. 单击 新建 CSS 规则 按钮，打开【新建 CSS 规则】对话框，保持默认的参数设置，然后再单击 确定 按钮，打开【#banner 的 CSS 规则定义】对话框，设置“定位”类型的【Position】为“absolute”，【Width】为“859”，【Height】为“224”，【Top】为“67”，如图 6-15 所示。

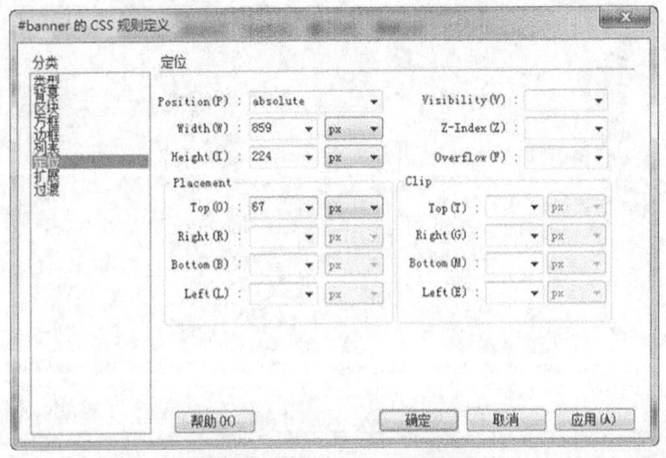

图6-15　设置“banner”层的属性

15. 单击 确定 按钮，可在“Head”层下边创建一个 AP 层，如图 6-16 所示。

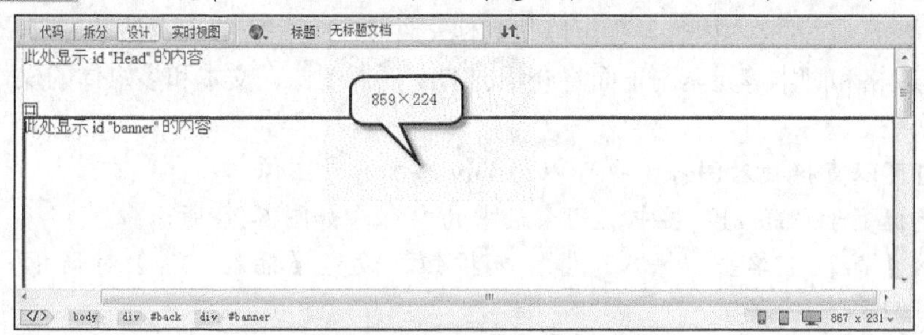

图6-16 创建“banner”层

16. 选中“banner”层，在【插入】面板上单击 Div 按钮，设置【插入 Div】对话框如图 6-17 所示。

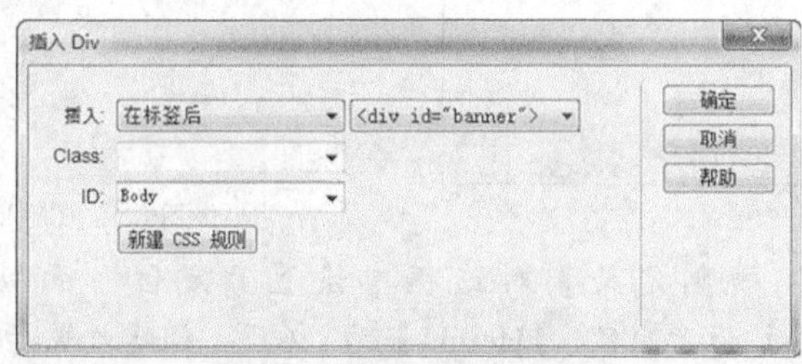

图6-17 设置 Div 标签的属性

17. 在【#Body 的 CSS 规则定义】对话框中设置【Position】为“absolute”，【Width】为“859”，【Height】为“500”，【Top】为“291”，创建效果如图 6-18 所示。

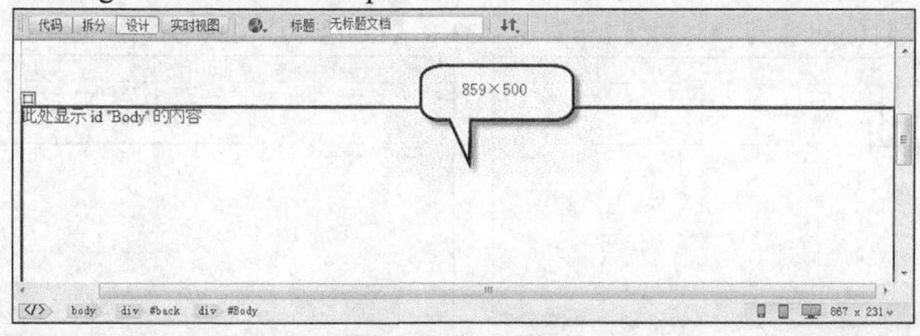

图6-18 创建“Body”层

18. 用同样的方法，在“Body”层下面新建一个“Footer”层，如图 6-19 所示。设置【Position】为“absolute”，【Width】为“859”，【Height】为“89”，【Top】为“791”。

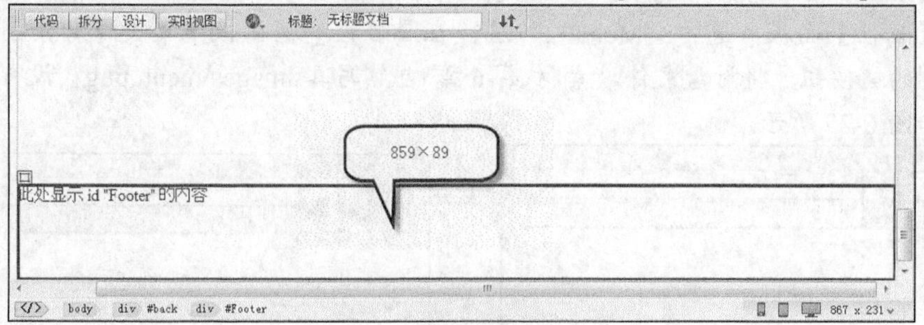

图6-19 创建“Footer”层

19. 至此，完成网页的结构布局。

三、 向 Div 内插入元素

在 Div 内可以输入文本内容，也可以从其他文件中复制相应的文本粘贴进来，还可以插入图像、媒体、表格和脚本等元素。下面将介绍向 Div 插入图像、文本和多媒体的操作方法。

1. 插入图像。

在 Div 内可以直接插入图像，也可以为 Div 添加背景图像。

(1) 将鼠标光标置于“Head”层中，删除层中的内容，如图 6-20 所示。

(2) 在【插入】面板上单击 Div 按钮，设置【插入 Div】对话框，如图 6-21 所示。

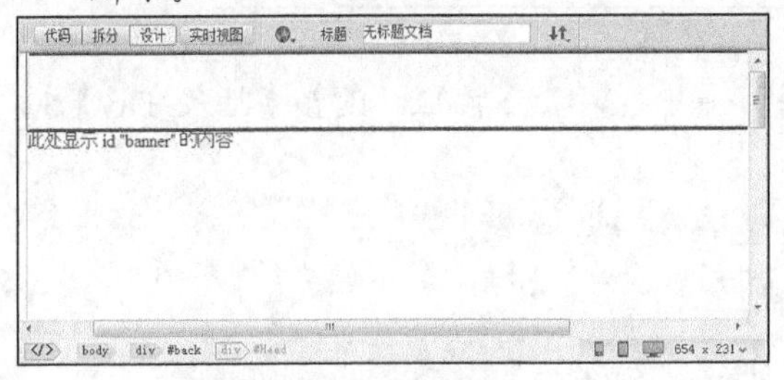

图6-20　删除“Head”层内的文字

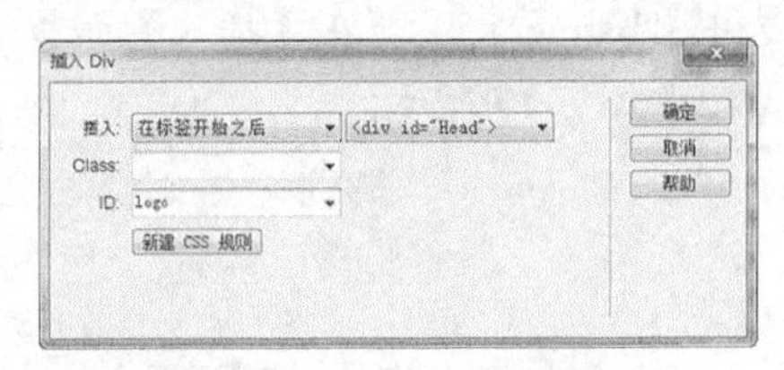

图6-21　【插入 Div】对话框

(3) 在【#logo 的 CSS 规则定义】对话框中设置“定位”面板上的【Position】为“absolute”,【Width】为“214”,【Height】为“67”，创建效果如图 6-22 所示。

(4) 用同样的方法插入“Menu01”和“Menu02”层，效果如图 6-23 所示。其中“Menu01”层设置【Position】为“absolute”,【Width】为“645”,【Height】为“33”,【Left】为“214”;“Menu02”层设置【Position】为“absolute”,【Width】为“645”,【Height】为“35”,【Top】为“33”,【Left】为“214”。

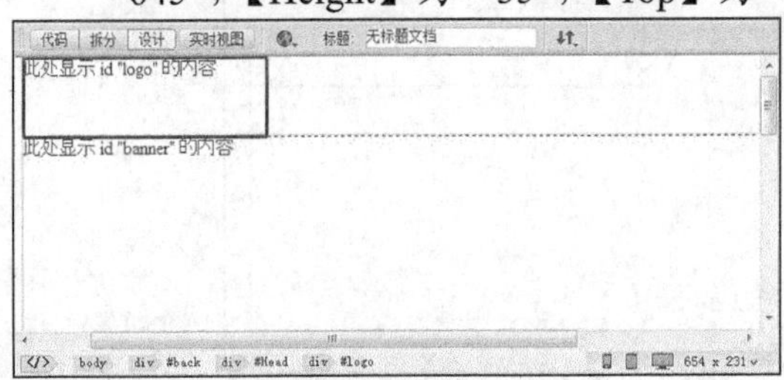

图6-22　创建“logo”层

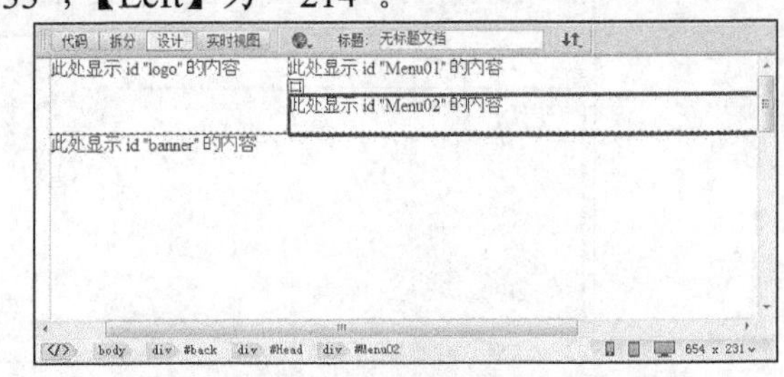

图6-23　创建“Menu01”和“Menu02”层

(5) 将鼠标光标置于“logo”层内，删除层中的文字，然后选择菜单命令【插入】/【图像】，将附盘文件“素材\第 6 章\自然写真\images\logo.png”插入到层内，如图 6-24 所示。

(6) 打开【属性】面板，选中“Menu02”层，在属性检查器面板中单击【背景图像】文本框右侧的按钮，将附盘文件“素材\第 6 章\自然写真\images\menu.png”设置为背景图像，如图 6-25 所示。

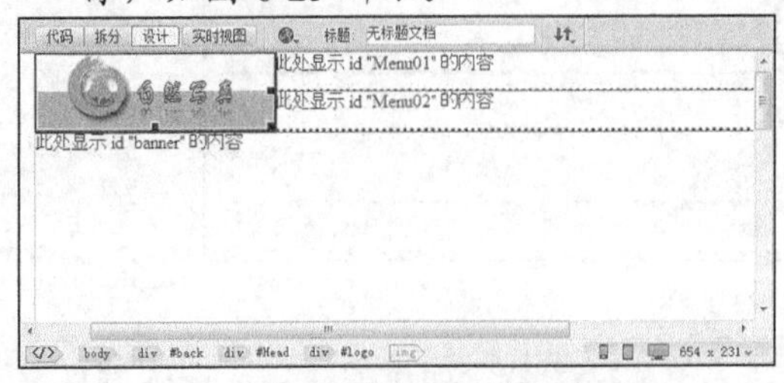

图6-24　插入 logo 图像

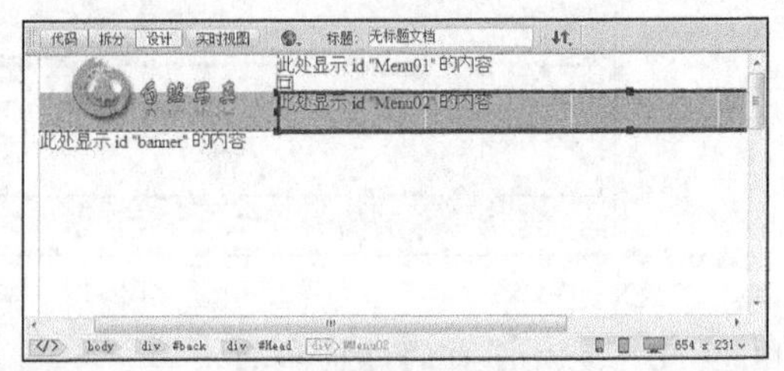

图6-25　插入背景图像

2. 插入文本。

Div 内可以输入文本内容，也可以从其他文件中复制相应的文本粘贴进来。

(1) 将鼠标光标置于“Menu01”层内，打开 CSS 属性面板，如图 6-26 所示。

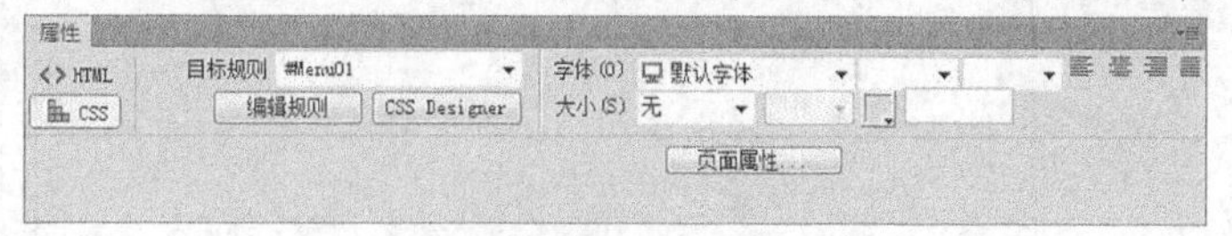

图6-26　CSS 属性面板

(2) 单击 编辑规则 按钮，打开【#Menu01 的 CSS 规则定义】对话框，选择【类型】选项，设置【Font-family】为“宋体”，【Font-size】为“12”，【Line-height】为“33”，【Color】为“#000”，如图 6-27 所示。

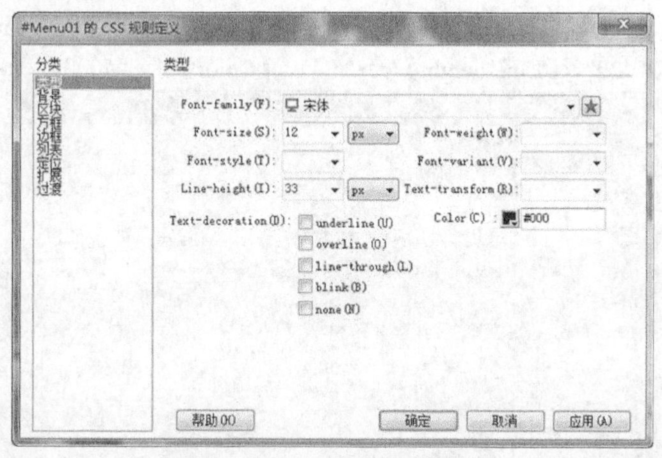

图6-27　设置文本字体、大小和行高

要点提示　将【Line-height】(行高)设置为“33px”，是因为“Menu1”层的高度为“33px”，这样可以方便确定文字在“Menu01”层的相对位置。

(3) 选择【区块】选项，设置【Text-align】为“right”，如图 6-28 所示。

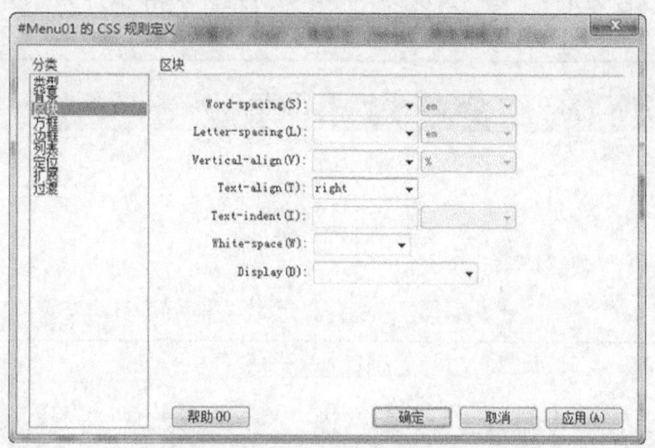

图6-28　设置文字为右对齐

(4) 单击 确定 按钮，完成 CSS 定义，然后在“Menu01”层内输入文本“加入收藏 | 设为首页 | 联系我们”，如图 6-29 所示。

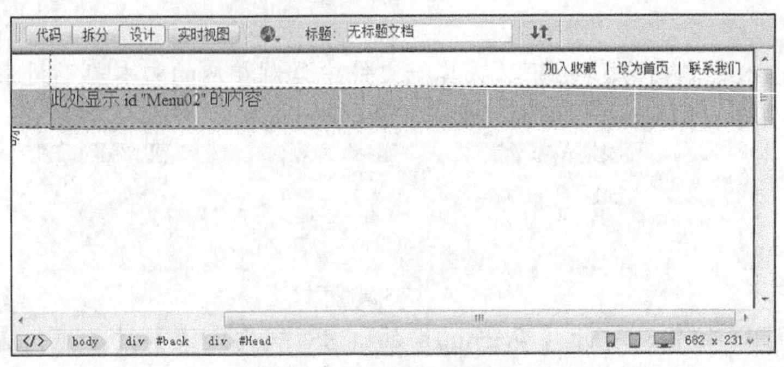

图6-29　输入文字

(5) 将鼠标光标置于“Menu02”层内，在【CSS 属性】面板中单击 编辑规则 按钮，打开【#Menu02 的 CSS 规则定义】对话框，设置【类型】面板的【Font-family】为“宋体”，【Font-size】为“20”，【Line-height】为“34”，【Color】为“#000”，如图 6-30 所示。

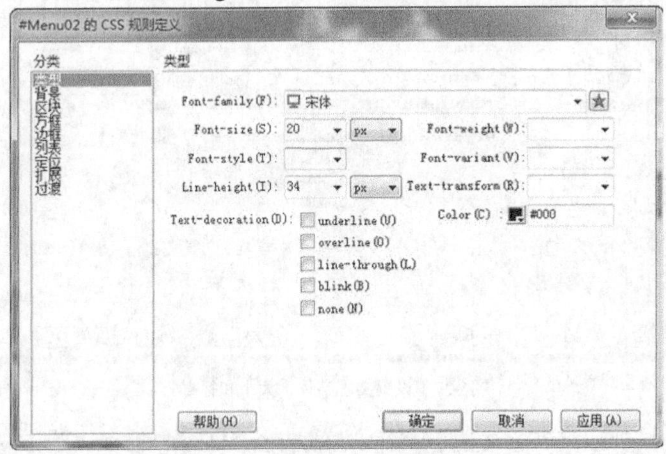

图6-30　编辑“Menu02”层的 CSS 规则

(6) 单击 确定 按钮，完成 CSS 编辑，然后在“Menu02”层内输入文本“山水风光 晚霞风光 天空风光 沙滩风光 庭院风光”，并调整间距，如图 6-31 所示。

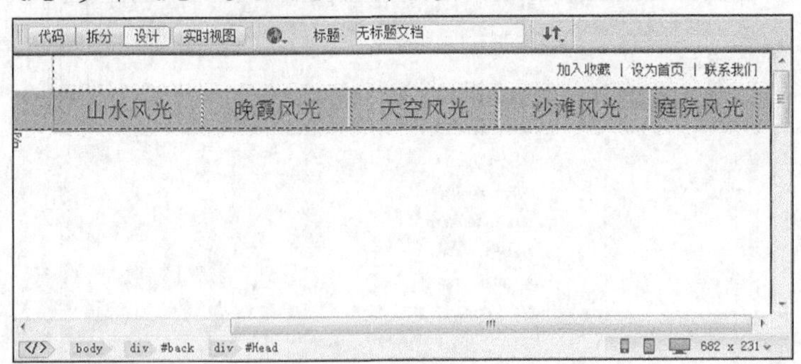

图6-31　输入文本

要点提示 为了让导航栏在编辑和使用过程中都更加简便，在网页设计过程中一般都采用项目列表的方式来编排导航文本。

(7) 将鼠标光标置于“banner”层中，然后插入附盘文件“素材\第 6 章\自然写真\images\banner.png”，如图 6-32 所示。

图6-32 向“banner”层插入图像

3. 插入多媒体。

在 Div 内插入多媒体和在文档或表格中插入多媒体的操作是相同的。

(1) 将鼠标光标置于“body”层中，删除层中的内容，然后选择菜单文件【插入】/【媒体】/【Flash SWF】，将附盘文件“素材\第 6 章\自然写真\flash\ShanShui.swf”插入到层中，如图 6-33 所示。

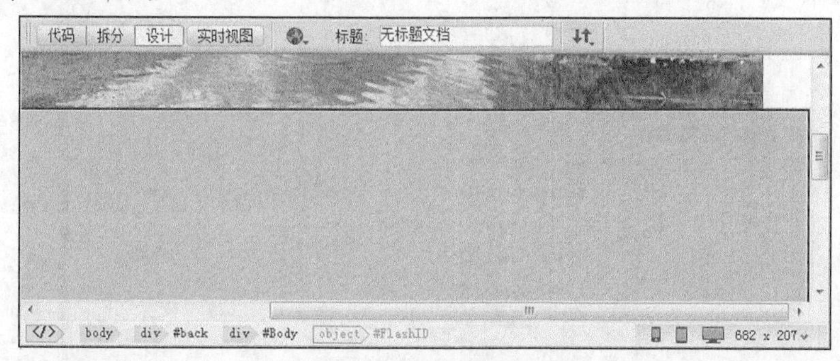

图6-33 插入 SWF 动画

(2) 在标签面板上选中“Body”层，打开属性检查器面板，设置【溢出】为“hidden”，属性设置及效果如图 6-34 所示。

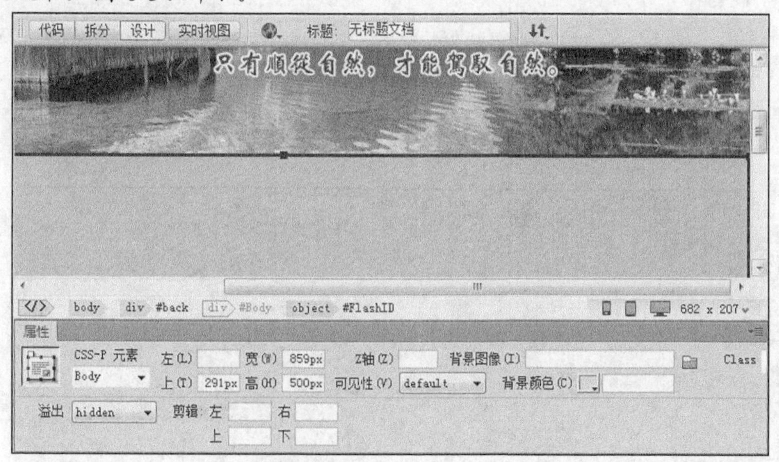

图6-34 设置【溢出】选项及效果

(3) 将鼠标光标置于“Footer”层中，设置“Footer”层的【# Footer 的 CSS 规则定义】对话框中的“类型”面板如图 6-35 所示。

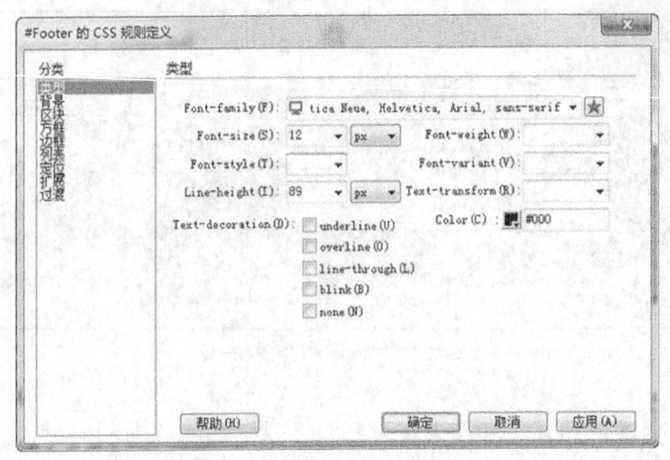

图6-35　设置“类型”面板

(4) 设置“背景”面板中的【Background-color】为“#72BBE6”，然后设置【区块】面板，如图 6-36 所示。

图6-36　设置【区块】面板

(5) 单击 确定 按钮完成 CSS 编辑，输入文本“Copyright © 2010-2012 yuansir All Rights Reserved”如图 6-37 所示。

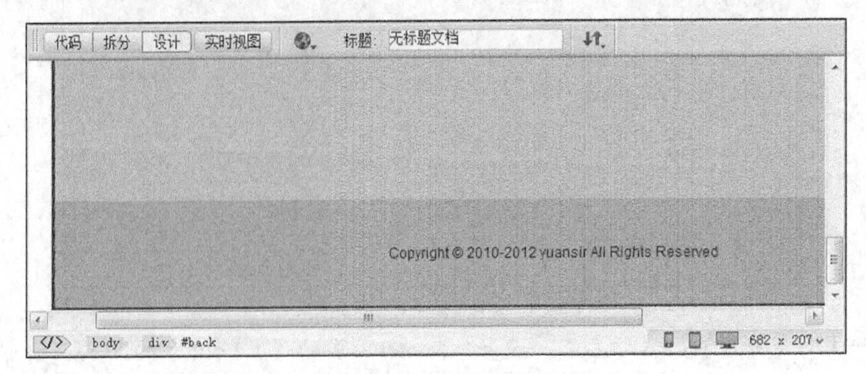

图6-37　输入版权信息

(6) 按 Ctrl + S 组合键保存文档，案例制作完成，按 F12 键预览设计效果。

6.1.2 典型实例——设计“搜索网”

为了让用户进一步掌握 Div 的基本操作以及使用 Div 布局网页的操作方法和技巧，下面将以设计“搜索网”为例进一步讲解。设计效果如图 6-38 所示。

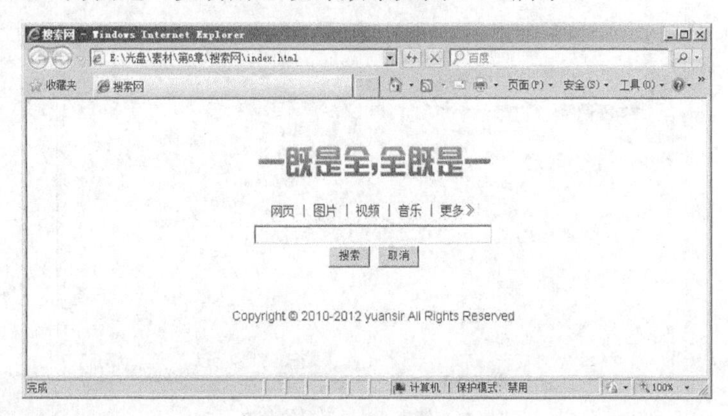

图6-38 设计“搜索网”

1. 设计页面顶部。

(1) 新建一个名为“index.html”的空白文档。

(2) 在文档中插入 1 个“Top”层的 Div 标签，设置 CSS 规则定义如图 6-39 所示。

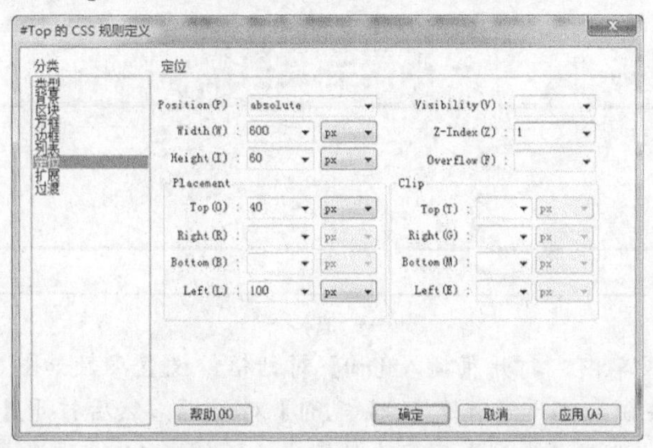

图6-39 创建“Top”层的参数

(3) 将鼠标光标置于“Top”层内，单击 CSS 属性面板中的按钮，使层内的内容居中对齐，然后插入附盘文件“素材\第 6 章\搜索网\images\logo.gif”，效果如图 6-40 所示。

图6-40 插入图像

2.　设计页面主体。

(1)　将鼠标光标置于 top 层外，插入 1 个“main”层的 Div 标签，设置 CSS 规则定义如图 6-41 所示。

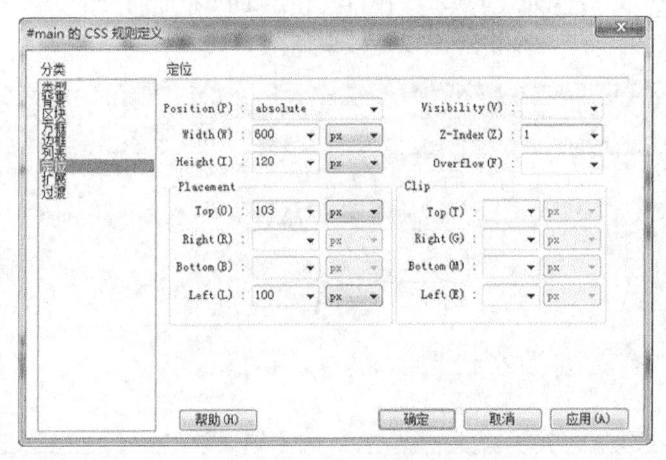

图6-41　创建“main”层的参数

(2)　将鼠标光标置于“main”层内，然后选择菜单命令【插入】/【表单】/【表单】，插入一个表单，如图 6-42 所示。

图6-42　插入表单

(3)　将鼠标光标置于表单内，打开【插入 Div】对话框，设置参数如图 6-43 所示。

(4)　单击 新建 CSS 规则 按钮，打开【新建 CSS 规则】对话框，然后打开【#NavDiv 的 CSS 规则定义】对话框，设置【类型】面板中的参数，如图 6-44 所示。

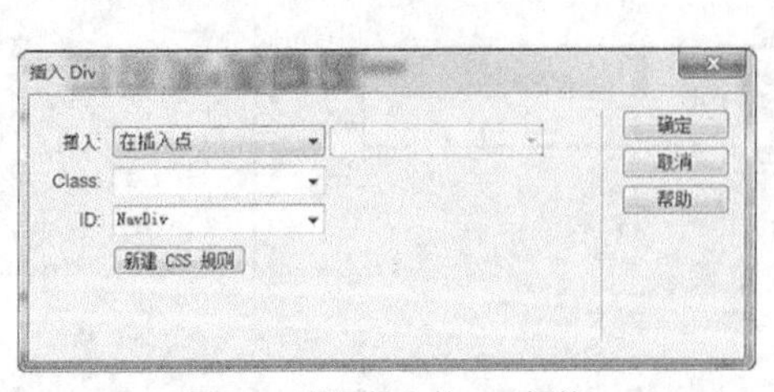

图6-43　设置插入的 Div 标签

图6-44　【类型】面板

(5) 在【区块】面板中设置【Text-align】为“center”，然后设置【定位】面板中的参数，如图 6-45 所示。

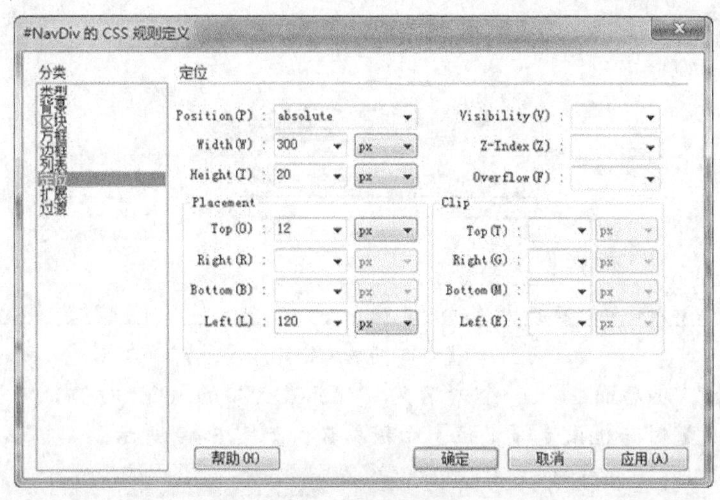

图6-45 【定位】面板

(6) 单击 确定 按钮，插入 Div 标签，并输入文本，如图 6-46 所示。

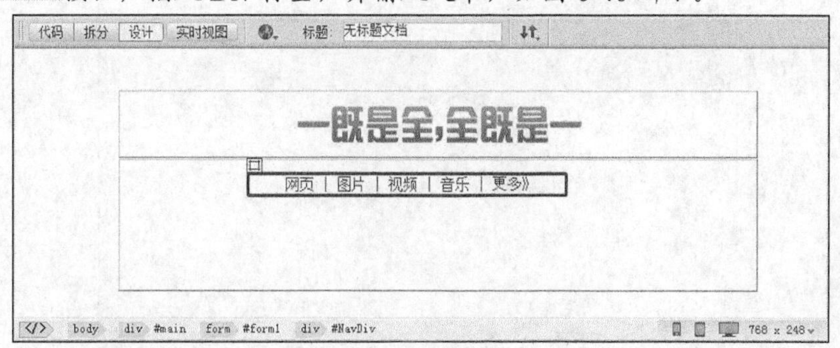

图6-46 输入文本

(7) 在“NavDiv”层后面插入 1 个名为“InputDiv”的标签，并在【#InputDiv 的 CSS 规则定义】对话框设置【定位】面板参数，如图 6-47 所示。

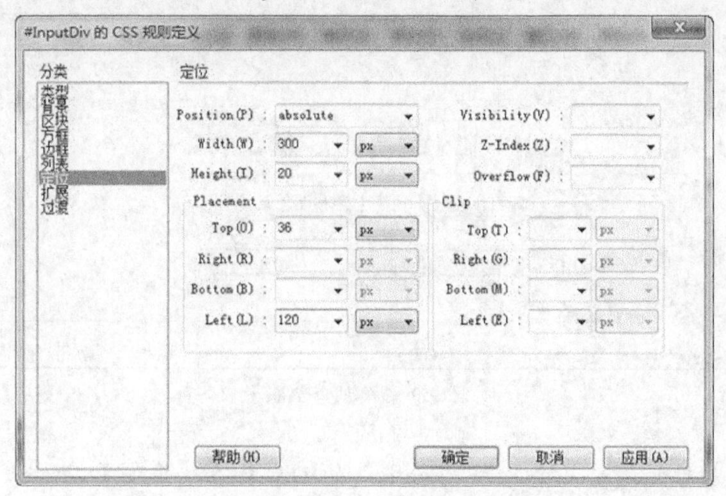

图6-47 设置“InputDiv”层的“定位”面板

(8) 单击确定按钮，插入 Div 标签，然后选择菜单命令【插入】/【表单】/【文本域】，插入一个文本域并设置参数，效果如图 6-48 所示。

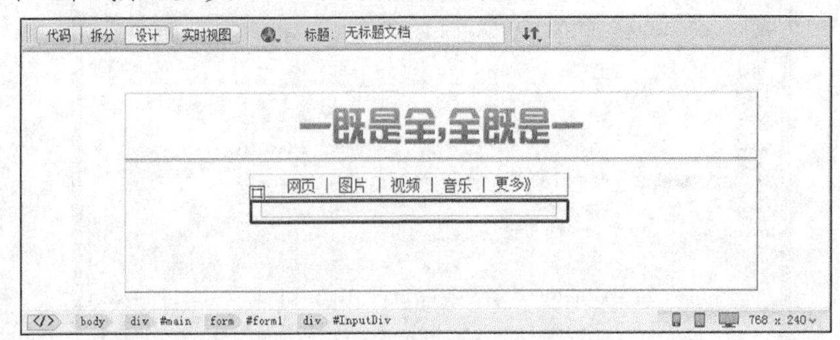

图6-48　插入文本域

(9) 在“InputDiv”层后面插入一个命名为“MenuDiv”的 Div 标签，在【#MenuDiv 的 CSS 规则定义】对话框设置【定位】面板参数，如图 6-49 所示。

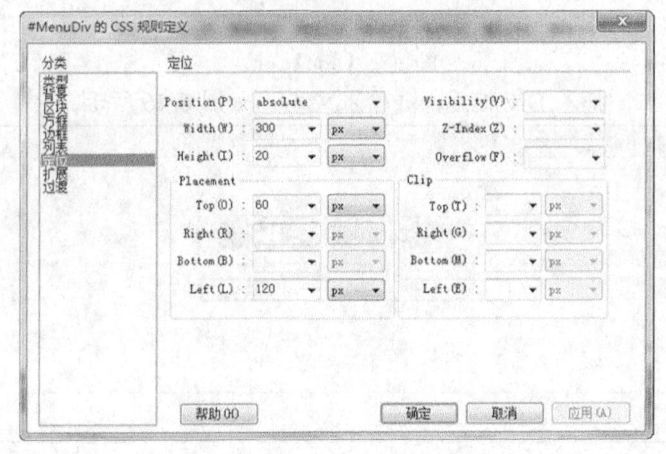

图6-49　设置“MenuDiv”层的“定位”面板

(10) 单击确定按钮，插入 Div 标签，然后选择菜单命令【插入】/【表单】/【按钮】，插入两个按钮，如图 6-50 所示。

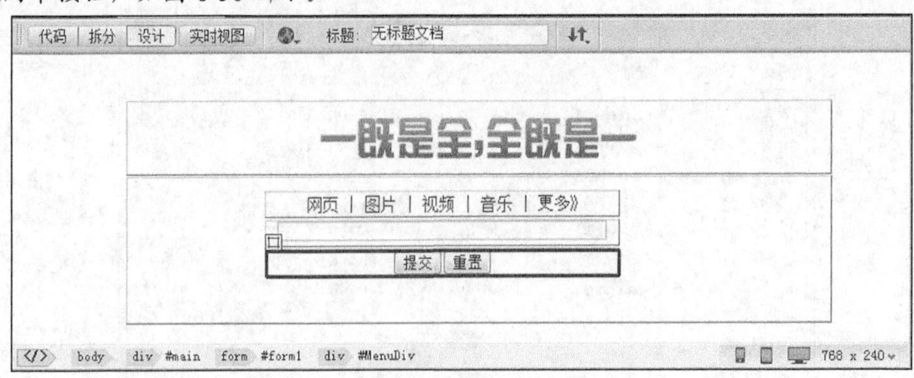

图6-50　插入两个按钮

3.　设计页脚。

(1) 在【main】层后面插入 1 个名为“Footer”的 Div 标签，并在【#Footer 的 CSS 规则定义】对话框中设置【类型】面板中的参数，如图 6-51 所示。

图6-51 设置“Footer”层的【类型】面板

(2) 在【区块】面板中设置【Text-align】为“center”，然后设置“定位”面板中的参数，如图 6-52 所示。

图6-52 设置“Footer”层的【定位】面板

(3) 单击 确定 按钮，插入 Div 标签，然后输入版权信息，如图 6-53 所示。

图6-53 输入版权信息

(4) 按 Ctrl + S 组合键保存文档，案例制作完成，按 F12 键预览设计效果。

6.2 应用 CSS

CSS 样式表是网页制作过程中最常用的技术之一，用户采用 CSS 技术控制网页，可以更加轻松和高效地控制页面的整体布局、颜色、字体、链接和背景等，除此之外，还可以提高同一页面的不同部分乃至不同页面的外观和格式等效果控制的精确程度。

6.2.1 CSS 基础知识

CSS 是 Cascading Style Sheets 的简称，中文名为“层叠样式表”。CSS 技术在经历了反复的升级和完善阶段之后，已经在目前的网页设计中占据着主导地位。它不仅把 HTML 中各种繁琐的标签都逐一简化，还把标签原有的功能进行扩展，给用户创造出更多意想不到的网页设计效果。

一、 认识 CSS 的优点

CSS 语言是一种标记语言，采用文本方式编写，直接由浏览器解释执行，无需编译；CSS 作为网页设计中的一种重要技术，具有以下几项优点。

(1) 形式和内容相分离。

CSS 实现网页的内容与外观设计的划分，在 HTML 文件中只能存放文本信息，这一优点使得页面对搜索引擎更加友好。

(2) 提高页面浏览速度。

对于访问同一个页面，使用 CSS 设计的网页要比由传统的 Web 设计的网页至少节约一半以上的文件大小，并且页面下载速度更快，浏览器也不用去编译繁冗的标签，访问速度也会因此提高。

(3) 易于维护和修改。

通过使用 CSS，可以把页面的设计部分放在一个独立的样式文件中，平常只需简单修改 CSS 文件中的参数就可以重新设计整个网站的页面效果。

二、 认识 CSS 的分类

CSS 的定义包含 3 个部分：选择器（selector）、属性（property）和取值（value）。语法规则为：selector {property：value}。选择器就是样式的名称，包括类样式、ID 样式、标签样式和复合内容样式 4 种，如图 6-54 所示。

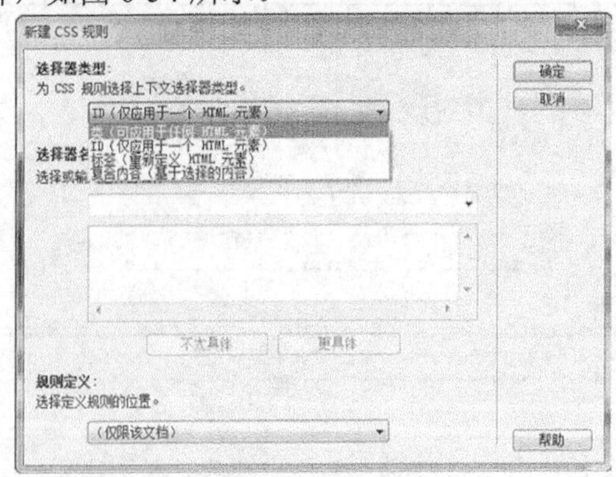

图6-54　选择器选项

(1) 类样式。

这是由用户自定义的 CSS 样式，能够应用到网页中的任何标签上。类样式的定义以句点“.”开头，例如，“.myStyle {color:red}”。

类样式在使用时需要通过在标签中指定 class 属性来完成，例如，“<p class="myStyle">文字</p>”。

(2) 标签样式。

这是把现有的 HTML 标签进行重新定义，当创建或改变该样式时，所有应用了该样式的格式都会自动更新。例如，修改一个标签样式“h1 {font-size:18px}”，则所有用“h1”标签进行格式化的文本都将被立即更新。

(3) ID 样式。

这是可以定义含有特定 ID 属性的标签，例如，“#myStyle”表示属性值中有“ID="myStyle"”的标签。

(4) 复合内容样式。

定义同时影响两个或多个标签、类或 ID 的复合规则，例如，“a:hover”就是定义鼠标放到链接元素上的状态。

三、 认识 CSS 的属性

在 Dreamweaver CC 软件中，CSS 的定义是通过【CSS 规则定义】对话框来设置的，在【CSS 规则定义】对话框中共分为类型、背景、区块、方框、边框、列表、定位和扩展等 8 大类，这几类均可定义 CSS 规则的属性，如文本字体、背景图像和颜色、间距和布局属性以及列表元素等外观，如图 6-55 所示。

- “类型”类别可以定义 CSS 样式的基本字体和类型设置。
- “背景”类别可以对网页中的任何元素设置背景属性。
- “区块”类别可以设置网页中文本的间距和对齐方式。
- “方框”类别可以用于控制元素在页面上的放置方式和大小。

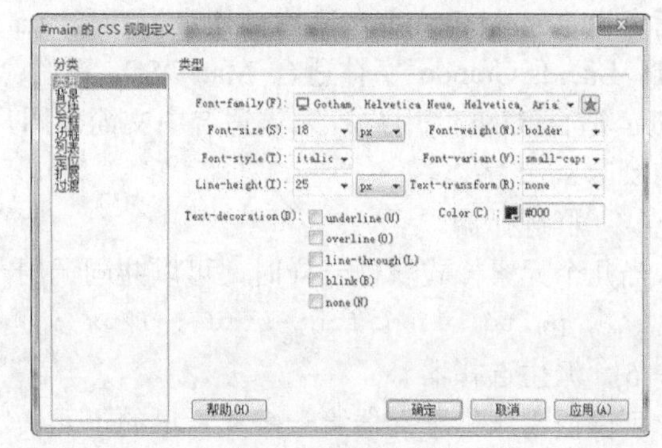

图6-55 【类型】类别

- “边框”类别可以设置元素周围的边框（如宽度、颜色和样式）。
- “列表”类别为列表标签设置列表属性，如项目符号大小和类型。
- “定位”类别是确定与选定的 CSS 样式相关的内容在页面上的定位方式。
- “扩展”类别可以设置网页的分页、滤镜和鼠标光标形状。

四、 认识 CSS 的应用

在网页设计过程中使用 CSS 样式表，主要有以下两种方式。

(1) 内部 CSS 样式表。

这种方式存在于 HTML 文件中，并且只对当前页面进行样式的应用。一般存在于文档 head 部分的 style 标签内。

(2) 外部 CSS 样式表。

这种方式的文件扩展名为.css，它作为共享的样式表文件，可以被多个页面同时使用。不仅能有效地缩减页面文件的大小，还可以充分保证站点内的所有页面效果的一致性。通过修改样式表文件，网站还可以实现快速更新改版。

五、 常用的 CSS 定义代码

(1) 基本语法规范。

分析一个典型的 CSS 语句：body{ font-size: 12px;color: #FFA346; } 。

其中，“body”称为“选择器”，指明要给“body”定义样式；样式声明写在一对大括号“{}”中；font-size 和 color 称为“属性”，不同属性之间用分号“；”分隔；“12px”和“#FFA346”是属性的值。

(2) 颜色值。

颜色值可以用 RGB 值表示，例如，color : rgb(255,0,0)，也可以用十六进制写，如上文中的 color:#FFA346。如果十六进制值是成对重复的情况，则可以简写，输入的结果是一样的。例如，:#FF0000，可以写成#F00。但如果不是成对重复的情况则禁止简写，例如，“#ED5891”，必须写满 6 位。

(3) 定义字体。

Web 标准推荐如下字体定义方法。

```
    body { font-family : "Lucida Grande", Verdana, Lucida, Arial,
Helvetica, 宋体,sans-serif; }
```

字体按照所列出的顺序选用。如果用户的计算机含有 Lucida Grande 字体，文档将优先被指定为 Lucida Grande，其次被指定为 Verdana 字体，再次则被指定为 Lucida 字体，以此类推。Lucida Grande 字体适合 Mac OS X 系统；Verdana 字体适合所有的 Windows 系统；Lucida 适合 UNIX 用户；宋体适合中文简体用户。如果所列出的字体都不能用，则选用默认的 sans-serif 字体。

(4) 群选择器。

当几个元素样式属性一样时，可以共同调用一个声明，元素之间用逗号分隔。

```
p, td, li { font-size : 12px ; }
```

(5) 派生选择器。

可以使用派生选择器给一个元素里的子元素定义样式，例如：

```
li strong { font-style : italic; font-weight : normal; }
```

给 li 下的子元素 strong 定义一个斜体不加粗的样式。

(6) id 选择器。

用 CSS 布局主要用层“div”来实现，而 Div 的样式通过“id 选择器”来定义。例如，首先定义一个层：

```
<div id="menubar"></div>
```

然后在样式表里定义：

```
#menubar {margin: 0px;background: #FEFEFE;color: #95DEFE;}
```

其中，“menubar”是用户自己定义的 id 名称，注意在前面加“#”号。

id 选择器也同样支持派生，例如：

```
#menubar p { text-align : right; margin-top : 10px; }
```

这个方法主要用来定义层和有些比较复杂且有多个派生的元素。

(7) 类别选择器。

在 CSS 里用一个点开头表示类别选择器定义，例如：

```
.footer {color : #f60 ;font-size:14px ;}
```

在页面中，用 class="类别名"的方法调用：

```
<span class="footer" >14px 大小的字体</span>
```

此方法比较简单灵活，可以随时根据页面需要进行新建和删除操作。

(8) 定义链接的样式。

CSS 中用 4 个伪类来定义链接的样式，分别是 a:link、a:visited、a:hover 和 a : active，例如：

```
a:link{font-weight : bold ;text-decoration : none ;color : #F00 ;}
a:visited {font-weight : bold ;text-decoration : none ;color : #F30 ;}
a:hover {font-weight : bold ;text-decoration : underline ;color : #F60 ;}
a:active {font-weight : bold ;text-decoration : none ;color : #F90 ;}
```

以上语句分别定义了"链接、已访问过的链接、鼠标停在上方时、点下鼠标时"的样式。用户需要特别注意的是，样式的编写顺序不能被打乱，否则显示的结果很可能和预想的不一样，它们的正确顺序是"LVHA"，这需要用户牢记。

6.2.2 应用 CSS 表美化网页

为了让用户掌握应用 CSS 的操作方法，下面以设计"个人博客"网页为例进行讲解，设计效果如图 6-56 所示。

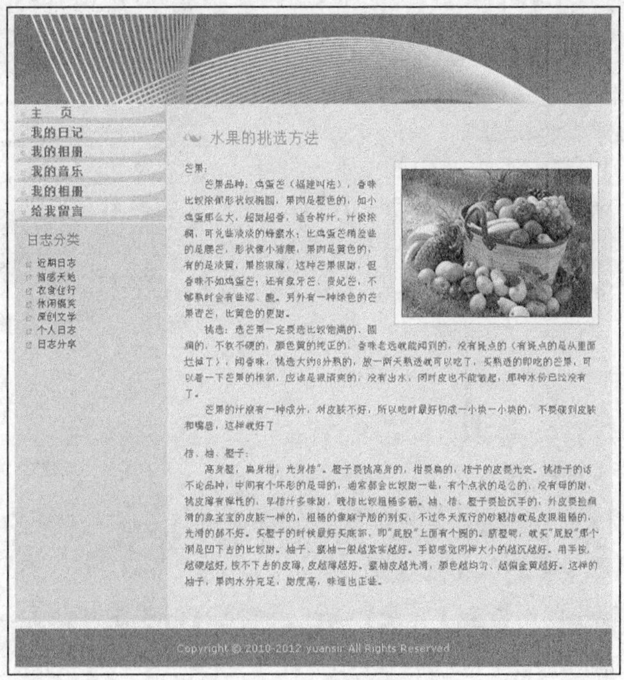

图6-56 设计"个人博客"网页

一、　应用标签样式

标签样式主要用于重新定义特定 HTML 标签的默认格式，修改之后，会自动应用到文档之中。下面将介绍 CSS 布局中常用的以图换字效果。

1. 打开附盘文件“素材\第 6 章\个人博客\index.html”，如图 6-57 所示。

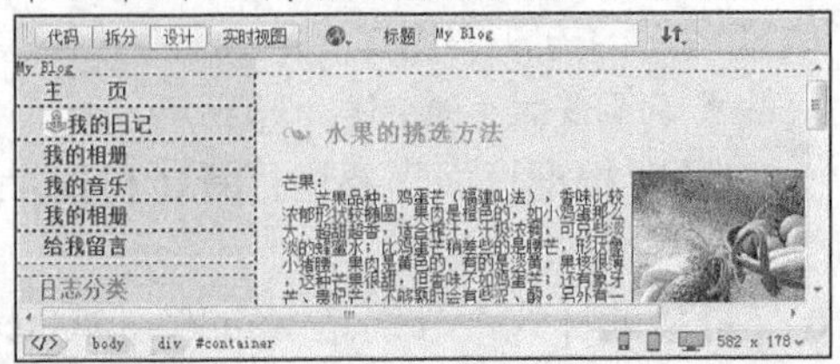

图6-57　打开素材文件

2. 选中页面顶部的文本“My Blog”，然后在 HTML 属性面板中设置【格式】为“标题 1”，如图 6-58 所示。

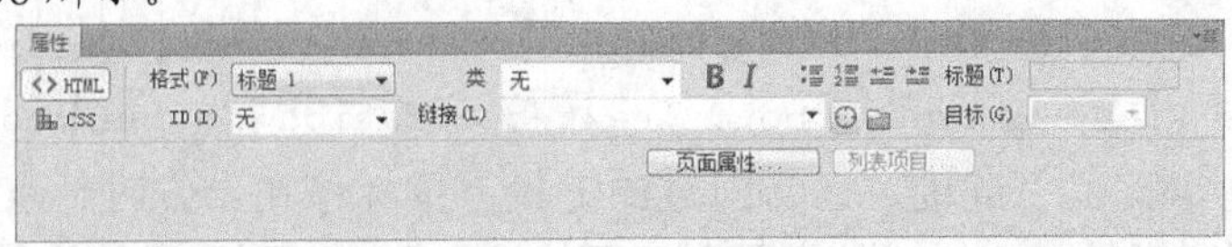

图6-58　设置文本格式

3. 选择菜单命令【窗口】/【CSS 设计器】，打开【CSS 设计器】面板，如图 6-59 所示。
4. 在【CSS 设计器】窗口中【源】面板中选择“style.css”，然后在【CSS 设计器】窗口单击【选择器】面板右侧的 **+** 按钮，输入名称为“h1”，新建一个 CSS 规则，如图 6-60 所示。

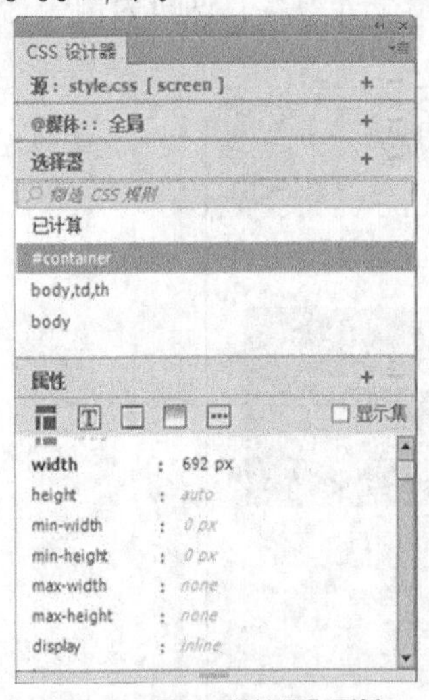

图6-59　【CSS 设计器】面板

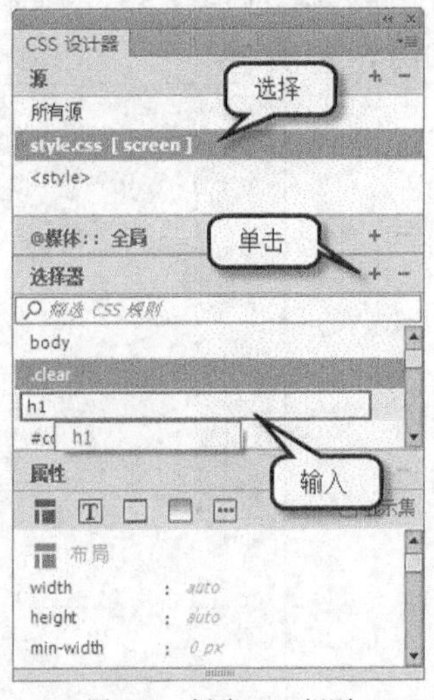

图6-60　新建 CSS 规则

步骤 2 设置文本的【格式】为“标题 1”，“标题 1”的 HTML 代码为“<h1>…</h1>”，因此此处输入规则为“h1”。

5. 单击属性面板按钮，切换至【背景】面板，单击【url】选项，再单击 url 文本框右边按钮，选择附盘文件“素材\第 6 章\个人博客\images\header02.jpg”，如图 6-61 所示。
6. 单击属性面板按钮，切换至【文本】面板，设置【Text-indent】为“-9999 px”，如图 6-62 所示。

图6-61 设置背景图像

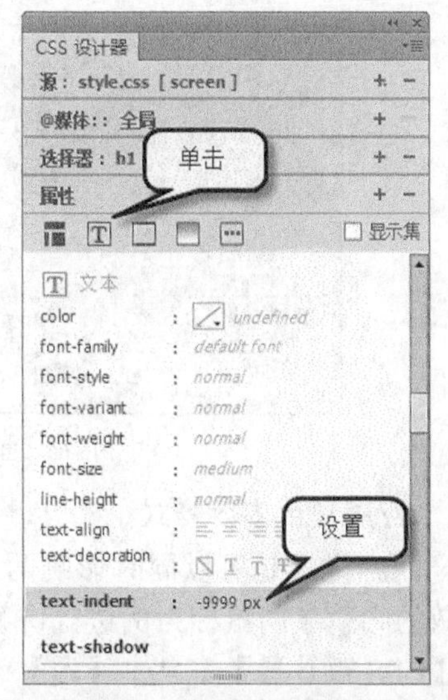

图6-62 设置文本首行缩进

要点提示 Text-indent 属性规定文本块中首行文本缩进。该操作中将其值设置为“-9999 px”，目的是让网页上不显示文字。

7. 单击属性面板按钮，切换至【布局】面板，设置【Width】为“692”，【Height】为“100”，【Padding】为“0”，【margin】为“0”，如图 6-63 所示。
8. 完成“h1”的 CSS 规则定义，并在“style.css”文件中生成对应的代码，如图 6-64 所示。

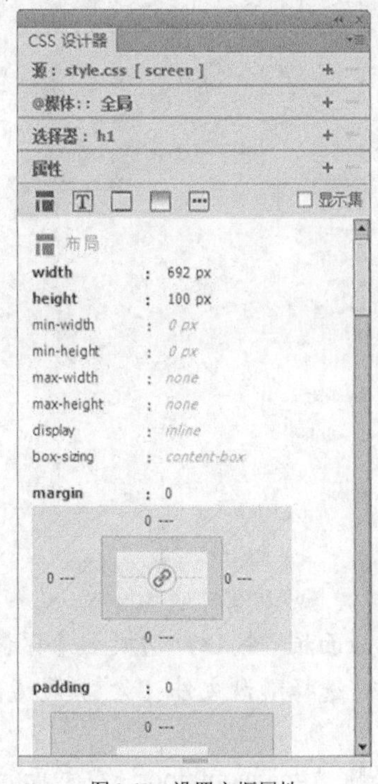

图6-63 设置方框属性

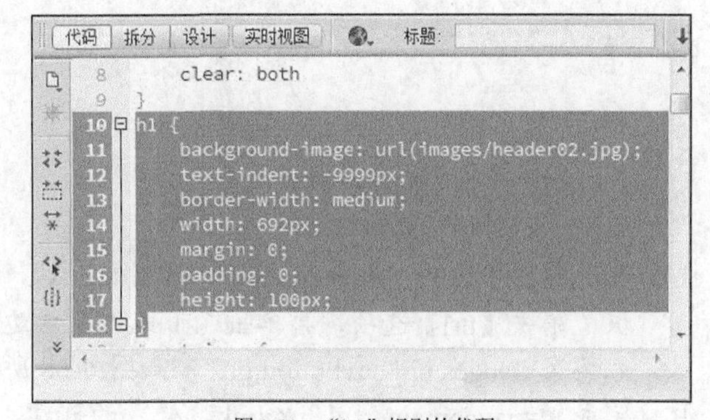


```
8      clear: both
9  }
10 h1 {
11     background-image: url(images/header02.jpg);
12     text-indent: -9999px;
13     border-width: medium;
14     width: 692px;
15     margin: 0;
16     padding: 0;
17     height: 100px;
18 }
```

图6-64 “h1”规则的代码

9. 同时“h1”规则已经自动应用到文档中，效果如图 6-65 所示。

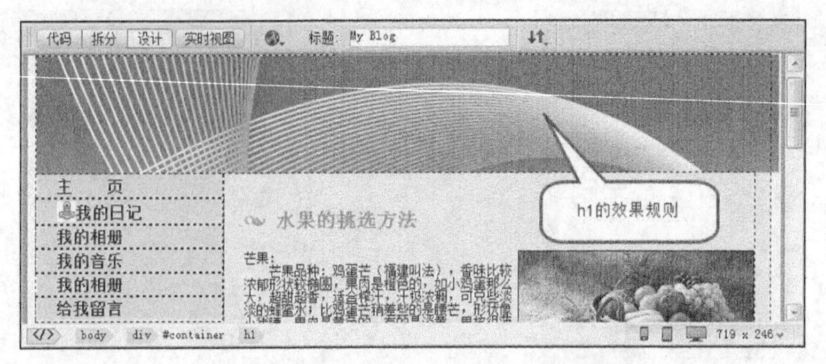

图6-65　自动应用"h1"　规则后的文档效果

二、　应用复合内容样式

复合内容样式是可以同时影响两个或多个标签、类或 ID 的复合规则。下面将以添加 CSS 特效的导航条的鼠标为例进行讲解。

1. 在【CSS 设计器】窗口中【源】面板选择"style.css"，然后在【CSS 设计器】窗口单击【选择器】面板右侧的 + 按钮，输入名称为"#navcontainer ul li a:link"，新建一个 CSS 规则，如图 6-66 所示。
2. 在选择器中选择"#navcontainer ul li a:link"，然后单击属性面板按钮，切换至【文本】面板，设置【color】为"#5c604d"，如图 6-67 所示。

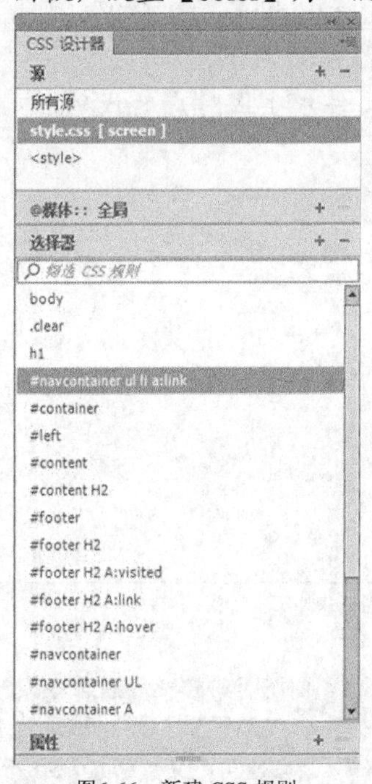

图6-66　新建 CSS 规则

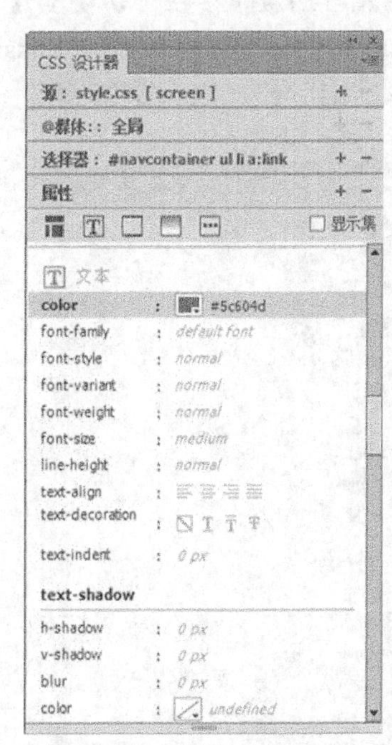

图6-67　设置文字颜色

3. 在选择器中选择"#navcontainer ul li a:link"，单击属性面板按钮，切换至【背景】面板，单击【url】选项，再单击 url 文本框右边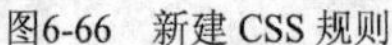按钮，选择附盘文件"素材\第 6 章\个人博客\images\bg_navbutton.gif"，如图 6-68 所示。
4. 完成"#navcontainer ul li a:link"样式的创建，它会跟随"#navcontainer"样式而产生效果，此时的导航条如图 6-69 所示。

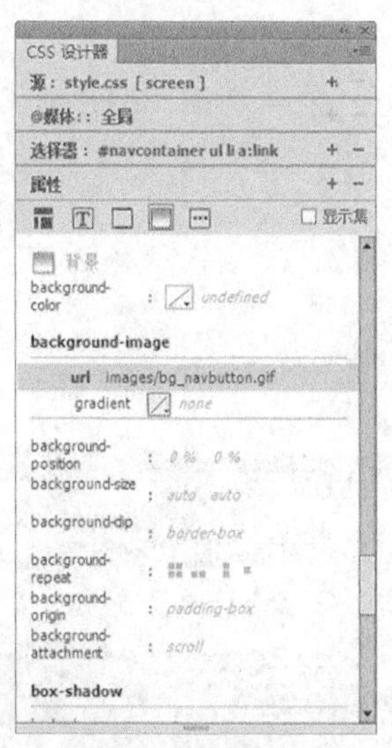

图6-68　设置背景图片

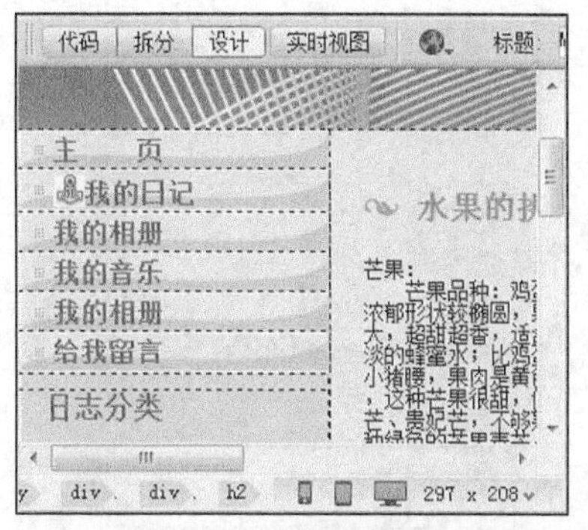

图6-69　应用样式后的效果

5. 在【CSS 设计器】窗口中【源】面板选择“style.css”，然后在【CSS 设计器】窗口单击【选择器】面板右侧的 **+** 按钮，输入名称为“#navcontainer ul li a:hover”，新建一个 CSS 规则，如图 6-70 所示。
6. 在选择器中选择“#navcontainer ul li a:hover”，然后单击属性面板T按钮，切换至【文本】面板，设置【color】为“#5c604d”，如图 6-71 所示。

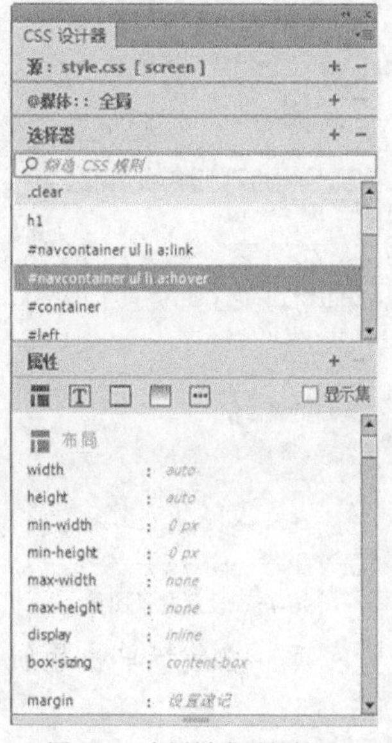

图6-70　应用样式后的效果

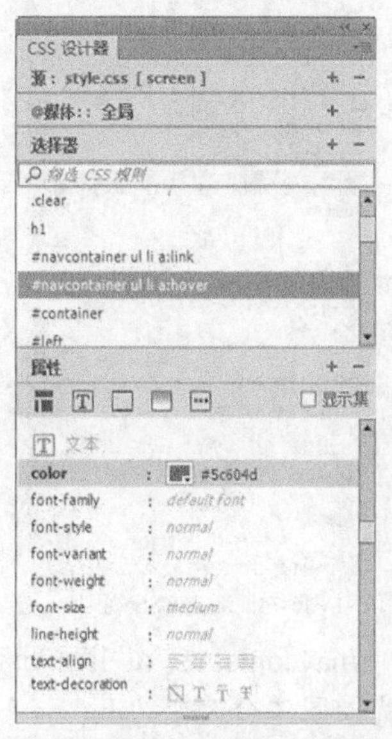

图6-71　【新建 CSS 规则】对话框

7. 在选择器中选择“#navcontainer ul li a:hover”，单击属性面板按钮，切换至【背景】面板，单击【url】选项，再单击 url 文本框右边按钮，选择附盘文件“素材\第 6 章\个人博客\images\bg_navbutton_ over.gif”，如图 6-72 所示。
8. 完成“#navcontainer ul li a:hover”样式的创建之后，就会产生基于“#navcontainer”样式的效果，预览网页，当鼠标经过导航条的文字时，文字的背景图像会改变，如图 6-73 所示。

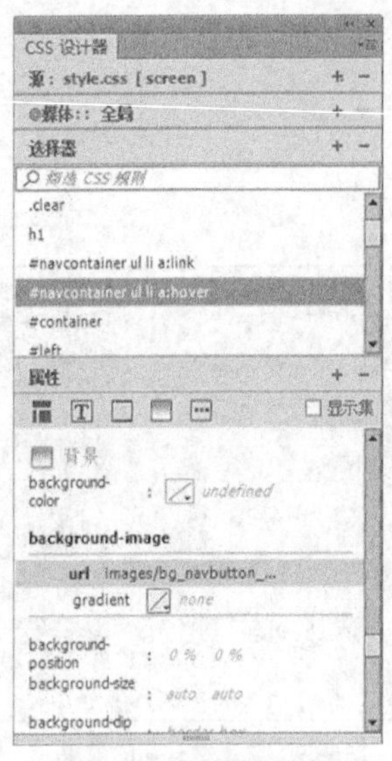

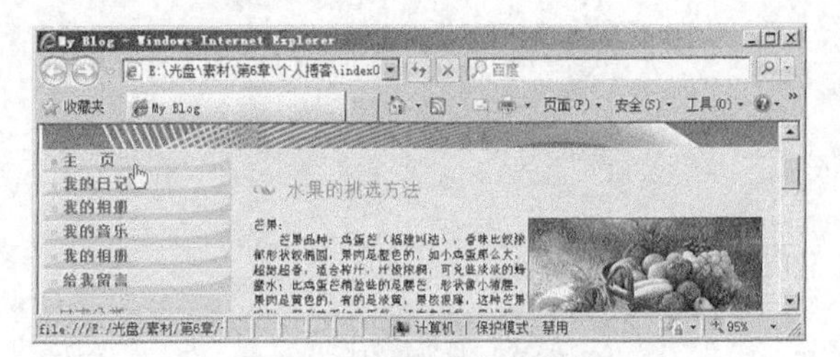

图6-72　设置背景图像　　　　图6-73　鼠标经过导航栏的效果

9. 再新建一个 CSS 规则，其名称为“#navcontainer ul li a:visited”，如图 6-74 所示。
10. 按照上面方法，设置文字颜色为“#5c604d”，背景图片为附盘文件“素材\第 6 章\个人博客\images\bg_navbutton.gif”，如图 6-75 所示。

图6-74　新建 CSS 规则　　　　图6-75　设置背景图像

11. 完成“#navcontainer ul li a:visited”样式的创建，预览网页，当鼠标单击导航条后，文字的背景图像会改变为 bg_navbutton.gif，如图 6-76 所示。

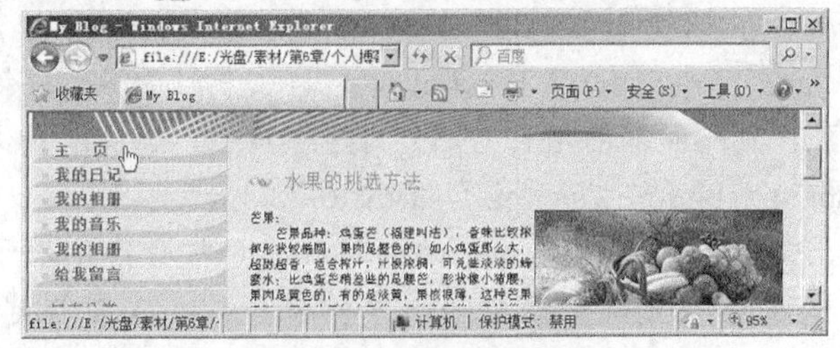

图6-76　文本单击后的效果

三、 应用类样式

类样式是把用户自定义的 CSS 样式应用到网页中的任何标签上。在此之前，需要先创建样式，再将样式应用到对应的元素上。

1. 新建一个 CSS 规则，其名称为“.text”，如图 6-77 所示。
2. 单击属性面板🅃按钮，切换至【文本】面板，设置【color】为“#5b604c”，设置【font-family】为“宋体”，【font-size】为“12px”，【line-height】为“18px”，如图 6-78 所示。

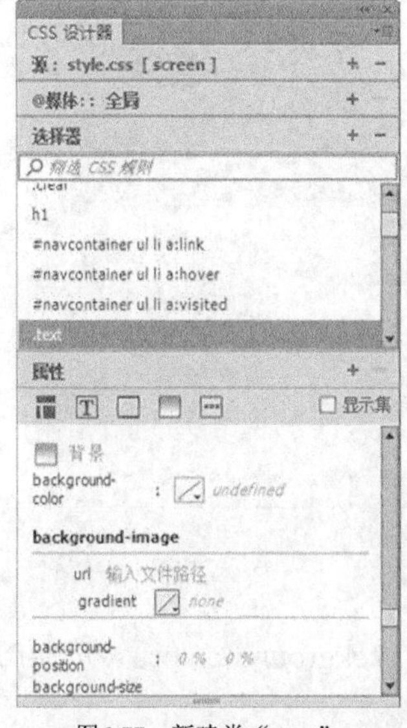

图6-77　新建类“.text”

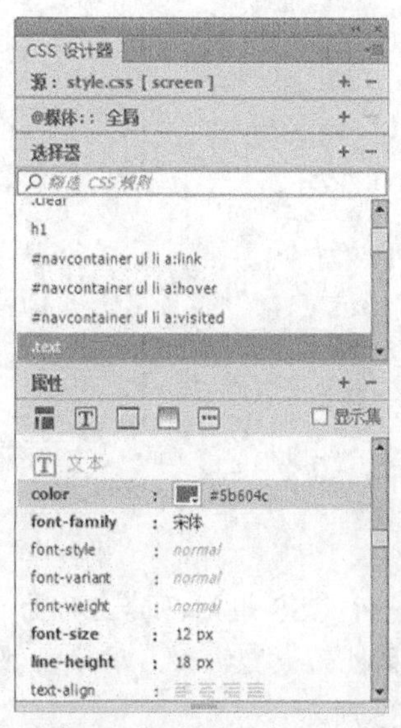

图6-78　【.text 的 CSS 规则定义（在 style.css 中）】对话框

3. 单击属性面板▦按钮，切换至【布局】面板，设置【margin】图形的 bottom 为“0px”，完成“.text”的 CSS 规则定义，如图 6-79 所示。
4. 选中网页主体部分的文本，然后在 HTML 属性面板中设置【类】为“text”，如图 6-80 所示。

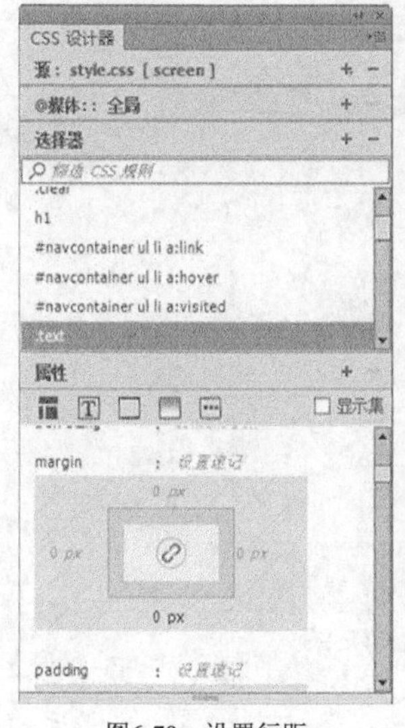

图6-79　设置行距

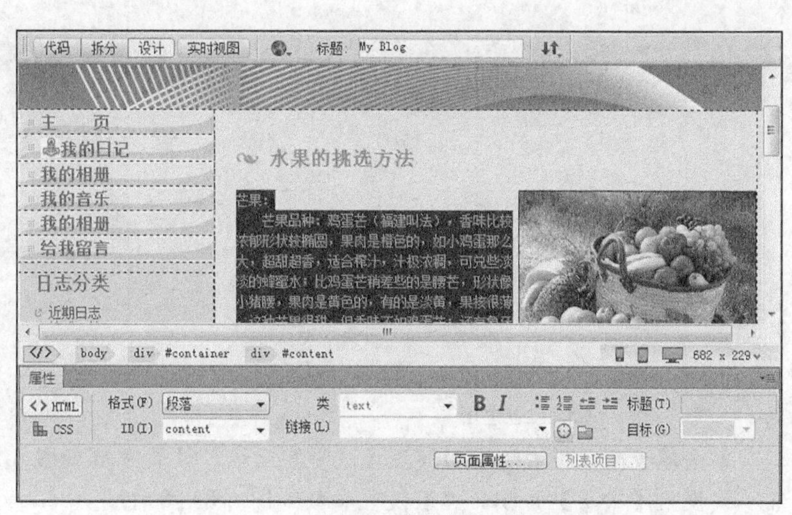

图6-80　应用样式

四、 应用 ID 样式

ID 样式可以定义含有特定 ID 属性的标签，但用户需要应用该样式时，ID 名称必须是唯一的。

1. 选中主体部分的图像，然后在属性检查器面板中设置【ID】为“image”，如图 6-81 所示。

图6-81　设置图像的 ID

2. 新建一个 CSS 规则，其名称为“#image”，如图 6-82 所示。
3. 单击属性面板▢按钮，切换至【背景】面板，设置【background-color】为“#ffffff”，如图 6-83 所示。

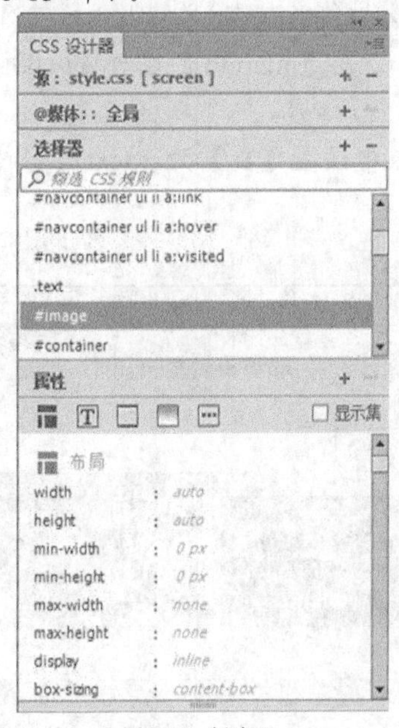

图6-82　创建 ID

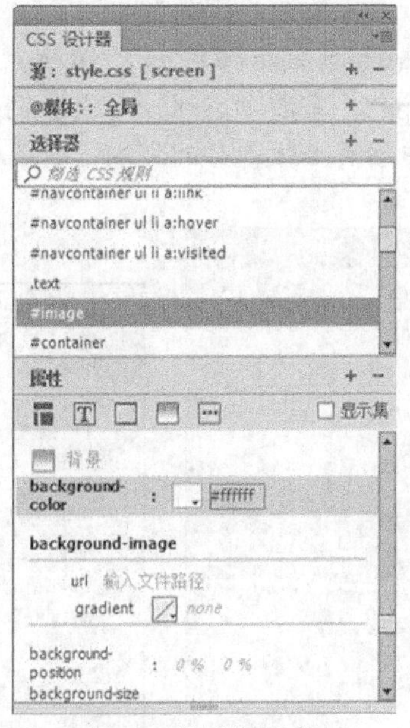

图6-83　设置背景参数

4. 单击属性面板▢按钮，切换至【边框】面板，设置参数如图 6-84 所示。
5. 切换至【布局】面板，然后设置参数如图 6-85 所示。

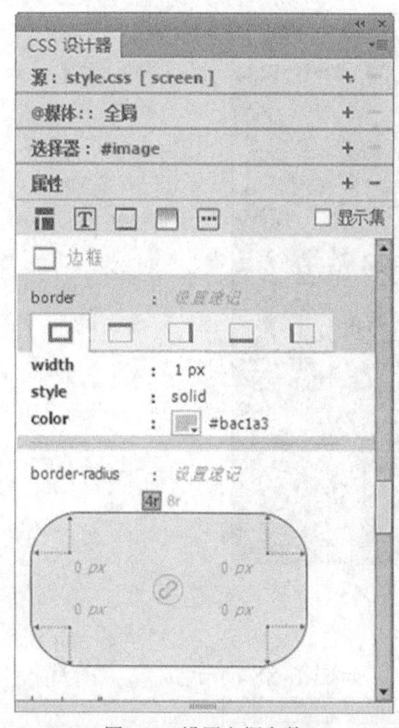

图6-84　设置方框参数

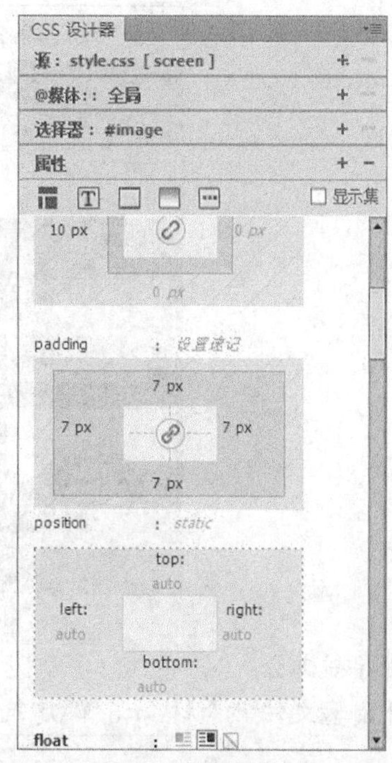

图6-85　设置边框参数

6. 完成样式的创建，所做改动将自动应用到“ID”为“image”的元素上，如图 6-86 所示。

图6-86　应用“image”更新效果

6.2.3　典型实例——设计“建筑公司”网页

为了让用户更深入地理解 CSS 样式的定义和应用操作，下面将以设计“小白龙建筑有限公司”的网页为例进行讲解，设计效果如图 6-87 所示。

图6-87　设计建筑公司网页

1. 美化导航部分。

(1) 打开附盘文件“素材\第 6 章\建筑公司\index.html”，如图 6-88 所示。

图6-88　打开素材文件

(2) 在【CSS 设计器】窗口中【源】面板选择“style.css”，然后在【CSS 设计器】窗口单击【选择器】面板右侧的 + 按钮，输入名称为“.BiaoTi”，新建一个 CSS 规则，如图 6-89 所示。

(3) 单击属性面板 T 按钮，切换至【文本】面板，设置【color】为“#FFF”，【font-family】为“宋体”，【font-size】为 16px，如图 6-90 所示。

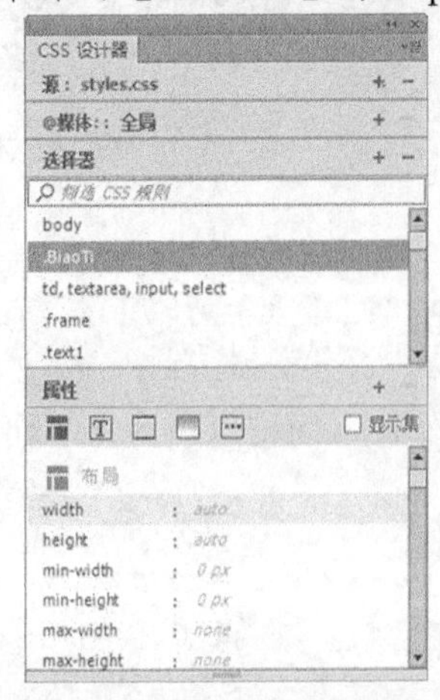

图6-89　创建“类”CSS 规则

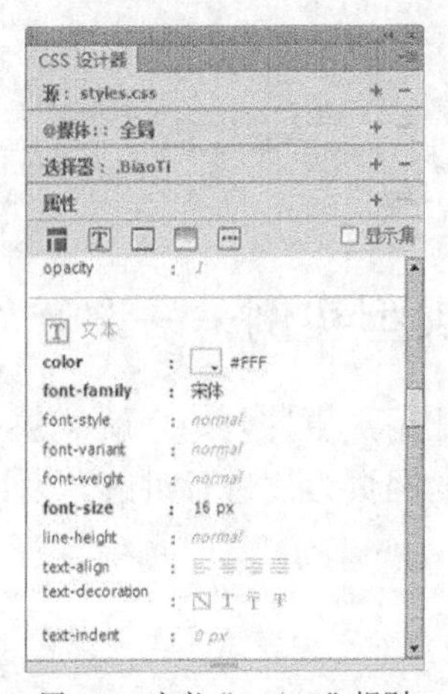

图6-90　定义“.BiaoTi”规则

(4) 完成 CSS 规则的定义，然后对导航文本应用规则，效果如图 6-91 所示。

(5) 给所有的导航条文本添加空链接，添加后的效果如图 6-92 所示。

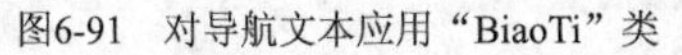
图6-91 对导航文本应用“BiaoTi”类

图6-92 为导航文本添加空链接

(6) 新建一个 CSS 规则，名称为“.BiaoTi a:link”，如图 6-93 所示。

(7) 单击属性面板🅃按钮，切换至【文本】面板，设置【color】为“#FF0”,【font-family】为“宋体”,【font-size】为 16px，完成 CSS 规则定义，如图 6-94 所示。

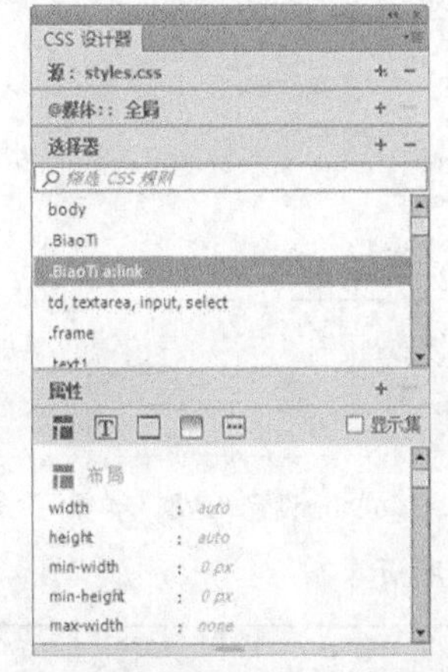

图6-93 新建“复合内容”CSS 规则 1

图6-94 设置连接文件的属性

(8) 新建一个 CSS 规则，名称为“.BiaoTi a:hover”，如图 6-95 所示。

(9) 单击属性面板🅃按钮，切换至【文本】面板，设置【color】为“#F00”,【font-family】为“宋体”,【font-size】为 18px，完成 CSS 规则定义，如图 6-96 所示。

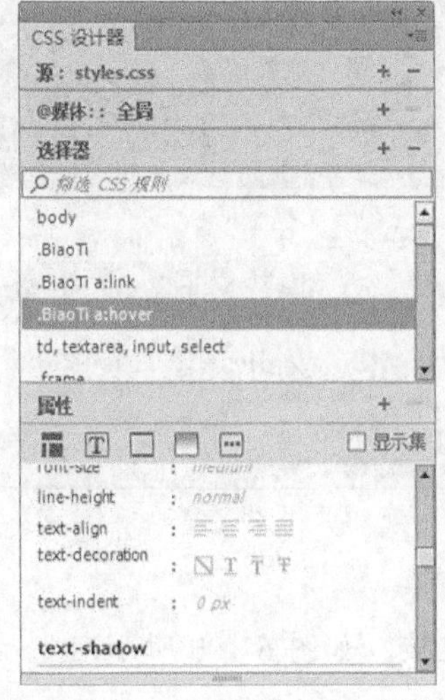

图6-95 新建“复合内容”CSS 规则 2

图6-96 设置鼠标指针经过时文本的属性

2.　美化图像。

(1)　新建一个 CSS 规则，名称为“.Picture”，如图 6-97 所示。

(2)　单击属性面板□按钮，切换至【边框】面板，设置【width】为“5px”，【style】为“solid”，【color】为“#FFF”，完成 CSS 规则定义，如图 6-98 所示。

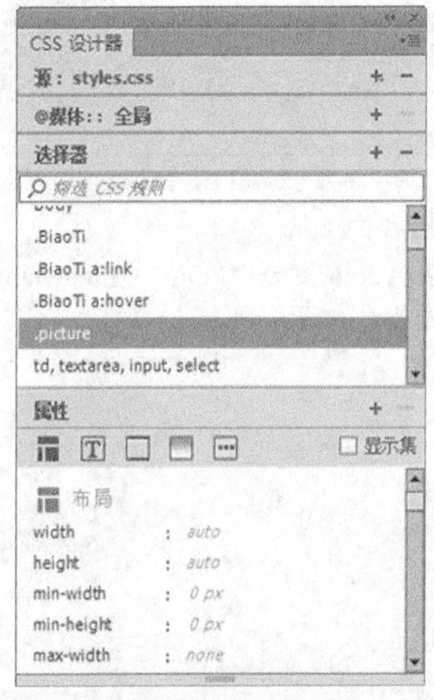

图6-97　新建“类”CSS 规则

图6-98　设置“边框”参数

(3)　对文档主体部分的案例图片应用规则，效果如图 6-99 所示。

图6-99　应用规则

3.　美化“新闻”罗列效果。

(1)　为文本“公司新闻”下边的每一项新闻内容创建空链接，如图 6-100 所示。

图6-100　创建空链接

(2) 将鼠标光标置于“公司新闻”所在的单元格中，单击文档左下角的“<table>”标签选中表格，然后在属性检查器面板中设置【表格】为“myTable”，如图 6-101 所示。

图6-101　设置表格 ID

(3) 新建一个 CSS 规则，名称为“#myTable a:link，#myTable a:visited”，如图 6-102 所示。

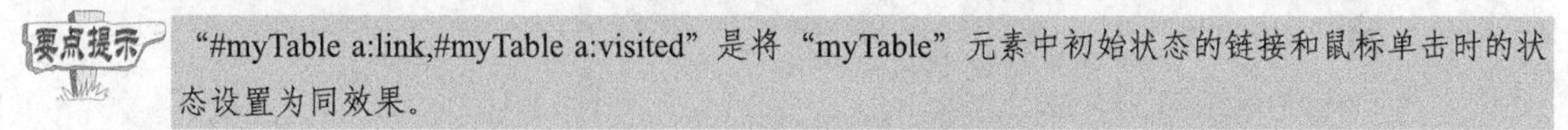

要点提示　“#myTable a:link,#myTable a:visited”是将“myTable”元素中初始状态的链接和鼠标单击时的状态设置为同效果。

(4) 单击属性面板按钮，切换至【文本】面板，设置【color】为“#FFF”，【font-family】为“宋体”，【font-size】为 12px，完成 CSS 规则定义，如图 6-103 所示。

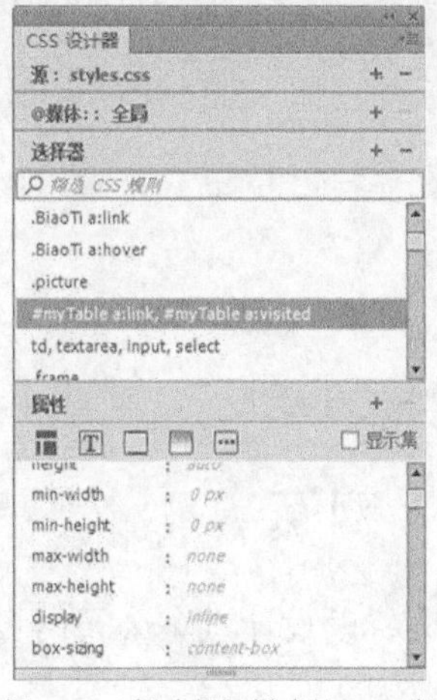

图6-102　新建相同样式的 CSS 类

图6-103　设置初始状态的链接和鼠标单击时的状态

(5) 新建一个 CSS 规则，名称为“#myTable a:hover”，如图 6-104 所示。

(6) 单击属性面板按钮，切换至【文本】面板，设置【color】为“#FF0”，【font-family】为“宋体”，【font-size】为 12px，完成 CSS 规则定义，如图 6-105 所示。

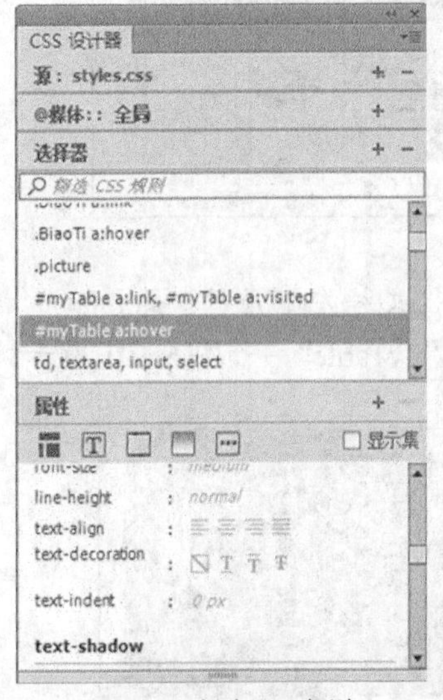

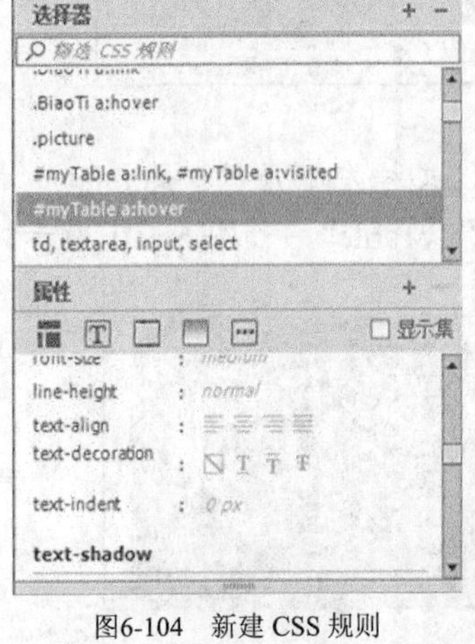

图6-104 新建 CSS 规则

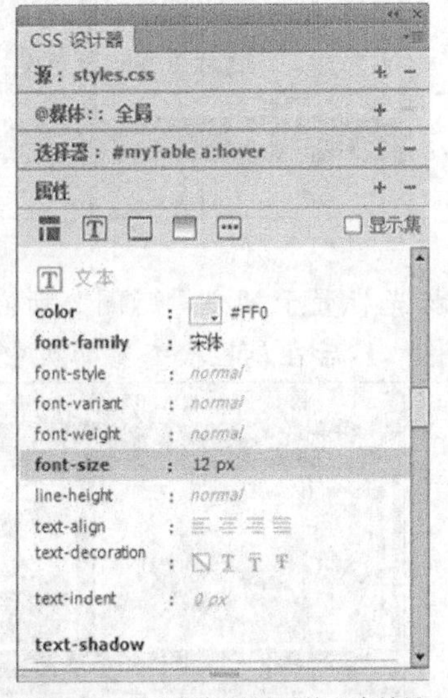

图6-105 设置鼠标经过时的文本效果

(7) 单击属性面板按钮，切换至【背景】面板，设置【color】为“#0CF”，完成 CSS 规则定义，如图 6-106 所示。

图6-106 设置鼠标经过时的背景颜色

(8) 按 Ctrl + S 组合键保存文档，案例制作完成，按 F12 键预览设计效果。

6.3 综合案例——设计“创速汽车公司”网页

在网页设计中，Div 与 CSS 表通常是搭配运用的，下边将以设计汽车公司网页为例，讲解 Div+CSS 设计网页的操作过程，设计效果如图 6-107 所示。

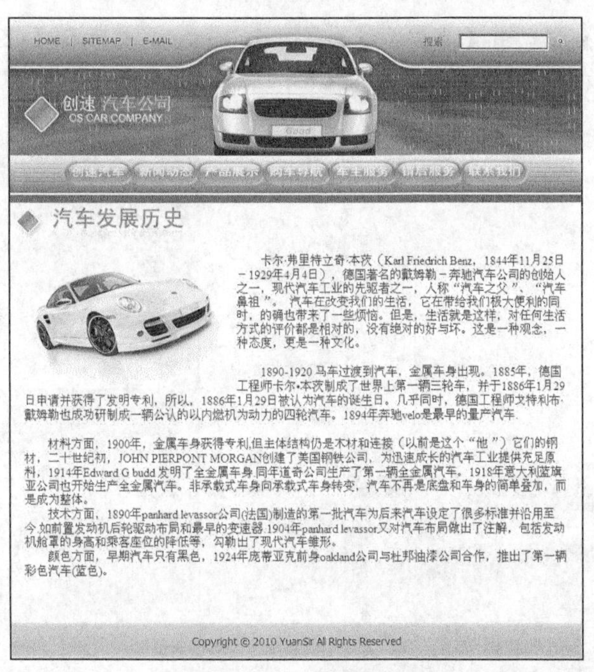

图6-107　设计汽车公司网页

1. 页面布局与规划。

   观察图 6-107 所示的效果图可以发现，该网页大致可分为顶部部分、MENU 部分、内容部分和底部 4 个部分，从而可得该网页的布局结构图如图 6-108 所示。

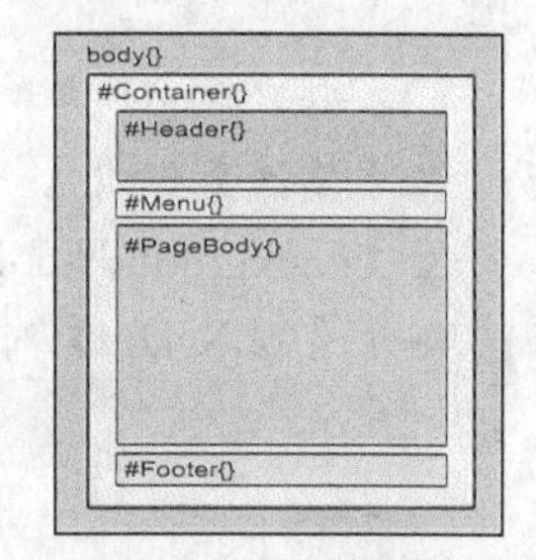

图6-108　布局结构图

2. 写入整体层结构与 CSS。

(1) 新建一个名为“index.html”的空白文档。

(2) 新建一个名为“style.css”的样式文档，设置保存参数如图 6-109 所示。

(3) 在【CSS 设计器】窗口中【源】面板中单击右侧的+按钮，在弹出的菜单中执行【附加现有的 CSS 文件】选项，如图 6-110 所示。

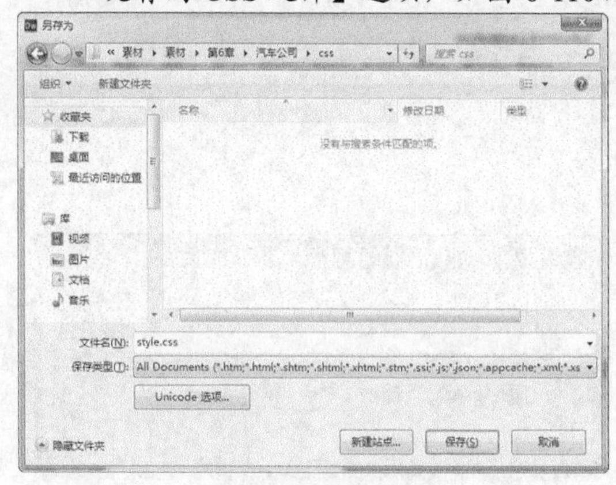

图6-109　创建 CSS 文件

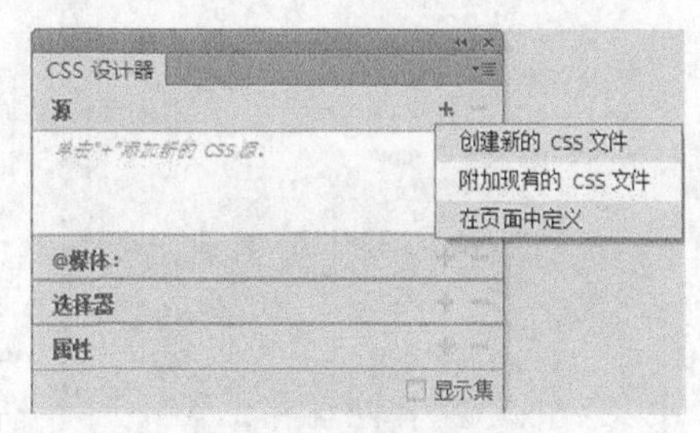

图6-110　附加 CSS 文件

(4) 弹出【使用现有的 CSS 文件】窗口，在【文件/URL】文本框选择刚刚创建的 CSS 文件，单击 确定 按钮，如图 6-111 所示。

(5) 在【CSS 设计器】窗口中【源】面板选择“style.css”，然后在【CSS 设计器】窗口单击【选择器】面板右侧的 + 按钮，输入名称为“body”，新建一个 CSS 规则，如图 6-112 所示。

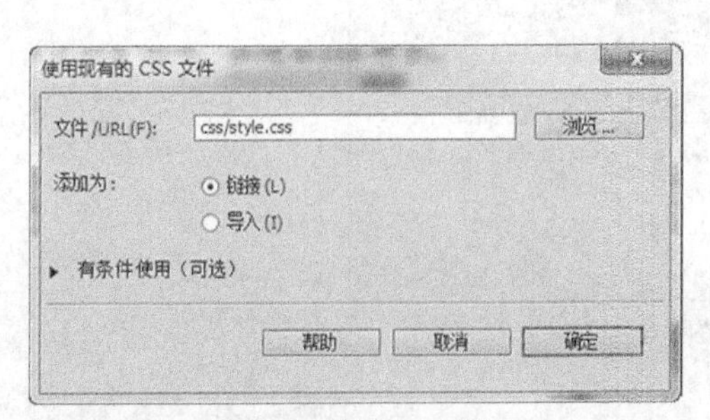

图6-111　选择 CSS 文件

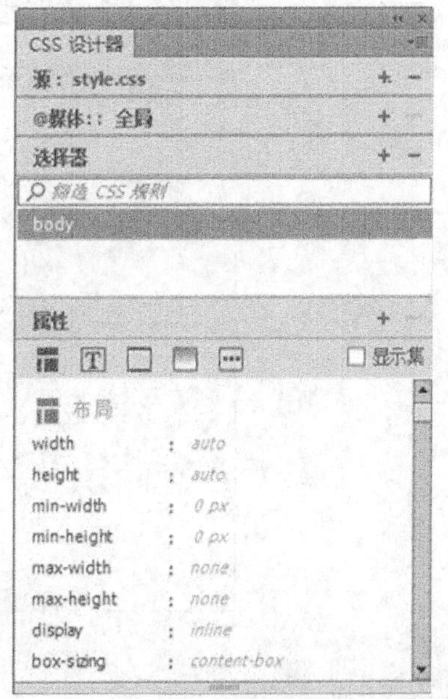

图6-112　新建 CSS 规则

(6) 在【属性】栏设置“body”规则，设置【margin】为 0px，设置【padding】为 0px，设置【backgrounds-color】为“#999”，如图 6-113 所示。

(7) 打开【插入 Div】对话框，设置参数如图 6-114 所示。

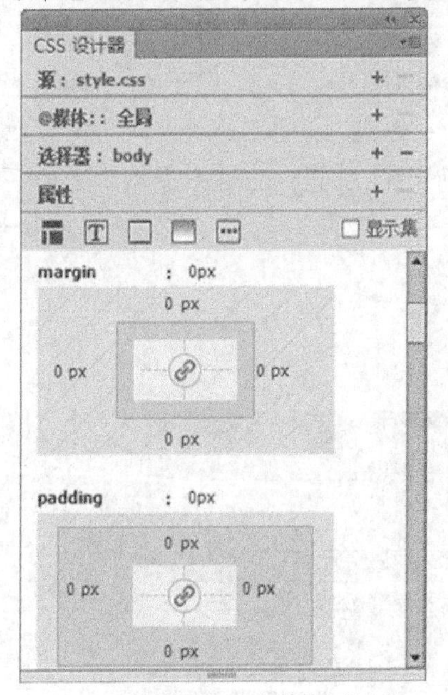

图6-113　设置“body”标签的方框参数

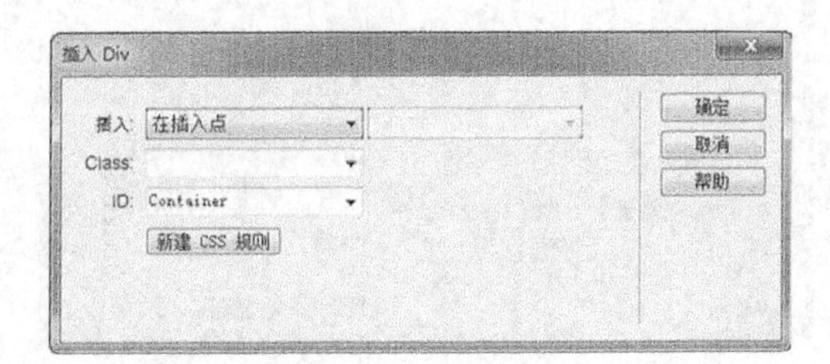

图6-114　新建 Div 标签

(8) 单击 新建 CSS 规则 按钮，打开【新建 CSS 规则】对话框，设置参数如图 6-115 所示。

(9) 单击 确定 按钮，打开【#Container 的 CSS 规则定义（在 style.css）】对话框，然后设置【背景】面板中的【Background-color】为“#FFF”，【方框】面板参数设置如图 6-116 所示。

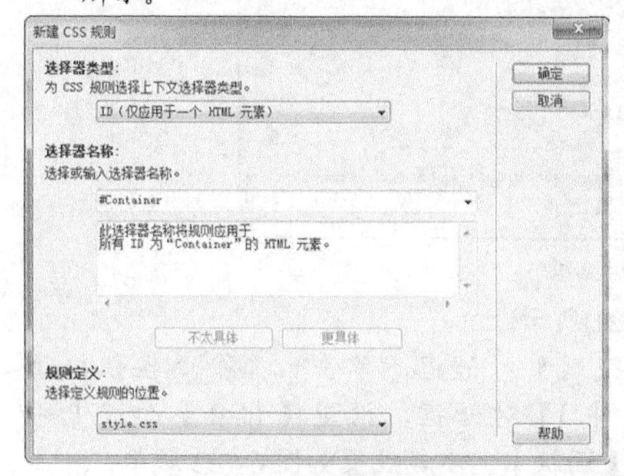

图6-115　设置新建 CSS 规则

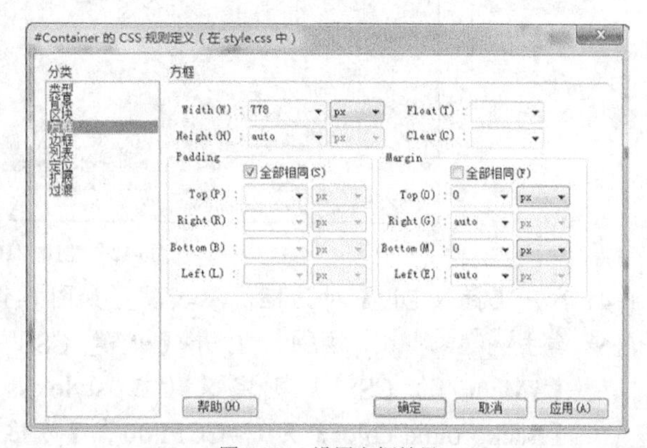

图6-116　设置方框效果

(10) 单击 确定 按钮，创建页面层容器，如图 6-117 所示。

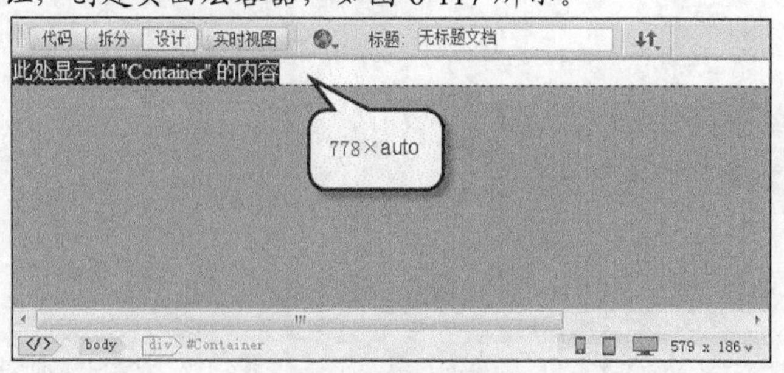

图6-117　创建页面层容器

(11) 删除层里面的内容，然后打开【插入 Div】对话框，参数设置如图 6-118 所示。

(12) 单击 新建 CSS 规则 按钮，打开【新建 CSS 规则】对话框，然后打开【#Header 的 CSS 规则定义（在 style.css 中）】对话框，设置【背景】面板中的【Background-color】为“#FFCC99”，【方框】面板中的参数设置如图 6-119 所示。

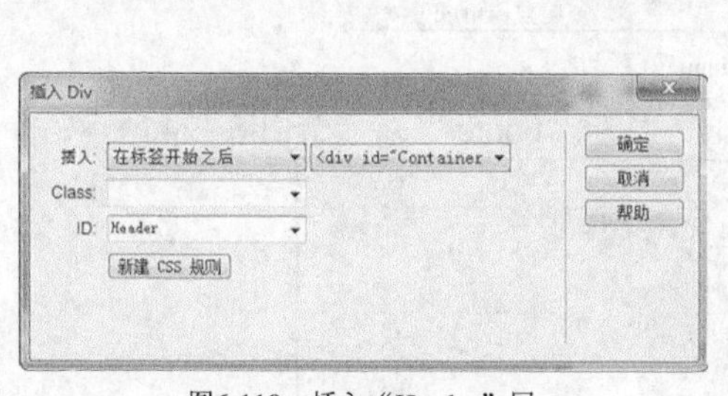

图6-118　插入“Header”层

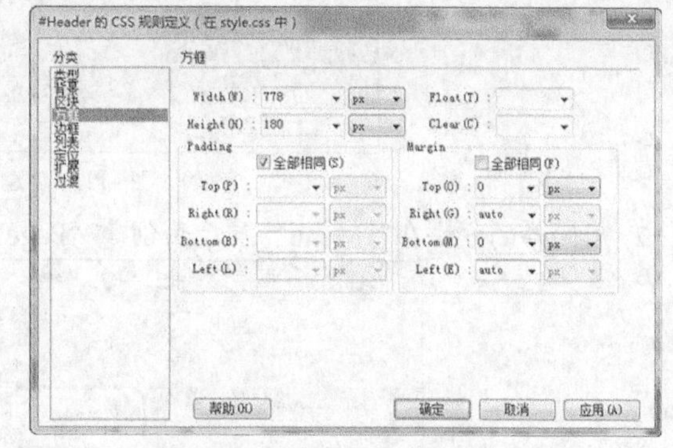

图6-119　设置“Header”层的大小

(13) 单击 确定 按钮，在“Container”层内创建“Header”层，如图 6-120 所示。

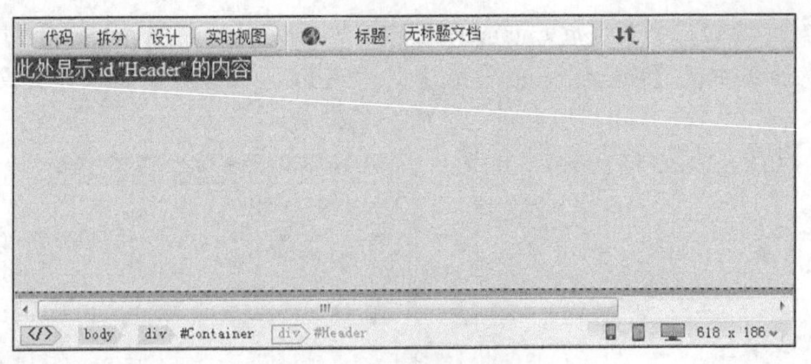

图6-120　创建"Header"层

(14) 打开【插入 Div】对话框，参数设置如图 6-121 所示。

(15) 单击 新建 CSS 规则 按钮，打开【新建 CSS 规则】对话框，单击 确定 按钮打开【#Menu 的 CSS 规则定义（在 style.css 中）】对话框，设置【背景】面板中的【Background-color】为"#CCFF00"，【方框】面板中的参数设置如图 6-122 所示。

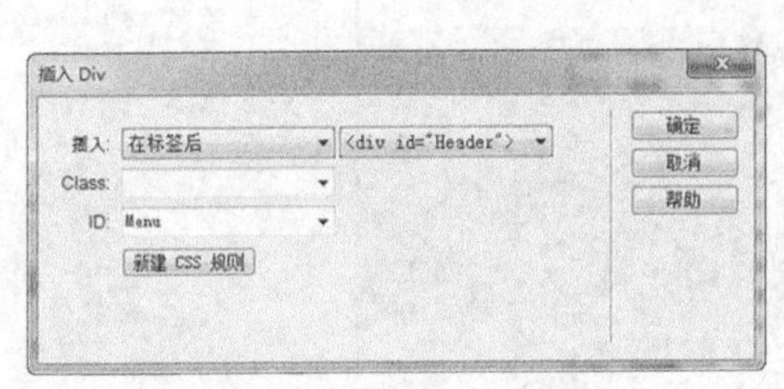

图6-121　设置"Menu"参数

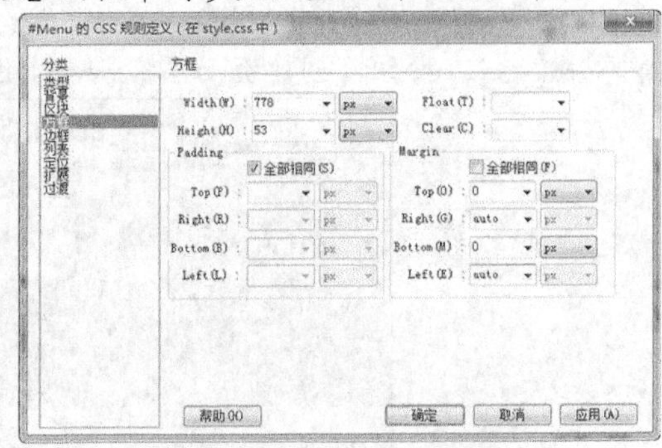

图6-122　设置"Menu"层的方框参数

(16) 单击 确定 按钮，在"Header"层后面创建"Menu"层，如图 6-123 所示。

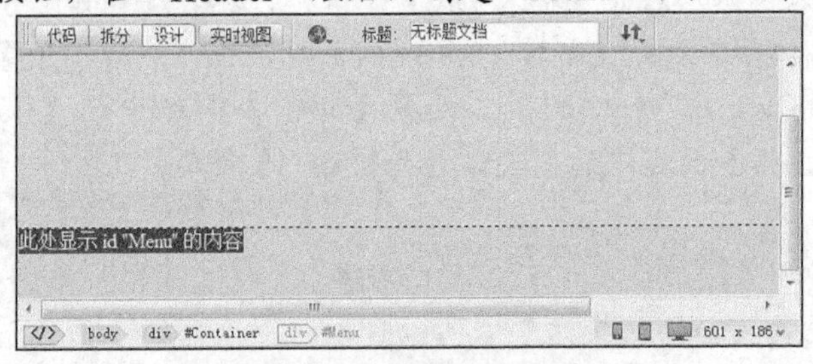

图6-123　创建"Menu"层

(17) 用同样的方法在"Menu"层后面创建"PageBody"层和"Footer"层，如图 6-124 所示。

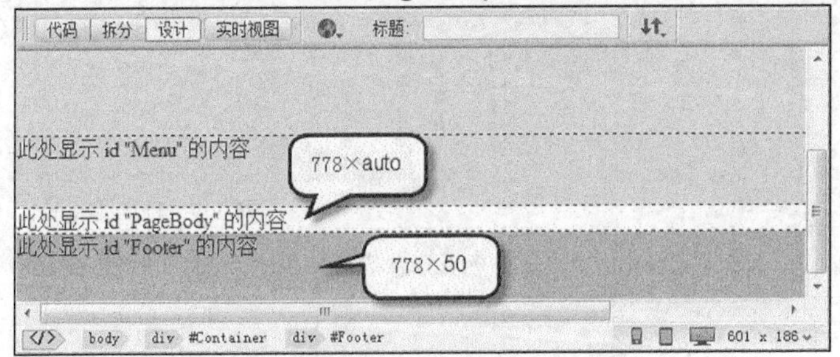

图6-124　创建"PageBody"层和"Footer"层

(18) 按Ctrl+S组合键保存文档，完成网页的布局。

3. 制作页面内容。

(1) 在“Header”层内插入附盘文件“素材\第 6 章\汽车公司\flash\banner.swf”，如图 6-125 所示。

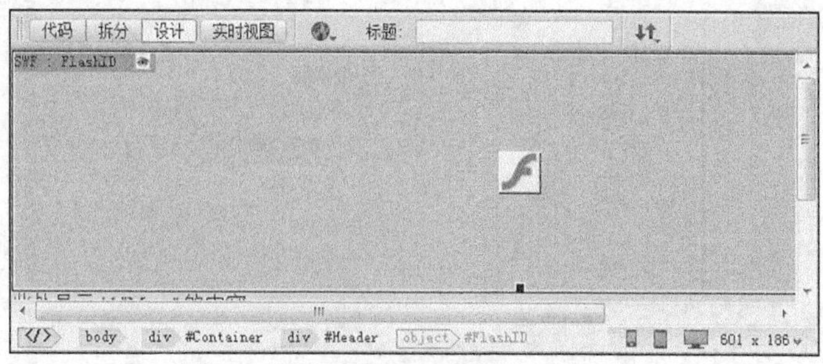

图6-125 在“Header”层内插入 Flash 动画

(2) 在“Menu”层内连续插入附盘文件夹“素材\第 6 章\汽车公司\images”中的“Menu01.jpg”～“Menu09.jpg”，如图 6-126 所示。

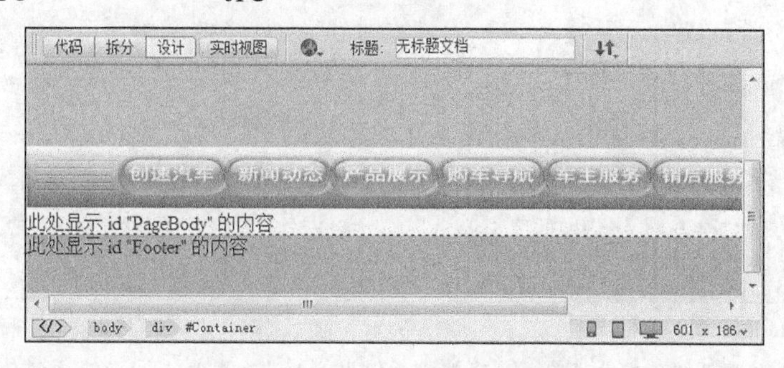

图6-126 在“Menu”层内插入图像

(3) 在“PageBody”层内插入“ico”层，设置【背景】参数，如图 6-127 所示。设置【方框】类型中的【Width】为“778”，【Height】为“57”。

(4) 在“ico”层内插入附盘文件“素材\第 6 章\汽车公司\images\ico.gif”，如图 6-128 所示。

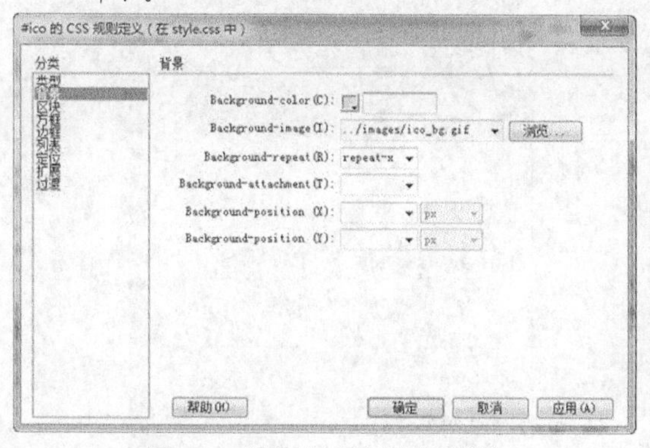

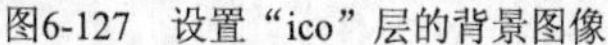

图6-127 设置“ico”层的背景图像

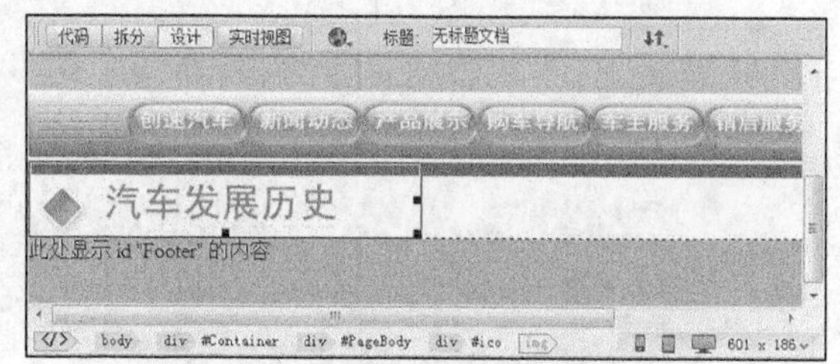

图6-128 插入“ico”层并插入图像

(5) 在“ico”层后面新建一个“MainBody”层，设置【方框】参数，如图 6-129 所示。

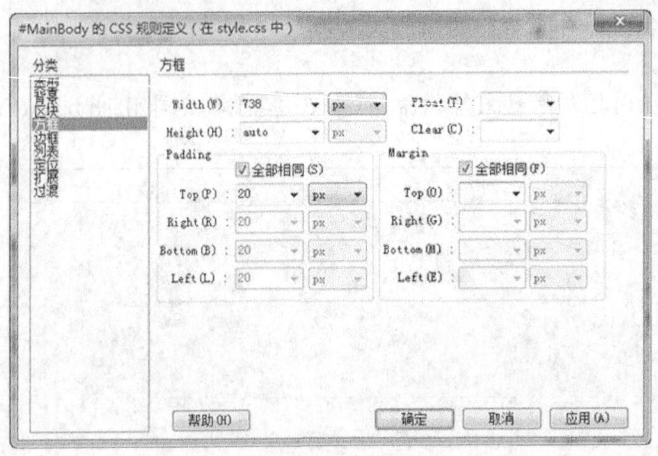

图6-129　设置“MainBody”层的方框参数

(6) 在“MainBody”层内输入文本，如图 6-130 所示。

(7) 在“MainBody”层内的文本前面插入附盘文件“素材\第 6 章\汽车公司\images\car.gif”，并在属性检查器面板中设置【对齐】为“左对齐”，最终效果如图 6-131 所示。

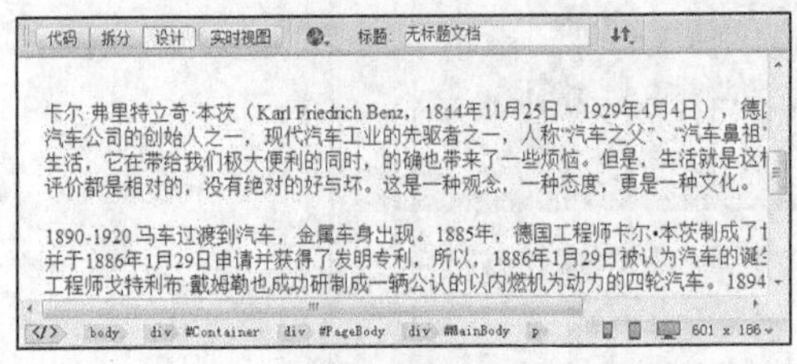

图6-130　插入文本

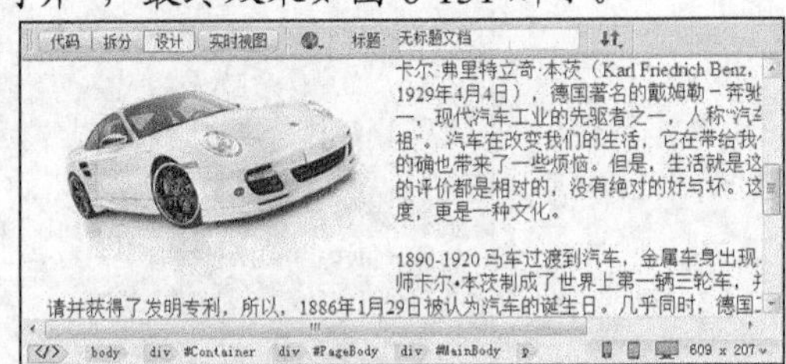

图6-131　向“MainBody”层添加内容

(8) 在【CSS 设计器】窗口中【源】面板选择【style.css】选项，在【选择器】面板选择【#Footer】选项，在【属性】面板设置【文本】属性，参数如图 6-132 所示。

(9) 在【CSS 设计器】窗口【背景】面板中设置背景参数，如图 6-133 所示。

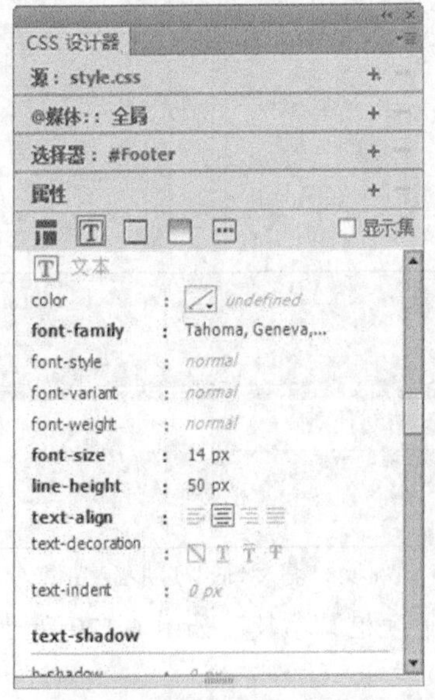

图6-132　设置【文本】面板参数

图6-133　设置【背景】面板参数

(10) 在“Footer”层内输入文本，最终效果如图 6-134 所示。

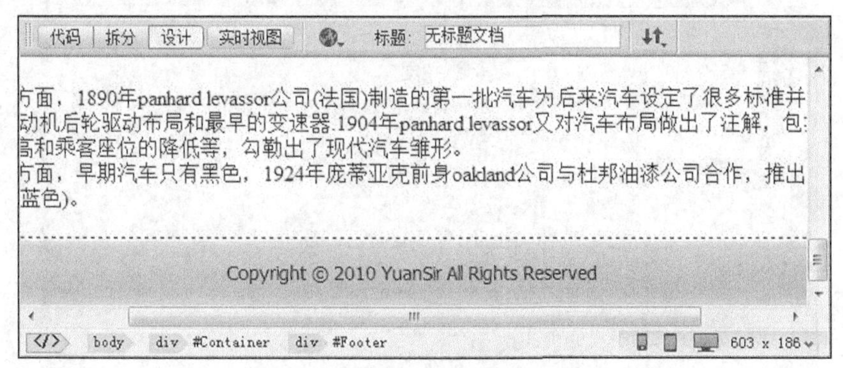

图6-134 在“Footer”层内输入文本

(11) 按 Ctrl + S 组合键保存文档，案例制作完成，按 F12 键预览设计效果。

6.4 使用技巧——设置 AP 层的透明度

用户在日常的网页浏览中是否会注意到页面的透视效果，这种效果为网页营造了一种唯美的气氛，如图 6-135 所示。如何制作这种透明效果，把底层的背景透出来，从而使层与层之间的搭配更加和谐美观呢？以下为具体操作步骤。

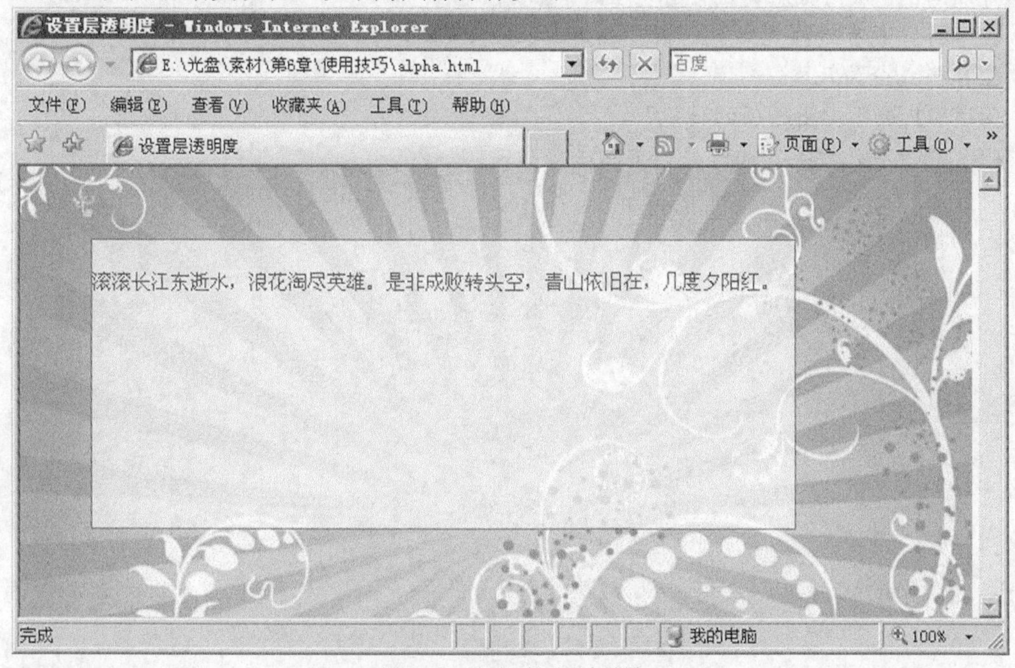

图6-135 设置层的透明度效果

1. 新建一个空白文档，并设置图像。
2. 新建一个 AP 层，设置【扩展】面板的【Filter】为“Alpha(Opacity=70)”，如图 6-136 所示。

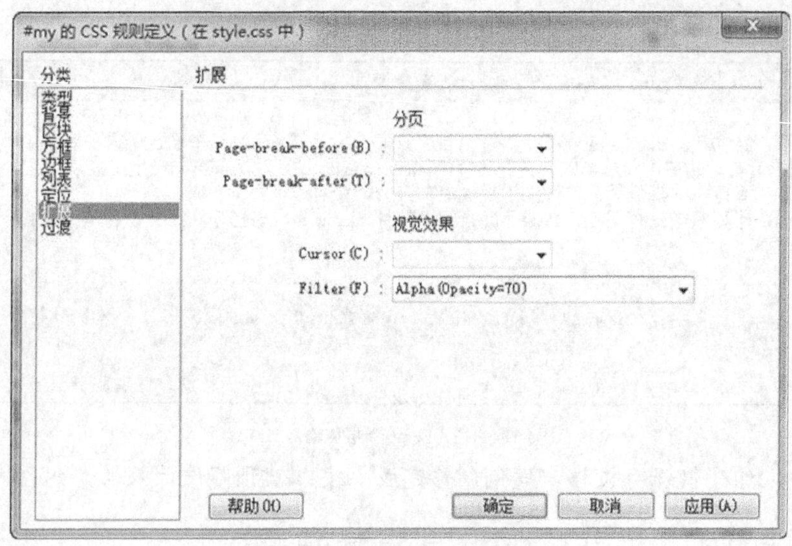

图6-136　设计透明参数

6.5　习题

1. 可以向 AP 层内插入的元素有哪些？
2. CSS 样式表有哪些优点？
3. CSS 样式分为几类？
4. 简述 AP 层各溢出选项的功能？
5. CSS 属性有几大类？简述每一类的主要功能。

第7章　应用表单

【学习目标】

- 熟悉表单的基本概念和应用方法。
- 掌握创建表单元素的操作方法。
- 掌握设置表单元素的操作方法。
- 掌握验证表单的操作方法。

如果用户想通过网页收集访问者的信息或者通过网页对访问者展开调查，就需要设计表单网页来实现信息的交互。表单是访问者与网站管理者进行信息传递和交流的主要窗口，Web 管理者和用户之间可以通过表单作为载体建立起沟通和反馈信息的渠道。常见的表单有搜索表单、用户登录注册表单、调查表单等。

7.1　创建表单

使用 Dreamweaver CC 软件可以创建各种表单元素，如文本域、复选框、单选框、按钮和文件域等。在【插入】面板的“表单”类别中列出了所有表单元素，如图 7-1 所示。

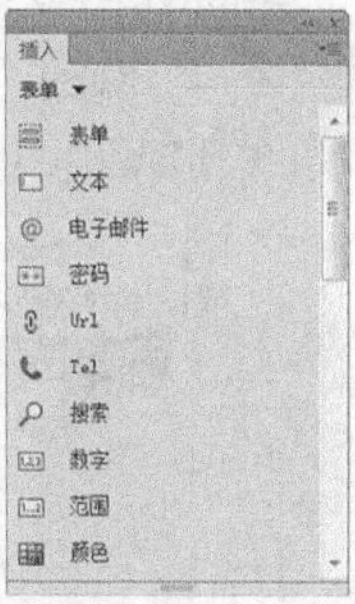

图7-1　“表单”类别

7.1.1　创建表单的操作方法

下面将以设计“海底世界”网站的注册页面为例来讲解表单的创建和设置方法，设计效果如图 7-2 所示。

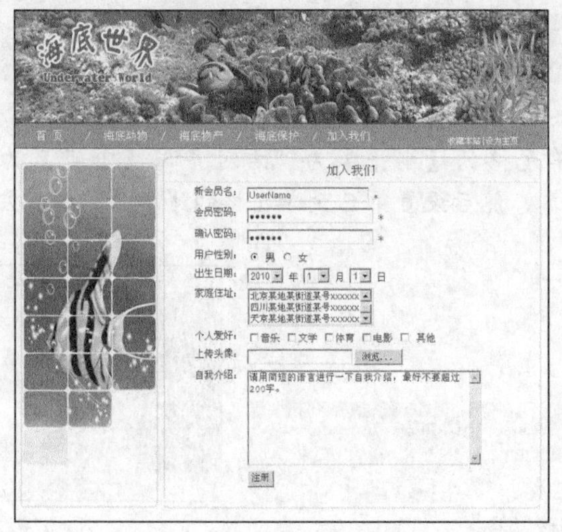

图7-2　设计“海底世界”网站

一、插入表单

表单是表单元素的载体。为了能让浏览器正确处理表单元素所包含的相关数据信息，表单元素必须插入表单之中。表单用红色虚线框来表示，但实际上是隐匿在浏览器中。

1. 打开附盘文件“素材\第 7 章\海底世界\index.html”，如图 7-3 所示。
2. 将鼠标光标置于主体文本“加入我们”下方的空白单元格中，选择菜单命令【插入】/【表单】/【表单】，即可在鼠标光标处插入 1 个空白表单，如图 7-4 所示。

图7-3　打开素材文件

图7-4　插入表单

表单以红色虚线框显示。

3. 单击红色虚线选中表单，然后在属性检查器面板中设置【ID】为“form1”，【Method】为“POST”，【Enctype】为“application/x-www-form-urlencoded”，【Target】为“_blank”，如图 7-5 所示。

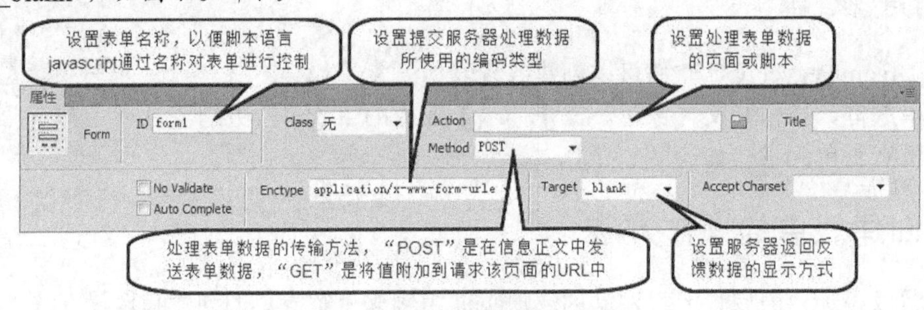

图7-5　设置表单属性

长表单不能使用 GET 方法。

4. 将鼠标光标置于表单中，然后插入一个格式为 10 行 2 列的表格，表格参数如图 7-6 所示。
5. 设置表格第 1 列单元格的【水平】为“右对齐”，【垂直】为“顶端”，【宽度】为“20%”，并输入文本，然后设置第 2 列单元格的【水平】为“左对齐”，最终效果如图 7-7 所示。

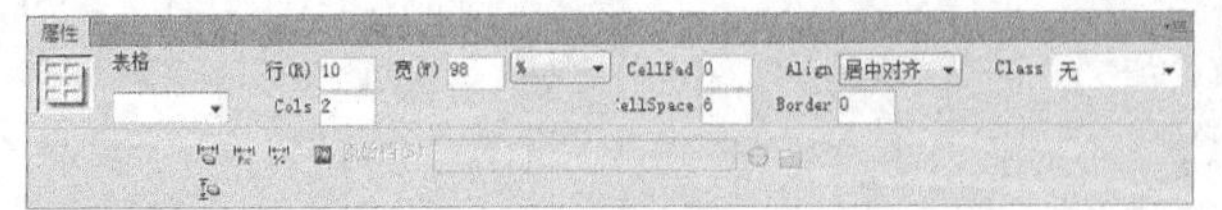

图7-6　插入表格

图7-7　设置表单内容

二、 插入文本域

文本域是表单中常用的元素之一，它包括单行文本、密码和多行文本域 3 类，如图 7-8 所示。

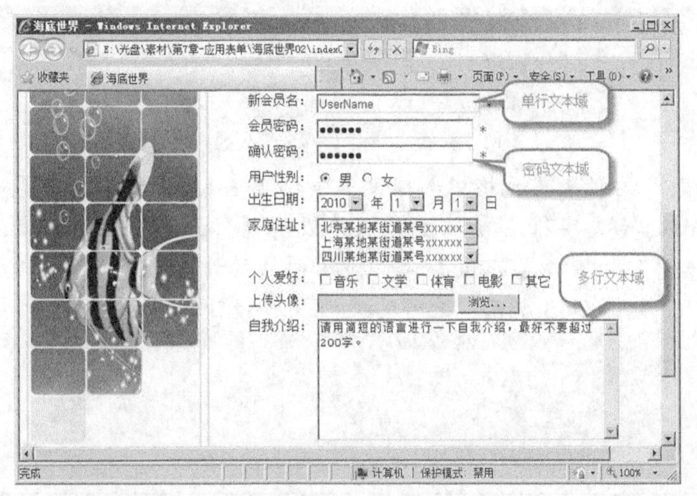

图7-8　插入文本域

1. 将鼠标光标置于“新会员名:”右侧的单元格中，选择菜单命令【插入】/【表单】/【文本】，如图 7-9 所示。

图7-9　设置文本域参数

2. 删除文本前面的英文字符，然后选中文本，在属性检查器面板中设置【Size】为“25”，【Max Length】为“20”，【Name】和【Value】为“Username”，如图 7-10 所示。

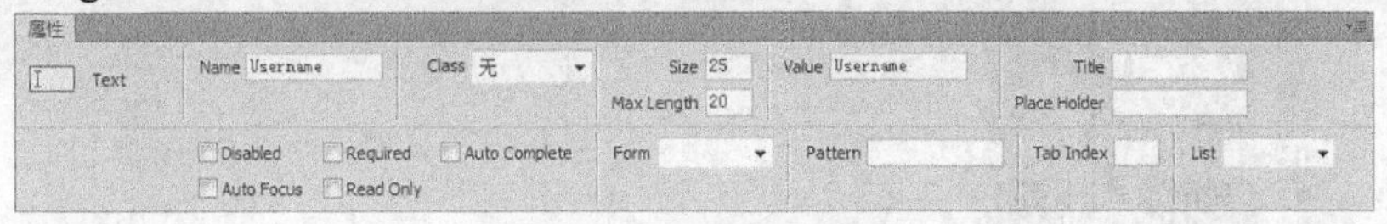

图7-10　设置文本域参数

3. 在“会员密码:”右侧的单元格中选择菜单命令【插入】/【表单】/【密码】，删除密码前面的英文字符，然后在属性面板中设置【Name】为“password”，【Size】为“25”，【Max Length】为“20”，【Value】为“123456”，如图 7-11 所示。

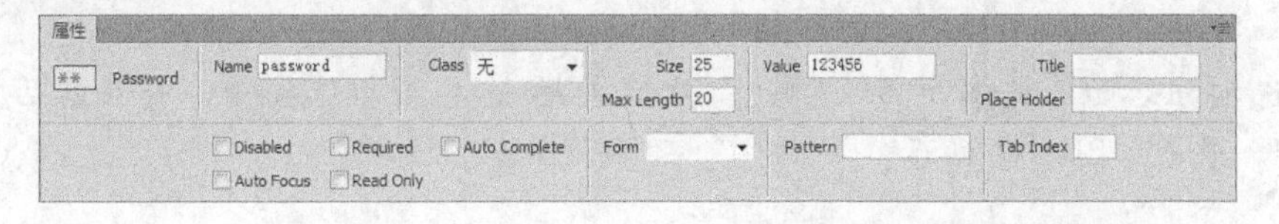

图7-11　设置密码文本域

4. 在“确认密码:”右侧的单元格中插入一个密码，删除密码前面的英文字符，然后在属性面板中设置【Name】为“password1”,【Size】为“25”,【Max Length】为“20”,【Value】为“654321”，如图 7-12 所示。

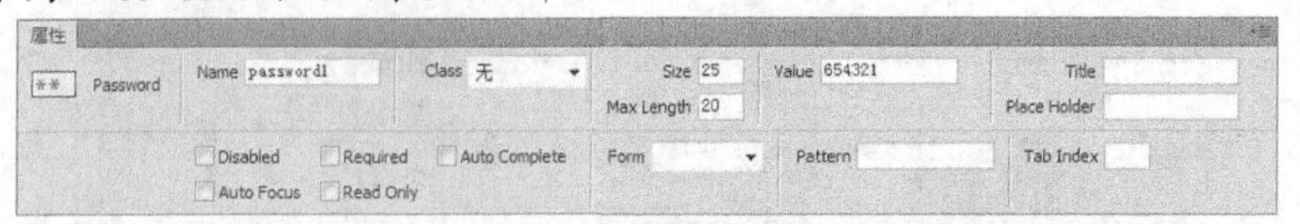

图7-12　插入“确认密码:”文本域

5. 在“自我介绍:”右侧的单元格中选择菜单命令【插入】/【表单】/【文本区域】，删除文本区域前面的英文字符，在属性面板中设置【Name】为“Introduce”,【Cols】为“40”,【Rows】为“8”,【Value】为“请用简短的语言进行一下自我介绍，最好不要超过 200 字。”，如图 7-13 所示。此时的文档效果如图 7-14 所示。

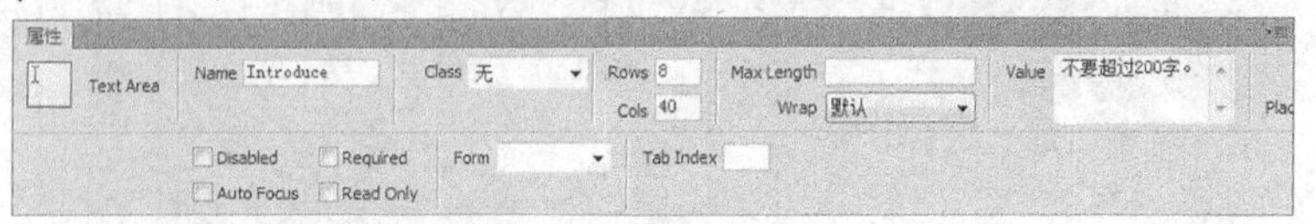

图7-13　设置多行文本域

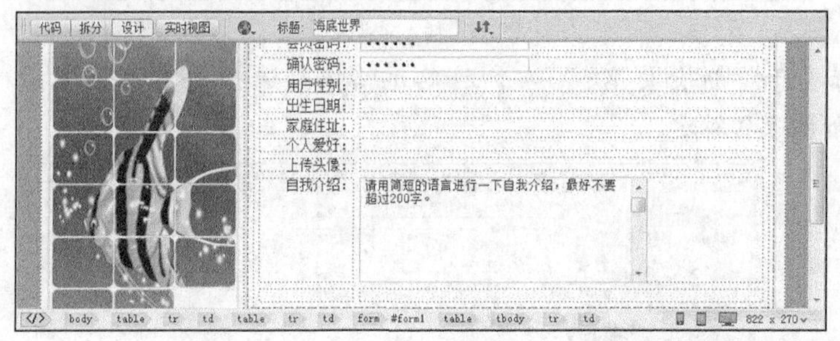

图7-14　文档效果

三、 插入单选按钮

单选按钮是指在一组选项中只允许选择一个选项，如性别、血型和文化程度等。

1. 将鼠标光标置于“用户性别:”右侧的单元格中，选择菜单命令【插入】/【表单】/【单选按钮】，即可在鼠标光标处插入 1 个单选按钮，如图 7-15 所示。

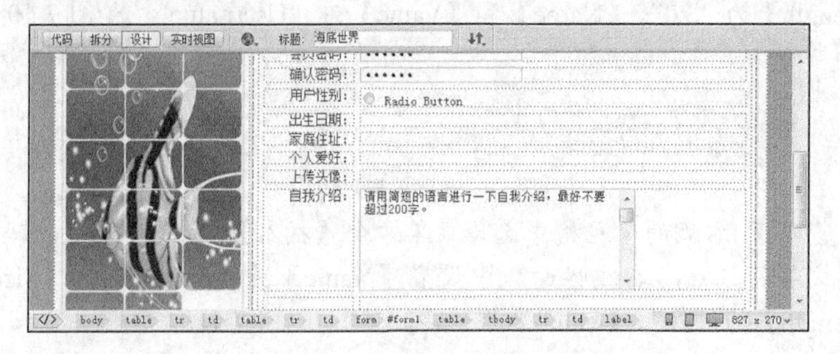

图7-15　插入单选按钮

2. 将单选按钮后面的文本改为 “男”，然后再插入 1 个单选按钮，并在其后文本改为“女”，效果如图 7-16 所示。

图7-16 设置完成后的性别选择

3. 单击选中第 1 个单选框，然后在属性面板中设置【Name】为“Sex”，【Value】为“1”，勾选【Checked】复选框，如图 7-17 所示。

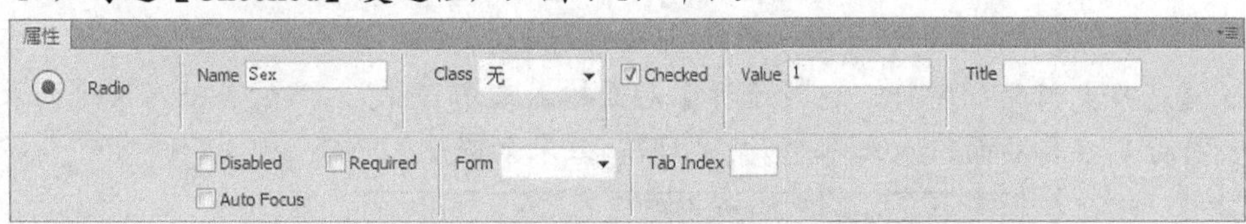

图7-17 设置第 1 个单选按钮的属性

4. 设置第 2 个单选按钮的参数如图 7-18 所示。

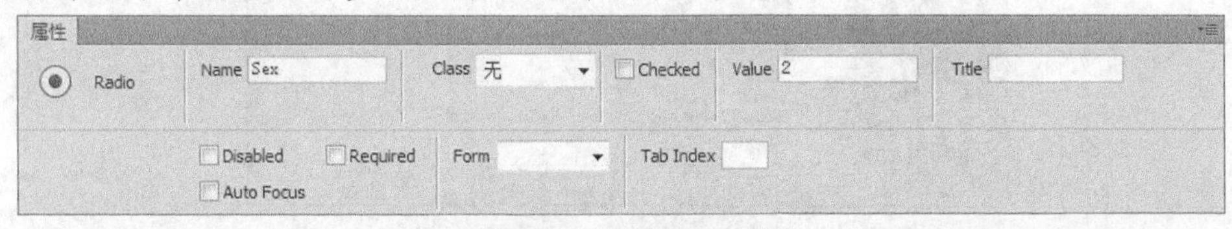

图7-18 第 2 个单选按钮的属性

Dreamweaver CC 提供的“单选按钮组”功能，可以一次性插入多个单选按钮。具体操作顺序为：选择菜单命令【插入】/【表单】/【单选按钮组】，打开【单选按钮组】对话框，设置【名称】为“Sex”，在【标签】列中设置标签分别为“男”“女”，在【值】列中设置分别为“1”“2”，并单击【TABLE】单选按钮，如图 7-19 所示。单击 确定 按钮，即可插入一个单选按钮组，如图 7-20 所示。

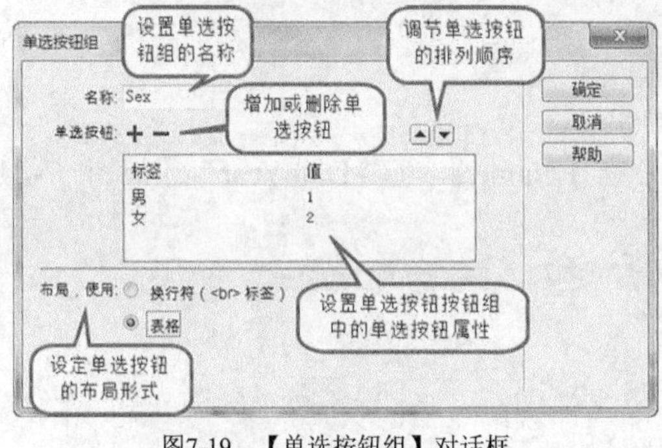

图7-19 【单选按钮组】对话框

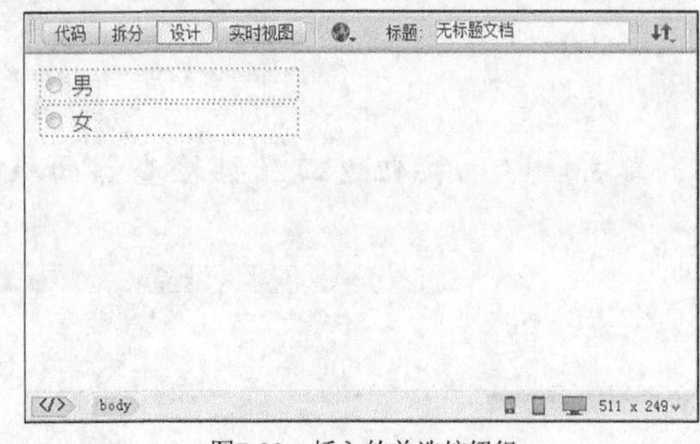

图7-20 插入的单选按钮组

四、 插入列表/菜单

列表和菜单也是表单中常用的元素之一，它可以显示多个选项，用户可以通过滚动条在多个选项中进行选择。

1. 将鼠标光标置于“出生日期:”右侧的单元格中，选择菜单命令【插入】/【表单】/【选择】，即可在鼠标光标处插入 1 个列表/菜单域，如图 7-21 所示。

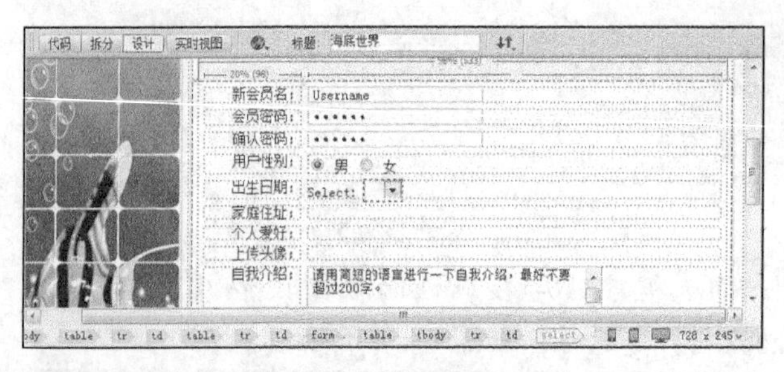

图7-21　插入列表/菜单域

2. 删除【选择】前面的字符，在【选择】后面输入文本“年”，然后再插入两个列表/菜单域，并分别在其后面输入文本“月”“日”，效果如图 7-22 所示。

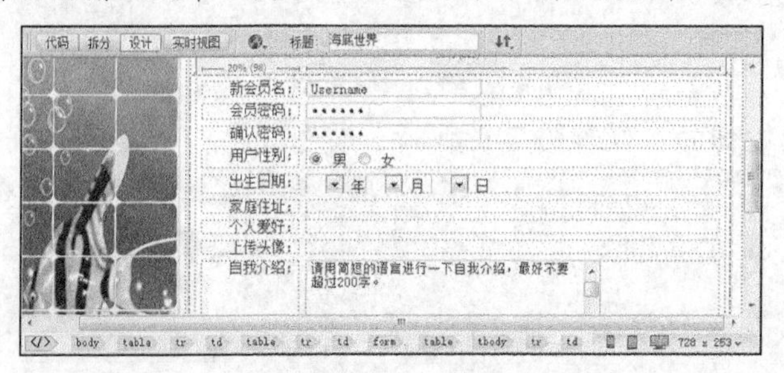

图7-22　插入 3 个列表/菜单域

3. 选中第 1 个列表/菜单域，在属性检查器面板中单击 列表值... 按钮，打开【列表值】对话框，然后添加【项目标签】和【值】，如图 7-23 所示。

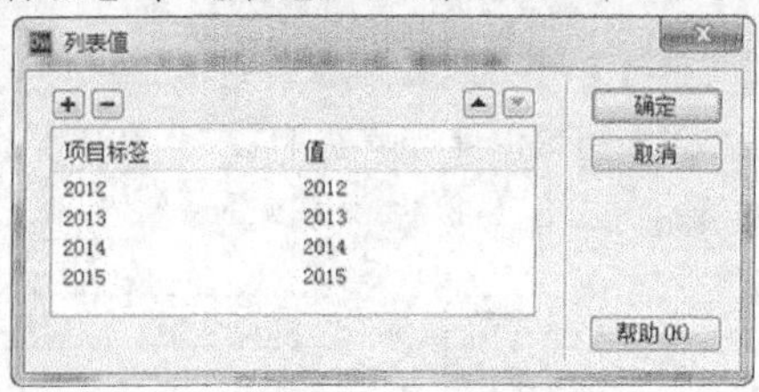

图7-23　设置列表值

4. 单击 确定 按钮返回属性检查器面板，设置【Name】为“DateYear”，如图 7-24 所示。

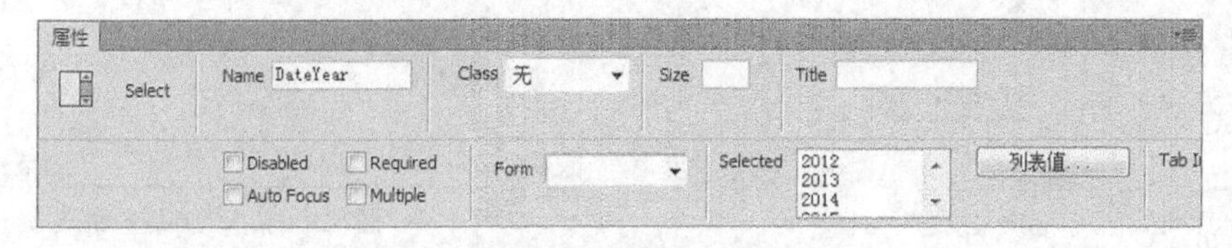

图7-24　设置“年”的列表/菜单域的属性

5. 使用同样的方法分别设置第 2 个和第 3 个列表/菜单域，其中“月”的列表值从“1～12”，“日”的列表值从“1～31”，属性面板如图 7-25 和图 7-26 所示。

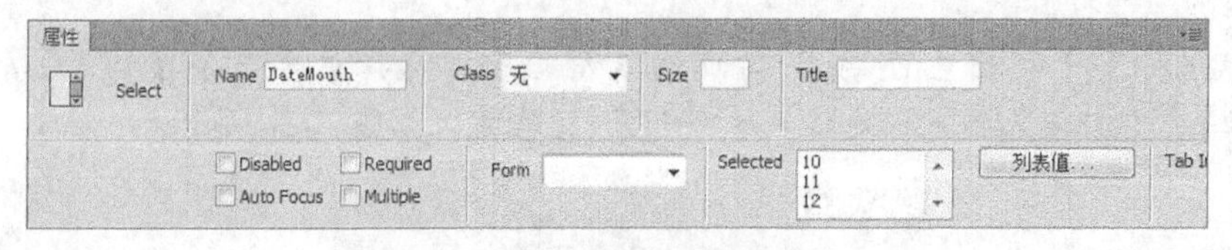

图7-25　设置月份列表/菜单域的属性

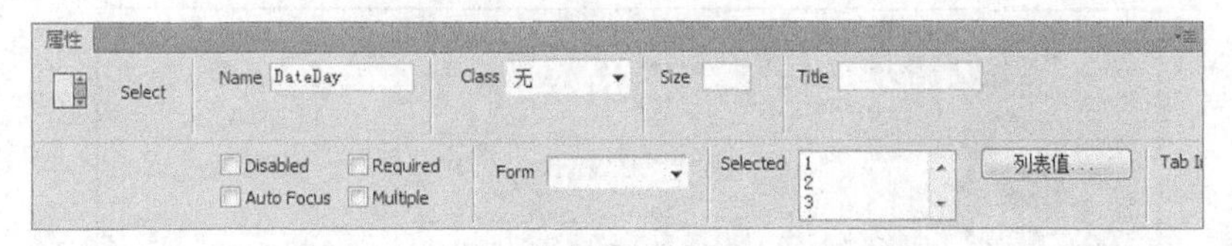

图7-26　设置日期列表/菜单域的属性

6. 在“家庭地址:”后面的单元格中插入【选择】，并设置【Name】为“Address”，【Size】为“3”，如图 7-27 所示。其中【列表值】的设置如图 7-28 所示。

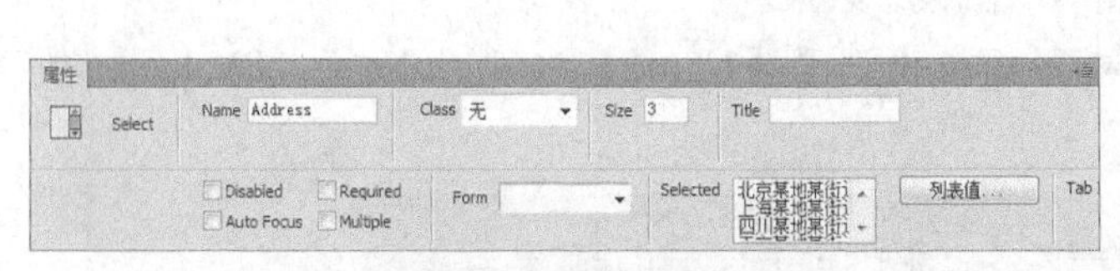

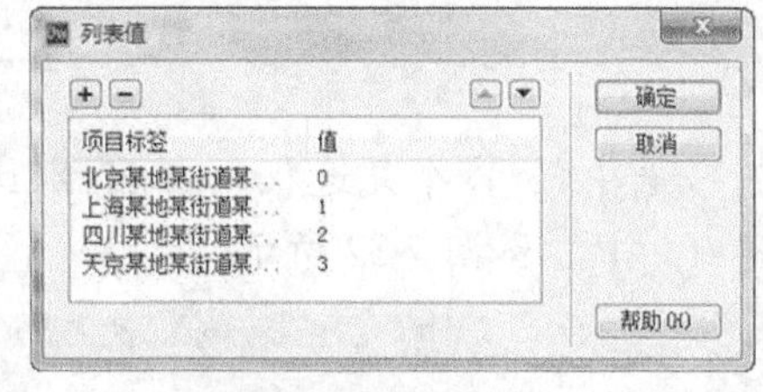

图7-27　设置列表属性　　　　图7-28　设置列表值

7. 最终的设计效果如图 7-29 所示。

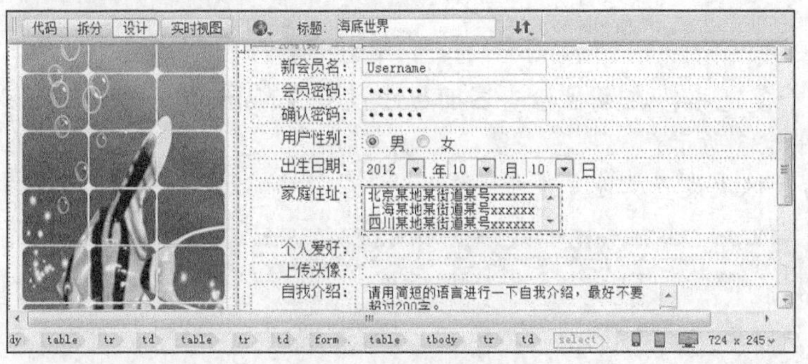

图7-29　列表的设计效果

五、 插入复选框

复选框是指在一组选项中，允许用户选中多个选项。当用户选中某一项时，与其对应的小方框内就会出现一个对勾。再次单击鼠标，对勾消失，表示此项已被取消选择。

1. 将鼠标光标置于“个人爱好:”右侧的单元格中，选择菜单命令【插入】/【表单】/【复选框】，即可在鼠标光标处插入 1 个复选框，如图 7-30 所示。

图7-30　插入复选框

2. 用同样的方法再插入 4 个复选框，并调整文本，效果如图 7-31 所示。

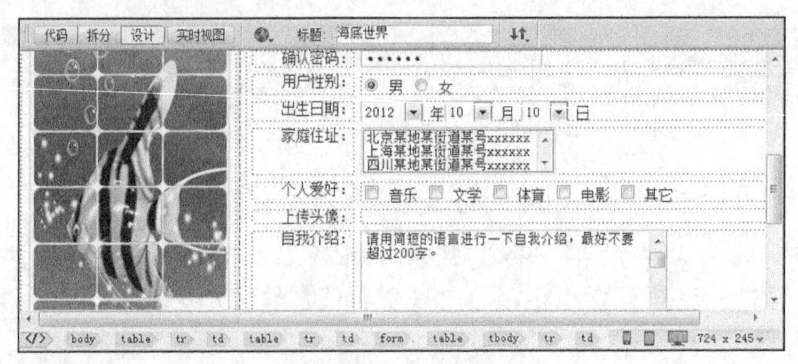

图7-31　插入多个复选框

3. 选中第1个复选框，在属性检查器面板中设置【Name】为“YinYue”，【Value】为“1”，如图7-32所示。

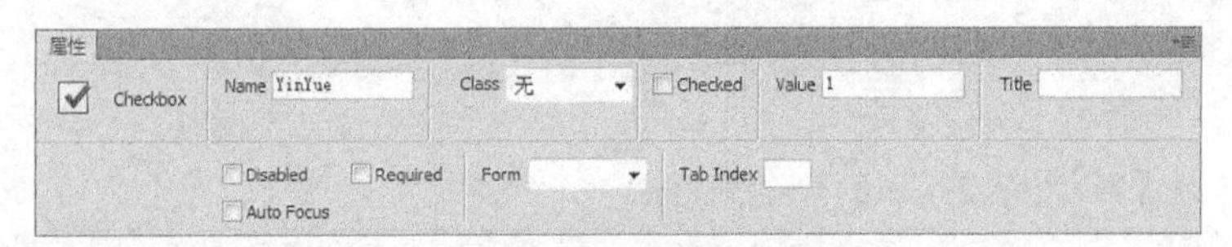

图7-32　设置第1个复选框参数

4. 选中第2个复选框，在属性检查器面板中设置【Name】为“WenXue”，【Value】为“2”，如图7-33所示。
5. 按照上述方法依次设置其他复选框。

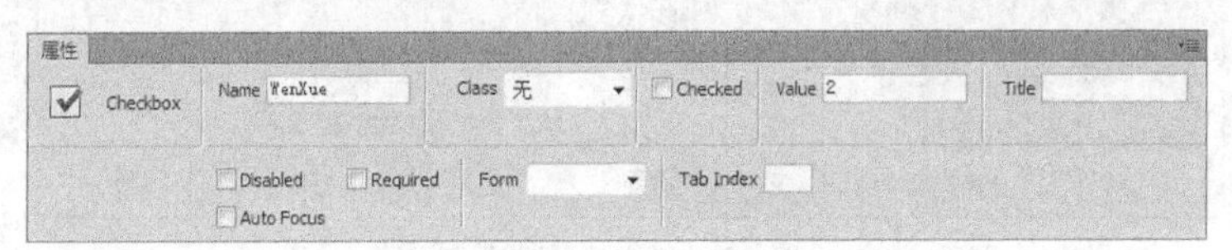

图7-33　设置第2个复选框参数

六、 文件域

文件域的作用是让用户在浏览的同时可以选择本地的某个文件，并将该文件作为表单数据进行上传。

1. 将鼠标光标置于“上传头像:”右侧的单元格中，然后选择菜单命令【插入】/【表单】/【文件】，即可在鼠标光标处插入1个文件，删除前面的英文，如图7-34所示。

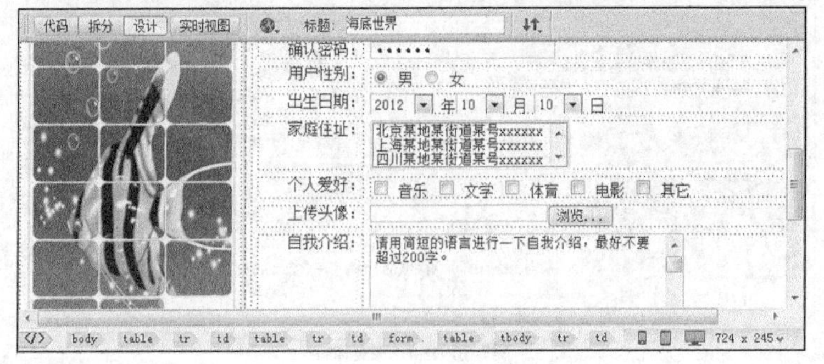

图7-34　插入文件域

2. 选中文件域，在属性检查器面板中设置【Name】为“TouXiang”，如图7-35所示。

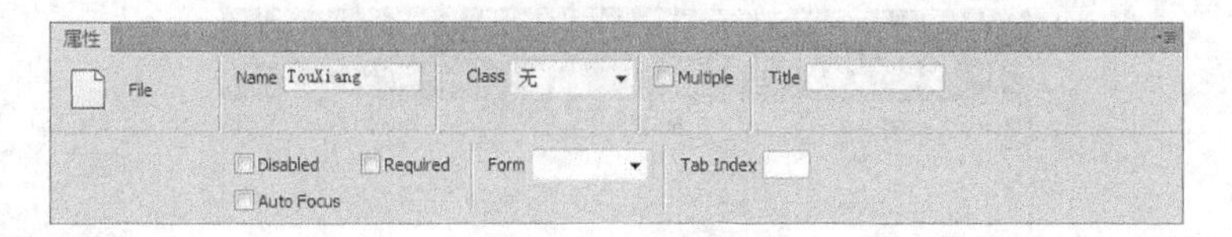

图7-35　文件域参数

七、　插入按钮

在表单中，按钮是用来控制表单的操作的。使用按钮可以执行将填写完成的表单数据信息传送给服务器的指令，或者也可以设置成重新填写的指令。

1. 将鼠标光标置于表格最后一行的第 2 个单元格中，然后选择菜单命令【插入】/【表单】/【"提交" 按钮】，即可在鼠标光标处插入 1 个提交按钮，如图 7-36 所示。

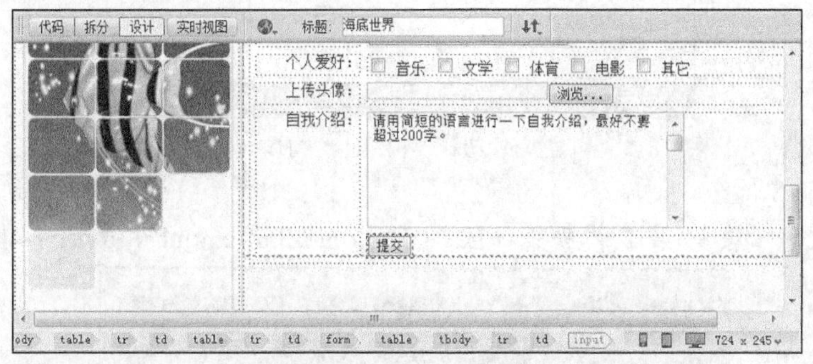

图7-36　插入"提交"按钮

2. 选中按钮，在属性面板中设置【Name】为 "Submit"，【Value】为 "注册"，如图 7-37 所示。

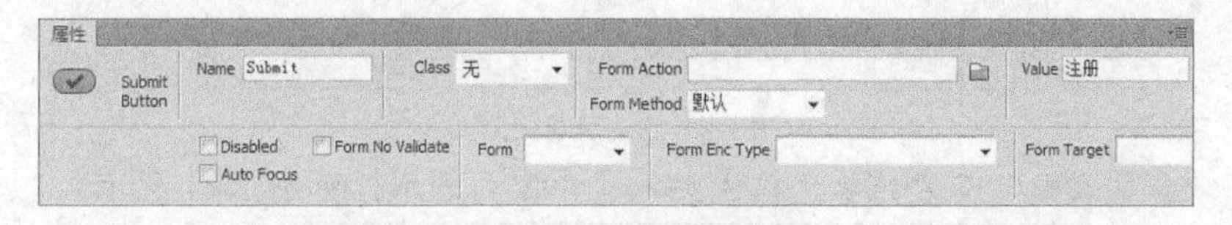

图7-37　设置按钮的参数

3. 将鼠标光标置于第一个按钮后面，然后选择菜单命令【插入】/【表单】/【"重置" 按钮】，在属性面板中设置【Name】为 "Cancel"，【Value】为 "取消"，如图 7-38 所示。
4. 按 Ctrl + S 组合键保存文档，案例制作完成，按 F12 键预览设计效果。

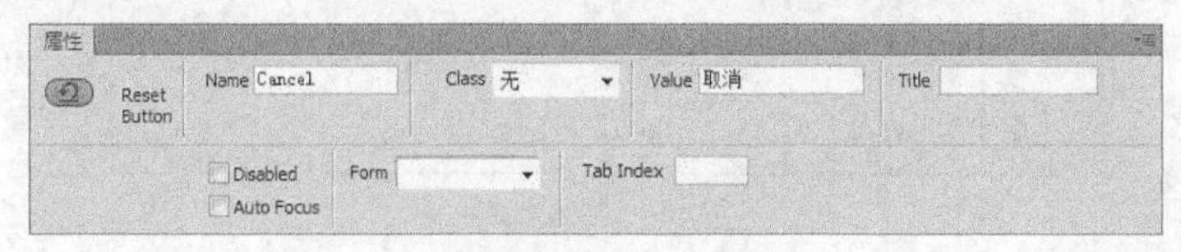

图7-38　设置第 2 个按钮的参数

7.1.2　典型实例——设计"平民社区"网页

为了让用户能充分巩固运用 Dreamweaver CC 软件创建并设置表单的相关知识，熟练掌握其操作方法，下面将以设计"平民社区"网页为例讲解，设计效果如图 7-39 所示。

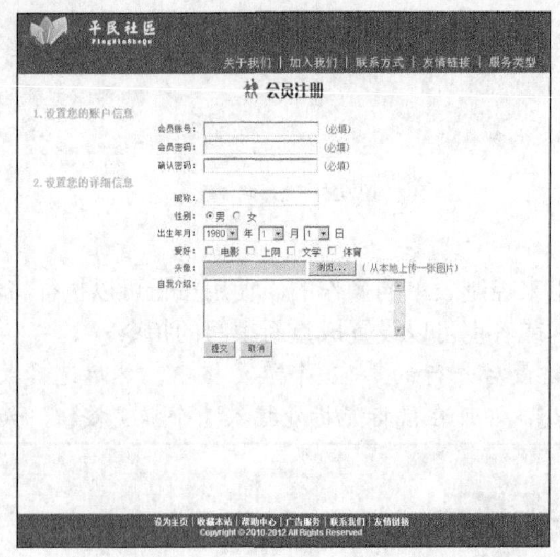

图7-39　设计“平民社区”网页

1.　布局表单。

(1)　打开附盘文件“素材\第 7 章\平民社区 01\HuiYuanZhuCe.html”，如图 7-40 所示。

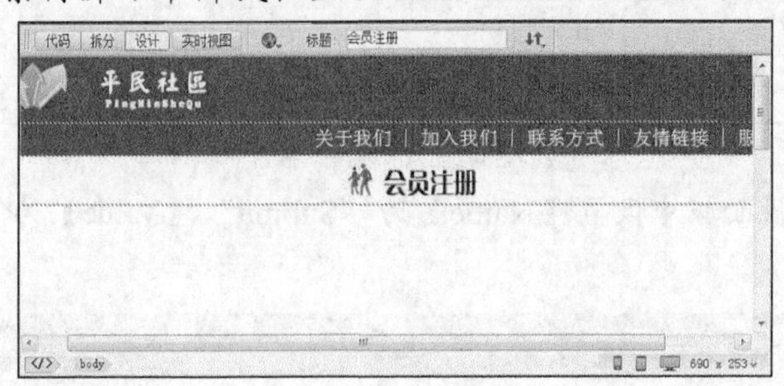

图7-40　打开素材文件

(2)　在文本“会员注册”下方的单元格中插入 1 个空白表单，如图 7-41 所示。

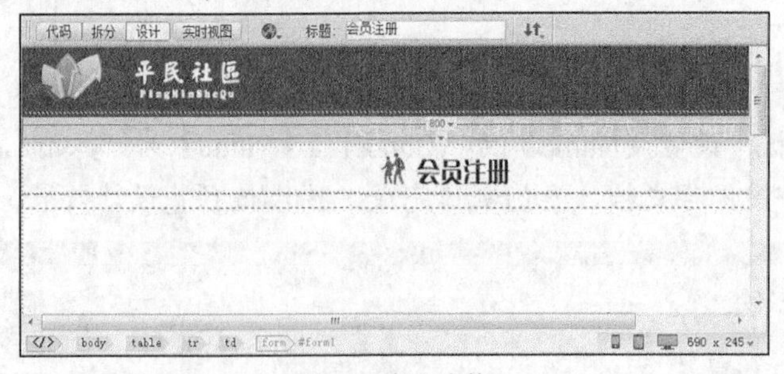

图7-41　插入表单

(3)　在表单内插入一个格式为 12 行 3 列的表格，表格参数如图 7-42 所示。

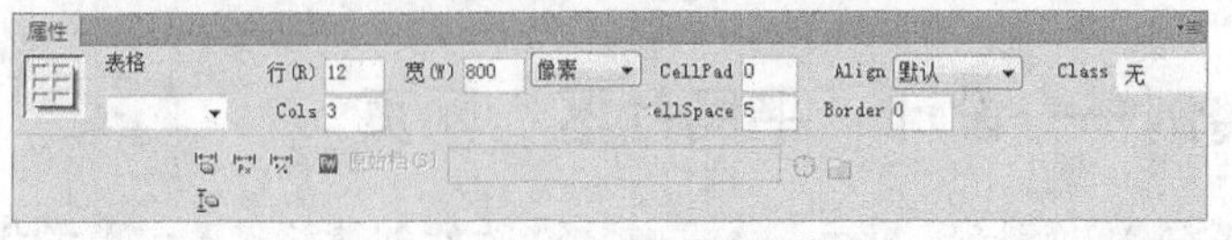

图7-42　设置表格参数

(4)　设置表格第 1 列的【宽】为“200”，【水平】为“右对齐”，【垂直】为“居中”，如图 7-43 所示。

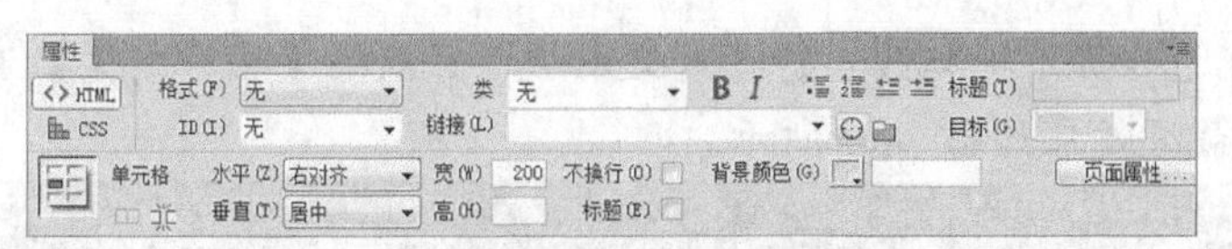

图7-43　设置第 1 列表格的参数

(5) 设置表格第 2 列的【宽】为“80”,【水平】为“右对齐”,【垂直】为“居中”，如图 7-44 所示。

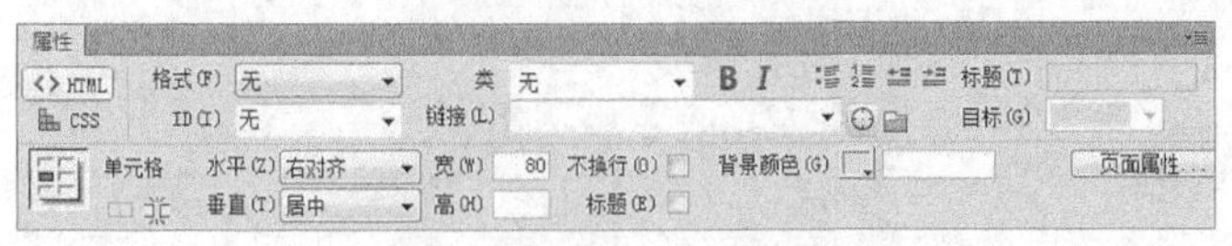

图7-44　设置第 2 列表格的参数

(6) 在第 1 列第 1 行和第 4 行的单元格中输入文本，并对文本应用“.text01”规则，如图 7-45 所示。

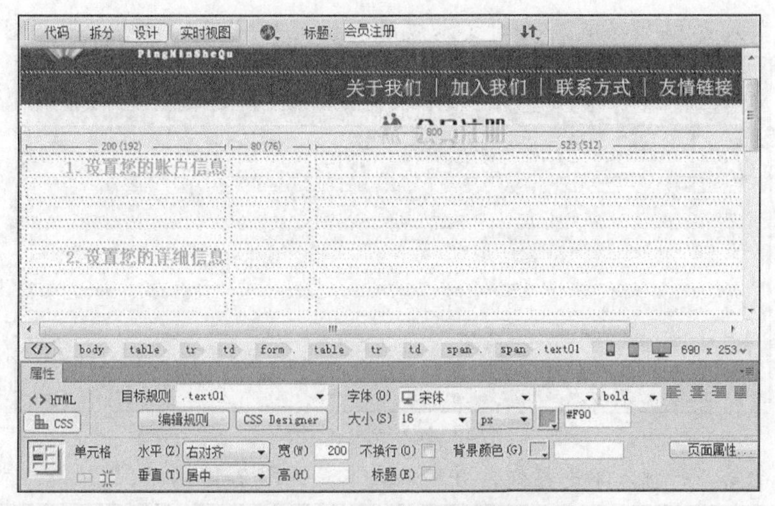

图7-45　输入文本并设置文本规则

(7) 在第 2 列中输入文本并应用“.text02”规则，如图 7-46 所示。

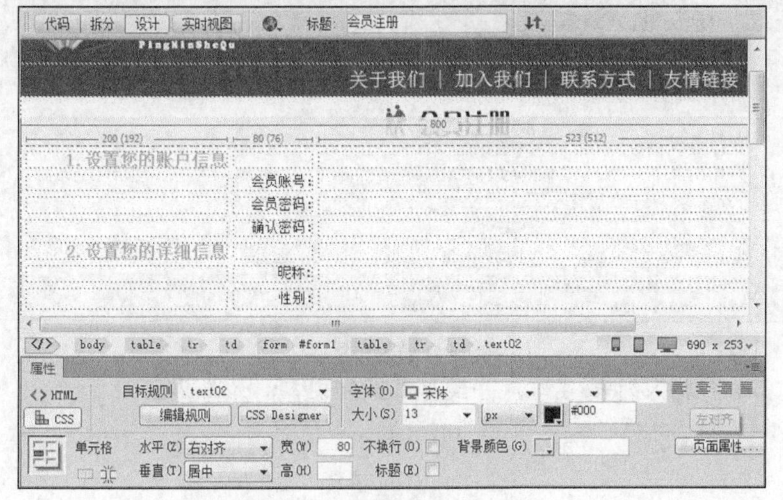

图7-46　设置第 2 列单元格的文本

2. 插入各类型的表单。

(1) 在第3列的第2～第4行和第6行插入文本域，并设置【字符宽度】为“24”，【类型】为“单行”，最终效果如图7-47所示。

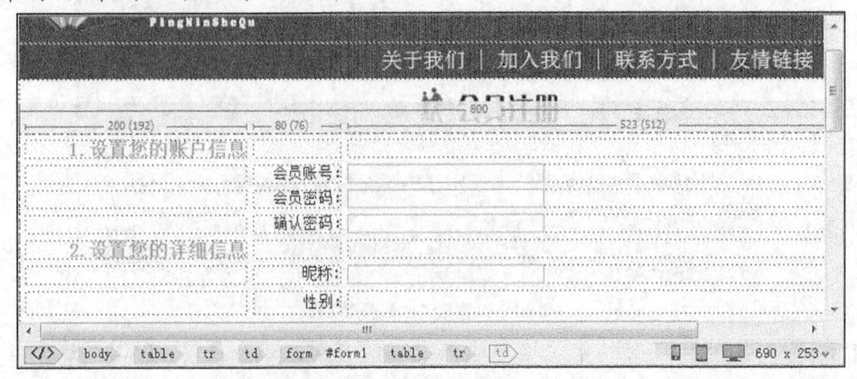

图7-47　插入文本域

(2) 在文本域输入文本“(必填)”并对文本应用“.text03”规则，最终效果如图7-48所示。

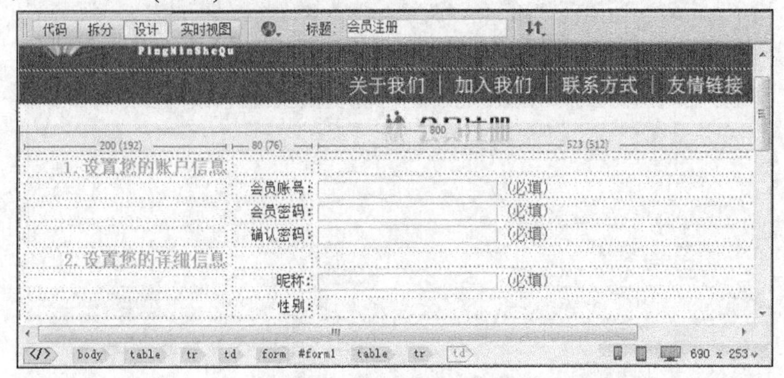

图7-48　输入“必填”文本

(3) 在第3列的第7行插入单选按钮，并输入文本，如图7-49所示。

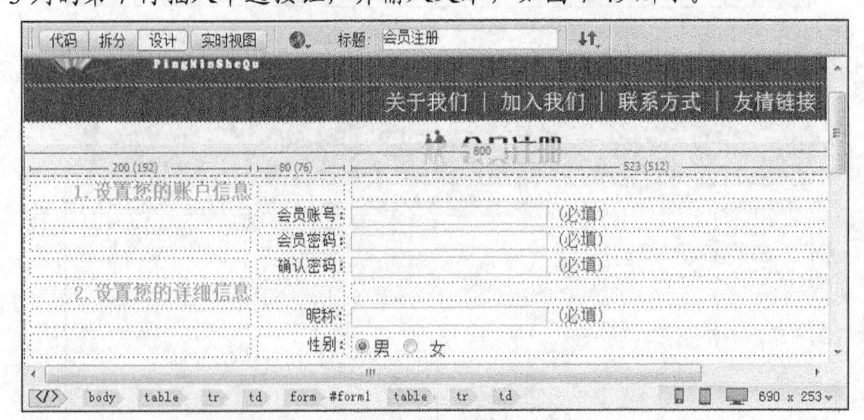

图7-49　插入单选按钮

(4) 在第3列第8行插入列表/菜单，并设置参数和文本，如图7-50所示。

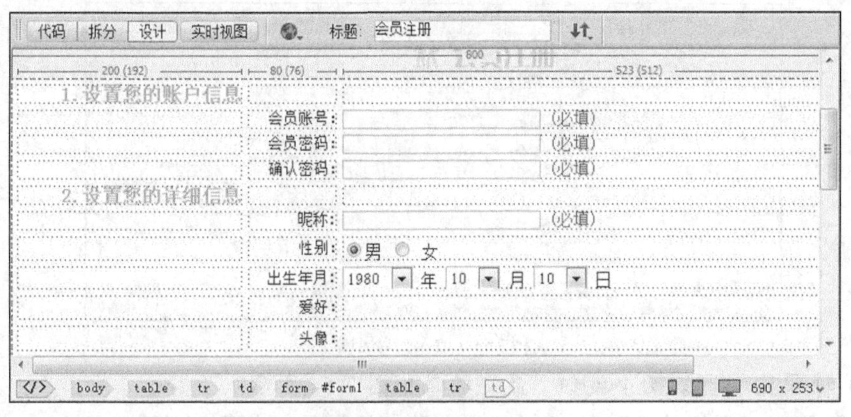

图7-50 插入列表/菜单

(5) 在第 3 列第 9 行插入复选框，并设置参数和文本，如图 7-51 所示。

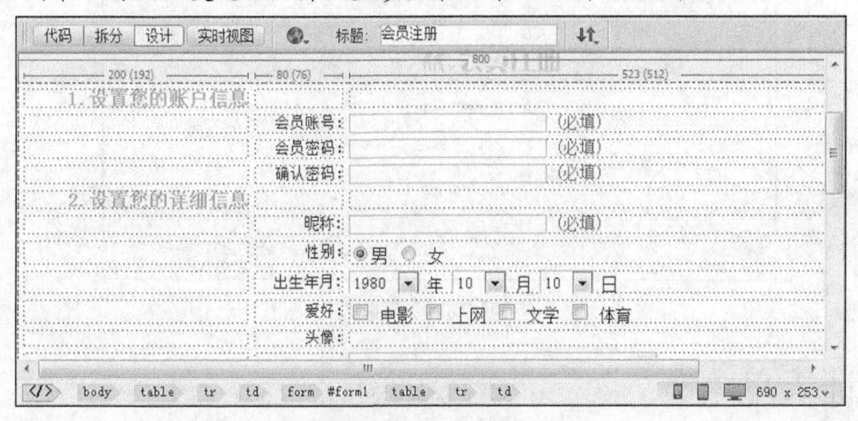

图7-51 插入复选框

(6) 在第 3 列第 10 行插入文件域，如图 7-52 所示。

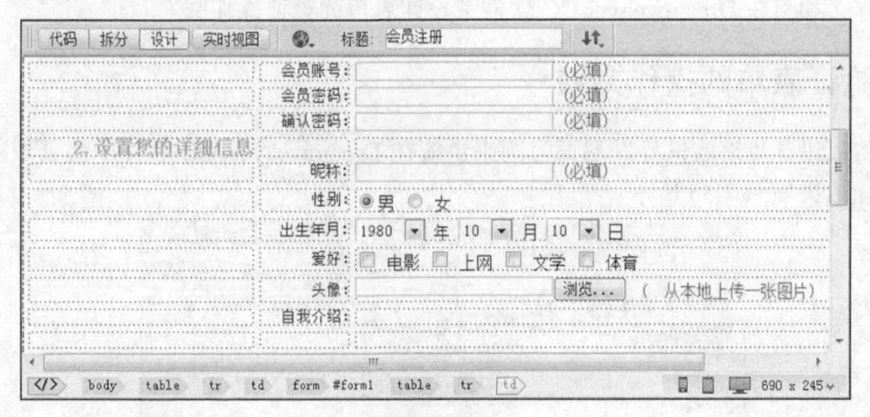

图7-52 插入文件域

(7) 在第 3 列第 11 行插入文本区域，如图 7-53 所示。

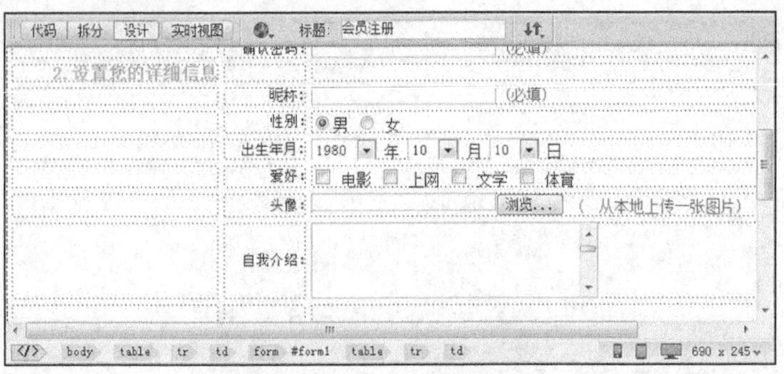

图7-53　插入文本区域

(8) 在第 3 列第 12 行插入两个按钮，最终效果如图 7-54 所示。

(9) 按Ctrl+S组合键保存文档，案例制作完成，按F12键预览设计效果。

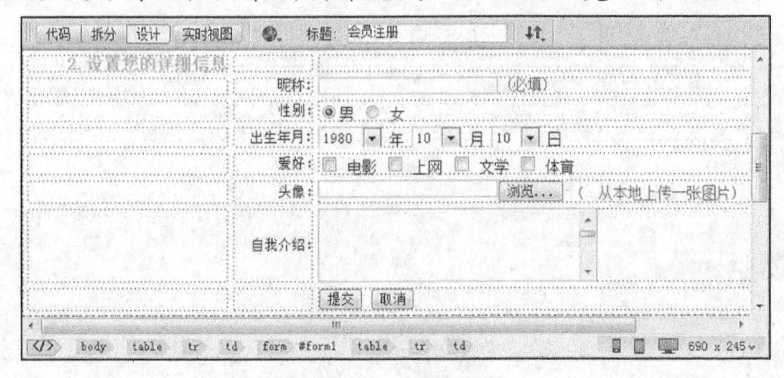

图7-54　完成表单设计

7.2 验证表单

为了确保表单的正确信息能准确无误地发送到服务器端，在提交表单之前需要对表单进行验证。那么如何在 Dreamweaver CC 软件中设计表单的验证操作呢？

7.2.1 验证表单的操作方法

下面将以设计“海底世界”网页为例来讲解在 Dreamweaver CC 软件中验证表单的操作方法，设计效果如图 7-55 所示。

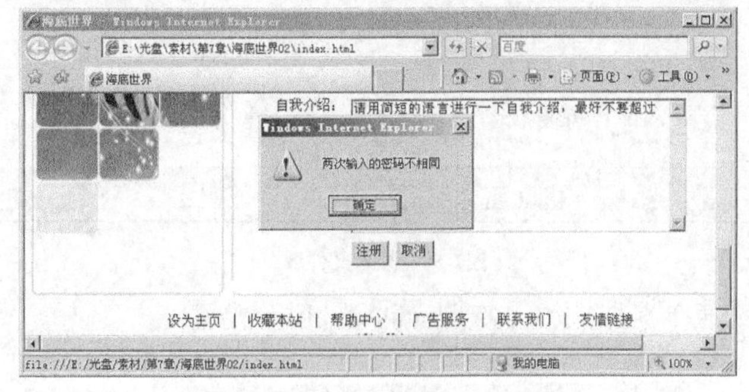

图7-55　设计“海底世界”网页表单验证

1. 打开附盘文件“素材\第 7 章\海底世界 02\index.html”，如图 7-56 所示。

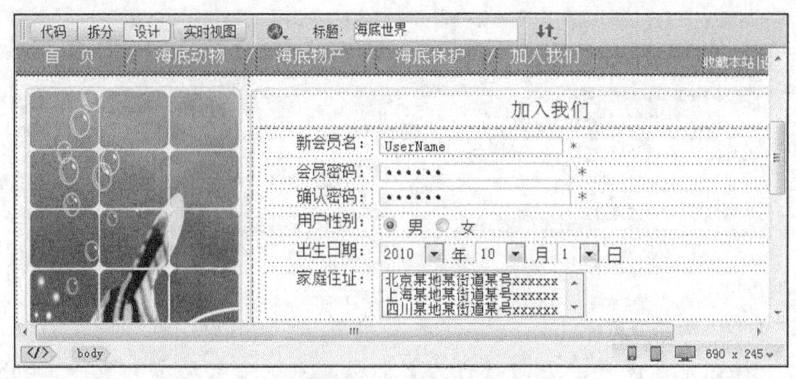

图7-56　打开素材文件

2. 将鼠标光标置于表单内，单击文档左下角的“<form#form1>”标签，将整个表单选中，如图 7-57 所示。

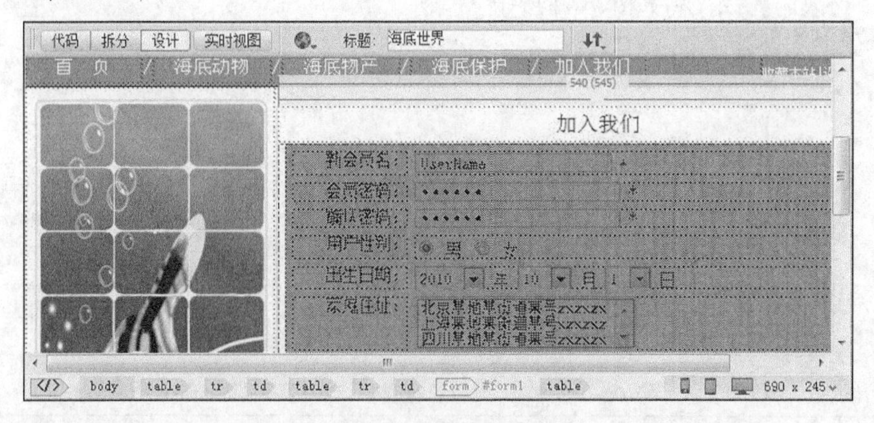

图7-57　选中整个表单

3. 选择菜单命令【窗口】/【行为】，打开【行为】面板，如图 7-58 所示。
4. 单击 + 按钮，在弹出的菜单中选择【检查表单】选项，打开【检查表单】对话框，如图 7-59 所示。

图7-58　【行为】面板

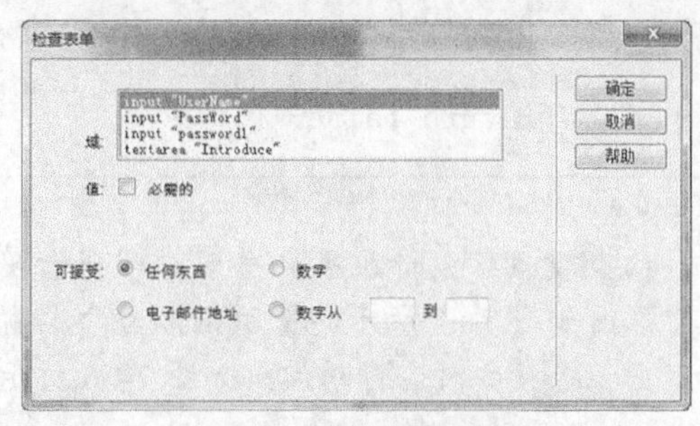

图7-59　【检查表单】对话框

5. 在【域】列表框中分别选中“input "UserName"”“input "PassWord"”和“input "passWord1"”选项，然后设置【值】为“必需的”，【可接受】为“任何东西”，如图 7-60 所示。
6. 选中“introduce”选项，设置【可接受】为【任何东西】，如图 7-61 所示。

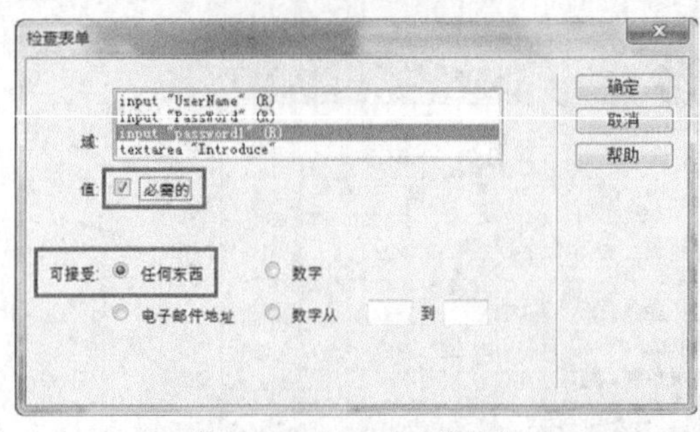

图7-60　PassWord1 参数设置

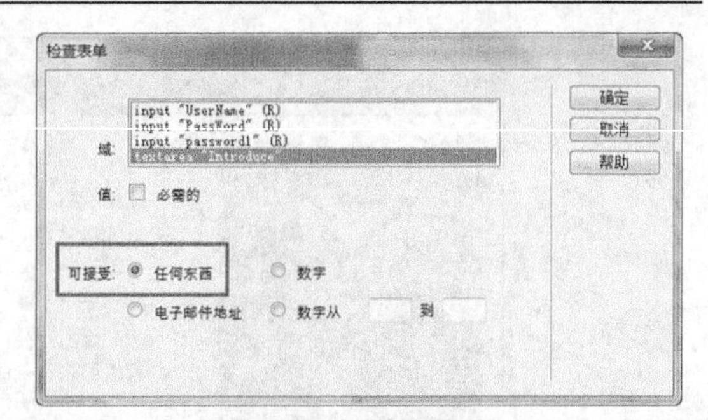

图7-61　Introduce 参数设置

7. 单击 确定 按钮完成设置，返回【行为】面板，系统会自动添加事件“onSubmit”，如图 7-62 所示。
8. 在表单中用鼠标单击 注册 按钮，编辑标签【input#Submit】，并输入验证代码，如图 7-63 所示。输入的验证代码如图 7-64 所示。

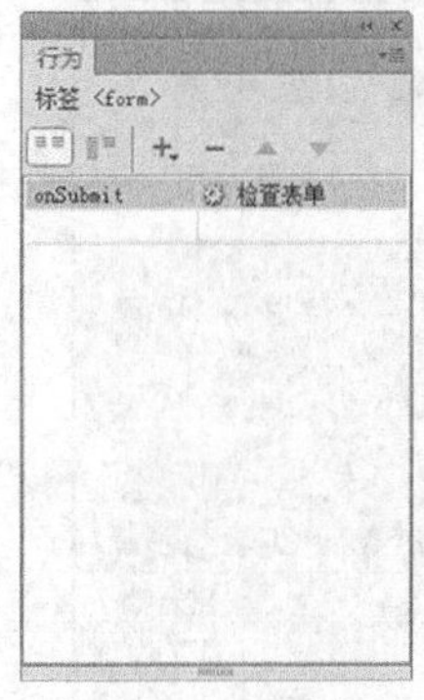

图7-62　添加事件

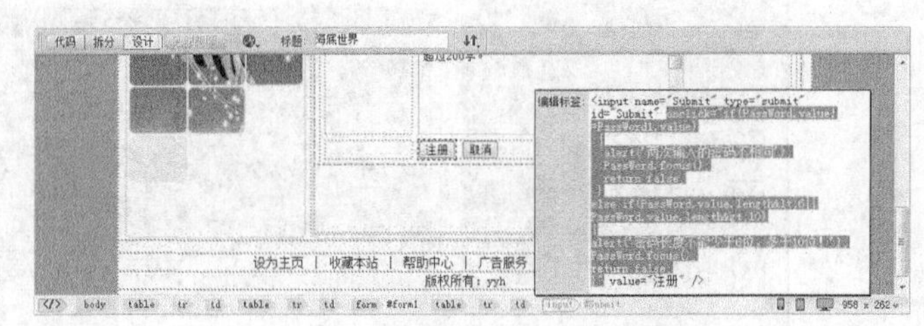

图7-63　【标签编辑器-input】对话框

```
onclick="if(PassWord.value!=PassWord1.value)
{
alert('两次输入的密码不相同');
PassWord.focus();
return false;
}
else if(PassWord.value.length<6||PassWord.value.length>10)
{
alert('密码长度不能少于 6 位，多于 10 位！');
PassWord.focus();
return false;
}"
```

图7-64　添加的代码

9. 按 F12 键预览设计效果，当用户密码和确认密码输入不相同时，单击 注册 按钮时会自动弹出如图 7-65 所示的警示框。当两次输入相同的密码长度小于 6 位或大于 10 位时，单击 注册 按钮时会自动弹出如图 7-66 所示的警示框。

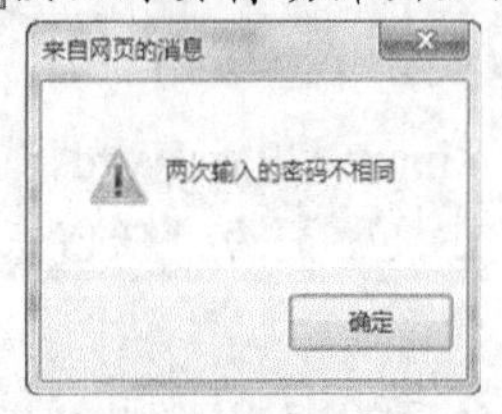

图7-65　警示框（1）

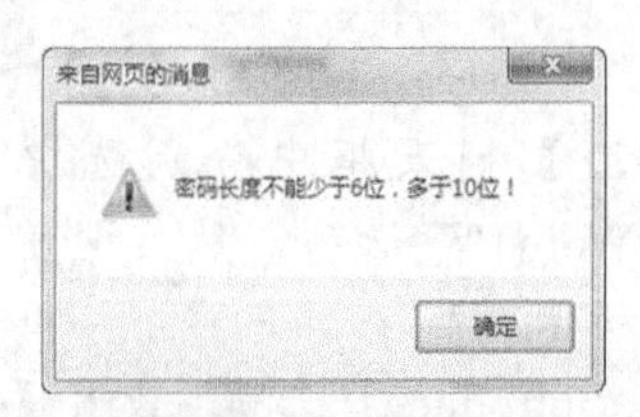

图7-66　警示框（2）

7.2.2 典型实例——设计“平民社区 02”网页

为了让用户能更熟练地设计表单验证，下面将以设计“平民社区 02”网页为例进行讲解，设计效果如图 7-67 所示。

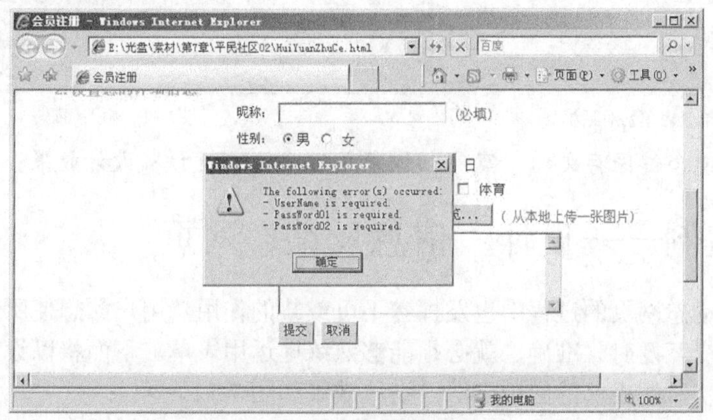

图7-67 设计“平民社区 02”网页

1. 打开附盘文件“素材\第 7 章\平民社区 02\HuiYuanZhuCe.html”，如图 7-68 所示。

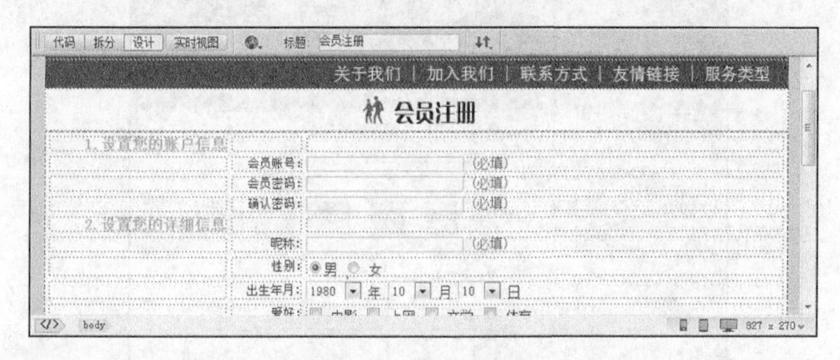

图7-68 打开素材文件

2. 选中整个表单，并打开【行为】面板，如图 7-69 所示。

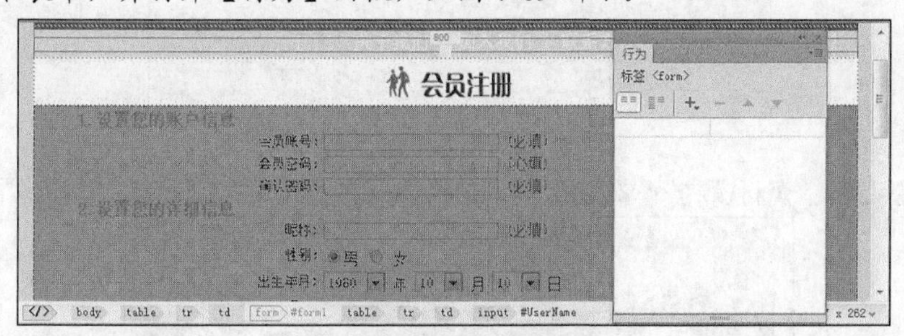

图7-69 选中表单并打开【行为】面板

3. 打开【检查表单】对话框，将“UserName”“PassWord01”和“PassWord02”选项的【值】设置为“必需的”，如图 7-70 所示。
4. 返回【行为】面板，检查默认事件是否为“onSubmit”。
5. 编辑 提交 按钮标签，内容如图 7-71 所示。

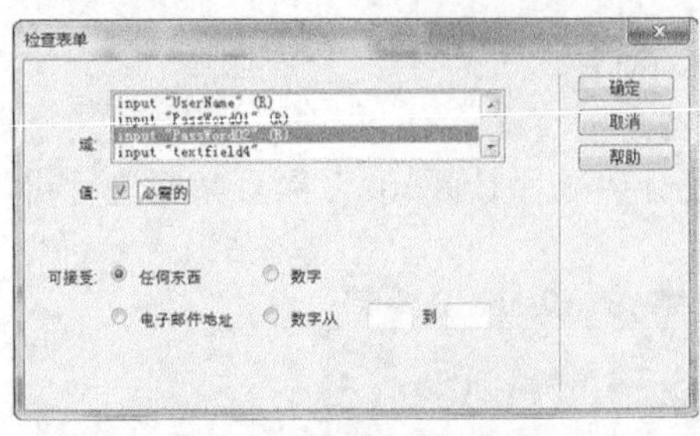

图7-70　【检查表单】对话框

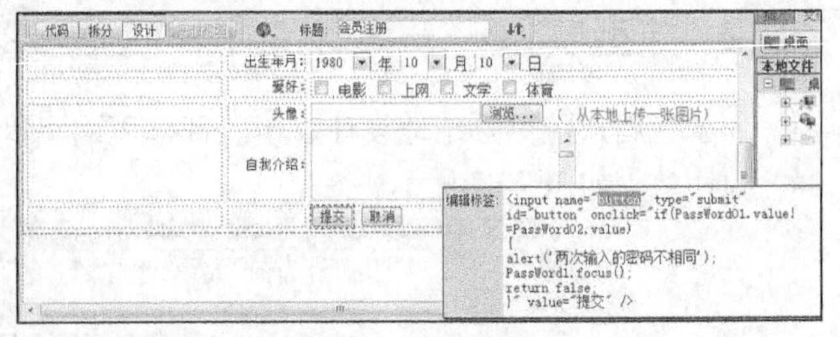

图7-71　输入代码

6. 按 Ctrl + S 组合键保存文档，案例制作完成后，按 F12 键预览设计效果。

7.3 综合案例——设计“信息反馈”网页

表单在制作动态网页的过程中也发挥着不可或缺的作用，用户如想使所设计的动态网页能充分实现信息交互及时、准确，就必须能够熟练地运用表单。下面将以设计汽车信息反馈的网页为例进一步讲解表单的应用方法，设计效果如图 7-72 所示。

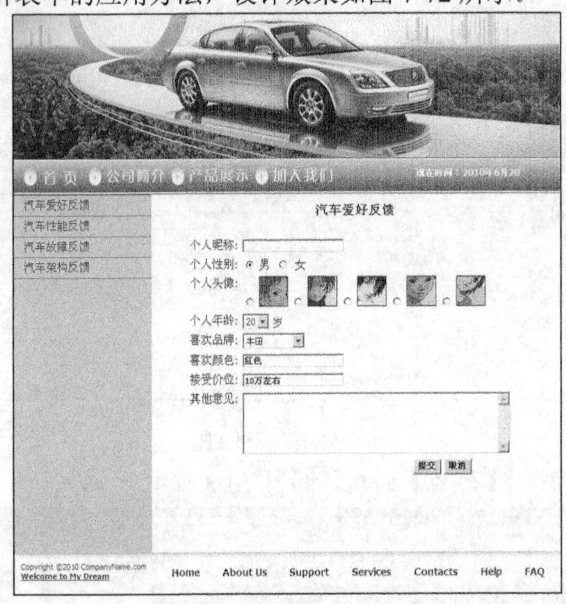

图7-72　设计汽车信息反馈网页

1. 打开附盘文件“素材\第 7 章\信息反馈\index.html”，如图 7-73 所示。

图7-73　打开素材文件

2. 在文本“汽车爱好反馈”下方的单元格中插入 1 个空白表单，如图 7-74 所示。

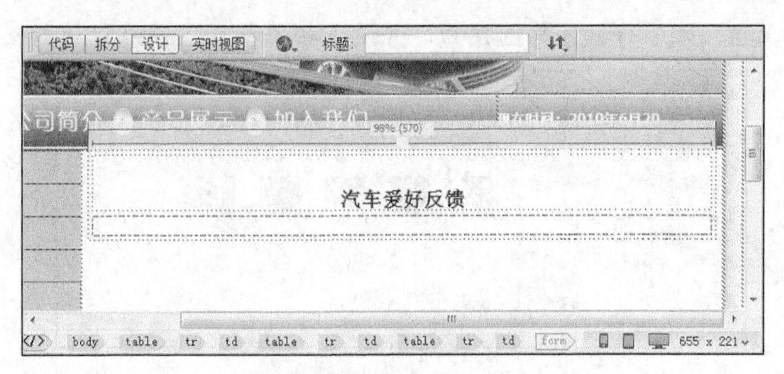

图7-74 插入表单

3. 在表单内插入1个9行2列的表格，表格参数如图7-75所示。

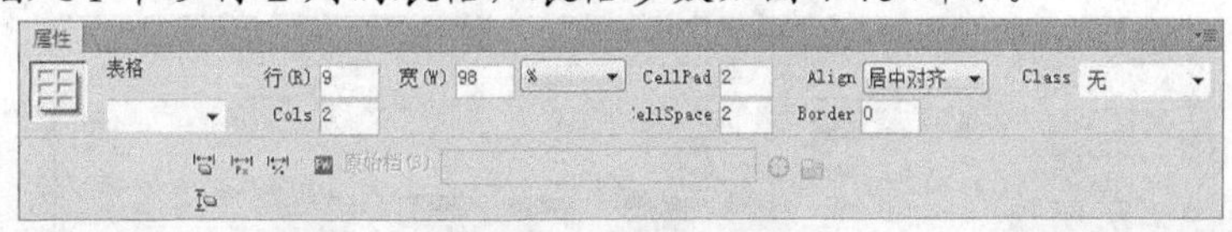

图7-75 设置表格参数

4. 设置表格第1列的【宽】为“20%”,【水平】为“右对齐”,【垂直】为“顶端”，如图7-76所示。

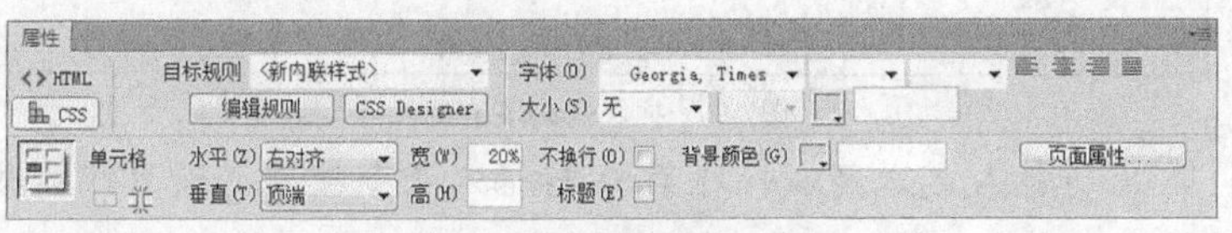

图7-76 设置第1列表格的参数

5. 在第1列各行中输入文本，如图7-77所示。

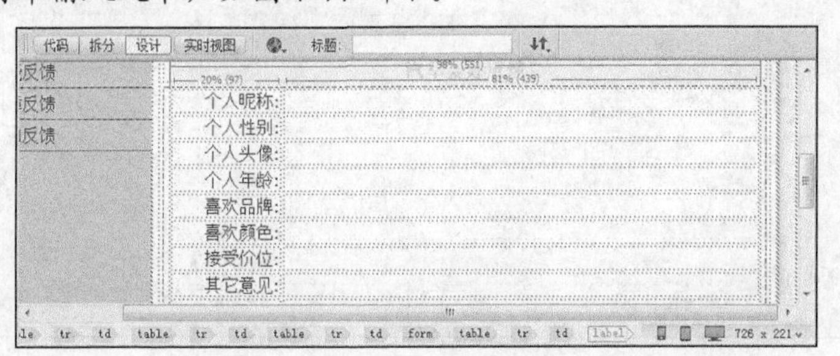

图7-77 输入文本

6. 插入各类型的表单。

(1) 在第2列的第1、第6、第7行插入文本域，并设置相关参数，最终效果如图7-78所示。

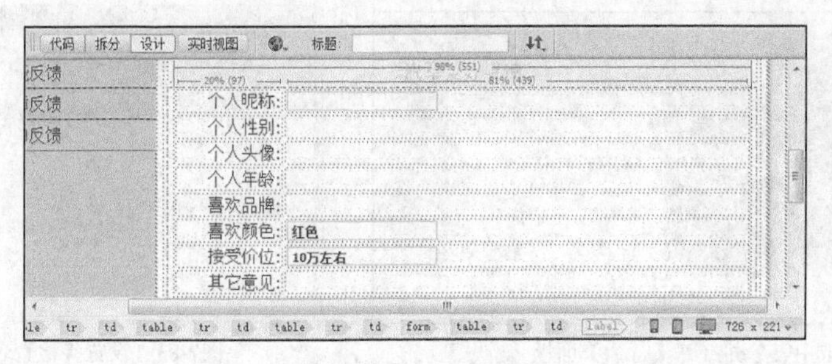

图7-78 插入文本域

(2) 在第 2 列的第 2、第 3 行插入单选按钮，并设置相关参数，最终效果如图 7-79 所示。

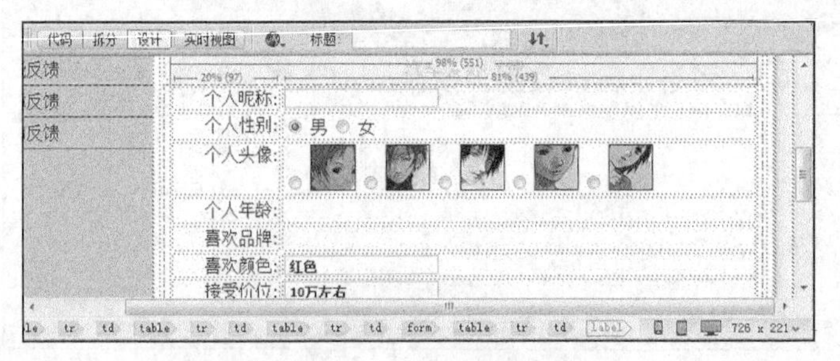

图7-79　插入单选按钮

(3) 在第 2 列的第 4、第 5 行插入列表/菜单，并设置相关参数，最终效果如图 7-80 所示。

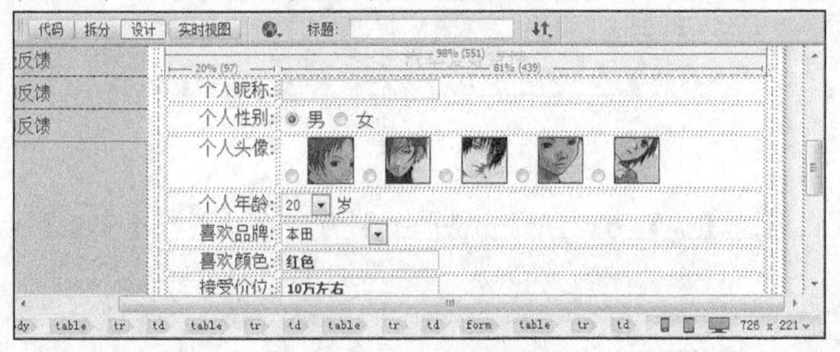

图7-80　插入列表/菜单

(4) 在第 2 列的第 8 行插入文本区域，在第 9 行插入两个按钮并设置相关参数，最终效果如图 7-81 所示。

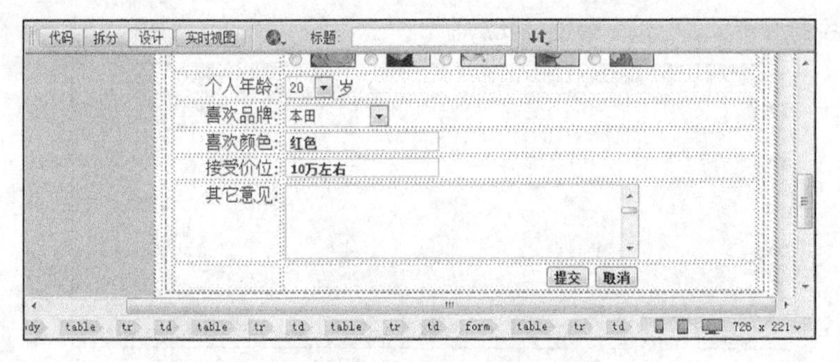

图7-81　插入文本区域和按钮

7. 验证表单。

(1) 选中整个表单，然后按 Shift + F4 组合键打开【行为】面板，如图 7-82 所示。

(2) 打开【检查表单】对话框，将所有域的【值】都设置为“必需的”，如图 7-83 所示。

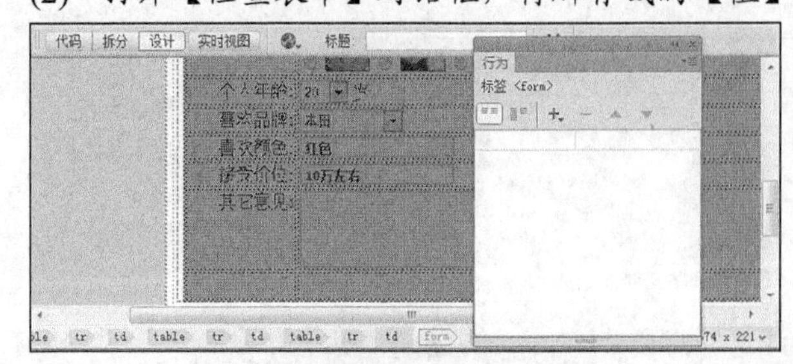

图7-82　选中表单并打开【行为】面板

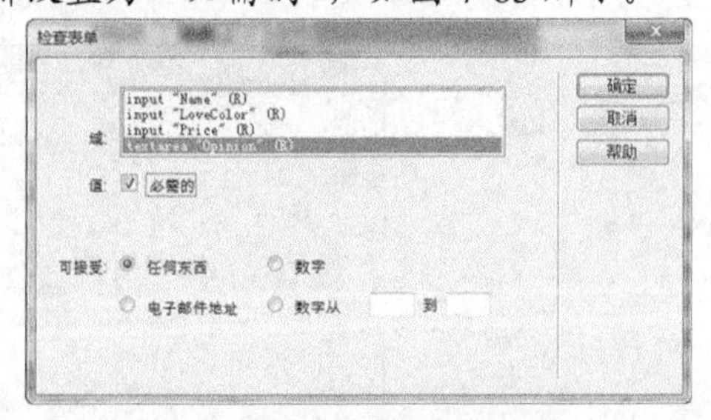

图7-83　设置【检查表单】对话框

(3) 返回【行为】面板，检查默认事件是否是“onSubmit”。

(4) 按 Ctrl + S 组合键保存文档，案例制作完成，按 F12 键预览设计效果。

7.4 使用技巧——使用 CSS 代码美化表单

当用户在网上尽情冲浪的时候，是否留意到网页上的表单形式层出不穷、生动别致。在网页设计中，同样需要利用 CSS 对网页的内容进行“包装”，其中表单的效果也不例外。下面将向用户介绍如何使用 CSS 来美化表单，如图 7-84 所示。

图7-84 表单的美化效果

1. 插入表单，并设置表单 ID，如图 7-85 所示。
2. 对表单设置 CSS 规则，如图 7-86 所示。

图7-85 插入表单

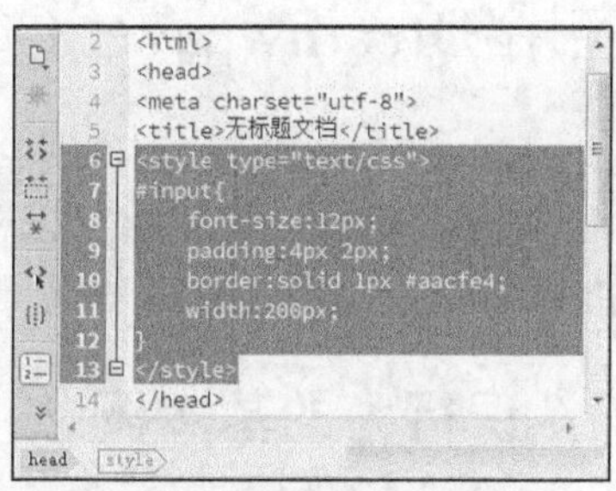

图7-86 设置表单样式

7.5 习题

1. 表单主要运用于什么地方？
2. 表单的元素主要有哪些？
3. 如何验证表单？
4. 表单中的多行文本域和文本区域功能是否相同？
5. 练习制作留言表单页面。

第8章　应用行为

【学习目标】

- 熟悉常用的行为命令。
- 掌握添加行为的操作方法。
- 掌握设置行为的操作方法。
- 掌握安装插件的操作方法。
- 掌握应用插件的操作方法。

Dreamweaver CC 软件给网页设计提供了更为丰富和开阔的设计空间，让网页对象的动态效果更加新颖，还实现了网页对象之间的信息交互功能。即便是不熟悉 JavaScript 语言的网页设计师也可以在 Dreamweaver CC 的协助下方便、快捷地设计出与 JavaScript 语言应用效果相媲美的网页。

8.1　应用 Dreamweaver CC 内置行为

Dreamweaver CC 内置的行为种类多达 20 多种，与不同的事件搭配，所产生的效果也不同，这样一来网页的交互性就越发凸显。这些行为可以附加到整个文档（即附加到 <body> 标签）中，也可以附加到链接、图像、表单元素和多种其他 HTML 元素中。

8.1.1　认识行为的基本概念

一个完整的行为需要完全具备两方面的内容才能运行，即“事件”和“动作”。其中，“事件”是指在计算机上发生的一些操作，如单击鼠标、页面加载完毕等；而“动作”则是指在触发事件后，所触发并执行的一系列处理动作。如图 8-1 所示，在【行为】面板中左边的是行为触发事件，右边是行为动作，其实现的效果如图 8-2 所示。

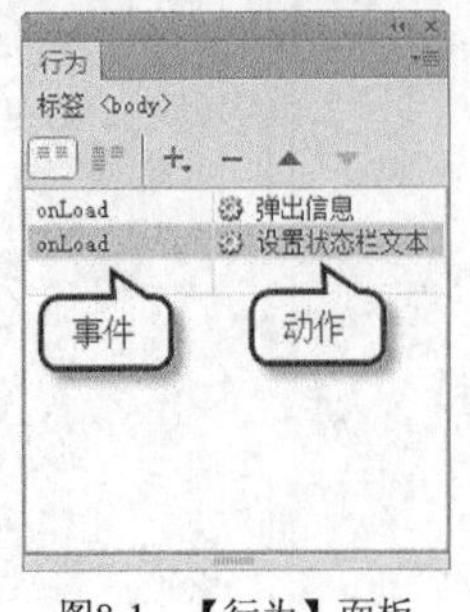

图8-1　【行为】面板

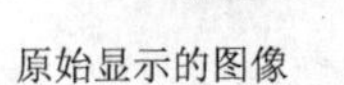

原始显示的图像　　鼠标经过时显示的图像

图8-2　预览效果

一、　事件

事件是指用户触发动作的操作，是动作发生的条件，一般由浏览器所设定。打开

Dreamweaver CC 软件，选择菜单命令【窗口】/【行为】，打开【行为】面板，然后单击“显示所有事件”按钮可在行为列表中列出所有事件，如图 8-3 所示。常用事件的功能如表 8-1 所示。

表 8-1 常用的事件及含义

事件名称	事件含义
onBlur	当指定的元素停止从用户的交互动作上获得焦点时，触发该事件。例如，当用户在交互文本框中单击后，再在文本框之外单击，浏览器会针对该文本框产生一个“onBlur”事件
onClick	单击使用行为的元素，则会触发该事件
onDblClick	在页面中双击使用行为的元素，就会触发该事件
onError	当浏览器下载页面或图像发生错误时触发该事件
onFocus	指定元素通过用户的交互动作获得焦点时触发该事件。例如，在一个文本框中单击时，该文本框就会产生一个“onFocus”事件
onKeyDown	按下一个键后且尚未释放该键时，就会触发该事件。该事件常与“onKeyPress”与“onKeyUp”事件组合使用
onKeyPress	事件会在键盘按键被按下并释放一个键时发生
onKeyUp	按下一个键后又释放该键时，就会触发该事件
onLoad	当网页或图像完全下载到用户浏览器后，就会触发该事件
onMouseDown	单击网页中建立行为的元素且尚未释放鼠标之前，就会触发该事件
onMouseMove	当鼠标在使用行为的元素上移动时，就会触发该事件
onMouseOut	当鼠标从使用行为的元素上移出后，就会触发该事件
onMouseOver	当鼠标指向一个使用行为的元素时，就会触发该事件
onMouseUp	在使用行为的元素上按下鼠标并释放后，就会触发该事件
onUnload	离开当前网页时（关闭浏览器或跳转到其他网页），就会触发该事件

二、 动作

在【行为】面板中单击“添加行为”按钮 +，即可弹出行为下拉菜单，如图 8-4 所示。常用的行为命令及含义如表 8-2 所示。

表 8-2 常用的行为命令及含义

行为命令	命令含义
交换图像	创建图像变换效果。可以是一对一的变换，也可以是一对多的变换
弹出信息	在浏览器中弹出一个新的信息框
恢复交换图像	将设置的变换图像还原成变换前的图像
打开浏览器窗口	在新浏览器中载入一个 URL。用户可以为这个窗口指定一些具体的属性，也可以不加以指定
拖动 AP 元素	可让访问者拖动绝对定位的“AP”元素。使用此行为可创建拼板游戏、滑块控件和其他可移动的界面元素
改变属性	改变页面元素的各项属性
效果	可改变对象的各种显示效果，包括增大/收缩、挤压、渐隐、晃动、遮帘、高亮颜色

续表

行为命令	命令含义
显示-隐藏元素	可显示、隐藏或恢复一个或多个页面元素的默认可见性。此行为适用于用户与网页进行交互时显示信息
检查插件	可根据访问者是否安装了指定的插件这一情况将它们转到不同的页面
检查表单	可检查指定文本域的内容以确保用户输入的数据类型正确
设置文本	使指定文本替代当前的内容。设置文本动作包括设置层文本、设置框架文本、设置文本域文本、设置状态栏文本
调用 JavaScript	在事件发生时执行自定义的函数或 JavaScript 代码行
跳转菜单	跳转菜单是文档内的弹出菜单，对站点访问者可见，并列出链接到文档或文件的选项
跳转菜单开始	“跳转菜单开始”行为与“跳转菜单”行为密切关联；“跳转菜单开始”允许用户将一个“转到”按钮和一个跳转菜单关联起来，在使用此行为之前，文档中必须已存在一个跳转菜单
转到 URL	可在当前窗口或指定的框架中打开一个新页。此行为适用于通过一次单击更改两个或多个框架的内容
预先载入图像	可以缩短显示时间，其方法是对在页面打开之初不会立即显示的图像（例如，那些将通过行为或 JavaScript 换入的图像）进行缓存

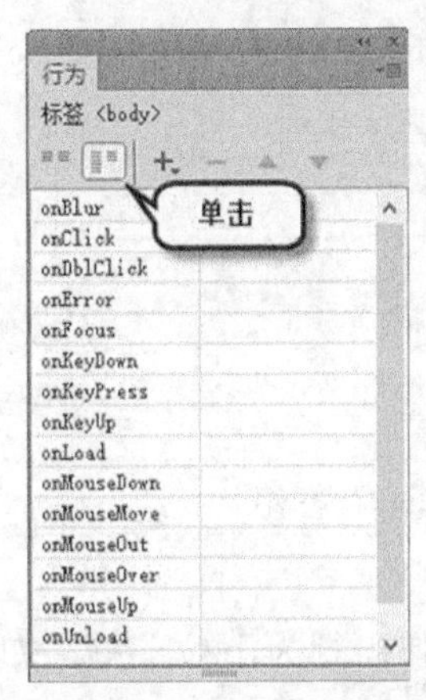

图8-3　显示所有事件

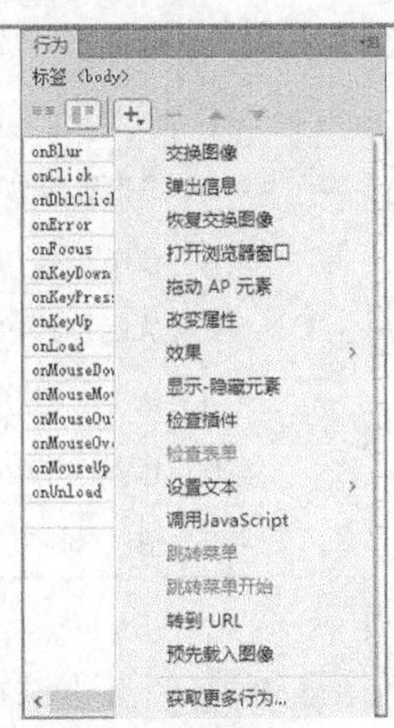

图8-4　添加行为

8.1.2　典型案例——设计“知天下信息网”

行为是指某个事件和由该事件触发的动作两者组合形成的。行为的创建操作一般是先在【行为】面板中指定一个动作，然后指定触发该动作的事件，以此将行为添加到页面中。下面将以设计“知天下信息网”为例来讲解常用行为的添加方法，设计效果如图 8-5 所示。

一、　弹出信息

“弹出信息”行为显示一个包含指定消息的 JavaScript 警告。因为 JavaScript 警告对话框只有一个“确定”按钮，所以使用此行为可以向访问者提供信息，但不向访问者提供任何操作选择，如图 8-6 所示。

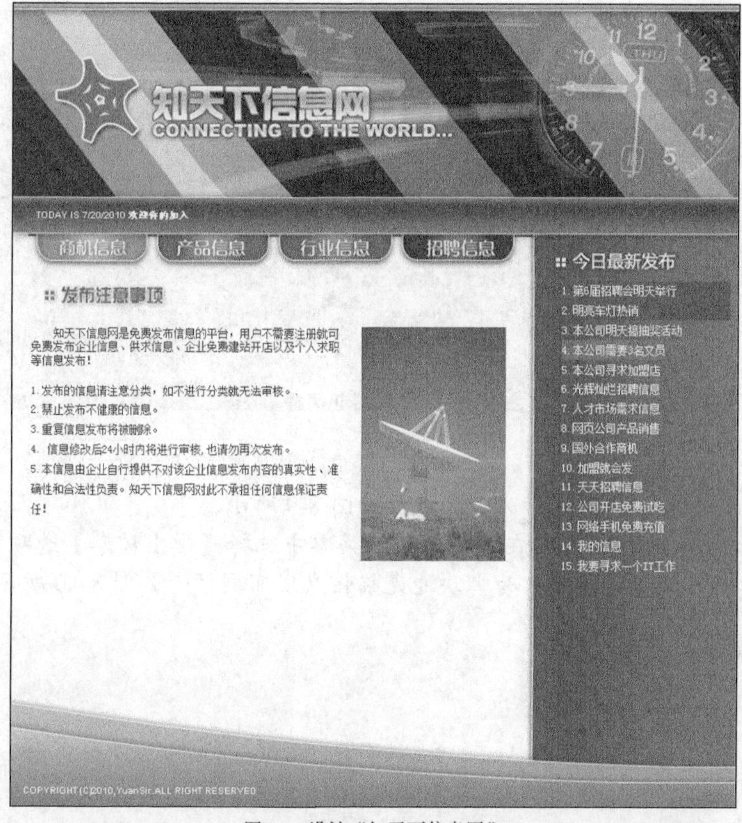

图8-5　设计“知天下信息网”

图8-6　弹出信息对话框

1. 运行 Dreamweaver CC 软件，打开附盘文件“素材\第 8 章\信息发布网\index.html”，如图 8-7 所示。

图8-7　打开素材文件

2. 单击文档左下角的“<body>”标签，从而选中整个文档内容，如图 8-8 所示。

图8-8　选中整个文档

3. 按 Shift + F4 组合键，打开【行为】面板，如图 8-9 所示。
4. 单击“添加行为”按钮 +，在弹出的下拉菜单中选择【弹出信息】选项，打开【弹出信息】对话框，设置【消息】为“欢迎光临信息发布网!”，如图 8-10 所示。

图8-9　【行为】面板

图8-10　设置【弹出信息】对话框

5. 单击 确定 按钮返回【行为】面板，并单击事件名称右侧的下拉箭头，在打开的下拉列表中选择“onLoad”事件，如图 8-11 所示。
6. 按 F12 预览设计效果，当页码加载完成后，即会弹出一个信息提示框。

要点提示　如果对设置的行为命令进行修改，可用鼠标右键单击已经添加的行为，在弹出的快捷菜单中选择【编辑行为】选项，如图 8-12 所示。

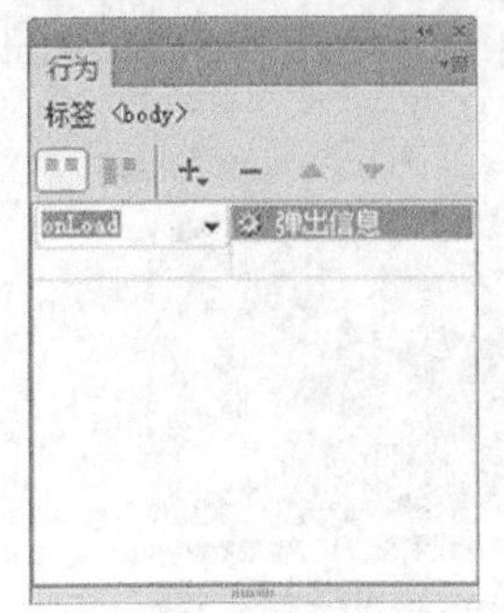

图8-11　设置事件

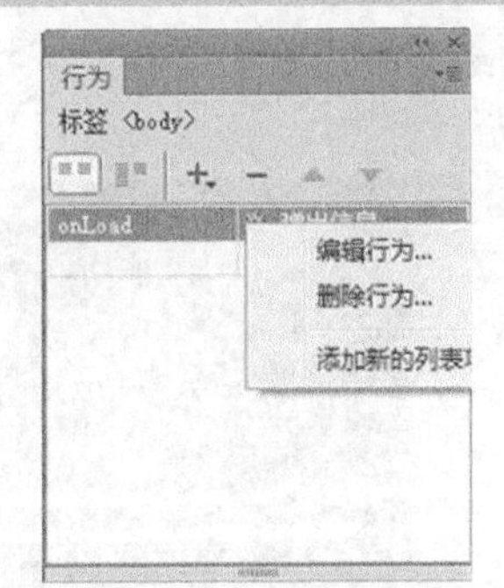

图8-12　【行为】面板的快捷菜单

二、打开浏览器窗口

执行“打开浏览器”行为命令，可以在事件发生时打开一个新的浏览器窗口，同时，用户可以设置新窗口的各种属性，如窗口名称、大小等。效果如图 8-13 所示。

图8-13　打开新的窗口

1. 选中文档中的 banner 图像，如图 8-14 所示。

图8-14　选中图像

2. 在【行为】面板上单击 按钮，在弹出的下拉菜单中选择【打开浏览器窗口】选项，打开【打开浏览器窗口】对话框，设置【要显示的 URL】为附盘文件“素材\第 8 章\信息发布网\windows.html”，【窗口宽度】为“550”，【窗口高度】为“275”，勾选【状态栏】复选框，【窗口名称】为“信息发布网宣传动画”，如图 8-15 所示。
3. 单击 确定 按钮返回【行为】面板，设置事件为“onClick”，如图 8-16 所示。

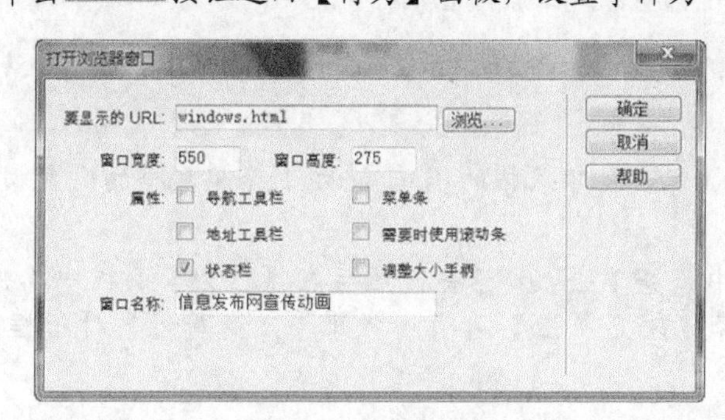

图8-15　设置窗口参数

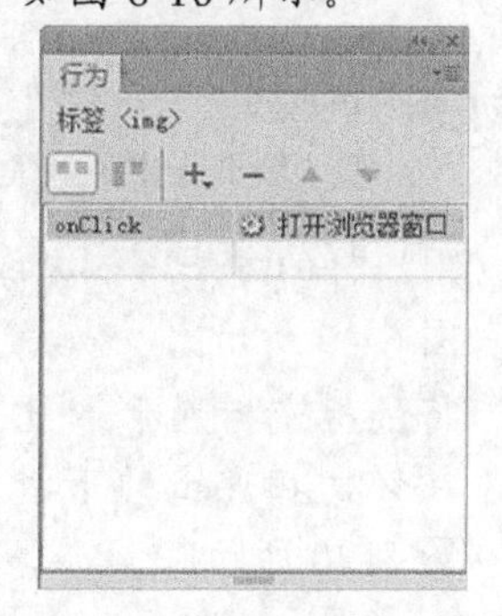

图8-16　设置鼠标触发事件

4. 按F12键预览设计效果，单击 banner 图像即会弹出一个窗口。

三、 改变属性

执行“改变属性”行为命令，用户即可轻松改变执行对象的属性，例如，改变层、表格和单元格的背景颜色等属性。当鼠标指针移至右侧导航条中指定的单元格时，单元格的颜色发生变化；当鼠标指针移开时，单元格颜色恢复为最初的颜色，如图 8-17 所示。

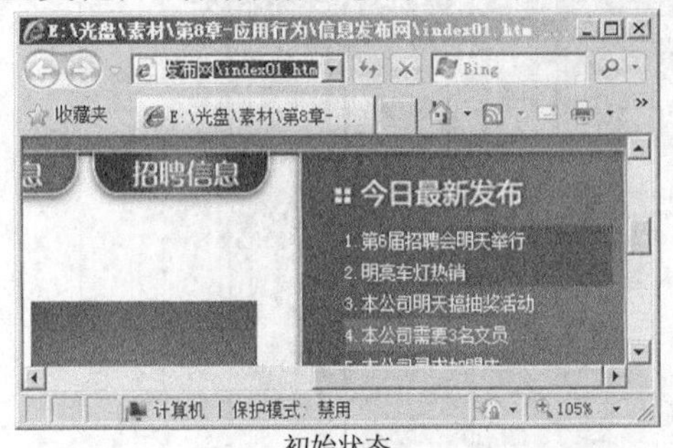

初始状态

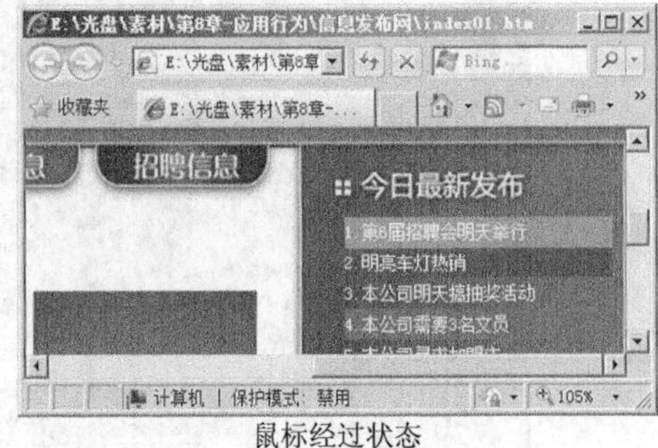

鼠标经过状态

图8-17　改变单元格的属性

1. 将鼠标光标置于右侧导航栏第 1 行单元格中，在下面标签选择器单击<a>标签前的<td>标签，然后在 HTML 属性面板中设置单元格的【ID】为“1”，如图 8-18 所示。

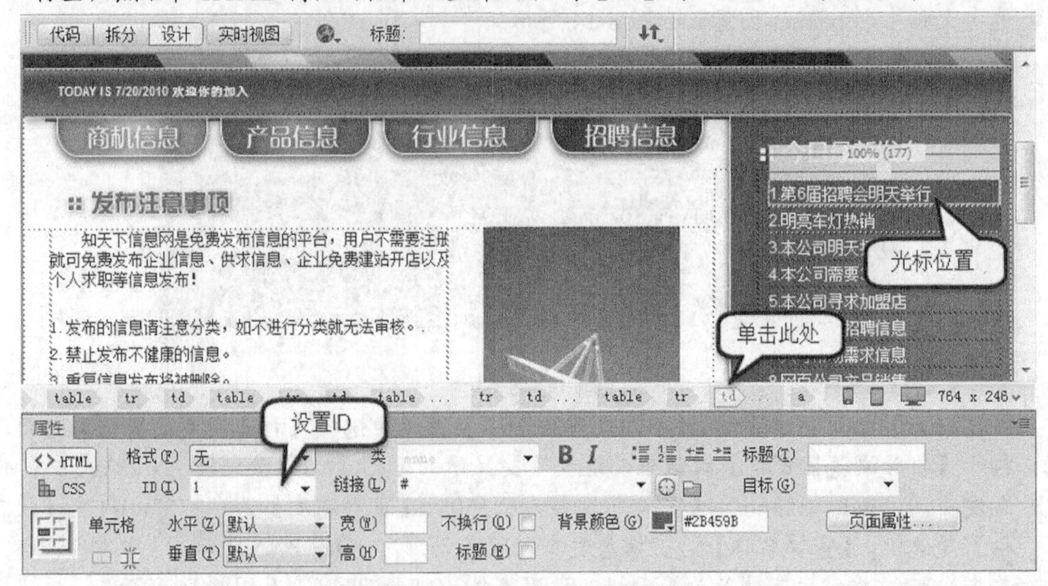

图8-18　设置第 1 行单元格的 ID

要点提示 在执行“改变属性”行为命令之前，必须先给要设置的元素对象命名，方便在【改变属性】对话框中找到指定的对象。

2. 用同样的方法，依次设置从 2 ~ 15 的其他单元格的 ID，最后 1 个单元格的设置效果如图 8-19 所示。

3. 将鼠标光标置于第 1 行单元格中，并单击<td>标签，然后在【行为】面板中单击 + 按钮，在弹出的下拉菜单中选择【改变属性】选项，打开【改变属性】对话框，如图 8-20 所示。

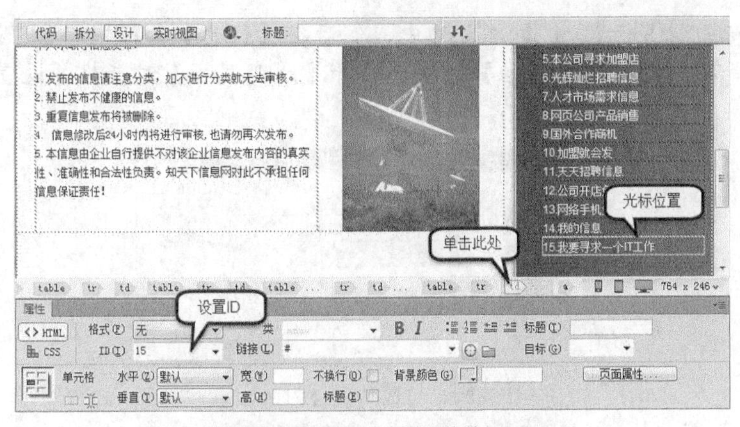

图8-19　设置第 15 行单元格的 ID

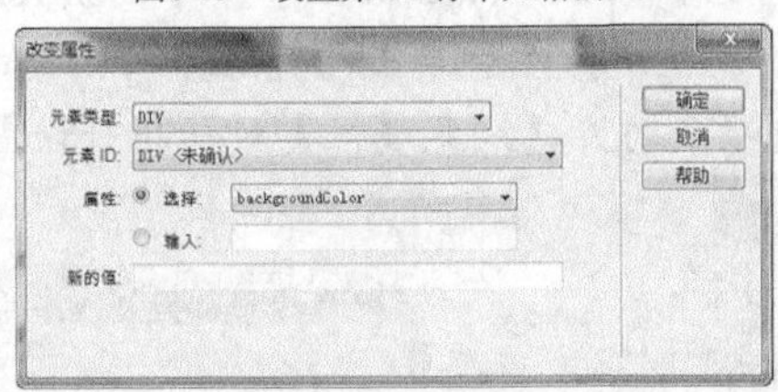

图8-20　【改变属性】对话框

4. 设置【元素类型】为“TD”,【元素 ID】为“TD"1"”,【属性】/【选择】为“backgroundColor”,【新的值】为“#999999”,如图 8-21 所示。
5. 单击 确定 按钮返回【行为】面板,然后设置事件为“onMouseOver”,如图 8-22 所示。

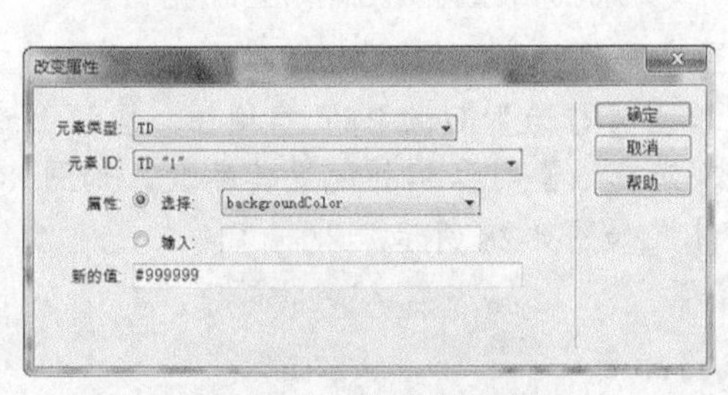

图8-21　设置单元格的新属性

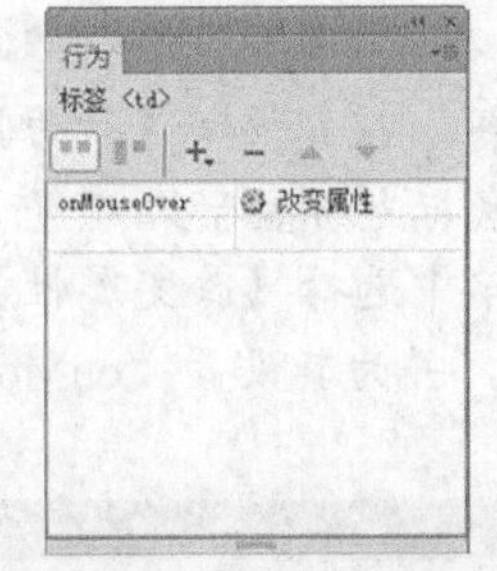

图8-22　添加鼠标经过触发事件

6. 按 F12 键预览设计效果,当鼠标经过时文字所在的单元格背景就会发生改变,效果如图 8-23 所示。

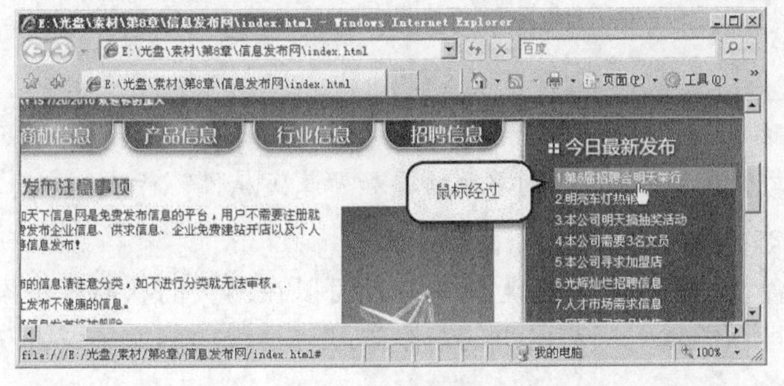

图8-23　预览效果

7. 再次将鼠标光标置于第 1 行单元格中，然后在【行为】面板中单击 +. 按钮，在弹出的下拉菜单中选择【改变属性】选项，打开【改变属性】对话框并设置其属性，如图 8-24 所示。

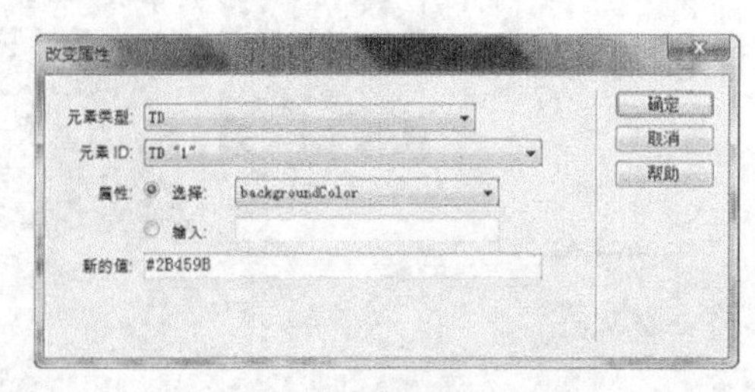

图8-24　【改变属性】对话框

8. 单击 确定 按钮返回【行为】面板，然后设置事件为“onMouseOut”，如图 8-25 所示。
9. 将鼠标光标置于第 2 行单元格中，然后单击【行为】面板中的 +. 按钮，在弹出的下拉菜单中选择【改变属性】选项，打开【改变属性】对话框并设置其参数，如图 8-26 所示。

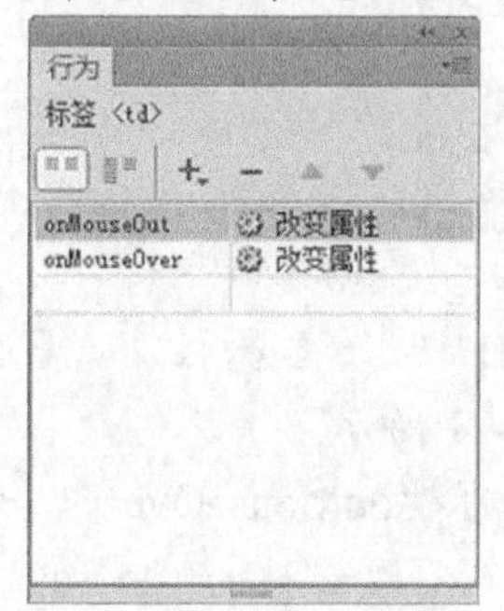

图8-25　添加鼠标移开触发事件

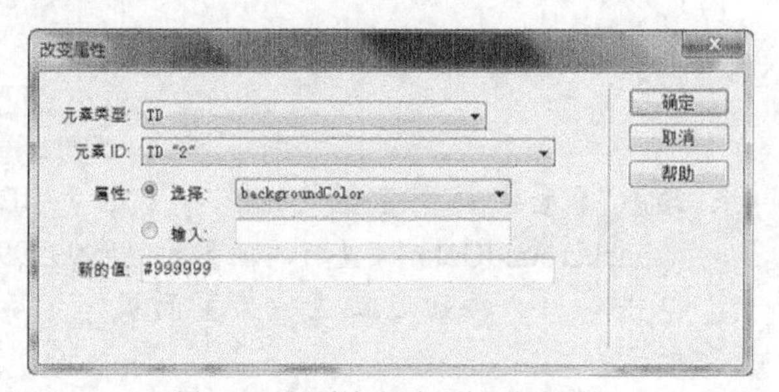

图8-26　设置鼠标经过时单元格的属性

10. 单击 确定 按钮返回【行为】面板，然后设置事件为“onMouseOver”。
11. 再次将鼠标光标置于第 2 行单元格中，然后单击【行为】面板中的 +. 按钮，在弹出的下拉菜单中选择【改变属性】选项，打开【改变属性】对话框并设置其参数，如图 8-27 所示，并为其设置“onMouseOut”触发事件，如图 8-28 所示。

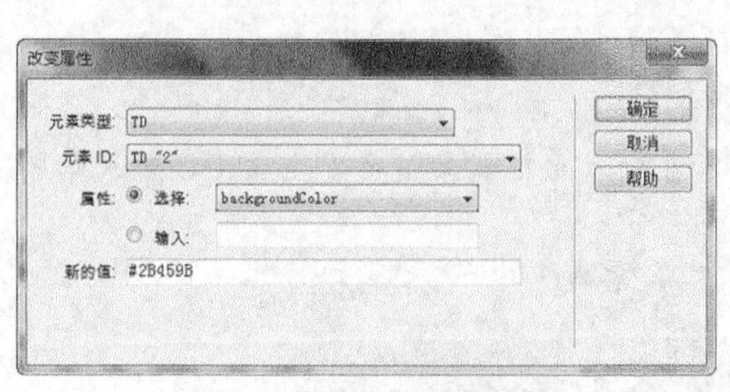

图8-27　鼠标移开时的单元格属性

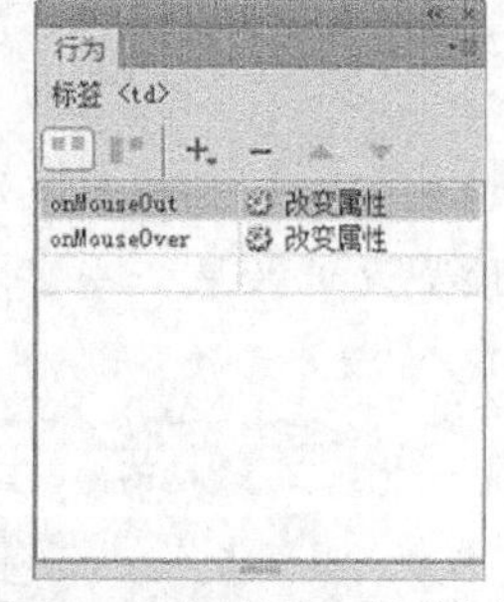

图8-28　添加鼠标移开触发事件

12. 用同样的操作方法，为其他行的单元格添加“改变属性”行为。

四、　设置状态栏信息

在执行“设置状态栏信息”行为命令时，可以在网页的状态栏中添加一些特定的文字信息，例如，可以编辑对当前网页的内容主题进行说明的文字或者欢迎信息，设计效果如图 8-29 所示。

图8-29　状态栏信息

1. 单击文档左下角的“<body>”标签，选中整个文档内容，如图 8-30 所示。

图8-30　选中整个文档

2. 在【行为】面板中单击 按钮，在弹出的下拉菜单中选择【设置文本】/【设置状态栏文本】选项，打开【设置状态栏文本】对话框，设置【消息】为“知天下信息网完全免费的信息发布网!”，如图 8-31 所示。
3. 单击 确定 按钮返回【行为】面板，然后设置触发事件为“onLoad”，如图 8-32 所示。

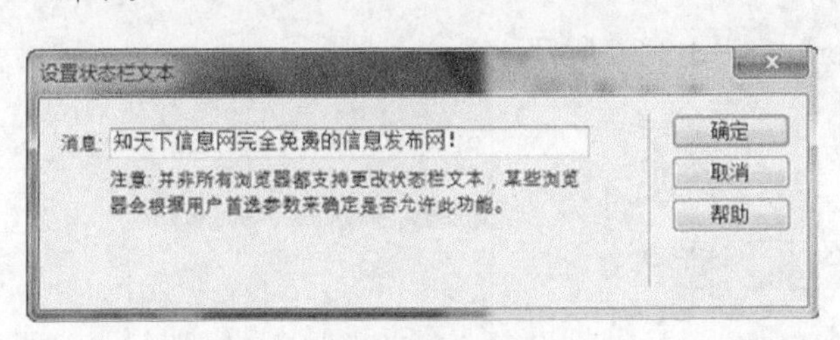

图8-31　【设置状态栏文本】对话框

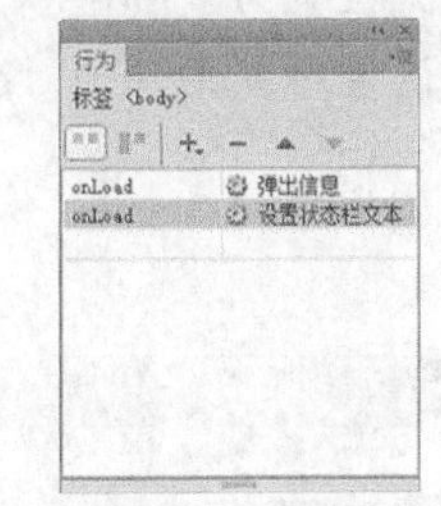

图8-32　添加事件

4. 按 F12 键预览设计效果，在网页的状态栏中就会显示设置的文字信息。

五、 渐隐效果

执行“fade”行为命令，即可在页面中添加渐隐效果。例如，将鼠标指针移至设置行为已完成的图像上时，图像会渐渐消失，可起到增强图像动态性的作用，设计效果如图 8-33 所示。

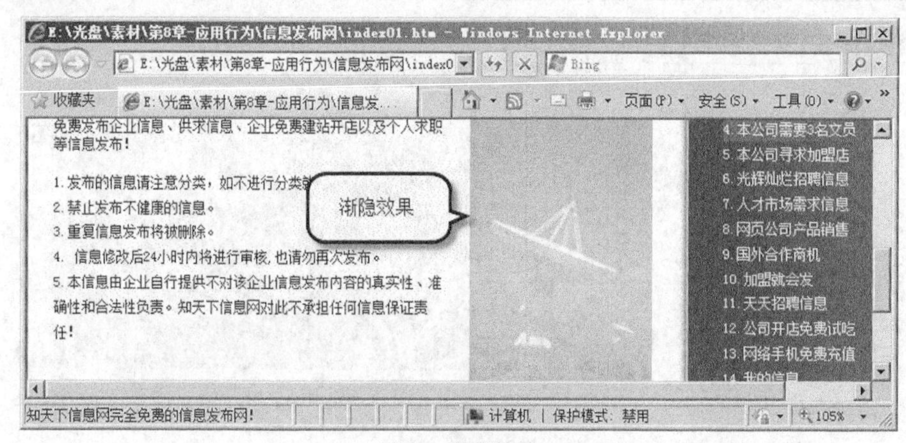

图8-33　设计效果

1. 选中文档主体部分中的图像，然后在属性检查器面板中设置图像【ID】为“image”，如图 8-34 所示。

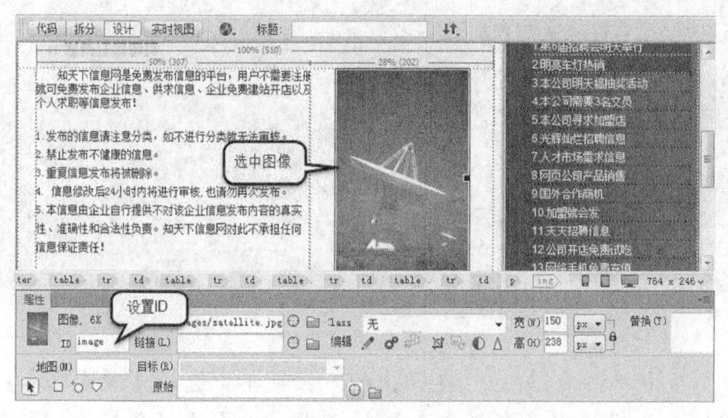

图8-34　设置图像 ID

2. 在【行为】面板中单击 + 按钮，在弹出的下拉菜单中选择【效果】/【Fade】选项，打开【Fade】对话框，设置【目标元素】为“img"image"”，【效果持续时间】为“2000”，【可见性】为“hide”，如图 8-35 所示。
3. 然后设置触发事件为“onMouseOver”，如图 8-36 所示。

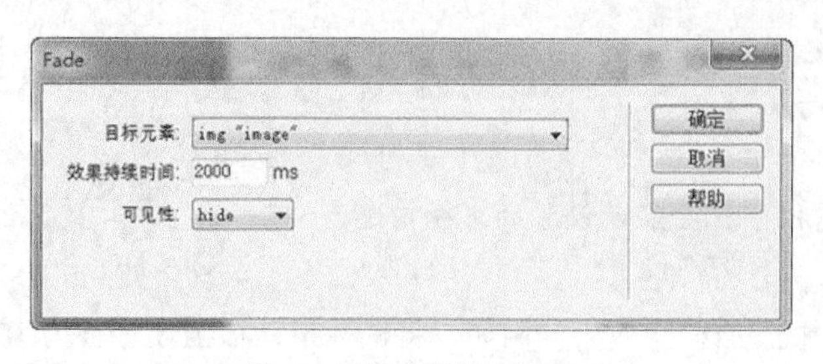

图8-35　【显示/渐隐】对话框

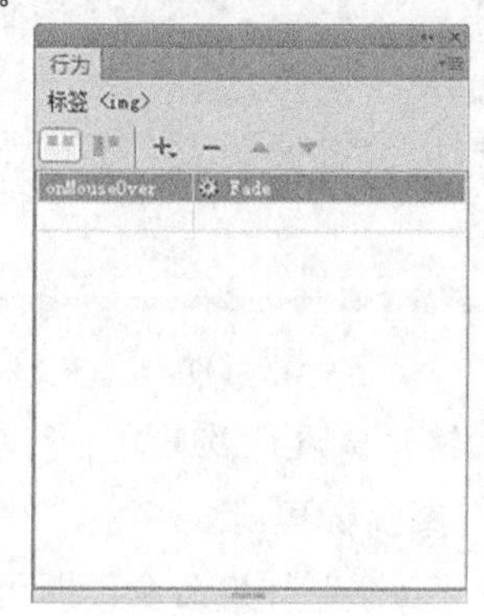

图8-36　设置触发事件

4. 按 F12 键预览设计效果，鼠标指针经过图像时会产生渐隐效果。

六、 调用 JavaScript

执行“调用 JavaScript”行为命令，可以给网页中的对象添加一段具有特定功能的 JavaScript 代码。当访问者在浏览网页并触发对应的事件后，即可执行这一段 JavaScript 代码所编译的指令。下面将介绍如何在网页中利用“调用 JavaScript”的指令来设置一个“关闭窗口”快捷按钮的操作方法，设计效果如图 8-37 所示。

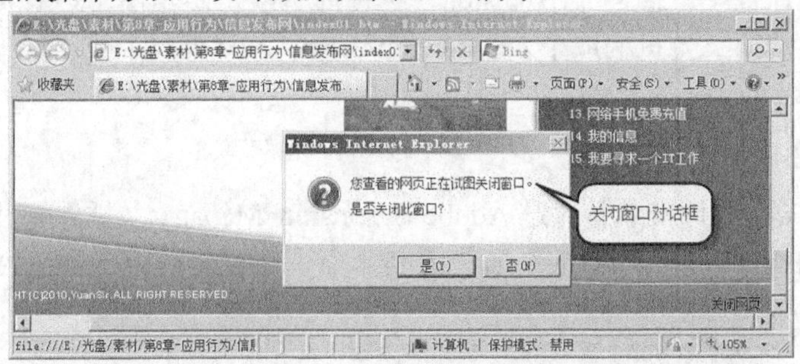

图8-37 “关闭窗口”询问窗口

1. 选中文档最底部的文本“关闭网页”，然后在属性检查器面板中设置【链接】为“#”，如图 8-38 所示。

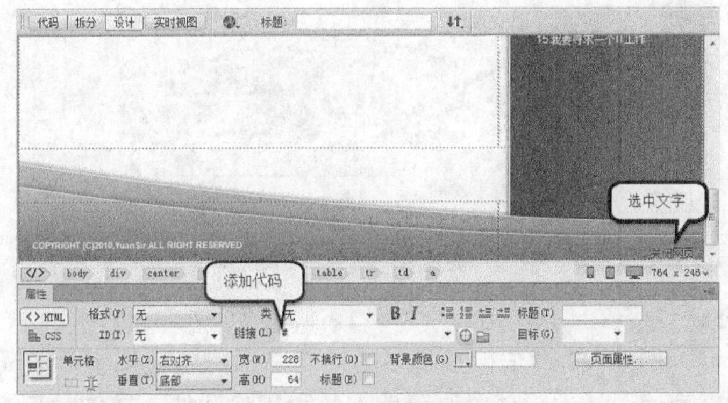

图8-38 添加空链接

2. 在【行为】面板中单击 + 按钮，在弹出的下拉菜单中选择【调用 JavaScript】选项，打开【调用 JavaScript】对话框，设置【JavaScript】为“window.close( )”，如图 8-39 所示。
3. 单击 确定 按钮返回【行为】面板，设置触发事件为“onClick”，如图 8-40 所示。

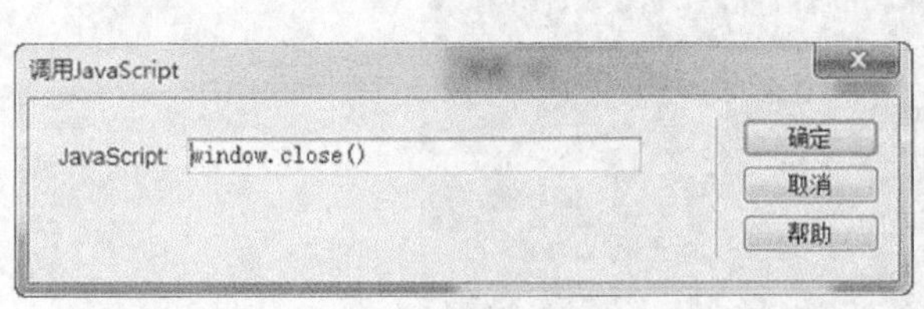

图8-39 输入代码

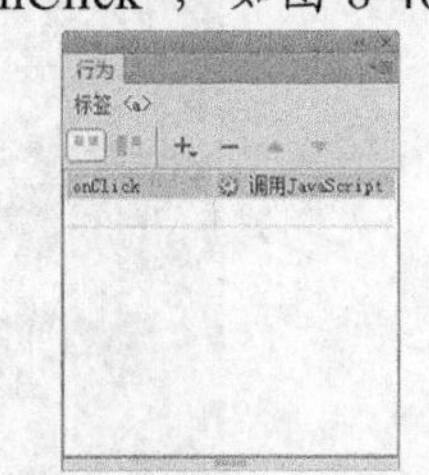

图8-40 设置鼠标触发事件

4. 按 F12 键预览设计效果，单击“关闭网页”文本即可弹出关闭浏览器窗口的询问对话框，如图 8-37 所示。单击 是(Y) 按钮，可关闭当前浏览器窗口。

8.2　第三方 JavaScript 库的支持

第三方 JavaScript 库是指网络插件，在应用插件的有效参与之下， Dreamweaver 软件的功能开发和使用将会有更大的提升空间，一方面方便用户对 Dreamweaver 软件的使用，另一方面提高了工作效率。插件（Extension）也称为扩展，是指用来扩展软件相应功能的文件。每天都有大量的第三方机构或个人为 Dreamweaver 软件编写插件。

8.2.1　安装与应用插件

Dreamweaver CC 插件安装是通过 Adobe Extension Manager（插件管理器）来进行的。下面将以应用“Chromeless Window”插件定制一个个性精彩的弹出窗口为例，讲解插件的安装与应用过程，效果如图 8-41 所示。

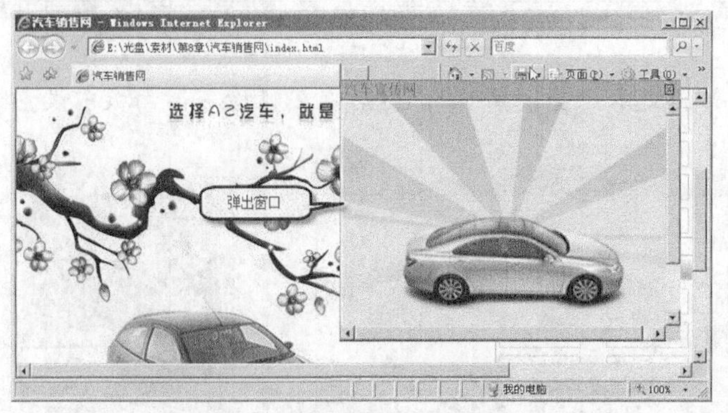

图8-41　使用插件制作弹出窗口的效果

一、　安装插件

Adobe 网站为广大用户提供了种类繁多的插件，用户可根据实际情况选择性地下载。下载完成后，便可直接使用插件管理器便捷地安装和删除插件。插件安装成功以后，命令类的插件会出现在“命令”菜单中，行为类的插件会出现在“行为”面板中，对象类插件会出现在“插入”工具栏中。

1.　运行 Adobe Extension Manager CC 软件，打开【插件管理器】窗口，如图 8-42 所示。

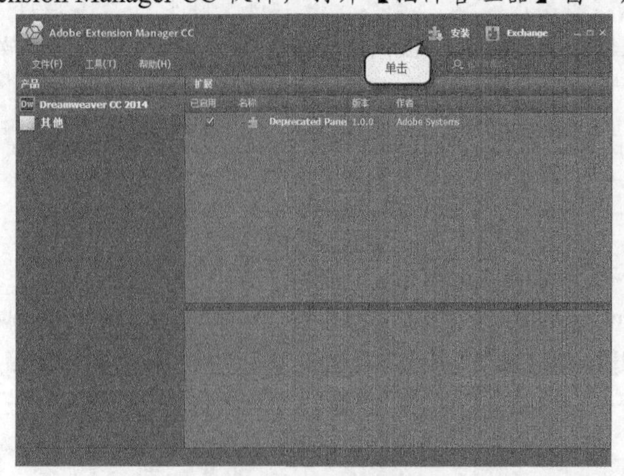

图8-42　打开插件管理器

Adobe Extension Manager CC 的默认选项是“不允许安装”，用户需要自行前往 Adobe 官网下载安装。

2. 单击管理器上方的 安装 按钮，弹出【选取要安装的扩展】对话框，然后选择附盘文件“素材\第 8 章\汽车销售网\plug\chromeless_win_wind.zxp”，如图 8-43 所示。

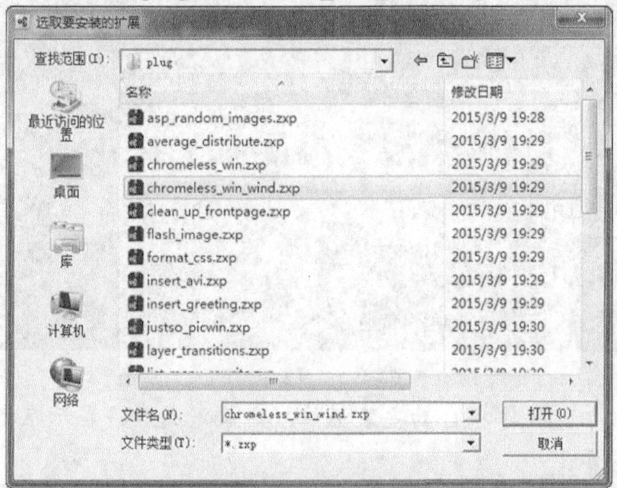

图8-43　选中插件

Dreamweaver CC 插件的扩展名为“zxp”，如需要安装以前版本 mxp 的插件，需要使用 Adobe Extension Manager CS6 中的【工具】选项中的【将 mxp 转换为 zxp】选项进行转换，如图 8-44 所示。

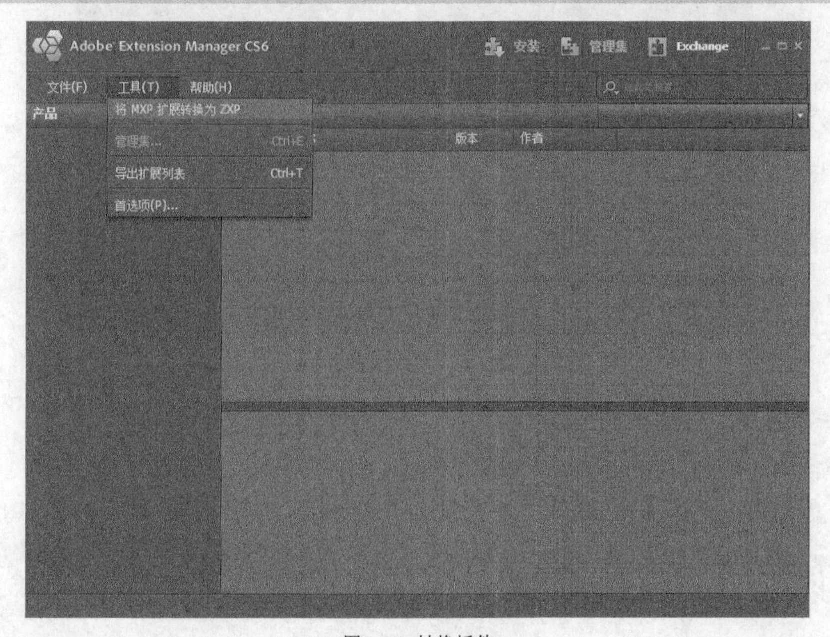

图8-44　转换插件

3. 单击 打开(O) 按钮，进入插件安装向导页，如图 8-45 所示。

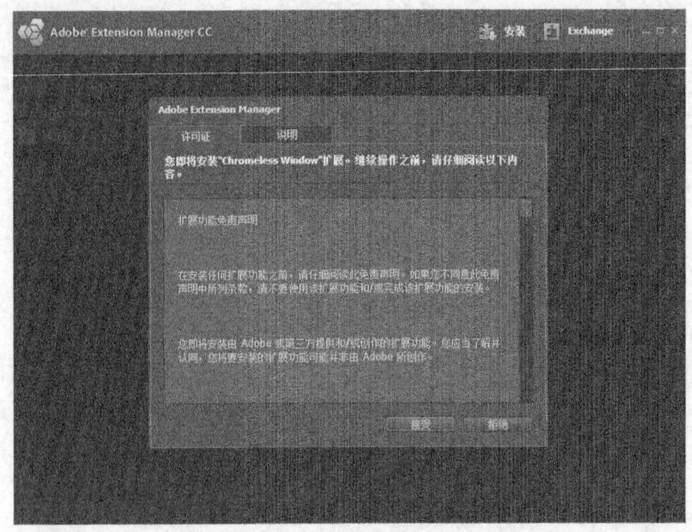

图8-45　插件安装向导

4. 单击 接受 按钮，软件将自动安装插件，安装完成后将显示在插件管理器的列表框中，如图 8-46 所示。

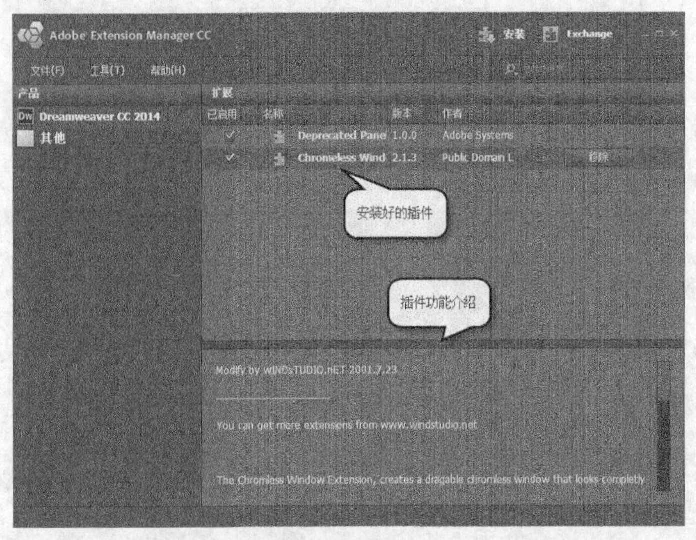

图8-46　安装的插件

要点提示　选中插件后，单击插件后面的 移除 按钮，可以卸载当前的插件。

5. 打开附盘文件“素材\第 8 章\汽车销售网\index.html”，如图 8-47 所示。

要点提示　安装插件后再启动 Dreamweaver CC 软件，否则插件会安装失败。

6. “Chromeless Window”插件属于行为类插件，所以它会出现在“行为”面板中，如图 8-48 所示。

图8-47 打开素材文件

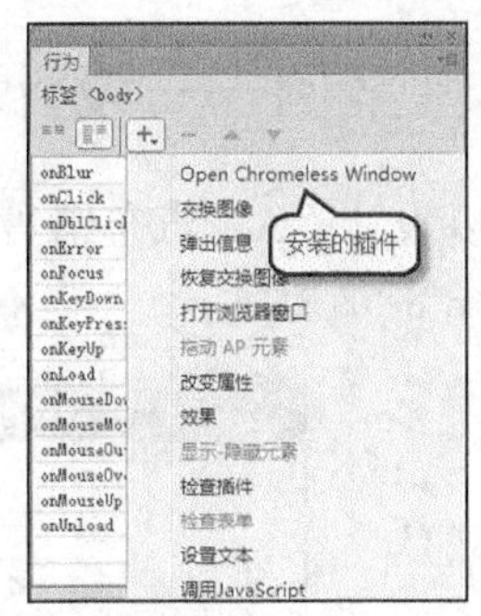

图8-48 插件的位置

二、 应用插件

插件的应用与行为的应用操作类似，用户只需简单地设置某些参数，就能产生相应的设计效果。

1. 单击选中文档左侧的汽车图像，如图 8-49 所示。

图8-49 选中图像

2. 在【行为】面板上单击 + 按钮，在弹出的下拉菜单中选择【Open Chromeless Window】选项，打开【Open Chromeless Window】对话框并设置参数，如图 8-50 所示。
3. 单击 确定 按钮返回【行为】面板，设置事件为"onClick"，如图 8-51 所示。

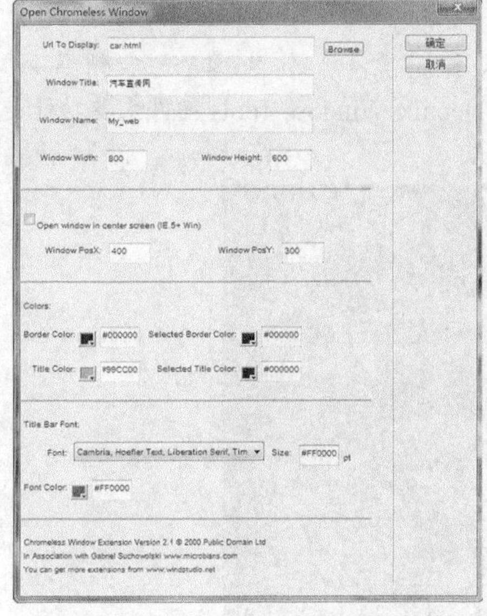

图8-50 【Open Chromeless Window】对话框

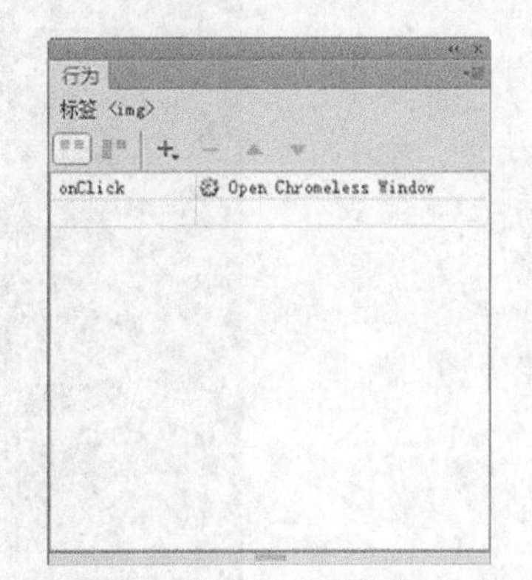

图8-51 设置鼠标单击触发事件

4. 按 F12 键预览设计效果，用鼠标单击图像，即会弹出一个窗口。

8.2.2 典型案例——设计“A2 汽车销售网”

下面将以设计“A2 汽车销售网”网页为例，进一步讲解插件的安装与应用操作方法，设计效果如图 8-52 所示。

图8-52　设置“汽车销售网”首页

1. 打开附盘文件“素材\第 8 章\汽车销售网\index.html”，如图 8-53 所示。

图8-53　打开素材文件

2. 打开【插件管理器】窗口，安装附盘文件“素材\第 8 章\汽车销售网\plug\neonix_window_tools.zxp”，如图 8-54 所示。Neonix Window Tools 插件主要功能是控制浏览器窗口，让图像以不同的速度移动或缩放。

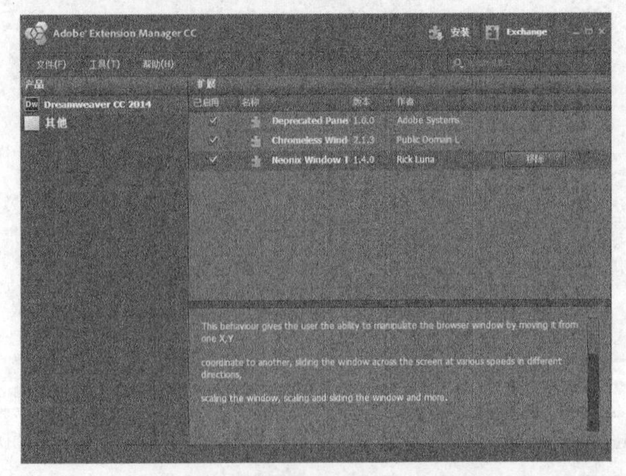

图8-54　安装 Neonix Window Tools 插件

3. 单击文档左下角的“<body>”标签选中整个文档，如图 8-55 所示。

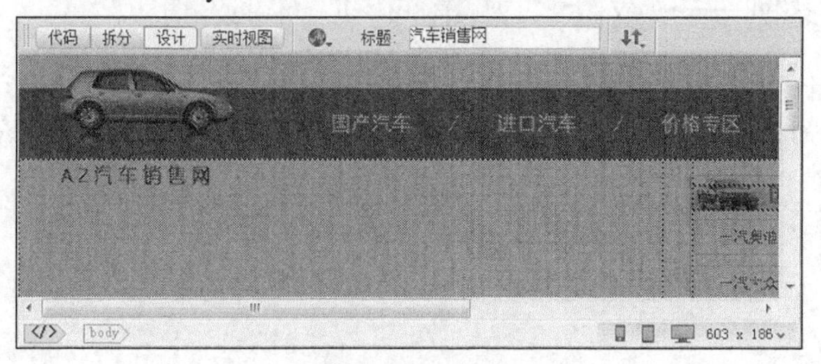

图8-55　选中整个文档

4. 在【行为】面板上单击 按钮，在弹出的下拉菜单中选择【Neonix Window Tools】选项，打开【Neonix Window Tools】对话框并设置参数，如图 8-56 所示。
5. 单击 按钮返回【行为】面板，设置事件为“onLoad”，如图 8-57 所示。

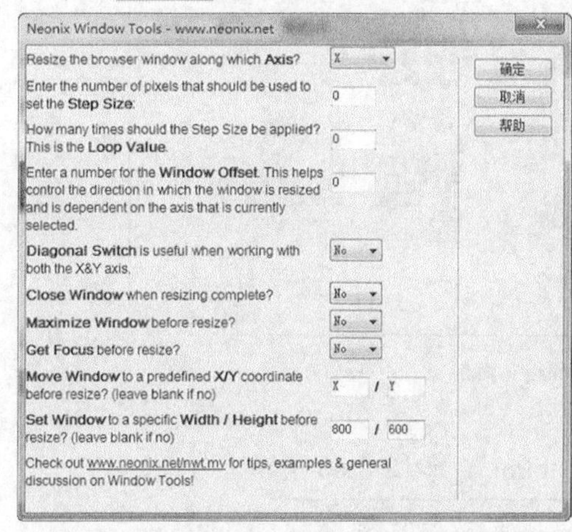

图8-56　【Neonix Window Tools】对话框

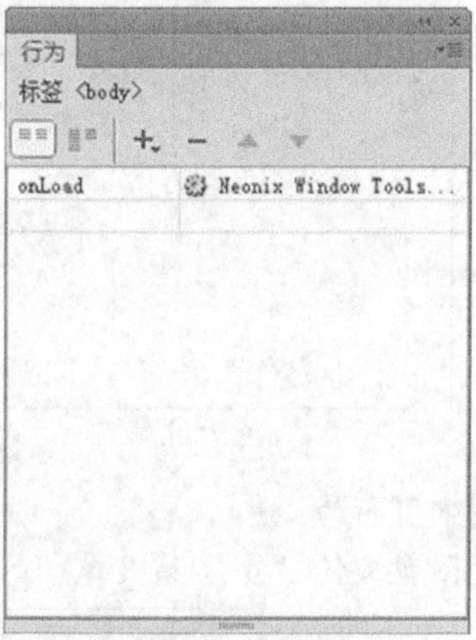

图8-57　设置触发事件

6. 按 键预览设计效果，浏览器将以 800×600 的长宽比显示网页，如图 8-58 所示。

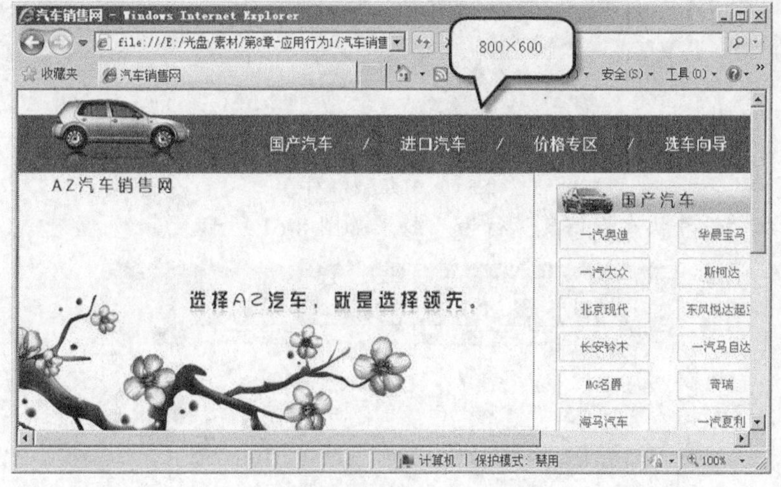

图8-58　浏览器以 800×600 显示网页

8.3 综合案例——设计“儿童时刻”网站首页

在网页设计中，行为的应用可以让用户所设计的网页快速地呈现一些精彩的特效。下面将以设计“儿童时刻”网站首页为例进一步讲解应用行为的具体操作，设计效果如图 8-59 所示。

图8-59　设计“儿童摄影展”首页

1. 应用内置行为。

(1) 打开附盘文件“素材\第 8 章\儿童摄影展\index.html”，如图 8-60 所示。

图8-60　打开素材文件

(2) 给文档添加“设置状态栏信息”行为，效果如图 8-61 所示。

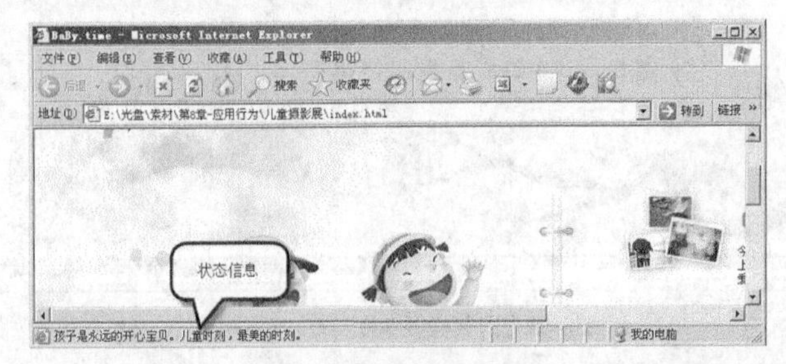

图8-61　设置状态栏信息

(3) 选中文档左侧的图像，然后在属性检查器面板中设置图像【ID】为“image01”，如图8-62所示。

图8-62　为图像设置ID

(4) 为图像添加【效果】/【Shake】命令，设置【目标元素】为“img"image01"”，然后设置触发事件为“onMouseOver”，按F12键预览设计效果，鼠标经过图像时会产生左右晃动的效果，如图8-63所示。

图8-63　添加晃动效果

(5) 选中导航栏中的文本“儿童写真”，为其添加“弹出信息”行为，设置弹出信息为“该网页正在建设中，请随时关注。”，并设置事件为“onClick”，单击文本后的效果如图8-64所示。

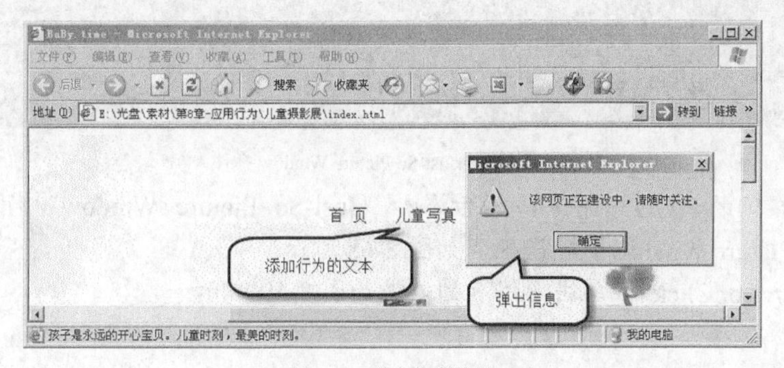

图8-64　弹出信息效果

(6) 选中整体文档，然后为其添加“弹出信息”行为，设置弹出信息为“什么也不留下就要离开吗？”，并设置事件为“onUnload”，如图 8-65 所示，当关闭网页后会弹出如图 8-66 所示的对话框。

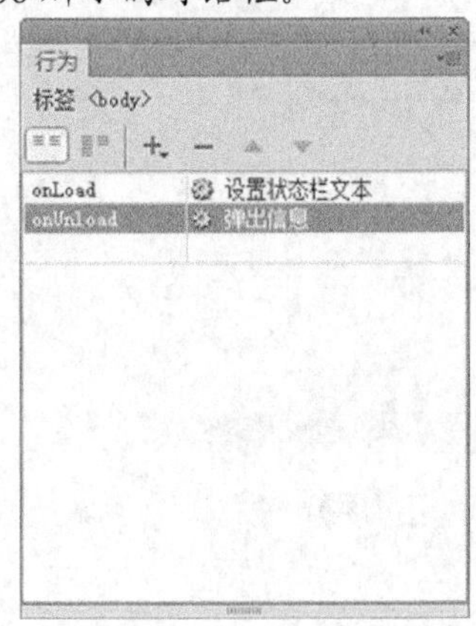

图8-65　设置触发事件

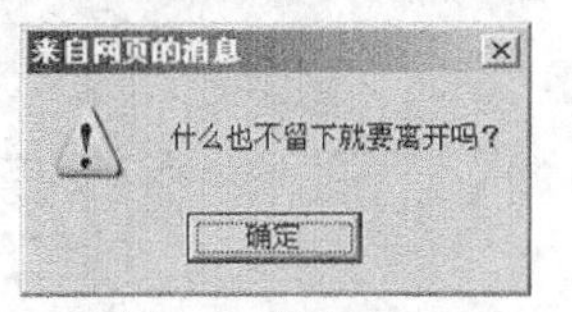

图8-66　弹出窗口

2. 应用插件。

(1) 打开【插件管理器】窗口，安装附盘文件“素材\第 8 章\儿童摄影展\plug\justso_picwin.zxp”，如图 8-67 所示。Just-So Picture Window 插件主要功能是为用户指定的图片打开一个自适应大小的弹出窗口。

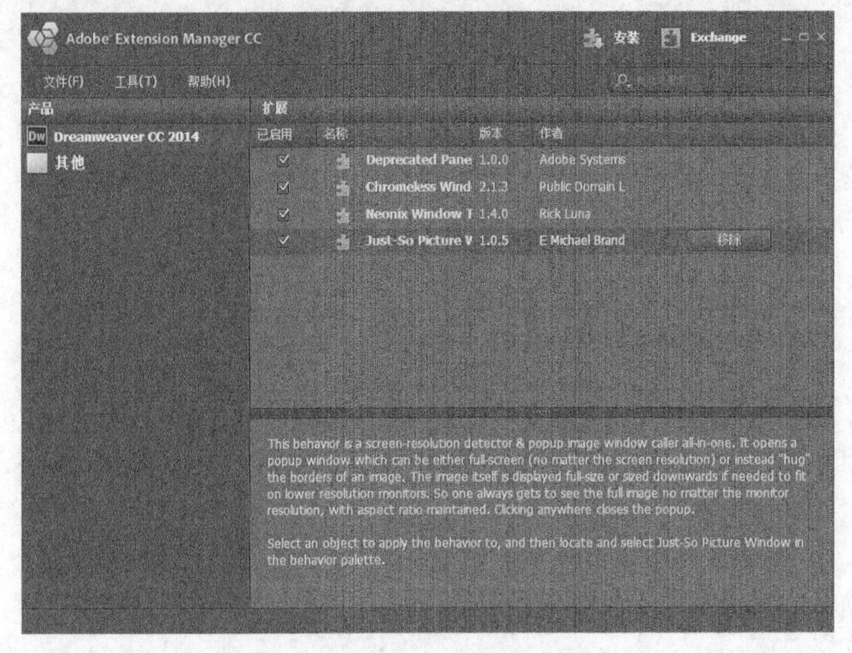

图8-67　安装 Just-So Picture Window 插件

(2) 选中文档右侧的“GO”图像，然后添加“Just-So Picture Window”行为命令，设置【Just-So Picture Window】对话框，如图 8-68 所示。

(3) 设置事件为“onClick”，单击图像后的效果如图 8-69 所示。

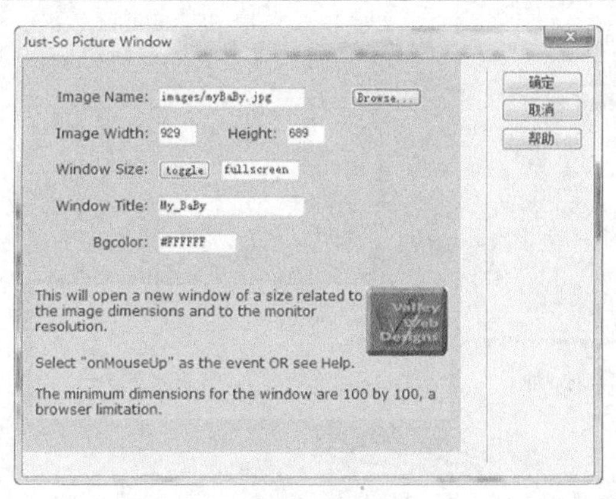

图8-68　参数设置

图8-69　弹出窗口效果

(4) 按Ctrl+S组合键保存文档，案例制作完成，按F12键预览设计效果。

8.4 使用技巧——使用“交换图像”行为制作相册效果

用户只要掌握在网页设计中如何灵活地应用“交换图像”的行为，就能产生许多美观又实用的特效。下面将使用“交换图像”行为制作如图 8-70 所示的图像浏览网页，操作要求是当鼠标指针移动到两侧的小图上时，则中间显示该图像的大图。具体操作步骤如下。

图8-70　“交换图像”行为的应用

1. 新建一个空白文档，插入 1 个 2 行 3 列的表格。
2. 在两侧的单元格中分别插入 4 幅小图像。
3. 在中间的单元格中插入第 1 张小图像对应的大图像，并在 HTML 属性面板中设置【ID】为“Big”。
4. 依次选中小图像，添加“交换图像”命令，设置参数如图 8-71 所示。

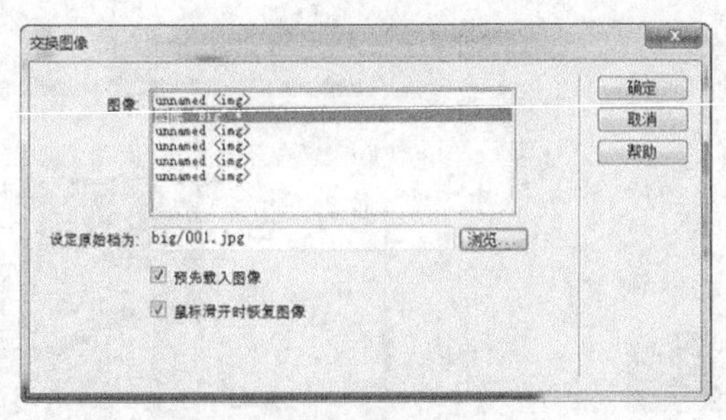

图8-71　【交换图像】对话框

8.5　习题

1. Dreamweaver CC 提供的事件有哪些？
2. Dreamweaver CC 提供的行为有哪些？
3. 文本行为包括哪些方面？
4. 效果行为包括哪些方面？
5. 简述插件安装和应用过程。

第9章 应用 HTML5 和 CSS3

【学习目标】

- 掌握 HTML5 一些基本用法。
- 掌握 CSS3 一些基本用法。
- 掌握使用 HTML5 和 CSS3 制作网页的方法。

HTML5 和 CSS3 在 Internet 上的使用热潮正扑面而来，它们包含着丰富的技术和内容。HTML5 简化了很多细微的语法，具有跨平台、跨分辨率、版本控制等诸多优点；CSS3 的出现，不仅让代码更简洁，页面结构更合理，还能同时兼顾性能和效果，实现二者的完美同步；CSS2 的效果只能依靠图片来实现，而 CSS3 却可以使用代码编写，不仅让加载网页速度更快，而且效果也更加美观。

9.1 应用 HTML5

HTML5 是用来取代 1999 年所制定的 HTML 4.01 和 XHTML 1.0 标准的 HTML [1]（标准通用标记语言下的一个应用）标准版本；现在仍处于发展阶段，但大部分浏览器已经支持某些 HTML5 技术。HTML 5 有两大特点：一是它强化了 Web 网页的表现性能；二是它追加了本地数据库等 Web 应用的功能。从广义上来说，HTML5 实际指的是包括 HTML、CSS 和 JavaScript 在内的一套技术组合，它的设计初衷是为了能够减少浏览器对于需要插件的丰富性网络应用服务（Plug-in-based Rich Internet Application，简称 RIA)，如 Adobe Flash、Microsoft Silverlight，与 Oracle JavaFX 的需求，从而提供更多可以有效增强网络应用的标准集。

9.1.1 HTML5 的新元素

为了更好地适应当下互联网应用的发展，HTML5 添加了很多新元素及功能，包括 canvas、多媒体、表单和语义以及结构。

一、 Canvas

Canvas 的描述如表 9-1 所示。

表 9-1　　Canvas 标签的描述

标签	描述
<canvas>	标签定义图形，如图表和其他图像。该标签基于 JavaScript 的绘图 API

二、 多媒体

多媒体标签的描述如表 9-2 所示。

表 9-2　　多媒体标签的描述

标签	描述
<audio>	定义音频内容
<video>	定义视频（video 或者 movie）
<source>	定义多媒体资源<video>和<audio>
<embed>	定义嵌入的内容，如插件
<track>	为诸如<video>和<audio>元素之类的媒介规定外部文本轨道

三、 表单

表单标签的描述如表 9-3 所示。

表 9-3　　表单标签的描述

标签	描述
<datalist>	定义选项列表。请与 input 元素配合使用该元素来定义 input 可能的值
<keygen>	规定用于表单的密钥对生成器字段
<output>	定义不同类型的输出，如脚本的输出

四、 语义和结构

语义和结构标签的描述如表 9-4 所示。

表 9-4　　语义和结构标签的描述

标签	描述
<article>	定义页面的侧边栏内容
<aside>	定义页面内容之外的内容
<bdi>	允许设置一段文本，使其脱离其父元素的文本方向设置
<command>	定义命令按钮，如单选按钮、复选框或按钮
<details>	用于描述文档或文档某个部分的细节
<dialog>	定义对话框，如提示框
<summary>	标签包含 details 元素的标题
<figure>	规定独立的流内容（图像、图表、照片、代码等）
<figcaption>	定义<figure>元素的标题
<footer>	定义 section 或 document 的页脚
<header>	定义了文档的头部区域
<mark>	定义带有记号的文本
<meter>	定义度量衡。仅用于已知最大和最小值的度量
<nav>	定义运行中的进度（进程）
<progress>	定义任何类型的任务的进度
<ruby>	定义 ruby 注释（中文注音或字符）

续表

标签	描述
<rt>	定义字符（中文注音或字符）的解释或发音
<rp>	在 ruby 注释中使用，定义不支持 ruby 元素的浏览器所显示的内容
<section>	定义文档中的节（section、区段）
<time>	定义日期或时间
<wbr>	规定在文本中的何处添加换行符

9.1.2 应用 HTML5 元素创建网页

HTML5 包含了许多新的表单输入类型。这些新特性为表单设计提供了更好的输入控制和验证。常见的输入元素如表 9-5 所示。

表 9-5 常见的输入元素

标签	描述
<email>	email 类型用于应该包含 e-mail 地址的输入域。在提交表单时，会自动验证 email 域的值
<url>	url 类型用于应该包含 URL 地址的输入域。在提交表单时，会自动验证 url 域的值
<number>	number 类型用于应该包含数值的输入域。在提交表单时，会自动验证 number 域的值
<range>	range 类型用于应该包含一定范围内数字值的输入域。其效果在网页上面显示滑块
<Date pickers>	可供选取日期和时间的新输入类型
<search>	search 类型用于搜索域
<color>	颜色选择器

下面为了让用户掌握应用 HTML5 的操作方法，以设计“个人信息”网页为例进行讲解，设计效果如图 9-1 所示。

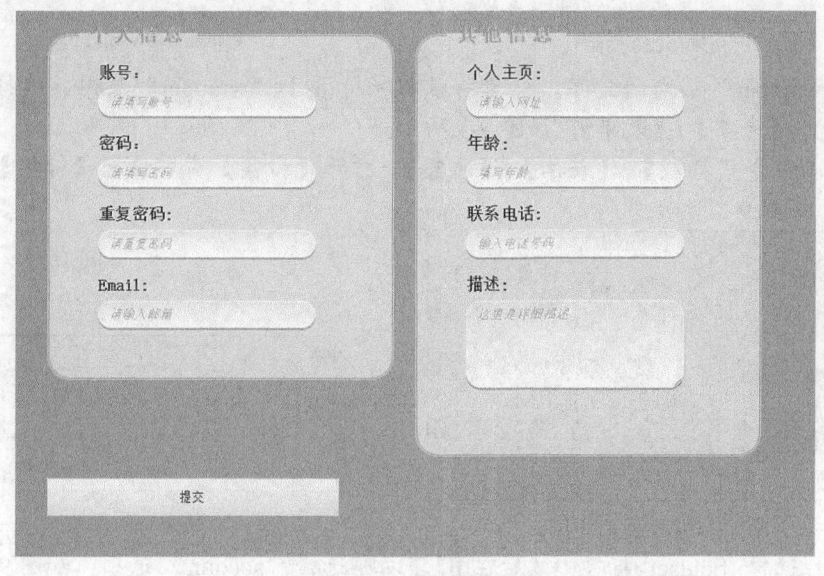

图9-1 设计“个人信息”网页

1.　设计页面基础元素。

(1)　新建一个名为“index.html”的空白文档，然后设置其页面属性，如图 9-2 所示。

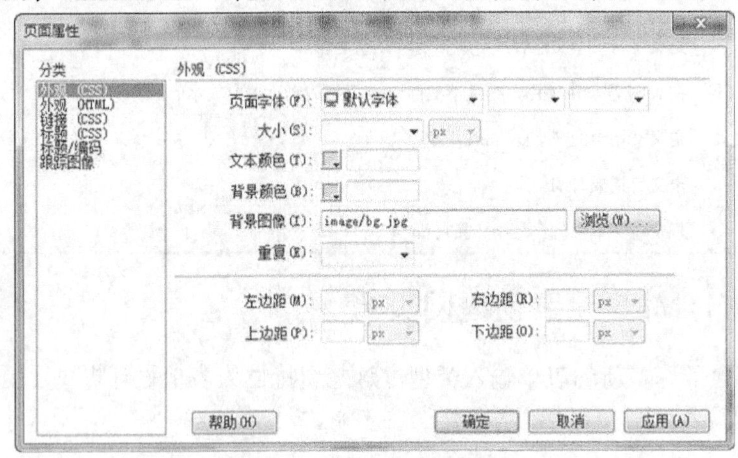

图9-2　设置页面属性

(2)　在【CSS 设计器】窗口中【源】面板中单击右侧的 + 按钮，在弹出的菜单选择【附加现有的 CSS 文件】选项，弹出【使用现有的 CSS 文件】窗口，在【文件/URL】选项栏中选择“css/style.css”文件，然后单击 确定 按钮。如图 9-3 所示。

(3)　选择菜单命令【插入】/【Div】，打开【插入 Div】对话框，在下拉框设置【ID】为“wrapper”，如图 9-4 所示。

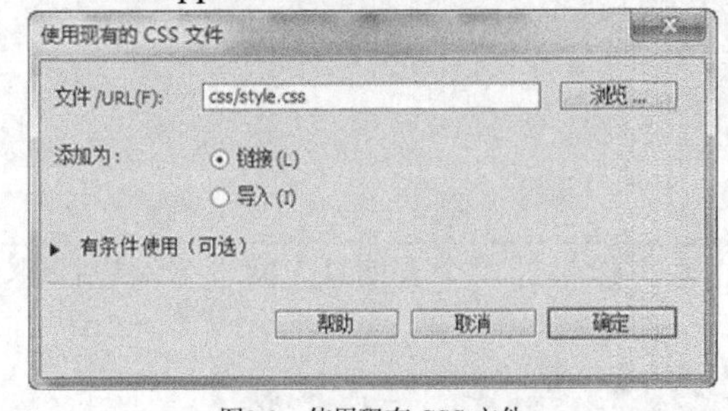

图9-3　使用现有 CSS 文件

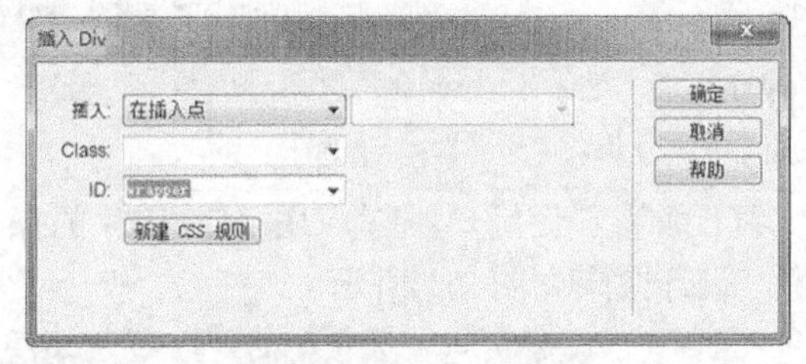

图9-4　插入 Div 标签

(4)　删除“wrapper”层内的文字，然后将鼠标光标置于“wrapper”层内，选择菜单命令【插入】/【表单】/【表单】，如图 9-5 所示。

(5)　选择菜单命令【插入】/【表单】/【域集】，打开【域集】窗口设置【标签】为“个人信息”，如图 9-6 所示。

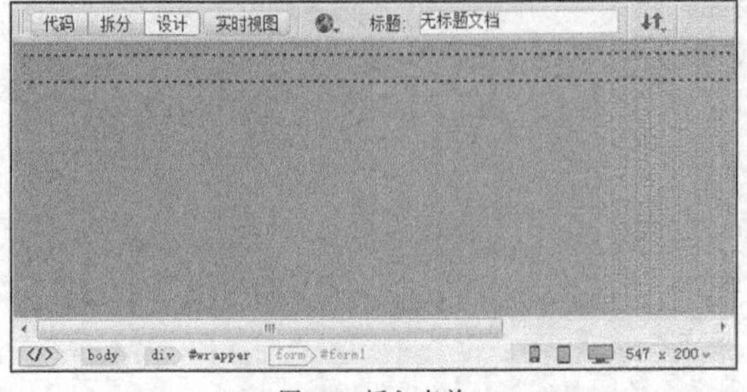

图9-5　插入表单

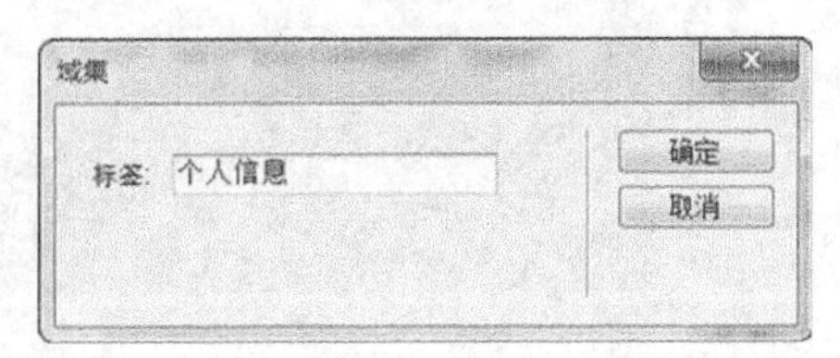

图9-6　插入域集

(6)　在标签栏选择<fieldset>标签，然后在 ID 下拉框选择“account”选项，如图 9-7 所示。

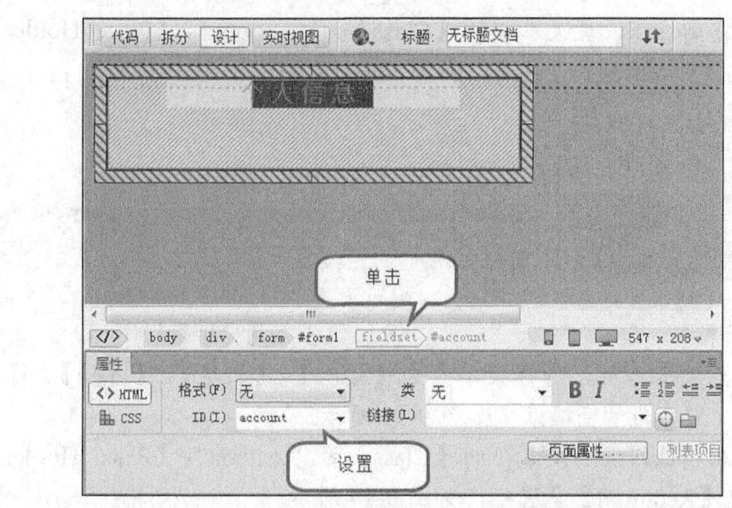

图9-7 应用ID

(7) 将鼠标光标置于“personal”域集后，选择菜单命令【插入】/【表单】/【域集】，设置【域集】标签值为“其他信息”，并选择<fieldset>标签的 ID 为“personal”，如图 9-8 所示。

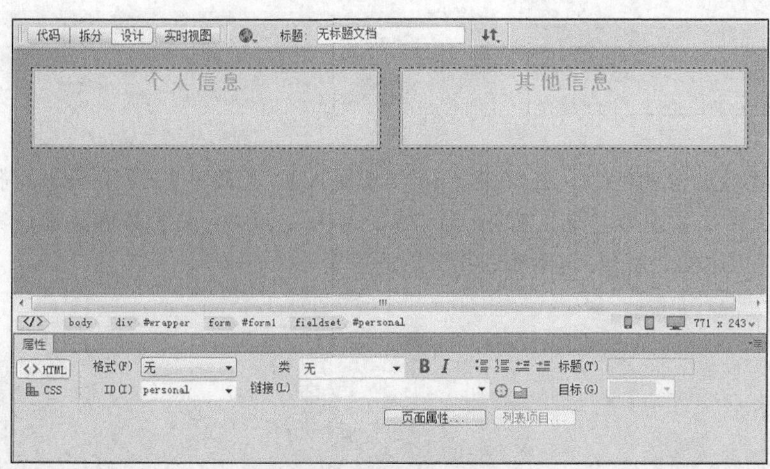

图9-8 添加域集

(8) 选择菜单命令【插入】/【Div】，设置【插入 Div】窗口参数，如图 9-9 所示。

(9) 最后效果如图 9-10 所示。

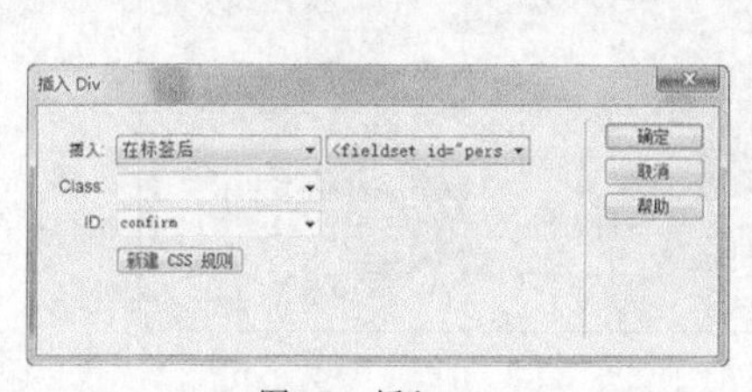

图9-9 插入 Div

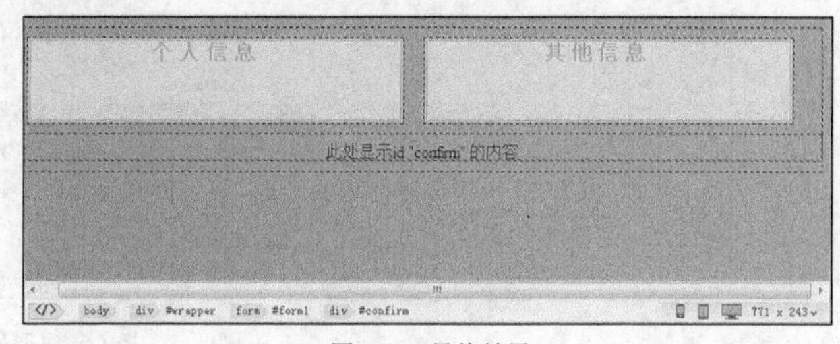

图9-10 最终效果

2. 添加 HTML5 标签。

(1) 将鼠标光标移至个人信息栏内，选择菜单命令【插入】/【表单】/【文本】，将鼠标光标移至标签内，修改文本为“账号:”，如图 9-11 所示。

(2) 选中文本框，在属性栏设置文本框的【Class】为“textbox”，【Place Holder】为“请填写账号”，勾选【Required】复选框，如图 9-12 所示。

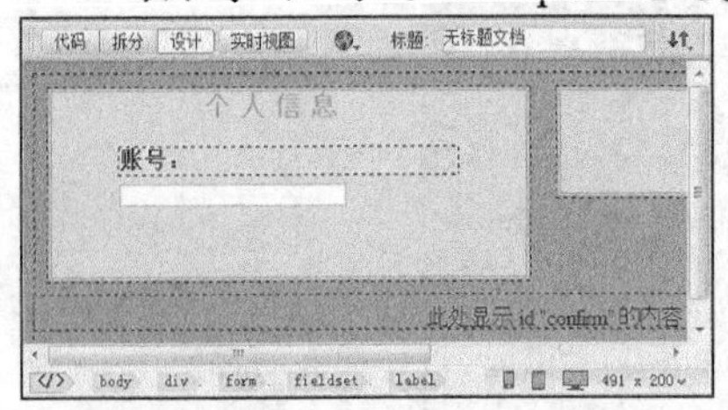

图9-11　插入账号

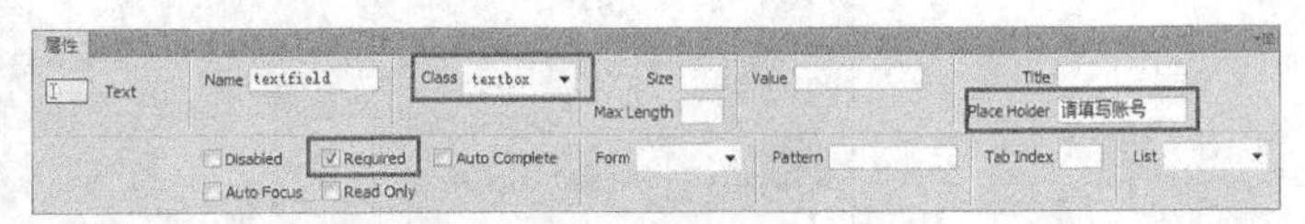

图9-12　修改属性

(3) 将鼠标光标移至文本框后，选择菜单命令【插入】/【表单】/【密码】，将鼠标光标移至标签内，修改文本为“密码:”，如图 9-13 所示。

(4) 选中文本框，在属性栏设置文本框的【Class】为“textbox”，【Place Holder】为“请填写密码”，勾选【Required】复选框，如图 9-14 所示。

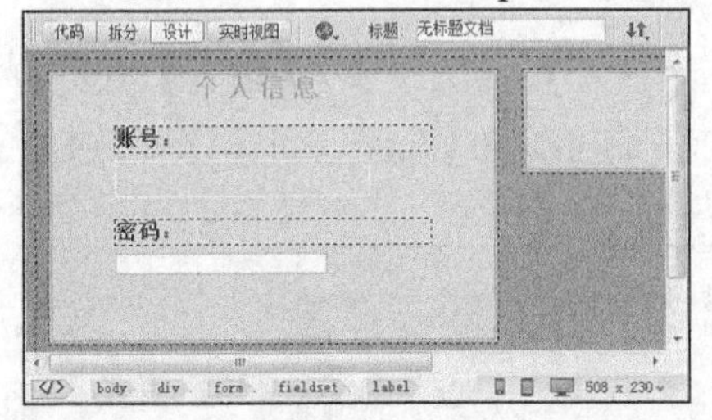

图9-13　插入密码

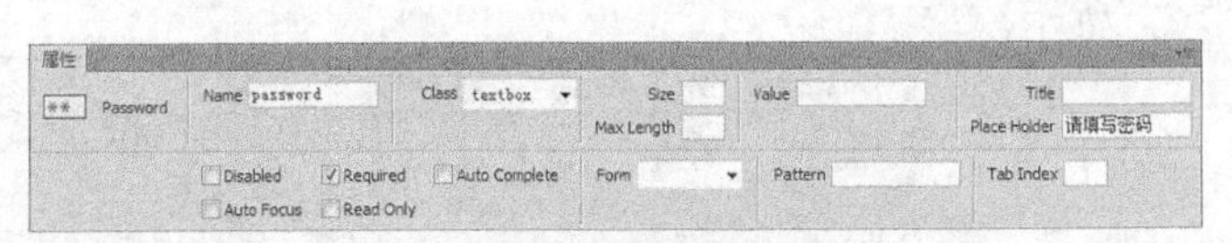

图9-14　修改属性

(5) 将鼠标光标移至密码框后，选择菜单命令【插入】/【表单】/【密码】，将鼠标光标移至标签内，修改文本为“重复密码:”，然后选择文本框，设置其他属性，其中，【Place Holder】为“请重复密码”，如图 9-15 所示。

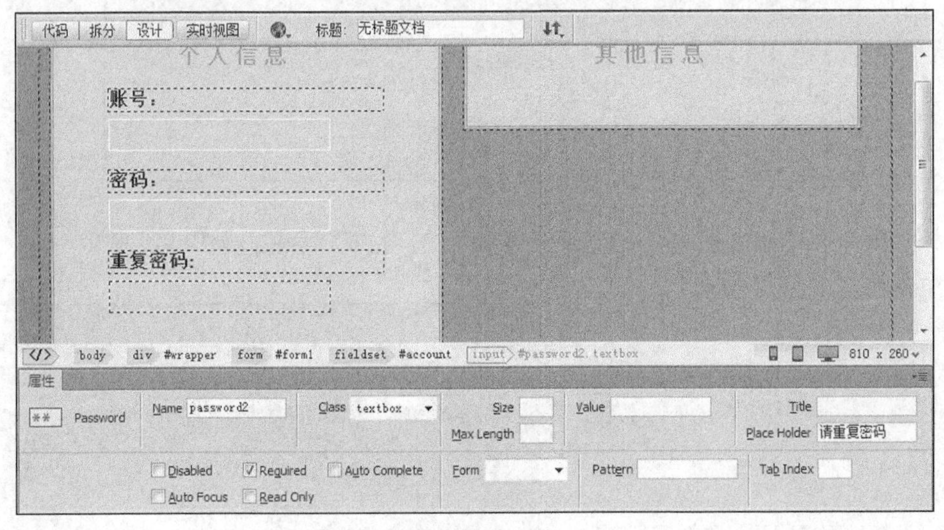

图9-15　插入重复密码

(6) 将鼠标光标移至重复密码框后，选择菜单命令【插入】/【表单】/【电子邮件】，将鼠标光标移至标签内，修改文本为“Email:”，然后选择文本框，设置其他属性，其中，【Place Holder】为“请输入邮箱”，如图 9-16 所示。

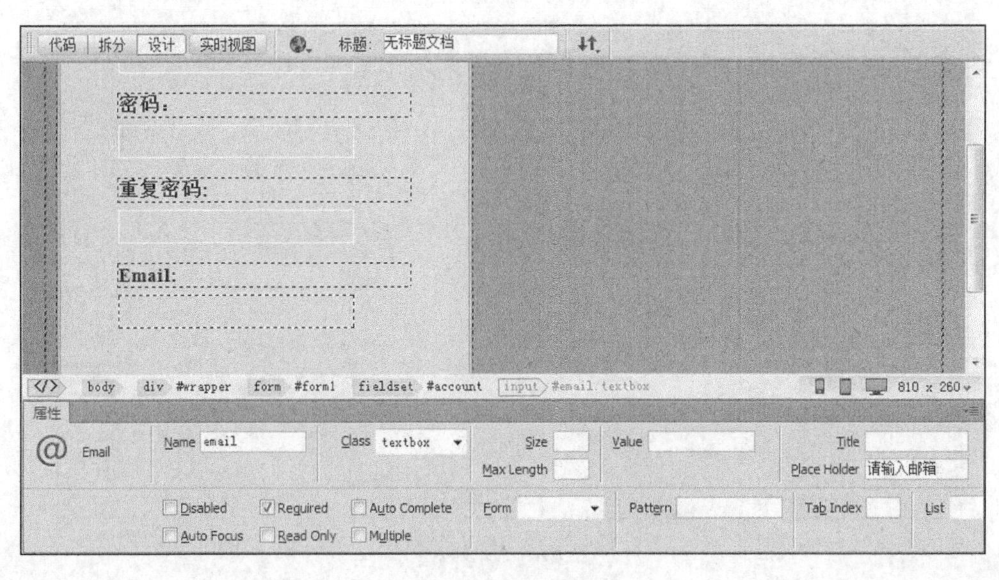

图9-16 插入电子邮件

(7) 将鼠标光标移至其他信息栏，选择菜单命令【插入】/【表单】/【URL】，按以上步骤进行设置，其中标签名称为“个人主页”，【Place Holder】为“请输入网址”，如图 9-17 所示。

图9-17 插入 URL

(8) 将鼠标光标移至个人主页框后，执行菜单【插入】/【表单】/【数字】，其中标签名称为“年龄”，Place Holder 为“填写年龄”。执行菜单【插入】/【表单】/【Tel】命令，标签名称为“联系电话”，将【Place Holder】选项设置为“输入电话号码”，如图 9-18 所示。

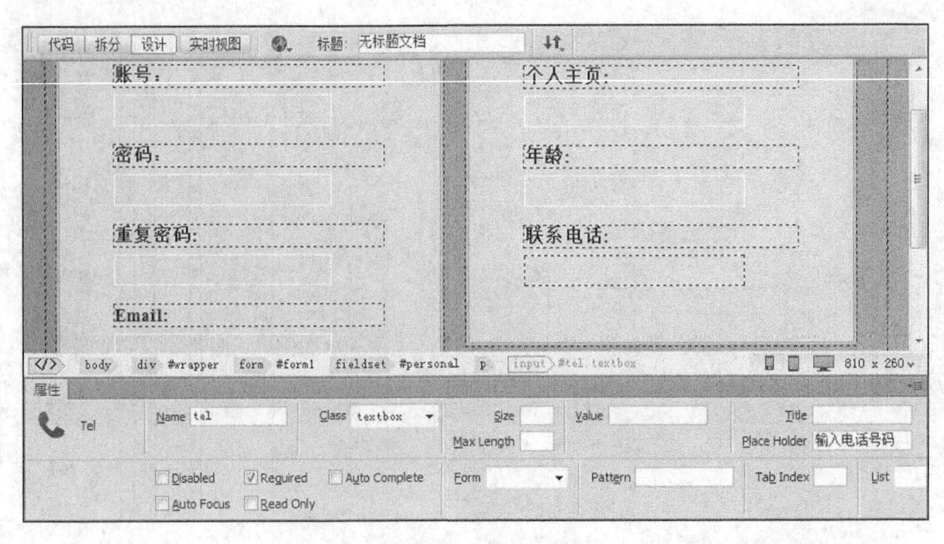

图9-18　插入数字

(9) 将鼠标光标移至联系电话框后，执行菜单【插入】/【表单】/【文本区域】，其中标签名称为“描述”，设置【Place Holder】选项为“这里是详细描述”，其他设置如图 9-19 所示。

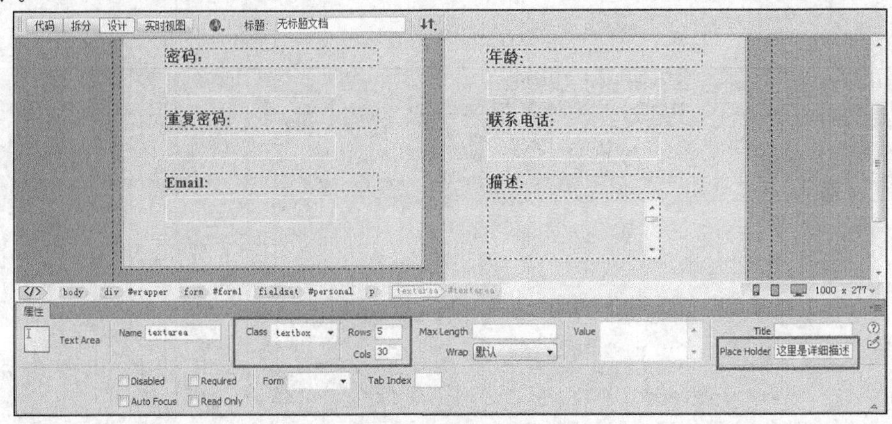

图9-19　插入文本区域

(10) 在 confirm div 标签内插入提交按钮。按 Ctrl + S 组合键保存文档，完成网页设计，按 F12 键预览。

> **要点提示** 值得注意的是，目前各个版本的浏览器对 HTML5 的支持都不一样，本例为了能给用户呈现最佳的预览效果，使用的是谷歌浏览器，IE 浏览器暂不支持 HTML5 的大部分功能。

9.2　应用 CSS3.0

作为 CSS 的下一个版本，CSS3 在 Web 开发上发挥出了革命性的作用。例如，以前很多需要图片呈现的界面效果，现在只要将 CSS3 结合 HTML 在一起使用就可以实现，运用 CSS3 实现的复杂动画效果甚至能和应用 JavaScript 语言所产生的效果相媲美。本节将向用户介绍 CSS3 圆角、渐变、旋转和变换等特性在网页设计中的简单应用。

9.2.1 CSS3 简介

现在一般用户架构的网页基础是 CSS2 版本，CSS3 是 CSS 技术的升级版本，CSS3 语言开发趋势呈现模块化。以前的规范作为一个模块过于庞大和复杂，现在将其分解为一些小的模块之后，更多新的模块也可以加入其中，包括盒子模型、列表模块、超链接方式、语言模块、背景和边框、文字特效、多栏布局等。虽然 CSS3 目前处于普及阶段，但各个浏览器对其兼容性还存在一定的差异。

一、 CSS3 边框

运用 CSS3 可以创建圆角边框、向矩形添加阴影、使用图片来绘制边框等，这些都不需要像类似 PhotoShop 这样的设计软件来完成。

(1) CSS3 的边框功能包括如下。

- CSS3 的圆角边框：border-radius 属性用于创建圆角。
- CSS3 的边框阴影：box-shadow 用于向方框添加阴影。
- CSS3 的边框图片：border-image 可以使用图片来创建边框。

(2) 兼容性。

浏览器对 CSS3 的边框支持情况如表 9-6 所示。

表 9-6 浏览器对 CSS3 的边框支持情况

标签	IE 浏览器	火狐浏览器	谷歌浏览器	Safari 浏览器	欧朋浏览器
border-radius	支持	支持	支持	支持	支持
box-shadow	支持	支持	支持	支持	支持
border-image	不支持	支持	支持	支持	支持

二、 CSS3 背景

CSS3 包含多个新的背景属性，它们可以向背景提供更多的控制选择。

(1) CSS3 的背景属性包括内容如下。

- background-size：规定背景图片的尺寸。
- background-origin：规定背景图片的定位区域。

(2) 兼容性。

浏览器对 CSS3 的新背景属性支持情况如表 9-7 所示。

表 9-7 浏览器对 CSS3 的新背景属性支持情况

标签	IE 浏览器	火狐浏览器	谷歌浏览器	Safari 浏览器	欧朋浏览器
background-size	支持	支持	支持	支持	支持
background-origin	支持	支持	支持	支持	支持

三、 CSS3 文本效果

CSS3 包含多个新的文本属性，它们可以向文本编辑提供更多的选择。

(1) CSS3 的文本属性如下。

- CSS3 文本阴影：text-shadow 属性能够规定水平阴影、垂直阴影、模糊距离以及阴影的颜色。

- CSS3 自动换行：word-wrap 属性允许用户对文本进行强制性换行。

(2) 兼容性。

浏览器对 CSS3 的文本效果支持情况如表 9-8 所示。

表 9-8　　浏览器对 CSS3 的文本效果支持情况

标签	IE 浏览器	火狐浏览器	谷歌浏览器	Safari 浏览器	欧朋浏览器
text-shadow	支持	支持	支持	支持	支持
word-wrap	支持	支持	支持	支持	支持

四、 CSS3 的 2D 和 3D 转换

CSS3 可以改变元素的形状、尺寸和位置等，其中包含着的多个新的文本属性可以给文本编辑提供更多的选择。

(1) CSS3 的 2D 和 3D 转换如下。

- CSS3 2D 转换：transform 属性主要包括 translate（移动）、rotate（旋转）、scale（缩放）、skew（翻转）、matrix（综合变换）5 个函数。
- CSS3 3D 转换：transform 属性主要包括 rotateX（X 轴旋转）和 rotateY（Y 轴旋转）两个函数。

(2) 兼容性。

浏览器对 CSS3 的 2D 和 3D 转换支持情况如表 9-9 所示。

表 9-9　　浏览器对 CSS3 的 2D 和 3D 转换支持情况

标签	IE 浏览器	火狐浏览器	谷歌浏览器	Safari 浏览器	欧朋浏览器
Transform（2D）	支持	支持	支持	支持	支持
Transform（3D）	支持	支持	支持	支持	不支持

五、 CSS3 的过渡和动画

CSS3 可以在不使用 Flash 动画或 JavaScript 的情况下，让元素在从某种样式变换为另一种样式的过程中添加动态效果，并制作出动画。

(1) CSS3 的过渡和动画如下。

- CSS3 过渡：transition 属性主要用于设置 4 个过渡属性。
- CSS3 动画：@keyframes 规则用于创建动画。

(2) 兼容性。

浏览器对 CSS3 的过渡和动画支持情况如表 9-10 所示。

表 9-10　　浏览器对 CSS3 的过渡和动画支持情况

标签	IE 浏览器	火狐浏览器	谷歌浏览器	Safari 浏览器	欧朋浏览器
transition	支持	支持	支持	支持	支持
@keyframes	支持	支持	支持	支持	不支持

9.2.2 应用 CSS3 美化网页

下面为了让用户掌握应用 CSS3 美化网页方法，以美化“印象数码”网页为例进行讲解

(使用浏览器为“谷歌浏览器”)，设计效果如图 9-20 所示。

图9-20　美化“印象数码”网页

1. 设计旋转文字。
(1) 打开附盘文件“素材\第 9 章\印象数码\index.html”，如图 9-21 所示。

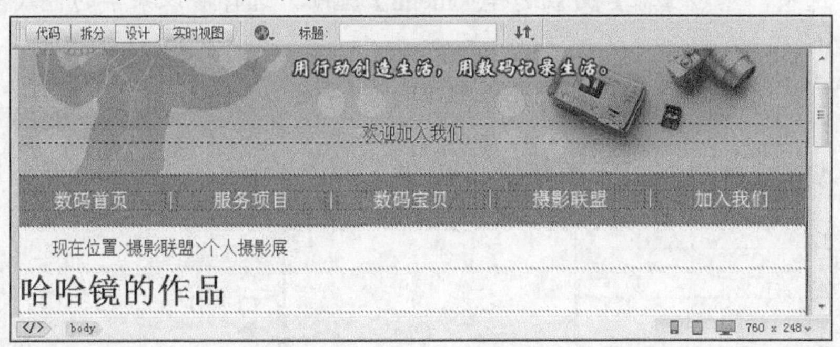

图9-21　打开素材文件

(2) 在标签选择器选择<div#pic>标签，首先在【CSS 设计器】窗口中【源】面板选择【style】选项，然后【源】面板选择【#pic1】选项，选择修改文字的样式。如图 9-22 所示。
(3) 在【属性】面板设置【width】为“200px”，设置【color】为“#D8FF00”，设置【font-family】为“宋体”。在自定义属性栏添加属性名称为“transform”，值为“rotate(-30deg)”，如图 9-23 所示。

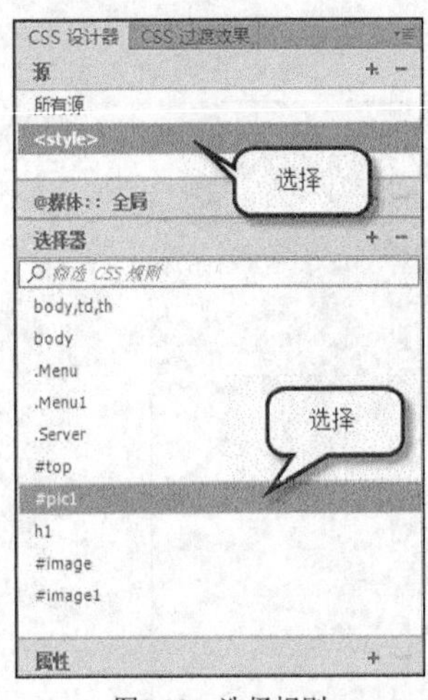

图9-22　选择规则

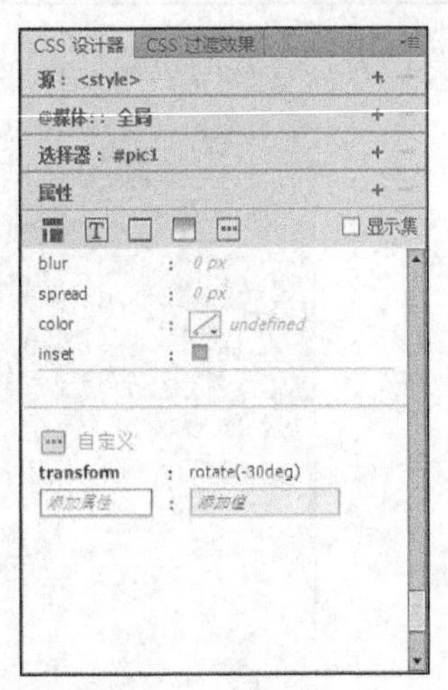

图9-23　修改属性

(4)　按 F12 键预览，可以发现文字已经被旋转了 30°，如图 9-24 所示。

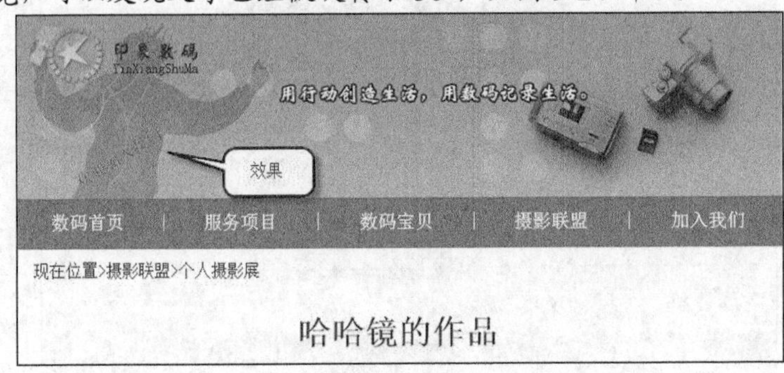

图9-24　旋转效果

2.　给文字添加圆角边框。

(1)　在标签选择器选择<td.menu>标签，首先在【CSS 设计器】窗口中【源】面板选择【style】选项，然后【源】面板选择【menu】选项，选择修改菜单的样式，如图 9-25 所示。

(2)　按照图 9-26 所示，在【属性】面板设置各选项参数。

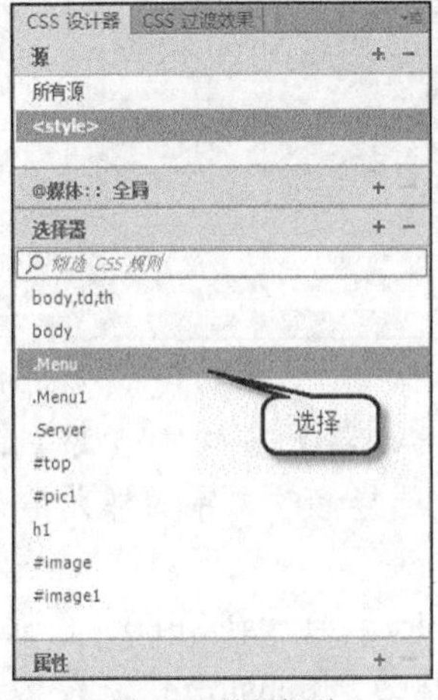

图9-25　选择规则

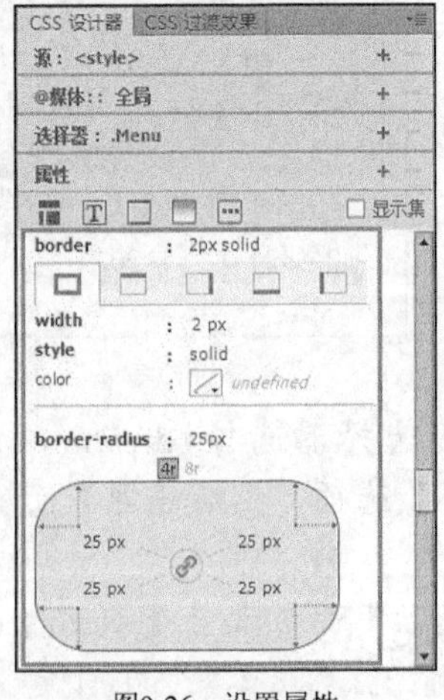

图9-26　设置属性

(3) 按F12键预览，可以发现菜单栏又被加上了边框，如图 9-27 所示。

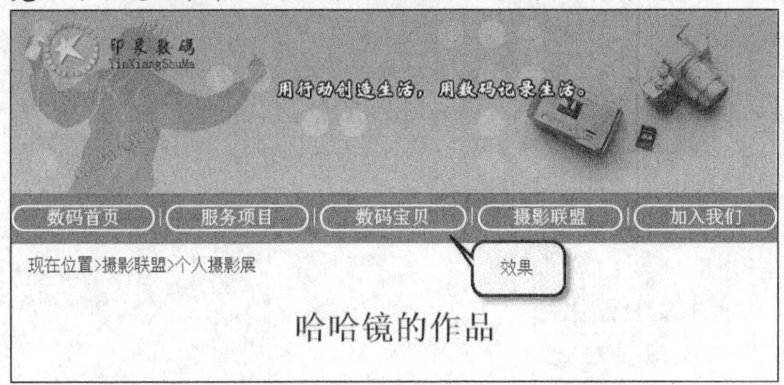

图9-27 圆角边框效果

3. 给文字添阴影。

(1) 在标签选择器选择<h1>标签，首先在【CSS 设计器】窗口中【源】面板选择【style】选项，然后【源】面板选择【h1】选项，选择修改标题的样式，如图 9-28 所示。

(2) 按照图 9-29 所示在【属性】面板设置各选项参数。

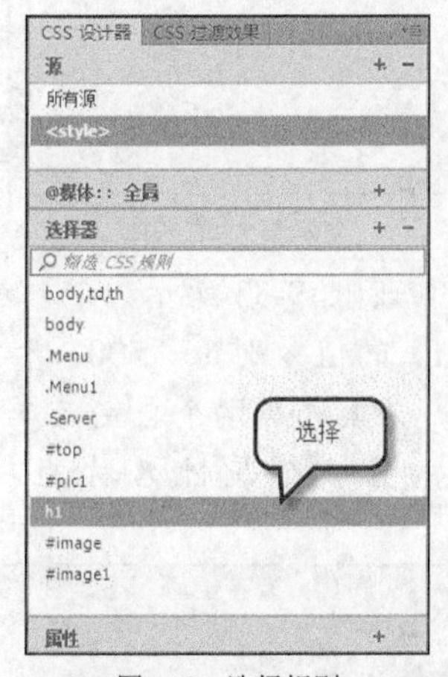

图9-28 选择规则

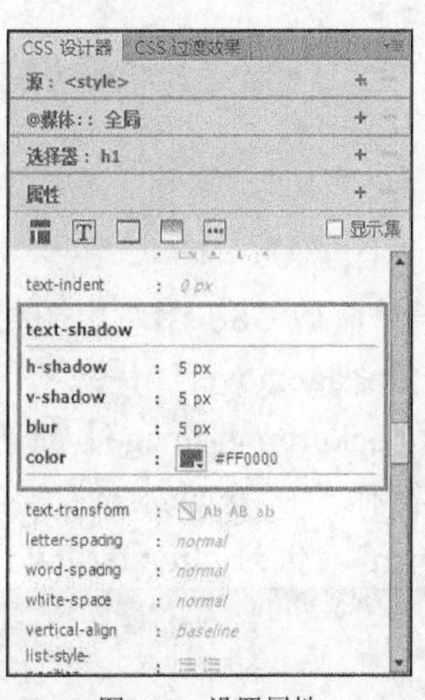

图9-29 设置属性

(3) 按F12键预览，可以发现标题加上了阴影，如图 9-30 所示。

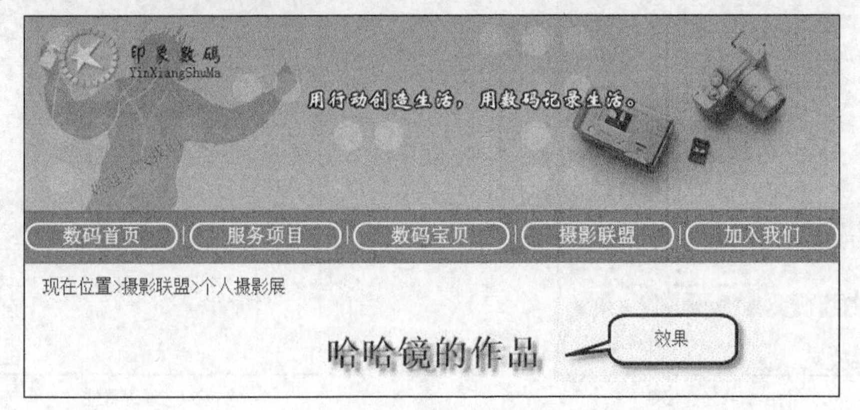

图9-30 阴影文字效果

4. 添加动画效果。

CSS3 可以在不使用 Flash 和 JavaScript 的情况下制作出漂亮的动画效果，本例使用 CSS3 制作图片旋转放大的特效。

(1) 按照上面的方法，在【CSS 设计器】窗口选中“#image”样式，如图 9-31 所示。

(2) 在自定义属性栏添加一个属性，名称为“transition”，值设置为“width 2s, height 2s”，然后再添加一个属性，该属性名称为“-webkit-transition”，值为“width 2s, height 2s, -webkit-transform 2s”，如图 9-32 所示。

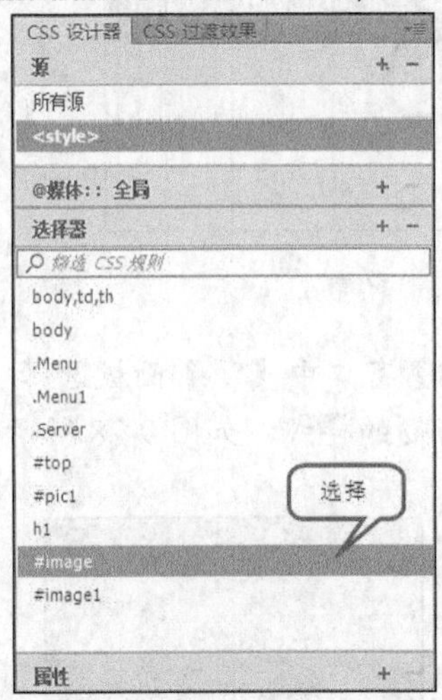

图9-31 选择规则

图9-32 设置属性

(3) 添加一个新的 CSS 样式，样式名称为“#image:hover”，如图 9-33 所示。

(4) 选中“#image:hover”样式，设置【width】和【height】的值分别为“500”和“350”，设置【background-image】值为“images/image2.png”，为其添加两个自定义属性，一个属性名称为“transform”，值为“rotate(360deg)”，另一个属性名称为“-webkit-transform”，值为“rotate(360deg)”，如图 9-34 所示。

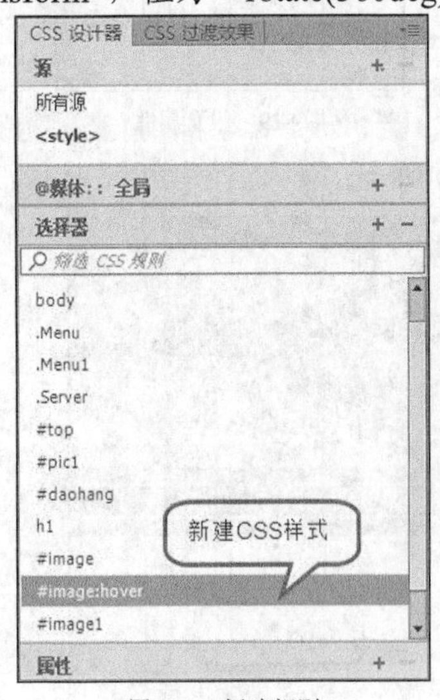

图9-33 新建规则

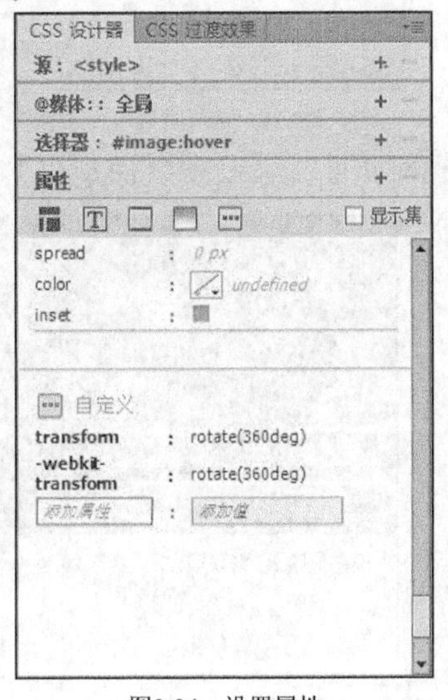

图9-34 设置属性

(5) 用同样的方法设置“#image1”样式，如图 9-35 所示。

(6) 再用同样的方法添加并设置“#image1:hover”样式，如图 9-36 所示。

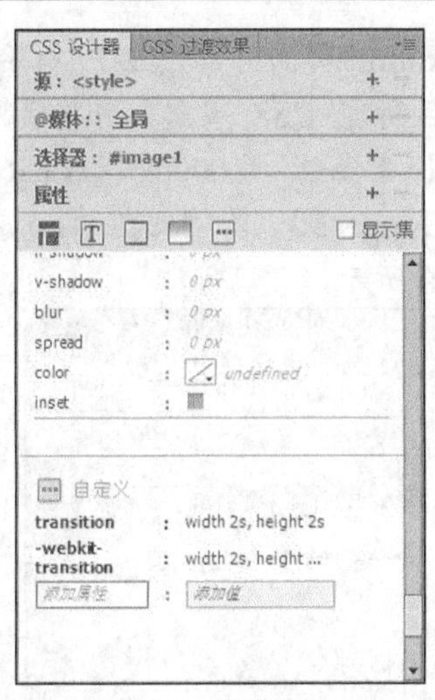

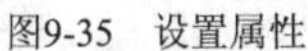
图9-35　设置属性

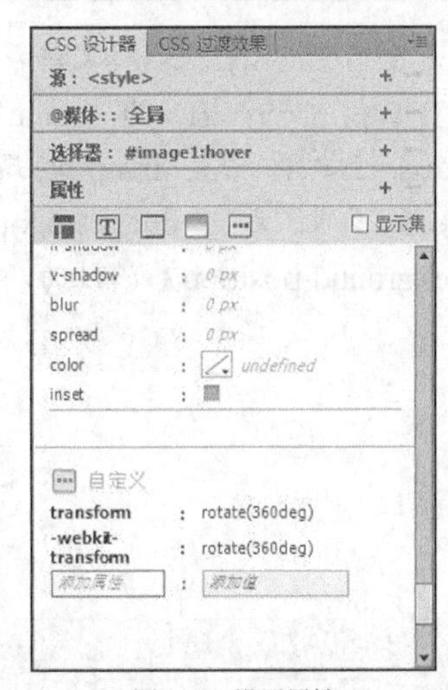

图9-36　设置属性

(7) 按F12键预览，当鼠标移动到图片上，图片就会通过旋转的动画进行放大或缩小，如图9-20 所示。

9.3 综合案例——设计“成长记录”网页

下面将以设计“成长记录”网页为例，进一步讲解如何使用 HTML5 和 CSS3 设计网页的应用方法，设计效果如图 9-37 所示。

1. 新建一个 HTML 文档，设置页面属性如图 9-38 所示。

图9-37　设计“成长记录”网页

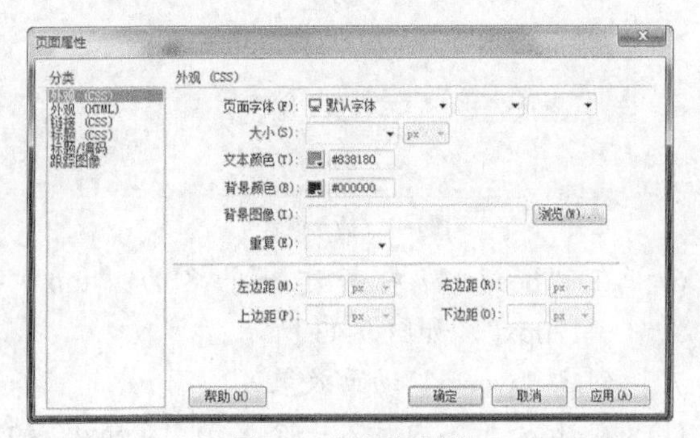

图9-38　新建页面属性

2. 新建一个名为“style.css”文件，并将其连接到 index.html 页面，如图 9-39 所示。
3. 在主窗口插入一个 ID 为“main”的 div 标签，然后新建 CSS 规则，并将规则定义在 style.css 上，再设置 main 的规则，设置【width】属性为“1000px”，【background-image】属性为“images/bg.jpg”，【background-repeat】属性为“no-repeat”，【background-position】属性为“center 0”。如图 9-40 所示。

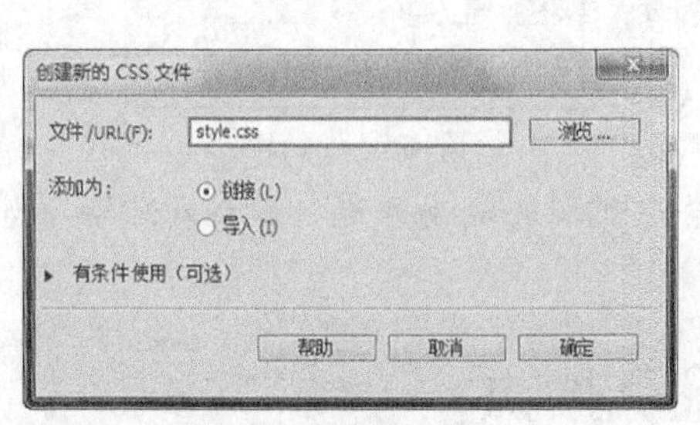

图9-39 新建 CSS 文件

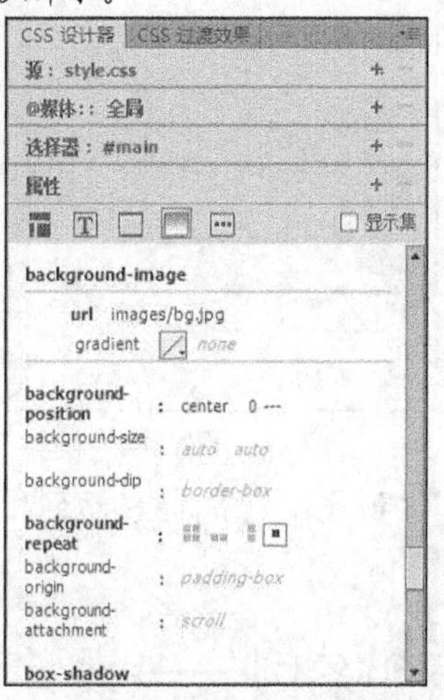

图9-40 设置 main 规则

4. 将鼠标光标移至 main 标签内，选择菜单命令【插入】/【结构】/【页眉】,在 main 内插入一个【Class】和【ID】为“header”的<header>标签，如图 9-41 所示。
5. 设置“header”的属性，设置【width】属性为“1000”，【background-image】属性为“images/header.jpg”，【background-repeat】属性为“no-repeat”，【background-position】属性为“right 0”。如图 9-42 所示。

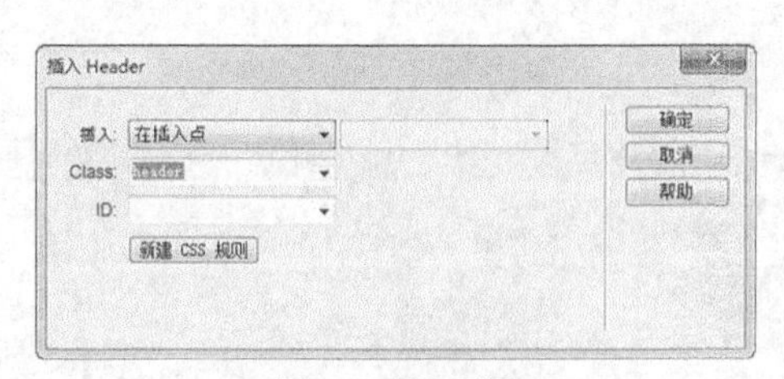

图9-41 插入页眉

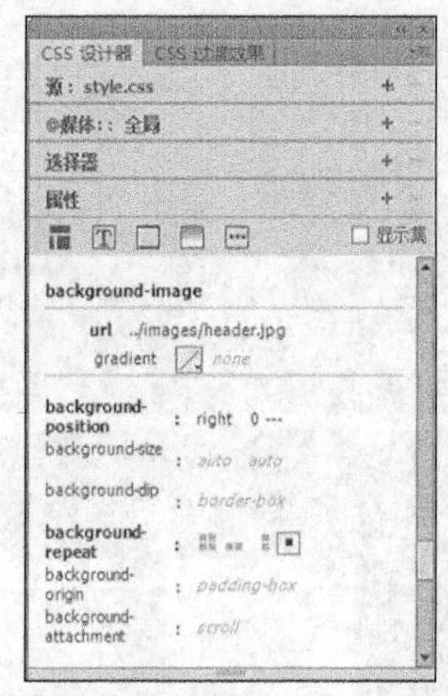

图9-42 设置属性

6. 在“header”内新建一个名为“top”的标签，并设置#top 的【height】属性为“120px”，如图 9-43 所示。
7. 创建“wenzi”动画效果。

(1) 在<top>标签内插入一个名为“wenzi”的标签，并设置“#wenzi”的 CSS 属性，设置【width】属性为“100px”，【height】属性为“30px”，【left】属性为“100px”，【top】

属性为“30px”，【font-size】属性为“24px”，【position】属性为“relative”，另外添加一个属性，该属性名称为“-webkit-animation”，值为“mywenzi 10s linear 0s infinite alternate”，如图 9-44 所示。

图9-43 设置 top 属性

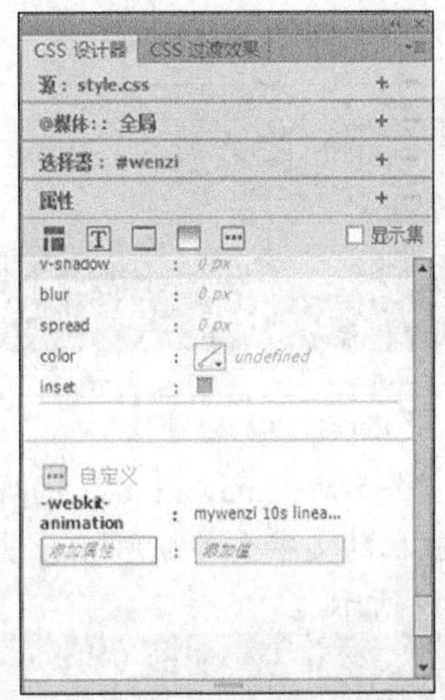
图9-44 设置 wenzi 属性

(2) 将鼠标光标移至“wenzi”标签内，输入“成长记录”文字，页面效果如图 9-45 所示。

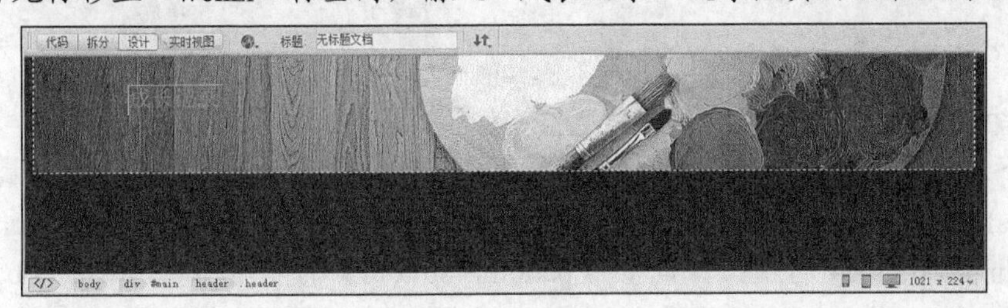
图9-45 输入文本

(3) 打开 CSS 代码编辑器，在 style.css 文件后面添加如图 9-46 所示代码。按F12键预览动画效果。

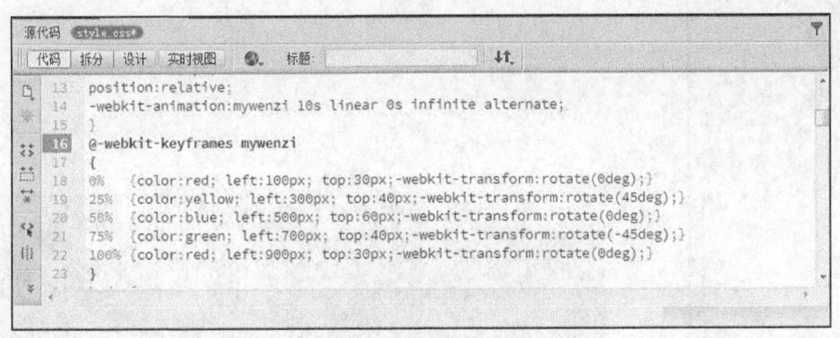

```
13  position:relative;
14  -webkit-animation:mywenzi 10s linear 0s infinite alternate;
15  }
16  @-webkit-keyframes mywenzi
17  {
18  0%   {color:red; left:100px; top:30px;-webkit-transform:rotate(0deg);}
19  25%  {color:yellow; left:300px; top:40px;-webkit-transform:rotate(45deg);}
20  50%  {color:blue; left:500px; top:60px;-webkit-transform:rotate(0deg);}
21  75%  {color:green; left:700px; top:40px;-webkit-transform:rotate(-45deg);}
22  100% {color:red; left:900px; top:30px;-webkit-transform:rotate(0deg);}
23  }
```

图9-46 添加代码

8. 在<top>标签后插入<div>标签，并在该<div>标签中插入一个格式为 1 行 5 列的表格。然后在表格里输入文字，为每个文字添加超链接，效果如图 9-47 所示。

9. 新建一个名为“.nav”的规则，并设置其属性，设置【color】为“#14C500”，设置【font-size】为“32px”；设置【border】为“2px solid”；设置【border-radius】为“25px”；设置【box-shadow】为“3px 3px 3px #888888”；设置【background-color】为“#A3F1D8”，如图 9-48 所示。

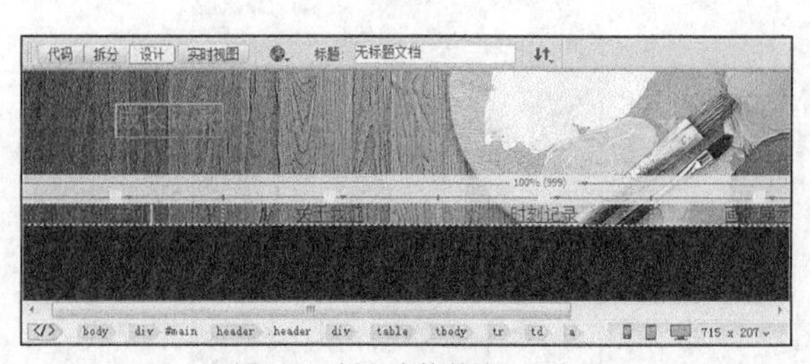

图9-47　插入表格并输入文字

图9-48　新建规则

10. 新建一个名为“.nav a:link”的规则，设置【text-decoration】属性为“none”。

11. 将导航栏的文字全部应用 nav 规则。按 F12 键预览，会发现文字加上了边框和阴影，如图 9-49 所示。

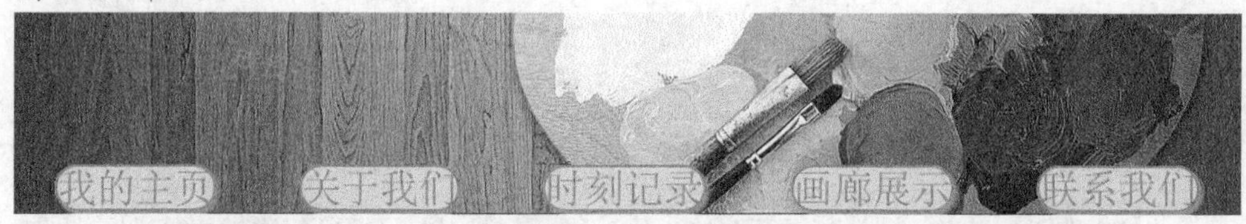

图9-49　应用规则效果

12. 插入 HTML5 视频。

(1) 在<top>标签后插入一个名为<movie>的 div 标签，设置<#movie>的 CSS 属性。设置【text-align】为“center”，设置【background-image】为“images/slider-bg.png”，设置【padding-top】为“45px”，设置【padding-bottom】为“40px”，设置【background-repeat】为“no-repeat”，设置【height】为“485px”，如图 9-50 所示。

(2) 将鼠标光标移至<movie>标签内，选择菜单命令【插入】/【HTML5 video】，插入一个视频文件，如图 9-51 所示。

图9-50　设置 movie 属性

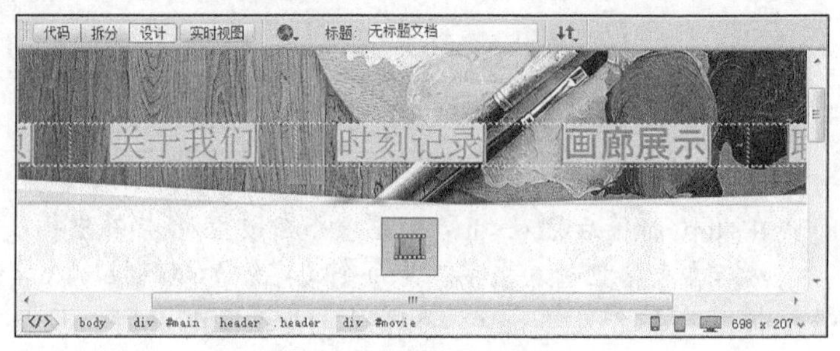

图9-51　插入 HTML5 视频文件

(3) 按照图 9-52 所示设置视频属性。完成视频插入。

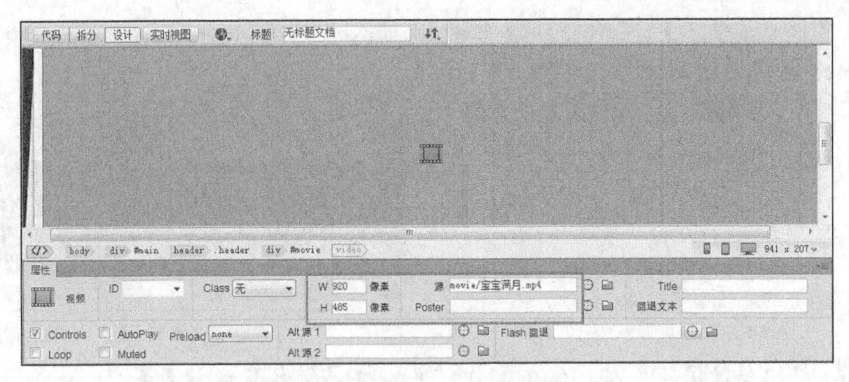

图9-52　设置视频属性

13. 选择菜单命令【插入】/【结构】/【章节】，设置【ID】为“content”，在<header>标签后插入一个<section>标签，如图 9-53 所示。
14. 设置“#content”的属性。设置【margin】为“0 auto”，设置【background-image】为“images/content-img.png”，设置【background-repeat】为“no-repeat”，设置【background-position】为“1px bottom”，如图 9-54 所示。

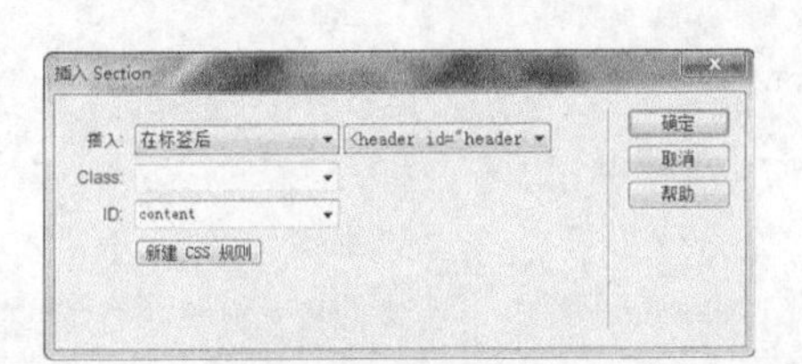

图9-53　插入章节

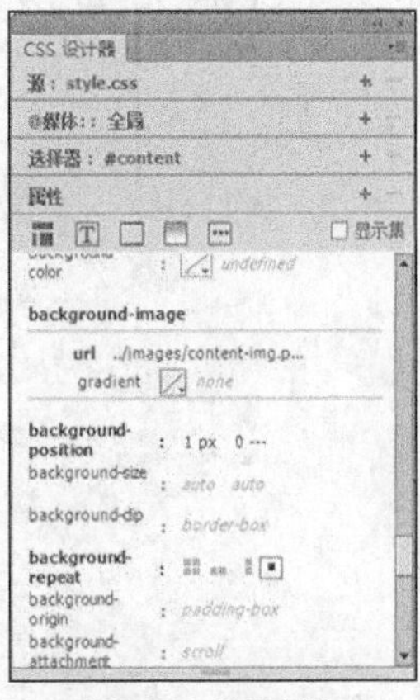

图9-54　设置属性

15. 在 content 里插入 div 标签，并设置布局和内容，如图 9-55 所示。

图9-55　设置布局及内容

16. 选择菜单命令【插入】/【结构】/【页脚】，插入一个<footer>标签，如图 9-56 所示。
17. 在<footer>标签内输入文字，如图 9-57 所示。

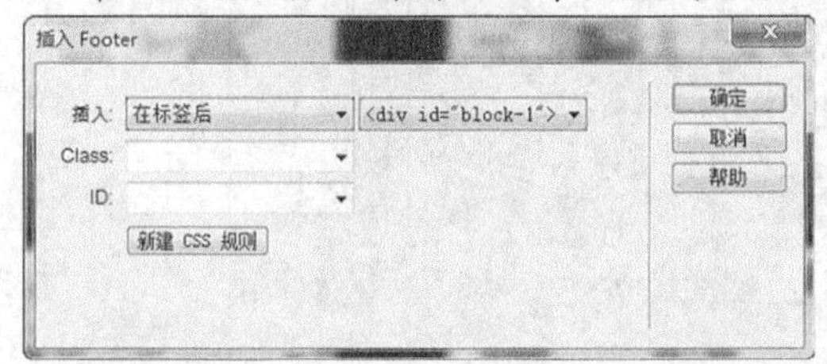

图9-56　插入页脚

图9-57　输入页脚内容

18. 按 Ctrl + S 组合键保存文档，案例制作完成，按 F12 键预览设计效果。

9.4　习题

1. 简述 HTML5 和 CSS3 的优点。
2. 简要列举 HTML5 和 CSS3 的一些新元素。
3. 简要总结应用 CSS3 美化网页的主要手段。

第10章　制作动态网页

【学习目标】

- 掌握 PHP 环境的搭建方法。
- 掌握连接数据库的方法。
- 掌握查询和显示数据的方法。
- 掌握添加、更新和删除数据的方法。

在网站的实际制作过程中，通常需要根据用户的需求在页面中显示差异化的内容，还要设计后台管理页面以方便对网站的内容进行实时更新，这时候就需要带有数据库操作功能的交互式网页的参与。本章将以设计制作一个新闻发布系统为例，介绍使用 Dreamweaver CC 制作动态网页的方法和技巧。

10.1　PHP 基础

PHP（Hypertext Preprocessor，超文本预处理器）是一种通用开源脚本语言。其语法吸收了 C 语言、Java 和 Perl 的特点，利于学习掌握，且使用广泛，主要适用于 Web 开发领域。PHP 独特的语法混合了 C 语言、Java、Perl 以及 PHP 自创的语法。它执行动态网页的速度足以超越 CGI 和 Perl。

10.1.1　搭建 PHP 环境

PHP 是一种脚本语言，动态网页只有放置到服务器上才能正常地被用户访问，一般来说，用户选择 Apache 服务器来运行 PHP 脚本。另外，如果动态网页需要添加、保存、修改、查询数据，还离不开数据库的支持，而数据库选用的是 MySQL 数据库。这就构成了目前占主导地位的 MySQL +PHP+Apache 环境。

一、 MySQL 和 Apache 简介

在构造 PHP 环境之前，用户需要了解 Apache 服务器和 MySQL 数据库的概念。

(1)　Apache

Apache 是使用排名居于世界第一位的 Web 服务器软件。它几乎可以在所有的计算机平台上进行运用，普及范围很广。由于其跨平台和安全性是众所周知的，所以成为当下最流行的 Web 服务器端软件之一。它快速、可靠并且可通过简单的 API 扩充将 Perl、Python 等解释器编译到服务器中。

读者可以在 Apache 的官网下载最新版本的 Apache 软件安装包。

(2)　MySQL

MySQL 是一个关系型数据库管理系统，由瑞典 MySQL AB 公司开发，目前属于

Oracle 公司。MySQL 是最流行的关系型数据库管理系统，在 Web 应用方面 ，MySQL 是最好的 RDBMS (Relational Database Management System，关系数据库管理系统) 应用软件之一。作为一种关联数据库管理系统，MySQL 将数据保存在不同的表中，而不是将所有数据放在一个大仓库内，这样就提高了速度，还增强了灵活性。MySQL 所使用的 SQL 语言是用于访问数据库最常用的标准化语言。MySQL 软件执行的是双授权政策，它分为社区版和商业版，由于其体积小、速度快、总体成本低，尤其是开放源码这一特点，一般中小型网站的开发都选择 MySQL 作为网站数据库。再加上其社区版的性能卓越，搭配 PHP 和 Apache 即可构成良好的开发环境。

读者可以在 Apache 和 MySQL 官网下载最新版本的软件安装包。

二、 XAMPP 简介

在 Windows 下手动配置 PHP 环境的过程比较复杂，首先需要安装 Apache 服务器，然后再安装 MySQL 数据库，最后安装 PHP，并通过修改配置文件来实现各个软件的协作运行。对于初学者而言，使用 XAMPP 搭建 PHP 环境是最好的选择。

XAMPP（Apache+MySQL+PHP+PERL）是一个功能强大的 XAMPP 软件站集成软件包，可以在 Windows、Linux、Solaris、Mac OS X 等多种操作系统下安装使用。XAMPP 的安装和使用十分方便快捷，只需下载、解压缩和启动即可。用户可以通过在 XAMPP 官网下载最新版本的 XAMPP 软件包。

三、 安装 XAMPP 软件

1. 进入 XAMPP 官网，下载 Windows 版的 XAMPP 软件，下载完成后如图 10-1 所示。
2. 双击软件包，开始安装，如图 10-2 所示。

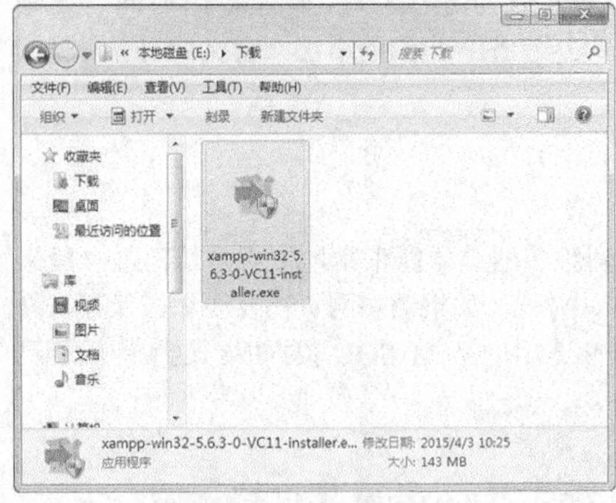

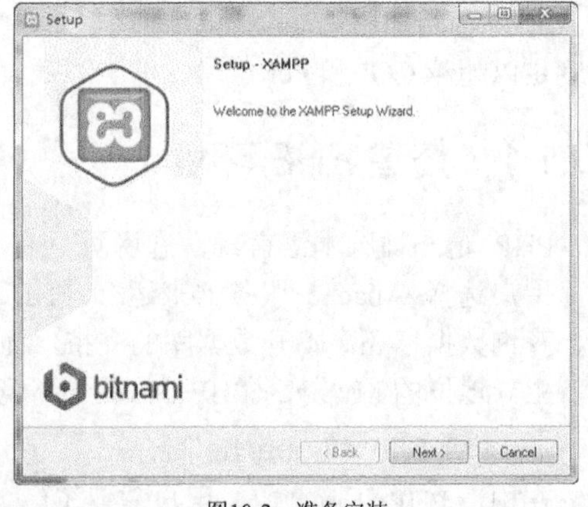

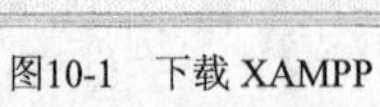

图10-1　下载 XAMPP　　图10-2　准备安装

一般情况下，杀毒软件可能会阻止软件的正常安装，或者使安装进度变得缓慢。在打开软件时还可能会弹出一个警告窗口。用户最好暂时关闭杀毒软件，等待安装结束再打开。

3. 单击 Next> 按钮，在左侧选择需要安装的软件集合，这里保持默认设置，如图 10-3 所示。
4. 单击 Next> 按钮，选择安装的位置（本例安装路径为“D:\Program Files (x86)\xampp”），如图 10-4 所示。

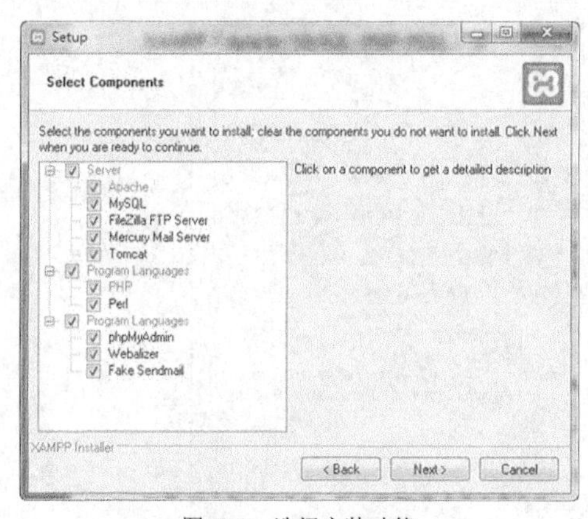

图10-3　选择安装功能

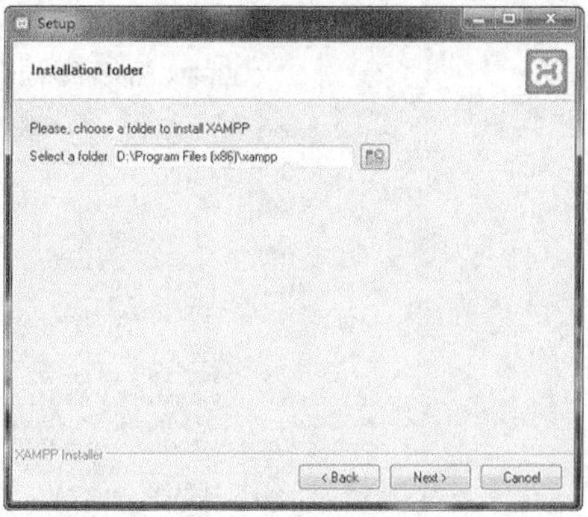

图10-4　选择安装位置

5. 单击 Next > 按钮，按照图 10-5 所示进行设置。
6. 单击 Next > 按钮，完成安装准备工作。如图 10-6 所示。

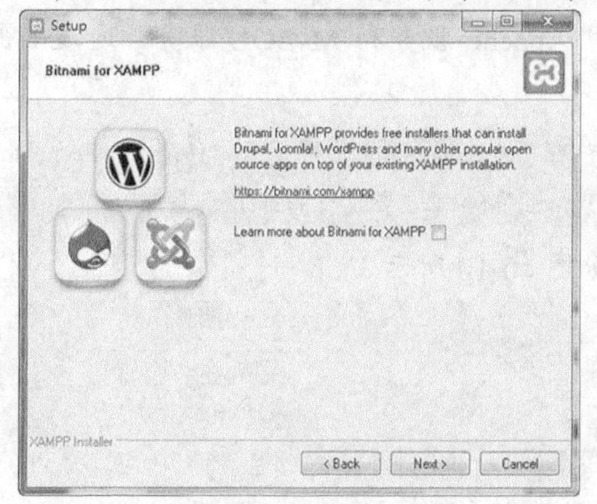

图10-5　安装设置

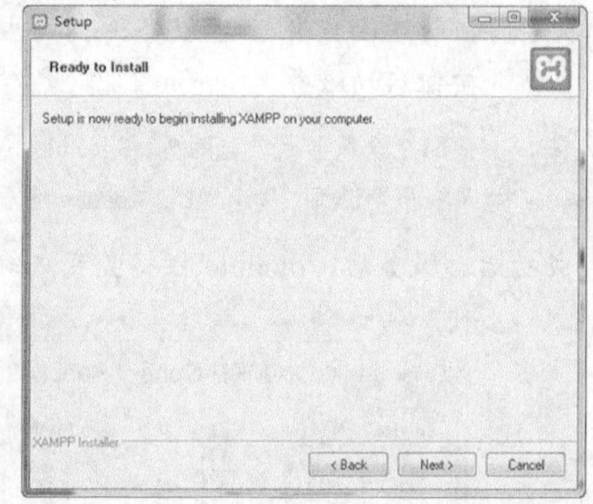

图10-6　等待安装

7. 单击 Next > 按钮，安装软件，如图 10-7 所示。
8. 单击 Finish 按钮，完成安装，如图 10-8 所示。

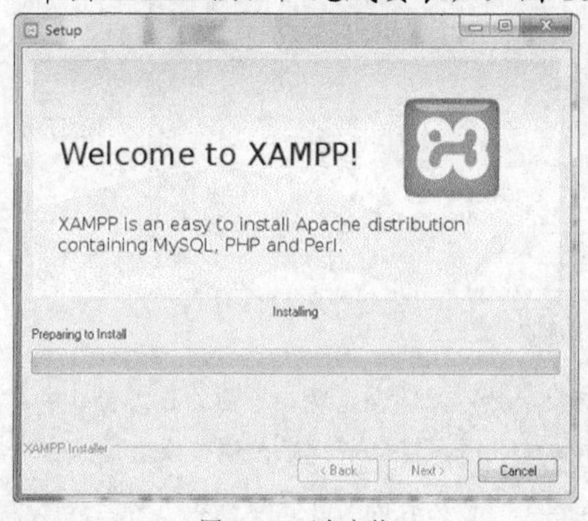

图10-7　正在安装

图10-8　完成安装

四、 使用 XAMPP 软件

1. 在 Windows 开始菜单运行 XAMPP Control Panel v3.2.1 程序，打开 XAMPP 管理面板，如图 10-9 所示。

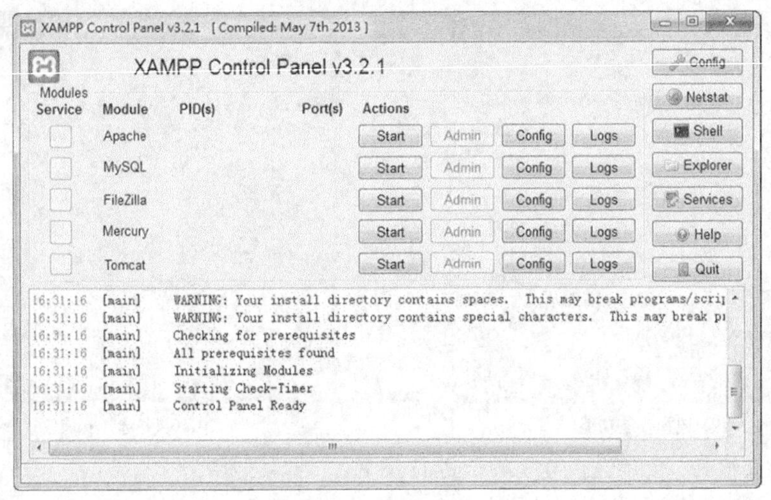

图10-9　XAMPP 管理面板

2. XAMPP 管理面板有 5 项服务，我们主要使用 Apache 服务和 MySQL 服务，通过单击 Start 按钮启动服务。

要点提示　其他的 3 个服务也是常用的。FileZila 主要用于 FTP 服务；Mercury 主要用于邮件服务。Tomcat 也是一个 Web 服务器，但与 Apache 不同的是，Tomcat 服务器主要运行的是 Java 程序。

3. 成功启动服务后，module 栏将会变成绿色，如图 10-10 所示。

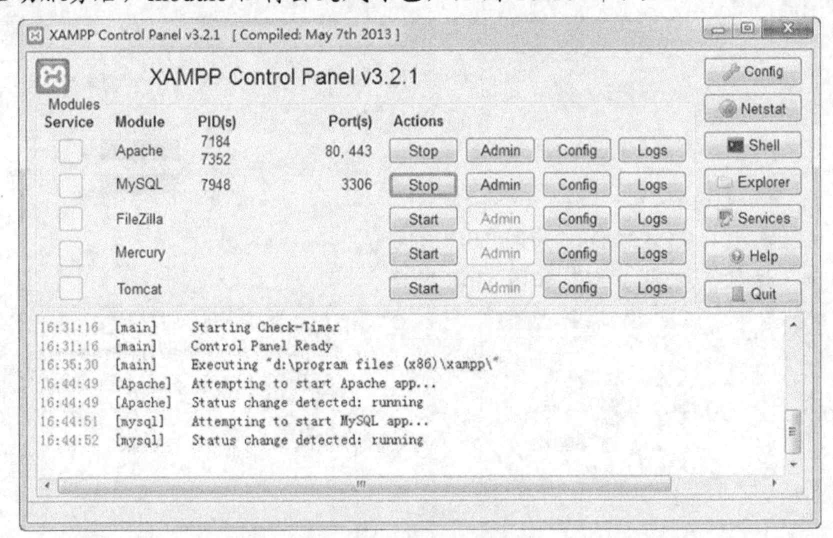

图10-10　XAMPP 启动服务

如果服务启动失败，module 栏将会变成红色，启动失败的原因会呈现在下面的日志窗口中。一般情况下，启动失败的原因有两种：一种是端口被占用，可以通过修改端口或者结束占用端口的进程来解决；另一种是某些安全软件阻止程序的正常启动，可以临时关闭安全软件再单击 Start 按钮。

4. 启动成功后，打开浏览器，在地址栏输入“localhost”，如果能看到如图 10-11 所示画面，说明 XAMPP 已经成功安装并启动。

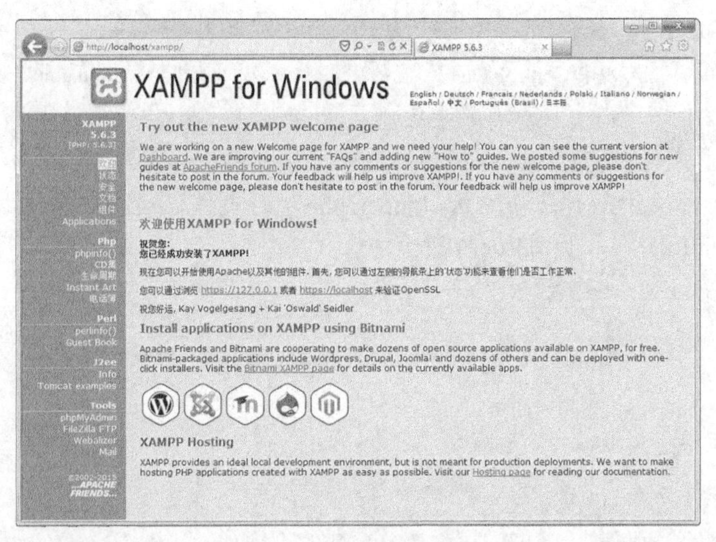

图10-11　XAMPP 状态页面

五、 建立 PHP 网站

1. XAMPP 默认的网站路径在安装路径的 htdocs 文件夹下面（本例的安装目录在“D:\Program Files (x86)\xampp”，因此默认网站路径为“D:\Program Files (x86)\xampp\htdocs”），打开网站目录，可以发现 XAMPP 默认网站文件，如图 10-12 所示。

图10-12　XAMPP 默认网站路径

2. 通过在 XAMPP 网站默认路径新建文件夹，新建一个网站，网站名称即文件夹的名称，网站访问方法即网站地址加上网站名称。例如，我们现在新建一个名为“test”的网站，即在“D:\Program Files (x86)\xampp\htdocs”路径下新建一个名为“test”的文件夹，如图 10-13 所示。

网站默认路径是可以修改的，可以通过修改 Apache 的配置文件“httpd.conf”来进行修改。可以通过单击“XAMPP Control Panel”上的 Config 按钮快速打开“httpd.conf”文件。用记事本打开该文件后，找到“DocumentRoot”所在行，将后面的默认路径修改成用户自行选择的路径即可。

3. 在“test”文件夹中新建一个名为“index.php”的文件，通过记事本打开文件并输入“<?php phpinfo()?>”，如图 10-14 所示。

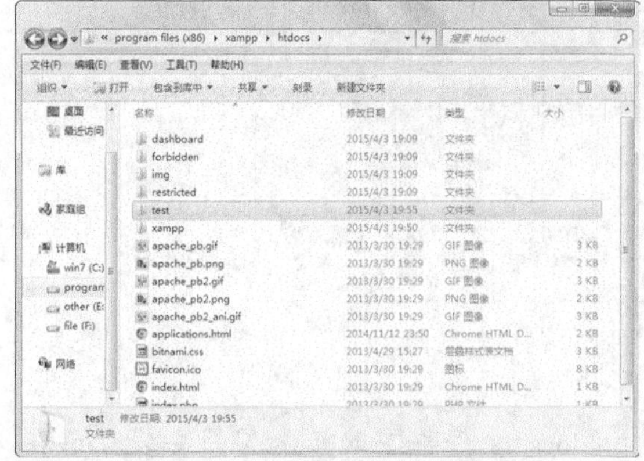

图10-13　新建网站

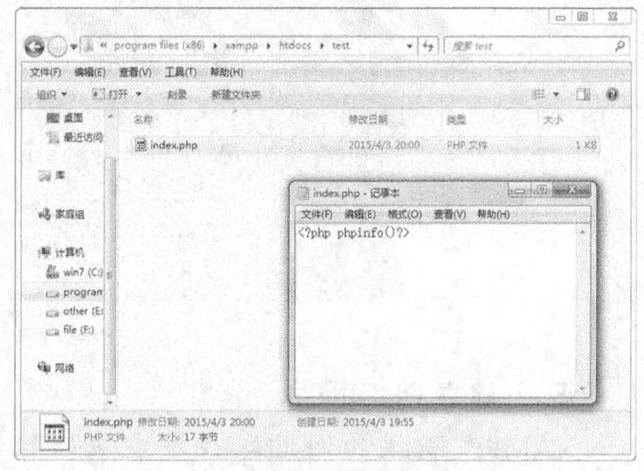

图10-14　新建文件

4. 在浏览器中输入网址“http://localhost/test”，访问该网站，如图 10-15 所示。

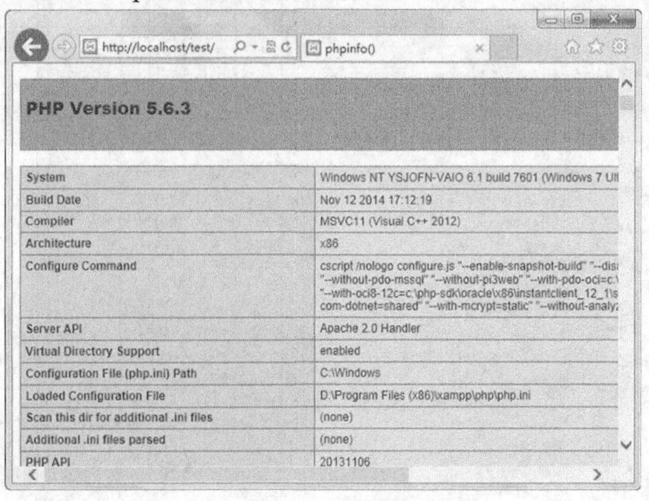

图10-15　访问网站

10.1.2　PHP 的基础语法

PHP 是一种动态网页脚本，文件后缀名为“.php”。PHP 网页是包含服务器端脚本 (server-side script) 的 HTML 网页。Web 服务器可以处理这些脚本，并将其转换成 HTML 格式，再传到客户的浏览器端。

一、 PHP 代码书写格式

PHP 文件和一般 的 HTML 文件很相似，都包含有 HTML 的标签，但区别在于 PHP 文件中还包含有服务器端脚本，服务器端脚本在服务器端执行，包含有合法的表达式、语句或者运算符，这些脚本被 <?php 和 %> 定义。以下是在 PHP 里定义的某个变量。

```
<?php
$myName="我的网站";
?>
```

二、 PHP 输出语法

在 PHP 文件中，使用 echo 显示输出结果，例如：

```
<?php
echo "欢迎来到我的网站！";
?>
```

也可用于输出带 HTML 格式的文本，例如：

```
<?php
echo "<h2> 欢迎来到我的网站！</h2>";
echo "<p style='color:red'>我用 Dreamweaver CC 创建网站</p> ";
?>
```

除了 echo 以外，还可以用另外一个函数表示输出，就是“print”，echo 和 print 的差异在于 echo 能够输出一个以上的字符，而 print 只能输出一个字符，并始终返回 1。例如：

```
<?php print "欢迎来到我的网站！" ?>
```

10.2 操作数据库

动态网页的正常运行离不开服务器和数据库连接的支持，因此在设计之前需要正确配置服务器和定义站点，并保证数据库能够成功地与服务器链接，并提供使用服务。

10.2.1 访问数据库

网页访问数据库的基本思路如下：首先建立数据库连接对象，并连接数据库；然后设置数据库操作的 SQL 命令，从而执行对数据库的查询、插入和更新等操作。

一、 连接数据库

要在网页中使用数据库，首先必须成功连接数据库。PHP 主要使用的是 MySQL 数据库。PHP 连接数据库很简单，只要通过 mysql_connect()这个函数就可以完成。mysql_connect()函数用于连接数据库，这里包含 3 个参数：第一个参数是要连接的数据库地址，可以是本机也可以是其他 IP 地址；第二个参数是连接数据库的用户名；第三个参数是该用户名的密码。例如：

```
<?php
$con = mysql_connect("localhost","root","123456");
if (!$con)
  {
  die('Could not connect: ' . mysql_error());
  }
?>
```

上面代码主要用于连接一个本地的 MySQL 数据库，其中数据库的用户名为“root”，密码为“123456”。如果连接失败则会执行“die”部分。

二、 执行 SQL 命令

连接数据库后，就可以对数据库中的数据进行操作。对数据库的操作很简单，通过 mysql_query()这个函数就可以完成。该函数主要用于向数据库发送 SQL 命令。例如：

```
<?php
$con = mysql_connect("localhost","root","123456");
if (!$con)
  {
  die('Could not connect: ' . mysql_error());
  }
mysql_select_db("my_db", $con);
$result = mysql_query("SELECT * FROM User");
while($row = mysql_fetch_array($result))
  {
  echo $row['FirstName'] . " " . $row['LastName'];
  echo "<br />";
  }
mysql_close($con);
?>
```

上面代码可以分成 3 部分：首先是使用 mysql_connect 连接数据库；连接成功后，再使用 mysql_select_db 来设置默认数据库；最后使用 mysql_query 来执行查询。

10.2.2 案例剖析——设计“在线留言板”网页

本案例将讲解制作一个“在线留言板”网页的过程，通过此案例可以让用户了解查找、显示以及添加数据的方法，如图 10-16 所示。

图10-16　设计“在线留言板”网页

1. 新建网站。

(1) 打开“XAMPP Control Panel”窗口，启动 Apache 和 MySQL 服务，如图 10-17 所示。

(2) 在 XAMPP 网站默认路径（本例为“D:\program files (x86)\xampp\htdocs”）下新建一个名为“message”的文件夹，如图 10-18 所示。

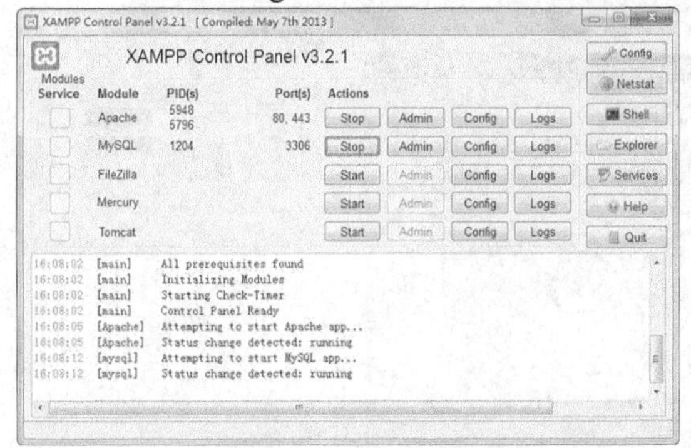

图10-17　启动相关服务

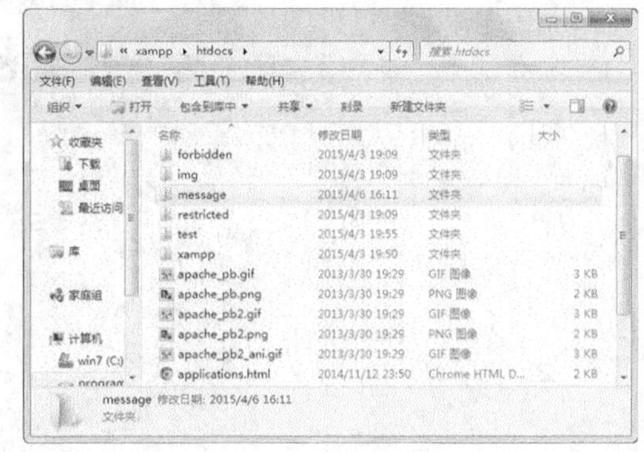

图10-18　新建文件夹

2. 新建站点。

(1) 运行 Dreamweaver CC，选择菜单命令【站点】/【新建站点】。

(2) 在【站点名称】文本框中输入文本“在线留言板”，【本地站点文件夹】选择存放网站的路径（这里选择网站默认路径“D:\program files (x86)\xampp\htdocs\message”），如图 10-19 所示。

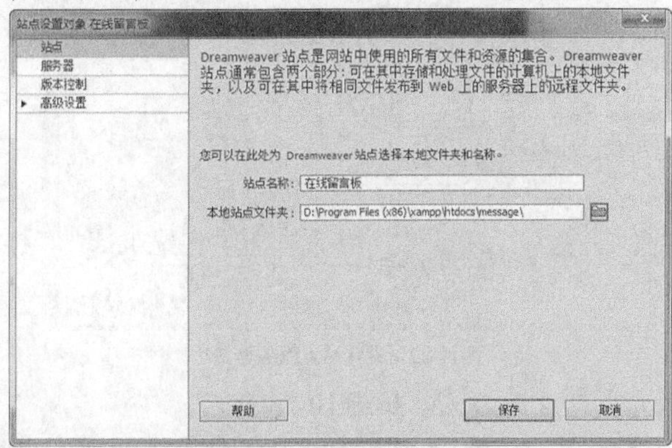

图10-19　站点设置对象窗口 1

(3) 在左侧列表中选择【服务器】选项，如图 10-20 所示。

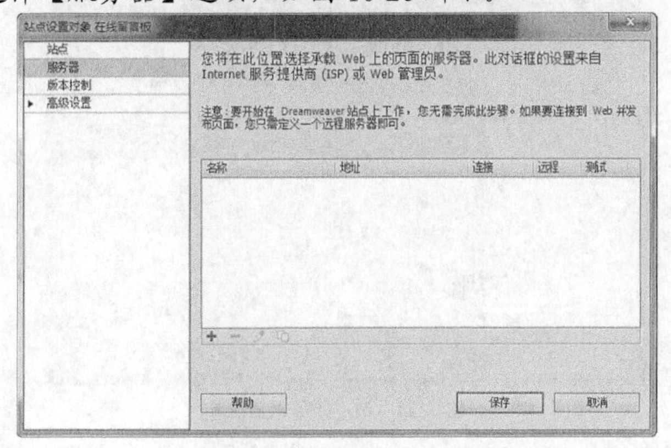

图10-20　站点设置对象窗口 2

(4) 单击 ＋ 按钮新建一个服务器，【服务器名称】设置为“本地 Apache 服务器”，【连接方

法】选择“本地/网络”,【服务器文件夹】选择存放网站的路径（这里选择“D:\program files (x86)\xampp\htdocs\message”),【Web URL】设置为“http://localhost/message/”，如图 10-21 所示。

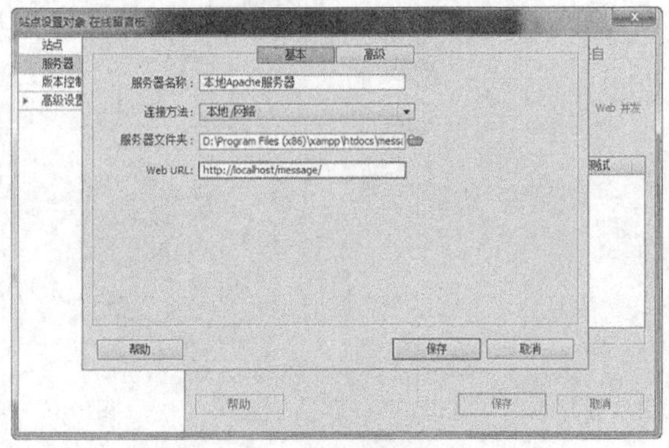

图10-21　设置站点服务器 1

(5) 单击 高级 按钮,【服务器模型】下拉列表框中选择“PHP MySQL”，单击 保存 按钮保存设置，如图 10-22 所示。

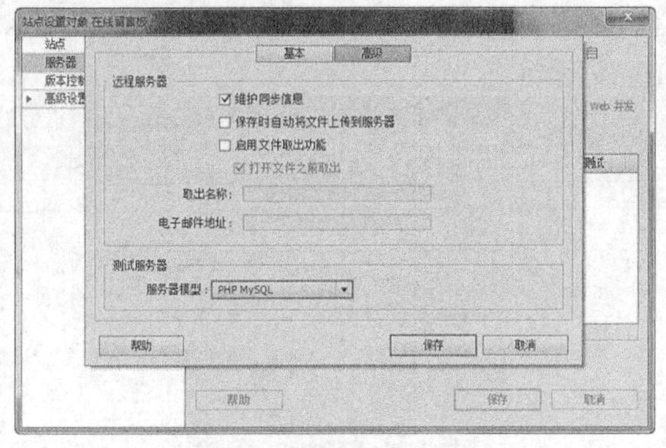

图10-22　设置站点服务器 2

(6) 单击 保存 按钮完成站点的定义，如图 10-23 所示。

(7) 将附赠光盘中的“素材\第 10 章\在线留言板”文件夹下的所有内容复制到站点根目录文件夹下以便使用。

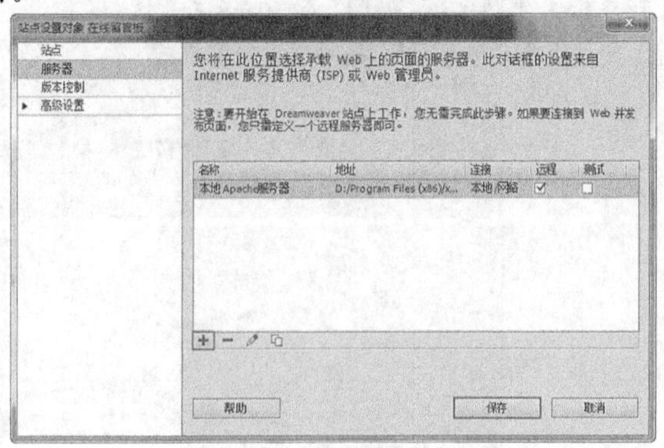

图10-23　站点服务器信息

3. 导入数据库。

(1) 在【XAMPP Control Panel v3.2.1】面板中的 MySQL 栏单击 Admin 按钮，打开数据库管

理页面，如图 10-24 所示。

(2) 弹出数据库管理页面，在面板右侧菜单栏中单击 SQL 按钮，如图 10-25 所示。

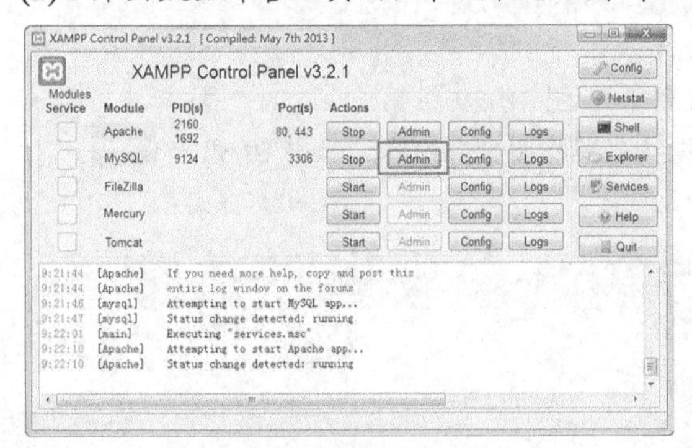

图10-24　XAMPP 面板

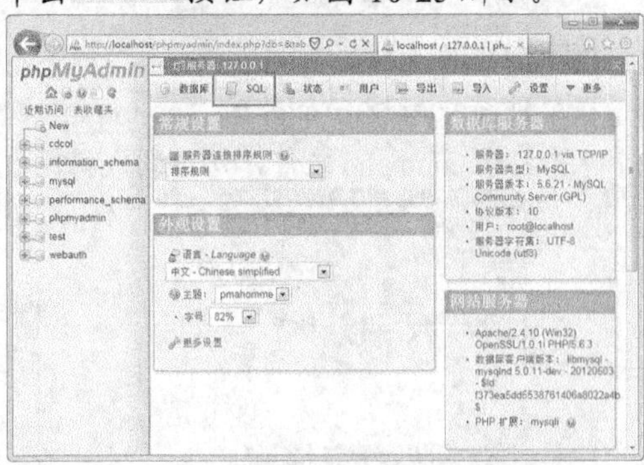

图10-25　数据库管理窗口

(3) 在出现的文本框中，输入 SQL 语句，以文本方式打开附带光盘“素材\第 10 章\sql\mydb.sql”，如图 10-26 所示。

(4) 将该文件内容全部复制到文本框内，然后单击 执行 按钮，如图 10-27 所示。

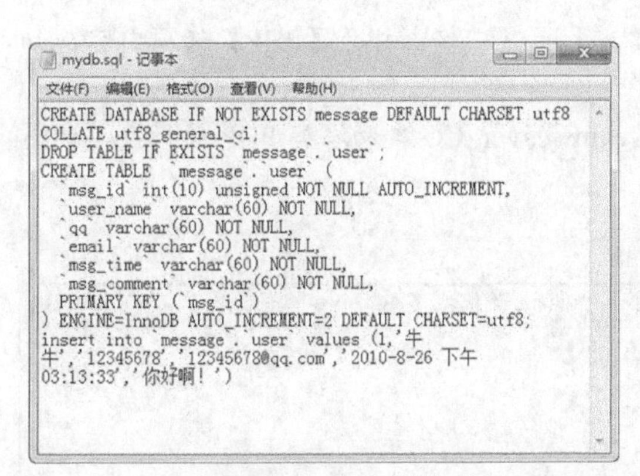

图10-26　打开 SQL 文件

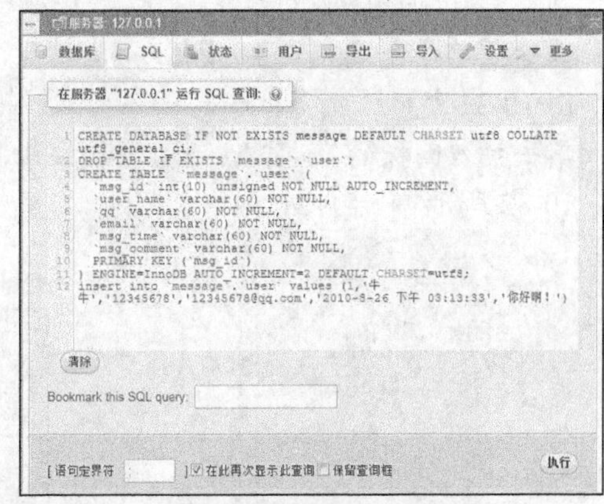

图10-27　复制 SQL 代码

(5) 系统提示执行成功，关闭窗口，完成数据表的建立和导入。如图 10-28 所示。

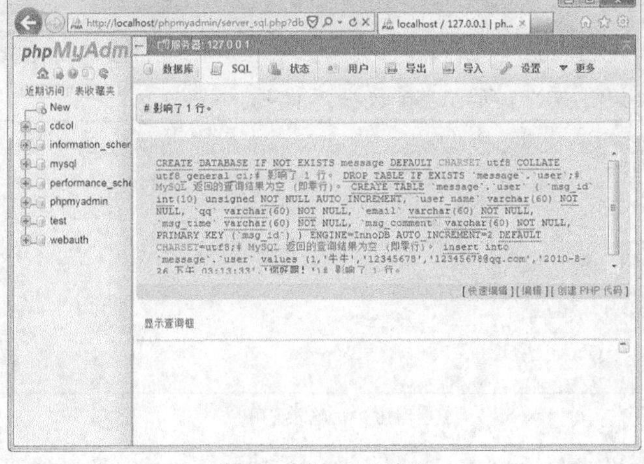

图10-28　执行 SQL 代码

> **要点提示** 导入数据库的方法有很多，可以通过命令行的方式导入，也可以使用 MySQL GUI tools 来导入。这里介绍的方法是使用 XAMPP 自带的管理软件进行导入。

4. 建立数据库连接。

(1) 在文件窗口新建一个名为“conn.php”的文件，如图 10-29 所示。

(2) 双击打开 conn.php 文件，切换到代码视图，删除代码视图全部内容。如图 10-30 所示。

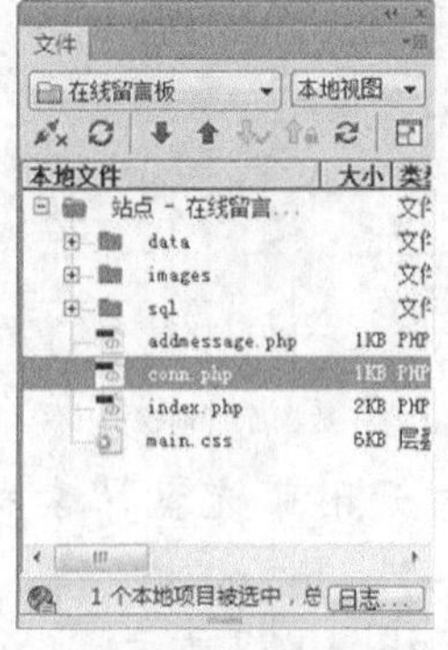

图10-29　新建文件

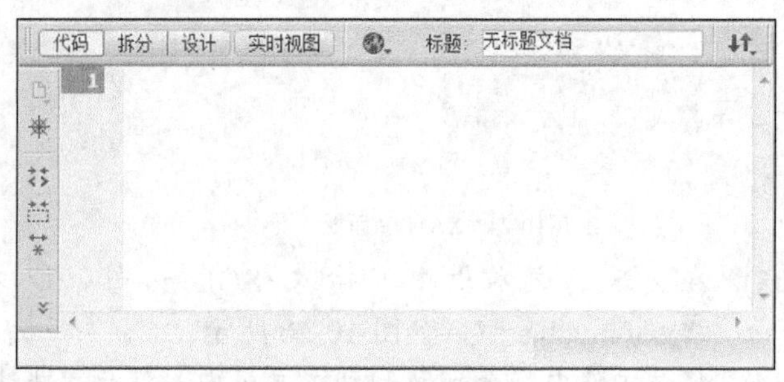

图10-30　删除内容

(3) 选择菜单命令【窗口】/【插入】，打开【插入】面板，单击打开【PHP】选项内容，如图 10-31 所示。

(4) 单击插入面板的 <? 代码块 按钮，Dreamweaver CC 自动添加 PHP 的标签，如图 10-32 所示。

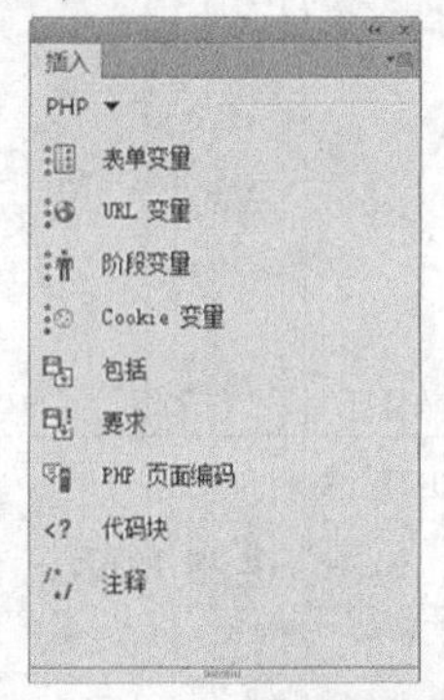

图10-31　打开【插入】面板

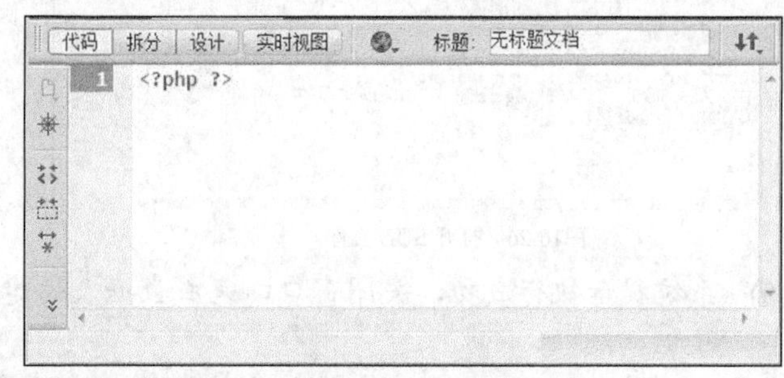

图10-32　添加代码块

(5) 在代码块内输入如图 10-33 所示连接数据库代码。

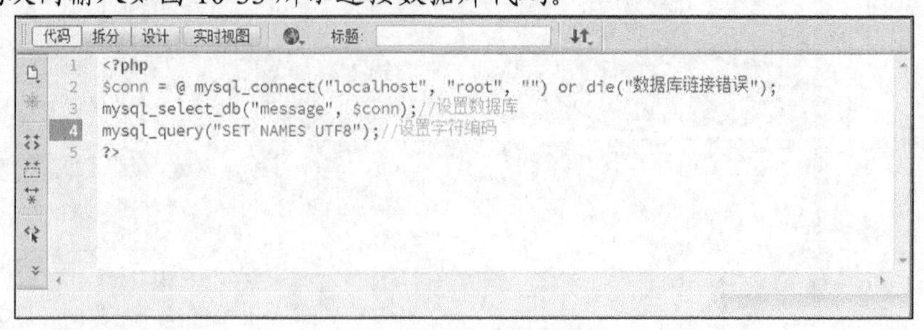

图10-33　输入代码

> **要点提示** 此处连接数据库的默认用户名为“root”，密码为空，如果用户设置了其他用户或者修改了密码，这里的参数也需要做出相应的修改，否则在后面的访问将会出错。

5. 显示留言。

(1) 确认“index.php”处于编辑状态，切换到代码视图，将鼠标光标移动至<head>标签之后，如图 10-34 所示。

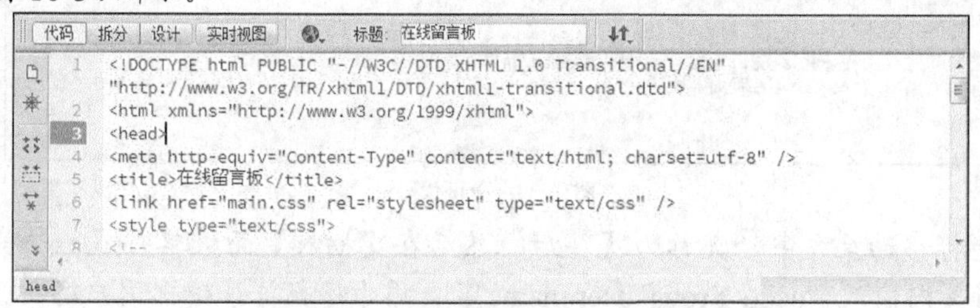

图10-34　移动鼠标光标至<head>标签后

(2) 在【插入】面板单击 包括 按钮，将自动插入一个 PHP 标签，然后输入“conn.php”，如图 10-35 所示。

```
代码 拆分 设计 实时视图 标题: 在线留言板
1 <!DOCTYPE html PUBLIC "-//W3C//DTD XHTML 1.0 Transitional//EN"
  "http://www.w3.org/TR/xhtml1/DTD/xhtml1-transitional.dtd">
2 <html xmlns="http://www.w3.org/1999/xhtml">
3 <head><?php include("conn.php"); ?>
4 <meta http-equiv="Content-Type" content="text/html; charset=utf-8" />
5 <title>在线留言板</title>
6 <link href="main.css" rel="stylesheet" type="text/css" />
7 <style type="text/css">
head
```

图10-35　插入 PHP 标签

(3) 将鼠标光标移动至<table>内第二个<tr>标签之后，然后在【插入】面板单击 代码块 按钮，将自动插入一个 PHP 标签，如图 10-36 所示。

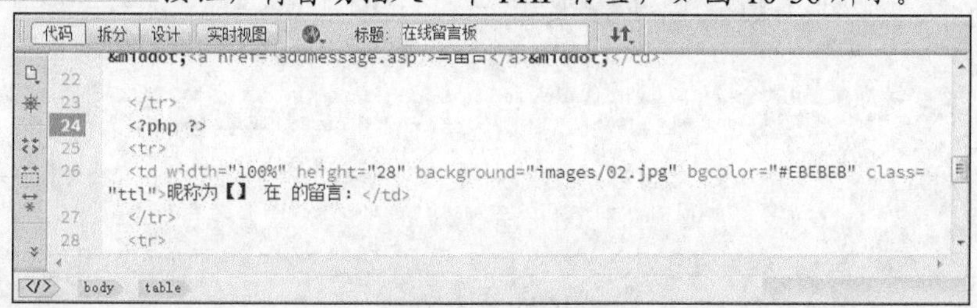

图10-36　插入 PHP 标签

(4) 在标签内输入如图 10-37 所示代码。该代码主要用于在数据库查询数据。由于 while 语句没有输入结束符，Dreamweaver CC 识别了错误并给出了提示。

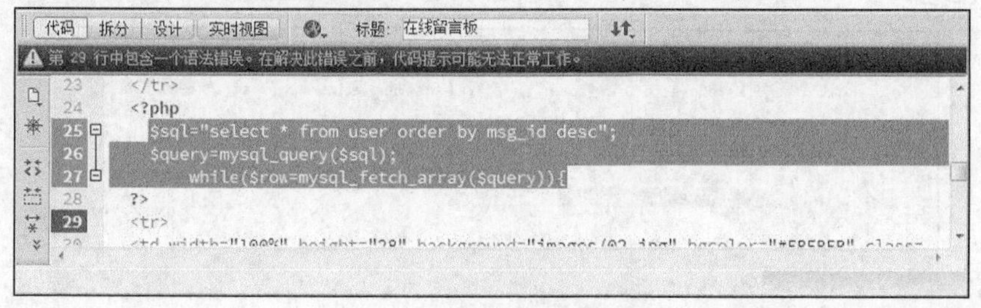

图10-37　插入连接数据库代码

(5) 将鼠标光标移动至<table>内第四个<tr>标签之后，然后在【插入】面板单击 代码块 按钮，在标签内输入“}”结束符。输入结束符后，这样符合 PHP 语法规则，系统不会报语法错误。如图 10-38 所示。

图10-38 更正代码

(6) 将鼠标光标移动至文字"昵称为【"后，然后在【插入】面板单击 代码块 按钮，在标签内输入"echo $row["user_name"]"。用于从数据库输出用户名称，如图 10-39 所示。

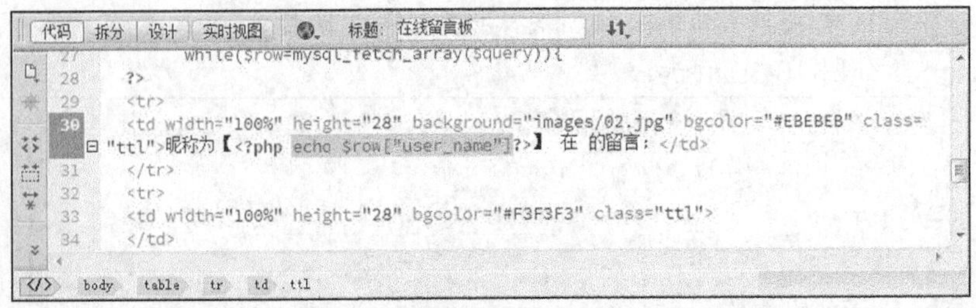

图10-39 插入代码

(7) 同样的方法，将鼠标光标移动至"在"字之后，然后在【插入】面板单击 代码块 按钮，在标签内输入"echo $row["msg_time "]"。用于从数据库输出时间。如图 10-40 所示。

图10-40 插入代码

(8) 将鼠标光标移动至最后一个<td>标签内，然后在【插入】面板单击 代码块 按钮，在标签内输入"echo $row["msg_comment "]"。用于从数据库输出留言内容。如图 10-41 所示。

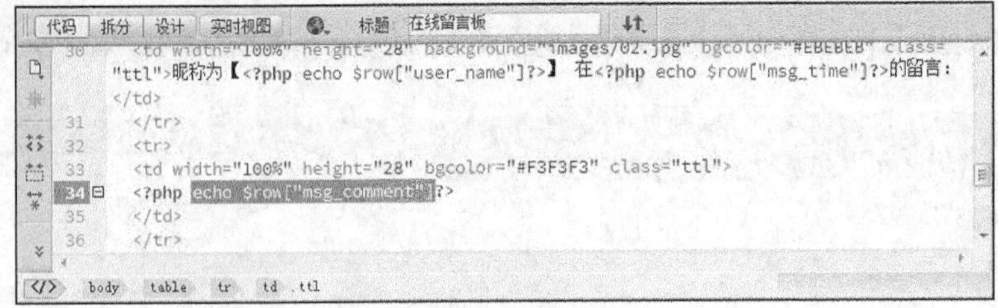

图10-41 插入代码

(9) 按 F12 键预览页面，页面预览效果如图 10-42 所示。

图10-42　测试页面效果

6. 添加留言。

(1) 在【文件】面板中双击打开“addmessage.php”页面，并切换到代码视图，如图 10-43 所示。

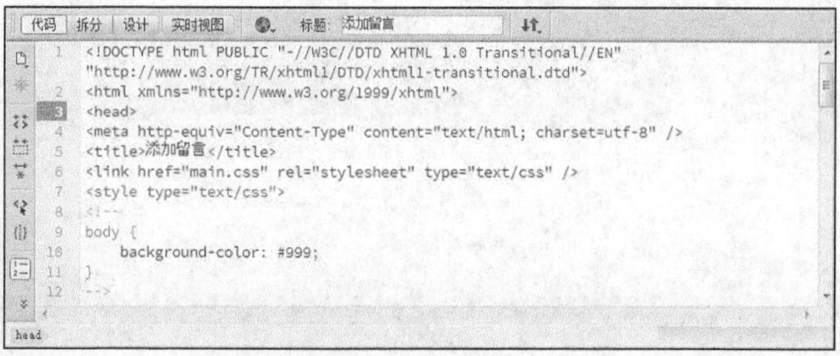

图10-43　打开文件

(2) 将鼠标光标移动至<head>标签之后，在【插入】面板单击 包括 按钮，将自动插入一个 PHP 标签，然后输入“conn.php”，如图 10-44 所示。

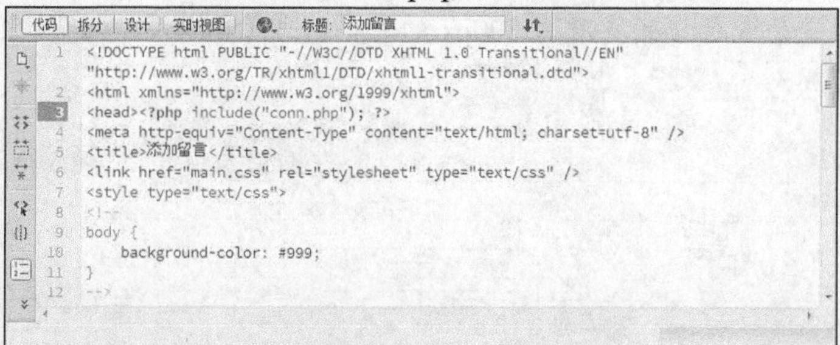

图10-44　插入代码

(3) 将鼠标光标移动至“include("conn.php");”之后，然后再之后输入如图 10-45 所示代码。该代码主要作用是向数据库插入一条新的记录，而记录的内容主要来自于 form 表格中。

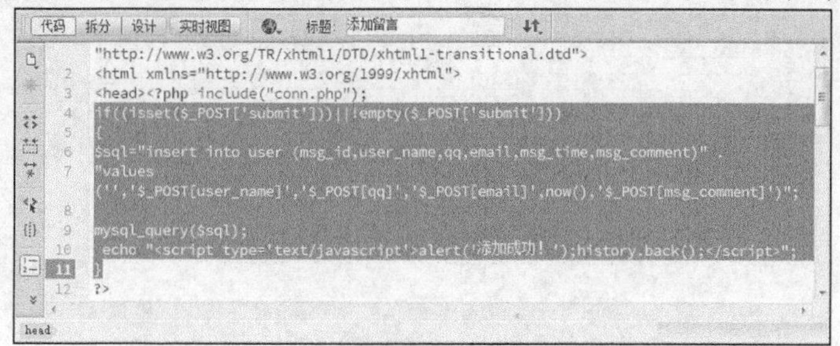

图10-45　插入代码

(4) 切换到设计视图，将鼠标光标移动至页面中间的空白单元格中，如图 10-46 所示。

图10-46　移动鼠标光标

(5)　选择菜单命令【插入】/【表单】/【表单】，插入一个表单，并设置表单参数，如图 10-47 所示。

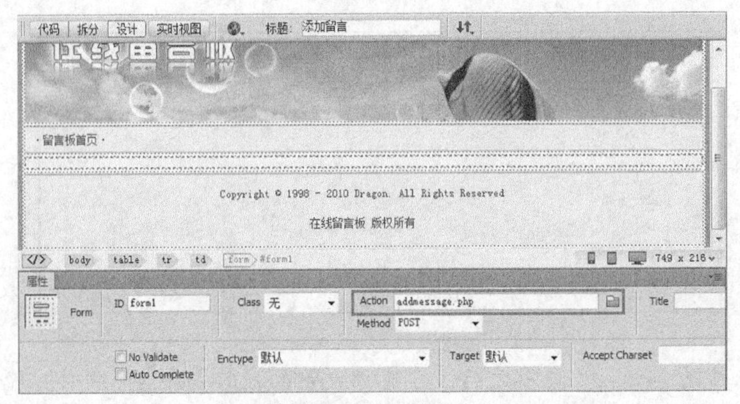

图10-47　插入表单

(6)　在表单内插入一个 5 行 2 列宽度为 500px 的表格，并输入文字，如图 10-48 所示。

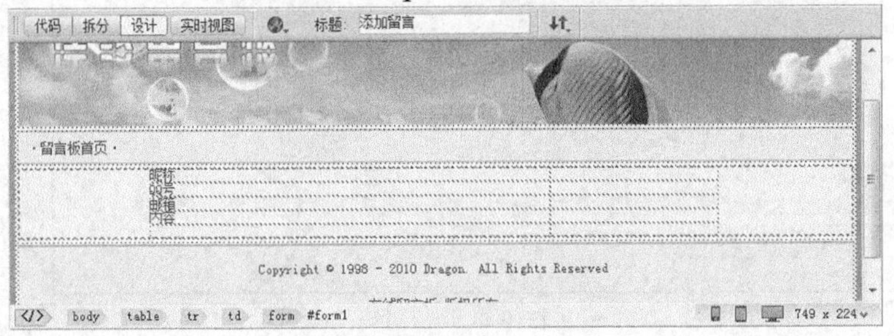

图10-48　添加文字

(7)　在表格右侧插入相应的表单，如图 10-49 所示。

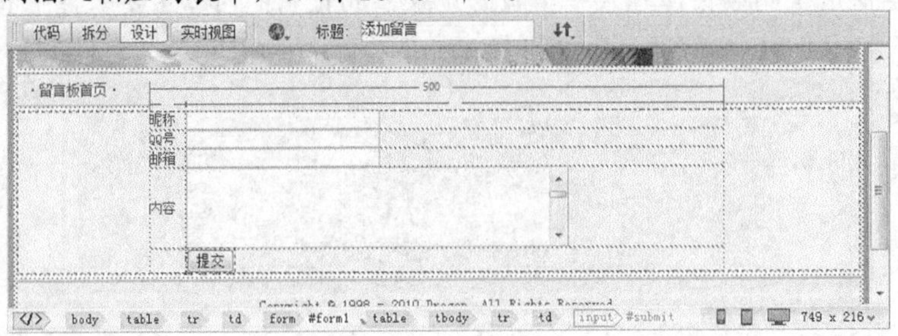

图10-49　添加表单

(8)　设置昵称文本框的【Name】为“user_name”，如图 10-50 所示。

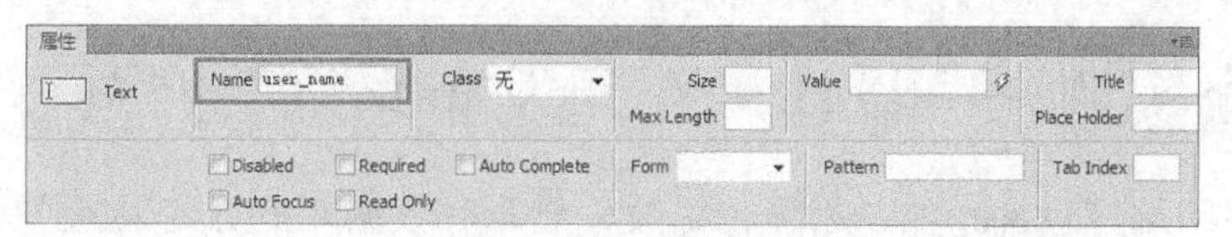

图10-50 设置【Name】属性

(9) 用同样的方法设置其他表单的【Name】属性，如图 10-51 所示。

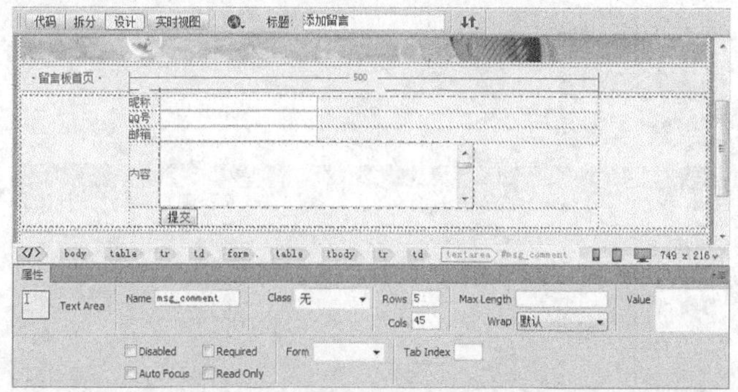

图10-51 设置其他表单【Name】属性

要点提示 此处的【Name】属性值需要和图 10-45 的代码中“$_POST[]”的内容一一对应，因为用户在单击提交按钮时，会将表单内的值传到“$_POST[]”内，这样才能正常插入数据。

(10) 保存该页面，打开“index.php”页面，按F12键预览页面。单击“写留言”链接转到“addmessage.php”页面，在相应的项目中输入文字信息，单击提交按钮将留言信息插入网站的数据库中，如图 10-52 所示。

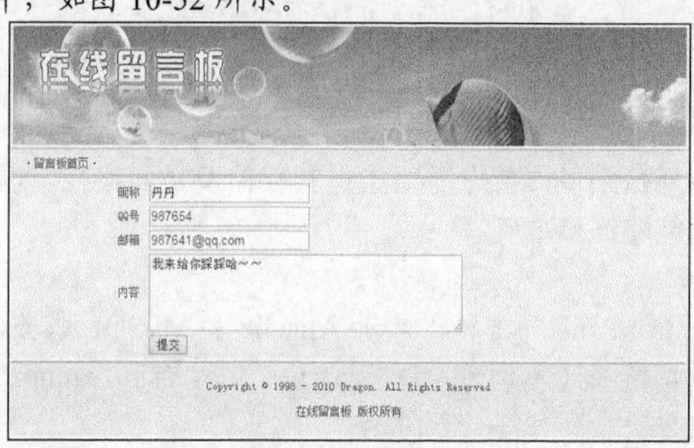

图10-52 页面效果

(11) 添加留言后的主页面效果如图 10-53 所示。

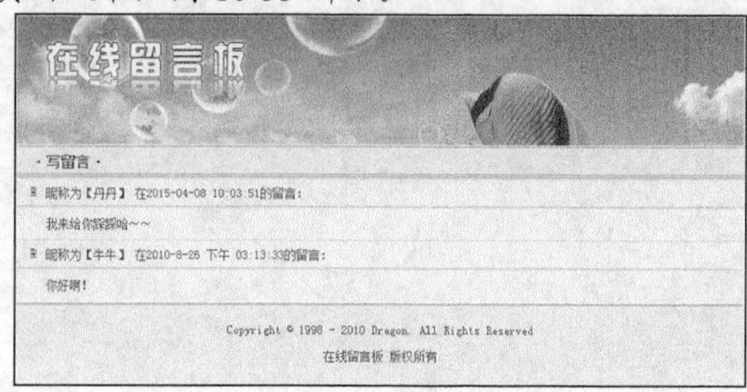

图10-53 主页面效果

10.3　综合实例——设计“新闻发布系统”网页

完整的动态网站应包含添加、删除、修改、显示等数据库信息处理操作。下面将以设计“新闻发布系统”网页为例向用户进一步讲解动态网站的设计步骤，最终设计效果如图 10-54 所示。

图10-54　设计“新闻发布系统”网页

10.3.1　定义站点并创建数据库连接

对于设计一个动态网站来说，首先需要指定其存储及访问路径，以便对网站进行测试，并保证数据库文件之间能够连接准确。

1.　新建网站。

(1)　打开“XAMPP Control Panel”窗口，启动 Apache 和 MySQL 服务，如图 10-55 所示。

(2)　在 XAMPP 网站默认路径（本例为“D:\program files (x86)\xampp\htdocs”）下新建一个名为“news”的文件夹，如图 10-56 所示。

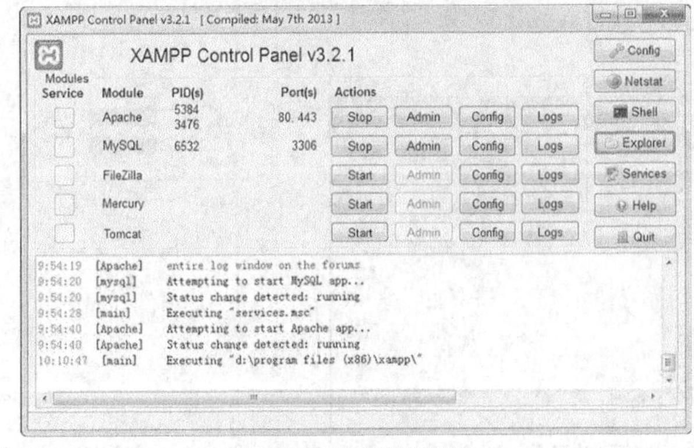

图10-55　启动相关服务

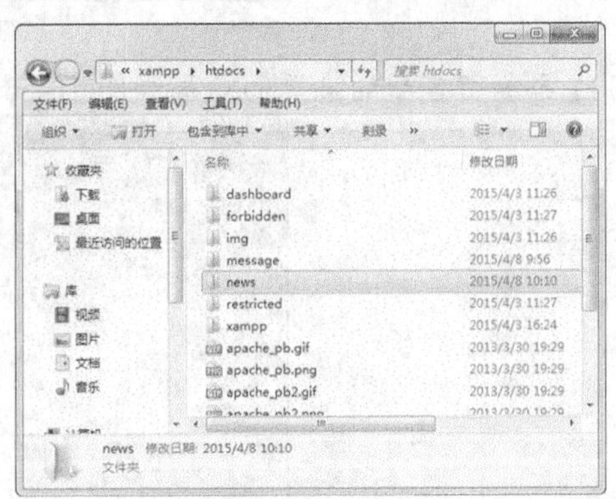

图10-56　新建文件夹

2.　新建站点。

(1) 运行 Dreamweaver CC 软件，选择菜单命令【站点】/【新建站点】。

(2) 在【站点名称】文本框中输入文本“新闻发布系统”，【本地站点文件夹】选择存放网站的路径（这里选择网站默认路径“D:\program files (x86)\xampp\htdocs\news”），如图 10-57 所示。

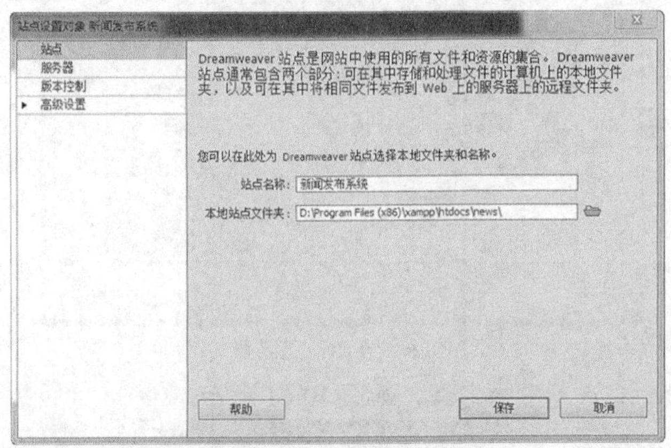

图10-57　站点设置对象窗口 1

(3) 在左侧列表中选择【服务器】选项，如图 10-58 所示。

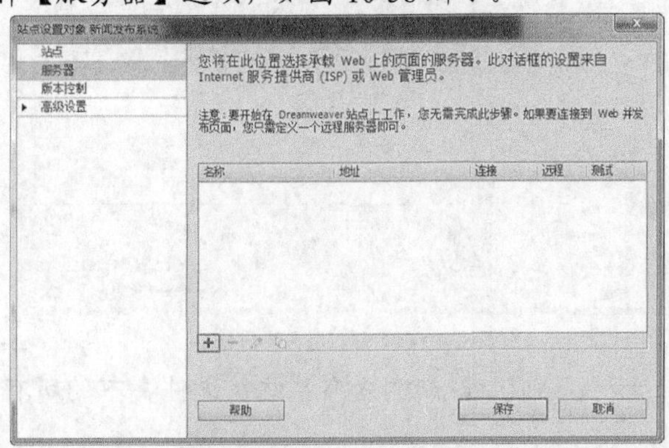

图10-58　站点设置对象窗口 2

(4) 单击 + 按钮新建一个服务器，【服务器名称】设置为“本地 Apache 服务器”，【连接方法】选择“本地/网络”，【服务器文件夹】选择存放网站的路径（这里选择“D:\program files (x86)\xampp\htdocs\news”)，【Web URL】设置为“http://localhost/news/”，如图 10-59 所示。

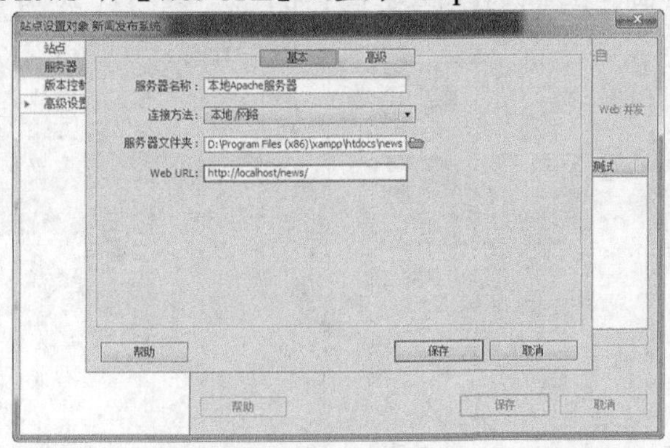

图10-59　设置站点服务器 1

(5) 单击[高级]按钮，在【服务器模型】下拉列表框中选择“PHP MySQL”，单击[保存]按钮保存设置，如图 10-60 所示。

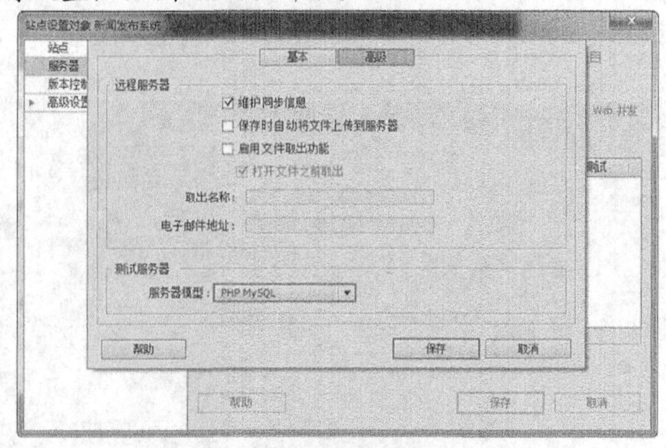

图10-60　设置站点服务器 2

(6) 单击[保存]按钮完成站点的定义，如图 10-61 所示。

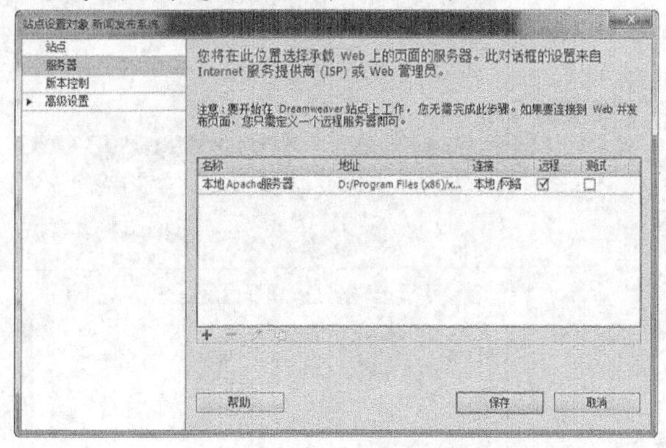

图10-61　站点服务器信息

(7) 将附赠光盘中的“素材\第 10 章\新闻发布系统”文件夹下的所有内容复制到站点根文件夹下以便使用。

3. 导入数据库。

(1) 在【XAMPP Control Panel v3.2.1】面板中的 MySQL 栏单击[Admin]按钮，打开数据库管理页面，如图 10-62 所。

(2) 弹出数据库管理页面，在面板右侧菜单栏中单击[SQL]按钮，如图 10-63 所示。

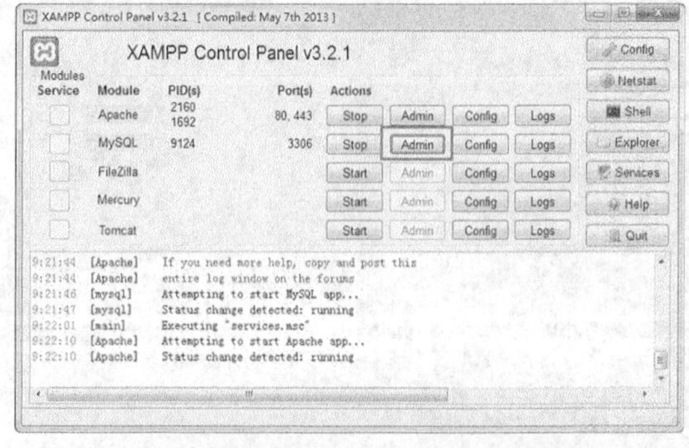

图10-62　【XAMPP Control Panel v3.2.1】面板

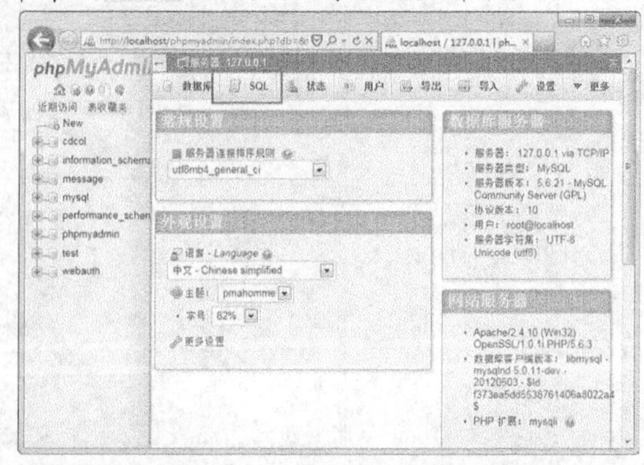

图10-63　数据库管理窗口

(3) 在出现的文本框中，输入 SQL 语句，以文本方式打开附带光盘“素材\第 10 章\sql\news.sql”，如图 10-64 所示。

(4) 将该文件内容全部复制到文本框内，然后单击执行按钮，如图 10-65 所示。

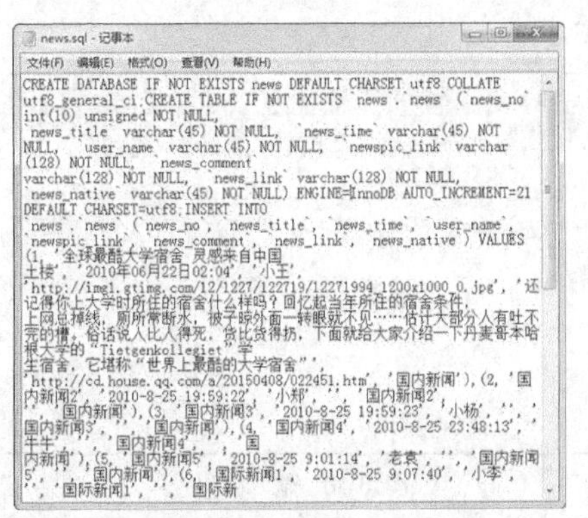

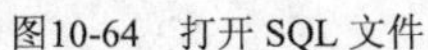

图10-64 打开 SQL 文件

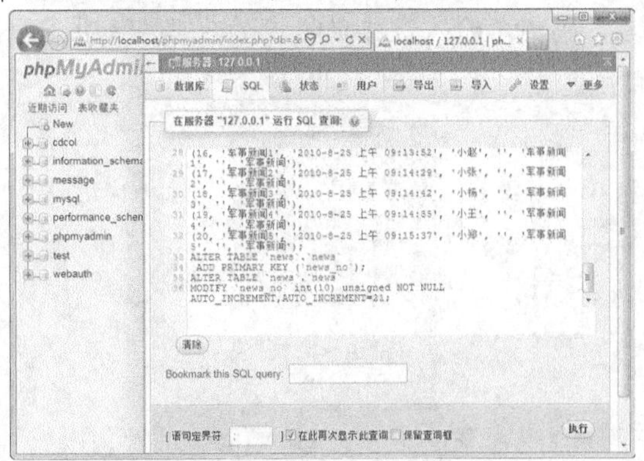

图10-65 复制 SQL 代码

(5) 系统提示执行成功，关闭窗口，完成数据表的建立和导入。如图 10-66 所示。

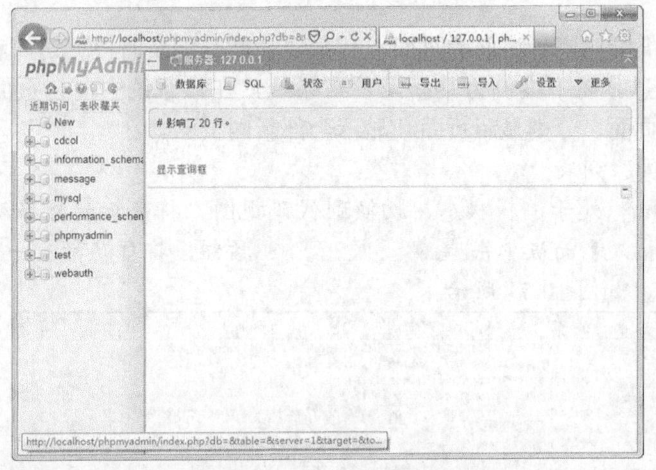

图10-66 执行 SQL 代码

4. 建立数据库连接。

(1) 在文件窗口新建一个名为“conn.php”的文件，如图 10-67 所示。

(2) 双击打开 conn.php 文件，切换到代码视图，并删除代码视图内的全部内容。如图 10-68 所示。

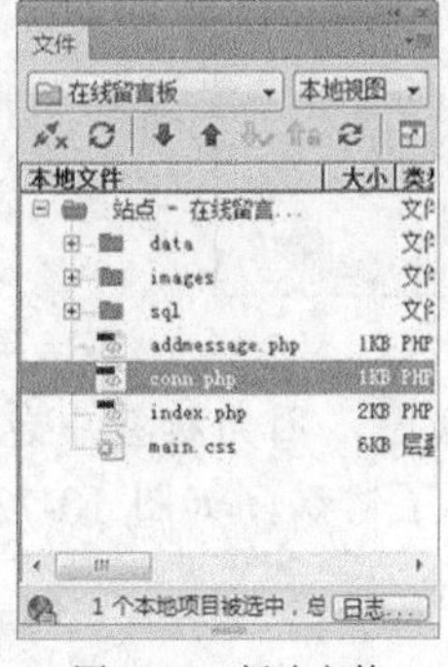

图10-67 新建文件

图10-68 删除内容

(3) 选择菜单命令【窗口】/【插入】，打开【插入】面板，单击打开【PHP】选项内容，如图 10-69 所示。

(4) 单击插入面板的 <? 代码块 按钮，Dreamweaver CC 自动添加 PHP 的标签，在代码块内输入链接数据库的代码。如图 10-70 所示。

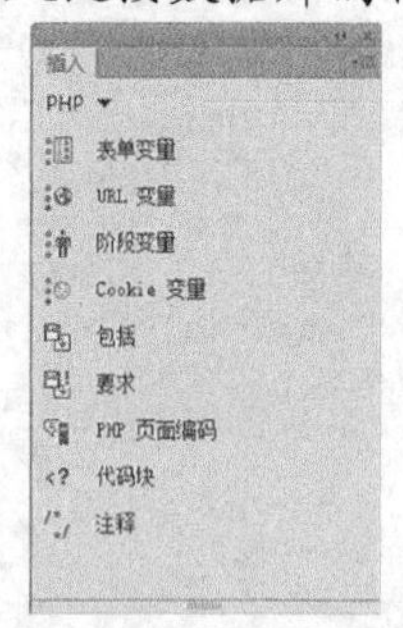

图10-69　打开【插入】面板

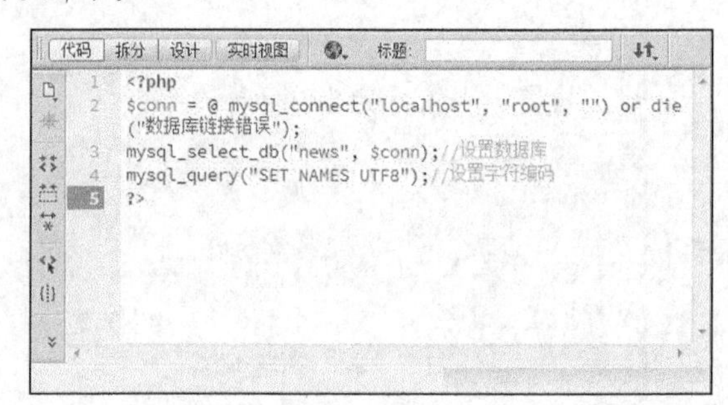

图10-70　输入代码

10.3.2　制作前台页面

前台页面是提供给访问者访问的页面，其主要功能是能及时根据访问者的请求显示差异化的丰富内容和信息。以下案例为某新闻发布系统，在该系统中前台页面主要包括主页页面、新闻内容显示页面、分类显示页面和显示全部新闻页面。

1. 显示“国内新闻”列表。

(1) 确认“index.php”处于编辑状态，切换到代码视图，将鼠标光标移动至<head>标签之后，然后在【插入】面板单击 包括 按钮，将自动插入一个 PHP 标签，输入“conn.php”，如图 10-71 所示。

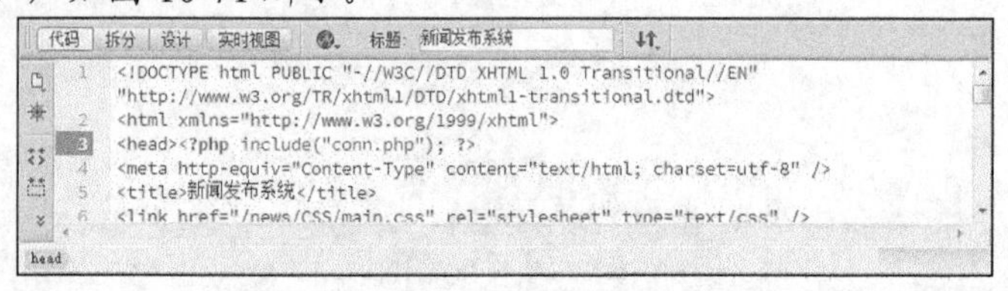

图10-71　插入代码

(2) 切换至设计视图，将鼠标光标移至国内新闻下方，然后在标签选择栏选择<li>标签，如图 10-72 所示。

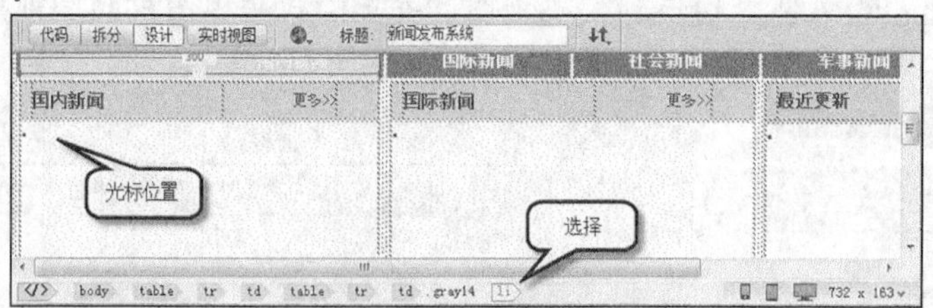

图10-72　选择标签

(3) 在插入面板单击 <? 代码块 按钮，然后切换至代码视图，因为标签中包含的<li>标签，不符合 PHP 语法规则，Dreamweaver CC 自动检测出了错误，如图 10-73 所示。

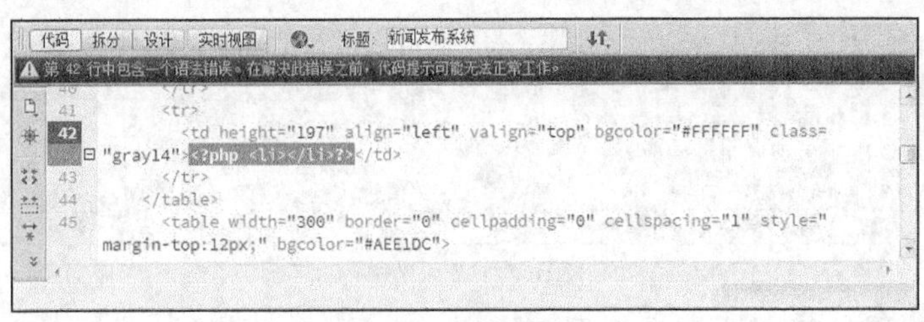

图10-73 插入代码

(4) 修改 PHP 代码，如图 10-74 所示，将<li>放在两个 PHP 代码之间，这样符合 PHP 语法规则，系统不会报错。

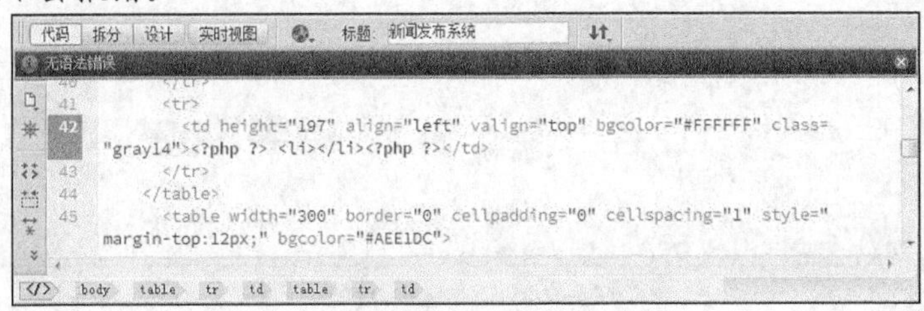

图10-74 更正代码

(5) 在第一个 PHP 标签内加入如下代码，该代码主要是条件查询数据，在第二个标签输入 while 的结束标签“}”，如图 10-75 所示。

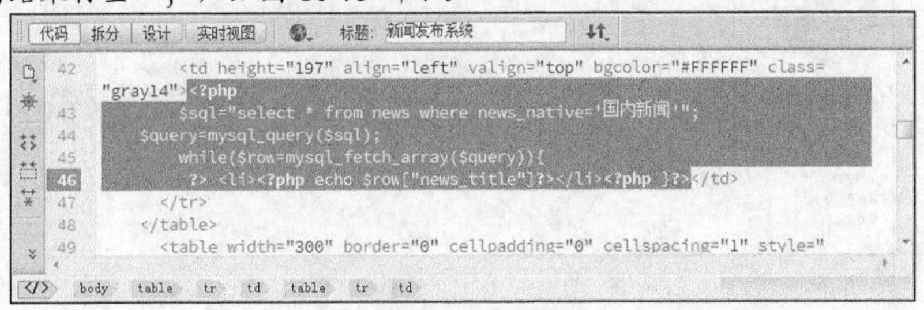

图10-75 插入代码

要点提示 代码解析：

$sql="select * from news where news_native='国内新闻'";//定义一个 SQL 的变量，该变量是一条 SQL 查询语句。

$query=mysql_query($sql);//执行数据库查询

while($row=mysql_fetch_array($query))//用于遍历查询的结果

echo $row["news_title"]//用于显示新闻标题

(6) 切换至设计视图，将鼠标光标移至国内新闻下方，然后在标签选择栏内选择<li>标签，如图 10-76 所示。

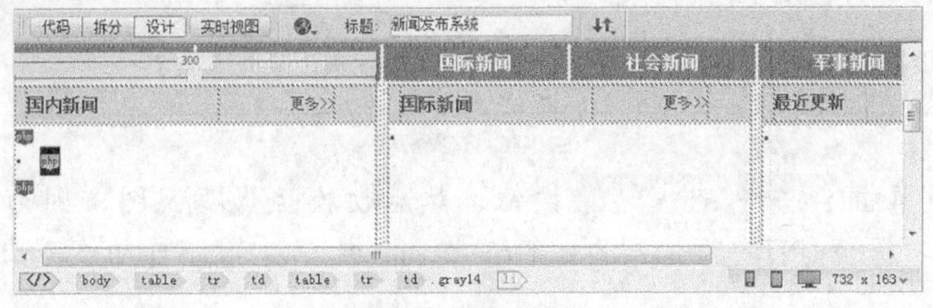

图10-76 选择标签

(7)　在属性栏链接文本框后单击按钮，选择“showdetail.php”文件，如图 10-77 所示。

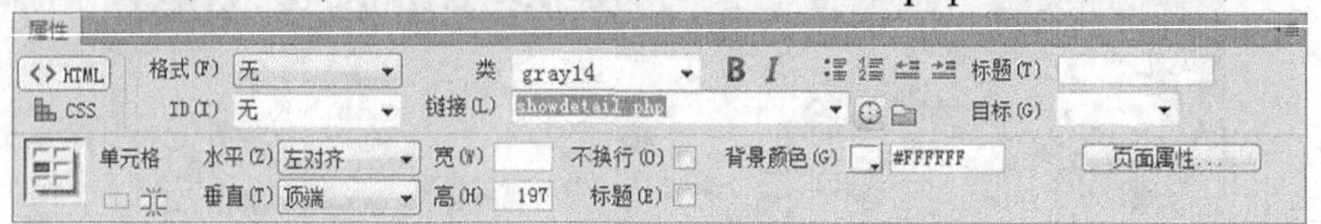

图10-77　加入链接

(8)　切换到代码视图，可以发现加入了链接，在 showdetail.php 代码后加入“?news_no=<?php echo $row["news_no"]?>”，用来给下一个页面传递参数，如图 10-78 所示。

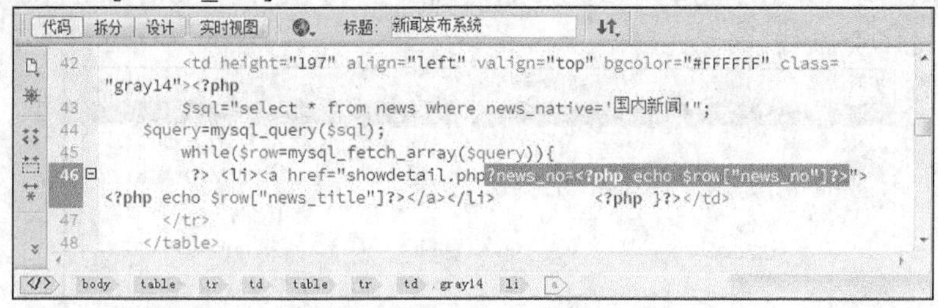

图10-78　添加链接内容

(9)　按键预览页面，页面预览效果如图 10-79 所示。

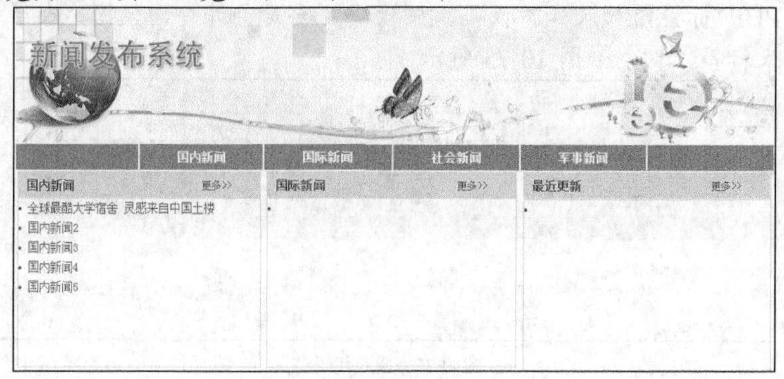

图10-79　预览效果

2.　显示“国际新闻”列表。

(1)　切换至设计视图，将鼠标光标移至国际新闻下方，在标签选择栏中选择<li>标签，如图 10-80 所示。

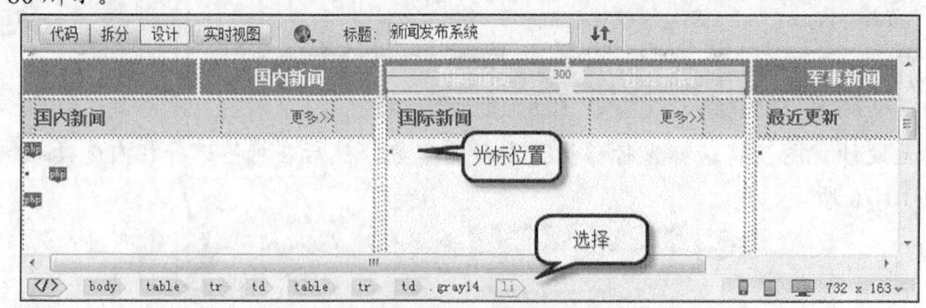

图10-80　选择标签

(2)　在插入面板单击 <? 代码块 按钮，然后切换至代码视图，因为标签中包含的<li>标签，不符合 PHP 语法规则，Dreamweaver CC 软件自动检测出了错误，如图 10-81 所示。

图10-81 添加代码

(3) 修改 PHP 代码，如图 10-82 所示，将<li>放在两个 PHP 代码之间，这样符合 PHP 语法规则，系统就不会报错。

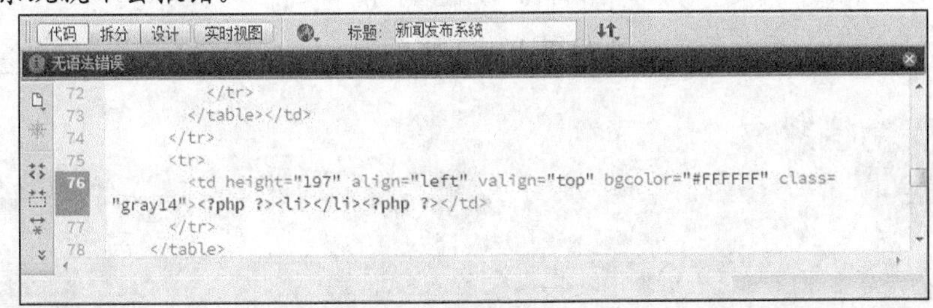

图10-82 更正代码

(4) 在第一个 PHP 标签内加入如下代码，该代码主要是条件查询数据，在第二个标签输入 while 的结束标签“}”，如图 10-83 所示。

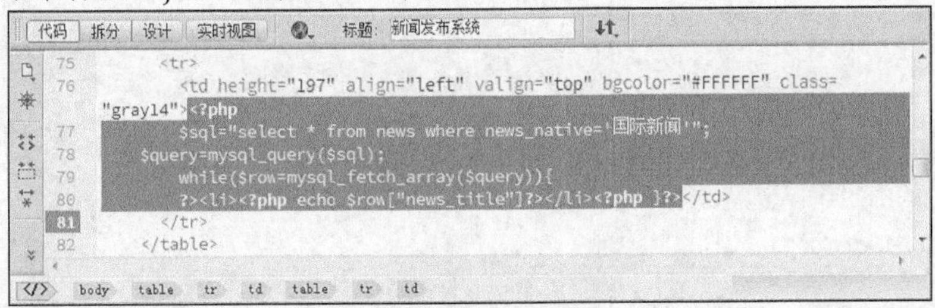

图10-83 添加代码

(5) 切换至设计视图，将鼠标光标移至国际新闻下方，然后在标签选择栏内选择<li>标签，如图 10-84 所示。

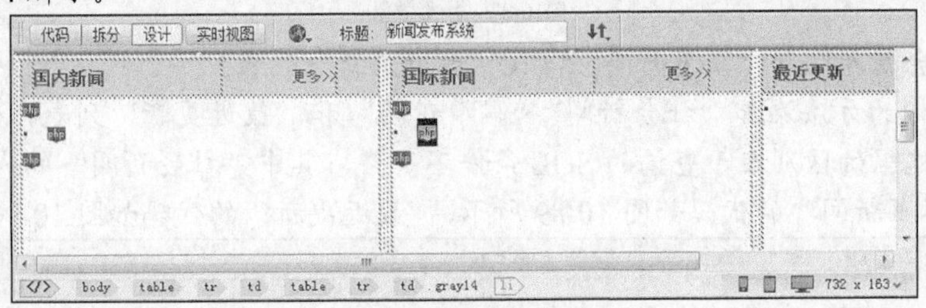

图10-84 选择标签

(6) 在属性栏链接文本框后单击按钮，选择“showdetail.php”文件，如图 10-85 所示。

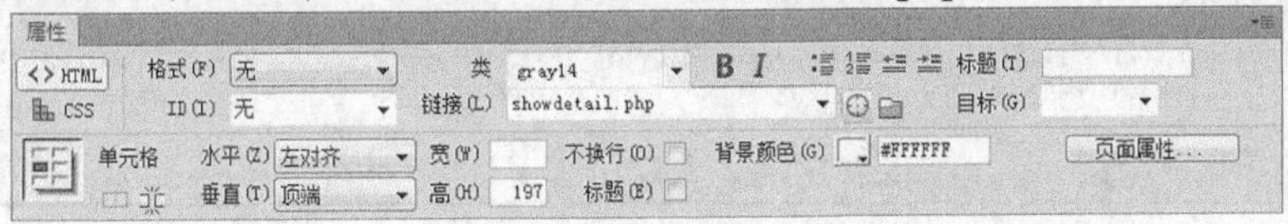

图10-85 添加链接

(7) 切换到代码视图，可以发现加入了链接，在 showdetail.php 代码后加入“?news_no=<?php echo $row["news_no"]?>”，可以用来给下一个页面传递参数，如图 10-86 所示。

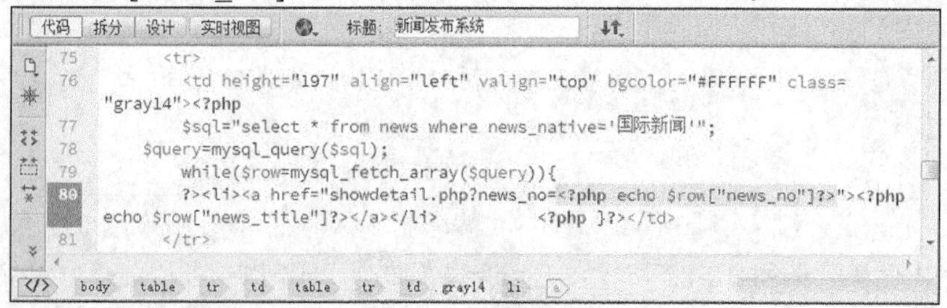

图10-86　添加链接内容

(8) 按 F12 键预览页面，页面预览效果如图 10-87 所示。

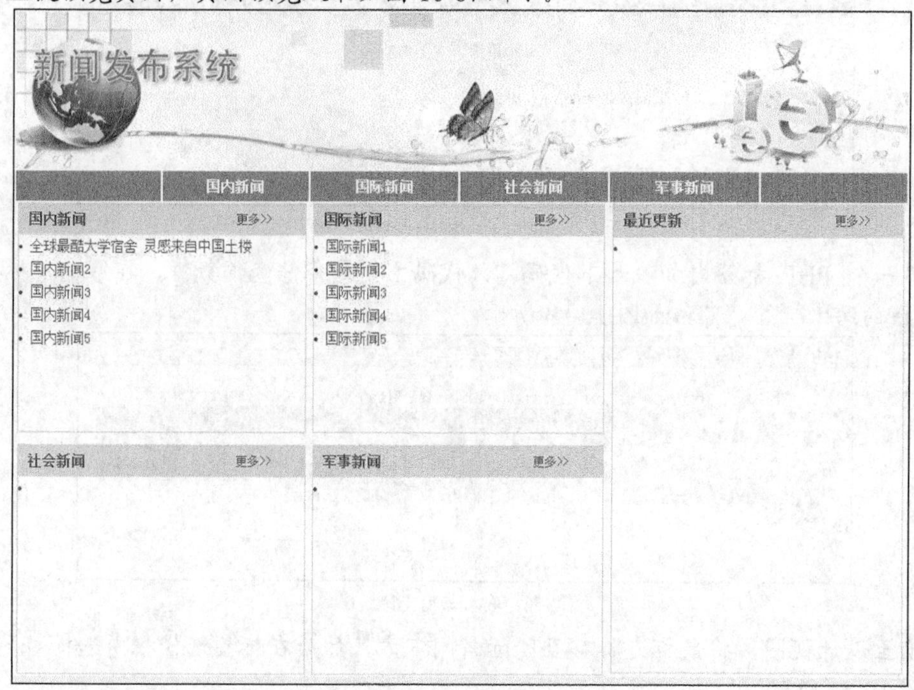

图10-87　预览效果

3. 显示“社会新闻”和“军事新闻”以及“最近更新”列表。

(1) 用上面类似的方法添加“社会新闻”“军事新闻”和“最近更新”列表，但用户需要注意到是，这里的区别在于查询的 SQL 条件不一样，其中“社会新闻”的代码如图 10-88 所示，“军事新闻”的代码如图 10-89 所示，“最近更新”的代码如图 10-90 所示。

图10-88　插入代码

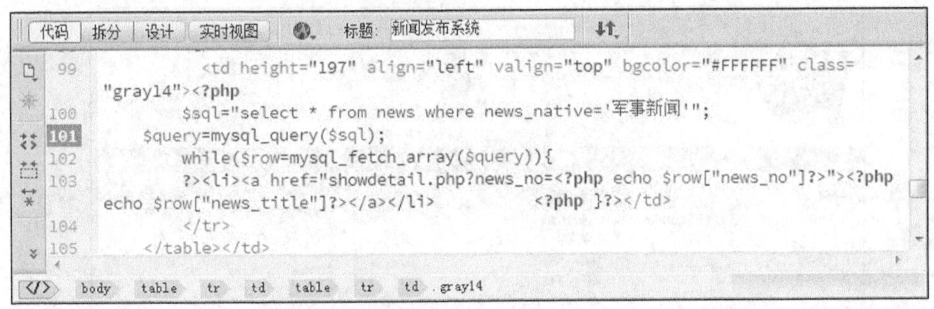

图10-89 插入代码

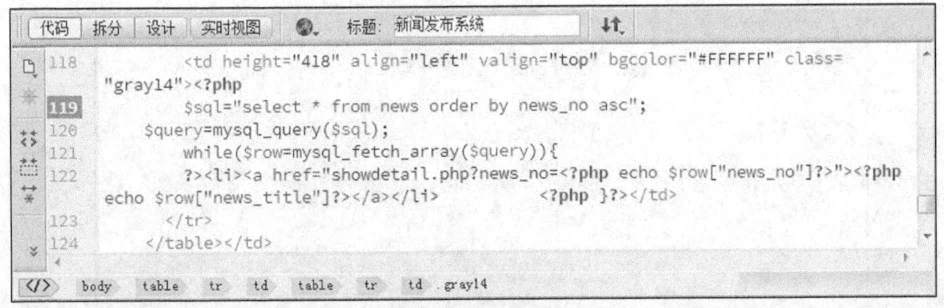

图10-90 插入代码

使用代码的复制往往比较高效，用户可以发现实际上它们的代码都是相似的，只是 SQL 变量不一样，因此读者可以直接复制代码再做出少许更改便可以实现很复杂的操作，而且复杂代码不容易出错。

(2) 完成添加后，设计效果如图 10-91 所示。

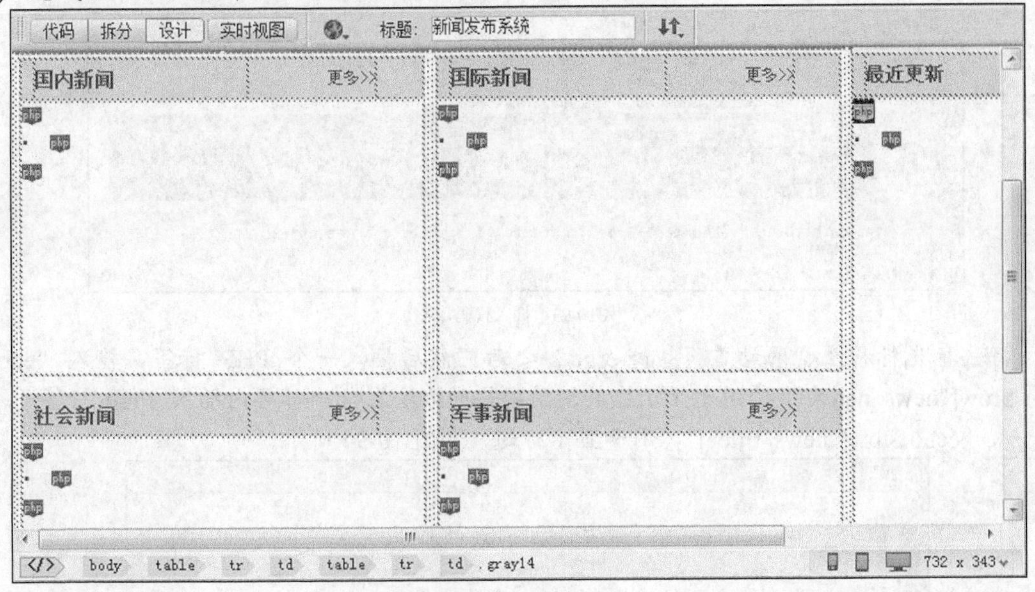

图10-91 最终效果

(3) 按F12键预览页面，页面预览效果如图 10-92 所示。

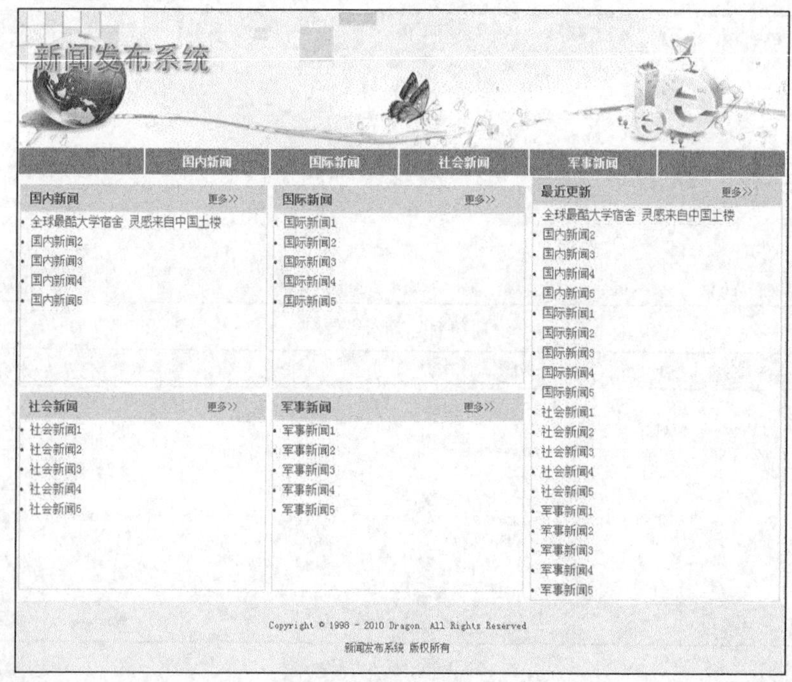

图10-92　预览效果

4.　制作新闻内容显示页面。

(1)　打开“showdetail.php”文件，切换到代码视图，在<head>标签之后插入一个代码块，并输入代码，该代码主要是从数据库查询一条记录并保存在 row 变量中。如图 10-93 所示。

```
代码 | 拆分 | 设计 | 实时视图 | 标题:
1  <!DOCTYPE html PUBLIC "-//W3C//DTD XHTML 1.0 Transitional//EN"
   "http://www.w3.org/TR/xhtml1/DTD/xhtml1-transitional.dtd">
2  <html xmlns="http://www.w3.org/1999/xhtml">
3  <head><?php include("conn.php");
4      $sql="select * from news where news_no=".$_GET["news_no"];
5      $query=mysql_query($sql);
6      $row=mysql_fetch_array($query);
7  ?>
8  <meta http-equiv="Content-Type" content="text/html; charset=utf-8" />
<> body table tr td
```

图10-93　插入代码 1

(2)　将鼠标光标移至“网站首页</a>->”之后，然后插入一个 PHP 标签，输入“echo $row["news_native"]”，用于显示分类，用同样的方法在<h1>标签内插入 PHP 标签并输入“echo $row["news_title"]”，用于显示标题，如图 10-94 所示。

图10-94　插入代码 2

(3) 用同样的方法，在发布时间、编者以及图片的src属性添加PHP标签及内容，如图10-95所示。

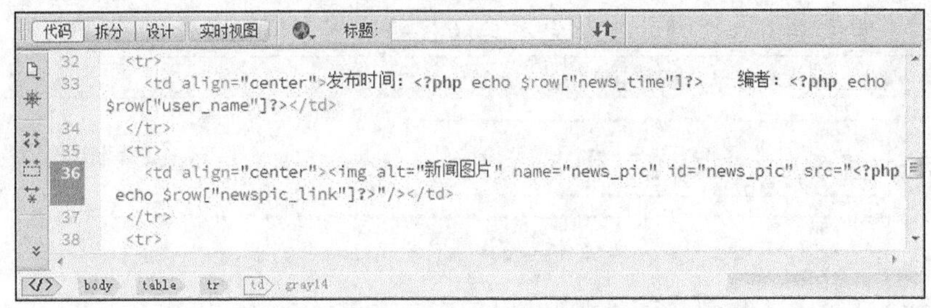

图10-95 插入代码3

(4) 最后在如图10-96所在位置添加原文链接。

图10-96 插入代码4

(5) 保存该页面，打开“index.php”页面，按F12键预览，单击一条新闻的链接，便会跳转到“showdetail.php”页面显示该新闻的详细内容，如图10-97所示。

图10-97 测试页面效果

5. 制作分类显示页面。

(1) 打开“showmore.php”页面，切换到代码视图，为该页面添加和“index.php”页面类似的代码，一共需要添加 3 处，添加完成后的代码如图 10-98 所示。

图10-98　插入代码

(2) 打开“index.php”页面，切换到设计视图，为“国内新闻”右侧的“更多>>”文字添加链接，链接的内容为“showmore.php?news_native=国内新闻”。如图 10-99 所示。

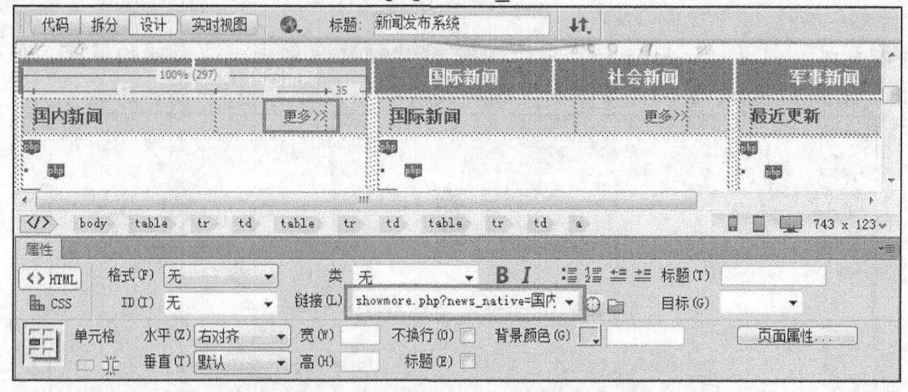

图10-99　添加链接

(3) 用同样的方法为“国际新闻”右侧的“更多>>”文字添加链接，链接的内容为“showmore.php?news_native=国际新闻”，如图 10-100 所示。

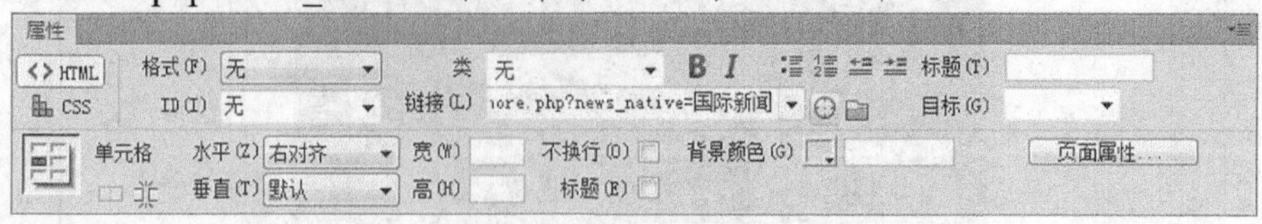

图10-100　添加链接

(4) 用同样方法为“社会新闻”和“军事新闻”右侧的“更多>>”文字添加链接。

(5) 保存所有文件，按 F12 键预览页面，通过单击导航文字或“更多>>”按钮，查看新闻的分类显示效果，如图 10-101 所示。

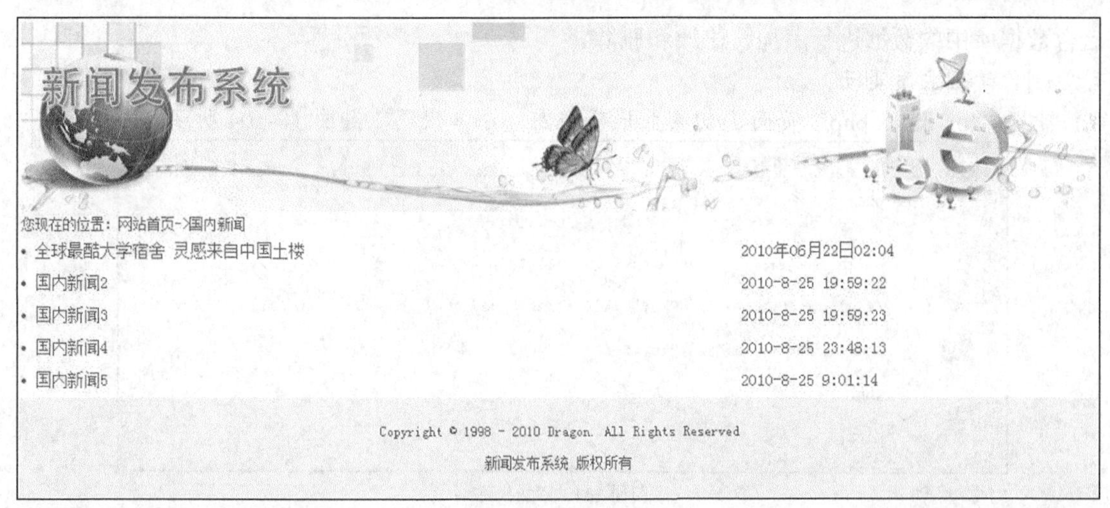

图10-101 预览页面效果

6. 制作显示全部新闻页面。

(1) 打开“showall.php”页面，切换到代码视图，添加如图 10-102 所示两处代码。

```
代码 | 拆分 | 设计 | 实时视图    标题: 新闻列表
25  </tr>
26  <?php include("conn.php");
27    $sql="select * from news order by news_no asc";
28    $query=mysql_query($sql);
29    while($row=mysql_fetch_array($query)){?>
30  <tr>
31    <td width="500" align="left"><li class="gray14"><a href=
"showdetail.php?news_no=<?php echo $row["news_no"]?>"><?php echo $row["news_title"]
?></a></li></td>
32  <td width="250" align="left" class="gray14"><?php echo $row["news_time"]?></td>
33    </tr><?php }?>
34  <tr>
```

图10-102 添加代码

(2) 打开“index.php”页面，选择列表框“最近更新”按钮右侧的“更多>>”按钮，添加链接到“showall.php”。如图 10-103 所示。

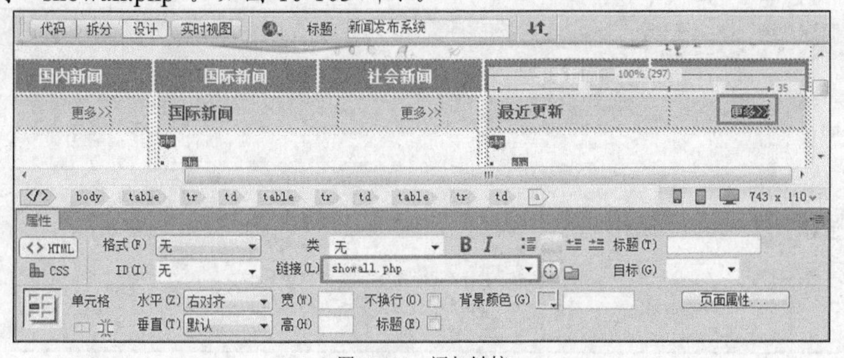

图10-103 添加链接

(3) 至此，前台页面设计完成，保存全部页面，按F12键对所有页面进行预览测试。

10.3.3 制作后台管理页面

交互式网页的最大亮点就是可以方便用户对网站的内容进行维护和更新，其实质就是对后台数据库中的数据进行添加、修改和删除。

1. 制作管理主页页面。

(1) 打开“m_index.php”页面，切换至代码视图，添加代码，如图 10-104 所示。

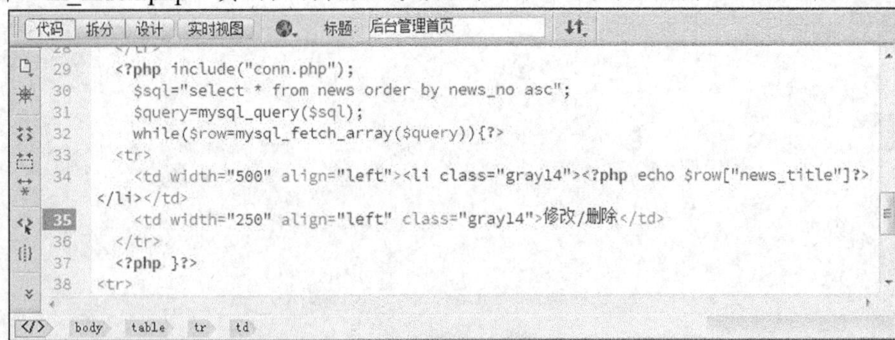

图10-104　添加代码

(2) 切换到设计视图，为“修改”文本添加链接，链接内容为“update.php?news_no=<?php echo $row["news_no"]?>”，如图 10-105 所示。

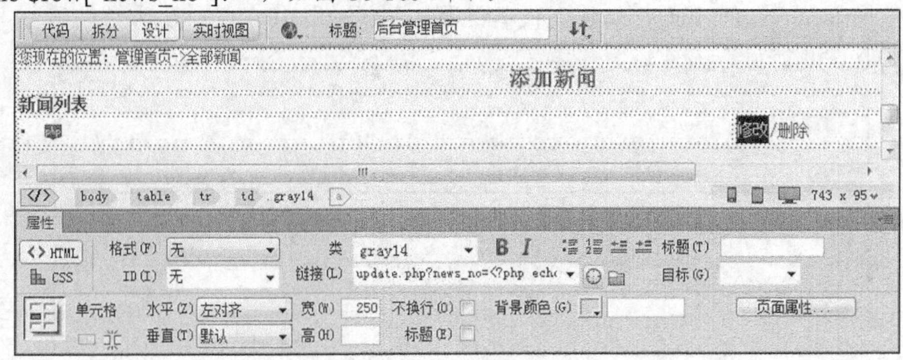

图10-105　添加链接 1

(3) 用同样的方法为“删除”文本添加链接，链接内容为“deletenews.php?news_no=<?php echo $row["news_no"]?>”，如图 10-106 所示。

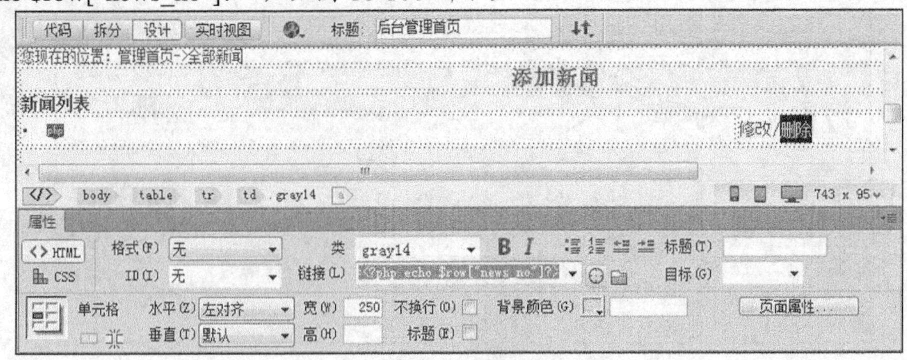

图10-106　添加链接 2

(4) 至此，后台管理主页页面设计完成，按F12键进行预览，效果如图 10-107 所示。

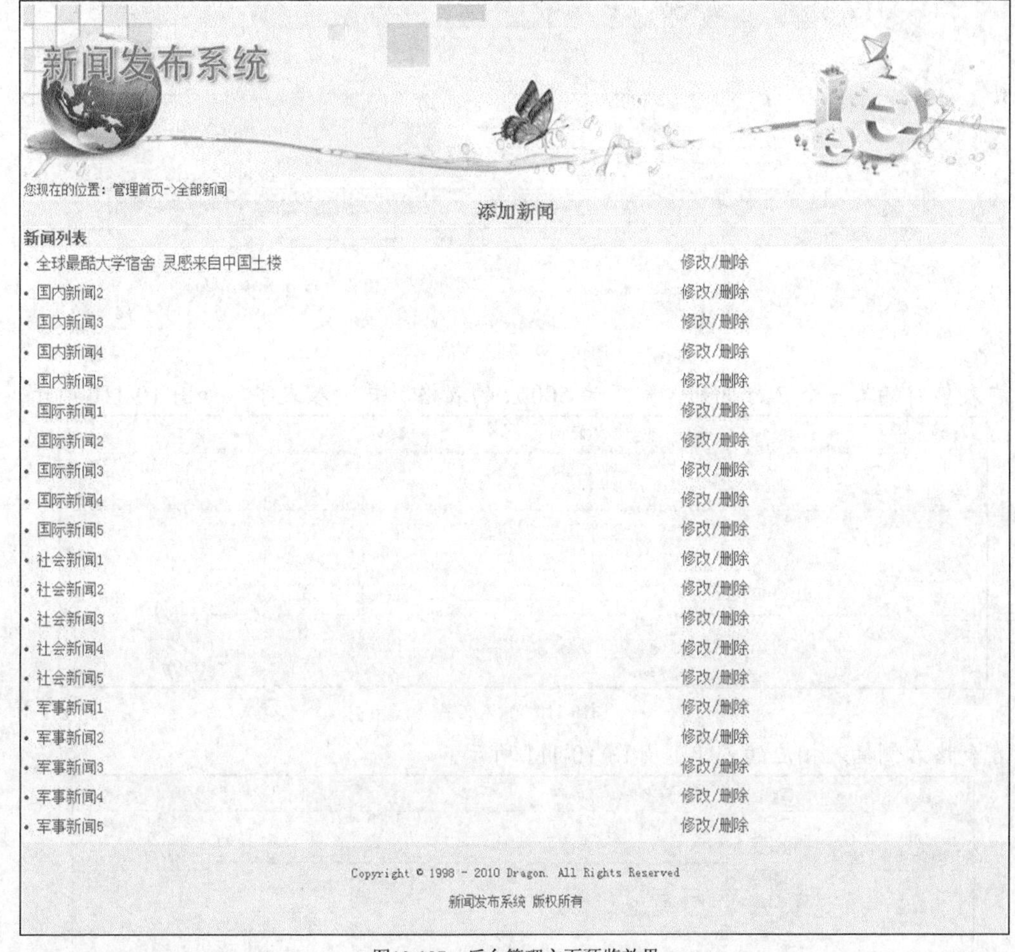

图10-107　后台管理主页预览效果

2.　制作添加新闻页面。

(1)　打开“addnews.php”页面，切换至代码视图，在<head>标签之后添加代码，如图 10-108 所示。

图10-108　添加代码

(2)　切换至设计视图，将鼠标光标放置到页面中间的空白单元格中，选择菜单命令【插入】/【表单】/【表单】。插入一个表单，设置表单参数，如图 10-109 所示。

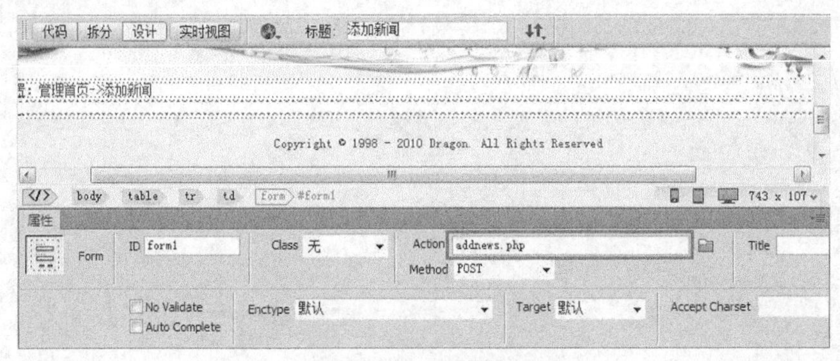

图10-109　插入表单

(3) 在表单内插入一个 7 行 2 列，宽度为 500px 的表格，并输入文字，如图 10-110 所示。

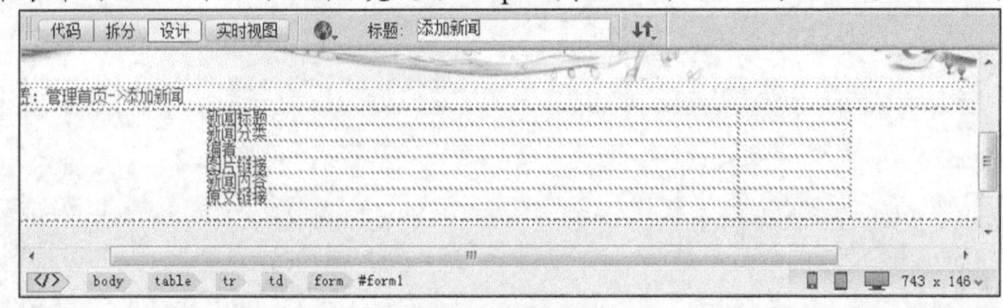

图10-110　输入文字

(4) 在表格右侧插入相应的表单，如图 10-111 所示。

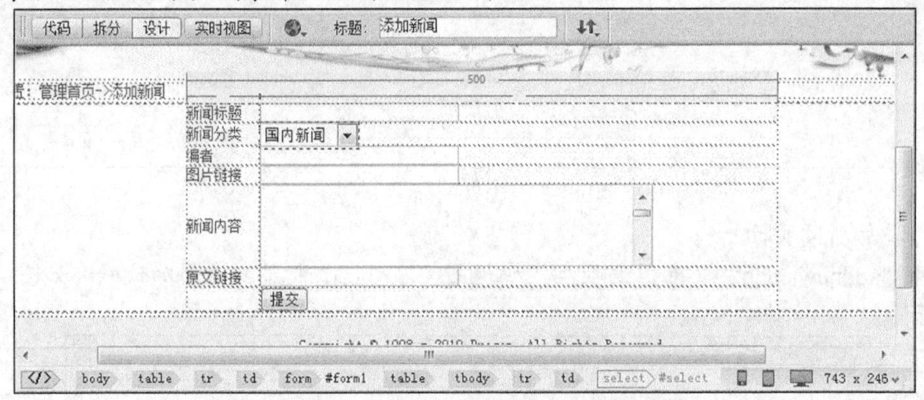

图10-111　添加表单

要点提示　这里需要注意的是新闻分类的表单类型为“选择”，其项目标签和值如图 10-112 所示。

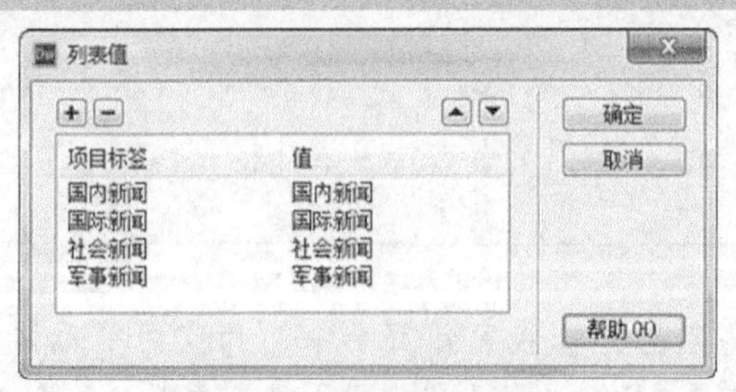

图10-112　设置“选择”表单

(5) 设置所有表单的【Name】属性，新闻标题为“title”，新闻分类为“native”，编者为“name”，图片链接为“piclink”，新闻内容为“comment”，原文链接为“link”，如图10-113 所示。

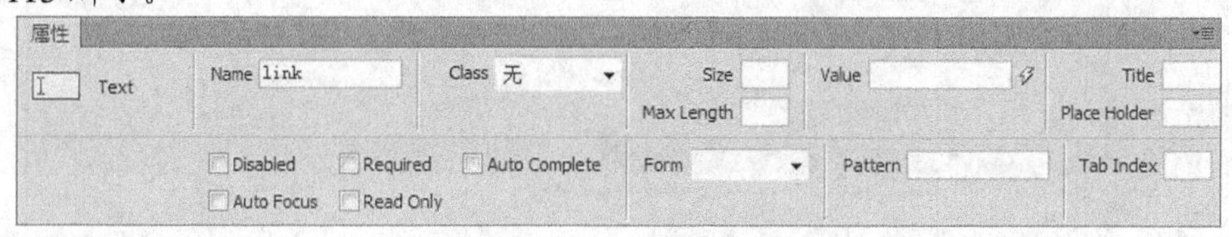

图10-113 设置【Name】属性

(6) 保存该页面，打开“m_index.php”页面，按F12键预览，单击“添加新闻”链接转到“addnews.php”页面，在相应的项目中输入文字或选择参数，单击提交按钮将新闻信息插入网站的数据库中，如图 10-114 所示。

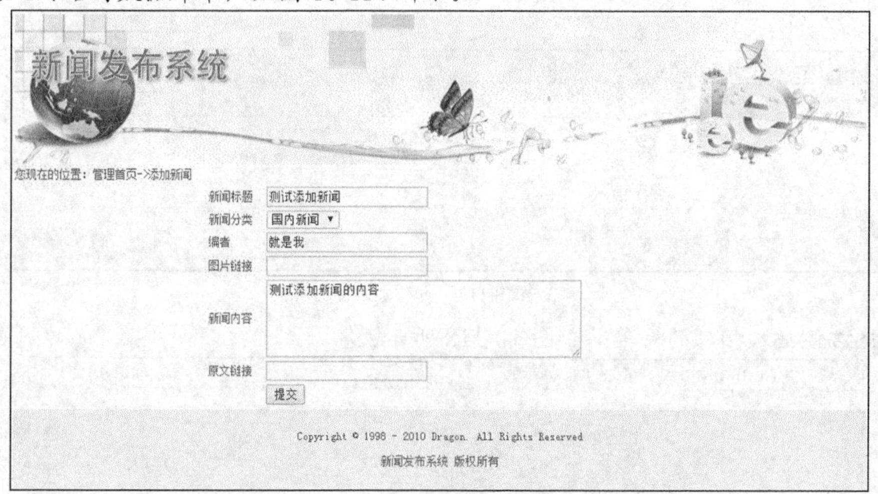

图10-114 预览效果

3. 制作更新新闻页面。

(1) 打开“update.php”页面，切换至代码视图，在<head>标签之后添加代码，如图 10-115 所示。

```
3   <head>
4   <?php include("conn.php");
5   if((isset($_POST['submit']))||!empty($_POST['submit']))
6   {
7   $sql="update news set
    news_title='$_POST[title]',news_time=now(),user_name='$_POST[name]',newspic_link='$_
    POST[piclink]',news_comment='$_POST[comment]',news_link='$_POST[link]',news_native='
    $_POST[native]' where news_no=$_POST[news_no]";
8   mysql_query($sql);
9    echo "<script type='text/javascript'>alert('修改成功！');history.back();</script>";
10  }else{
11      $sql="select * from news where news_no=".$_GET["news_no"];
12      $query=mysql_query($sql);
13      $row=mysql_fetch_array($query);
14  }
15  ?>
16  <meta http-equiv="Content-Type" content="text/html; charset=utf-8" />
```

图10-115 添加代码

(2) 切换至设计视图，将鼠标光标放置到页面中间的空白单元格中，选择菜单命令【插入】/【表单】/【表单】。插入一个表单，设置表单参数，如图 10-116 所示。

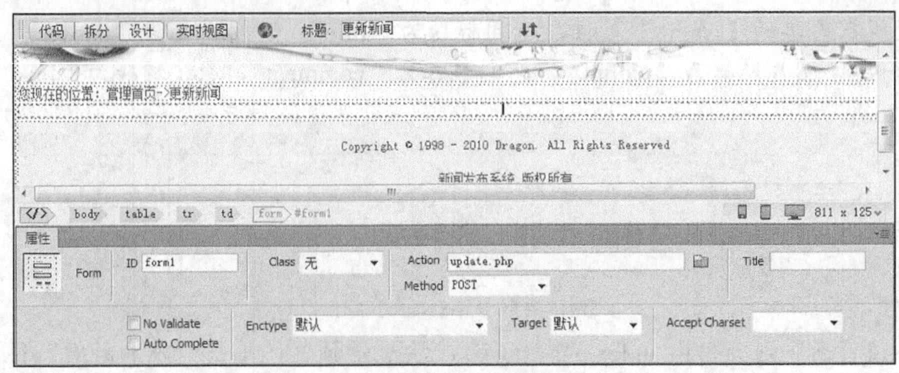

图10-116　插入表单

(3) 在表单内插入一个格式为 7 行 2 列，宽度为 500px 的表格，并输入文字，如图 10-117 所示。

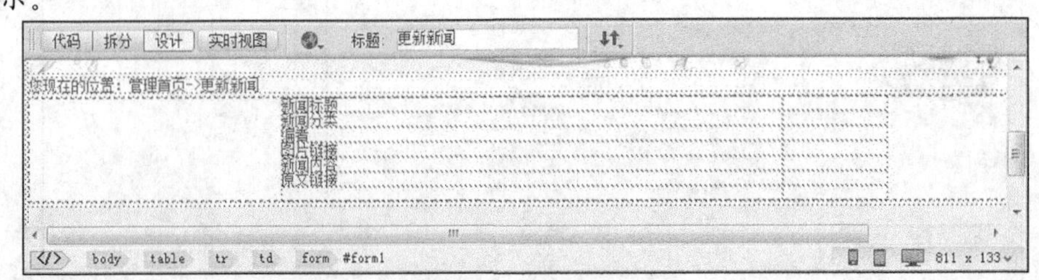

图10-117　输入文字

(4) 在表格右侧插入相应的表单，如图 10-118 所示。

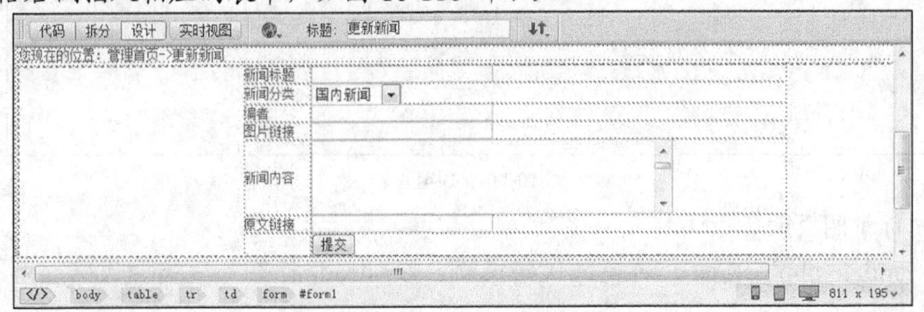

图10-118　添加表单

(5) 在【属性】窗口设置“新闻标题”表单的【Name】属性为“title”，【Value】的属性为“<?php echo $row["news_title"]?>”，如图 10-119 所示。

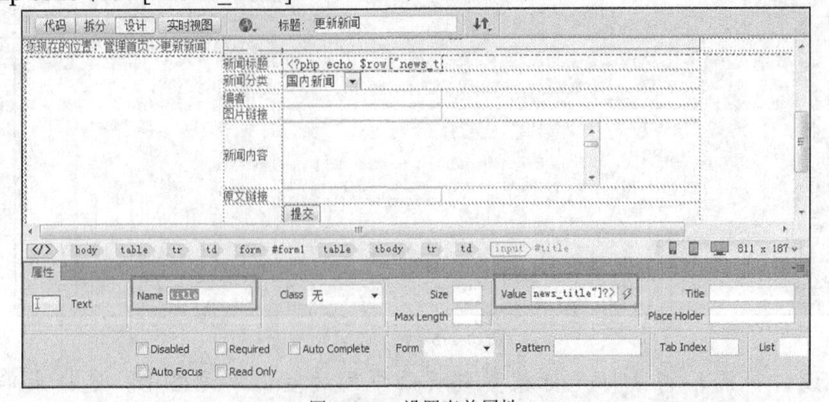

图10-119　设置表单属性

(6) 在【属性】窗口设置“新闻分类”表单的【Name】属性为“native”，然后在【属性】窗口单击 Dynamic... 按钮，如图 10-120 所示。

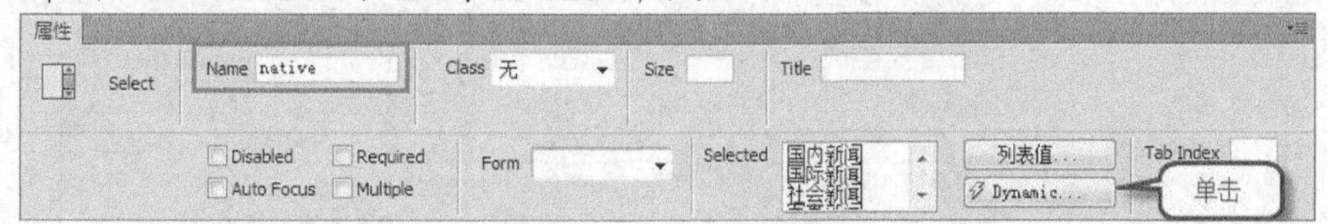

图10-120　设置表单属性

(7) 弹出【动态列表/菜单】窗口，在【选取值等于】文本窗口输入“<?php echo $row["news_native"]?>”，如图 10-121 所示。

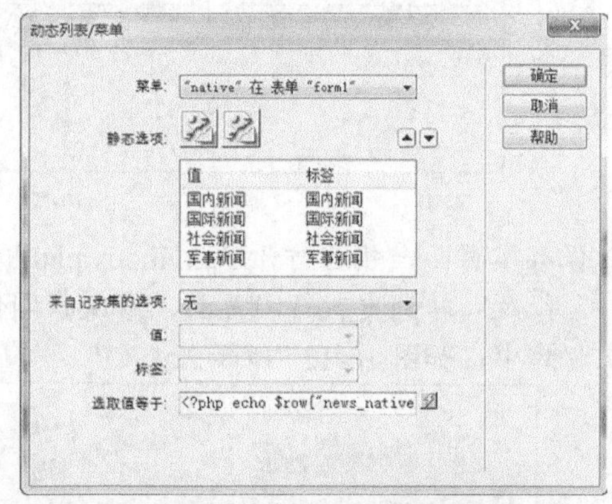

图10-121　设置动态列表

(8) 单击 确定 按钮，完成“新闻分类”表单的设置。

(9) 在【属性】窗口设置“编者”表单的【Name】属性为“name”，【Value】的属性为“<?php echo $row["user_name"]?>”，如图 10-122 所示。

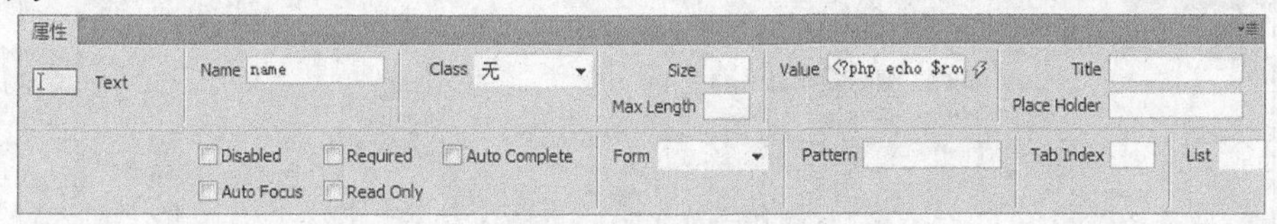

图10-122　设置表单属性

(10) 用同样的方法在【属性】窗口设置“图片链接”表单的【Name】属性为“piclink”，【Value】的属性为“<?php echo $row["newspic_link"]?>”，设置“新闻内容”表单的【Name】属性为“comment”，【Value】的属性为“<?php echo $row["news_comment"]?>”，设置“原文链接”表单的【Name】属性为“link”，【Value】的属性为“<?php echo $row["news_link"]?>”，如图 10-123 所示。

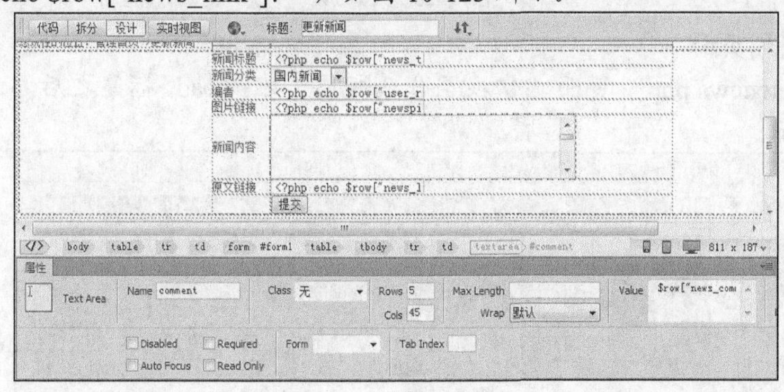

图10-123　设置表单属性

(11) 将鼠标光标移至按钮后，选择菜单命令【插入】/【表单】/【隐藏】，插入一个【隐藏】表单，设置【隐藏】表单的【Name】属性为“news_no”，【Value】属性为“<?php echo $row["news_no"]?>”，如图 10-124 所示。

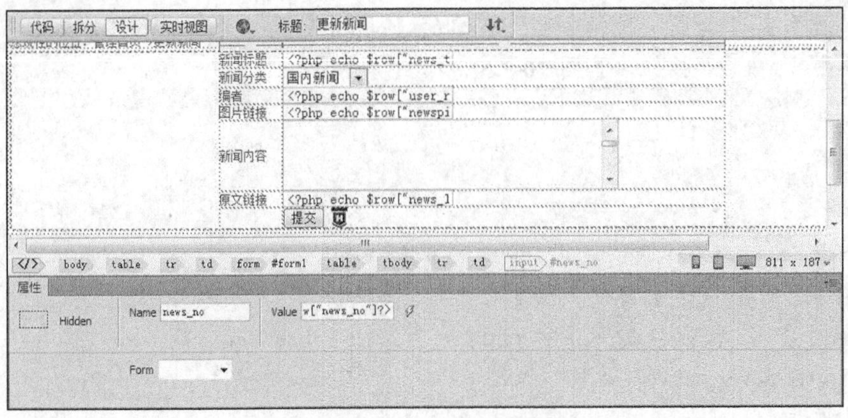

图10-124　添加隐藏表单

(12) 保存该页面，然后打开“m_index.php”页面，按 F12 键预览，在相应的新闻标题后单击“修改”转到更新新闻页面，修改新闻信息，单击 提交 按钮将修改结果更新到网站的数据库中，如图 10-125 所示。

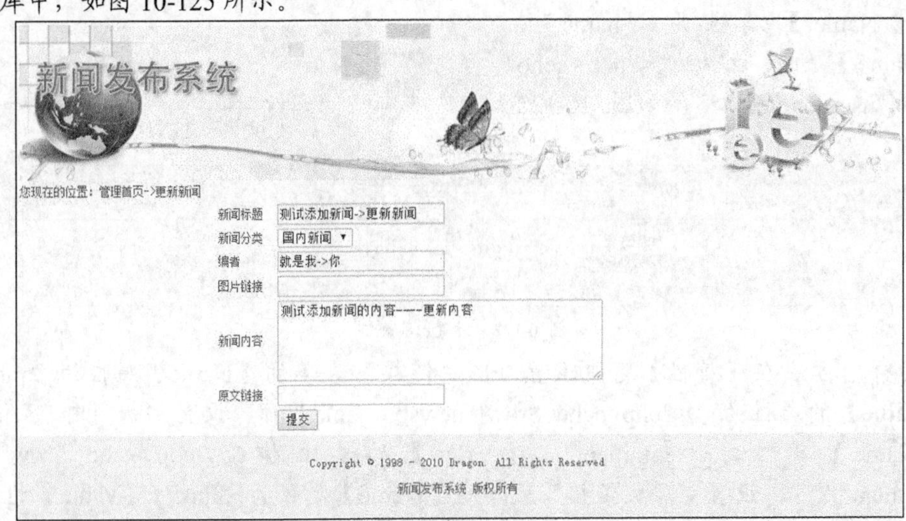

图10-125　预览效果

4. 制作删除新闻页面。

(1) 打开“deletenews.php”页面，切换至代码视图，在<head>标签之后添加代码，如图 10-126 所示。

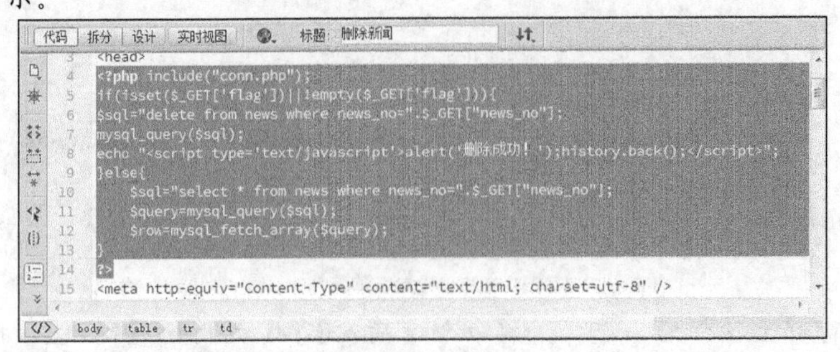

图10-126　添加代码

(2) 在<h1>内标签插入“<?php echo $row["news_title"]?>”代码，如图 10-127 所示。

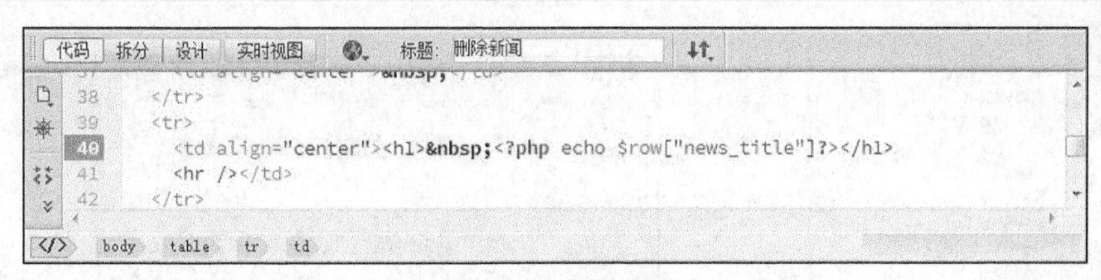

图10-127　添加代码

(3) 在“发布时间”和“编者”中插入代码，如图 10-128 所示。

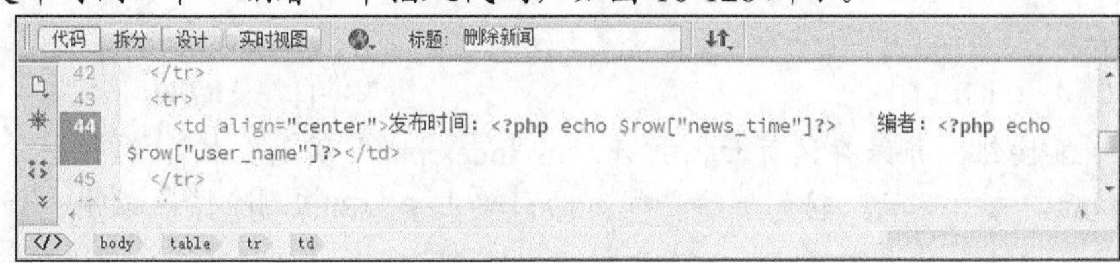

图10-128　添加代码

(4) 在“新闻图片”中插入代码，如图 10-129 所示。

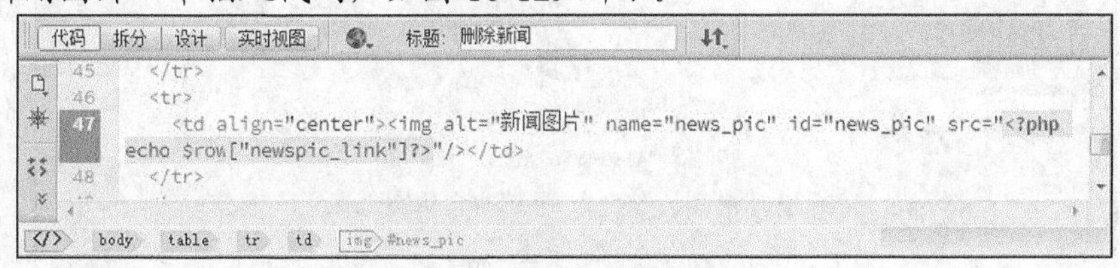

图10-129　添加代码

(5) 在“原文链接”处插入代码，如图 10-130 所示。

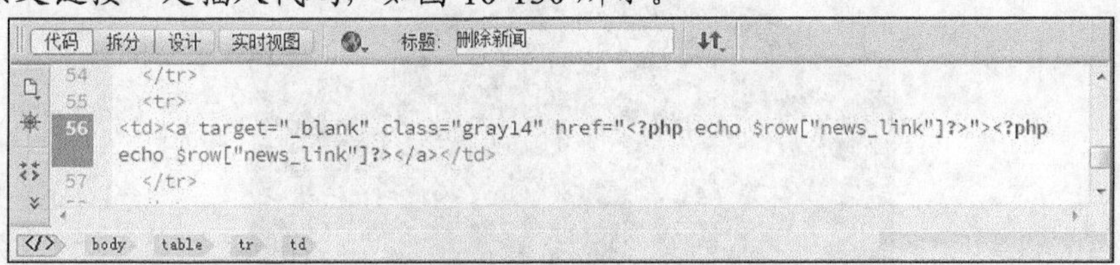

图10-130　添加代码

(6) 切换至设计视图，将鼠标光标移至标题上方的空白单元格中，选择菜单命令【插入】/【表单】/【按钮】，插入一个按钮，设置【Value】属性为“删除”，并在按钮前输入文字“你真的要删除吗？”，如图 10-131 所示。

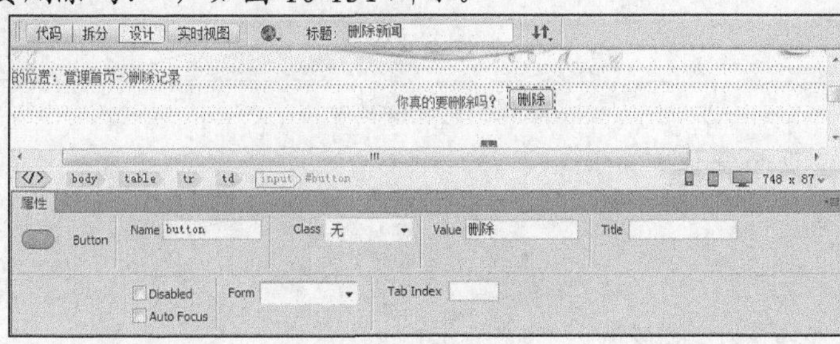

图10-131　插入表单

(7) 选中删除按钮，选择菜单命令【窗口】/【行为】，打开行为窗口，然后在行为窗口单击+按钮，在弹出的快捷菜单中选择【转到 URL】选项，如图 10-132 所示。

(8) 弹出【转到 URL】窗口，在 URL 文本框中输入文本“deletenews.php?news_no=<?php echo $row["news_no"]?>&flag=1”，如图 10-133 所示。

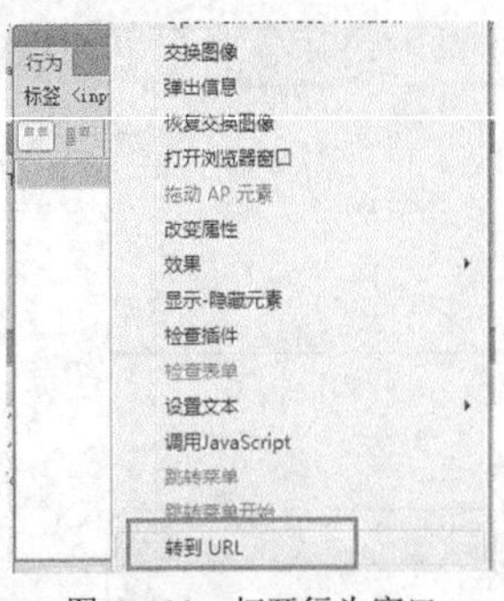

图10-132　打开行为窗口

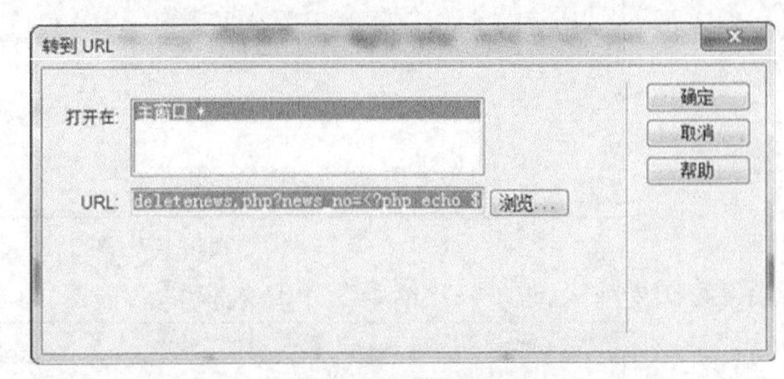

图10-133　设置 URL

(9) 单击 确定 按钮，并保存该页面，打开“m_index.php”页面，按 F12 键预览，在相应的新闻标题后单击“删除”转到删除新闻页面，单击 删除 按钮删除该条新闻，如图 10-134 所示。

图10-134　预览效果

5. 至此，后台管理页面制作完成。

10.4　习题

1. 简述搭建 PHP 服务器的步骤。
2. 简述 PHP 的基础语法。
3. 简述连接数据库的方法。
4. 使用交互式网页技术设计制作一个音乐网站。

第11章 Dreamweaver CC 实战演练

【学习目标】

- 灵活运用 Dreamweaver CC 的全方位功能进行网页设计。
- 掌握表格布局案例设计的操作过程。
- 掌握 Div+CSS 布局案例设计的操作过程。

通过前面几章的学习，相信用户已经对 Dreamweaver 的各个功能有了一个全面的认识，接下来将介绍如何应用这些知识来设计完整的网站。本章的案例讲解主要以布局的形式来进行划分，一是表格布局案例，二是 Div+CSS 布局案例。

11.1 表格布局案例设计

本例将设计一个电子产品销售网站，其网页设计图如图 11-1 所示。网页包括“Top”“Menu”“Contacts”“Foot”等栏目。

图11-1 设计效果图

11.1.1　设计图分析

一、 布局分析

在拿到设计图时，首先要分析网页的布局结构以及如何通过表格实现这一结构，并了解各组成部分的尺寸大小。根据图 11-1 所示的设计图，可知网页的布局图如图 11-2 所示。

二、 配色分析

用户需要从设计图稿中提取产品标题和底部版权区域主要的颜色，以便为实例颜色取值。

1. 提取产品标题文本颜色。

(1) 在 Photoshop CC 中打开附盘文件“素材\第 11 章\案例 01\设计图\首页.psd”，如图 11-3 所示。

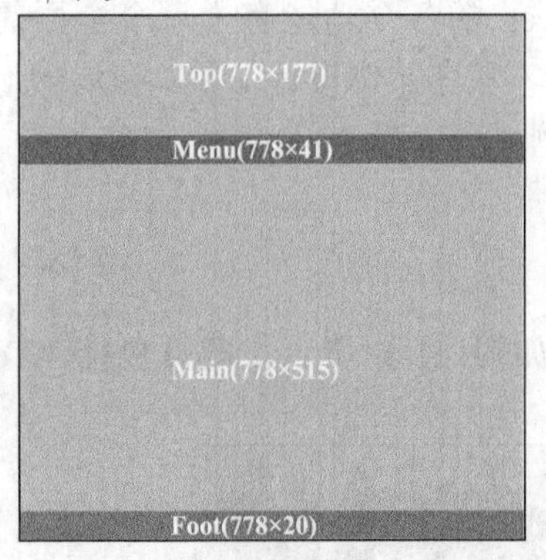

图11-2　布局图

图11-3　用 Photoshop CC 中打开设计图稿

(2) 单击【工具栏】中的【吸管工具】按钮，在产品标题文本上单击鼠标左键，文本的颜色就会自动在【拾色器】中显示，如图 11-4 所示。

(3) 单击【拾色器】的颜色块打开【拾色器（前景色）】对话框，可查看其颜色参数为“#eb8452”，如图 11-5 所示。

图11-4　吸取颜色

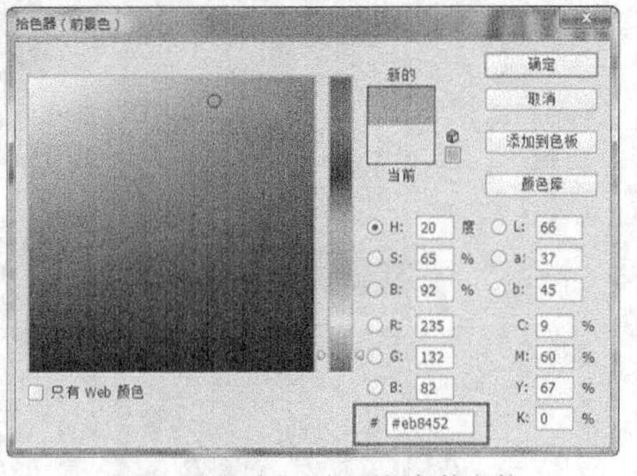

图11-5　查看产品标题颜色的参数

2. 提取底部版权区域颜色。

3. 单击【工具栏】中的【吸管工具】按钮，在底部的上方区域单击鼠标左键，背景颜色就会自动在【拾色器】中显示，如图 11-6 所示。

(1) 单击【拾色器】的颜色块打开【拾色器（前景色）】对话框，可查看其颜色参数为

"# 0066c8"，如图 11-7 所示。

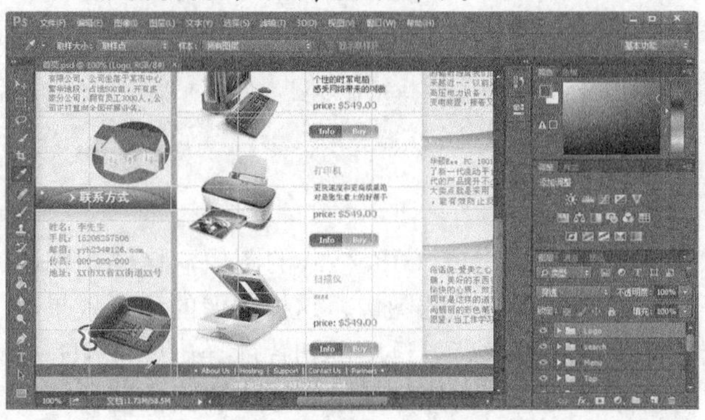

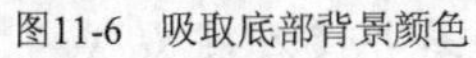
图11-6　吸取底部背景颜色

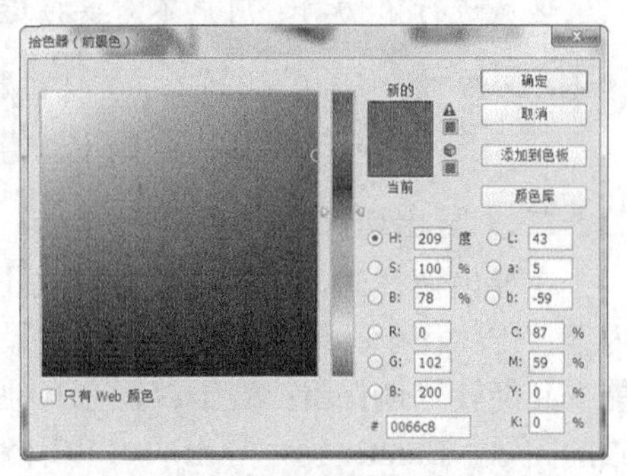

图11-7　查看底部上方区域背景颜色的参数

(2) 用同样的方法提取下方区域的颜色为"# bcbcbc"。

11.1.2　在 Photoshop 中切片

用户可以利用 Photoshop 的切片功能将页面中所需要的图像从设计图稿中提取出来，并导出适合在网页中使用的图像格式。

一、 切割图像

1. 在 Photoshop CC 中打开附盘文件"素材\第 11 章\案例 01\设计图\首页.psd"。
2. 单击左侧工具栏中的【切片工具】，在"banner"区域上拖曳鼠标，形成一个切割区域，如图 11-8 所示。

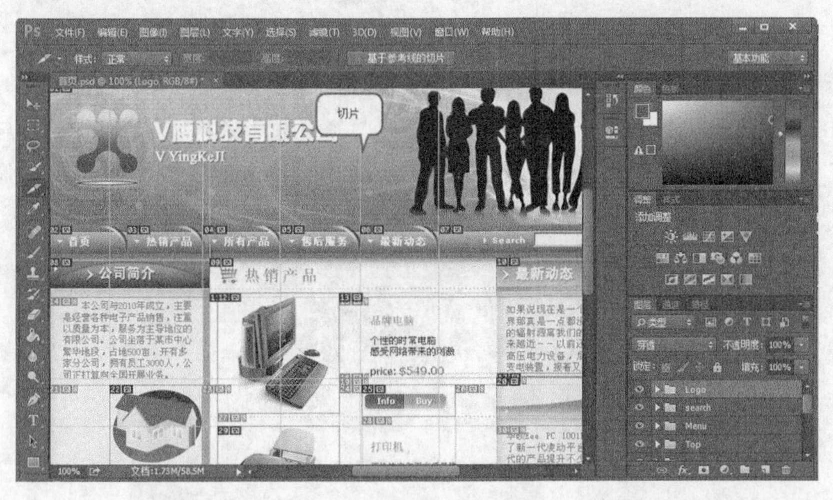

图11-8　切割图像背景区域

3. 在切片上单击鼠标右键，在弹出的快捷菜单中选择【编辑切片选项】选项，打开【切片选项】对话框，然后设置【名称】为"banner"，在【尺寸】分组框中设置【W】为"778"，【H】为"177"，如图 11-9 所示。

要点提示　在【切片选项】对话框中设置的名称，将作为导出图像后的名称。

4. 单击 确定 按钮，完成切片的设置。

5. 利用上述方法，将图像其他区域进行切割。由于本例给出的图像源文件中已经对其他区域进行了切割，用户不需要再进行切割。

要点提示 在对图像进行切割的过程中，能用文字表达的部分尽量不要用图像来表达。图像越多，在网络上传输速度越慢。

二、 导出切片

在导出切片时，颜色较少且变化不大的切片最好导出成 GIF 格式的图像，这样图像的内存占用体积小；颜色较丰富的切片最好导出成 JPEG 格式的图像，这样图像的色彩效果就能得到能较好地保留；对于放置在其他元素之上或者要求背景透明的切片就导出成 PNG 格式的图像。Banner 切片导出成 JPEG 格式的图像，其他的切片都导出成 GIF 格式的图像。

1. 选择菜单命令【文件】/【存储为 Web 所用格式】，打开【存储为 Web 所用格式】窗口，如图 11-10 所示。

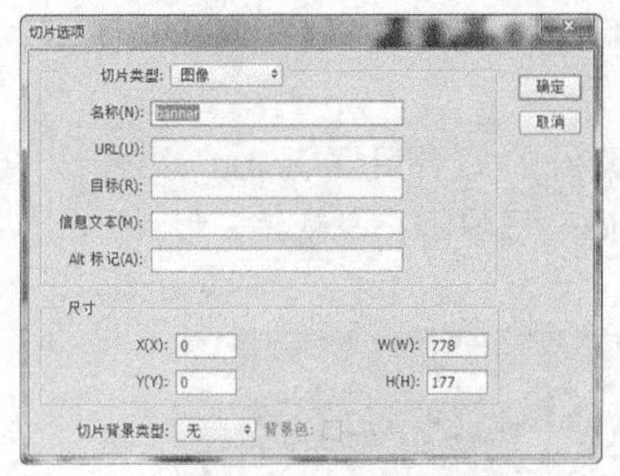

图11-9 【切片选项】对话框

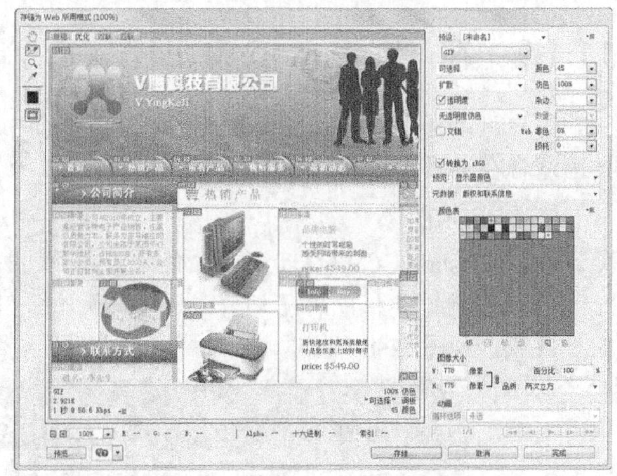

图11-10 【存储为 Web 所用格式】窗口

2. 单击窗口左侧的【切片选择工具】按钮，选中“banner”切片，并在右侧设置【预设】为“JPEG”，如图 11-11 所示。

图11-11 设置 banner 切片的导出格式

3. 选中打印机、电脑、扫描仪等图像，将其设置为“jpg”格式，然后检查其他切片是否为默认的“GIF”格式，如果不是，则用同样的方法将其设置为“GIF”的格式。
4. 单击窗口右下角的 存储... 按钮，打开【将优化结果存储为】对话框，其参数设置会默认为上一次的设置效果，在【切片】下拉列表中选择【所有用户切片】选项，如图 11-12 所示。
5. 单击 保存(S) 按钮，即可将所有的用户切片保存在上面操作所选择的文件夹中，如图 11-13 所示。

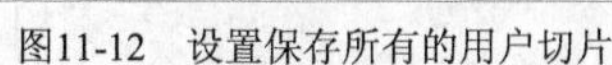
图11-12 设置保存所有的用户切片

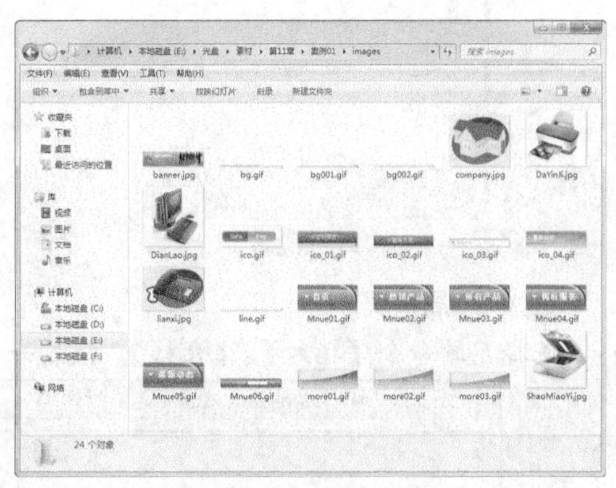

图11-13 保存所有的切片

11.1.3 在 Dreamweaver 中制作网页

一、 创建站点

1. 在计算机 E 盘上新建一个名为“company”的文件夹，然后将本书附带光盘中“素材\第 11 章\案例 01”文件夹中的“images”文件夹复制到新建的文件夹中，如图 11-14 所示。
2. 运行 Dreamweaver CC 软件，进入【起始页】面板，选择菜单命令【站点】/【新建站点】，弹出【站点设置对象 myweb】对话框，设置【站点名称】为“myweb”，【本地站点文件夹】设置为“E:\company”，如图 11-15 所示。

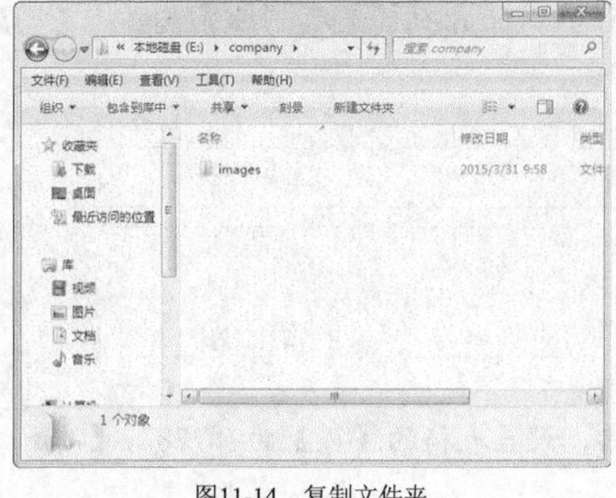

图11-14 复制文件夹

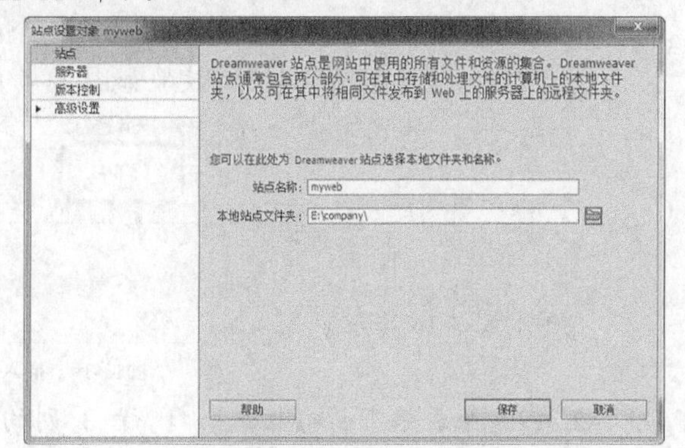

图11-15 设置站点参数

3. 单击 保存 按钮，即可新建一个站点，并将文件夹中的文件导入系统中，如图 11-16 所示。

二、 创建文档

1. 单击按钮，创建一个空白的 HTML 文档。
2. 选择菜单命令【文件】/【保存】，打开【另存为】对话框，设置【文件名】为 “index.html”，单击保存(S)按钮，文档会默认保存在站点目录下，如图 11-17 所示。

图11-16 创建站点

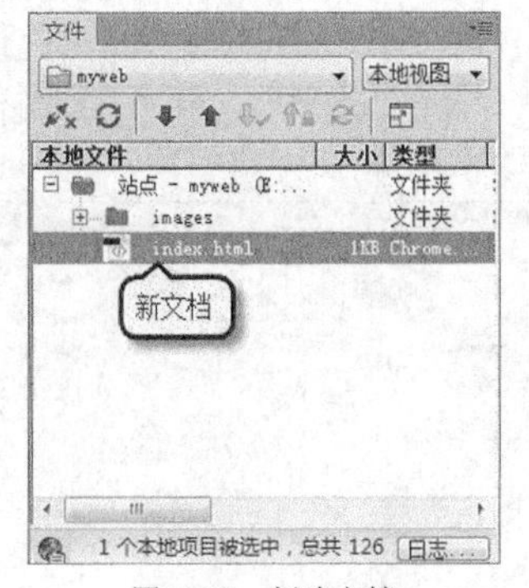

图11-17 新建文档

三、 布局网页

1. 选择菜单命令【插入】/【表格】，插入一个布局表格，并设置参数，如图 11-18 所示。

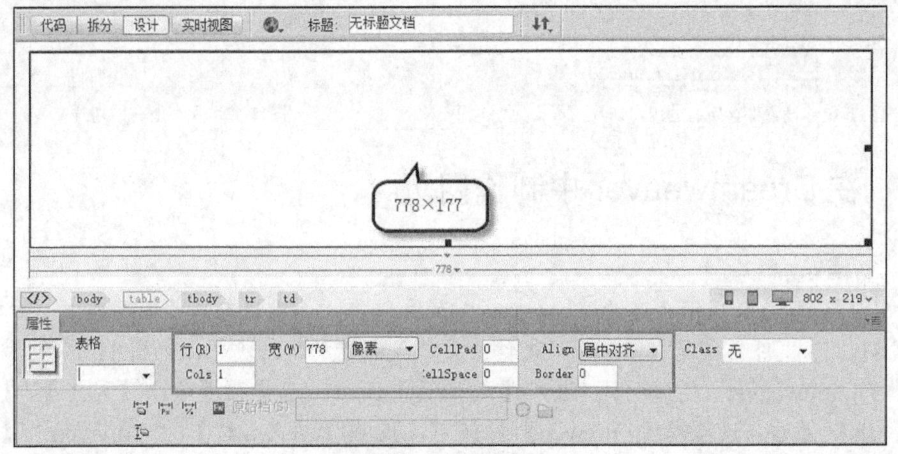

图11-18 插入顶部表格

2. 选中第 1 个表格，然后在其下面插入一个格式为 1 行 6 列的表格，设置表格的【宽】为 “778”，【高】为 “41”，效果如图 11-19 所示。

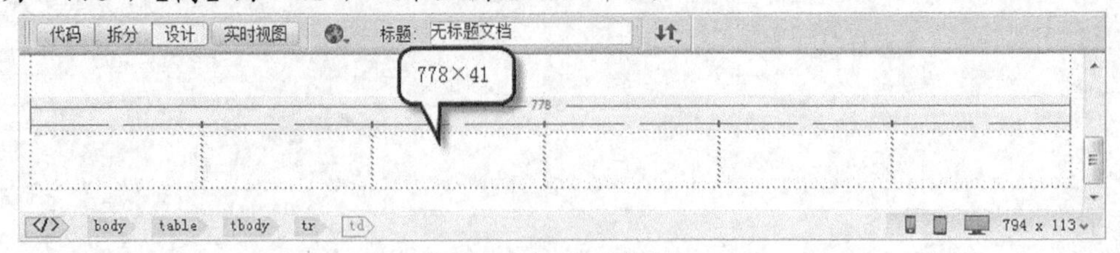

图11-19 插入导航条表格

3. 在第 2 个表格下面插入一个 1 行 3 列的表格，设置表格的【宽】为 “778”，【高】为 “515”，效果如图 11-20 所示。

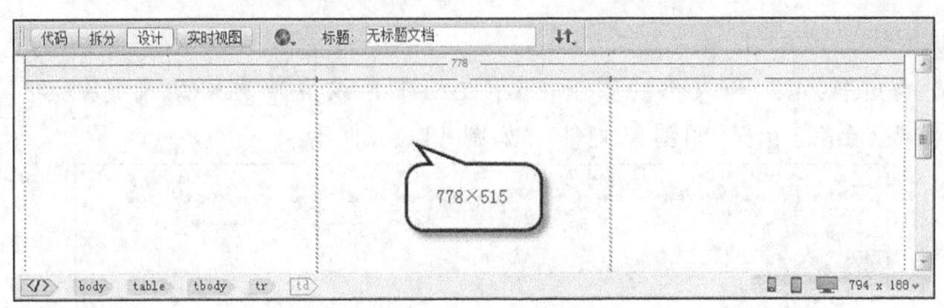

图11-20 插入主体部分表格

4. 在第 3 个表格下面插入一个 2 行 1 列的表格，设置表格的【宽】为“778”，【高】为“20”，效果如图 11-21 所示。

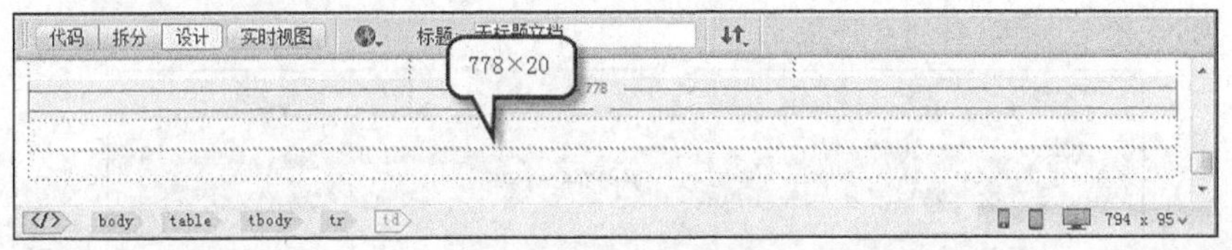

图11-21 插入页脚表格

5. 页面基本布局完成。

四、 添加内容

1. 制作 banner 区域。

(1) 将鼠标光标置于第 1 个单元格内部，然后选择菜单命令【插入】/【图像】/【图像】，选择“images”文件夹中的“banner.jpg”图像文件，如图 11-22 所示。

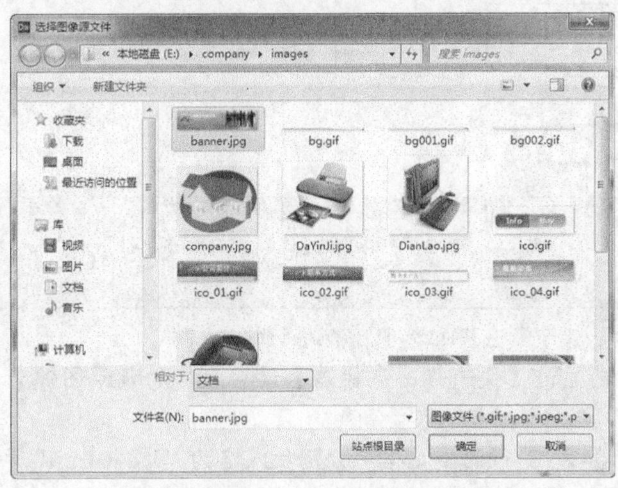

图11-22 选择“images”文件夹中的图像

(2) 单击 确定 按钮，将图片插入文档中，如图 11-23 所示。

图11-23 插入 banner 图像

2. 制作导航区域。

(1) 将鼠标光标置于第 2 个表格的第 1 列单元格中，设置单元格的【宽】为“102”，然后插入名为“Menu01.gif”的图像文件，如图 11-24 所示。

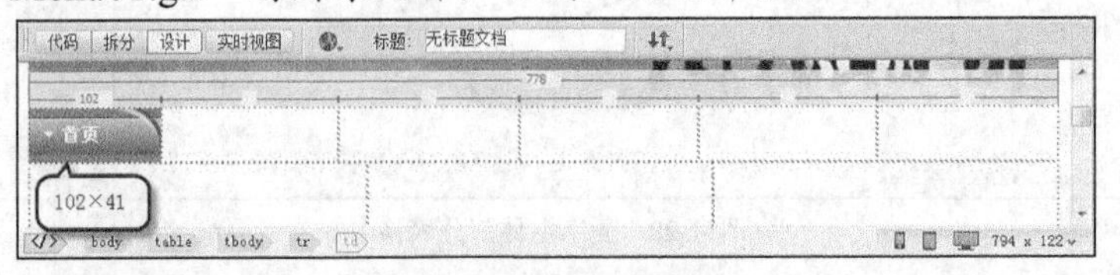

图11-24 插入导航图像

(2) 用同样的方式，将名为“Menu02 ~ Menu06”的图片依次插入第 2 个表格中的其他单元格中，最终效果如图 11-25 所示。

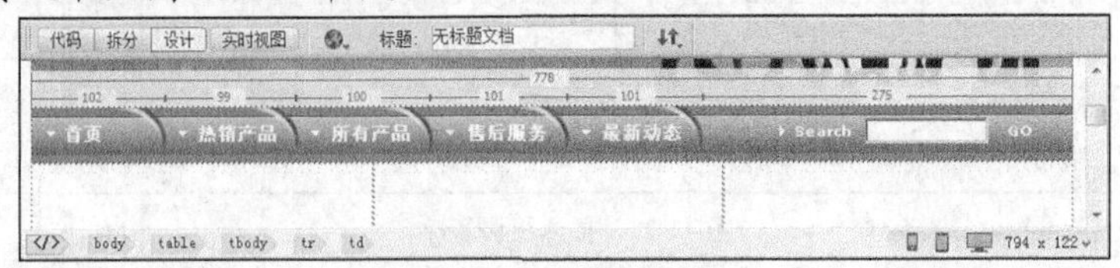

图11-25 完成导航栏的制作

3. 制作主体区域。

(1) 将鼠标光标置于第 3 个表格的第 1 列单元格中，设置单元格的【宽】为“209”，然后插入 1 个 4 行 1 列的单元格，参数设置如图 11-26 所示。

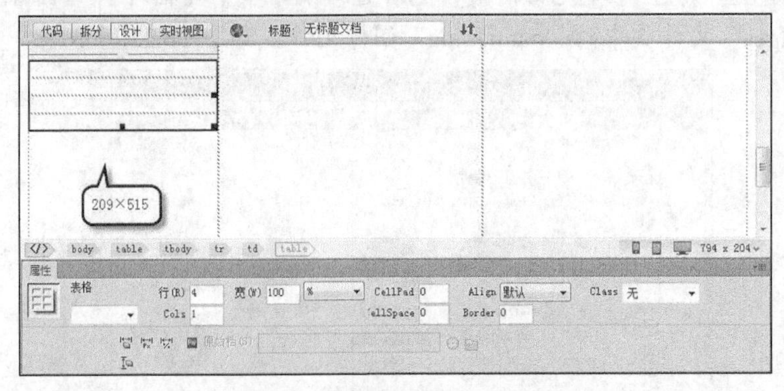

图11-26 设置单元格参数并插入表格

(2) 选中插入的表格，通过【快速标签编辑器】设置表格的背景图像为“bgoo1.gif”，如图 11-27 所示。

(3) 在表格的第 1 行和第 3 行的单元格中分别插入名为“ico_01.gif”和“ico_02.gif”的图像文件，如图 11-28 所示。

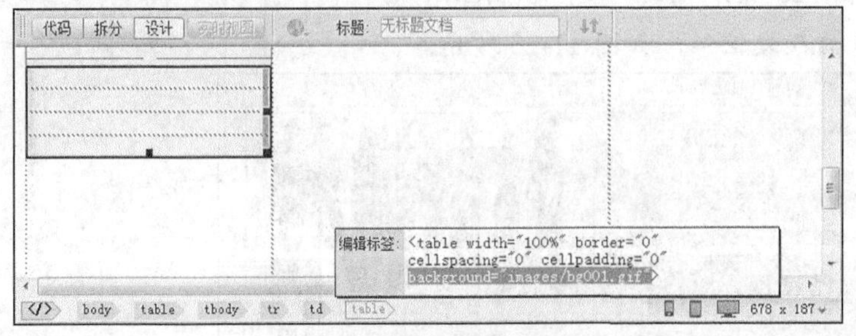

图11-27 为表格设置背景图像

图11-28 插入图像

(4) 在表格的第 2 行单元格中插入 1 个表格，设置参数如图 11-29 所示。

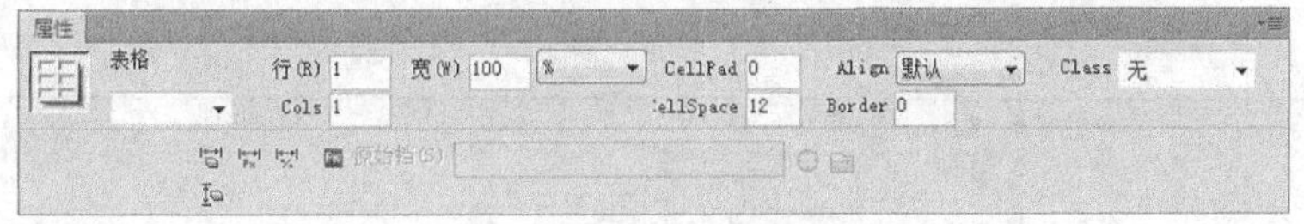

图11-29　设置表格参数

(5) 在表格中输入文本和图像，效果如图 11-30 所示。

(6) 用同样的方法制作表格的第 4 行，效果如图 11-31 所示。

图11-30　设置第 2 行单元格内容

图11-31　设置第 4 行单元格内容

(7) 将鼠标光标置于第 3 个表格的第 2 列单元格中，设置单元格的【宽】为“367”，然后插入 1 个 6 行 1 列的表格，最终效果如图 11-32 所示。

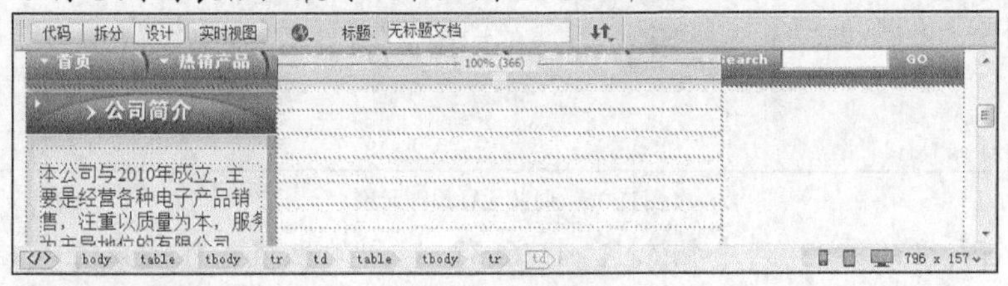

图11-32　插入表格

(8) 在表格的第 1 行插入名为“ico_03.gif”的图像文件，如图 11-33 所示。

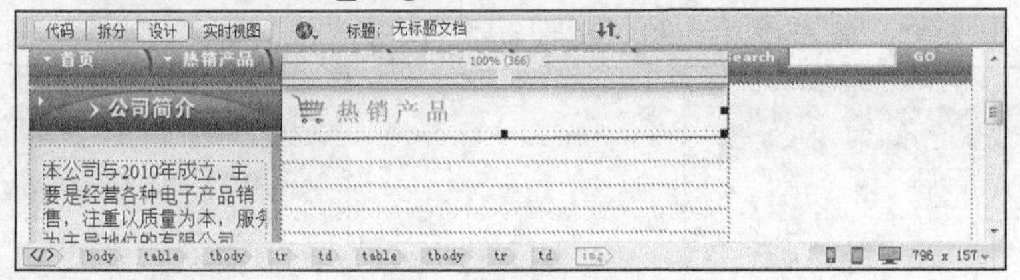

图11-33　插入图像

(9) 在表格的第 2 行插入一个 1 行 2 列的表格，在第 1 列单元格中插入图像，如图 11-34 所示。

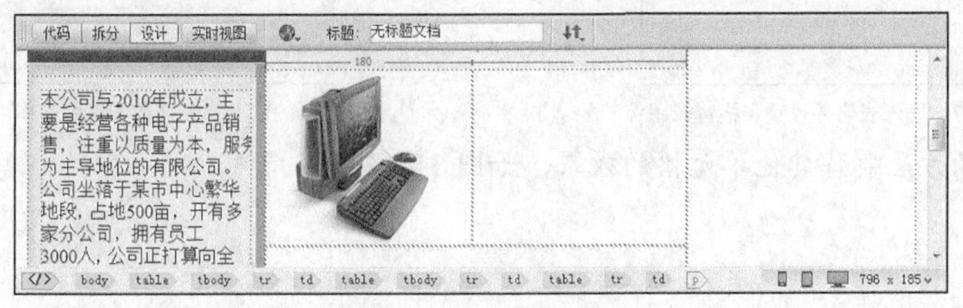

图11-34　插入表格和图像

(10) 在第 2 列单元格中插入一个格式为 6 行 1 列的表格，然后插入文本和图像，如图 11-35 所示。

图11-35　插入表格、文本和图像

(11) 用同样的方法，制作其他行产品的展示效果，如图 11-36 所示。

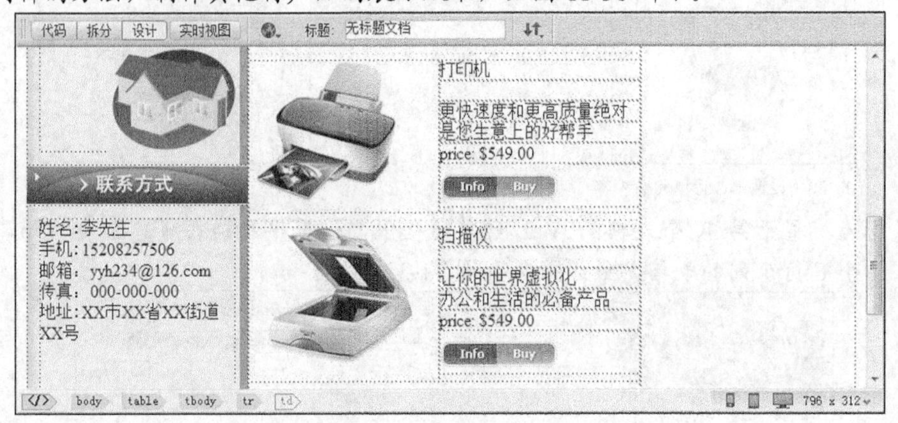

图11-36　向其他行添加元素

(12) 在第 3 个表格的第 3 列中插入 1 个 6 行 1 列的表格，然后设置表格背景图像为“bg002.gif”，效果如图 11-37 所示。

(13) 在表格的第 1 行中插入图像，在第 2 行中插入 1 个 1 行 1 列的表格，并设置表格的【边距】为“12”，最后输入文本，效果如图 11-38 所示。

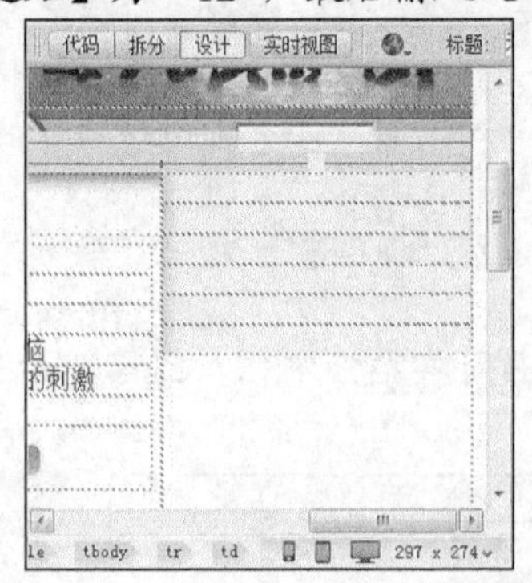

图11-37　插入表格并设置表格背景图像

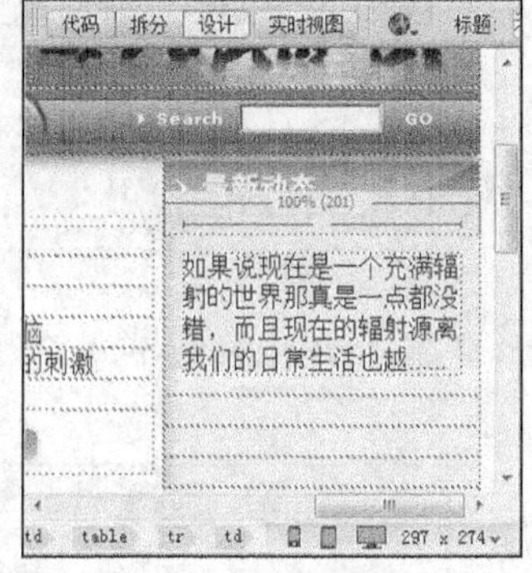

图11-38　插入图像和文本

(14) 用同样的方法制作其他单元格的效果，如图 11-39 所示。

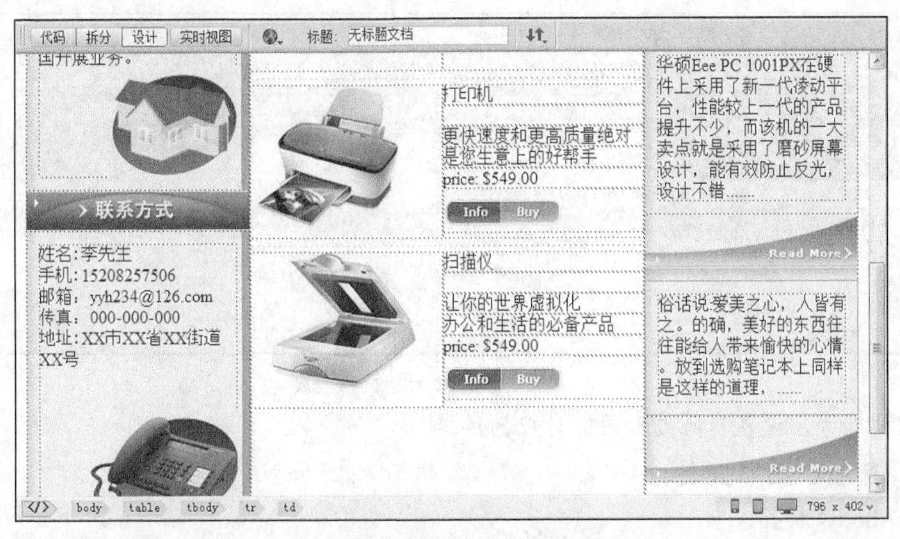

图11-39　完成其他单元格的设置

4. 制作页脚区域。

(1) 在最后一个表格中，设置第 1 行的【背景颜色】为“#0066c8”，设置第 2 行的【背景颜色】为“#bcbcbc”，效果如图 11-40 所示。

(2) 在单元格输入版本信息，如图 11-41 所示。

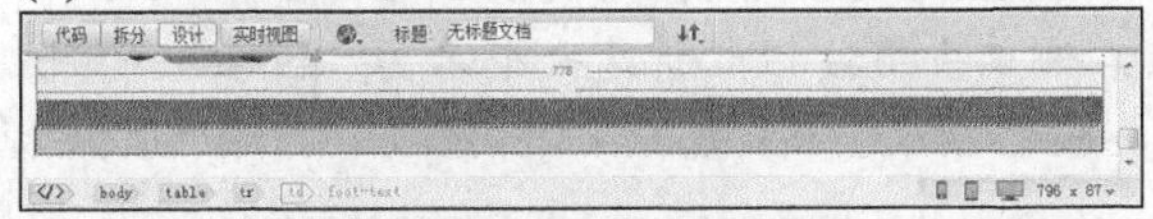

图11-40　设置背景颜色

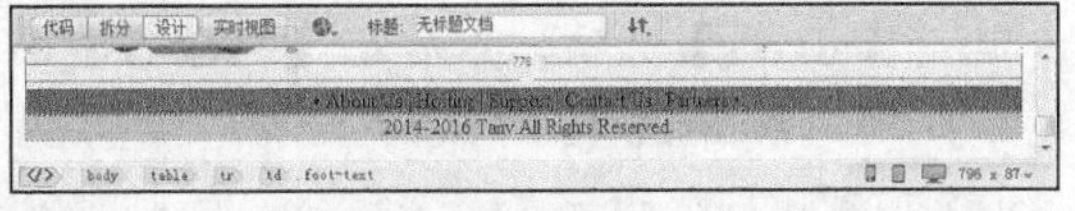

图11-41　输入文本

五、 设置超链接

为了实现网站内部网页之间的相互跳转，在内容添加完成之后，还需要对文本设置超链接。下面将具体介绍其操作过程。

1. 在【文件】面板中的站点名称上单击鼠标右键，在弹出的快捷菜单中选择【新建文件】选项，创建一个空白文档，然后将其重命名为“rxcp.html”的文件，如图 11-42 所示。

2. 用同样的方法，创建“sycp.html”“shfw.html”“zxdt.html”，如图 11-43 所示。

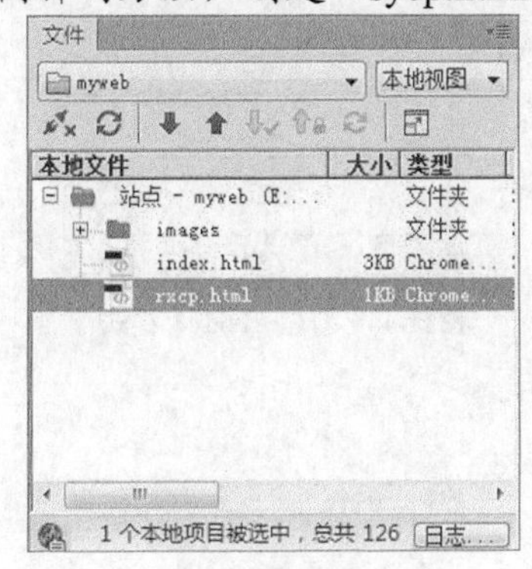

图11-42　新建文档

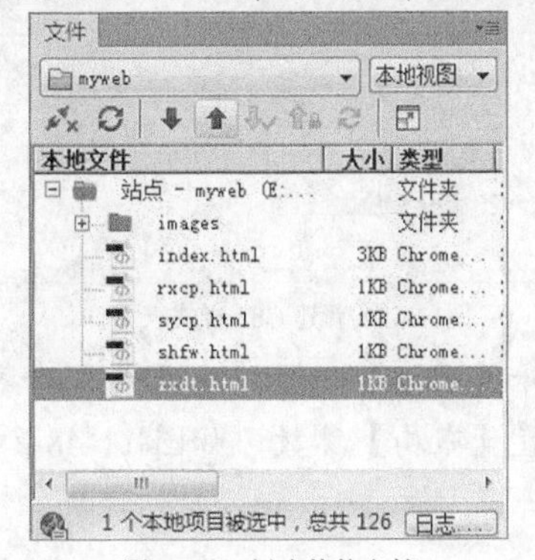

图11-43　创建其他文档

3. 选中“首页”文本所在的图像，然后在属性面板中设置【链接】为“index.html”文件，如图 11-44 所示。

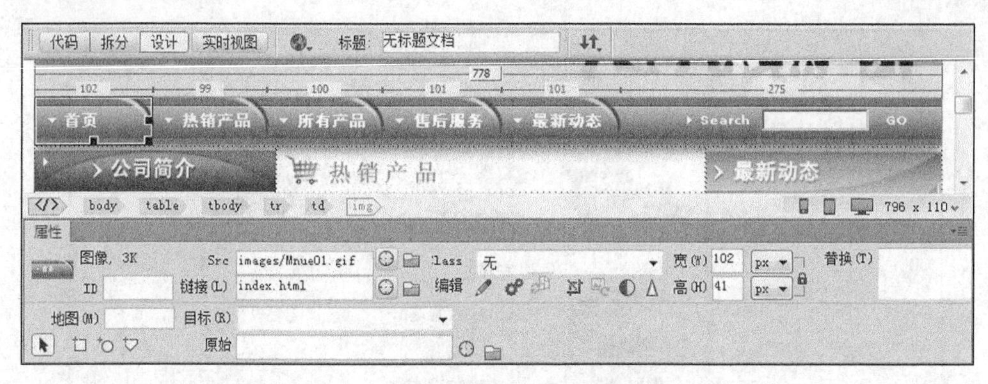

图11-44 设置“首页”文本图像的链接属性

4. 用同样的方法设置其他文本图像对应的链接。

六、 添加 CSS 样式表

1. 设置<body>标签。

   在站点下新建一个名为“CSS”的文件夹，用于存放 CSS 文件。

2. 在【CSS 设计器】窗口的【源】面板右侧单击+按钮，在弹出的快捷菜单选择【创建新的 CSS 文件】，弹出【创建新的 CSS 文件】窗口，在【文件/URL】文本框右侧单击 浏览... 按钮，设置文件保存位置和名称，如图 11-45 所示。

(1) 单击 保存(S) 按钮，然后再单击 确定 按钮。完成 CSS 文件创建。在【源】面板选中【all.css】选项，然后在【选择器】面板右侧单击+按钮，新建一个名为“body”的规则，如图 11-46 所示。

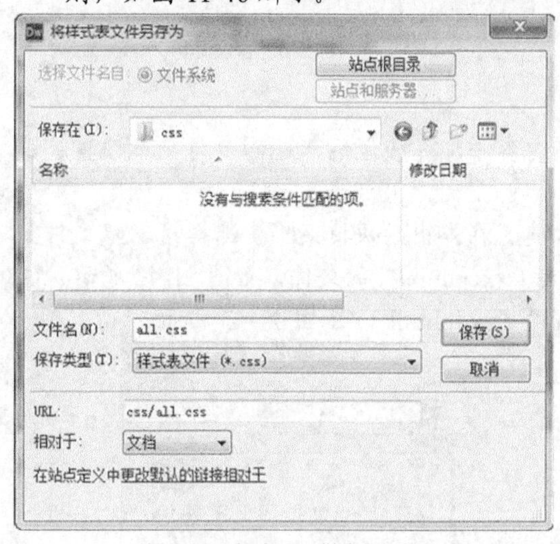

图11-45 新建 CSS 样式表文件

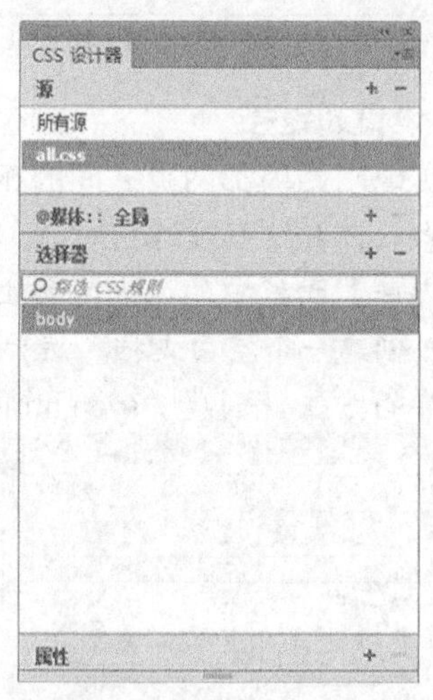

图11-46 新建“body”样式

(2) 展开【属性】面板，设置文本的参数如图 11-47 所示。

(3) 设置【布局】参数，如图 11-48 所示。

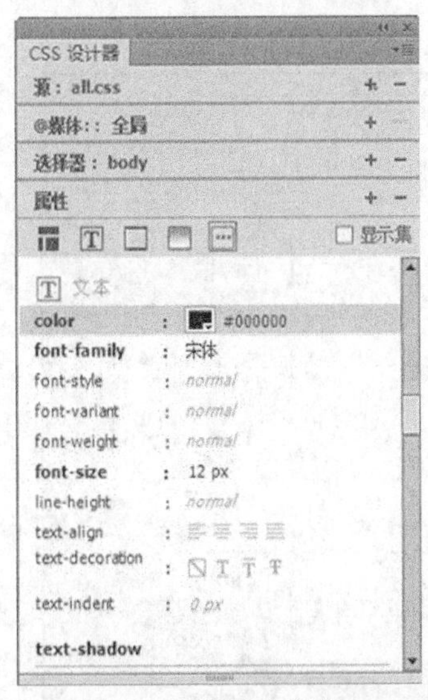

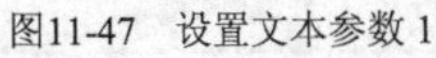
图11-47 设置文本参数 1

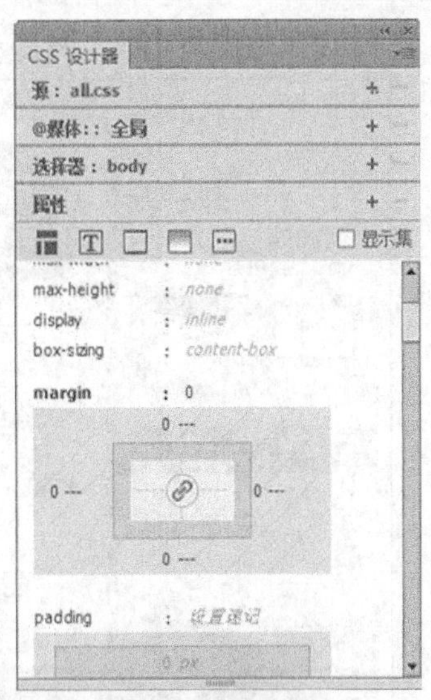

图11-48 设置布局参数

(4) 完成“body”样式设置，文档的边距就变为了“0”，效果如图 11-49 所示。

图11-49 “body”样式的应用效果

3. 设置主体文本的样式。

(1) 在【选择器】面板右侧单击+按钮，新建一个名为“.Text”的规则，如图 11-50 所示。

(2) 展开【属性】面板，设置文本的参数，如图 11-51 所示。

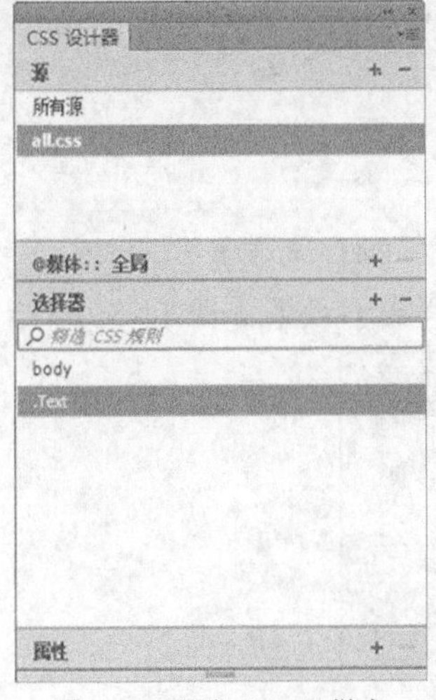

图11-50 新建“Text”样式

图11-51 设置文本参数 2

(3) 完成“.Text”样式设置后，对图中文本应用该样式，效果如图 11-52 所示。

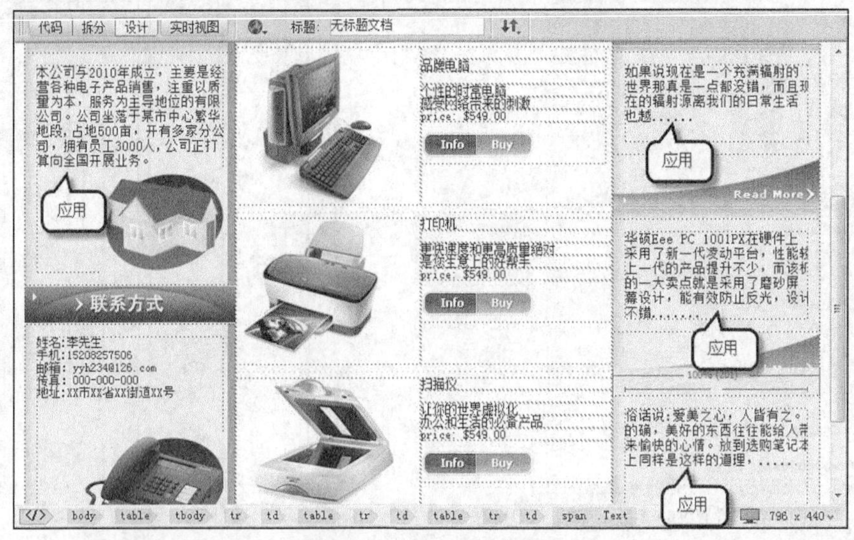

图11-52 应用“Text”样式

(4) 新建一个名为“.lianxi-text”的规则，如图 11-53 所示。

(5) 展开【属性】面板，设置文本的参数如图 11-54 所示。

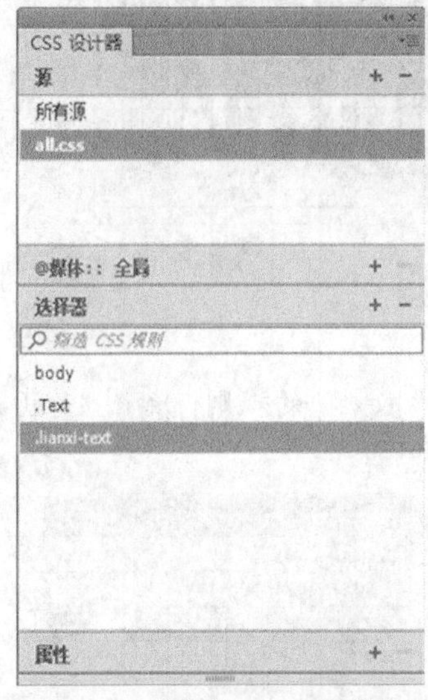

图11-53 新建“lianxi-text”样式

图11-54 设置文本参数 3

(6) 完成“.lianxi-text”样式设置后，对图中文本应用该样式，效果如图 11-55 所示。

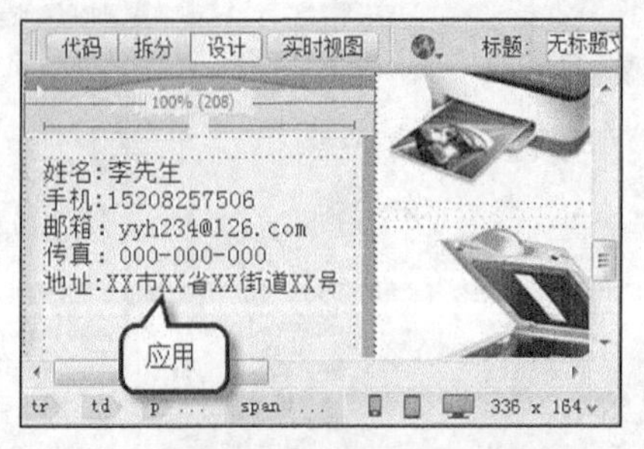

图11-55 应用“lianxi-text”样式

4. 设置标题文本样式。

(1) 新建一个名为“.ico”的规则，如图 11-56 所示。

(2) 展开【属性】面板，设置文本的参数如图 11-57 所示。

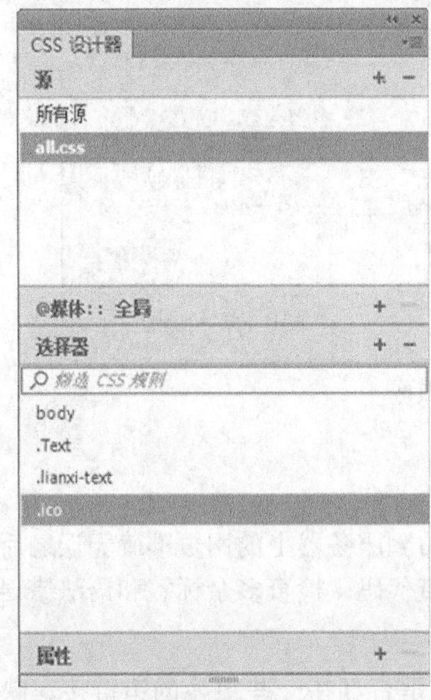

图11-56 新建“.ico”样式

图11-57 设置文本参数 4

(3) 完成“.ico”样式设置后，并对产品标题应用该样式，效果如图 11-58 所示。

(4) 新建一个名为“.price”的规则，展开【属性】面板，设置文本的参数如图 11-59 所示。

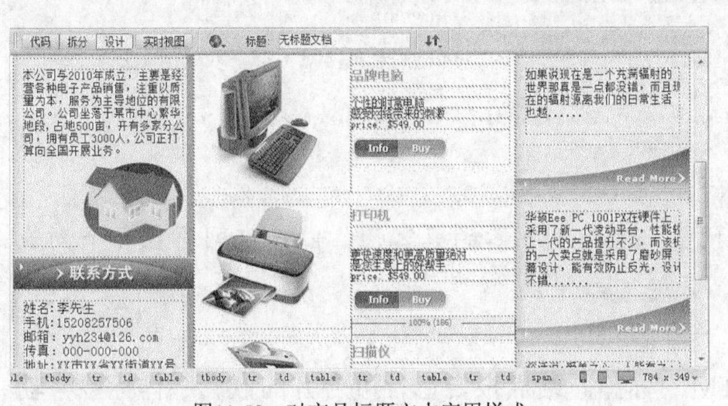

图11-58 对产品标题文本应用样式

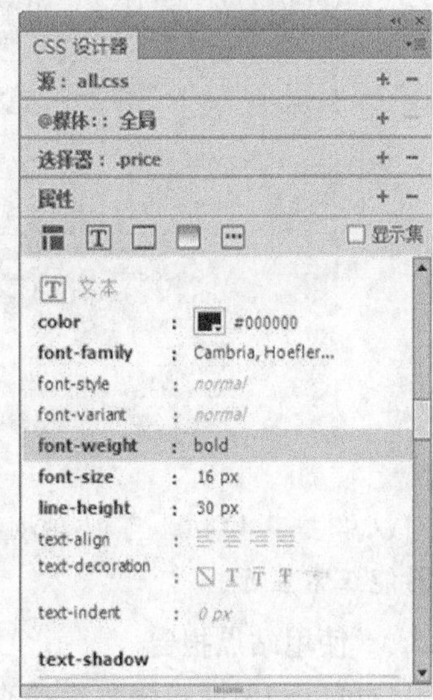

图11-59 设置文本参数 5

(5) 完成“.price”样式设置，并对产品价格应用该样式，效果如图 11-60 所示。

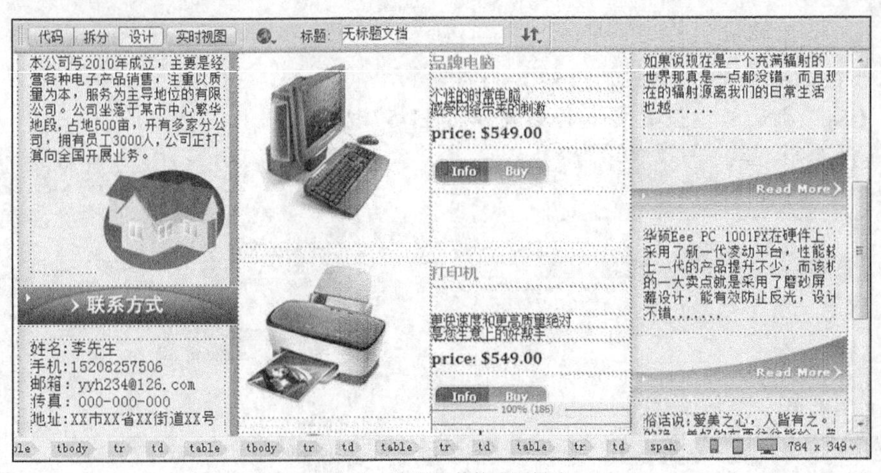

图11-60　对产品价格应用样式

11.1.4　网站测试

网站制作完毕后，必须先进行网站测试，保证发布到服务器上的网页准确无误之后，才能执行上传。网站测试的内容主要包括检查链接、检查代码、检查多余标签和语法错误等。

一、　代码检查器

网站制作完成后，需要对代码进行检测，如检测是否存在一些更换的错链接、缺少标签、标签不全等错误，因此，在发布网页之前，必须对代码进行测试，以防止网页在浏览器中出现错误。具体操作如下。

1.　选择菜单命令【窗口】/【代码检查器】，打开【代码检查器】面板，如图 11-61 所示。

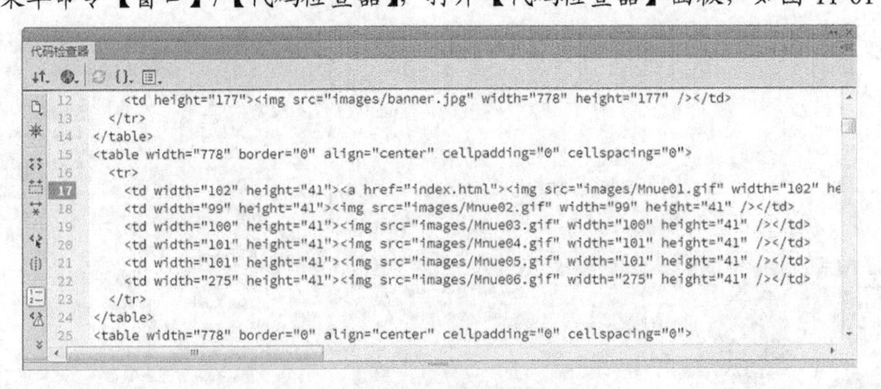

图11-61　打开【代码检查器】面板

2.　可以单击 按钮，可以在浏览器预览，测试浏览器的兼容性，以保证网页在各个浏览器能正常显示。

二、　使用站点报告

用户可以利用站点报告来检查 HTML 标签。站点报告包含可合并的嵌套字体标签、辅助功能、遗漏的替换文本、冗余的嵌套标签、可删除的空标签和无标题文档等内容。

1.　选择菜单命令【站点】/【报告】，打开【报告】对话框，参数设置如图 11-62 所示。
2.　单击 运行 按钮。在【结果】面板的【站点报告】选项卡中会出现报告结果，如图 11-63 所示。

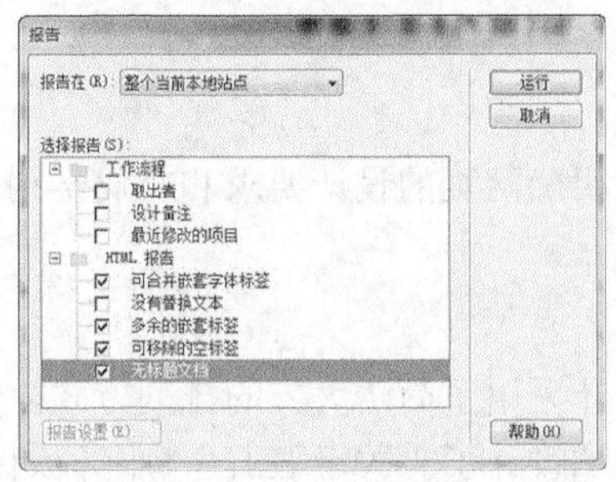

图11-62 【报告】对话框

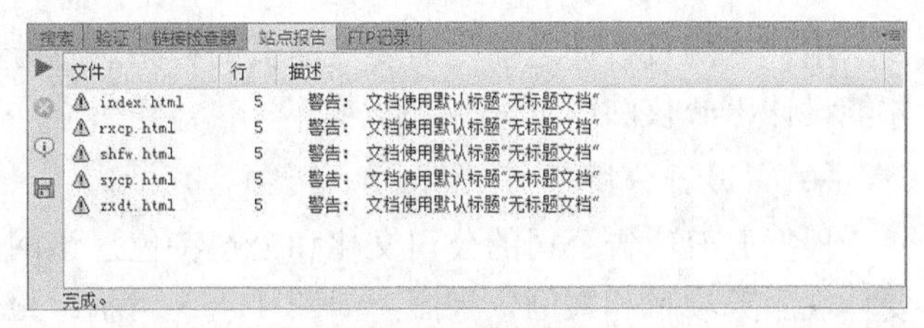

图11-63 检查结果

3. 在面板中，双击其中的一条警告，系统会自动弹出错误信息的位置，如图 11-64 所示。

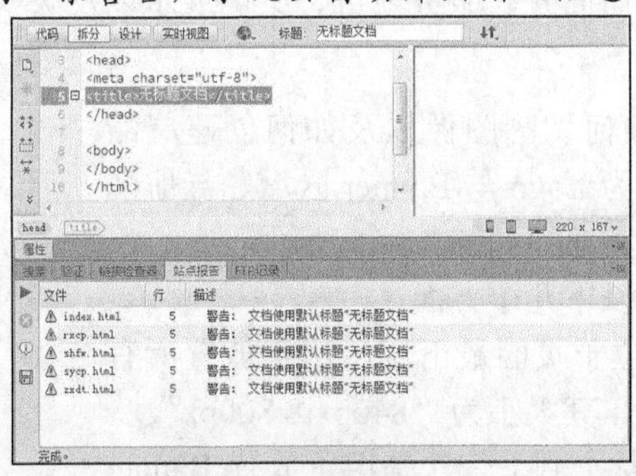

图11-64 修改错误

4. 根据警告内容，进行相应的错误修改。本操作中警告“文档使用默认标题‘无标题文档’”，所以将错误代码“<title>无标题文档</title>”改成“<title>所有产品</title>”。
5. 用同样的方法修改其他地方的错误。完成检查。

11.2 Div+CSS 布局案例设计

本实例是一个广告公司网站，其网页设计图如图 11-65 所示。网页包括 Banner、导航条、公司简介、服务项目、案例展示等栏目。

图11-65 “丑丑广告公司”首页

11.2.1　设计图分析

用户在网页设计之前，需要对网页的构架进行分析，明确网页的设计要求和布局结构，才能设计出心仪的网页。

一、 设计分析

根据丑丑广告公司的公司文化和公司特色，该网页设计采用了简洁大方的排列方式，主要体现服务项目和案例效果图，如图 11-65 所示。整个网站设计了“关于丑丑”“服务项目”“案例展示”“人才招聘”“友情链接”“联系我们”“广告服务”7 个页面。在首页中设置了 Logo、Banner、导航条、公司简介、服务项目、案例展示以及版权信息等内容。

二、 布局分析

布局方式将指导用户如何切割图像以及如何创建层结构。根据设计图可将首页分为 Logo 与 Banner 区域、导航区域、内容区域、页脚区域，其布局如图 11-66 所示。

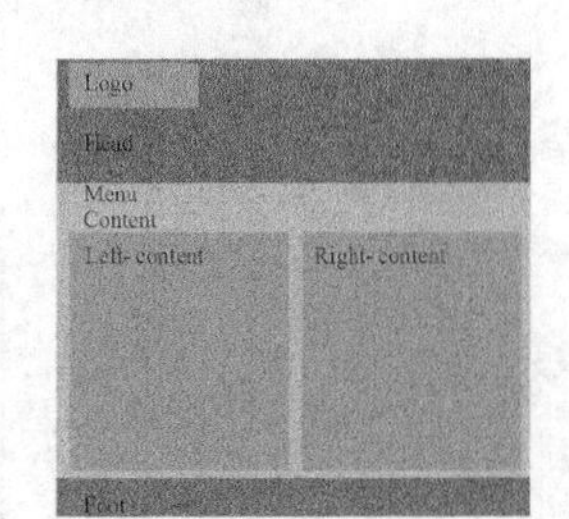

图11-66　布局图

我们从布局结构图可知以下几个方面。

(1)　最外层的 main，位于页面最下层，用于放置所有内容，以及页面的全局定位，其大小为“840px×800px”。

(2)　在 main 层内部，从上到下依次是用于放置 Banner 图像的 Head 层，大小为“815px×205px”；放置导航条的 Menu 层，大小为“815px×40px”；放置主要内容的 Content 层，大小为“815px×460px”；放置版权信息的 Foot 层“815px×65px”。

(3)　在 Head 层中又包含一个 Logo 层，用于放置 Logo 图像，大小为“220px×75px”。

(4)　在 Content 层又包含 Left-content 层，大小为“415px×460px”；Right-content 层，大小为“400px×450px”。

11.2.2　使用 PhotoShop 切片

一、 切割图像

1. 在 Photoshop CC 软件中打开本书附带光盘：“素材/第 11 章/案例 02/设计图/首页.psd”文件。
2. 单击左侧工具栏中的【切片工具】按钮，在背景图像上拖曳鼠标，形成一个切割区域，如图 11-67 所示。

图11-67　切割图像背景区域

3. 在切片上单击鼠标右键，在弹出的快捷菜单中选择【编辑切片选项】选项，打开【切片选项】对话框，设置【名称】为“bg”，在【尺寸】分组框中设置【W】为“20”，【H】为“20”，如图 11-68 所示。

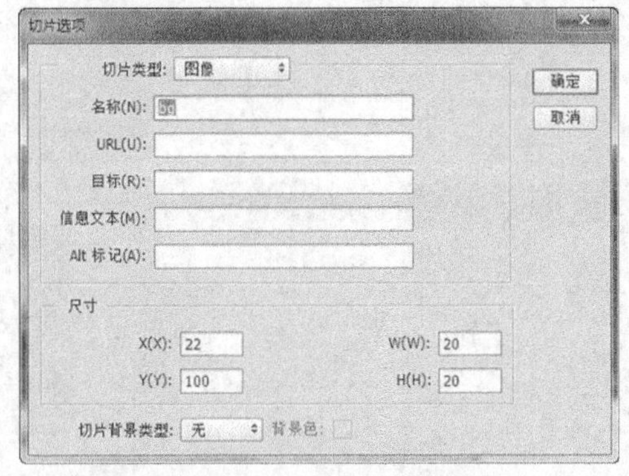

图11-68 【切片选项】对话框

4. 单击确定按钮，完成切片的设置。
5. 利用上述方法，将图像其他区域进行切割。由于本例给出的图像源文件中已经对其他区域进行了切割，用户不需要再进行切割。

二、 导出切片

本例中需要将 Logo 切片导出为 PNG 格式的图像，Banner 切片导出为 JPEG 格式的图像，其他的切片都导出为 GIF 格式的图像。

三、 导出 Logo 切片

1. 选择菜单命令【窗口】/【图层】，打开【图层】面板，单击“banner”和“bg”图层文件夹前面的按钮，隐藏两个文件夹的内容，如图 11-69 所示。

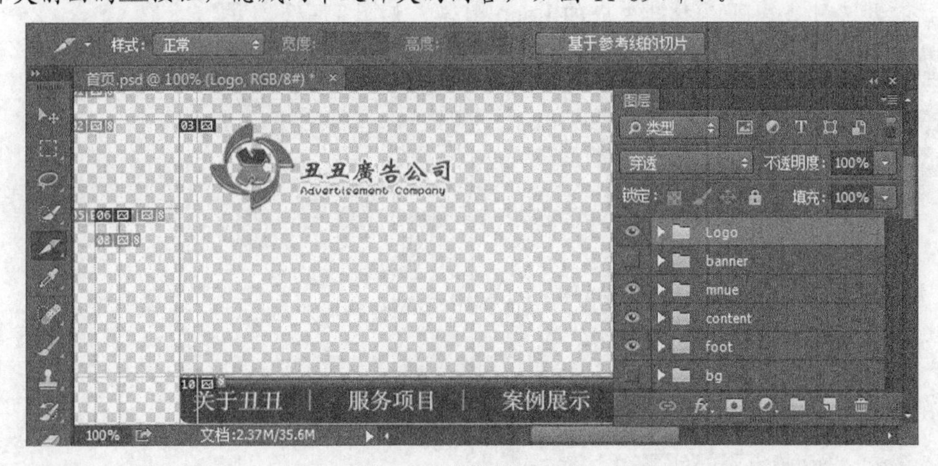

图11-69 隐藏图层文件夹

2. 选择菜单命令【文件】/【存储为 Web 所用格式】，打开【存储为 Web 所用格式】窗口，单击窗口左侧的【切片选择工具】按钮，然后选中 Logo 切片，并在右侧的【预设】下拉列表中选择【PNG-24】选项，如图 11-70 所示。

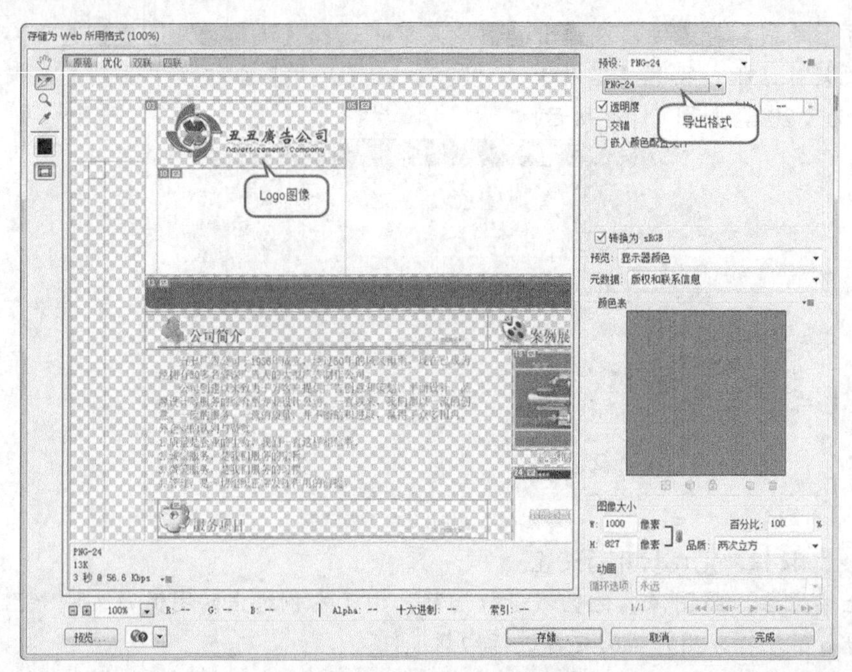

图11-70　设置 Logo 切片的导出格式

3. 确定 Logo 切片被选中的情况下，单击窗口右下角的 存储... 按钮，打开【保存文件】对话框，然后在【保存在】下拉列表中选择要保存文件的文件夹；在【格式】下拉列表中选择【仅限图像】选项；在【设置】下拉列表选择【默认设置】选项；在【切片】下拉列表中选择【选中的切片】选项，如图 11-71 所示。
4. 单击 保存(S) 按钮，保存 Logo 切片，即可在文件夹下生成一个名为“images”文件夹，打开文件夹，可以看到生成的 Logo 图像，如图 11-72 所示。

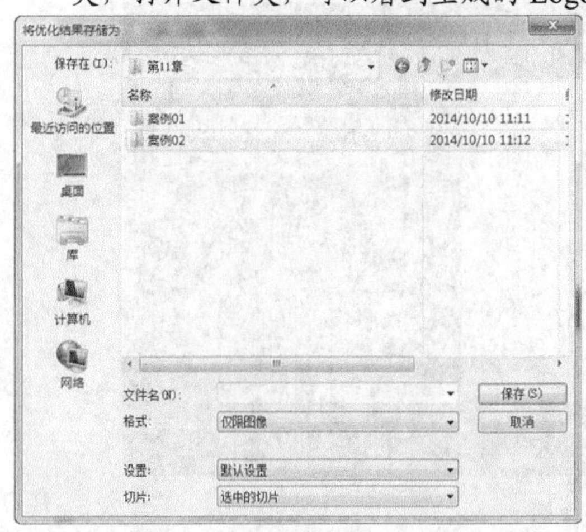

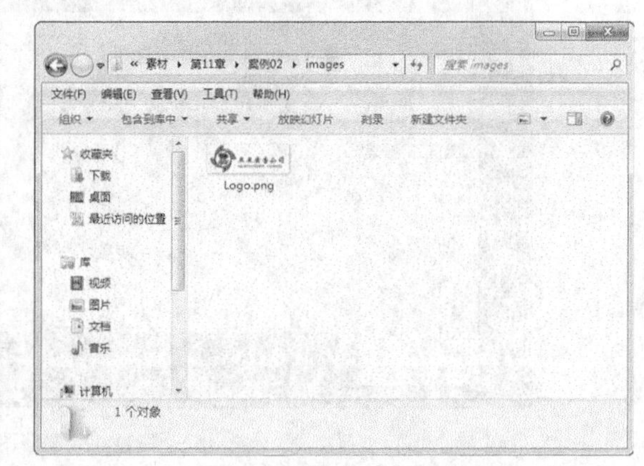

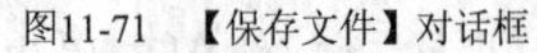

图11-71　【保存文件】对话框　　　　图11-72　导出的 Logo 图像

5. 返回 Photoshop，单击“banner”和“bg”图层文件夹前面的按钮，显示两个文件夹的内容；单击“Logo”图层文件夹前面的按钮，隐藏图像文件夹内容；单击展开“mnue”图层文件夹，然后单击“关于丑丑|服务项目……”图层前面此时的按钮，隐藏图层内容，此时的【图层】面板如图 11-73 所示。

6. 在 Logo 切片上单击鼠标右键，在弹出的快捷菜单中选择【删除切片】选项，删除 Logo 切片，如图 11-74 所示。

图11-73 【图层】面板

图11-74 删除 Logo 切片

7. 选择菜单命令【文件】/【存储为 Web 所用格式】，打开【存储为 Web 所用格式】窗口，单击窗口左侧的【切片选择工具】按钮，然后选中 Banner 切片，在右侧的【预设】下拉列表中选择“JPEG”选项并设置为“最佳”状态，如图 11-75 所示。
8. 选中其他切片，检查是否为默认的“GIF”格式，如果不是则用同样的方法将其他切片设置为“GIF”的格式。
9. 单击窗口右下角的 存储... 按钮，打开【将优化结果存储为】对话框，其参数设置会默认为上一次的设置，在【切片】下拉列表中选择【所有用户切片】选项，如图 11-76 所示。

图11-75 设置 Banner 切片的导出格式

10. 单击 保存(S) 按钮，即可将所有的用户切片保存在上面操作创建的“images”文件夹中，如图 11-77 所示。

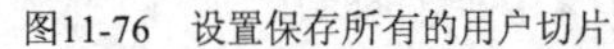

图11-76　设置保存所有的用户切片

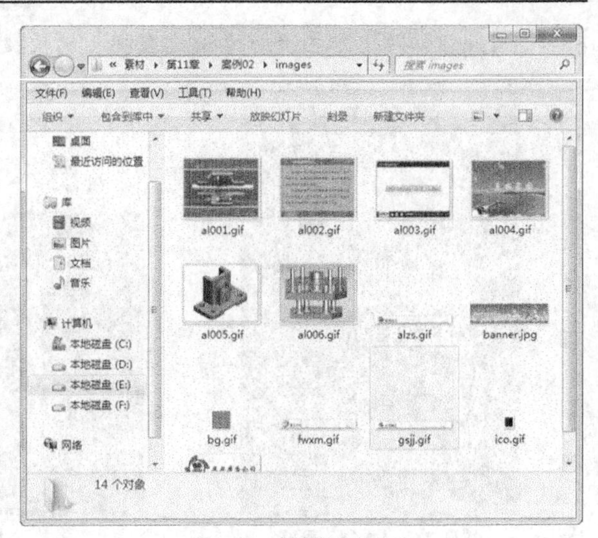

图11-77　保存所有的切片

11.2.3　使用 Dreamweaver 制作网页

一、 创建站点

为了能更加便利地执行文件管理和网页后期的发布与维护，用户需要定义一个本地站点。下面具体介绍创建本地站点的操作步骤。

1. 在计算机 E 盘上新建一个名为“myweb”的文件夹，然后将刚才创建的“images”文件夹复制粘贴到该文件夹中，如图 11-78 所示。

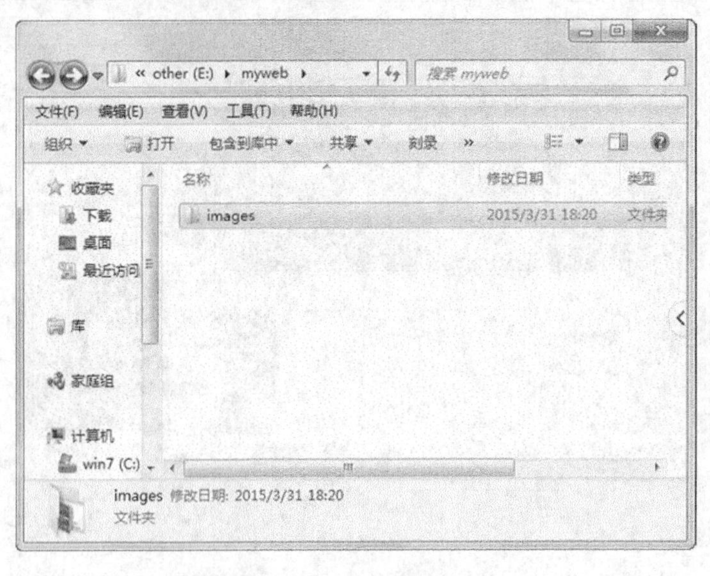

图11-78　创建文件夹并复制文件夹

2. 运行 Dreamweaver 进入【起始页】对话框，选择菜单命令【站点】/【新建站点】，打开【站点设置对象 myweb】对话框并设置站点参数，如图 11-79 所示。

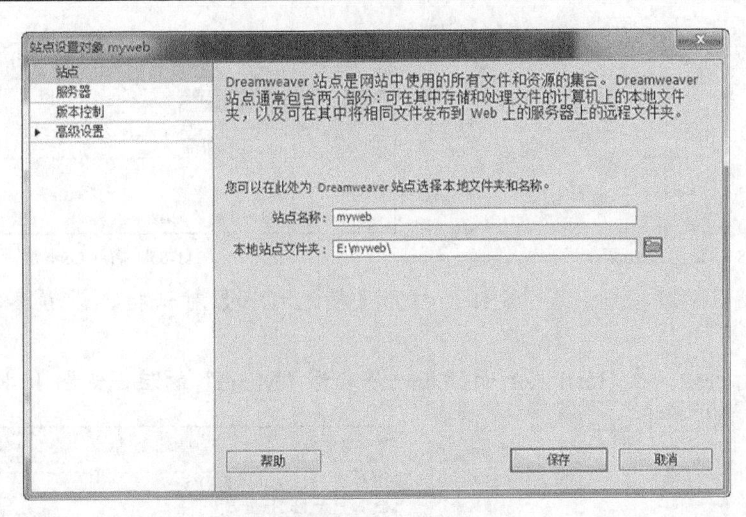

图11-79　定义站点

3. 单击 保存 按钮，完成站点的定义。
4. 单击按钮，新建一个名为“index.html”的 HTML 文档。

二、 创建层

下面将具体介绍如何根据布局结构图创建层来布局网页基本框架的操作过程。

1. 单击【插入】面板“常用”类别中的 Div 按钮，打开【插入 Div】对话框，设置【插入】为“在插入点”，【ID】为“main”，如图 11-80 所示。
2. 单击 确定 按钮，在文档中插入一个名为“main”的层，如图 11-81 所示。

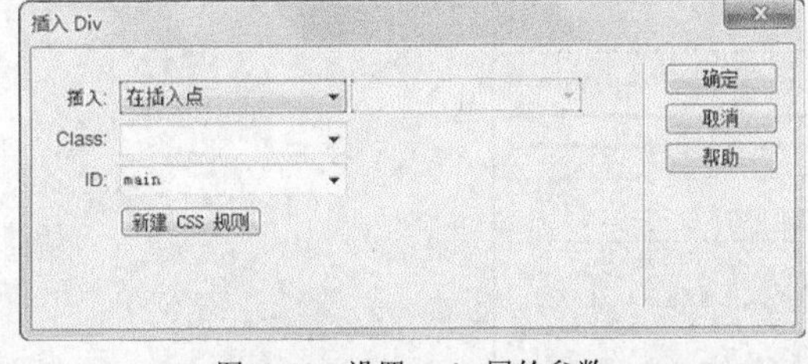

图11-80　设置 main 层的参数

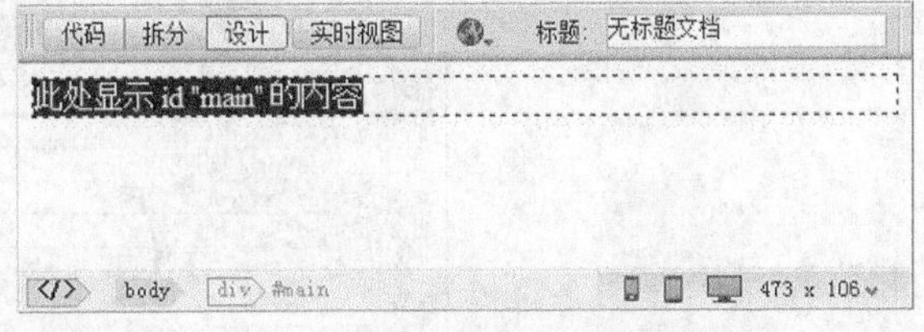

图11-81　插入 main 层

3. 单击 Div 按钮，打开【插入 Div】对话框，设置参数如图 11-82 所示。
4. 单击 确定 按钮，在 main 层中插入一个名为“Head”的层，如图 11-83 所示。

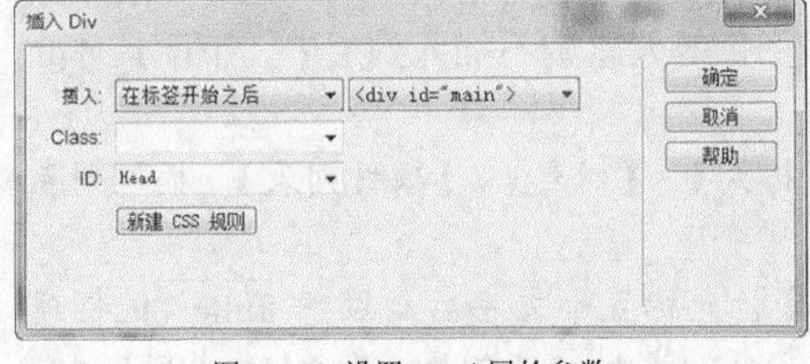

图11-82　设置 Head 层的参数

图11-83　插入 Head 层

5. 单击 Div 按钮，打开【插入 Div】对话框，设置参数如图 11-84 所示。
6. 单击 确定 按钮，在 Head 层中插入一个名为“Logo”的层，如图 11-85 所示。

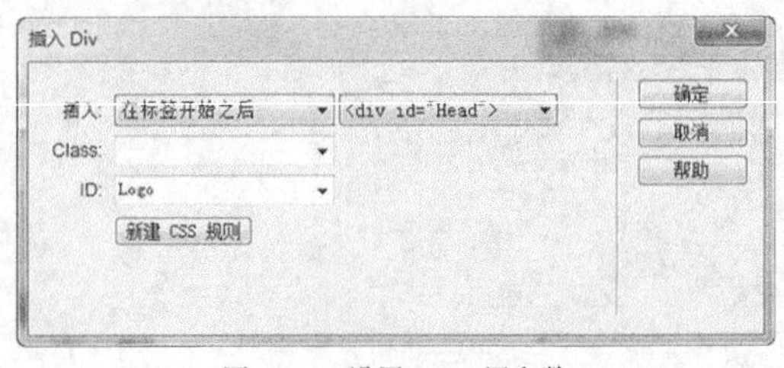

图11-84　设置 Logo 层参数

图11-85　插入 Logo 层

7. 单击 Div 按钮，打开【插入 Div】对话框，设置参数如图 11-86 所示。
8. 单击 确定 按钮，在 Head 层后面插入一个名为“Menu”的层，如图 11-87 所示。

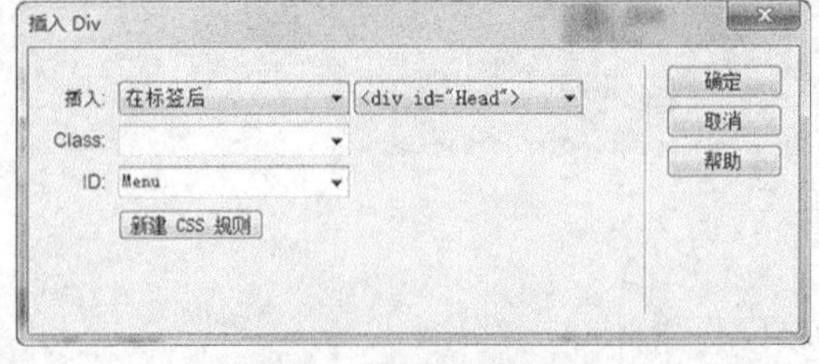

图11-86　设置 Menu 层参数

图11-87　插入 Menu 层

9. 用上述方法，在 Menu 层的后面再插入两个层，分别命名为“content”和“foot”层，并在“content”层中插入“left”层和“right”层，然后在“left”层中插入“gsjj”层和“fwxm”层，最终效果如图 11-88 所示。

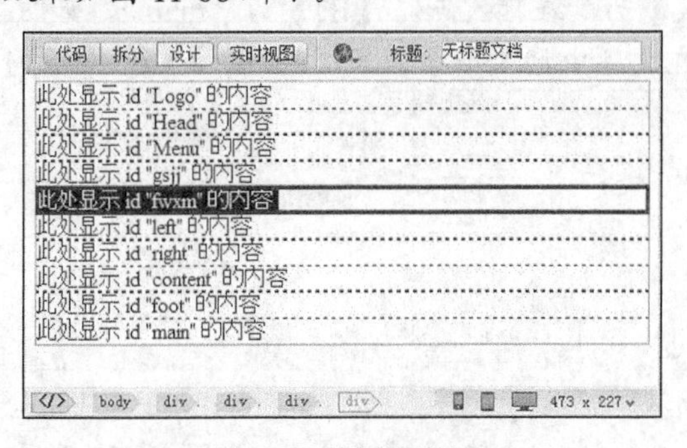

图11-88　所有的层效果

三、　向层中添加内容

层创建好之后，接下来就需要向层中添加内容。为了把内容与格式分离开来，在层中只插入网页的具体内容和装饰用的图像，一些如背景图像等元素则不插入到层中。下面具体介绍向层中添加内容的操作过程。

1. 选中 Menu 层中的文字，然后选择菜单命令【格式】/【列表】/【项目列表】，插入列表如图 11-89 所示。
2. 删除原先的文字，输入“关于丑丑”，然后将鼠标光标置于文字后面按下 Enter 键创建新的列表并输入文字“服务项目”。用同样的方法，添加“案例展示”“人才招聘”“友情链接”“联系我们”“广告服务”等文字，如图 11-90 所示。

图11-89 插入列表

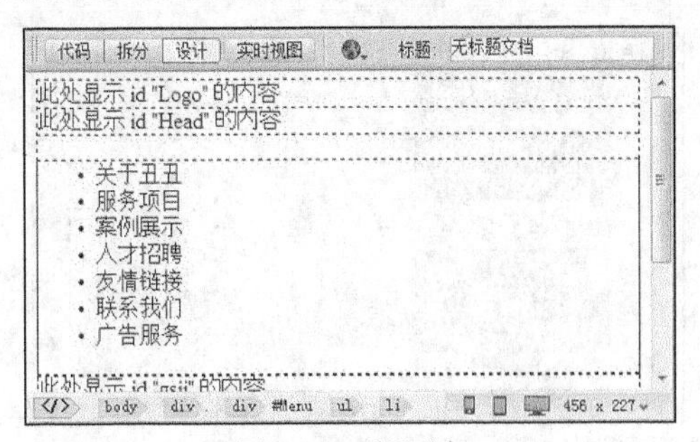

图11-90 项目列表

3. 选中 gsjj 层，删除层中原先的文字，然后输入文本如图 11-91 所示。
4. 选中 fwxm 层，添加项目列表如图 11-92 所示。

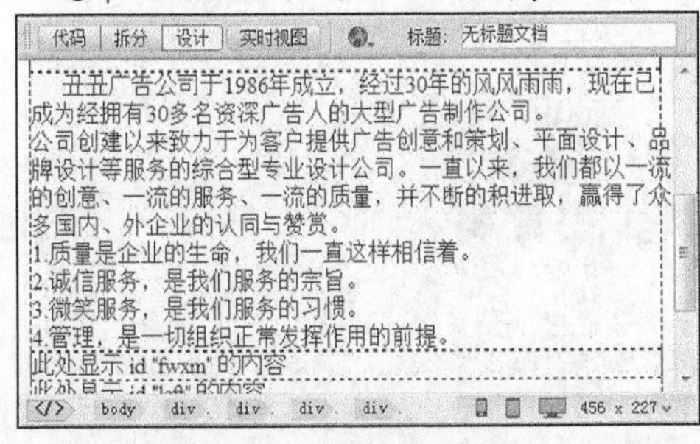

图11-91 设置 gsjj 层内容

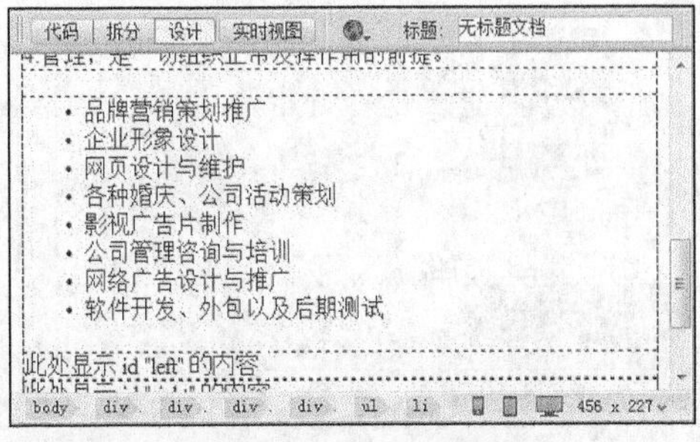

图11-92 设置 fwxm 层内容

5. 选中 right 层，删除层中的文字，并插入“images/al001.gif”图像，然后选中图像，再选择菜单命令【格式】/【列表】/【项目列表】，在图像附近插入项目列表，如图 11-93 所示。
6. 将鼠标光标置于图像后面按下 Enter 键创建新的项目列表，并插入“images/al002.gif”图像，如图 11-94 所示。

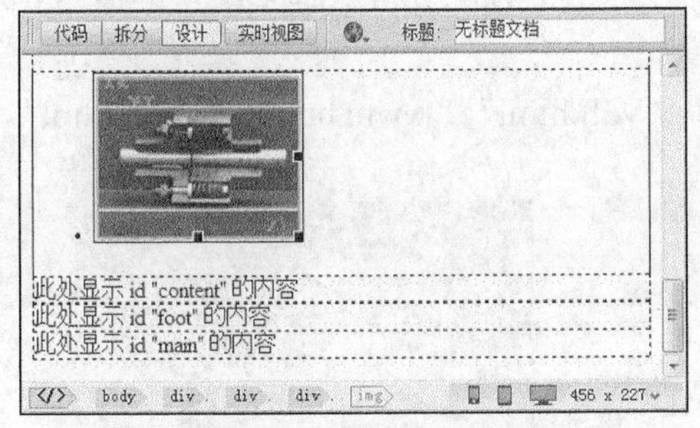

图11-93 插入第 1 张图像

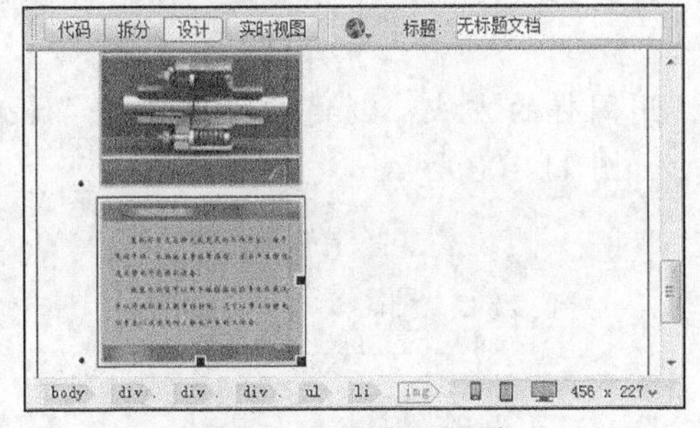

图11-94 插入第 2 张图像

7. 用同样的方法将“images/al003.gif”至“images/al006.gif”都插入到列表中。
8. 再次将鼠标光标置于图像后面按下 Shift+Enter 组合键，不分段换行，然后输入文本“视频制作 0080”，如图 11-95 所示。
9. 用同样的方法在其他图像的下面分别输入“视频制作 0110”“动画制作 0150”“动画制作 0160”“3 维动画 0130”“3 维动画 0200”，如图 11-96 所示。

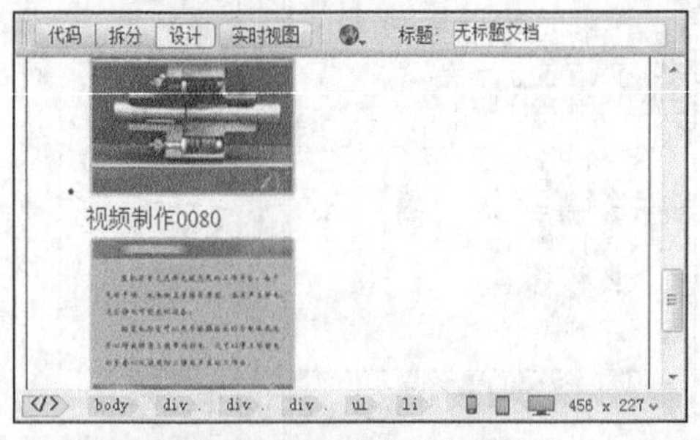

图11-95　为第 1 张图像设置标题

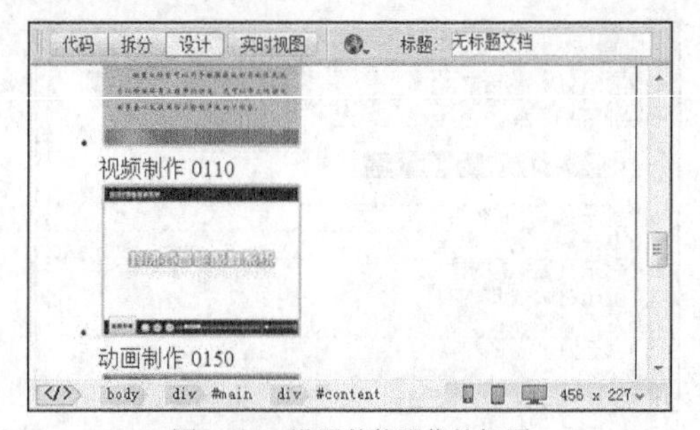

图11-96　设置其他图像的标题

10. 选中 foot 层，删除层中的文字，然后输入文本如图 11-97 所示。
11. 删除没有添加内容的其他层中的文字，效果如图 11-98 所示。

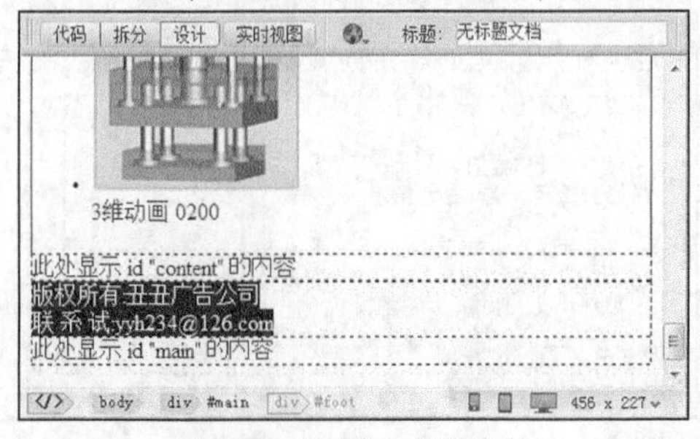

图11-97　设置 foot 层的内容

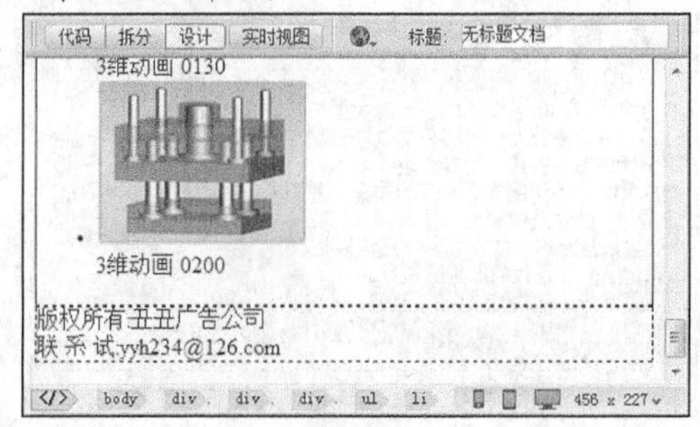

图11-98　删除其他层中的文字

四、 设置超链接

为了实现网站内部网页之间的相互跳转，在内容添加完成之后，还需要对文本设置超链接。下面将具体介绍其操作过程。

1. 在【文件】面板中的站点名称上单击鼠标右键，在弹出的快捷菜单中选择【新建文件】选项，创建一个空白文档，然后将其重命名为“fwxm.html”的文件，如图 11-99 所示。
2. 用同样的方法，创建“alzs.html”“rczp.html”“yqlj.html”“lxwm.html”“ggfw.html”，如图 11-100 所示。

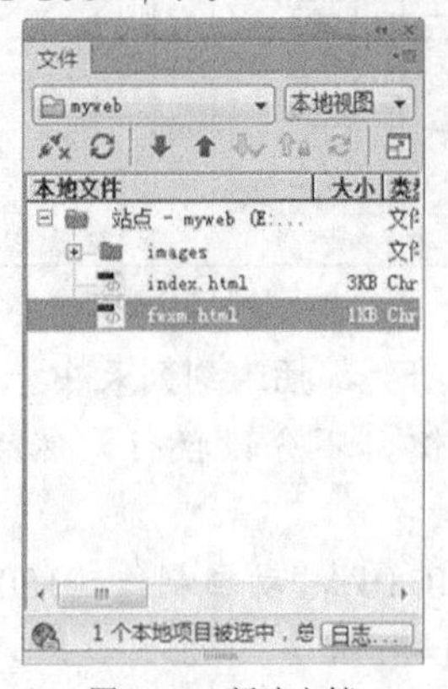

图11-99　新建文档

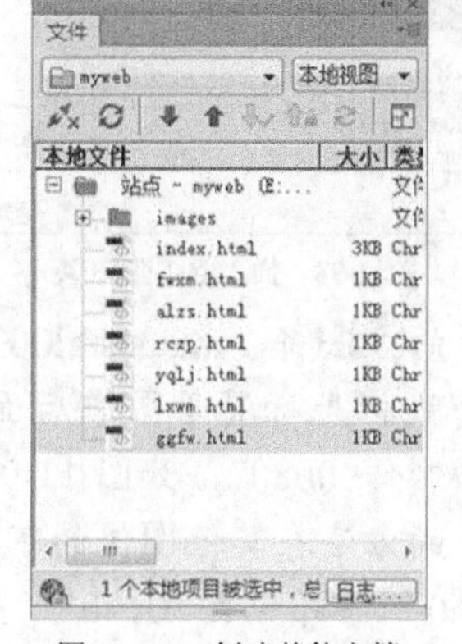

图11-100　创建其他文档

3. 选中文本“关于丑丑”，然后在【属性】面板中设置【链接】为“index.html”文件，如图 11-101 所示。

图11-101 设置“关于丑丑”的链接属性

4. 用同样的方法设置其他文本对应的链接文件，链接后的文本效果如图 11-102 所示。

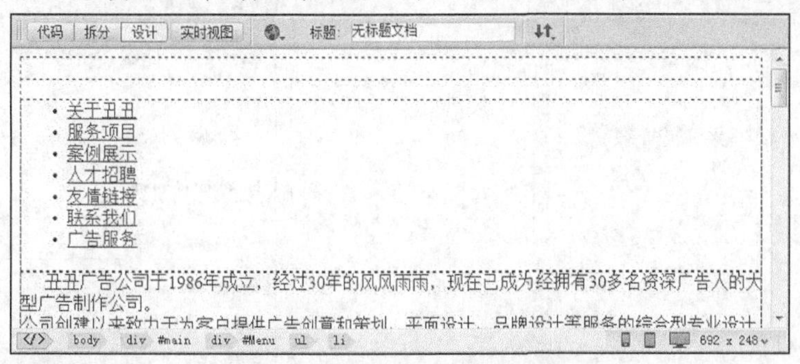

图11-102 为其他文本创建空链接

5. 至此，链接设置完成。由于整体布局结构已过于复杂，本例对其他内容不设置超链接。

五、 添加 CSS 样式表

采用 Div+CSS 布局网页时，CSS 主要用于控制网页中各个元素的属性，并生成相应的属性代码，这给用户进行网页后期的维护与修改提供了很大的便利。下面具体介绍添加 CSS 的操作过程。

1. 设置<body>标签。

   在站点下新建一个名为“CSS”的文件夹，用于存放 CSS 文件。

2. 在【CSS 设计器】窗口的【源】面板右侧单击 + 按钮，在弹出的快捷菜单中选择【创建新的 CSS 文件】，弹出【创建新的 CSS 文件】窗口，在【文件/URL】文本框右侧单击 浏览... 按钮，并按照图 11-103 所示设置文件名称和保存位置。

3. 单击 保存(S) 按钮，然后再单击 确定 按钮。完成 CSS 文件创建。在【源】面板选中【all.css】选项，然后在【选择器】面板右侧单击 + 按钮，新建一个名为“body”的规则，如图 11-104 所示。

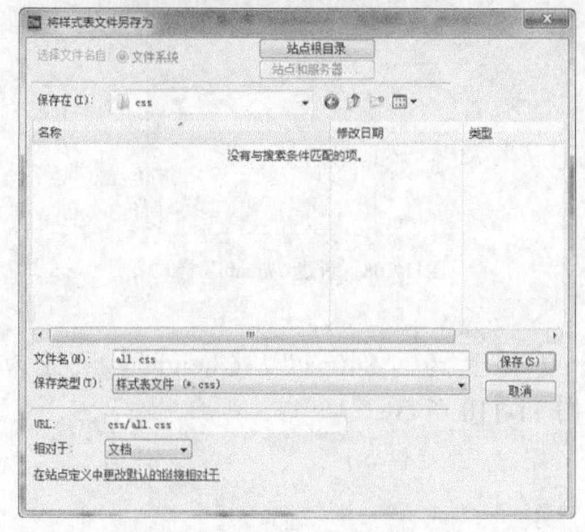

图11-103 新建 CSS 样式表文件

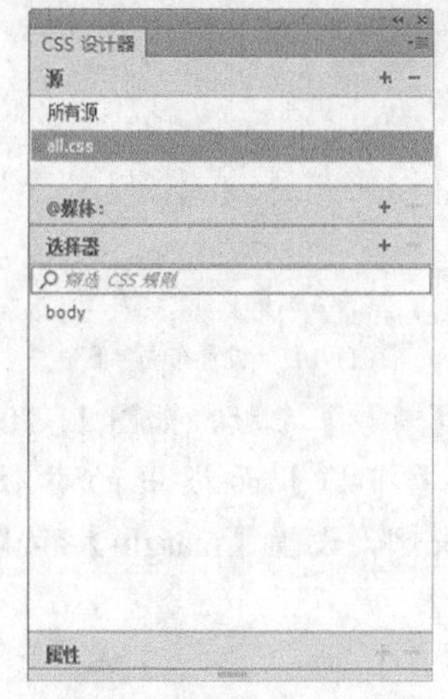

图11-104 新建“body”样式

(1) 展开【属性】面板，设置文本的参数，如图 11-105 所示。

(2) 设置【背景】参数，如图 11-106 所示。

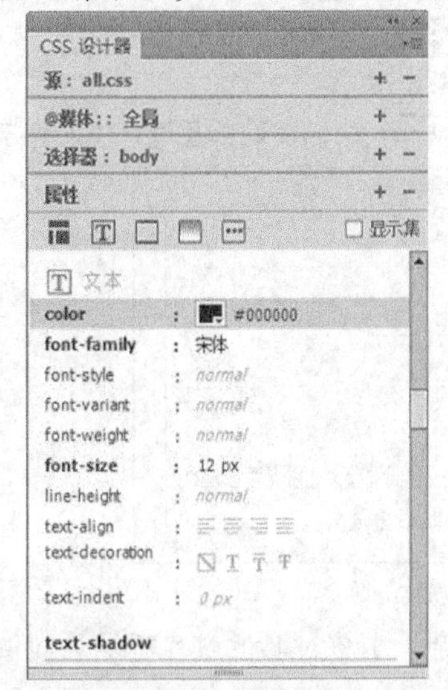

图11-105　设置文本参数

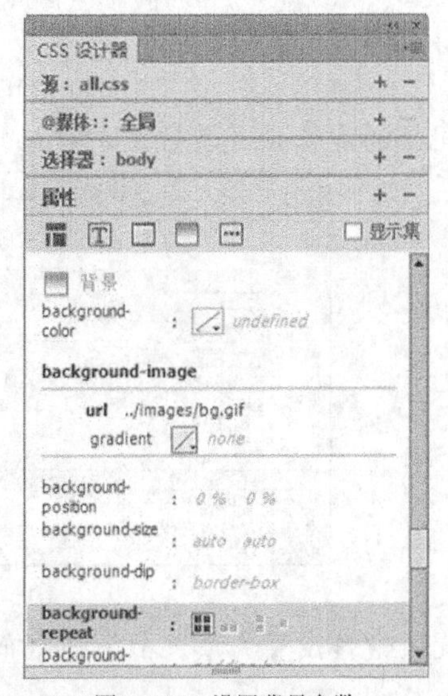

图11-106　设置背景参数

(3) 设置【布局】面板中的参数，完成“body”样式设置。如图 11-107 所示。

4. 设置 main 层。

(1) 单击文档左下角的“<div#main>”标签，选中 main 层。

(2) 在【CSS 设计器】窗口的【选择器】面板右侧单击+按钮，系统会自动新建一个名为“#main”的规则，如图 11-108 所示。

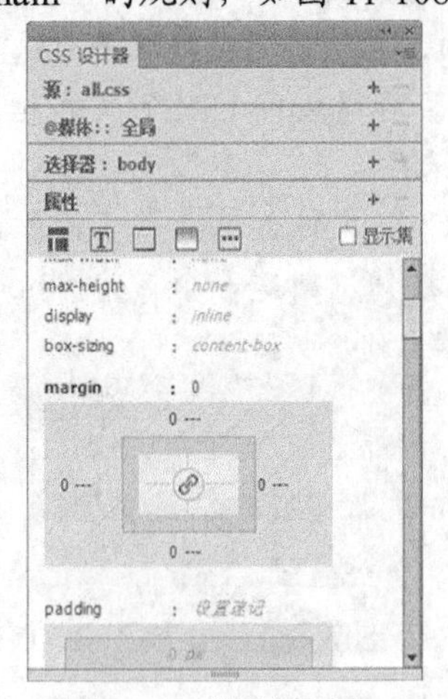

图11-107　设置布局参数

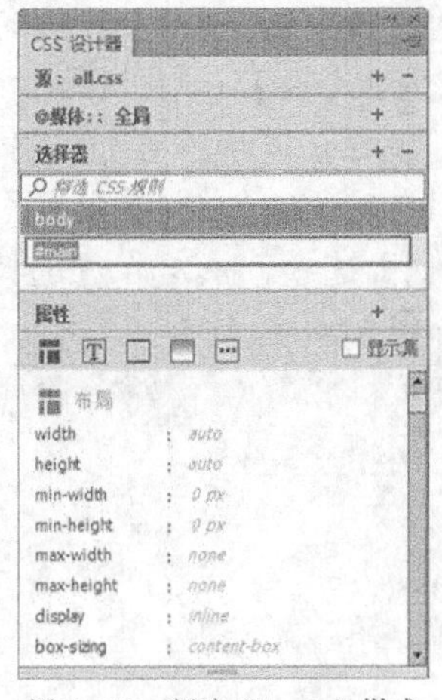

图11-108　新建“#main”样式

(3) 设置【背景】参数，如图 11-109 所示。

(4) 设置【布局】面板中的参数，将【width】设置为“840px”，【height】设置为“800px”，设置【margin】和【padding】如图 11-110 所示。

图11-109　设置背景参数

图11-110　设置布局参数

(5) 完成 main 层的设置，效果如图 11-111 所示。

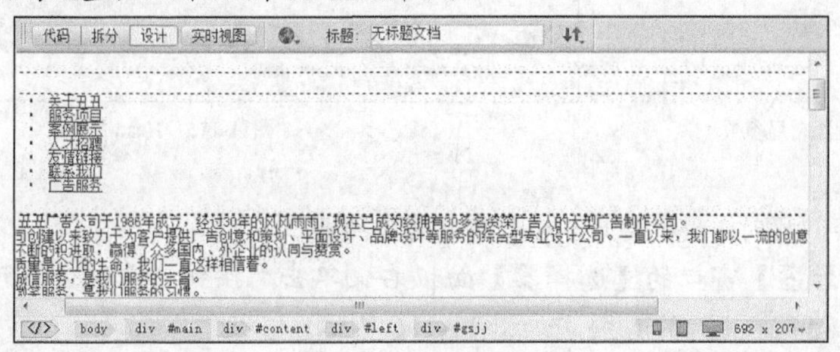

图11-111　main 层

5. 设置 Head 层。

(1) 选中 Head 层，此时 Head 层为文档最上方的虚线框。

(2) 在【CSS 设计器】窗口的【选择器】面板右侧单击**+**按钮，系统会自动新建一个名为“#main #Head”的规则，如图 11-112 所示。

(3) 设置【背景】参数，如图 11-113 所示。

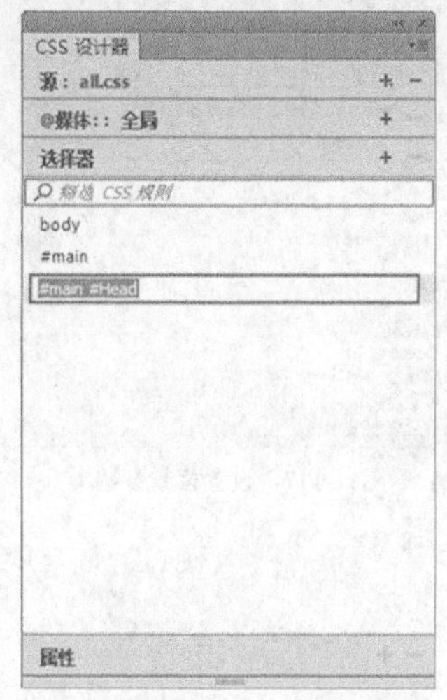

图11-112　新建“#main #Head”样式

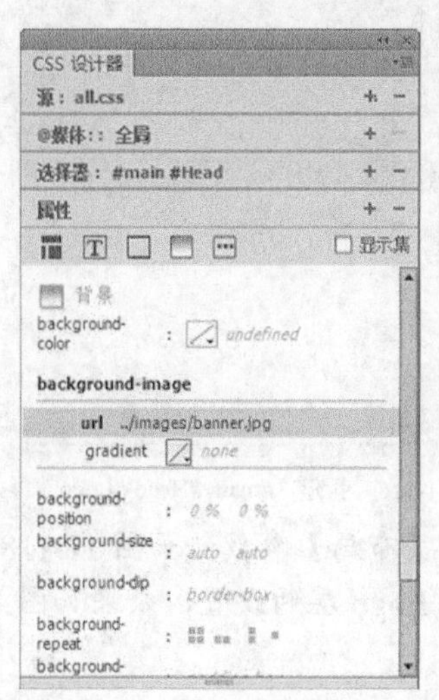

图11-113　设置背景参数

(4) 设置布局面板中的参数，如图 11-114 所示。

(5) 完成 Head 层的设置，效果如图 11-115 所示。

图11-114　设置布局参数

图11-115　Head 层

6. 设置 Logo 层。

(1) 选中 Logo 层，此时 Logo 层为 Head 层中的虚线框。

(2) 在【CSS 设计器】窗口的【选择器】面板右侧单击+按钮，系统会自动新建一个名为 "#main #Head #Logo" 的规则，如图 11-116 所示。

(3) 设置【背景】参数，如图 11-117 所示。

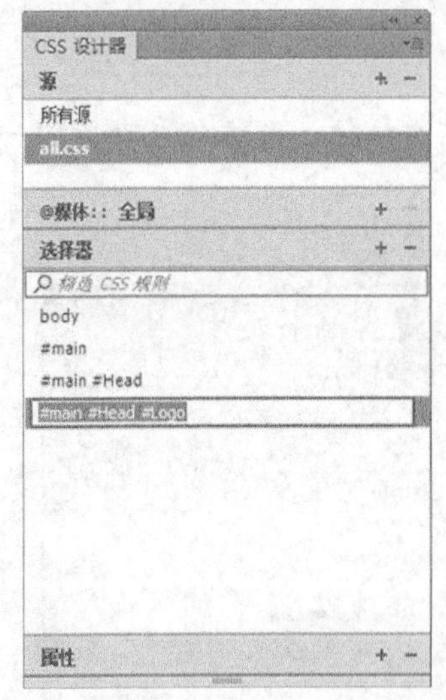

图11-116　新建"#main #Head #Logo"样式

图11-117　设置背景参数

(4) 设置【布局】参数，如图 11-118 所示。

(5) 完成 Logo 层的设置，效果如图 11-119 所示。

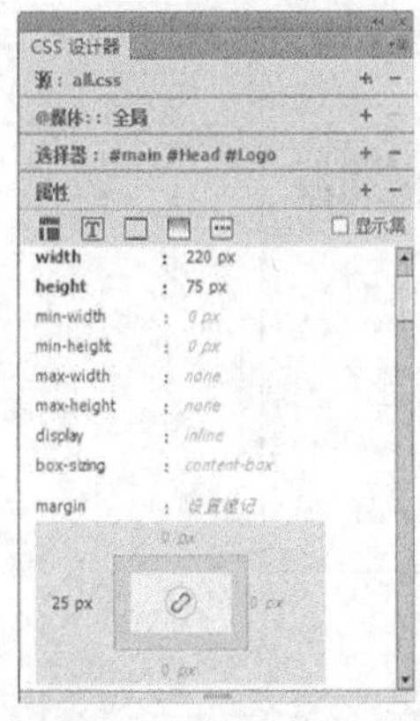

图11-118　设置布局参数

图11-119　Logo 层

7.　设置 Menu 层。

(1)　选中文档中的 Menu 层，即文本项目列表所在的层。

(2)　在【CSS 设计器】窗口的【选择器】面板右侧单击+按钮，系统会自动新建一个名为“#main #Menu”的规则，如图 11-120 所示。

(3)　设置【文本】参数，如图 11-121 所示。

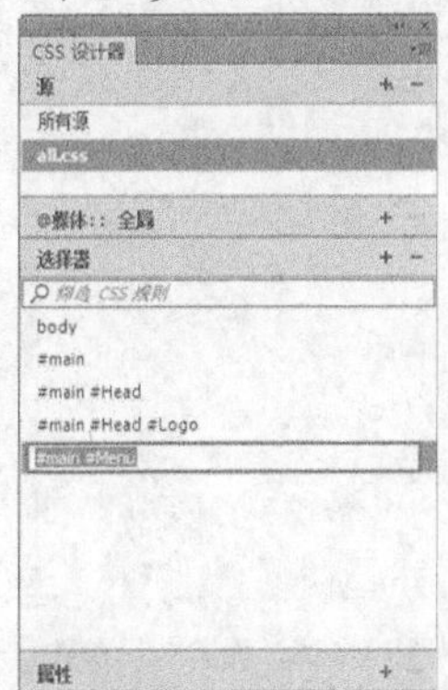

图11-120　新建“#main #Menu”样式

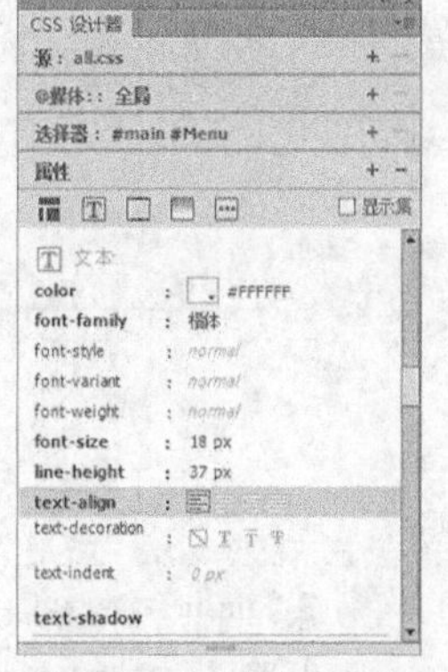

图11-121　设置文本参数

(4)　设置【背景】面板中的参数，如图 11-122 所示。

(5)　设置【布局】面板中的参数，如图 11-123 所示。

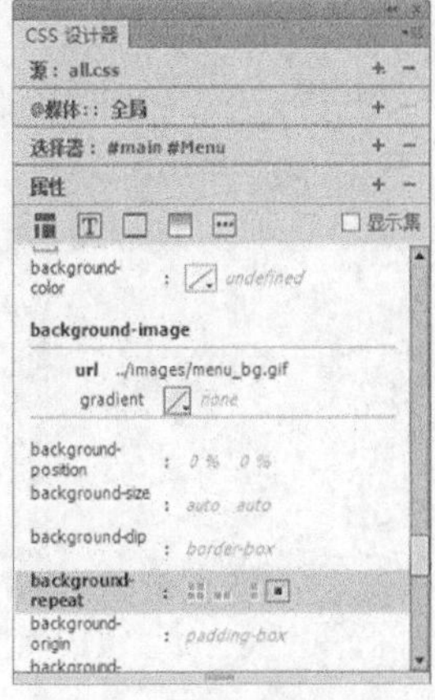

图11-122　设置背景参数

图11-123　设置布局参数

(6) 完成 Menu 层设置，效果如图 11-124 所示。

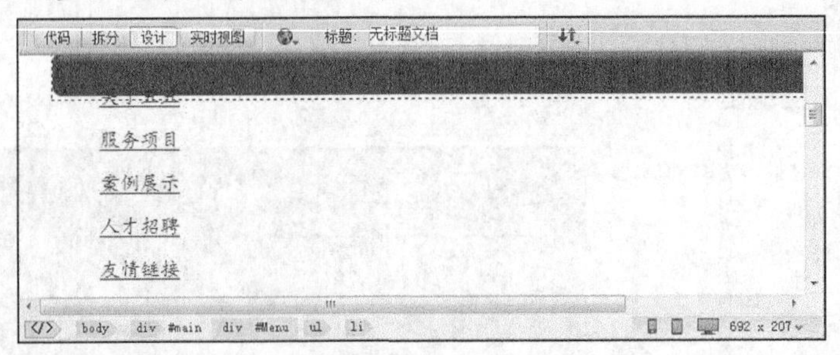

图11-124　Menu 层

8. 设置 Menu 层的项目列表。

(1) 在【CSS 设计器】窗口的【选择器】面板右侧单击+按钮，新建一个名为“#main #Menu ul”的规则，如图 11-125 所示。

(2) 设置【布局】面板中的参数，如图 11-126 所示。

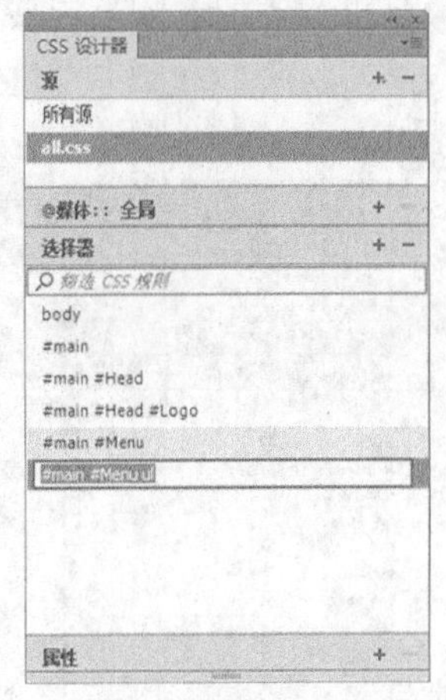

图11-125　新建“#main #Menu ul”样式

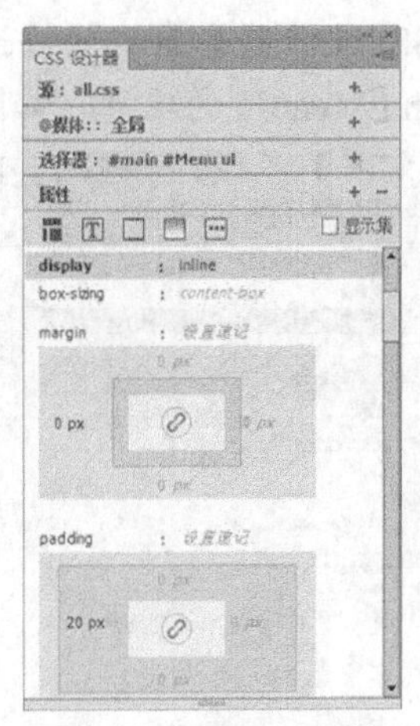

图11-126　设置布局参数

(3) 在【CSS 设计器】窗口的【选择器】面板右侧单击+按钮，新建一个名为“#main #Menu ul li”的规则，如图 11-127 所示。

(4) 设置【布局】面板中的参数，如图 11-128 所示。

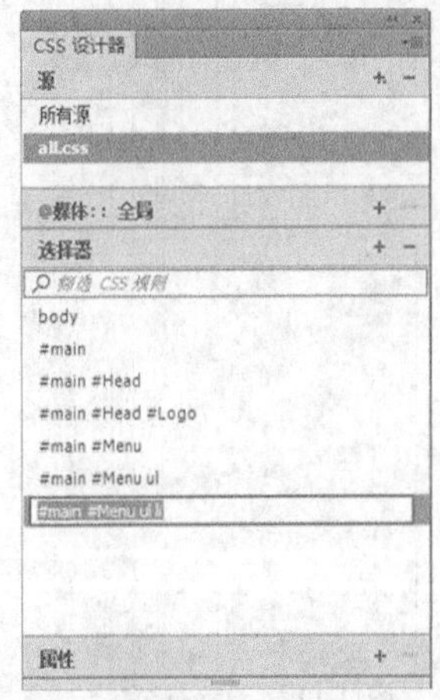

图11-127　新建“#main #Menu ul li”样式

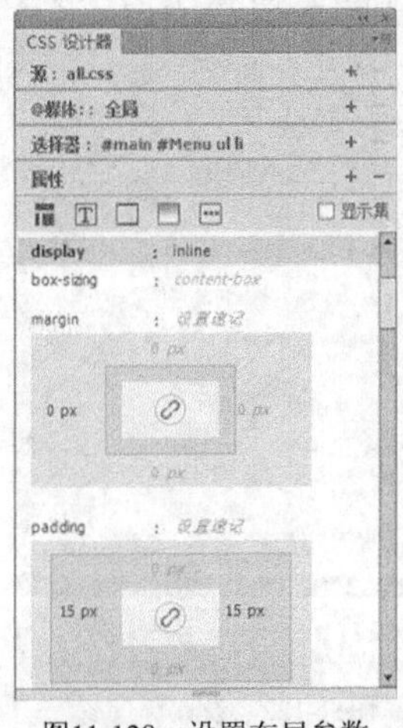

图11-128　设置布局参数

(5) 完成 Menu 层的列表设置，使列表以水平方式显示，效果如图 11-129 所示。

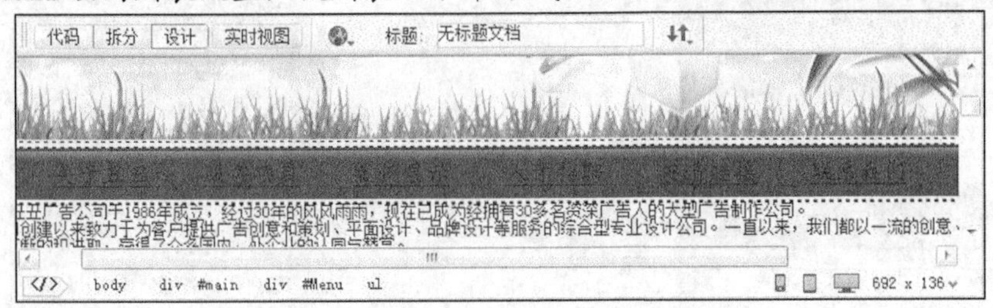

图11-129 Menu 层的列表

9. 设置 Menu 层的链接文字。

(1) 在【CSS 设计器】窗口的【选择器】面板右侧单击+按钮，新建一个名为“#main #Menu a”的规则，如图 11-130 所示。

(2) 设置【文本】面板中的参数，如图 11-131 所示。

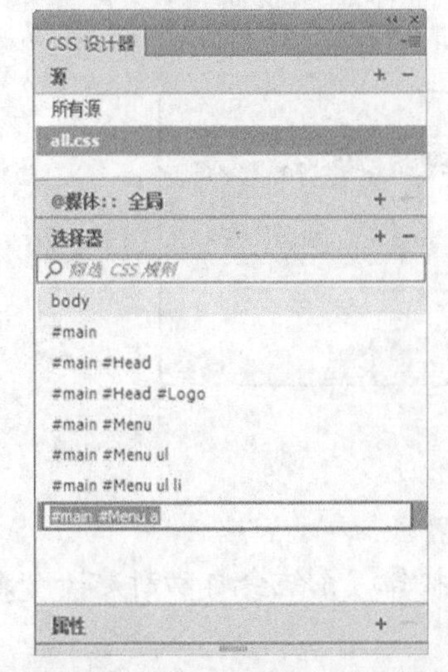

图11-130 新建“#main #Menu a”样式

图11-131 设置文本参数

(3) 完成设置，效果如图 11-132 所示。

图11-132 设置 Menu 层的链接文本

10. 设置 content 层。

(1) 选中文档中的 content 层。

(2) 在【CSS 设计器】窗口的【选择器】面板右侧单击+按钮，系统会自动新建一个名为“#main #content”的规则，如图 11-133 所示。

(3) 设置【布局】面板中的参数，如图 11-134 所示。

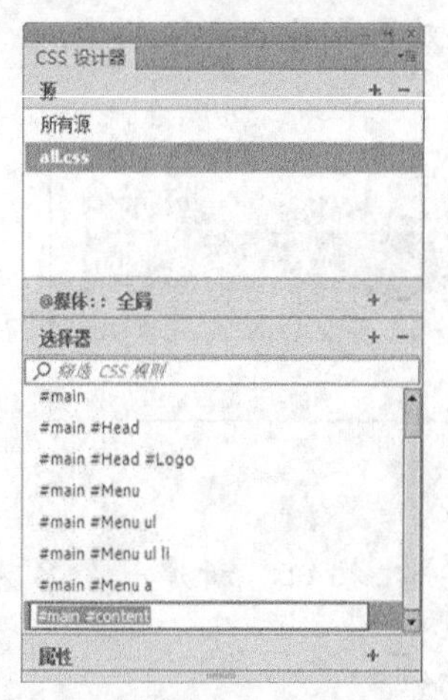

图11-133　新建"#main #content"样式

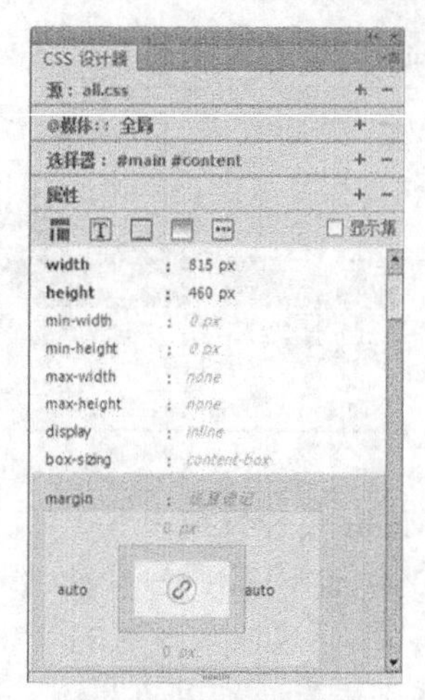

图11-134　设置布局参数

(4) 完成 content 的设置，此时文档效果如图 11-135 所示。

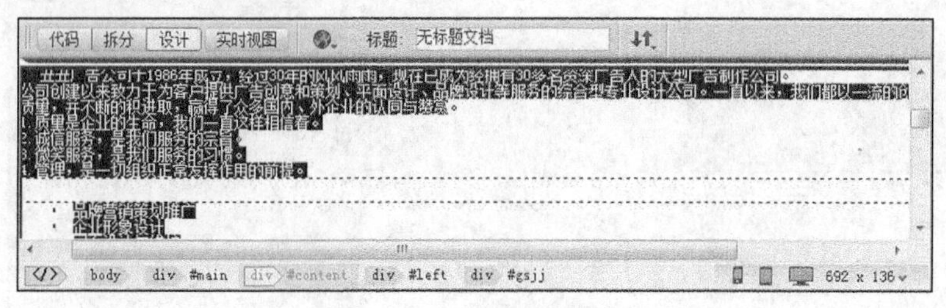

图11-135　content 的设置

11. 设置 left 层。

(1) 选中文档中的 left 层，即文本项目列表所在的层。

(2) 在【CSS 设计器】窗口的【选择器】面板右侧单击+按钮，系统会自动新建一个名为"#main #content #left"的规则，如图 11-136 所示。

(3) 设置【布局】面板中的参数，设置【float】参数为"left"，其他参数如图 11-137 所示。

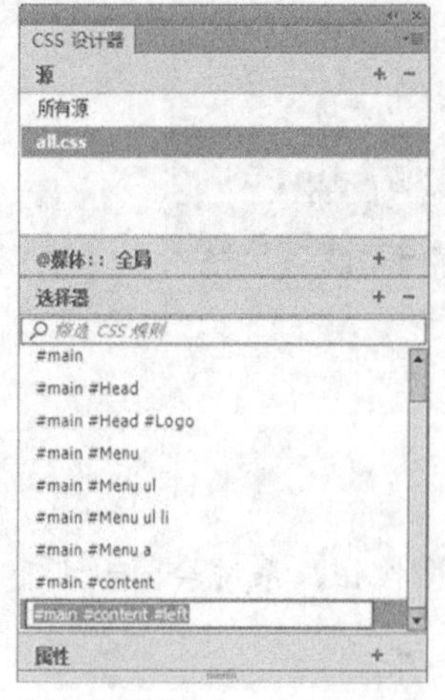

图11-136　新建"#main #content #left"样式

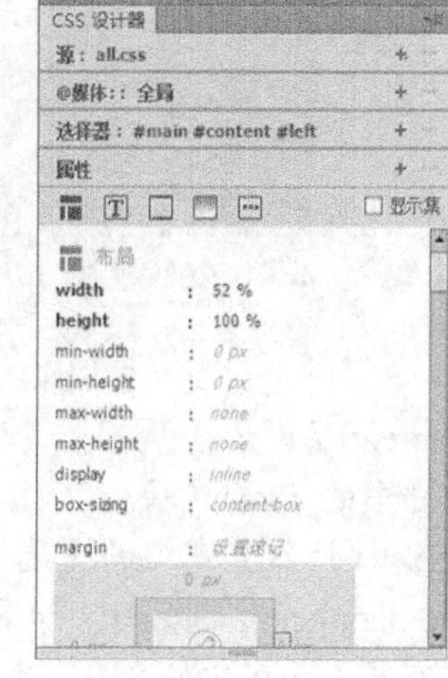

图11-137　设置布局参数

(4) 完成 left 层的设置，效果如图 11-138 所示。

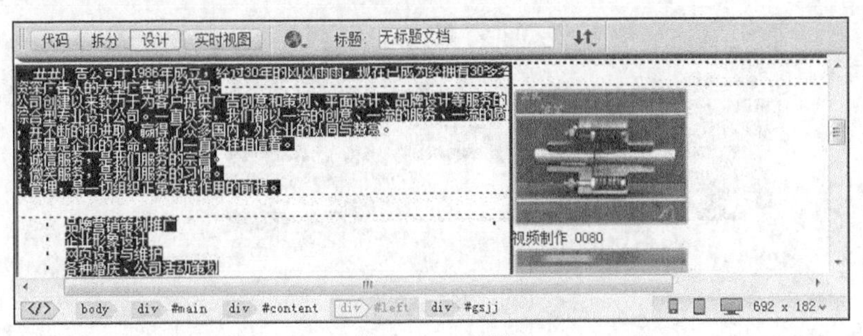

图11-138　left 层

12. 设置 gsjj 层。

(1) 选中文档中的 gsjj 层。

(2) 在【CSS 设计器】窗口的【选择器】面板右侧单击➕按钮，系统会自动新建一个名为“#main #content #left #gsjj”的规则，如图 11-139 所示。

(3) 设置【背景】面板中的参数，如图 11-140 所示。

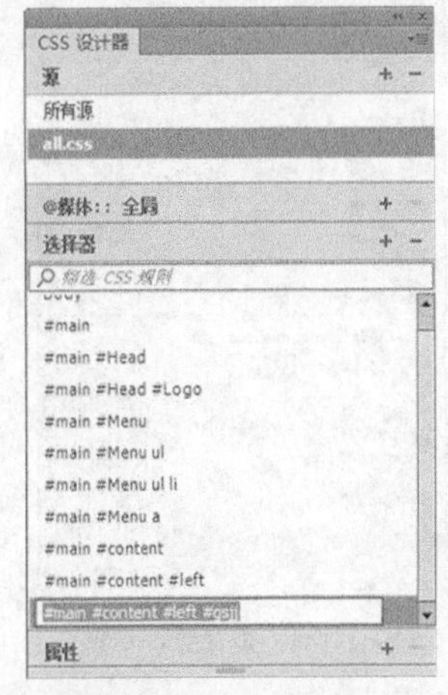

图11-139　新建“#main #content #left #gsjj”样式

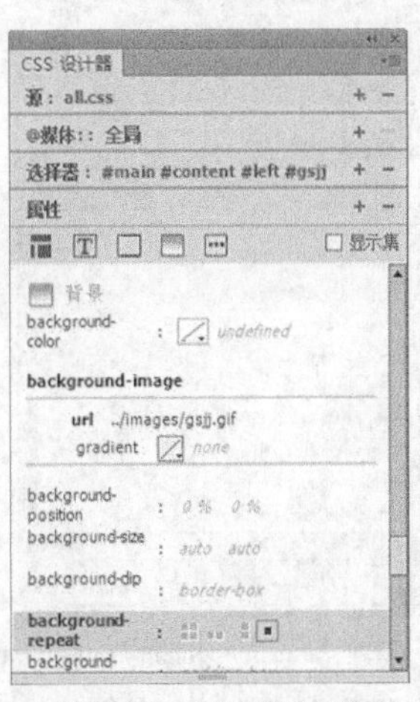

图11-140　设置背景参数

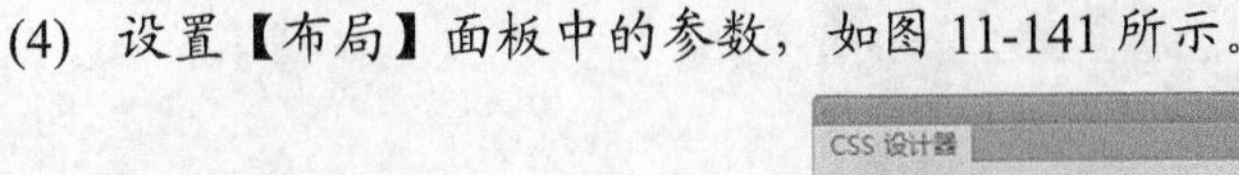

(4) 设置【布局】面板中的参数，如图 11-141 所示。

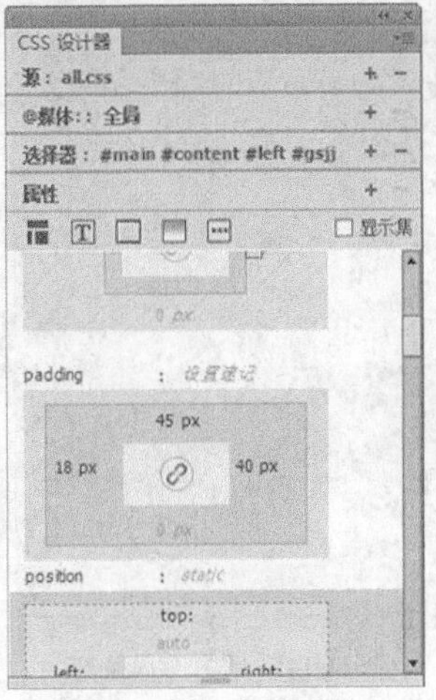

图11-141　设置布局参数

(5) 完成 gsjj 层的设置，效果如图 11-142 所示。

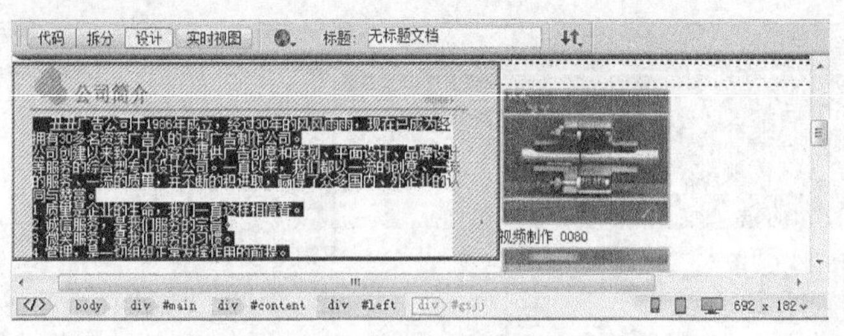

图11-142　gsjj 层

13. 设置 fwxm 层。

(1) 选中文档中的 fwxm 层。

(2) 在【CSS 设计器】窗口的【选择器】面板右侧单击+按钮，系统会自动新建一个名为"#main #content #left #fwxm"的规则，如图 11-143 所示。

(3) 设置【背景】面板中的参数，如图 11-144 所示。

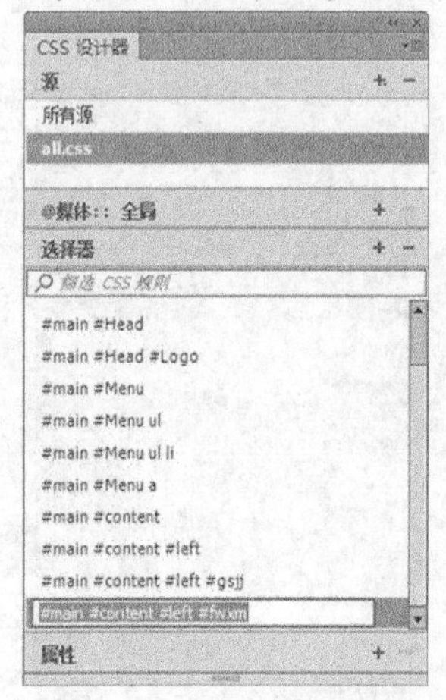

图11-143　新建"#main #content #left #fwxm"样式

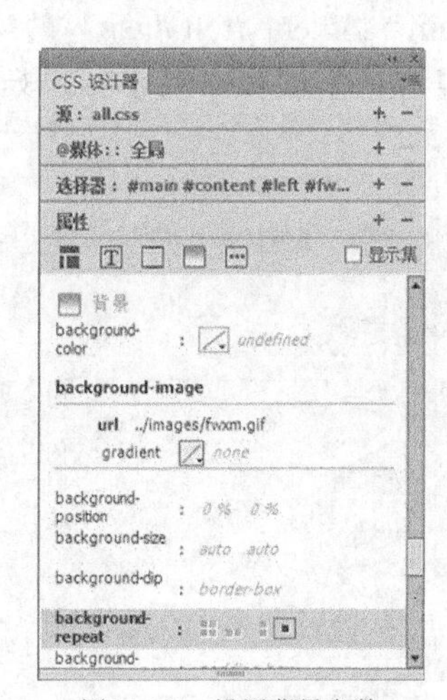

图11-144　设置背景参数

(4) 设置【布局】面板中的参数，如图 11-145 所示。

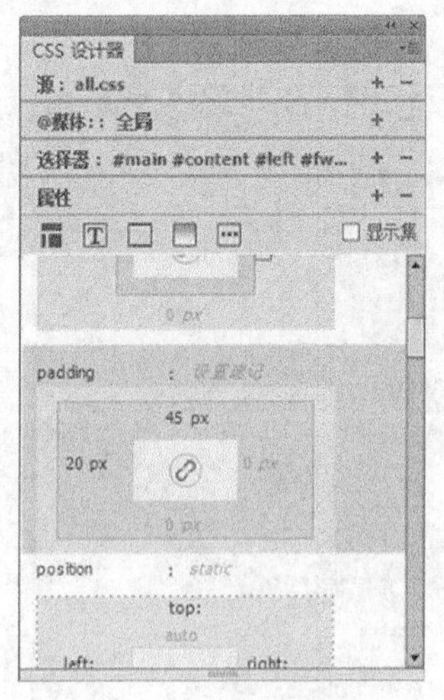

图11-145　设置布局参数

(5) 完成 fwxm 层的设置，效果如图 11-146 所示。

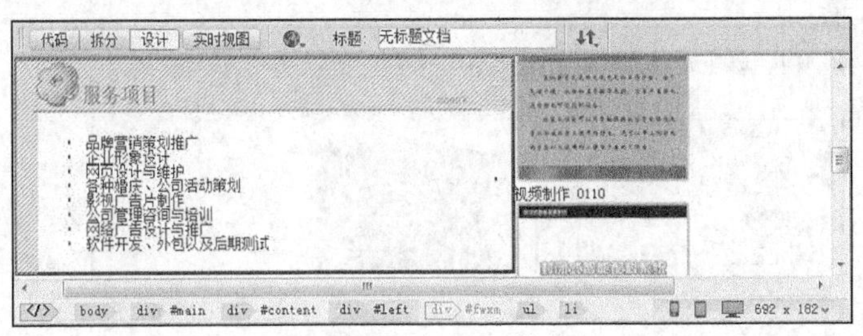

图11-146　fwxm 层

14. 设置 right 层。

(1) 选中文档中的 right 层，图像项目列表所在的层。

(2) 在【CSS 设计器】窗口的【选择器】面板右侧单击➕按钮，系统会自动新建一个名为“#main #content #right”的规则，如图 11-147 所示。

(3) 设置【背景】面板中的参数，如图 11-148 所示。

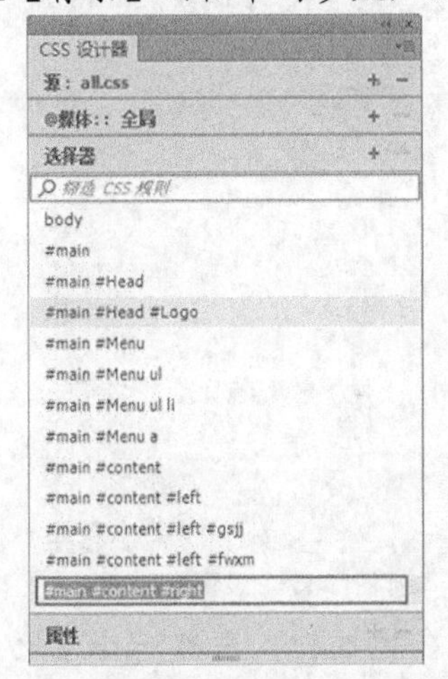

图11-147　新建“#main #content #right”样式

图11-148　设置背景参数

(4) 设置【布局】面板中的参数，如图 11-149 和图 11-150 所示。

图11-149　设置布局参数 1

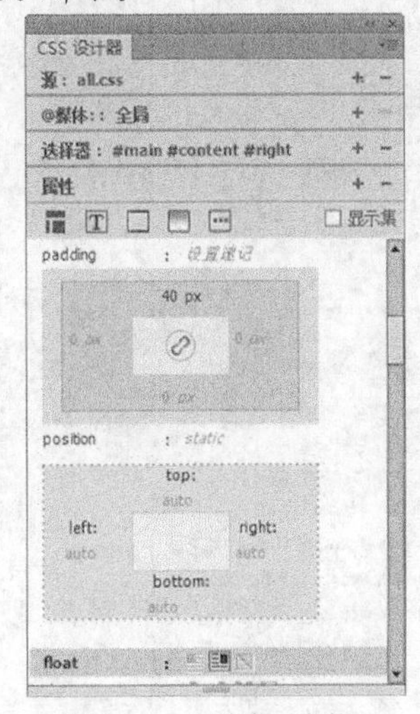

图11-150　设置布局参数 2

(5) 完成 right 层的设置，效果如图 11-151 所示。

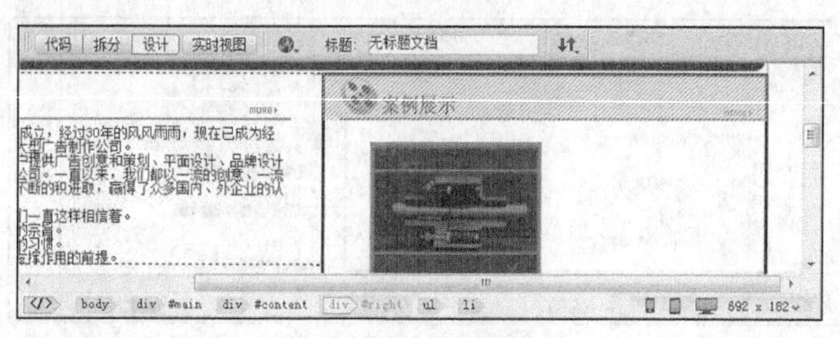

图11-151　right 层

15. 设置 right 层的项目列表。

(1) 在【CSS 设计器】窗口的【选择器】面板右侧单击+按钮，新建一个名为“#main #content #right ul”的规则，如图 11-152 所示。

(2) 设置【布局】面板中的参数，如图 11-153 所示。

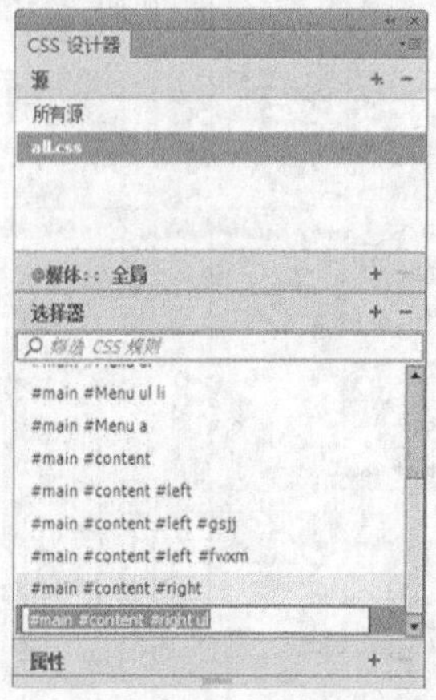

图11-152　新建“#main #content #right ul”样式

图11-153　设置布局参数

(3) 在【CSS 设计器】窗口的【选择器】面板右侧单击+按钮，新建一个名为“#main #content #right ul li”的规则，如图 11-154 所示。

(4) 设置【文本】面板中的参数，如图 11-155 所示。

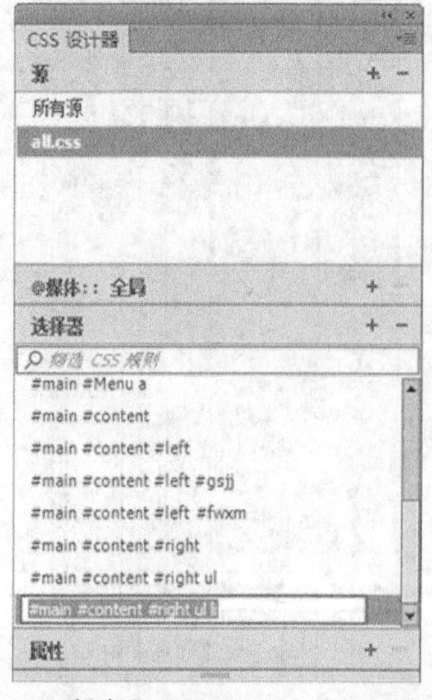

图11-154　新建“#main #content #right ul li”样式

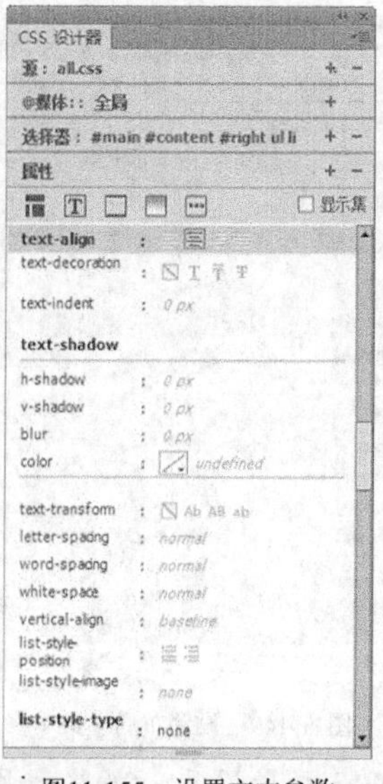

图11-155　设置文本参数

(5) 设置【布局】面板中的参数，如图 11-156 和图 11-157 所示。

图11-156 设置布局参数 1

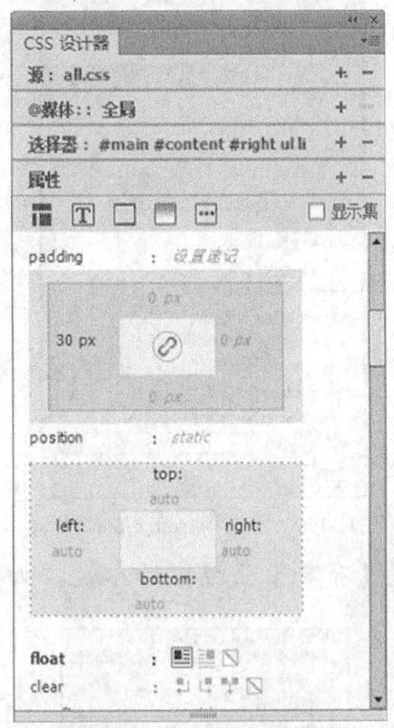

图11-157 设置布局参数 2

(6) 完成 right 层项目列表的设置，效果如图 11-158 所示。

图11-158 完成设置后的图像排列方式

16. 设置 foot 层。

(1) 选中文档中的 foot 层。

(2) 在【CSS 设计器】窗口的【选择器】面板右侧单击+按钮，系统会自动新建一个名为“#main #foot”的规则，如图 11-159 所示。

(3) 设置【背景】面板中的参数，如图 11-160 所示。

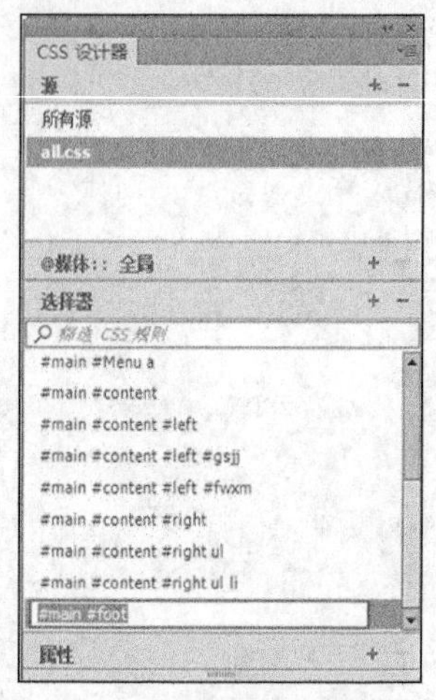

图11-159　新建“#main #foot”样式

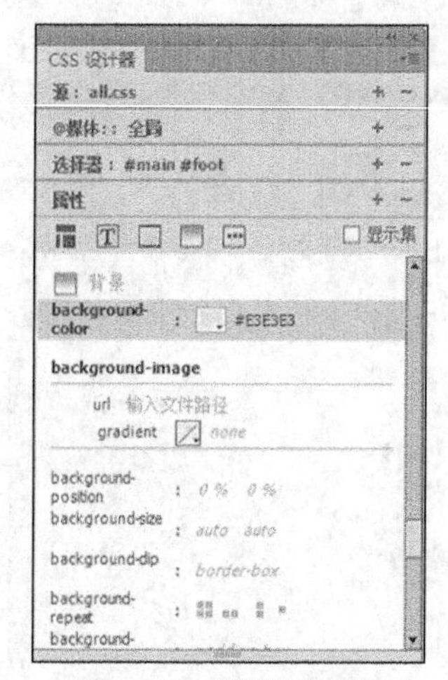

图11-160　设置背景参数

(4) 设置【布局】面板中的参数，如图 11-161 和图 11-162 所示。

图11-161　设置布局参数 1

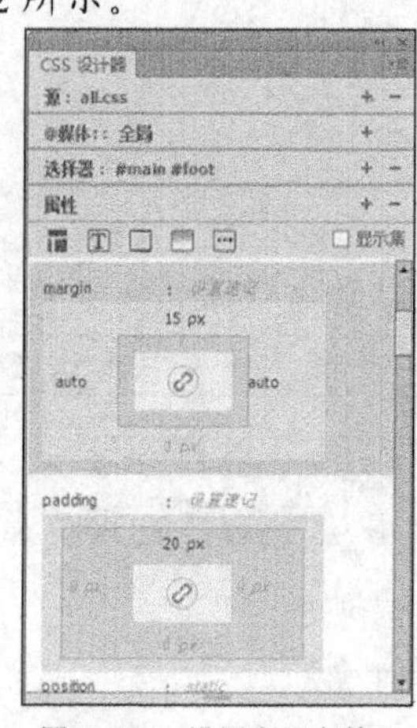

图11-162　设置布局参数 2

(5) 完成 foot 层的设置，效果如图 11-163 所示。

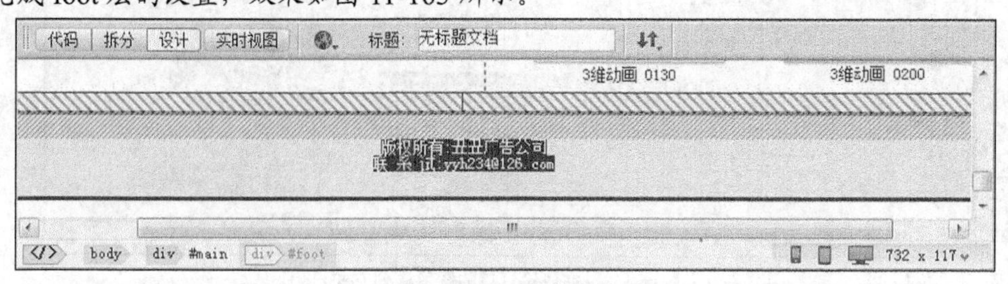

图11-163　foot 层的效果

11.2.4　网站的测试

一、 检查浏览器的兼容性

1. 选择菜单命令【窗口】/【代码检查器】，打开【代码检查器】面板，检查各个标签是否有误。如图 11-164 所示。

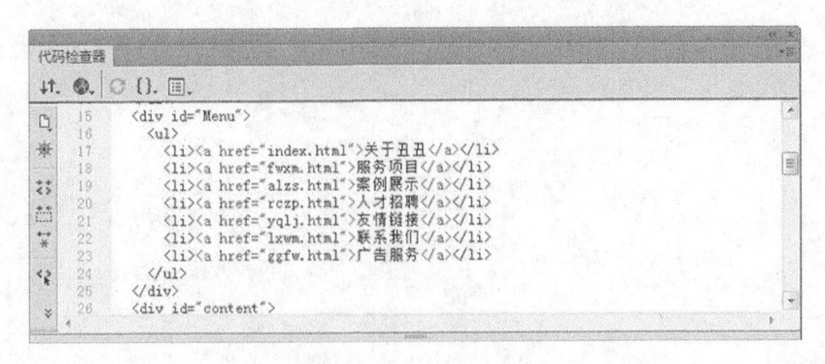

图11-164　代码检查器

2. 单击按钮，可以在浏览器预览，测试浏览器的兼容性，以保证网页在各个浏览器能正常显示。

二、 使用站点报告

1. 选择菜单命令【站点】/【报告】，打开【报告】对话框，设置参数如图 11-165 所示。

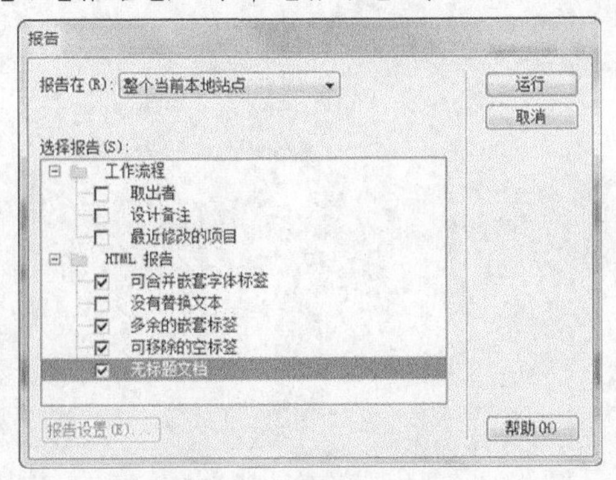

图11-165　【报告】对话框

2. 单击运行按钮。在【结果】面板的“站点报告”选项卡中会出现报告结果，如图 11-166 所示。

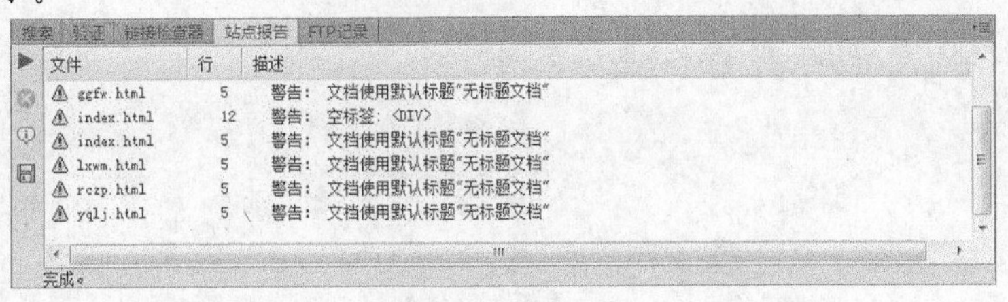

图11-166　检查结果

3. 在面板中，双击警告条，系统显示错误原因，根据警告原因进行相应的修改。

11.3　习题

1. 总结在网页制作实战中的经验和技巧。
2. 模拟本章两个实例，尝试解决遇到的问题。